中国国家标准汇编

2009年修订-21

中国标准出版社 编

中国标准出版社
北京

图书在版编目（CIP）数据

中国国家标准汇编：2009年修订. 21/中国标准出版社编. —北京：中国标准出版社，2010

ISBN 978-7-5066-6077-8

Ⅰ.①中… Ⅱ.①中… Ⅲ.①国家标准-汇编-中国-2009 Ⅳ.①T-652.1

中国版本图书馆CIP数据核字（2010）第171224号

中国标准出版社出版发行
北京复兴门外三里河北街16号
邮政编码：100045
网址 www.spc.net.cn
电话：68523946 68517548
中国标准出版社秦皇岛印刷厂印刷
各地新华书店经销
*
开本 880×1230 1/16 印张 37.25 字数 1 087 千字
2010年10月第一版 2010年10月第一次印刷
*
定价 220.00 元

如有印装差错 由本社发行中心调换
版权专有 侵权必究
举报电话：(010)68533533

ISBN 978-7-5066-6077-8

出 版 说 明

1.《中国国家标准汇编》是一部大型综合性国家标准全集。自1983年起，按国家标准顺序号以精装本、平装本两种装帧形式陆续分册汇编出版。它在一定程度上反映了我国建国以来标准化事业发展的基本情况和主要成就，是各级标准化管理机构，工矿企事业单位，农林牧副渔系统，科研、设计、教学等部门必不可少的工具书。

2.《中国国家标准汇编》收入我国每年正式发布的全部国家标准，分为"制定"卷和"修订"卷两种编辑版本。

"制定"卷收入上一年度我国发布的、新制定的国家标准，顺延前年度标准编号分成若干分册，封面和书脊上注明"20××年制定"字样及分册号，分册号一直连续。各分册中的标准是按照标准编号顺序连续排列的，如有标准顺序号缺号的，除特殊情况注明外，暂为空号。

"修订"卷收入上一年度我国发布的、修订的国家标准，视篇幅分设若干分册，但与"制定"卷分册号无关联，仅在封面和书脊上注明"20××年修订-1，-2，-3，……"字样。"修订"卷各分册中的标准，仍按标准编号顺序排列(但不连续)；如有遗漏的，均在当年最后一分册中补齐。需提请读者注意的是，个别非顺延前年度标准编号的新制定的国家标准没有收入在"制定"卷中，而是收入在"修订"卷中。

读者配套购买《中国国家标准汇编》"制定"卷和"修订"卷则可收齐上一年度我国制定和修订的全部国家标准。

3. 由于读者需求的变化，自1996年起，《中国国家标准汇编》仅出版精装本。

4. 2009年我国制修订国家标准共3 158项。本分册为"2009年修订-21"，收入新制修订的国家标准47项。

中国标准出版社

2010年8月

目　　录

ICS 17.180.30;07.040
N 31

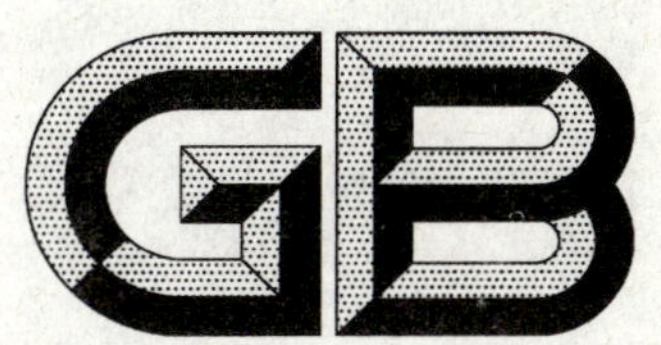

中华人民共和国国家标准

GB/T 14267—2009
代替 GB/T 14267—1993

光电测距仪

Electro-optical distance meters (EDM Instruments)

2009-05-06 发布　　2009-10-01 实施

中华人民共和国国家质量监督检验检疫总局
中国国家标准化管理委员会　发布

前言

本标准代替 GB/T 14267—1993《短程光电测距仪》。本标准与 GB/T 14267—1993 相比，主要变化如下：

——将本标准名称由《短程光电测距仪》改为《光电测距仪》；

——按照 GB/T 1.1—2000《标准化工作导则 第1部分：标准的结构和编写规则》对标准进行修订；

——本标准新增了鉴别力(率)、测距精度、激光发光功率、测尺频率特性和测量时间等检验项目和要求；

——测距常数及其精度的检验采用了与国家计量检定规程相一致的方法；

——对周期误差的计算列出了严密公式和特殊情况下的简化公式；

——对测距仪参数的检验方法、所用标准器具和结果计算等区分了定型鉴定和出厂检验，以及相位式光电测距仪和手持式激光测距仪。

本标准的附录 A、附录 B、附录 C、附录 D、附录 E、附录 F、附录 G、附录 H 为资料性附录。

本标准由国家测绘局提出。

本标准由全国地理信息标准化技术委员会归口。

本标准起草单位：国家光电测距仪检测中心、苏州一光仪器有限公司、北京三鼎光电仪器有限公司、南京德朔实业有限公司。

本标准主要起草人：方爱平、齐维君、杨俊志、翟清斌、吴秀娟、牟秀珍。

本标准所代替标准的历次版本发布情况为：

——GB/T 14267—1993。

光电测距仪

1 范围

本标准规定了相位式和脉冲式光电测距仪的产品分类、技术要求、试验方法、检验规则，仪器的包装、标志、运输和贮存的方法。

本标准适用于光电测距仪（包括全站仪测距部分及手持式激光测距仪）的设计、生产试验和检验。

2 规范性引用文件

下列文件中的条款通过本标准的引用而成为本标准的条款。凡是注日期的引用文件，其随后所有的修改单（不包括勘误的内容）或修订版均不适用于本标准，然而，鼓励根据本标准达成协议的各方研究是否可使用这些文件的最新版本。凡是不注日期的引用文件，其最新版本适用于本标准。

GB/T 191 包装储运图示标志（GB/T 191—2008，ISO 780:1997，MOD）

GB/T 12085.1～12085.14 光学和光学仪器 环境试验方法

GB/T 15464 仪器仪表包装通用技术条件

3 术语和定义

下列术语和定义适用于本标准。

3.1

光电测距仪 electro - optical distance meter

采用光电技术直接测量发射处与照准点之间距离的仪器。

3.2

手持式激光测距仪 hand-held laser distance meter

采用激光光源制成的无协作目标的手持式光电测距仪。

3.3

全站仪 total station

电子速测仪 electronic tacheometer

兼有测距、测角、计算和数据记录及传输功能的测量仪器。

3.4

相位均匀性误差 phase inhomogeneities of emitting and photodiode

发光管发光面上不同点发出的光照准目标点进行距离测量引起的误差。

3.5

幅相误差 errors from different measuring signal strength

因测量信号强度不一致所引起的测距误差。

3.6

周期误差 cyclic error

在相位式测距仪中，由于光或电的同频信号窜扰引起的以精测尺的长度为周期而重复出现的误差。

3.7

加常数 additive constant

仪器测得的距离与实际距离之间的常数差值。

3.8

乘常数　scale correction

与仪器所测距离成比例的改正因子。

3.9

分辨率　resolution

仪器显示装置能够有效辨别的最小示值差。

3.10

鉴别力(率)　discrimination

当仪器在某一示值给以一定的输入,这种激励变化缓慢从单方面逐步增加,当测量仪器的输出产生可觉察的响应变化时,此输入的激励变化。

3.11

测距精度　accuracy

仪器距离测量结果偏离其应有值的程度,用测距标准差(standard deviation)表示。

3.12

测程　measuring range

在标准大气条件下、满足测量准确度时,仪器所能获得的最大值和最小值。

4　产品分类

4.1　光电测距仪

4.1.1　按标称测距标准差分级

标称测距标准差(m_d)的表达式为:

$$m_d = a + b \cdot D \quad \cdots\cdots(1)$$

式中:

a——标称测距标准差固定部分,单位为毫米(mm);

b——标称测距标准差比例系数,单位为毫米每千米(mm/km);

D——测量距离,单位为千米(km)。

按标称测距标准差分级见表1。

表1　光电测距仪的分级

仪器等级	标称测距标准差
Ⅰ	$m_d \leqslant (1\ \text{mm} + 1\ \text{ppm} \cdot D)$
Ⅱ	$(1\ \text{mm} + 1\ \text{ppm} \cdot D) < m_d \leqslant (3\ \text{mm} + 2\ \text{ppm} \cdot D)$
Ⅲ	$(3\ \text{mm} + 2\ \text{ppm} \cdot D) < m_d \leqslant (5\ \text{mm} + 5\ \text{ppm} \cdot D)$
Ⅳ(等级外)	$m_d > (5\ \text{mm} + 5\ \text{ppm} \cdot D)$

注:ppm 为 1×10^{-6};D 为测量距离,单位为千米(km);
m_d 为标称测距标准差,单位为毫米(mm)。

4.1.2　基本参数

基本参数见表2。

表2　光电测距仪基本参数及检验类别

序号	名称	仪器等级				检验类别	
		Ⅰ	Ⅱ	Ⅲ	Ⅳ	定型	出厂
1	分辨率/mm	0.1	0.5	1.0	1.0	+	—
2	测程①	最短测程及最长测程满足标称值				+	±

表 2（续）

序　号	名　称	仪器等级				检验类别	
		Ⅰ	Ⅱ	Ⅲ	Ⅳ	定型	出厂
3	相位均匀性误差/mm	$\leqslant 1/2a$				＋	±
4	幅相误差/mm	$\leqslant 1/2a$				＋	±
5	鉴别力(率)/mm	$\leqslant 1/4a$				＋	±
6	周期误差振幅 A(相位式)	$\leqslant 3/5a$				＋	＋
7	常温下频率偏移/Hz	$\leqslant 1/2b$				＋	＋
8	开机频率稳定性(10^{-6})	$\leqslant 1/2b$				＋	＋
9	频率随环境温度变化/Hz	$\leqslant 2/3b$				＋	±
10	距离测量的重复性标准差/mm	$\leqslant 1/2a$				＋	＋
11	测距标准差/mm	m'_d				＋	＋
12	加常数剩余值/mm					＋	＋
13	加常数检验标准差/mm	$\leqslant 1/2a$				＋	＋
14	乘常数/(mm/km)	具有乘常数预置功能				＋	±
15	乘常数检验标准差/(mm/km)	$\leqslant 1/2b$				＋	±
16	激光光源发光功率②	Ⅲ级激光以内，且$<1.2P_0$				＋	±
17	工作温度范围/℃	－20～＋50				＋	＋
	存储温度范围/℃	－30～＋65				＋	＋
18	振动	振动后工作正常				＋	±
19	温度改正	温度预置至 0.1 ℃，				＋	＋
	大气改正	气压预置至 1 hPa				＋	＋
20	单次测量时间/s	$\leqslant 3$				＋	±
21	求取差值 Δ_i 中的最大最小值之差 ΔD	出厂检验：$\Delta D \leqslant 1.5a$				＋	＋

注：a 为标称标准差固定部分，单位为毫米(mm)；
b 为标称标准差比例系数，单位为毫米每千米(mm/km)；
“＋”为应检项目，“±”为可不检项目，“－”为不必检项目。

① 光电测距仪的最长测程指大气能见度为 20 km，无明显大气对流时的检验结果；
② 采用红外光源的仪器不检验此项；P_0 为激光光源发光功率的标称值。

4.2 手持激光测距仪

4.2.1 按标称测距标准差分级

标称测距标准差(m_d)的表达式为：

$$m_d = a \qquad \cdots\cdots(2)$$

式中：

a——标称测距标准差固定部分，单位为毫米(mm)。

按标称测距标准差分级见表 3。

表 3　手持激光测距仪的分级

仪器等级	标称测距标准差/mm
Ⅰ	$m_d \leqslant 1.5$
Ⅱ	$1.5 < m_d \leqslant 3.0$
Ⅲ	$m_d > 3.0$

注：m_d 为标称测距标准差，单位为毫米(mm)。

4.2.2 基本参数

基本参数见表4。

表4 手持激光测距仪基本参数及检验类别

<table>
<tr><th rowspan="2">序号</th><th rowspan="2">名称</th><th colspan="3">仪器等级</th><th colspan="2">检验类别</th></tr>
<tr><th>Ⅰ</th><th>Ⅱ</th><th>Ⅲ</th><th>定型</th><th>出厂</th></tr>
<tr><td>1</td><td>距离测量重复性/mm</td><td>≤1.0</td><td colspan="2">≤1.5</td><td>+</td><td>+</td></tr>
<tr><td>2</td><td>分辨率/mm</td><td colspan="3">≤1.0</td><td>+</td><td>−</td></tr>
<tr><td>3</td><td>测程①/m</td><td colspan="3">最短测程及最长测程满足标称值</td><td>+</td><td>±</td></tr>
<tr><td>4</td><td>幅相误差/mm</td><td colspan="3">$\leqslant 1/2m_d$</td><td>+</td><td>±</td></tr>
<tr><td>5</td><td>鉴别力(率)/mm</td><td colspan="3">≤0.3</td><td>+</td><td>±</td></tr>
<tr><td>6</td><td>测距标准差/mm</td><td colspan="3">$\leqslant m_d$</td><td>+</td><td>+</td></tr>
<tr><td>7</td><td>加常数剩余值/mm</td><td colspan="3"></td><td>+</td><td>+</td></tr>
<tr><td>8</td><td>加常数检验标准差/mm</td><td colspan="3">$\leqslant 1/2m_d$</td><td>+</td><td>+</td></tr>
<tr><td>9</td><td>激光光源发光功率②</td><td colspan="3">Ⅱ级激光以内，且$<1.2P_0$</td><td>+</td><td>±</td></tr>
<tr><td rowspan="2">10</td><td>工作温度范围/℃</td><td colspan="3">−10～+50</td><td>+</td><td>±</td></tr>
<tr><td>存储温度范围/℃</td><td colspan="3">−20～+65</td><td>+</td><td>±</td></tr>
<tr><td>11</td><td>振动</td><td colspan="3">振动后工作正常</td><td>+</td><td>±</td></tr>
<tr><td>12</td><td>单次测量时间/s</td><td colspan="3">≤3</td><td>+</td><td>±</td></tr>
<tr><td colspan="7">注：m_d 为标称测距标准差，单位为毫米(mm)；
“+”为应检项目，“±”为可不检项目，“−”为不必检项目。</td></tr>
<tr><td colspan="7">① 1) 30 m以内，使用专用灰度板；2) 30 m以外，使用指定的反射板；3) 环境照度：室内2 000 lx，室外10 000 lx～20 000 lx。
② P_0 为激光光源发光功率的标称值。</td></tr>
</table>

5 仪器参数的检验

5.1 检验项目

光电测距仪的检验项目执行表2的规定；手持激光测距仪及光电测距仪无协作目标功能的检验项目执行表4的规定。检验方法采用本条所规定的相应方法。

5.2 仪器参数检验所用标准装置

仪器参数检验所用标准装置必须进行量值溯源。用于仪器检验的计量器具及其技术要求见表5。

表5 计量器具及其技术要求

序号	设备名称	技术要求
1	地面基线场	总长度大于1 km；点位个数不少于7；准确度$\leqslant 1\times10^{-6}$
2	空中基线场	点位个数不少于5个，且均匀分布在仪器测程内；准确度$\leqslant 2\times10^{-6}$
3	温度计、气压表	温度计的准确度≤0.5 ℃；气压计的准确度≤1.0 hPa
4	频率检验装置	时基频率准确度$\leqslant 1\times10^{-8}$，量程≥100 MHz
5	鉴别力检验装置	准确度≤0.01 mm
6	周期误差平台	平台长度大于仪器精测尺长；平直度$\leqslant 5\times10^{-5}$；基准准确度$\leqslant 2\times10^{-5}$

表5(续)

序　号	设备名称	技术要求
7	手持激光测距仪检验装置	已知边均匀分布在仪器测程之内,条数不少于20条;准确度小于0.5 mm
8	高低温实验室	温度的准确度≤1.0 ℃;温度梯度≤1.0 ℃
9	光功率计	分辨率为0.01 mW;量程:0.1 mW～50 mW;光谱范围为(600～800)nm,光功率测量的扩展不确定度为5%(置信因子$k=3$)
10	计时器	准确度≤0.1 s

5.3 调制光相位均匀性

5.3.1 检验方法

采用光斑位置截取法。

a) 选择30 m～50 m长度的场地,两端分别安置测距仪与反射棱镜,使二者大致等高。

b) 照准反射棱镜标志后,由中心点向上下左右等间隔(一般取30″)移动光轴,每次转动仪器的光轴后进行距离测量,读数5次取平均值作为该点的距离测量结果。测点顺序如图1所示,在偏调2′的区域内测点应不少于13个点。

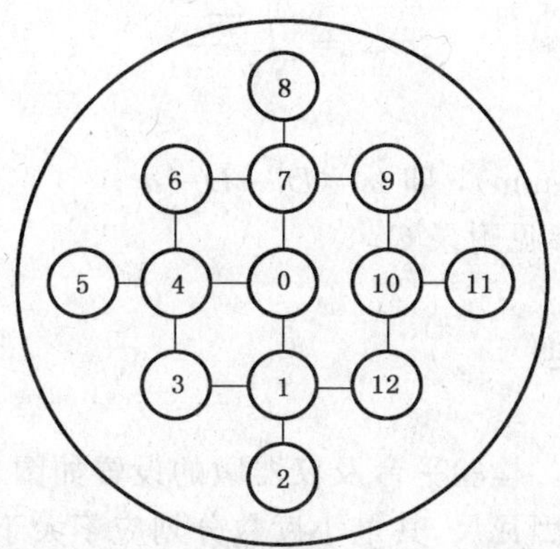

图1 调制光相位均匀性检验照准目标位置示意图

5.3.2 结果计算

将光斑中心点测距值与其他各点测距值之差绘制成等相位差图,取偏调1′范围内的最大差值作为结果。

调制光相位均匀性检验记录参见附录A。

5.4 幅相误差

5.4.1 检验方法

a) 在室内长约30 m的距离两端分别安置测距仪与反射棱镜(或专用灰度板)。在测距仪发射及接收镜筒前设置减光板(或灰度滤光器)。减光板(或灰度滤光器)平面不得与光路垂直。

b) 调整滤光器的位置以改变信号强度大小,在光信号强度的可测区域内使光信号由强而弱变化,选取6个不同回光信号强度进行距离测量,读数5次取平均值为所测距离。

5.4.2 结果计算

取6个距离观测值之间的最大互差作为结果。

幅相误差检验记录参见附录B。

5.5 鉴别力(率)

5.5.1 检验方法

a) 在室内相距约30 m的两端,分别安置测距仪和鉴别力检验装置。使测距仪与检验台上的反射棱镜(或专用灰度板)等高且使反射棱镜(或专用灰度板)移动的方向与测距仪的光轴一致。

b) 将仪器照准反射棱镜标志(或专用灰度板)后重复测距,读数5次取平均值为所测距值。测距由检验台的零点位置开始,等间隔移动反射棱镜(或专用灰度板)10次,每次移动间隔为1.1 mm。

5.5.2 **结果计算**

将观测值归算到零点,求其归算量的平均值 $\overline{D}$:

$$\overline{D}=\frac{\sum_{i=1}^{n}D_i-\sum_{i=1}^{n}d_i}{n} \quad \cdots\cdots(3)$$

式中:

D_i——反射棱镜(或专用灰度板)在各位置的距离观测值,单位为毫米(mm);

d_i——反射棱镜(或专用灰度板)在鉴别力检验台上由零点开始改变的距离值(mm),即 $d_i=1.1\times(i-1)$;

n——观测值个数;

i——观测点序号:$i=1,2,3,\cdots,n$。

计算鉴别力(m_{res}):

$$m_{res}=\sqrt{\frac{\sum_{i=1}^{n}v_i^2}{n-1}} \quad \cdots\cdots(4)$$

式中:

v_i——观测值与归算量的差值(mm),即 $v_i=D_i-\overline{D}-d_i$。 ……(5)

鉴别力(率)(m_{res})的检验记录参见附录C。

5.6 **周期误差**

5.6.1 **相位式光电测距仪定型鉴定**

5.6.1.1 **检验方法**

a) 周期误差检验采用平台法。检验平台及仪器墩的设置如图2所示。长度标准器采用经过检定合格且在检定有效期内的因瓦尺,其最小读数分划应不大于5 cm。

b) 整平仪器并调整其高度,使仪器与反射棱镜等高。观测时由近及远依次移动反射棱镜,并观测出各个位置的距离值。在一个精测尺范围内移动反射棱镜($n-1$)次(测点数 $n\geqslant16$),每次沿平台导轨等间隔地移动一小段距离 d($d=\left[\frac{u}{n}\right]$,$u$ 为仪器精测尺长,d 取整到cm)。第一点照准以后,照准视线的方向不应再改变,而且要保持测距光轴与反射棱镜面垂直。每个点进行距离测量,读数5次取平均值作为各点的观测值(D_i)。

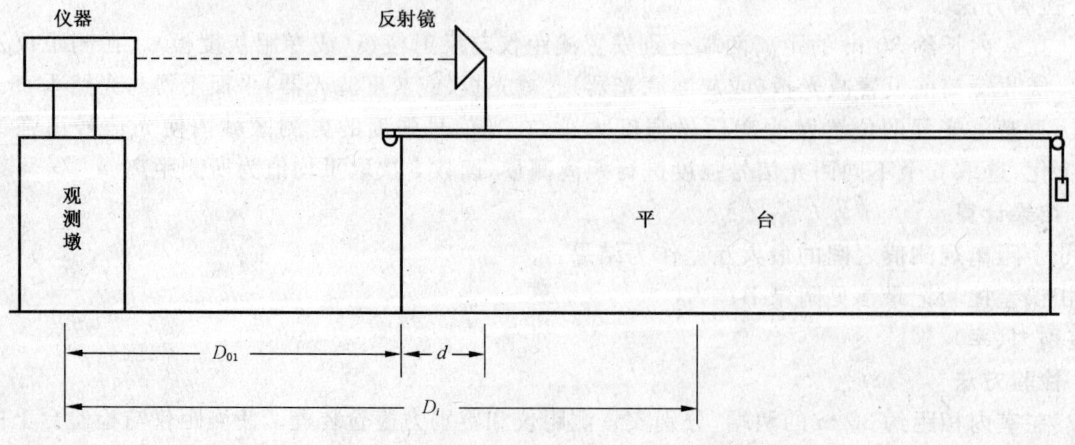

图2 周期误差平台法检验示意图

5.6.1.2 **结果计算**

周期误差计算的误差方程式：

$$v_i = C - x \cdot \sin\theta_i - y \cdot \cos\theta_i + l_i \quad (i = 1, 2, \cdots, n) \qquad \cdots\cdots(6)$$

式中：

$l_i = D_{01} + (i-1) \cdot d - D_i$； ……(7)

$x = A \cdot \cos\phi_0$； ……(8)

$y = A \cdot \sin\phi_0$； ……(9)

$\theta_i = \dfrac{D_i}{u} \times 360°$； ……(10)

A——周期误差振幅，单位为毫米(mm)；

ϕ_0——周期误差的初相角，单位为弧度(rad)；

D_i——测距仪距离观测值，单位为毫米(mm)；

D_{01}——仪器墩至第一个点近似距离，单位为毫米(mm)；

n——观测点数；

d——反射棱镜移动的间隔，单位为毫米(mm)；

u——测距仪精测尺的长度，单位为毫米(mm)；

C——D_{01}的改正数与仪器加常数K之差，单位为毫米(mm)。

按式(6)计算未知数C, x, y，并计算下列周期误差参数：

振幅(A)：

$$A = \sqrt{x^2 + y^2} \qquad \cdots\cdots(11)$$

初相角(ϕ_0)：

$$\phi_0 = \arctan\frac{y}{x} \qquad \cdots\cdots(12)$$

单位权标准差(m_0)：

$$m_0 = \sqrt{\frac{\sum_{i=1}^{n} v_i^2}{n-3}} \qquad \cdots\cdots(13)$$

$$m_A = m_0 \cdot \sqrt{Q_{xx} \cdot \cos^2\phi_0 + Q_{yy} \cdot \sin^2\phi_0 + Q_{xy} \cdot \sin2\phi_0} \qquad \cdots\cdots(14)$$

$$m_{\phi_0} = m_0 \cdot \frac{\rho}{A}\sqrt{Q_{xx} \cdot \sin^2\phi_0 + Q_{yy} \cdot \cos^2\phi_0 - Q_{xy} \cdot \sin2\phi_0} \qquad \cdots\cdots(15)$$

式中：

Q_{xx}——未知数x的权倒数；

Q_{yy}——未知数y的权倒数；

Q_{xy}——未知数x与y之间的相关权倒数；

ρ——206 265。

周期误差检验记录参见附录D。

5.6.1.3 **特殊情况下的简便计算公式**

当观测点数n为偶数且均匀分布在仪器精测尺长范围内时，可以将5.6.1.2中的计算简化。此时，未知数C, x, y可按下式计算：

$$C = -\frac{1}{n}\sum_{i=1}^{n} l_i \qquad \cdots\cdots(16)$$

$$x = -\frac{2\sum_{i=1}^{n}\left[-\sin\left(\frac{D_i}{u} \times 360°\right) \cdot l_i\right]}{n} \qquad \cdots\cdots(17)$$

STANDARDS PRESS OF CHINA

$$y=-\frac{2\sum_{i=1}^{n}\left[-\cos\left(\frac{D_i}{u}\times 360^\circ\right)\cdot l_i\right]}{n} \quad\cdots\cdots(18)$$

单位权标准差(m_0):

$$m_0=\sqrt{\frac{\sum_{i=1}^{n}v_i^2}{n-3}} \quad\cdots\cdots(19)$$

式中:

$$\sum_{i=1}^{n}v_i^2=-\frac{\left(\sum_{i=1}^{n}l_i\right)^2}{n}+\left\{\sum_{i=1}^{n}\left[-\sin\left(\frac{D_i}{u}\times 360^\circ\right)\cdot l_i\right]\right\}x+\left\{\sum_{i=1}^{n}\left[-\cos\left(\frac{D_i}{u}\times 360^\circ\right)\cdot l_i\right]\right\}y+\sum_{i=1}^{n}l_i^2 \quad\cdots\cdots(20)$$

振幅测定标准差(m_A):

$$m_A=m_0\sqrt{\frac{2}{n}} \quad\cdots\cdots(21)$$

初相角测定标准差(m_{ϕ_0}):

$$m_{\phi_0}=\left(\frac{m_A}{A}\right)\rho \quad\cdots\cdots(22)$$

式中:

A——周期误差振幅,单位为毫米(mm)。

上述各式中符号的意义与5.6.1.2中各式的符号含义相同。

5.6.2 相位式光电测距仪出厂检验

5.6.2.1 检验方法

检验平台及仪器墩的设置仍如图2所示。仪器观测墩应位于平台中心线上,其高度应可以调节。观测点至仪器墩间的距离 D_i 应为已知值(i 为目标点序号),目标点数 $n\geqslant 10$,其准确度应优于0.5 mm。分别照准各目标点进行距离测量,读数5次取平均值作为该点的距离观测值 L_i。

5.6.2.2 结果计算

计算距离已知值和观测值之间的差值 Δ_i(mm):

$$\Delta_i=D_i-L_i \quad\cdots\cdots(23)$$

取差值 Δ_i 中的最大最小值之差 ΔD(mm)的绝对值作为结果:

$$\Delta D=\left|\Delta_{\max}-\Delta_{\min}\right| \quad\cdots\cdots(24)$$

5.7 仪器常数及其标准差

5.7.1 光电测距仪定型鉴定

5.7.1.1 鉴定方法

a) 选用的基线边应不少于15条,基线总长度应大于1 km,组合后的测距边应均匀分布在基线的总长度之内,且应无重复边。

b) 在基线两端分别安置光电测距仪与反射棱镜,仪器与反射棱镜安置的对中误差应不大于0.2 mm。各基线段上的观测均为一次照准,读数5次取其平均值。在测距的同时测定沿测线的温度、气压等数据。在鉴定中凡要求测定气温、气压时,可在测线选取测温点,测温点的选取以不影响测距精度为原则。测定时干湿温度表的底部应距地面及旁离障碍物1.5 m,无太阳光直射。

5.7.1.2 结果计算

a) 将各基线段上观测值进行气象、倾斜等修正,然后与相应的基线值比较,剔除粗差,按最小二乘法原则,采用一元线性回归的方法求解加常数、乘常数。计算式为:

$$K=\frac{\sum_{i=1}^{n}D_i^2\sum_{i=1}^{n}l_i-\sum_{i=1}^{n}D_i\sum_{i=1}^{n}(D_il_i)}{n\sum_{i=1}^{n}D_i^2-\left(\sum_{i=1}^{n}D_i\right)^2} \quad\cdots\cdots(25)$$

$$R=\frac{n\sum_{i=1}^{n}(D_il_i)-\sum_{i=1}^{n}D_i\sum_{i=1}^{n}l_i}{n\sum_{i=1}^{n}D_i^2-\left(\sum_{i=1}^{n}D_i\right)^2} \quad\cdots\cdots(26)$$

式中：

K——光电测距仪加常数，单位为毫米(mm)；

R——光电测距仪乘常数，单位为毫米每千米(mm/km)；

D_i——经气象、倾斜等修正后的距离，单位为毫米(mm)；

l_i——基线值 $\widetilde{D}_i$ 与 D_i 之差值，单位为毫米(mm)；

n——组合基线边数，$i=1,2,3,\cdots,n$。

b) 加常数及乘常数测量标准差

单位权标准差：

$$m_0=\sqrt{\frac{\sum_{i=1}^{n}v_i^2}{n-2}} \quad\cdots\cdots(27)$$

加常数 K 的测量标准差：

$$m_K=m_0\sqrt{Q_{11}} \quad\cdots\cdots(28)$$

乘常数 R 的测量标准差：

$$m_R=m_0\sqrt{Q_{22}} \quad\cdots\cdots(29)$$

其中：

$$\sum_{i=1}^{n}v_i^2=\sum_{i=1}^{n}l_i^2-\left(\sum_{i=1}^{n}l_i\right)K-\left(\sum_{i=1}^{n}D_il_i\right)R \quad\cdots\cdots(30)$$

$$Q_{11}=\frac{\sum_{i=1}^{n}D_i^2}{n\sum_{i=1}^{n}D_i^2-\left(\sum_{i=1}^{n}D_i\right)^2} \quad\cdots\cdots(31)$$

$$Q_{22}=\frac{n}{n\sum_{i=1}^{n}D_i^2-\left(\sum_{i=1}^{n}D_i\right)^2} \quad\cdots\cdots(32)$$

式中：

Q_{11}——加常数 K 的权倒数；

Q_{22}——乘常数 R 的权倒数；

D_i——经气象、倾斜等修正后的距离，单位为毫米(mm)；

l_i——基线值 $\widetilde{D}_i$ 与 D_i 之差值(即 $l_i=\widetilde{D}_i-D_i$)，单位为毫米(mm)；

n——使用的组合基线边数，$i=1,2,3,\cdots,n$。

c) 仪器常数的显著性检验，采用 t 检验法。根据显著水平 α 及自由度，查表得临界值 $t_{\alpha/2}$。当加常数临界值 $t_K=|K|/m_K\geqslant t_{\alpha/2}$ 时，所求得加常数 K 为显著；当乘常数临界值 $t_R=|R|/m_R\geqslant t_{\alpha/2}$ 时，所求得乘常数 R 为显著。

1) 当加常数 K 与乘常数 R 均显著时，所选数学模型有效，在使用光电测距仪时应对仪器进行加常数、乘常数修正。

2） 当加常数 K 显著、乘常数 R 不显著时，应选用不考虑乘常数 R 影响的数学模型计算：

$$K=\frac{\sum_{i=1}^{n}l_i}{n} \quad \cdots\cdots(33)$$

加常数测量的单位权标准差：

$$m_0=\sqrt{\frac{\sum_{i=1}^{n}v_i^2}{n-1}} \quad \cdots\cdots(34)$$

其中：

$$\sum_{i=1}^{n}v_i^2=\sum_{i=1}^{n}l_i^2-(\sum_{i=1}^{n}l_i)K \quad \cdots\cdots(35)$$

式中：

l_i——基线值 $\widetilde{D}_i$ 与 D_i 之差值，即 $l_i=\widetilde{D}_i-D_i$；

n——使用的组合基线边数，$i=1,2,3,\cdots,n$。

加常数 K 的测量标准差：

$$m_K=m_0\frac{1}{\sqrt{n}} \quad \cdots\cdots(36)$$

乘常数 R 取零，测量标准差仍取式(29)的计算结果。

3） 当加常数 K 不显著、乘常数 R 显著时，按式(37)计算乘常数：

$$R=\frac{\sum_{i=1}^{n}(l_iD_i)}{\sum_{i=1}^{n}D_i^2} \quad \cdots\cdots(37)$$

乘常数测量的单位权标准差：

$$m_0=\sqrt{\frac{\sum_{i=1}^{n}v_i^2}{n-1}} \quad \cdots\cdots(38)$$

其中：

$$\sum_{i=1}^{n}v_i^2=\sum_{i=1}^{n}l_i^2-(\sum_{i=1}^{n}D_il_i)R \quad \cdots\cdots(39)$$

式中：

D_i——经气象、倾斜等修正后的观测距离；

l_i——基线值 $\widetilde{D}_i$ 与 D_i 之差值，$l_i=\widetilde{D}_i-D_i$； ……(40)

n——使用的组合基线边数，$i=1,2,3,\cdots,n$。

乘常数 R 的测量标准差：

$$m_R=\frac{m_0}{\sqrt{\sum_{i=1}^{n}D_i^2}} \quad \cdots\cdots(41)$$

加常数 K 取零，测量标准差仍取式(28)的计算结果。

4） 当加常数 K 和乘常数 R 均不显著时，不对测距结果施加加常数、乘常数改正：

单位权标准差：

$$m_0=\sqrt{\frac{\sum_{i=1}^{n}v_i^2}{n}} \quad \cdots\cdots(42)$$

加常数 K 及乘常数 R 均取零，其测量标准差仍取式(28)、式(29)的计算结果。

加常数乘常数计算表参见附录 E。

5.7.2　**光电测距仪的出厂检验**

5.7.2.1　**检验方法**

a)　按放射状选用已知边，已知边的准确度应不低于 1/2b，边数不少于 10 条，长度应均匀分布在仪器的测程(单棱镜)之内，且应无重复边。

b)　在仪器墩上安置仪器，分别照准目标点的反射棱镜。各段距离的观测均为一次照准读取 5 个读数求其平均值。在测距的同时测定测线的温度、气压等数据气象参数。

5.7.2.2　**结果计算**

a)　将各段距离上观测的数据进行气象、倾斜等修正，然后与相应的已知值比较，按式(25)和式(26)计算加常数、乘常数；

b)　加常数及乘常数测量结果的标准差计算式见式(27)～式(32)。

5.7.3　**手持激光测距仪**

5.7.3.1　**检验方法**

检验装置示意图如图 2 所示。可以将目标点呈直线式分散状，且目标点应均匀分布在手持激光测距仪的测程之内；目标点至仪器墩间的距离 D_i(i 为目标点序号)应为已知值，其准确度应优于 0.5 mm。观测时分别测定各目标点，每个目标点读数 5 次取平均值为该点的距离观测值 L_i。

5.7.3.2　**结果计算**

加常数与测距标准差的计算如下：

计算距离已知值和观测值之间的差值 Δ_i(mm)：

$$\Delta_i = D_i - L_i \qquad \cdots\cdots(43)$$

计算加常数 K(mm)：

$$K = \frac{1}{n}\sum_{i=1}^{n}\Delta_i \qquad \cdots\cdots(44)$$

$$v_i = \Delta_i - K \qquad \cdots\cdots(45)$$

计算测距标准差 m'_d(mm)：

$$m'_d = \sqrt{\frac{\sum_{i=1}^{n} v_i^2}{n-1}} \qquad \cdots\cdots(46)$$

5.8　**测距标准差**

5.8.1　**比较法(标准基线法)**

选定 n 条($n>6$)基线边进行观测，然后对各观测值进行气象、倾斜、加常数及乘常数等修正，可得距离观测值 D_i，其误差 Δ_i 为：

$$\Delta_i = \widetilde{D}_i - D_i \qquad \cdots\cdots(47)$$

式中：

$\widetilde{D}_i$——第 i 条基线边的基线值，单位为毫米(mm)；

$i=1,2,3,\cdots,n$。

单位权标准差 m_0：

$$m_0 = \sqrt{\frac{\sum_{i=1}^{n}\Delta_i^2}{n}} \qquad \cdots\cdots(48)$$

取单位权标准差 m_0 的 1.5 倍作为该台仪器的测距标准差(m'_d)：

$$m'_d = 1.5 m_0 \qquad \cdots\cdots(49)$$

5.8.2　解析法(定型鉴定增加项目)

选定一条直线,将其分为 $d_1,d_2,\cdots,d_6$ 等6段,如图3所示:

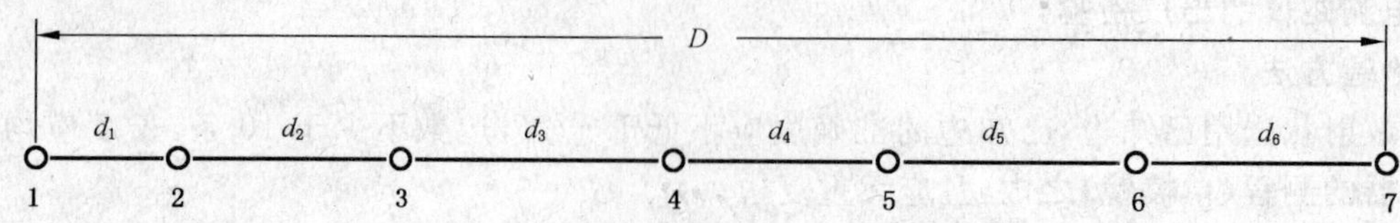

图3　测距标准差鉴定示意图

采用全组合观测法进行观测,共观测21条测距边:

$$\begin{array}{r} D_{12},D_{13},D_{14},D_{15},D_{16},D_{17} \\ D_{23},D_{24},D_{25},D_{26},D_{27} \\ D_{34},D_{35},D_{36},D_{37} \\ D_{45},D_{46},D_{47} \\ D_{56},D_{57} \\ D_{67} \end{array}$$

5.8.2.1　场地布设方法

根据仪器精测尺长($\lambda/2$),按下式计算设计参数:

$$\beta=\mathrm{int}\left(\frac{D-6.5\cdot\lambda}{15}\right) \qquad \cdots\cdots(50)$$

$$\gamma=\frac{\lambda}{72} \qquad \cdots\cdots(51)$$

式中:

λ——仪器精测尺波长,单位为米(m);

D——直线总长度,单位为米(m)。

按式(52)计算各段距离:

$$\begin{cases} d_1=\lambda+\beta+3\gamma \\ d_2=\lambda+3\beta+7\gamma \\ d_3=\lambda+5\beta+11\gamma \\ d_4=\lambda+4\beta+9\gamma \\ d_5=\lambda+2\beta+5\gamma \\ d_6=\lambda+\gamma \end{cases} \qquad \cdots\cdots(52)$$

5.8.2.2　测距标准差计算

将进行过气象和倾斜改正后的各段距离观测值记为 l_{ij},按式(53)~式(57)计算标准偏差:

$$x_i=\sum_{j=1}^{7-i}l_{j,i+j}-\sum_{j=1}^{i}l_{j,7-i+j};i=4,5,6 \qquad \cdots\cdots(53)$$

$$y_i=\frac{1}{7}\left(\sum_{j=i+1}^{7}l_{i,j}-\sum_{j=1}^{i-1}l_{j,i}\right);i=1,2,\cdots,7 \qquad \cdots\cdots(54)$$

剩余加常数

$$K_1=\frac{1}{35}\sum_{i=4}^{6}(2\times i-7)\times x_i \qquad \cdots\cdots(55)$$

残差:

$$v_{i,j}=y_i-y_j-\frac{7+2(i-j)}{7}\times K_1-l_{i,j};i=1,2,\cdots,6;j=i+1,\cdots,7 \qquad \cdots\cdots(56)$$

单位权标准差(m_0)为:

$$m_0 = \sqrt{\frac{\sum_{i=1}^{6}\sum_{j=i+1}^{7} v_{i,j}^2}{14}} \quad \cdots\cdots(57)$$

所求 m_0 即为测距标准差(m'_d)。

5.9 精测尺频率

5.9.1 随开机时间变化的特性

5.9.1.1 检验方法

a) 检验在室内常温下进行。先将数字频率计通电预热 1 h 以上,并将光电转换器的输出端与频率计输入端用高频电缆线连接。在光电测距仪发射镜筒处安置光电转换器,使发射光斑进入光电转换器的接收孔内。对于具有频率输出插孔的光电测距仪,可用高频电缆与频率计直接连接。

b) 光电测距仪通电后立即在频率计上读取频率显示数,每隔 1 min 读数一次,直至开机 30 min 结束。

c) 检测过程室温变化不应大于 2 ℃。

d) 绘出精测尺频率随开机时间的变化曲线。

频率变化值:

$$\Delta f_i = f_0 - f_i \quad \cdots\cdots(58)$$

式中:

f_0——光电测距仪标称精测尺频率,单位为赫兹(Hz);

f_i——该室温下 i 时刻的瞬时频率,单位为赫兹(Hz);

i——光电测距仪开机时刻,单位为分钟(min)(i=1,2,3,…,n)。

5.9.1.2 结果计算

记前 5 min 及 30 min 精测尺频率平均值分别为 $f_{5\,\text{min}}$、$f_{30\,\text{min}}$,并分别计算前 5 min 及 30 min 精测尺频率漂移量 $|f_{5\,\text{min}} - f_0|/f_0$ 和 $|f_i - f_{30\,\text{min}}|/f_{30\,\text{min}}$,其中最大值即为计算结果。

精测尺频率随开机时间的变化特性的检验记录表参见附录 F。

5.9.2 随温度变化的漂移特性

5.9.2.1 检验方法

a) 将光电测距仪置入具有隔热玻璃的恒温控制箱(室)内,使其发射镜筒对准隔热玻璃窗。并将光电转换器的接收孔正对箱内的光电测距仪发射镜筒,使测距光束射入其内。

b) 根据仪器的工作温度范围,对恒温控制箱缓缓调温到给定的某个温度,持续恒温 2 h,使仪器与箱体内温度相一致。

c) 数字频率计预热 1 h 以上,光电测距仪预热 5 min 以上,测量光电测距仪精测尺频率。连续 10 次读数,取其平均值,即为该仪器在此温度下的频率值。改变温度 5 ℃,并保持恒温 1 h,在新的温度下重复上述操作,直到给定温度范围的另一温度止。

5.9.2.2 结果计算

在 T 温度下精测尺频率漂移量为(Δf_T):

$$\Delta f_T = f_0 - f_T \quad \cdots\cdots(59)$$

式中:

f_0——光电测距仪标称精测尺频率,单位为赫兹(Hz);

T——箱(室)内温度,单位为摄氏度(℃);

f_T——光电测距仪在 T 温度下的精测尺频率,单位为赫兹(Hz)。

以温度 T 为横轴,频率漂移量 Δf_T 为纵轴,绘出温度-频率漂移曲线。在仪器适用温度范围内找出绝对值最大的漂移量 $\Delta f_{T\max}$,其 $\Delta f_{T\max}/f_0$ 即为检定结果。

温度频率漂移的距离修正值 ΔD_T 按下式计算：

$$\Delta D_T = \frac{f_0 - f_T}{f_0} D_T \qquad \cdots\cdots (60)$$

式中：

D_T——光电测距仪在 T 温度下测定的距离，单位为米(m)。

其他符号的含义同式(59)。

精测尺频率随温度变化漂移特性的检验记录表参见附录 G。

5.10 距离测量重复性

5.10.1 检验方法

在室内约 30 m 距离的两端分别安置测距仪与反射棱镜，进行 n 次(n=30)单次距离测量。

5.10.2 结果计算

测距标准差计算：

$$m_0 = \sqrt{\frac{\sum_{i=1}^{n} v_i^2}{n-1}} \qquad \cdots\cdots (61)$$

式中：

v_i——第 i 次测距值与其平均值之差，单位为毫米(mm)；

$$v_i = D_i - \overline{D}; \qquad \cdots\cdots (62)$$

D_i——第 i 次测距值；

$\overline{D}$——n 次距离测量平均值；

n——距离测量次数。

距离测量重复性检验记录参见附录 H。

5.11 激光光源发光功率

5.11.1 检验方法

a) 检验在室内常温下进行。在检验区域内无可感觉到的空气波动、无影响测量数据的电磁干扰和背景辐射干扰。

b) 将测距仪的望远镜安置到水平位置，启动仪器使其处于激光测距模式。将安置在 50 mm 以内的光功率计的探头垂直对准激光光束，使光线通过 Φ7 mm 光阑，上下左右移动探头使激光束处于探头的中心位置，读取光功率计的读数。重复进行 10 次测量。

5.11.2 结果计算

取 10 次测量结果的平均值作为激光束的发射功率测量值 P_s。

5.12 测程

5.12.1 光电测距仪

5.12.1.1 检验方法

a) 选择在标准大气条件下进行检验。选择与测程相应的已知距离 $\widetilde{D}$(最短距离与最长距离)，在其两端分别安置光电测距仪与反射棱镜(或棱镜组)。

b) 用光电测距仪进行 10 次照准，每次照准读数 5 次并取平均值作为观测值。在测距的同时测定气温、气压。

5.12.1.2 结果计算

对所测的观测值进行气象、倾斜、仪器常数修正后得距离测量值 $\overline{D}$，计算与已知距离 $\widetilde{D}$ 差值的绝对值：

$$\Delta = |\widetilde{D} - \overline{D}| \qquad \cdots\cdots (63)$$

5.12.2 手持激光测距仪

5.12.2.1 最长测程

5.12.2.1.1 检验方法

a) 选择室外环境照度为 10 000 lx～20 000 lx 的条件下，采用专用灰度板(或标靶)作为反射标志进行距离测量；

b) 选择与测程相应的最长已知距离 $\widetilde{D}$，在其两端分别安置手持激光测距仪与反射标志；

c) 重复启动手持激光测距仪测距，共进行 10 次距离测量。在测距的同时测定气温、气压。

5.12.2.1.2 结果计算

对所测的观测值进行气象、倾斜、仪器常数修正后得距离测量值 $\overline{D}$，计算 $\overline{D}$ 与已知距离 $\widetilde{D}$ 差值的绝对值(Δ)：

$$\Delta = |\widetilde{D} - \overline{D}| \qquad (64)$$

5.12.2.2 最短测程

5.12.2.2.1 检验方法

a) 选择室内环境照度为 2 000 lx 以下的条件下，采用专用灰度板作为反射标志进行距离测量；

b) 选择与测程相应的最短已知距离 $\widetilde{D}$，在其两端分别安置手持激光测距仪与反射标志；

c) 重复启动手持激光测距仪测距，共进行 10 次距离测量。

5.12.2.2.2 结果计算

对观测值进行气象、倾斜、仪器常数修正后得距离测量值 $\overline{D}$，计算与已知距离 $\widetilde{D}$ 差值的绝对值：

$$\Delta = |\widetilde{D} - \overline{D}| \qquad (65)$$

5.13 距离测量时间

5.13.1 检验方法

用测距仪照准相距 50 m 左右的反射标志，启动仪器进行测距测量。在按测距键的同时启动计时器，当仪器显示屏出现距离值时，停止计时。

5.13.2 结果计算

读取 10 次测量时间的平均值作为计算结果。

5.14 环境试验

按 GB/T 12085.1～12085.14 的相关要求进行环境试验。

6 标志

6.1 仪器上应具有产品型号、名称、商标、仪器制造商和仪器编号及激光警示标志。

6.2 说明书和包装上应标注产品的型号、名称、商标、仪器制造商和详细地址。

7 包装

仪器的包装应符合 GB/T 15464 的规定。包装储运标志应符合 GB/T 191 的规定。

8 运输

8.1 仪器搬运和放置按照运输箱的标志进行，应严格遵守仪器搬运和运输的相关规则。

8.2 应禁止与易燃、易爆、易腐蚀等物品同车装运。

8.3 应有防雨、防日晒、防撞击和防跌落的措施。

9 贮存

仪器应贮存在通风良好、隔热、保温、排水、具防火措施的场所。

附 录 A
（资料性附录）
调制光相位均匀性检验记录表

调制光相位均匀性检验的一般记录格式，可参照表 A.1。

表 A.1 调制光相位均匀性检验记录表（示例）

检测编号：________ 仪器型号：________ 仪器编号：________

观　测：________ 记　录：________ 日　期：________

序号	水平度盘及竖直度盘读数						测距仪观测值 D/m					平均值 $\overline{D}$/mm	与中心点之差 $(D_0-\overline{D})$/mm
	垂直 (°)(′)(″)			水平 (°)(′)(″)									
0	86	06	00	270	05	00	50.602	50.602	50.602	50.602	50.602	50.602 0	0.0
1	86	07	00	270	05	00	50.602	50.602	50.602	50.602	50.602	50.602 0	0.0
2	86	08	00	270	05	00	50.603	50.603	50.603	50.603	50.603	50.603 0	−1.0
3	86	06	00	270	04	00	50.603	50.603	50.603	50.603	50.603	50.603 0	−1.0
4	86	05	00	270	04	00	50.602	50.602	50.602	50.602	50.602	50.602 0	0.0
5	86	05	00	270	03	00	50.603	50.603	50.603	50.603	50.603	50.603 0	−1.0
6	86	04	00	270	04	00	50.603	50.603	50.603	50.603	50.603	50.603 0	−1.0
7	86	04	00	270	05	00	50.601	50.601	50.601	50.601	50.601	50.601 0	1.0
8	86	03	00	270	05	00	50.602	50.602	50.602	50.602	50.602	50.602 0	0.0
9	86	04	00	270	06	00	50.602	50.601	50.602	50.601	50.601	50.601 4	0.6
10	86	05	00	270	06	00	50.601	50.601	50.601	50.601	50.601	50.601 0	1.0
11	86	05	00	270	07	00	50.601	50.601	50.602	50.601	50.601	50.601 2	0.8
12	86	06	00	270	06	00	50.601	50.601	50.601	50.601	50.601	50.601 0	1.0
0	86	06	00	270	05	00	50.602	50.602	50.602	50.602	50.602	50.602 0	0.0
最大互差：2.0 mm													

附 录 B
（资料性附录）
幅相误差检验记录表

幅相误差检验的一般记录格式，可参照表 B.1。

表 B.1 幅相误差检验记录表（示例）

检测编号：__________ 仪器型号：__________ 仪器编号：__________

观　测：__________ 记　录：__________ 日　期：__________

灰度滤光器位置		0	1	2	3	4	5
观测值 m	1	32.365	32.362	32.363	32.362	32.362	32.364
	2	32.364	32.363	32.362	32.362	32.363	32.364
	3	32.364	32.363	32.362	32.363	32.363	32.365
	4	32.364	32.363	32.362	32.362	32.363	32.365
	5	32.365	32.362	32.363	32.363	32.362	32.366
平均值		32.364 4	32.362 6	32.362 4	32.362 4	32.362 6	32.364 8
最大互差：2.4 mm							

STANDARDS PRESS OF CHINA

附　录　C
（资料性附录）
鉴别力（率）检验记录表

鉴别力检验的一般记录格式，可参照表C.1。

表C.1　鉴别力检验记录（示例）

检测编号：＿＿＿＿＿＿　仪器型号：＿＿＿＿＿＿　仪器编号：＿＿＿＿＿＿

观　测：＿＿＿＿＿＿　记　录：＿＿＿＿＿＿　日　期：＿＿＿＿＿＿

序号	棱镜移动距离 d_i/mm	测距仪读数/m					观测值 D_i/m	残差 v_i/mm
		1	2	3	4	5		
1	0	30.004	30.004	30.004	30.004	30.004	30.004 0	0.1
2	1.1	30.005	30.005	30.005	30.005	30.005	30.005 0	0.0
3	2.2	30.006	30.006	30.007	30.006	30.007	30.006 4	0.3
4	3.3	30.007	30.007	30.007	30.007	30.007	30.007 0	−0.2
5	4.4	30.009	30.008	30.008	30.008	30.008	30.008 2	−0.1
6	5.5	30.009	30.009	30.010	30.009	30.009	30.009 2	−0.2
7	6.6	30.010	30.010	30.010	30.011	30.011	30.010 4	−0.1
8	7.7	30.011	30.012	30.011	30.011	30.012	30.011 4	−0.2
9	8.8	30.013	30.013	30.012	30.012	30.013	30.012 6	−0.1
10	9.9	30.014	30.014	30.014	30.014	30.014	30.014 0	0.2
11	11.0	30.014	30.015	30.015	30.015	30.015	30.014 8	−0.1
归算量的平均值：$\overline{D}=\dfrac{\sum_{i=1}^{n}D_i-\sum_{i=1}^{n}d_i}{n}=30.003\,9\text{ m}$；残差 $v_i=D_i-\overline{D}-d_i$ 鉴别力：$m_{鉴别力}=\sqrt{\dfrac{\sum_{i=1}^{n}v_i^2}{n-1}}=0.17\text{ mm}$								残差平方和：0.30

附 录 D

（资料性附录）

周期误差检验记录及计算表

鉴别力检验的一般记录格式，可参照表 D.1。

表 D.1 周期误差检验记录及计算表(示例)

检测编号:________ 仪器型号:________ 仪器编号:________

观　　测:________ 记　　录:________ 日　　期:________

序号 (i)	近似距离 $D_{01}+(i-1)\cdot d$/m	距离观测值 D_i/m	误差方程式系数 (C)	(x) $-\sin\theta_i$	(y) $-\cos\theta_i$	常数项 l_i/mm	残差 v_i/mm
1	25.965 6	25.965 6	1	0.570 1	0.821 5	0	−2.2
2	26.465 6	26.462 4	1	0.794 9	0.606 7	3.2	−0.3
3	26.965 6	26.960 2	1	0.943 0	0.332 7	5.4	0.8
4	27.465 6	27.461 2	1	0.999 7	0.024 3	4.4	−0.9
5	27.965 6	27.959 6	1	0.958 5	−0.284 7	6.0	0.4
6	28.465 6	28.460 0	1	0.823 5	−0.567 3	5.6	0.1
7	28.965 6	28.960 4	1	0.607 7	−0.794 1	5.2	0.4
8	29.465 6	29.461 8	1	0.331 7	−0.943 4	3.8	0.0
9	29.965 6	29.962 2	1	0.023 7	−0.999 7	3.4	0.8
10	30.465 6	30.464 6	1	−0.287 7	−0.957 7	1.0	−0.1
11	30.965 6	30.966 0	1	−0.570 4	−0.821 4	−0.4	0.0
12	31.465 6	31.468 4	1	−0.797 2	−0.603 7	−2.8	−1.1
13	31.965 6	31.968 8	1	−0.944 8	−0.327 6	−3.2	−0.4
14	32.465 6	32.469 0	1	−0.999 8	−0.019 5	−3.4	0.1
15	32.965 6	32.968 8	1	−0.956 9	0.290 3	−3.2	0.6
16	33.465 6	33.469 4	1	−0.820 2	0.572 1	−3.8	−0.2
17	33.965 6	33.968 8	1	−0.603 5	0.797 3	−3.2	−0.2
18	34.465 6	34.466 8	1	−0.328 7	0.944 4	−1.2	0.8
19	34.965 6	34.966 2	1	−0.021 2	0.999 8	−0.6	0.1
20	35.465 6	35.463 4	1	+0.287 1	0.957 9	2.2	1.5

误差方程式常数项 $l_i = D_{01} + (i-1)\cdot d - D_i$；反射棱镜移动间隔 $d=0.5$ m；

测距仪精测尺长度 $u=10.0$ m；残差 $v_i = C - x\cdot\sin\theta_i - y\cdot\cos\theta_i + l_i$；

$$y = -\frac{2\sum_{i=1}^{n}\left[-\cos\left(\frac{D_i}{u}\times 360^\circ\right)\cdot l_i\right]}{n} = \frac{2\times 15.26}{20} = 1.53 \qquad C = -\frac{1}{n}\sum_{i=1}^{n} l_i = -0.92\ \text{mm}$$

$$x = -\frac{2\sum_{i=1}^{n}\left[-\sin\left(\frac{D_i}{u}\times 360^\circ\right)\cdot l_i\right]}{n} = -\frac{2\times 44.64}{20} = -4.46$$

残差平方和：12.25

周期误差的参数：振幅 $A=\sqrt{x^2+y^2}=4.7$ mm；初相角 $\phi_0=\arctan\frac{y}{x}=161^\circ 04'$；

单位权标准差：$m_0=\sqrt{\frac{\sum_{i=1}^{n} v_i^2}{n-3}}=0.84$ mm；振幅测量标准差 $m_A=m_0\sqrt{\frac{2}{n}}=0.27$ mm。

附 录 E
(资料性附录)
加常数乘常数计算表

加常数乘常数检验的计算表,可参照表 E.1。

表 E.1 加常数乘常数计算表(示例)

检测编号:______ 仪器型号:______ 仪器编号:______

观　　测:______ 记　　录:______ 日　　期:______

序号 (i)	基线值 $\widetilde{D}_i$/m	修正后的观测值 D_i/m	差值/mm $l_i=\widetilde{D}_i-D_i$	D_i^2/km²	$D_i\cdot l_i$/(km·mm)	残差 v_i/mm	v_i^2/mm²
1	168.036 4	168.034 0	2.4	0.03	0.40	−0.6	0.36
2	528.127 9	528.125 9	2.0	0.28	1.06	0.2	0.04
3	1 080.223 7	1 080.221 9	1.8	1.17	1.94	1.8	3.24
4	1 872.315 6	1 872.318 1	−2.5	3.50	−4.68	0.0	0.00
5	648.098 0	648.095 0	3.0	0.42	1.94	1.6	2.56
6	912.187 3	912.185 4	1.9	0.83	1.73	1.3	1.69
7	1 632.228 5	1 632.231 2	−2.7	2.66	−4.41	−1.0	1.00
8	1 704.279 2	1 704.279 5	−0.3	2.90	−0.51	1.7	2.89
9	552.095 7	552.094 2	1.5	0.30	0.83	−0.2	0.04
10	1 272.136 7	1 272.138 4	−1.7	1.62	−2.16	−1.1	1.21
11	264.089 3	264.086 6	2.7	0.07	0.71	0.0	0.00
12	984.130 3	984.131 2	−0.9	0.97	−0.89	−1.3	1.69
13	1 056.181 2	1 056.183 2	−2.0	1.12	−2.11	−2.1	4.41
14	792.091 9	792.090 8	1.1	0.63	0.87	0.1	0.01
15	72.050 8	72.047 4	3.4	0.01	0.24	0.1	0.01
求和		13.54(km)	9.7	16.51	−5.02		19.15

加常数:$K=\dfrac{\sum_{i=1}^{n}D_i^2\sum_{i=1}^{n}l_i-\sum_{i=1}^{n}D_i\sum_{i=1}^{n}(D_il_i)}{n\sum_{i=1}^{n}D_i^2-\left(\sum_{i=1}^{n}D_i\right)^2}=3.5\ \text{mm}$　乘常数:$R=\dfrac{n\sum_{i=1}^{n}(D_il_i)-\sum_{i=1}^{n}D_i\sum_{i=1}^{n}l_i}{n\sum_{i=1}^{n}D_i^2-\left(\sum_{i=1}^{n}D_i\right)^2}=-3.2\ \text{mm/km}$

权倒数:$Q_{11}=\dfrac{\sum_{i=1}^{n}D_i^2}{n\sum_{i=1}^{n}D_i^2-\left(\sum_{i=1}^{n}D_i\right)^2}=0.26$　$Q_{22}=\dfrac{n}{n\sum_{i=1}^{n}D_i^2-\left(\sum_{i=1}^{n}D_i\right)^2}=0.23$

残差:$v_i=-K-D_i\cdot R+l_i$;　单位权标准差:$m_0=\sqrt{\dfrac{\sum_{i=1}^{n}v_i^2}{n-2}}=1.2\ \text{mm}$

加常数 K 的测量标准差:$m_K=m_0\sqrt{Q_{11}}=0.6\ \text{mm}$

乘常数 R 的测量标准差:$m_R=m_0\sqrt{Q_{22}}=0.6\ \text{mm/km}$

选取显著水平 $\alpha=0.05$ 及自由度 $n=13$,查表得临界值 $t_{\alpha/2}=2.16$;

加常数临界值 $t_K=|K|/m_K=5.8>2.2$,加常数显著;

乘常数临界值 $t_R=|R|/m_R=5.3>2.2$,乘常数显著。

附　录　F
（资料性附录）
精测尺频率随开机时间变化检验记录表

精测尺频率随开机时间变化检验的一般记录格式，可参照表 F.1。

表 F.1　精测尺频率随开机时间变化检验记录（示例）

检测编号：＿＿＿＿　仪器型号：＿＿＿＿　仪器编号：＿＿＿＿

观　　测：＿＿＿＿　记　　录：＿＿＿＿　日　　期：＿＿＿＿

标称频率：4 870 250 Hz　频率计型号：＿＿＿＿　频率计预热时间：＿＿＿＿

序号	开机时间	频率计读数值 f_i/Hz	Δf_i/Hz	$\mathrm{d}f_i$/Hz	序号	开机时间	频率计读数值 f_i/Hz	Δf_i/Hz	$\mathrm{d}f_i$/Hz
1	13:50	4 870 259.0	−9.0	5.2	16	14:05	4 870 253.3	−3.3	−0.5
2	51	257.2	−7.2	3.4	17	06	253.3	−3.3	−0.5
3	52	255.8	−5.8	2.0	18	07	253.2	−3.2	−0.5
4	53	254.7	−4.7	0.9	19	08	253.2	−3.2	−0.6
5	54	254.0	−4.0	0.2	20	09	253.2	−3.2	−0.6
6	55	253.9	−3.9	−0.1	21	10	253.2	−3.2	−0.6
7	56	253.8	−3.8	0.0	22	11	253.2	−3.2	−0.6
8	57	253.7	−3.7	−0.1	23	12	253.2	−3.2	−0.6
9	58	253.6	−3.6	−0.2	24	13	253.2	−3.2	−0.6
10	59	253.5	−3.5	−0.3	25	14	253.2	−3.2	−0.6
11	14:00	253.4	−3.4	−0.4	26	15	253.1	−3.1	−0.6
12	01	253.4	−3.4	−0.4	27	16	253.1	−3.1	−0.7
13	02	253.3	−3.3	−0.5	28	17	253.1	−3.1	−0.7
14	03	253.3	−3.3	−0.5	29	18	253.1	−3.1	−0.7
15	04	253.3	−3.3	−0.5	30	19	253.1	−3.1	−0.7

频率偏移：$\Delta f_i = f_0 - f_i$；5 min 及 30 min 精测尺频率平均值：$f_{5\,\mathrm{min}} = \frac{1}{5}\sum_{i=1}^{5} f_i = 4\,870\,256.1$ Hz；

$f_{30\,\mathrm{min}} = \frac{1}{30}\sum_{i=1}^{30} f_i = 4\,870\,253.8$ Hz；$|f_{5\,\mathrm{min}} - f_0|/f_0 = 1.3\times10^{-6}$；

频率漂移：$\mathrm{d}f_i = f_i - f_{30\,\mathrm{min}}$；$|f_i - f_{30\,\mathrm{min}}|/f_{30\,\mathrm{min}}$ 的最大值为：1.1×10^{-6}。

STANDARDS PRESS OF CHINA

附 录 G
（资料性附录）
精测尺频率随温度的变化检验记录表

周期误差检验的一般记录格式，可参照表 G.1。

表 G.1 精测尺频率随温度的变化检验记录（示例）

检测编号：__________ 仪器型号：__________ 仪器编号：__________

观　测：__________ 记　录：__________ 日　期：__________

标称频率：4 870 225 Hz 频率计型号：__________

箱(室)温度 T/℃	频率计数值 f_T/Hz					平均值 $\bar{f}_T$/Hz	$\Delta f_T = f_0 - \bar{f}_T$/Hz
−10	4 870 231	231	231	231	231	4 870 230.9	−5.9
	231	231	231	231	230		
−5	231	231	231	231	230	230.4	−5.4
	230	230	230	230	230		
0	230	230	230	230	230	229.9	−4.9
	230	230	230	230	229		
5	230	230	230	230	229	229.4	−4.4
	229	229	229	229	229		
10	229	229	229	229	228	228.4	−3.4
	228	228	228	228	228		
15	227	227	227	227	227	227.0	−2.0
	227	227	227	227	227		
20	225	225	225	225	225	225.0	−0.0
	225	225	225	225	225		
25	223	223	223	223	223	222.8	+2.2
	223	223	222	223	222		
30	221	221	221	220	221	220.4	+4.6
	220	220	220	220	220		
35	218	218	218	218	218	217.7	+7.3
	218	218	217	217	217		
40	216	216	216	215	215	215.3	+9.7
	215	215	215	215	215		
$\Delta f_{T\max} = +9.7$ Hz					$\Delta f_{T\max}/f_0 = 2.0\times10^{-6}$		

附　录　H
（资料性附录）
距离测量重复性检验记录

周期误差检验的一般记录格式，可参照表 H.1。

表 H.1　距离测量重复性(示例)

检测编号:________　　仪器型号:________　　仪器编号:________
观　　测:________　　记　　录:________　　日　　期:________

序　号	读数 D_i/m	残差 v_i/mm	序　号	读数 D_i/m	残差 v_i/mm	序　号	读数 D_i/m	残差 v_i/mm
1	30.023	0.2	11	30.023	0.2	21	30.024	1.2
2	30.023	0.2	12	30.022	−0.8	22	30.022	−0.8
3	30.023	0.2	13	30.023	0.2	23	30.022	−0.8
4	30.023	0.2	14	30.023	0.2	24	30.023	0.2
5	30.024	1.2	15	30.024	1.2	25	30.023	0.2
6	30.023	0.2	16	30.022	−0.8	26	30.022	−0.8
7	30.023	0.2	17	30.022	−0.8	27	30.024	1.2
8	30.022	−0.8	18	30.023	0.2	28	30.022	−0.8
9	30.022	−0.8	19	30.023	0.2	29	30.023	0.2
10	30.022	−0.8	20	30.023	0.2	30	30.023	0.2
平均值 $\overline{D}$	30.022 8							
$\sum_{i=1}^{n} v_i^2$	12.8							
$v_i = D_i - \overline{D}$;　$m_0 = \sqrt{\frac{\sum_{i=1}^{n} v_i^2}{n-1}} = 0.7\ \text{mm}$								

ICS 71.080.15
G 17

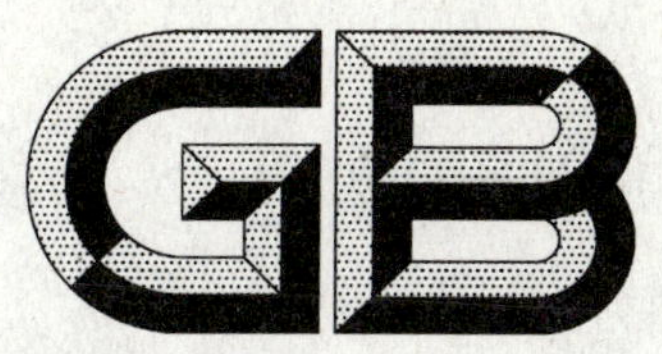

中华人民共和国国家标准

GB/T 14326—2009
代替 GB/T 14326—1993

苯中二硫化碳含量的测定方法

Determination of carbon disulfide content in benzene

2009-07-08 发布

2010-04-01 实施

中华人民共和国国家质量监督检验检疫总局
中国国家标准化管理委员会
发布

前　言

本标准代替 GB/T 14326—1993《苯中二硫化碳含量的测定方法》。

本标准与 GB/T 14326—1993 相比主要变化如下：

——增加了规范性引用文件；

——采用了法定计量单位。

本标准由中国钢铁工业协会提出。

本标准由全国钢标准化技术委员会归口。

本标准起草单位：武汉科技大学、冶金工业信息标准研究院。

本标准主要起草人：赵敏伦、何选明、陈晓霞、张少春、孙伟。

本标准所代替标准的历次版本发布情况为：

——GB/T 14326—1993。

苯中二硫化碳含量的测定方法

1 范围

本标准规定了苯中二硫化碳含量测定的原理、试剂、仪器、采样、试验准备、试验步骤和试验误差。

本标准适用于测定苯中二硫化碳的含量。测定范围：含量在 0.000 1 g/100 mL～0.000 6 g/100 mL 范围的苯；也适用于用甲苯或苯将二硫化碳含量稀释到该范围的苯。

2 规范性引用文件

下列文件中的条款通过本标准的引用而成为本标准的条款。凡是注日期的引用文件，其随后所有的修改单（不包括勘误的内容）或修订版均不适用于本标准，然而，鼓励根据本标准达成协议的各方研究是否可使用这些文件的最新版本。凡是不注日期的引用文件，其最新版本适用于本标准。

GB/T 684 化学试剂 甲苯

GB/T 690 化学试剂 苯

GB/T 1999 焦化油类产品取样方法

GB/T 8170 数值修约规则与极限数值的表示和判定

GB/T 9977 焦化产品术语

HG/T 3486 化学试剂 二乙胺

YB/T 5155 焦化产品测定方法通则

3 原理

苯中二硫化碳与二乙胺、醋酸铜反应生成橙黄色的二乙基二硫代氨基甲酸铜，进行分光光度法测定。

其反应方程式为：

$CS_2+(C_2H_5)_2NH \longrightarrow (C_2H_5)_2NCS_2H$（二乙基二硫代氨基甲酸）

$2(C_2H_5)2NCS_2H+Cu(C_2H_3O_2)_2 \longrightarrow [(C_2H_5)_2NCS_2]_2Cu+2CH_3COOH$

4 试剂

4.1 二硫化碳：分析纯。

4.2 二乙胺：HG/T 3486 分析纯。

4.3 苯：GB/T 690 分析纯，吸光度不大于 0.005。

4.4 甲苯：GB/T 684 分析纯，吸光度不大于 0.005。

4.5 醋酸铜：分析纯。

4.6 醋酸铜溶液：0.03 g 醋酸铜溶于 100 mL 无水乙醇中。

5 仪器

5.1 分光光度计：波长 400 nm～700 nm。

5.2 比色皿：1 cm。

5.3 磨口量筒：50 mL。

5.4 移液管：1 mL，10 mL，25 mL。

5.5 滴定管：5 mL，25 mL。

STANDARDS PRESS OF CHINA

5.6 容量瓶:棕色,50 mL,100 mL。

5.7 注射器:1 mL。

6 采样

试样采取按 GB/T 1999 规定进行。

7 试验准备

7.1 二硫化碳标准溶液的制备

7.1.1 标准溶液 A:称取二硫化碳 0.025 g(称准至 0.000 2 g)置于装有约三分之一甲苯或苯的 50 mL 棕色容量瓶中,用甲苯或苯稀释至刻度,此溶液二硫化碳浓度为 0.05 g/100 mL。

7.1.2 标准溶液 B:取 A 溶液 10 mL 置于 100 mL 的棕色容量瓶中,用甲苯或苯稀释至刻度,此溶液二硫化碳浓度为 0.005 g/100 mL。

7.2 标准曲线的绘制

在 7 个 50 mL 磨口量筒中,按表 1 用滴定管分别加入甲苯或苯和标准溶液 B。再分别加 1 mL 二乙胺和 1 mL 醋酸铜溶液,盖上塞子,摇匀,静置 1 min~4 min,倒入 1 cm 比色皿中,用表中 1 号溶液做参比溶液,在分光光度计上于波长 430 nm 处测其消光度。然后以消光度为纵坐标,二硫化碳含量为横坐标,绘制标准曲线。

表 1 标准溶液表

序号	甲苯或苯体积/mL	标准溶液 B/mL	二硫化碳含量/(g/100 mL)
1	25.0	0	0
2	24.5	0.5	0.000 1
3	24.0	1.0	0.000 2
4	23.5	1.5	0.000 3
5	23.0	2.0	0.000 4
6	22.5	2.5	0.000 5
7	22.0	3.0	0.000 6
注:所用试剂变化时或仪器调整后,需要重新绘制标准曲线。			

8 试验步骤

8.1 取 25 mL 试样置于 50 mL 磨口量筒中,加入 1 mL 二乙胺和 1 mL 醋酸铜溶液,盖上塞子,摇匀,静置 1 min~4 min,并在 10 min 内完成(8.2)操作。

8.2 将显色的试样溶液移入 1 cm 的比色皿中,在分光光度计上于波长 430 nm 处测定其消光度,测定时以(7.2)表 1 中的 1 号溶液为参比溶液。

8.3 根据测得的消光度,在标准曲线上确定试样中二硫化碳含量。若二硫化碳含量大于 0.000 6 g/100 mL,测定前用甲苯或苯稀释试样,测得的结果再乘上稀释的倍数。

8.4 测定结果取二次测定数据的算术平均值。数值修约按 GB/T 8170 进行。

9 试验误差

相对误差:不大于 5%。

ICS 71.080.15
G 17

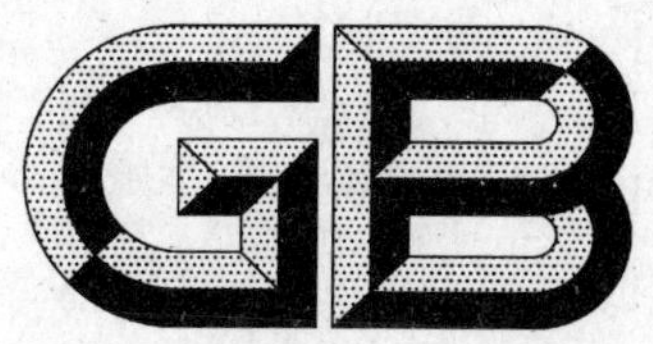

中华人民共和国国家标准

GB/T 14327—2009
代替 GB/T 14327—1993

苯中噻吩含量的测定方法

Determination of thiophene content in benzene

2009-07-08 发布　　　　2010-04-01 实施

中华人民共和国国家质量监督检验检疫总局
中国国家标准化管理委员会　发布

前　言

本标准代替 GB/T 14327—1993《苯中噻吩含量的测定方法》。

本标准与 GB/T 14327—1993 相比主要变化如下：

——增加“采样”部分；

——规范了部分单位与格式。

本标准由中国钢铁工业协会提出。

本标准由全国钢标准化技术委员会归口。

本标准起草单位：武汉科技大学、冶金工业信息标准研究院。

本标准主要起草人：何选明、赵敏伦、张少春、赵金龙、孙伟。

本标准所代替标准的历次版本发布情况为：

——GB/T 14327—1993。

苯中噻吩含量的测定方法

1 范围

本标准规定了苯中噻吩含量测定的原理、试剂、仪器、试验准备、试验步骤、结果计算和试验误差。

本标准适用于测定苯中噻吩的含量。测定范围为 0.1 mg/kg～250 mg/kg 范围的苯。

注：苯中噻吩含量较高时也适用于稀释到这个浓度范围再测定。

2 规范性引用文件

下列文件中的条款通过本标准的引用而成为本标准的条款。凡是注日期的引用文件，其随后所有的修改单(不包括勘误的内容)或修订版均不适用于本标准，然而，鼓励根据本标准达成协议的各方研究是否可使用这些文件的最新版本。凡是不注日期的引用文件，其最新版本适用于本标准。

GB/T 1999　焦化油类产品取样方法

GB/T 9977　焦化产品术语

YB/T 5155　焦化产品测定方法通则

3 原理

苯中噻吩与吲哚醌发生反应，生成可溶于硫酸的蓝色的靛吩咛，进行分光光度法测定。

4 试剂

4.1　噻吩：气相色谱标准物质，纯度≥99%。

4.2　吲哚醌：分析纯。

4.3　三氯甲烷：分析纯。

4.4　硫酸铁：分析纯。

4.5　硫酸：优级纯。

4.6　苯或甲苯：吸光度不大于 0.005。

4.7　吲哚醌-三氯甲烷溶液：称取研细的吲哚醌 0.05 g(称准至 0.000 2 g)，置于 100 mL 棕色容量瓶中，用三氯甲烷溶解，并稀释至刻度。放置 5 d 后使用(放置期间需经常摇动)，40 d 内有效。

4.8　硫酸铁-硫酸溶液：称取硫酸铁 0.05 g(称准至 0.000 2 g)于烧杯中，加 19 mL 蒸馏水，搅拌，待完全溶解后，加入适量的浓硫酸。冷却后，移入 500 mL 棕色容量瓶中，用浓硫酸洗涤烧杯数次，洗涤液并入容量瓶内，用浓硫酸稀释至刻度。放置 5 d 后使用(放置期间需经常摇动)。

5 仪器

5.1　分光光度计：波长 400 nm～700 nm。

5.2　比色皿：光程 0.5 cm。

5.3　分液漏斗：50 mL、250 mL、500 mL 和 1 000 mL。

5.4　吸管：1 mL，单标线。

5.5　刻度吸管：2 mL、10 mL，刻度到尖头。

5.6　容量瓶：棕色，50 mL、250 mL、500 mL。

5.7　量筒：25 mL。

5.8　注射器：1 mL。

STANDARDS PRESS OF CHINA

5.9 振荡机：振距 100 mm，振次 120 次±10 次/min；或康氏振荡机。

6 采样

按 GB/T 1999 的规定，从大量的物料中随机取出不少于 1 000 mL 的代表性试样。

7 试验准备

7.1 噻吩标准溶液的制备

7.1.1 称取噻吩 0.05 g(称准至 0.000 2 g)于装有三分之一苯的 50 mL 棕色容量瓶中，然后用苯或甲苯稀释至刻度，摇匀。此液为 0.1 g/100 mL 噻吩标准溶液。

7.1.2 分别取(7.1.1)标准溶液 1.0 mL、2.0 mL、3.0 mL、4.0 mL、5.0 mL 于 100 mL 的棕色容量瓶中，用苯或甲苯稀释至刻度，摇匀，配置成噻吩含量分别为 0.001 g/100 mL～0.005 g/100 mL 的标准溶液系列。

7.2 标准曲线的绘制

在 6 个 25 mL 磨口比色试管中，分别加入 10 mL 硫酸铁-硫酸溶液和 2 mL 吲哚醌-三氯甲烷溶液。在前 5 个试管中，分别加入 1 mL(7.1.2)噻吩标准溶液，在第 6 个试管中加入 1 mL 苯。分别用振荡机振荡 10 min，在 15 ℃～25 ℃下放置 60 min。

将显色的硫酸层移入 0.5 cm 比色皿中，用第 6 个比色试管中的硫酸层作参比溶液，在分光光度计上于 590 nm 处测其吸光度。以噻吩含量为横坐标，以吸光度为纵坐标，绘制标准曲线。

所用试剂变化时或分光光度计重新调整后，需要重新绘制标准曲线。

8 试验步骤

8.1 用吸管吸取 10 mL 硫酸铁-硫酸溶液和 2 mL 吲哚醌-三氯甲烷溶液置于 25 mL 磨口比色试管中，再加入 1 mL 试样，用振荡机振荡 10 min，在 15 ℃～25 ℃下放置 60 min。并在 10 min 内完成 8.2 操作。

8.2 将显色的硫酸层移入 0.5 cm 比色皿中，在分光光度计上于 590 nm 处测其吸光度。测定时，以苯或甲苯代替试样的硫酸层作参比溶液。

8.3 根据测得的吸光度，在标准曲线上确定试样的噻吩含量。若试样的噻吩含量高于0.005 g/100 mL时，应在测定前用苯或甲苯稀释试样，测得的结果再乘以稀释的倍数。

8.4 测定结果按二次测定数据的算术平均值。

9 试验误差

两次测定数据的相对误差不大于 5 %。

ICS 25.120.10
J 62

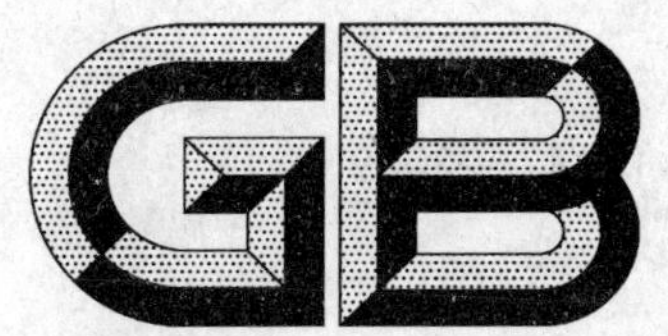

中华人民共和国国家标准

GB/T 14347—2009
代替 GB/T 14347—1993

开式压力机　型式与基本参数

Open front mechanical power presses—Types and basic parameters

2009-04-02 发布　　2009-11-01 实施

中华人民共和国国家质量监督检验检疫总局
中国国家标准化管理委员会　发布

前　言

本标准与 ISO 6898:1984《开式机械压力机　额定能力和尺寸》的一致性程度为非等效。

本标准是对 GB/T 14347—1993《开式压力机型式及基本参数》的修订。

本标准与 GB/T 14347—1993 相比，主要技术内容修改如下：

——修改了开式压力机类别；

——表 1 中增加了开式压力机型式与扩大了公称力范围；

——修改了表 2。

本标准自实施之日起代替 GB/T 14347—1993。

本标准由中国机械工业联合会提出。

本标准由全国锻压机械标准化技术委员会提出并归口。

本标准起草单位：广东锻压机床厂有限公司、江苏扬力集团有限公司、浙江萧山金龟机械有限公司。

本标准主要起草人：阮卫平、王恩福、仲太生、王旭梅、来建中。

本标准所代替标准的历次版本发布情况为：

——GB/T 14347—1993。

开式压力机　型式与基本参数

1　范围

本标准规定了一般用途开式压力机的型式及基本参数。

本标准适用于新设计的一般用途开式可倾和固定台的单点压力机。

2　规范性引用文件

下列文件中的条款通过本标准的引用而成为本标准的条款。凡是注日期的引用文件，其随后所有的修改单(不包括勘误的内容)或修订版均不适用于本标准，然而，鼓励根据本标准达成协议的各方研究是否可使用这些文件的最新版本。凡是不注日期的引用文件，其最新版本适用于本标准。

JB/T 3847　开式压力机　紧固模具用槽、孔的分布形式与尺寸

3　结构型式

开式压力机分为下列二种结构型式：开式可倾(见图1)和开式固定台(见图2)。

开式压力机的公称压力范围应符合表1的规定。

图1　开式可倾压力机

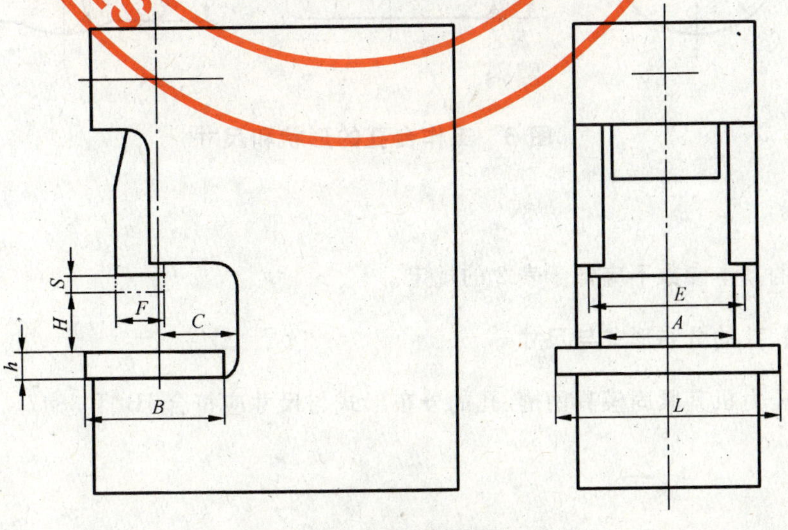

图2　开式固定台压力机

STANDARDS PRESS OF CHINA

表 1 型式与公称力范围

型 式	类 别	公称力范围/kN
可倾式	标准型(Ⅰ类)	40～1 600
	短行程型(Ⅱ类)	250～1 600
	长行程型(Ⅲ类)	250～1 600
固定台式	标准型(Ⅰ类)	250～3 000
	短行程型(Ⅱ类)	250～3 000
	长行程型(Ⅲ类)	250～3 000

4 类别

开式压力机分三类：

Ⅰ类：标准型压力机；

Ⅱ类：短行程型压力机；

Ⅲ类：长行程型压力机。

5 主参数

开式压力机的主参数为公称力，开式压力机的公称力应符合表 2 的规定。

6 工作台孔的形状和尺寸

开式压力机工作台孔的形状和尺寸见图 3、表 2。

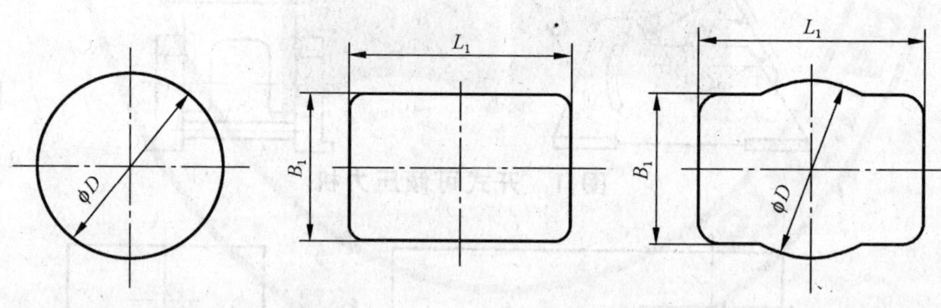

图 3 工作台孔的形状和尺寸

7 基本参数

开式压力机的基本参数不应低于表 2 的规定。

8 紧固模具用槽、孔的分布形式与尺寸

凡新设计的压力机其紧固模具用槽、孔的分布形式与尺寸应符合 JB/T 3847。

表 2 基本参数

基本参数名称			基本参数值														
			Ⅰ	Ⅱ	Ⅲ	Ⅰ	Ⅱ	Ⅲ	Ⅰ	Ⅱ	Ⅲ	Ⅰ	Ⅱ	Ⅲ	Ⅰ	Ⅱ	Ⅲ
公称力(P_g)/kN			40			63			100			160			250		
公称力行程 (S_g)/mm	直接传动		1.5	—	—	2	—	—	2	—	—	2	—	—	2	—	—
	齿轮传动		—	—	—	—	—	—	—	—	—	—	—	—	3	1.6	3
滑块行程 (S)/mm	可调	最大	50	—	—	56	—	—	63	—	—	71	—	—	80	—	—
		最小	6	—	—	8	—	—	10	—	—	12	—	—	12	—	—
	固定		50	—	—	56	—	—	63	—	—	71	—	—	80	40	100
滑块行程次数 (n)次/min	可调	最大	250	—	—	180	—	—	150	—	—	120	—	—	130	180	100
		最小	100	—	—	80	—	—	70	—	—	60	—	—	70	95	55
	固定		200	—	—	160	—	—	135	—	—	115	—	—	100	—	100
最大装模高度(H)/mm			125			140			160			180			230		
装模高度调节量(ΔH)/mm			32			35			40			45			50		
滑块中心线至机身距离(喉深 C)/mm			135			150			165			190			210		
工作台板尺寸/mm	左右(L)		350			400			450			500			700		
	前后(B)		250			280			315			335			400		
工作台板厚度(h)/mm			50	—	—	60	—	—	65	—	—	70	—	—	80	90	80
工作台孔尺寸/mm	左右(L_1)		130			150			180			220			250		
	前后(B_1)		90			100			115			140			170		
	直径(D)		100			120			150			180			210		
立柱间距离(A)/mm			110			130			160			200			250		
滑块底面尺寸/mm	左右(E)		100			140			170			200			250		
	前后(F)		90			120			150			180			220		
滑块模柄孔直径/mm			ϕ30			ϕ30			ϕ30			ϕ40			ϕ40		
最大倾斜角 α/(°)			30			30			30			30			30		

表 2 (续)

基本参数名称			基本参数值														
			Ⅰ	Ⅱ	Ⅲ	Ⅰ	Ⅱ	Ⅲ	Ⅰ	Ⅱ	Ⅲ	Ⅰ	Ⅱ	Ⅲ	Ⅰ	Ⅱ	Ⅲ
公称力(P_g)/kN			450			630			800			1 100			1 250		
公称力行程(S_g)/mm	直接传动		—	—	—	—	—	—	—	—	—	—	—	—	—	—	—
	齿轮传动		3.2	2.3	3.2	4	2.3	4	5	3.2	5	5	3.2	5	5	3.2	5
滑块行程(S)/mm	可调	最大	90	50	120	100	55	140	100	60	160	110	70	180	120	75	180
		最小	16	16	16	16	16	16	20	20	20	20	20	20	20	20	20
	固定		90	50	120	100	55	140	100	60	160	110	70	180	120	75	180
滑块行程次数(n)/次/min	可调	最大	120	175	90	120	160	85	110	150	75	100	135	65	90	120	60
		最小	60	85	45	60	80	45	55	75	40	50	65	35	45	60	35
	固定		80	—	80	70	—	70	60	—	60	50	—	50	50	—	50
最大装模高度(H)/mm			270			300			320			350			350		
装模高度调节量(ΔH)/mm			60			70			80			90			100		
滑块中心线至机身距离(喉深 C)/mm			225			270			290			350			350		
工作台板尺寸/mm	左右(L)		810			870			950			1 070			1 100		
	前后(B)		440			520			560			680			680		
工作台板厚度(h)/mm			90	105	90	95	110	95	110	125	110	125	140	125	140	160	140
工作台孔尺寸/mm	左右(L_1)		310			350			390			425			460		
	前后(B_1)		220			250			275			300			325		
	直径(D)		240			270			305			345			385		
立柱间距离(A)/mm			300			350			400			450			500		
滑块底面尺寸/mm	左右(E)		410			480			560			630			630		
	前后(F)		340			400			430			520			520		
滑块模柄孔直径/mm			$\phi 50$			$\phi 50$			$\phi 50$			$\phi 60$			$\phi 60$		
最大倾斜角 α/(°)			30			30			25			25			25		

表 2（续）

基本参数名称			基本参数值											
			Ⅰ	Ⅱ	Ⅲ	Ⅰ	Ⅱ	Ⅲ	Ⅰ	Ⅱ	Ⅲ	Ⅰ	Ⅱ	Ⅲ
公称力（P_g）/kN			1 600			2 000			2 500			3 000		
公称力行程（S_g）/mm	直接传动		—	—	—	—	—	—	—	—	—	—	—	—
	齿轮传动		6	4	6	6	4	6	6	4	6	7	4.5	7
滑块行程（S）/mm	可调	最大	130	80	200	150	95	250	180	100	250	200	120	280
		最小	20	20	20	25	25	25	25	25	25	25	25	25
	固定		130	80	200	150	95	250	180	100	250	200	120	280
滑块行程次数（n）/（次/min）	可调	最大	85	115	55	70	95	40	60	75	40	55	70	35
		最小	40	55	30	35	45	25	30	40	25	25	35	20
	固定		45	—	45	35	—	35	35	—	35	30	—	30
最大装模高度（H）/mm			400			450			500			500		
装模高度调节量（ΔH）/mm			100			100			110			110		
滑块中心线至机身距离（喉深 C）/mm			390			430			460			475		
工作台板尺寸/mm	左右（L）		1 250			1 400			1 500			1 600		
	前后（B）		760			840			900			930		
工作台板厚度（h）/mm			165	180	165	180	195	180	190	210	190	200	220	200
工作台孔尺寸/mm	左右（L_1）		500			560			625			625		
	前后（B_1）		350			380			425			425		
	直径（D）		425			460			500			500		
立柱间距离（A）/mm			550			600			650			650		
滑块底面尺寸/mm	左右（E）		700			850			930			950		
	前后（F）		580			650			700			700		
滑块模柄孔直径/mm			ϕ60			ϕ60			ϕ60			ϕ60		
最大倾斜角 α（°）			25			—			—			—		

STANDARDS PRESS OF CHINA

ICS 47.020.50
U 27

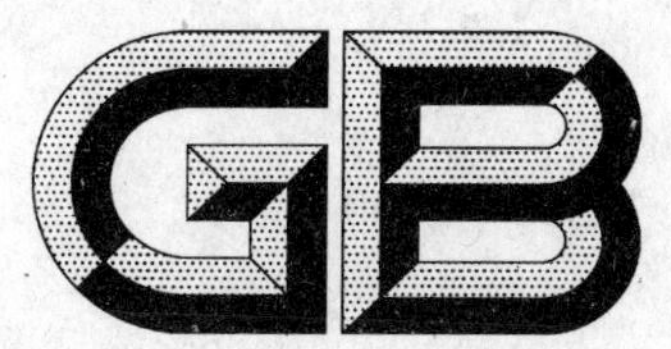

中华人民共和国国家标准

GB/T 14355—2009
代替 GB/T 14355—1993

开敞式救生艇技术条件

Specification for open lifeboat

2009-03-09 发布

2009-11-01 实施

中华人民共和国国家质量监督检验检疫总局
中国国家标准化管理委员会 发布

前言

本标准代替 GB/T 14355—1993《开敞式救生艇技术条件》。

本标准与 GB/T 14355—1993 相比较，主要有下列变化：

——增加了开敞式救生艇存放和使用的环境条件以及防腐、防晒、防霉等要求；

——规定了开敞式救生艇艇体材料和内部储备浮力材料；

——补充了开敞式救生艇发动机的有关要求；

——按中华人民共和国海事局《国内航行海船法定检验技术规则》(2004)的规定，对试验方法作了修改补充，对属具配备作了修正；

——增加了运输和贮存要求等。

本标准的附录 A 为资料性附录。

本标准由中国船舶工业集团公司提出。

本标准由全国船舶舾装标准化技术委员会救生设备分技术委员会(SAC/TC 129/SC 1)归口。

本标准起草单位：广州广船国际股份有限公司。

本标准主要起草人：蒋炳成、杨健辉。

本标准所代替标准的历次版本发布情况为：

——GB/T 14355—1993。

开敞式救生艇技术条件

1 范围

本标准规定了开敞式救生艇(以下简称“开敞艇”)的要求、试验方法、检验规则、标志、运输和贮存。

本标准适用于国内航行海船所配置的开敞式救生艇的设计、制造和验收。

2 规范性引用文件

下列文件中的条款通过本标准的引用而成为本标准的条款。凡是注日期的引用文件,其随后所有的修改单(不包括勘误的内容)或修订版均不适用于本标准,然而,鼓励根据本标准达成协议的各方研究是否可使用这些文件的最新版本。凡是不注日期的引用文件,其最新版本适用于本标准。

GB/T 16167 救生艇壳体玻璃纤维增强塑料层合板技术条件

CB/T 3767 海船测速试验方法

IMO MSC.48(66)决议 国际救生设备(LSA)规则

3 要求

3.1 结构与设计

3.1.1 开敞艇应能在-30 ℃~65 ℃(243 K~338 K)的气温范围内存放而不损坏;在-1 ℃~30 ℃(272 K~303 K)的水温范围内能正常使用。

3.1.2 开敞艇及其设备应能防腐烂、耐腐蚀,并不因阳光、海水、原油或霉菌的侵袭而影响其正常使用。

3.1.3 开敞艇的平均舷弧值应不小于艇长的4%,舷弧形状近似抛物线。

3.1.4 开敞艇应具有硬质艇体和内部储备浮体,并设置认可的顶棚。艇体结构材料为玻璃纤维增强塑料(简称“玻璃钢”)层合板,储备浮体材料为闭孔型泡沫塑料。

3.1.5 开敞艇的立方容积以辛氏计算法确定,立方容积按公式(1)计算,方艉当作尖艉计算。

$$V=\frac{L}{6}(2A_1+A_2+2A_3)-V' \qquad (1)$$

式中:

V——艇立方容积的数值,单位为立方米(m^3);

L——艇长的数值,单位为米(m);

A_1——距艏 $L/4$ 处横截面面积的数值,单位为平方米(m^2);

A_2——艇舯横截面面积的数值,单位为平方米(m^2);

A_3——距艉 $L/4$ 处横截面面积的数值,单位为平方米(m^2);

V'——机动艇发动机及其附件与操作处所、探照灯、救生通信设备及其附件等所占容积的数值,单位为立方米(m^3)。

A_1、A_2、A_3 各横截面面积按公式(2)计算:

$$A_1(A_2 \text{或} A_3)=(a+4b+2c+4d+e)h/12 \qquad (2)$$

式中:

h——各截面深度的数值(见图1),单位为米(m);

a、b、c、d——分别为将横截面深度 h 分为四等分处艇壳板内表面水平宽度的数值(见图1),单位为米(m);

e——龙骨宽度的数值(见图1),单位为米(m)。

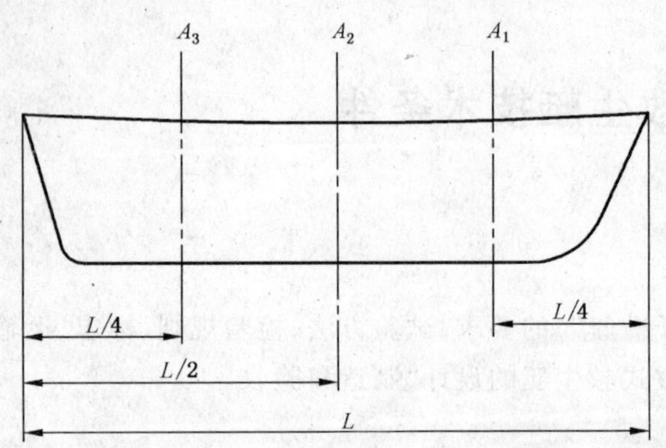

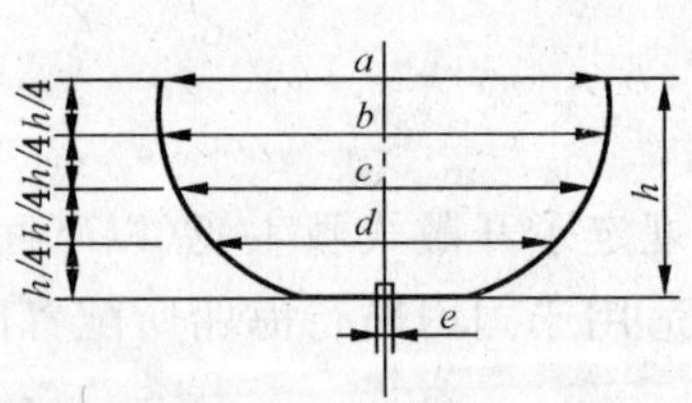

图 1 各横截面深度和宽度

按公式(2)计算时，各横截面的深度 h 取值，还应符合下列要求：

a) 当距艏、艉各 $L/4$ 处的舷弧值超过 $L/100$ 时，则应以 $L/2$ 处的深度值加上 $L/100$ 作计算 A_1 或 A_3 的深度值；

b) 当 $L/2$ 处的深度超过 $0.45B$ 时(B 为艇宽)，应以 $0.45B$ 作为计算 A_2 的深度值，同时 A_1、A_3 的计算深度应为($0.45B+L/100$)，但不应超过 A_1、A_3 处的实际深度。

3.1.6 开敞艇内部储备浮体应符合下列规定：

a) 储备浮体体积应不小于按公式(3)计算所得值：

$$V_1 = 0.1V + 0.001(KG_1 + 0.76G_2 + G_3 + G_4 - 28R) \quad \cdots\cdots(3)$$

式中：

V_1——艇内储备浮体体积的数值，单位为立方米(m^3)；

V——艇立方容积的数值，单位为立方米(m^3)；

K——系数；

G_1——艇体及属件材料中的玻璃钢重量的数值，单位为千克(kg)；

G_2——艇体及属件材料中的铝合金重量的数值；单位为千克(kg)；

G_3——艇体及属件材料中的钢重量的数值，单位为千克(kg)；

G_4——硬质闭孔泡沫塑料重量的数值，单位为千克(kg)；

R——艇发动机、探照灯、救生通信设备及其属件和操作地方所占的乘员数。

G_1、G_2、G_3 所指的属件重量，包括救生艇的属具、发动机、救生通信设备、探照灯及其附件的重量。

系数 K，按公式(4)计算：

$$K = 1.13 - 1/r \quad \cdots\cdots(4)$$

式中：

r——玻璃钢的密度与水的密度之比值。

b) 当乘员定额等于或大于 100 人时，按公式(3)计算的储备浮体体积还应加上一个经主管机关认可的适当数值。

c) 艇内储备浮体应布置在艇两舷的浮力舱内，也允许在艏、艉增设内部浮力舱。浮力舱内用船用树脂粘胶剂固定填充或发泡填充硬质闭孔泡沫塑料。应测定浮力舱的填充率和浮体体积，使其符合公式(3)计算的值。

3.1.7 开敞艇的艇吊钩装置的设计安全系数为 6，按所用材料的极限强度计算，并假定救生艇的重量平均分布在两艇吊钩上。

3.1.8 机动开敞艇的动力和推进装置应符合下列规定：

a) 开敞艇的乘员定额不少于 60 人时，应设计为具有动力和推进装置的机动救生艇。

b) 机动艇应装配压燃式内燃发动机，并保持随时可用状态；燃油闭杯试验闪点应高于 43 ℃。

c) 发动机应配置离合器和倒车装置。

d) 发动机应配置手起动装置或认可的动力起动装置，使发动机易于启动。

e) 所有起动发动机用的电池、救生通信设备用的电池和探照灯用的电池都应配有再充电的设备。救生通信设备用的电池不应用作起动发动机的动力。应配置从船舶(母船)电源供电的救生艇电池再充电设施，电源电压不超过 50 V，并可在救生艇登乘位置断开。

f) 机动救生艇应配置适用于母船航区极端温度下，以设计航速连续航行 12 h 所需要的燃油和润滑油。

g) 发动机及其附件应配置用阻燃材料制成的防护罩，排气管应用绝热材料包扎。

h) 发动机应能在环境温度 −15 ℃(258 K)起动和运转；也应能在纵倾 10°和横倾 10°情况下起动和运转。

3.1.9 开敞艇的乘员定额应符合下列规定：

a) 乘员定额数量按公式(5)计算所得的最大整数，但应不超过 150 人；

$$N = V/Q \qquad (5)$$

式中：

N——乘员定额数量。

V——艇立方容积的数值，单位为立方米(m^3)。

Q——系数，由艇长 L 确定，当 $L \geqslant 7.5$ m 时，$Q=0.283$；当 $L=5.0$ m 时，$Q=0.396$；当 5.0 m$<L<$7.5 m时，$Q=0.622-0.045L$。

b) 按 a)求得的乘员定额数，应不大于经乘座和操纵试验核定的实际座位数。

3.1.10 开敞艇的乘员座位布置应不妨碍划桨操作和发动机操纵的要求，座板应以支承每人 100 kg 的负荷；座板应尽可能设于艇内低处，并按自艏至艉、左单右双的方式标出每一座位。横座板的宽度不小于 200 mm。当设有上、下座板时，则上、下座板的垂直间距至少为 350 mm，座位设置见图 2。

单位为毫米

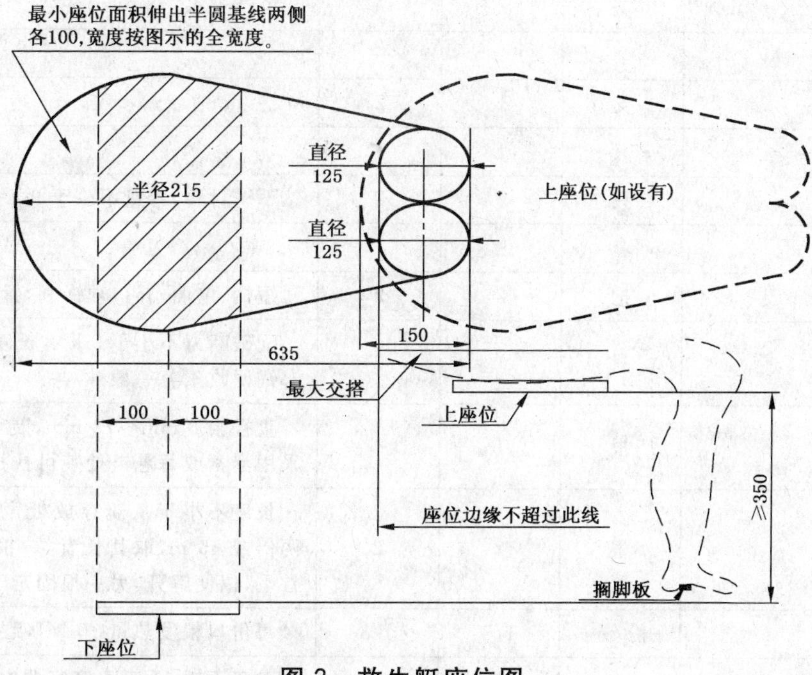

图 2 救生艇座位图

3.1.11 开敞艇的舾装件应符合下列要求：

a) 艇底部应有一或两个排水孔，每一排水孔应备两个以不锈索系连于艇上的用不锈材料制成的艇底塞或自动艇底阀；

b) 应有供人员由水中攀登救生艇的登艇梯；

c) 应有供落水人员攀附于艇上的舭龙骨或龙骨扶手，连同经龙骨底系于两舷缘的两条扶正用的把手索；

d) 除螺旋桨附近区域外，应沿救生艇外侧近舷顶处安装环状可浮救生索；

e) 应有一盏可控制的环照白光灯(示位灯)，应能连续发光至少 12 h，应在晴朗的黑夜，距离 2 n mile处可见，若用燃油灯，则应备防风火柴两盒；

f) 应安装合适的舵和舵柄，舵柄应永久性安装于舵杆上；

g) 应安装便于其降落和防止损坏所必需的艇滑架和护舷材；

h) 应在艇首部安装一套首缆固定装置，该装置能安全承受 5 kn 拖航速度，并方便艇上人员手动脱开。

3.1.12 开敞艇属具的配备应符合下列要求：

a) 开敞艇属具除带钩艇篙可散置外，均应系牢于艇内且易于取用。属具的布置应不妨碍艇吊钩的动作和乘员迅速登艇。

b) 开敞艇的属具配备见表 1。

表 1 开敞艇配备的属具

序号	属具名称	单位	配备数量		配置基本要求
			划桨艇	机动艇	
1	划桨	套(支)	1	(4)	可浮于水。"一套"系指艇长在 8 m 或 8 m 以下者为 6 支，8 m 以上者为 8 支。括号内指"支"数
2	桨架	套(只)	1½	(6)	"一套"系指艇长在 8 m 或 8 m 以下者为 6 支，8 m以上者为 8 支。括号内指"只"数
3	代舵桨	支	1	—	可浮于水，桨叶应涂白漆
4	备用桨	支	2	—	可浮于水
5	舵架绳套	个	1	—	—
6	带钩艇篙	支	1	2	—
7	水瓢	只	1	1	—
8	水桶	只	2	2	不锈材料，容量不少于 9 L
9	舵及舵柄	套	1	1	—
10	太平斧	把	2	2	短柄、单面、斧口须锋利，置于艇首、尾
11	海锚	只	1	1	配破断力不小于 5 kN，长度不小于 3 倍艇长的海锚回收索各一根
12	把手索	根	1	1	直径为 8 mm～12 mm，装于自艏至艉护舷下，采用浮索或每悬链处装可扶把手
13	艇首缆	根	2	2	长度不小于从艇存放处至最轻载水线距离的两倍或 15 m，取其长者，一根用索环及卸扣系于首端，以便解开，另一根固定于首柱上备用
14	口粮	份/人	1/3	1/3	每份口粮发热量 10 MJ，贮于水密容器内
15	淡水	升/人	2	2	贮于不锈、无毒水密容器内，其中 1 L 可用海水除盐器提供

表 1(续)

序号	属具名称	单位	配备数量		配置基本要求
			划桨艇	机动艇	
16	饮水量杯	个	1	1	不锈、无毒材料制,带刻度
17	水勺	个	1	1	不锈、无毒材料制,用细绳系牢
18	船用红光降落伞信号	支	4	4	符合 IMO《国际救生设备(LSA)规则》要求,水密封装
19	船用红光火焰信号	支	6	6	符合 IMO《国际救生设备(LSA)规则》要求,水密封装
20	船用橙色烟信号	只	2	2	符合 IMO《国际救生设备(LSA)规则》要求,水密封装
21	防水信号电筒	支	1	1	能发莫氏信号,备用电池、电珠各两只,贮于水密容器内
22	救生浮环	只	2	2	带直径 4 mm、长 30 mm 的浮索
23	手摇泵	台	1	1	阀芯为不锈材料,吸入、排出软管均应有足够长度
24	哨笛	只	1	1	或等效的声响号具
25	防晕船药	片/人	6	6	每艇不超过 200 片
26	柜	只	1	1	贮细小物件
27	救生信号解说图表	份	1	1	印在防水纸上
28	折刀	把	1	1	配有开罐头器,以短绳系牢
29	手提灭火器	只	—	1	应适用于灭油火者
30	工具箱	只	—	1	存放艇机备件及维修工具
31	急救医药箱	只	1	1	箱能防水,配备药品参见附录 A
32	探照灯	具	—	1	配 80 W 灯泡,有效的反射镜及电源,应能连续照明至少 3 h
33	登艇梯	具	1	1	可以是软梯,也可以是挂梯,最下一级踏步应在水线以下
34	环照白光灯	盏	1	1	连续发光不少于 12 h,在晴朗夜空可视距离为 2 n mile。若为燃油灯,应备防风火柴 2 盒

3.2 层合板

艇体玻璃钢层合板铺层结构及其性能应符合 GB/T 16167 的规定。

3.3 储备浮体材料

艇内储备浮体材料应是经主管机关认可的硬质闭孔型泡沫塑料。

3.4 主尺度

开敞艇的长度应不小于 5 m,完工后的开敞艇主尺度允许偏差为:

——艇长,±0.5%;

——艇宽,±1.0%;

——艇深,±1.0%。

STANDARDS PRESS OF CHINA

3.5 艇重

开敞艇载足乘员和属具后，其总重量应不超过 20 t，完工后的开敞艇的空载艇重允许偏差为±5%。

3.6 水密

开敞艇的艇体结构应水密，在满载状态下艇体应不渗漏。

3.7 稳性

3.7.1 开敞艇载足全部乘员和属具后，其初稳性高度应不小于按公式(6)计算所得值：

$$GM = 0.05(B^2 - B + 4) \qquad (6)$$

式中：

GM——初稳性高度的数值，单位为米(m)；

B——艇宽的数值，单位为米(m)。

3.7.2 开敞艇在满载状态下破漏通海时，应仍具有正稳性。

3.8 干舷

开敞艇在满载状态下，其干舷值应不小于型深的 44%。

3.9 浸水

开敞艇在满载状态下破漏通海或受海水浸袭时，应仍能漂浮于水面。

3.10 艇吊钩装置

3.10.1 艇吊钩装置应能承受 6 倍工作负荷，机构不失效。

3.10.2 开敞艇浮于水面或艇吊钩无负荷时，操纵脱钩装置，艏艉两吊钩应能同时脱开而释放救生艇。

3.10.3 艇吊钩装置在承受满载救生艇总重量 110%负荷时，操纵脱钩装置，艏艉两吊钩应能同时脱开而释放救生艇，但应能防止意外或过早脱开。

3.11 静负荷强度

开敞艇在吊挂状态下，应能承受相当于空载艇重量和两倍全部乘员和属具重量的静负荷而无永久变形。

3.12 动负荷强度

3.12.1 开敞艇在满载状态下从 3 m 高度处跌落水中，应无影响其使用性能的损坏。

3.12.2 开敞艇在满载状态下以 3.5 m/s 的速度与一个固定垂直刚性平面碰撞后，应无影响其使用性能的损坏。

3.13 机动艇动力装置

动力装置应易于起动和操作，启动后的动力装置应能持续运转和操纵。

3.14 机动艇航速

3.14.1 配置于客船、油船上的机动开敞艇，在满载状态下且由发动机驱动的辅助装置均在运转时，在静水中的航速应不小于 6 kn；当拖带一只载足全部乘员和属具的 25 人气胀式救生筏时，其静水中的航速应不小于 2 kn。

3.14.2 配置于其他船舶上的机动开敞艇，满载状态下在静水中的航速应不小于 4 kn。

3.15 乘座与操作

3.15.1 穿着救生衣的成年人乘员全部就座后，应不妨碍划桨和操舵。

3.15.2 机动开敞艇在载足全部属具并在穿着救生衣的成年人乘员全部就座后，应不妨碍发动机的启动和操纵。

3.16 标志

开敞艇的标志应符合第 6 章的要求。

4 试验方法

4.1 层合板

开敞艇艇体结构层合板在施工前，应按同一铺层设计、工艺要求和工场环境条件制作层合板试验样件，按 GB/T 16167 规定的方法进行试验。结果应符合 3.2 的要求。

4.2 储备浮体材料

检查储备浮体材料的材质证书。结果应符合 3.3 的要求。

4.3 主尺度

用常规量具检查开敞艇的主尺度。结果应符合 3.4 的要求。

4.4 艇重

用常规测重量具测定空载开敞艇的重量。结果应符合 3.5 的要求。

4.5 水密

水密试验前,艇应不油漆并保持清洁干燥;试验时,艇处于满载状态,乘员和属具可用代替荷重;将艇浮于水面 2 h 后,进行检查。结果应符合 3.6 的要求。

4.6 稳性

开敞艇的稳性试验应在静水中进行。试验时,在艇内载足全部乘员和属具的代替荷重,乘员以每人 75 kg 计算,其重心按实际乘座位置分布于座板上 0.3 m 处。经试验后计算的初稳性高度(GM)值应符合 3.7 的要求。稳性不满足者,可调整装载或核减乘员定额后再试,直至满足为止。

4.7 干舷

干舷测定在稳性试验状态下进行,其测定值应符合 3.8 的要求。干舷不满足者,可核减乘员定额后再试,直到满足为止。

4.8 浸水

试验状态为满载,乘员以每人 30 kg 计算,乘员、属具和发动机等用代替负荷;将艇底塞打开,使艇内浸水至内外齐平。结果应符合 3.9 的要求。

4.9 艇吊钩装置

4.9.1 拉力试验:将艇吊钩装置安装于一台拉伸强度试验装置上,将负荷渐增至艇吊钩装置工作负荷的 6 倍,并持续 5 min,卸去试验负荷后检查其变形情况。结果应符合 3.10.1 的要求。

4.9.2 无负荷联动脱钩试验:将空载或满载(乘员和属具用代替荷重)的开敞艇浮于水面,操纵脱钩装置,检查脱钩状况。结果应符合 3.10.2 的要求。

4.9.3 将承受满载总重量 110% 的开敞艇吊离水面(人员和属具用代替荷重),操纵脱钩装置,检查脱钩状况。结果应符合 3.10.3 的要求。

4.10 静负荷强度

静负荷强度试验按下列顺序进行:

a) 将空艇吊起后,沿龙骨拉线,同时测量艇的宽度。

b) 在艇内均布按公式(7)计算的试验负荷:

$$W = W_1 + 2(W_2 + W_3) \qquad \cdots\cdots(7)$$

式中:

W——试验负荷的数值,单位为千克(kg);

W_1——空艇重量的数值,单位为千克(kg);

W_2——属具重量的数值(若为机动艇应包括艇机设备的重量),单位为千克(kg);

W_3——全部乘员重量的数值(每人以 75 kg 计),单位为千克(kg)。

c) 通过艇吊钩将载有上述负荷的艇吊起,5 min 后测量艇宽及龙骨中垂值,并作好记录。

d) 卸去负荷后,经不长于 18 h 的回复时间后,检查艇体变形情况。

结果应符合 3.11 的要求。

4.11 动负荷强度

开敞艇为满载状态,全部乘员和属具用代替荷重,艇内所有设备和代替重物固定固牢。动负荷强度试验按下列顺序进行:

a) 跌落试验,将艇从 3 m 高度(龙骨底至水面的距离)处自由跌落水中,检查损坏情况。结果应符合 3.12.1 的要求。

b) 碰撞试验，将艇静止吊挂，使其固定吊挂点至艇钩的垂直距离为 6 m，艇护舷材至刚性垂直平面的水平距离为 0.05 m，然后将艇沿水平方向拉开距离刚性垂直平面的距离为 2.5 m 处释放，使艇自由碰撞刚性垂直平面。碰撞试验中允许安装护艇滑架，碰撞试验后检查艇的损坏情况。结果应符合 3.12.2 的要求。

4.12 机动艇动力装置

4.12.1 机动艇在满载状态下进行电启动和手启动各 3 次，每次间隔时间不少于 5 s。发动机启动后，连续运转不小于 10 min。结果应符合 3.13 的要求。

4.12.2 机动艇在满载状态下进行至少 2 h 的航行试验。结果应符合 3.13 的要求。

4.13 机动艇航速

4.13.1 设计为 6 kn 航速的机动艇，按照 CB/T 3767 中的叠标测速法，测定其满载状态下在静水中的航速；并测定其拖带一只满载状态的 25 人气胀式救生筏在静水中的航速。结果应符合 3.14.1 的要求。

4.13.2 设计为 4 kn 航速的机动艇，按照 CB/T 3767 中的叠标测速法，测定其满载状态下在静水中的航速。结果应符合 3.14.2 的要求。

4.14 乘座与操作

4.14.1 艇内载足全部乘员和属具，乘员为穿着救生衣的成年人。按规定位置乘坐并试验划桨、操舵。结果应符合 3.15.1 的要求。

4.14.2 在 4.14.1 的乘座状态下进行主机启动和操作试验。结果应符合 3.15.2 的要求。

4.15 舾装件

用目测方法检查开敞艇舾装件配置情况。结果应符合 3.1.11 的要求。

4.16 属具

用目测和查验证书的方法，检查开敞艇属具的配置情况。结果应符合 3.1.12 的要求。

4.17 标志

用目测方法检查开敞艇标志情况。结果应符合 3.16 的要求。

5 检验规则

5.1 检验分类

开敞式救生艇的检验分为型式检验和出厂检验。

5.2 型式检验

5.2.1 检验时机

开敞艇有下列情况之一时应进行型式检验：

a) 首制艇原型试验；
b) 产品鉴定或定型；
c) 连续生产满 8 年；
d) 停产 5 年后再生产；
e) 出厂检验结果较型式检验结果下降较大，影响安全；
f) 结构、材料、工艺的改变足以影响性能时；
g) 主管部门提出要求。

5.2.2 检验项目和顺序

开敞艇的型式检验项目和顺序见表 2。

5.2.3 检验样品数量

开敞艇型式检验的样品数量为 1 艘。

5.2.4 判定规则

开敞艇样品全部检验项目符合要求，判为型式检验合格。若静负荷强度检验、动负荷强度检验（破坏性试验项目)不符合要求，判开敞艇型式检验不合格。其他检验项目若不符合要求，应进行复验。若复验符合要求，仍判开敞艇型式检验合格；若复验仍有不符合要求的项目，则判开敞艇型式检验不合格。

5.3 出厂检验

5.3.1 开敞艇应逐艘进行出厂检验。

5.3.2 开敞艇出厂检验的项目和顺序见表2。

表2 开敞艇型式检验和出厂检验的项目和顺序

序号	检验项目名称	型式检验	出厂检验	要求的章条号	试验方法的章条号
1	层合板	●	—	3.2	4.1
2	储备浮体材料	●	●	3.3	4.2
3	主尺度	●	●	3.4	4.3
4	艇重	●	●	3.5	4.4
5	水密	●	●	3.6	4.5
6	稳性	●	—	3.7	4.6
7	干舷	●	—	3.8	4.7
8	浸水	●	—	3.9	4.8
9	艇吊钩装置	●	●	3.10	4.9
10	静负荷强度	●	—	3.11	4.10
11	动负荷强度	●	—	3.12	4.11
12	机动艇动力装置	●	●	3.13	4.12
13	机动艇航速	●	●	3.14	4.13
14	乘座与操作	●	—	3.15	4.14
15	舾装件	●	●	3.1.11	4.15
16	属具	●	●	3.1.12	4.16
17	标志	●	●	3.16	4.17
注：“●”为必检项目；“—”为不检项目。					

5.3.3 判定规则

开敞艇全部出厂检验项目符合要求，判为出厂检验合格。若航速检验不符合要求，判开敞艇出厂检验不合格。其他检验项目若不符合要求，应进行复验。若复验符合要求，仍判开敞艇出厂检验合格；若复验仍有不符合要求的项目，则判开敞艇出厂检验不合格。

6 标志

6.1 艇内标志

6.1.1 在座板上应明显标出每个座位的编号，艇右舷为单号，左舷为双号，顺序由艇首至艇尾。

6.1.2 应标出淡水、口粮、信号等重要属具的存放位置。

6.1.3 艇内要求启闭、操作及提请注意的部位应有简明的标志或说明。

6.1.4 应在救生艇艇内首部横座板明显易见之处安装铭牌，铭牌应标明：

a) 艇的主尺度；

b) 乘员定额；

c) 立方容积；

STANDARDS PRESS OF CHINA

d) 总重量(空载和满载);

e) 浮体总容积;

f) 制造厂名;

g) 制造编号;

h) 制造年月;

i) 主管机关检验标志。

6.2 艇外标志

6.2.1 艇首部标志

6.2.1.1 标志部位在艇首部左右舷护舷材附近的外表面处。

6.2.1.2 标志包含下列内容:

a) 艇的主尺度;

b) 乘员定额;

c) 艇所属的船名,船名下加注汉语拼音;

d) 艇的编号,存放在左舷的艇编号为双数,存放在右舷的艇编号为单数。每舷若有多艘艇,编号应由船首至船尾的顺序排列。

6.2.2 艇尾部的标志

6.2.2.1 标志部位在艇尾部左右舷外表面。

6.2.2.2 应标注船籍港,并在其下面加注汉语拼音。

6.2.2.3 在艇外水线以上明显部位和艇底部装贴逆向反光材料。

6.3 标志的字体要求

6.3.1 主尺度、乘员定额标志的字体高度应不小于 38 mm。

6.3.2 艇所属船名、艇的编号及船籍港的标志字体高度应不小于 76 mm。

6.3.3 所有标志的字迹应显明经久,一般可用黑漆标注。

7 运输和贮存

7.1 开敞艇装船前应存放于座架上,座架与艇体接触处应衬以软垫;艇与座架之间应适当绑扎固定,以供吊放和运输之用。

7.2 开敞艇建造完成后,应用塑料薄膜或其他材料制作的艇罩覆盖。

7.3 开敞艇需长期存放时,应尽量避免露天存放。

附 录 A
（资料性附录）
救生艇急救药箱药品

救生艇急救箱药品配备见表 A.1。

表 A.1 救生艇急救箱药品

序号	药品名称	规 格	单位	每艇数量	备 注
1	绷带	—	卷	5	—
2	纱布	34 cm×40 cm	块	10	塑料袋密封包装
3	三角巾绷带	底边 130 cm，腰 90 cm	块	3	—
4	医用胶布	1.2 cm×100 cm	卷	1	橡皮膏布
5	药棉	10 g	包	2	—
6	止血带	55 cm	根	2	乳胶管 ϕ 0.7 cm～ϕ 1.0 cm
7	镊子	12 cm	把	1	—
8	绷带剪	10 cm	把	1	圆头
9	别针	3 cm	只	10	—
10	氨溶液	1 mL 含 10%	mL	10	阿莫尼亚
11	酒精	75%	mL	20	—
12	创可贴	2.5 cm×2 cm	张	20	—
13	烫伤膏	20 g	支	2	—
14	四环素眼膏	2.5 g	支	2	—
15	止痛片	—	片	50	阿斯匹林
16	杜冷丁	—	片	10	—
17	复方新诺明	0.5 g	片	80	—

ICS 47.020.20
U 44

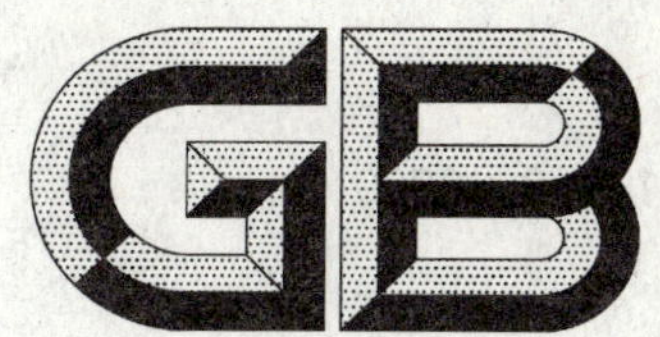

中华人民共和国国家标准

GB/T 14363—2009
代替 GB/T 14363—1993

柴油机机油消耗测定方法

Measure method of lubricating oil consumption for diesel engines

2009-03-09 发布　　　　2009-11-01 实施

中华人民共和国国家质量监督检验检疫总局
中国国家标准化管理委员会　发布

前　言

本标准代替 GB/T 14363—1993《柴油机机油消耗测定方法》。

本标准与 GB/T 14363—1993 相比主要变化如下：

——机油消耗测定时采用的功率和转速按照 GB/T 6072.1—2000 相关规定进行了修改；

——明确了机械式和电控注油器气缸机油消耗的测定方法。

本标准的附录 A 为资料性附录。

本标准由中国船舶重工集团公司提出。

本标准由全国船用机械标准化技术委员会柴油机分技术委员会归口。

本标准起草单位：中国船舶重工集团公司第七一一研究所。

本标准主要起草人：任林、梁刚、高德明、季文。

本标准所代替标准的历次版本发布情况为：

——GB/T 14363—1993。

柴油机机油消耗测定方法

1 范围

本标准规定了柴油机在台架试验时机油消耗(包括机油消耗量和机油消耗率)的测定方法。

本标准适用于柴油机机油消耗的测定。

2 规范性引用文件

下列文件中的条款通过本标准的引用而成为本标准的条款。凡是注日期的引用文件,其随后所有的修改单(不包括勘误的内容)或修订版均不适用于本标准,然而,鼓励根据本标准达成协议的各方研究是否可使用这些文件的最新版本。凡是不注日期的引用文件,其最新版本适用于本标准。

GB/T 6072.1 往复式内燃机 性能 第1部分:功率、燃料消耗和机油消耗的标定及试验方法 通用发动机的附加要求(GB/T 6072.1—2008,ISO 3046-1:2002,IDT)

3 技术要求

3.1 标准基准状况

在进行柴油机机油消耗测定时,应采用如下标准基准状况:

总气压:p_r=100 kPa;

环境温度:T_r=298 K(t_r=25 ℃);

相对湿度:ϕ_r=30%;

空气冷却器进水温度:T_{cr}=298 K(t_{cr}=25 ℃)。

3.2 对测试仪器仪表的要求

3.2.1 测定用计量器具、仪器仪表,均应经过有关的计量部门校验和校准,并应附有效的检验合格证书。

3.2.2 机油质量的测定可采用防水打印台式电子秤,电子秤的量程应与测量的油量相适应。其精度不应低于Ⅲ级。

3.2.3 测定机油消耗的计时器,可采用石英电子表,其精度不应低于±0.02 s/h。

3.3 机油消耗测定的技术要求

3.3.1 机油消耗的测定应在柴油机制造厂规定的磨合期后进行。

3.3.2 测定用的机油应符合柴油机使用说明书中规定的要求并写明所使用机油的牌号。

3.3.3 柴油机换油时废弃的机油不应包括在机油消耗量的标定值内。

3.3.4 柴油机的机油泄漏量应计算在其机油消耗量内。

3.3.5 在测定机油消耗过程中,柴油机的各项性能参数不应调整。

3.3.6 机油消耗量测定精度为±10%,机油消耗率测定精度为10.5%。

3.4 机油消耗测定时采用的功率和转速

3.4.1 机油消耗的测定应在柴油机标定的功率和转速或其他标准规定的工况下进行。

3.4.2 根据需要也可做部分功率和部分转速时的机油消耗测定,但必须注明其测定的转速和功率。

3.4.3 若机油消耗在不满足3.1规定的状况下测定,应按GB/T 6072.1进行功率修正。

3.5 测定间隔时间和次数

3.5.1 测定的间隔时间,柴油机功率不小于1 000 kW为4 h,功率小于1 000 kW为12 h。

3.5.2 测定次数一般为一次。

4 机油消耗的测定方法

4.1 重量法

4.1.1 放油称重法

4.1.1.1 适用范围

油底壳为湿式的柴油机可采用此法。

4.1.1.2 测定程序

放油称重法的测定程序如下：

a) 往柴油机油底壳加入机油到游标尺的上限，起动柴油机，按柴油机说明书规定进行暖机，直至柴油机油水温度达到使用说明书规定暖机参数后（按 3.4 的要求）调节柴油机运转工况，达到标定转速和规定功率以及机油温度达到使用说明书要求数值时，稳定运转 10 min 后停机；

b) 随后盘车，使第一缸活塞处于上止点位置，再转动曲轴三圈，然后开始放油，直到有规则的滴油（约每分钟 30 滴）为止；记录下每分钟的实际油滴数；

c) 放出的机油连同容器，用防水台式电子秤，称出其总质量 m_1；

d) 将放出的容器内的机油倒回柴油机油底壳，再称出机油容器质量 m_2，两次质量之差（m_1-m_2），即为加入的机油量 m_E；

e) 再次起动柴油机，运转工况以及机油温度和 a）相同，柴油机试验运转达到 3.5 要求的测定间隔时间停机；

f) 按上述方法，相同顺序操作、盘车、转动曲轴、放油、直至再次出现有规则的滴油（约每分钟 30 滴），应该是每分钟油滴数和 4.1.1.2b）实测的油滴数相等、称重；测得试验后放出的机油连同容器（上述装、倒油的原容器）的质量 m_3，m_3 与 m_2 之差即为试验后放出的机油的质量 m_F。

4.1.1.3 测定结果计算

采用放油称重法进行测定，测定结果的计算按如下进行：

a) 机油消耗量按公式（1）计算：

$$G_m = \frac{m_E - m_F}{t} \quad \cdots\cdots (1)$$

式中：

G_m——机油消耗量的数值，单位为千克每小时（kg/h）；

m_E——试验前加入的机油质量的数值，单位为千克（kg）；

m_F——试验后放出的机油质量的数值，单位为千克（kg）；

t——柴油机测定时运转的时间的数值，单位为小时（h）。

b) 机油消耗率按公式（2）计算：

$$g_m = \frac{10^3 \times G_m}{P} \quad \cdots\cdots (2)$$

式中：

g_m——机油消耗率的数值，单位为千克每千瓦小时（kg/kW·h）；

P——柴油机试验时有效功率的数值，单位为千瓦（kW）。

c) 机油燃油消耗量（率）百分比按公式（3）计算：

$$A = \frac{G_m}{G_T} \times 100 = \frac{g_m}{g_e} \times 100 \quad \cdots\cdots (3)$$

式中：

A——机油燃油消耗量（率）百分比的数值，%；

G_T——机油消耗测定期间的燃油消耗量的数值，单位为千克每小时（kg/h）；

g_e——机油消耗测定期间的燃油消耗率的数值，单位为克每千瓦小时（g/kW·h）。

4.1.1.4 测定结果记录

柴油机机油消耗放油称重法测定记录表参见 A.1。

4.1.2 直接称重法

4.1.2.1 适用范围

油底壳机构为干式的柴油机可采用此法，见图 1。非飞溅润滑的湿式油底壳结构的柴油机经过改装后，也可采用此法。

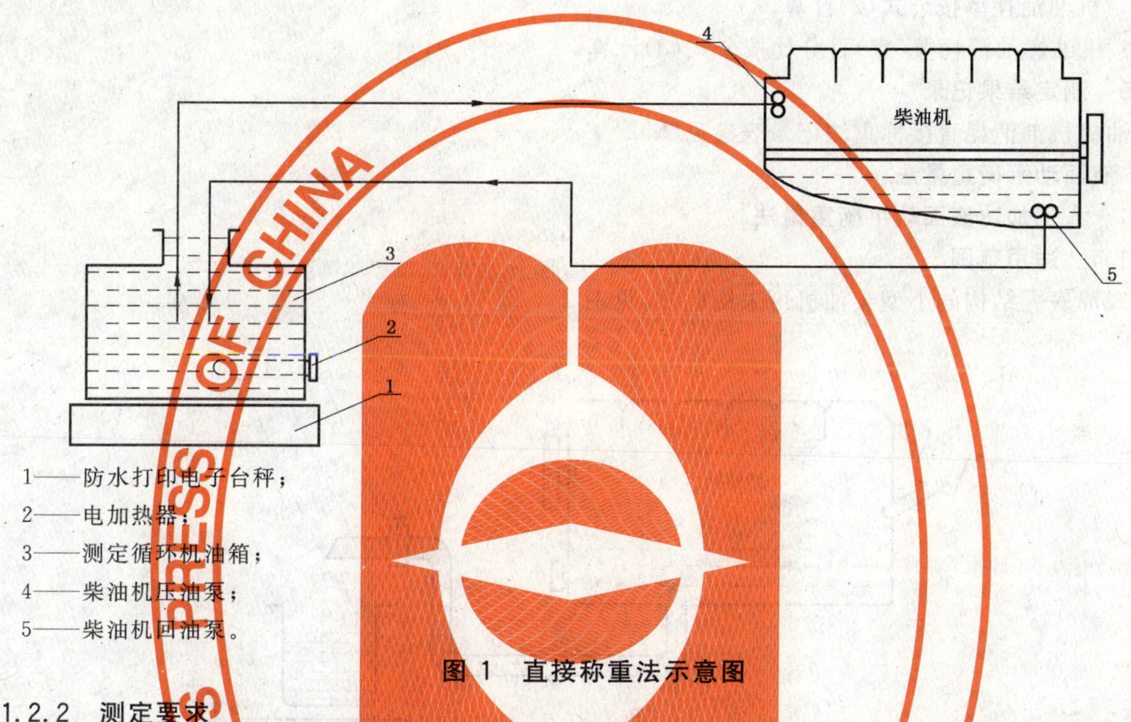

1——防水打印电子台秤；

2——电加热器；

3——测定循环机油箱；

4——柴油机压油泵；

5——柴油机回油泵。

图 1 直接称重法示意图

STANDARDS PRESS OF CHINA

4.1.2.2 测定要求

直接称重法的测定要求如下：

a) 柴油机油底壳为干式机构，自带压油泵和回油泵，对湿式油底壳柴油机应加装外接回油泵，回油泵流量应大于压油泵流量；

b) 在试验台机油循环系统中，外接一个测定循环机油箱，测定时机油箱坐落在防水打印电子台秤上，而当称重完毕时，油箱与电子秤应能脱开；

c) 外接测定循环机油箱液面应低于柴油机工作时油底壳的机油液面；

d) 外接测定循环机油箱的进、出管子，安装时应不接触机油箱。

4.1.2.3 测定程序

直接称重法的测定程序如下：

a) 柴油机按 3.4 要求的工况运转且机油温度达到说明书要求时，稳定运转 10 min 后，开始测定称重；

b) 开始测定，记录柴油机功率、转速、开始测定时刻、开始测定机油箱中机油质量；

c) 柴油机按 3.4 要求的工况运转，当达到按规定测定间隔时间后，记录测定结束时刻，柴油机功率、转速和测定结束时机油箱中机油质量。

4.1.2.4 测定结果计算

采用直接称重法进行测定，测定结果的计算按如下进行：

a) 机油消耗量按公式(4)计算：

$$G_m = \frac{m_4 - m_5}{t_2 - t_1} \qquad \cdots\cdots(4)$$

式中：

G_m——机油消耗量的数值，单位为千克每小时(kg/h)；

m_4——开始测定时机油质量的数值，单位为千克(kg)；

m_5——测定结束时机油质量的数值，单位为千克(kg)；

t_1——开始测定时刻的数值，单位为小时(h)；

t_2——测定结束时刻的数值，单位为小时(h)。

b) 机油消耗率按公式(2)计算。

c) 机油燃油消耗量(率)百分比按公式(3)计算。

4.1.2.5 测定结果记录

柴油机机油消耗直接称重法记录表参见A.2。

4.1.3 液面动平衡重量法

4.1.3.1 人工加油液面动平衡重量法

4.1.3.1.1 适用范围

湿式油底壳结构的小型柴油机可采用此法，见图2。

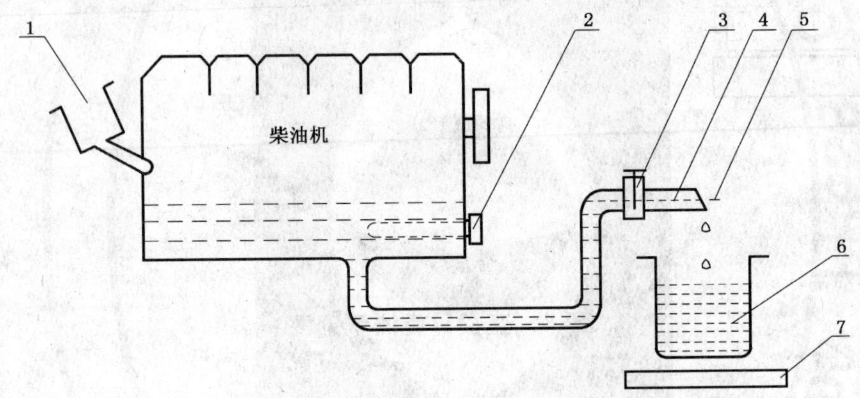

1——加油口；
2——电加热器；
3——截止阀；
4——溢流管；
5——柴油机运转时油底壳机油液面；
6——回收机油容器；
7——防水打印电子台秤。

图2 人工加油液面动平衡重量法示意图

4.1.3.1.2 测定要求

在油底壳放油孔(或曲轴箱侧面在油位线处打孔)应安装带截止阀3的溢流管4，溢流管滴油时的高度应与柴油机工作时油底壳机油液面的高度相等。

4.1.3.1.3 测定程序

采用人工加油液面动平衡重量法的测定程序如下：

a) 往柴油机油底壳加入机油到油标尺的上限，然后起动柴油机，调节柴油机到3.4规定的工况，待机油温度达到说明书要求稳定运转10 min后开始测定；

b) 测定时，打开阀3，从加油口1处加入机油，直至溢流管口处以每分钟(30～35)滴的速度滴油时，关闭阀3，随后记录首次以每分钟(30～35)滴的速度滴油结束时刻t_1、柴油机功率P、转速n；

c) 柴油机按3.4规定的工况运转，当达到3.5规定的测定时间时，打开阀3，从加油口1处加入与油底壳相同温度和经过称重的机油直至再次出现以每分钟(30～35)滴的速度滴油时为止(在操作中，即使加油过量，致使过量机油溢流回收机油容器中也不影响测定结果）；

d） 记录再次出现以每分钟（30～35）滴的速度滴油结束时刻 t_2，关闭阀 3。

4.1.3.1.4 测定结果计算

采用人工加油液面动平衡重量法进行测定，测定结果的计算按如下进行：

a） 机油消耗量按公式（5）计算：

$$G_m = \frac{m_6 - m_7}{t_2 - t_1} \qquad \cdots\cdots(5)$$

式中：

G_m——机油消耗量的数值，单位为千克每小时（kg/h）；

m_6——加入称重的机油量的数值，单位为千克（kg）；

m_7——回收称重的机油量的数值，单位为千克（kg）；

t_1——首次滴油结束时刻的数值，单位为小时（h）；

t_2——再次滴油结束时刻的数值，单位为小时（h）。

b） 机油消耗率按公式（2）计算。

c） 机油燃油消耗量（率）百分比按公式（3）计算。

4.1.3.1.5 测定结果记录

柴油机机油消耗人工加油液面动平衡重量法测定记录表参见 A.3。

4.1.3.2 机油泵加油液面动平衡重量法

4.1.3.2.1 适用范围

湿式油底壳结构的大中型柴油机可采用此法，见图 3。

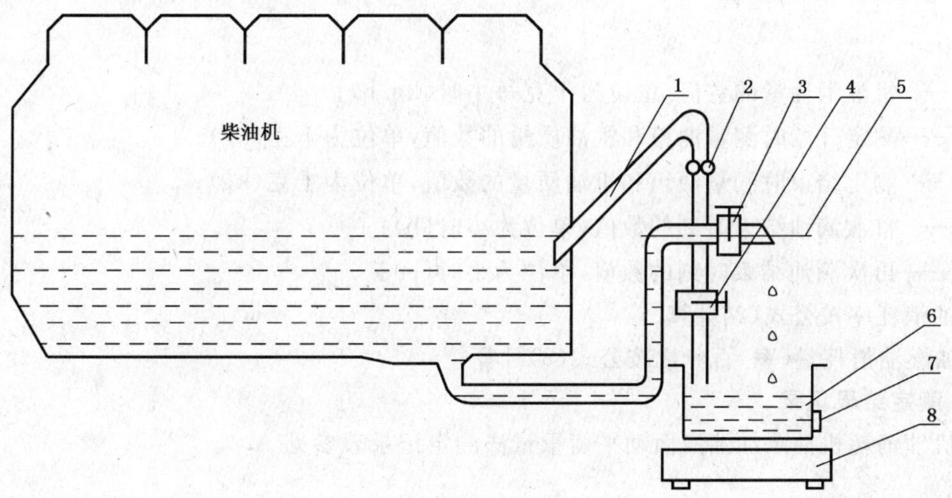

1——加油管；
2——机油泵；
3——带截止阀溢流管；
4——止回或调节阀；
5——柴油机工作时机油液面；
6——测量机油箱；
7——电加热器；
8——电子秤。

图 3 机油泵加油液面动平衡称重法示意图

4.1.3.2.2 测定要求

采用机油泵加油液面动平衡重量法，测定装置的要求如下：

a) 在油底壳放油孔(或曲轴箱侧面在油位线处打孔)应安装带截止阀的溢流管子,注意溢流管口处滴油时的高度应与柴油机工作时油底壳机油液面的高度相等;

b) 在曲轴箱检查孔或呼吸口应插进带机油泵 2 和截止阀 4 的加油管 1;

c) 用数字式防水台式电子秤称机油质量,而且称后即脱开。

4.1.3.2.3 测定程序

采用机油泵加油液面动平衡重量法,测定程序如下:

a) 利用电加热器,保持测定油箱中机油温度与柴油机被测工况时的油底壳机油温度相等;

b) 柴油机按 3.4 规定的工况运转并使机油温度达到说明书要求,稳定运转 10 min 后,开始测定;

c) 测定时,打开阀 3 和阀 4,起动泵 2,直至溢油口处溢油时停泵,当以每分钟(30～35)滴的速度滴油时,关闭阀 3,记录首次以每分钟(30～35)滴的滴油结束时刻 t_1,柴油机功率 P、转速 n,往测量油箱加足机油,同时称重油箱(连同机油)m_8;

d) 柴油机按 3.4 规定的工况运转,达到 3.5 规定的测定时间时,打开阀 3,起动泵 2,直至再次出现以每分钟(30～35)滴的油滴滴落时为止(操作中,即使加油过量而溢流回收机油容器,这并不影响测定结果);

e) 记录再次以每分钟(30～35)滴的速度滴落油结束时刻 t_2,同时测量油箱(连同机油)的质量 m_9,关闭阀 3。

4.1.3.2.4 测定结果计算

采用机油泵加油液面动平衡重量法进行测定,测定结果的计算按如下进行:

a) 机油消耗量按公式(6)计算:

$$G_m = \frac{m_8 - m_9}{t_2 - t_1} \qquad (6)$$

式中:

G_m——机油消耗量的数值,单位为千克每小时(kg/h);

m_8——测定开始时测量油箱和机油质量的数值,单位为千克(kg);

m_9——测定结束时测量油箱和机油质量的数值,单位为千克(kg);

t_1——首次滴油结束时刻的数值,单位为小时(h);

t_2——再次滴油结束时刻的数值,单位为小时(h)。

b) 机油消耗率按公式(2)计算。

c) 机油燃油消耗量(率)百分比按公式(3)计算。

4.1.3.2.5 测定结果记录

柴油机机油消耗机油泵加油液面动平衡重量法测定记录表参见 A.4。

4.2 容积法

4.2.1 适用范围

当重量法不适用时可采用容积法测定。

4.2.2 外接测定循环油箱容积法

4.2.2.1 干式油底壳结构或经改装,外接回油泵的湿式油底壳结构的大中型柴油机可采用此法,见图 4。

4.2.2.2 对测定装置的要求如下:

a) 在柴油机试验台机油循环系统中外接测定循环机油箱。如系湿式油底壳结构柴油机应再外接回油泵,其流量应大于压油泵;

b) 为了提高测定精度,可把油箱上部做成束口;

c) 在机油管进机油箱处采用缓冲装置,如逸流罩和导流板等;

d) 测定循环机油箱应标定。

1——玻璃液位计；
2——逸流罩；
3——油箱束口；
4——测定循环机油箱；
5——电加热器；
6——放油阀；
7——压油泵；
8——回油泵。

图4 外接测定循环油箱容积法示意图

4.2.2.3 油箱加足机油，当柴油机循环后油箱油位仍在束口上限为好，开电加热器，起动循环油泵，循环油箱中加油，使机油温度达到规定功率时的温度，关闭电加热器和油泵，控制放油阀6，边放油边测定放油的容积，同时记下油箱的相应变化容积，把容积数值标明在玻璃液位计的标尺上。

4.2.3 外接玻璃液位计容积法

4.2.3.1 对于湿式油底壳结构柴油机，利用油底壳放油孔，外接带放油阀旁通路和玻璃液位计。对油底壳机油的容积进行定标，对停机两天以上的柴油机，往油底壳加预热(油温和规定功率时油温相同)机油，到游标尺上限，按4.2.2.2d)的要求进行油箱定标，见图5。

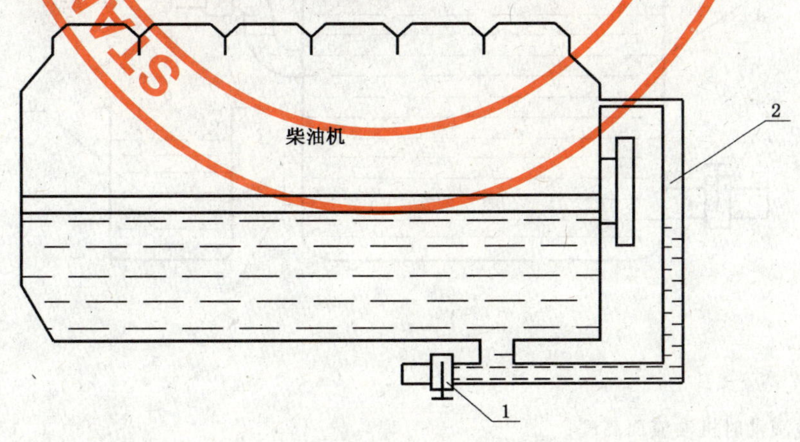

1——放油阀；
2——玻璃液位计。

图5 湿式外接玻璃液位计容积法示意图

4.2.3.2 外接玻璃液位计容积法的测定程序如下：

a) 柴油机按3.4规定的工况运转，并使机油温度达到说明书要求；稳定运转10 min后，开始测定；

STANDARDS PRESS OF CHINA

b) 测定时记录柴油机运转功率、转速、开始测定时刻、开始测定时机油密度、机油箱中或油底壳中机油容积；

c) 柴油机按3.4规定的工况运转，当达到3.5规定的时间后，记录测定结束时刻、测定结束时机油密度及机油箱中或油底壳中机油容积。

4.2.4 采用容积法进行测定，测定结果的计算按如下进行：

a) 机油消耗量按公式(7)计算：

$$G_m = \frac{(\gamma_1 V_1 - \gamma_2 V_2) \times 10^3}{t_2 - t_1} \quad \cdots\cdots\cdots\cdots(7)$$

式中：

G_m——机油消耗量的数值，单位为千克每小时(kg/h)；

V_1——开始测定时机油箱或油底壳中机油体积的数值，单位为立方米(m^3)；

V_2——测定结束时机油箱或油底壳中机油体积的数值，单位为立方米(m^3)；

γ_1——开始测定时机油箱或油底壳中机油密度的数值，单位为吨每立方米(t/m^3)；

γ_2——测定结束时机油箱或油底壳中机油密度的数值，单位为吨每立方米(t/m^3)；

t_1——开始测定时刻的数值，单位为小时(h)；

t_2——测定结束时刻的数值，单位为小时(h)。

b) 机油消耗率按公式(2)计算。

c) 机油燃油消耗量(率)百分比按公式(3)计算。

4.2.5 柴油机机油消耗容积法测定记录表参见A.5。

4.3 油耗仪法

按油耗仪说明书的规定进行机油消耗的测定。

4.4 气缸机油消耗测定方法

4.4.1 采用机械式注油器或电子注油器对气缸进行润滑的柴油机，其气缸机油消耗测定方法一般按4.1.3.1规定方法进行，见图6。

4.4.2 柴油机气缸机油消耗重量法测定记录表参见A.6。

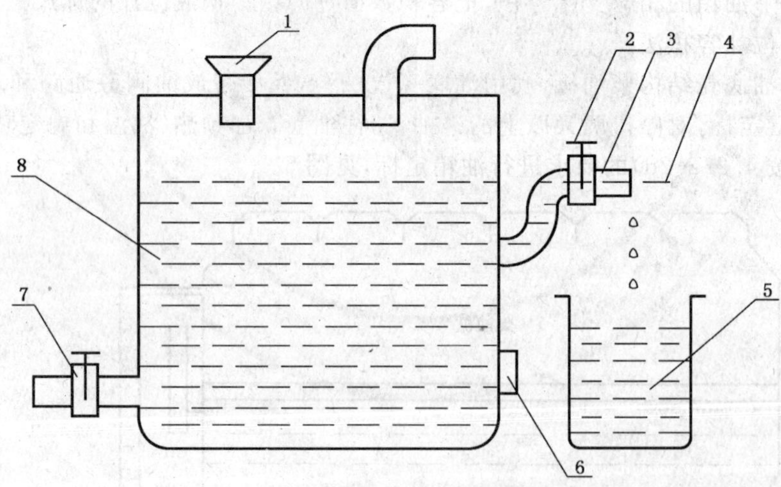

1——加油漏斗；
2——截止阀；
3——溢油管；
4——测量油箱溢滴油时机油液面高度；
5——回收机油容器；
6——电加热器；
7——通气缸润滑机油管道；
8——测量机油箱。

图6 柴油机气缸机油消耗重量法测定示意图

附 录 A
（资料性附录）
柴油机机油消耗测定记录表

A.1 放油称重法测定记录见表 A.1。

表 A.1 放油称重法测定记录表

序号	测定项目	符号公式	单位	实测值	备注
1	柴油机测定时功率	P	kW		
2	柴油机测定时转速	n	r/min		
3	放出机油加容器总质量	m_1	kg		
4	未倒净剩油加容器质量	m_2	kg		
5	测定前加机油质量	$m_E=m_1-m_2$	kg		
6	柴油机测定机油消耗运转时间	t	h		
7	放油加容器总质量	m_3	kg		
8	柴油机试验后放油净重	$m_F=m_3-m_2$	kg		
9	机油消耗量	$G_m=\frac{m_E-m_F}{t}$	kg/h		
10	机油消耗率	$g_m=\frac{10^3\times G_m}{P}$	g/kW·h		
11	机油燃油消耗量百分比	$A=\frac{G_m}{G_T}\times 100$	%		
12	机油燃油消耗率百分比	$A=\frac{g_m}{g_e}\times 100$	%		

A.2 直接称重法测定记录见表 A.2。

表 A.2 直接称重法测定记录表

序号	测定项目	符号公式	单位	实测值	备注
1	柴油机功率	P	kW		
2	柴油机转速	n	r/min		
3	开始测定时机油箱机油质量	m_4	kg		
4	测定结束时机油箱机油质量	m_5	kg		
5	测定开始时刻	t_1	h		
6	测定结束时刻	t_2	h		
7	机油消耗量	$G_m=\frac{m_4-m_5}{t_2-t_1}$	kg/h		
8	机油消耗率	$g_m=\frac{10^3\times G_m}{P}$	g/kW·h		
9	机油燃油消耗量百分比	$A=\frac{G_m}{G_T}\times 100$	%		
10	机油燃油消耗率百分比	$A=\frac{g_m}{g_e}\times 100$	%		

A.3 人工加油液面动平衡重量法测定记录见表A.3。

表 A.3 人工加油液面动平衡重量法测定记录表

序号	测定项目	符号公式	单位	实测值	备注
1	柴油机测定时功率	P	kW		
2	柴油机测定时转速	n	r/min		
3	加入称重的机油质量	m_6	kg		
4	回收称重的机油质量	m_7	kg		
5	首次滴油结束时刻	t_1	h		
6	再次滴油结束时刻	t_2	h		
7	机油消耗量	$G_m=\frac{m_6-m_7}{t_2-t_1}$	kg/h		
8	机油消耗率	$g_m=\frac{10^3\times G_m}{P}$	g/kW·h		
9	机油燃油消耗量百分比	$A=\frac{G_m}{G_T}\times 100$	%		
10	机油燃油消耗率百分比	$A=\frac{g_m}{g_e}\times 100$	%		

A.4 机油泵加油液面动平衡称重法测定记录见表A.4。

表 A.4 机油泵加油液面动平衡称重法测定记录表

序号	测定项目	符号公式	单位	实测值	备注
1	柴油机测定时功率	P	kW		
2	柴油机测定时转速	n	r/min		
3	测定开始油箱机油质量	m_8	kg		
4	测定结束油箱机油质量	m_9	kg		
5	首次滴油结束时刻	t_1	h		
6	再次滴油结束时刻	t_2	h		
7	机油消耗量	$G_m=\frac{m_8-m_9}{t_2-t_1}$	kg/h		
8	机油消耗率	$g_m=\frac{10^3\times G_m}{P}$	g/kW·h		
9	机油燃油消耗量百分比	$A=\frac{G_m}{G_T}\times 100$	%		
10	机油燃油消耗率百分比	$A=\frac{g_m}{g_e}\times 100$	%		

A.5 容积法测定记录见表 A.5。

表 A.5 容积法测定记录表

序号	测定项目	符号公式	单位	实测值	备注
1	柴油机功率	P	kW		
2	柴油机转速	n	r/min		
3	开始测定时机油的密度	γ_1	t/m³		
4	测定结束时机油的密度	γ_2	t/m³		
5	开始测定时机油箱或油底壳机油体积	V_1	m³		
6	测定结束时机油箱或油底壳机油体积	V_2	m³		
7	首次滴油结束时刻	t_1	h		
8	再次滴油结束时刻	t_2	h		
9	机油消耗量	$G_m=\frac{(\gamma_1 V_1-\gamma_2 V_2)\times 10^3}{t_2-t_1}$	kg/h		
10	机油消耗率	$g_m=\frac{10^3\times G_m}{P}$	g/kW·h		
11	机油燃油消耗量百分比	$A=\frac{G_m}{G_T}\times 100$	%		
12	机油燃油消耗率百分比	$A=\frac{g_m}{g_e}\times 100$	%		

A.6 柴油机气缸机油消耗重量法测定记录见表 A.6。

表 A.6 柴油机气缸机油消耗重量法测定记录表

序号	测定项目	符号公式	单位	实测值	备注
1	柴油机测定时功率	P	kW		
2	柴油机测定时转速	n	r/min		
3	加入称重机油的质量	m_{10}	kg		
4	回收称重机油的质量	m_{11}	kg		
5	首次滴油结束时刻	t_1	h		
6	再次滴油结束时刻	t_2	h		
7	机油消耗量	$G_m=\frac{m_{10}-m_{11}}{t_2-t_1}$	kg/h		
8	机油消耗率	$g_m=\frac{10^3\times G_m}{P}$	g/kW·h		
9	机油燃油消耗量百分比	$A=\frac{G_m}{G_T}\times 100$	%		
10	机油燃油消耗率百分比	$A=\frac{g_m}{g_e}\times 100$	%		

STANDARDS PRESS OF CHINA

ICS 47.020.70;33.060.20
M 34

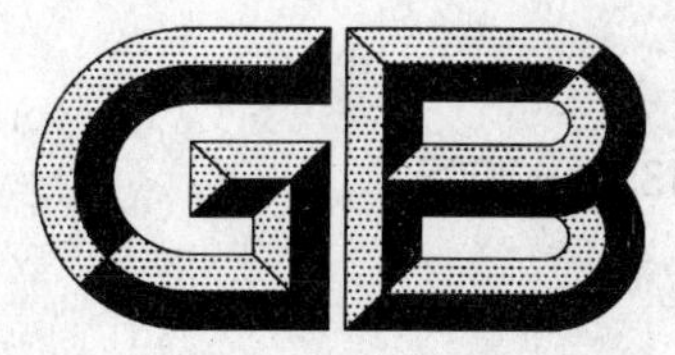

中华人民共和国国家标准

GB 14391—2009
代替 GB 14391—1993

卫星紧急无线电示位标性能要求

Technical requirements for satellite emergency position-indicating radio beacons

2009-11-15 发布　　2010-09-01 实施

中华人民共和国国家质量监督检验检疫总局
中国国家标准化管理委员会　发布

前言

本标准的全部技术内容为强制性。

本标准参照国际电信联盟ITU-R M.633-3建议《经406 MHz频带国际搜救卫星系统工作的卫星紧急无线电示位标的传输特性》、国际海事组织IMOA.810(19)《在406 MHz上工作的浮离式卫星紧急无线电示位标的性能标准》、国际搜救卫星(COSPAS-SARSAT)C/S T.001第3版文件(2007年第8次修改)《COSPAS-SARSAT 406 MHz遇险示位标规范》等相关建议、决议以及1974年海上人命安全公约(SOLAS)及此后历次修正案中性能标准的相关部分制定。

本标准代替GB 14391—1993《卫星紧急无线电示位标性能要求》。本标准与GB 14391—1993相比，主要变化如下：

——删除1.6 GHz卫星紧急无线电示位标(1993年版的第3章)；

——增加了术语、定义和缩略语(见第3章)；

——增加了卫星紧急无线电示位标的发射频率(406.028 MHz)(见第4章)；

——增加了数字信息结构(见第5章)；

——增加了环境及运行要求(见第6章)；

——规范了各技术指标的测量条件(见第6章和第7章)。

本标准的附录B和附录C为规范性附录，附录A为资料性附录。

本标准由中华人民共和国交通运输部提出。

本标准由交通部信息通信及导航标准化技术委员会归口。

本标准起草单位：中国交通通信中心。

本标准主要起草人：朱德铭、王安军。

本标准所代替标准的历次版本发布情况为：

——GB 14391—1993。

卫星紧急无线电示位标性能要求

1 范围

本标准规定了406 MHz频段卫星紧急无线电示位标(S. EPIRB)的技术性能要求、数字信息结构、环境及运行要求、设备主体结构性能和自由浮离释放装置结构性能。

本标准适用于各种船舶上安装的406 MHz频段卫星紧急无线电示位标(S. EPIRB)设备,也适用于该类设备的研发、生产及管理。

2 规范性引用文件

下列文件中的条款通过本标准的引用而成为本标准的条款。凡是注日期的引用文件,其随后所有的修改单(不包括勘误的内容)或修订版均不适用于本标准,然而,鼓励根据本标准达成协议的各方研究是否可使用这些文件的最新版本。凡是不注日期的引用文件,其最新版本适用于本标准。

GB/T 16162 全球海上遇险和安全系统(GMDSS)术语

ITU RR 无线电规则

3 术语、定义和缩略语

3.1 术语和定义

GB/T 16162确立的术语和定义适用于本标准。

3.2 缩略语

表1中的缩略语适用于本标准。

表 1

缩略语	英 文	中 文
F	format flag	格式标志
GNSS	Global navigational satellite system	全球导航卫星系统
IMO	International Maritime Organization	国际海事组织
ITU	International Telecommunication Union	国际电信联盟
PDF-1	first protected data field	第一保护数据字段
PDF-2	second protected data field	第二保护数据字段
RHCP	right hand circular polarization	右圆极化
VSWR	voltage standing-wave ratio	电压驻波比

4 技术性能要求

4.1 S. EPIRB原理

4.1.1 S. EPIRB由数字信息发生器、调制器和406 MHz发射机组成。

4.1.2 数字信息发生器用于键控调制器和发射机,发送第5章定义的信息。

4.2 数字信息发生器

4.2.1 重复周期

重复周期是在47.5 s~52.5 s范围内的一个随机数,平均间隔为50 s。

4.2.2 传输用时总数

传输用时总数是在90%功率点上测得的：

——短信息耗时为440×(1±1%)ms；

——长信息耗时为520×(1±1%)ms。

4.2.3 数字信息

4.2.3.1 短信息

280×(1±1%)ms的发射信号包含了112 bit的信息，其比特率是400×(1±1%)bit/s。

4.2.3.2 长信息

360×(1±1%)ms的发射信号包含了144 bit的信息，其比特率是400×(1±1%)bit/s。

4.2.3.3 比特同步

比特同步码是由一连串的"1"组成，占据前15 bit位置。

4.2.3.4 帧同步

帧同步码由9 bit组成，占据B16到B24的位置。正常工作的帧同步码是"000101111"。

4.2.3.5 格式标志

B25是格式标志位，用来标识信息的长度。

4.2.3.6 信息内容

剩余的87 bit(短信息)或119 bit(长信息)的数据内容，见第5章。

4.3 调制器和406 MHz发射机

4.3.1 发射频率

发射频率有二个：

a) 406.025 MHz：S.EPIRB载波频率应设置在406.025 MHz±2 kHz。载波频率五年内不应有超过5 kHz的变化；

b) 406.028 MHz：S.EPIRB载波频率应设置在406.028 MHz ±1 kHz。载波频率五年内不应有超过+2 kHz或−5 kHz的变化。

4.3.2 发射频率稳定性

4.3.2.1 发射频率短期稳定性

发射频率的短期偏离应不大于2×10^{-9}/100 ms。

4.3.2.2 发射频率中期稳定性

发射频率中期稳定性由以下两个因素来定义：

a) 平均斜率：基于15 min周期的平均斜率不大于1×10^{-9}/min；

b) 残余频率变动：残余频率变动是指在平均斜率上的残余频率变动不大于3×10^{-9}/min。

4.3.3 发射机输出功率

发射机24 h持续运转，无论气温如何变化，以50 Ω的负荷测得的输出功率应为5 W±2 dB(35 dBm～39 dBm)。以10%～90%的功率点测得的功率输出上升时间应少于5 ms。

4.3.4 天线特性

天线特性基于位置角和仰角在5°～60°之间定义，天线性能的测量应尽可能地接近实际运行情况：

a) 波束图：半球形；

b) 极化方式：RHCP或线性极化；

c) 增益：−3 dBi～4 dBi；

d) 天线VSWR：不大于1.5∶1。

4.3.5 杂散发射

当以100 Hz的分辨带宽进行测量时，波段内的杂散发射不应超过图1所示的信号分布。

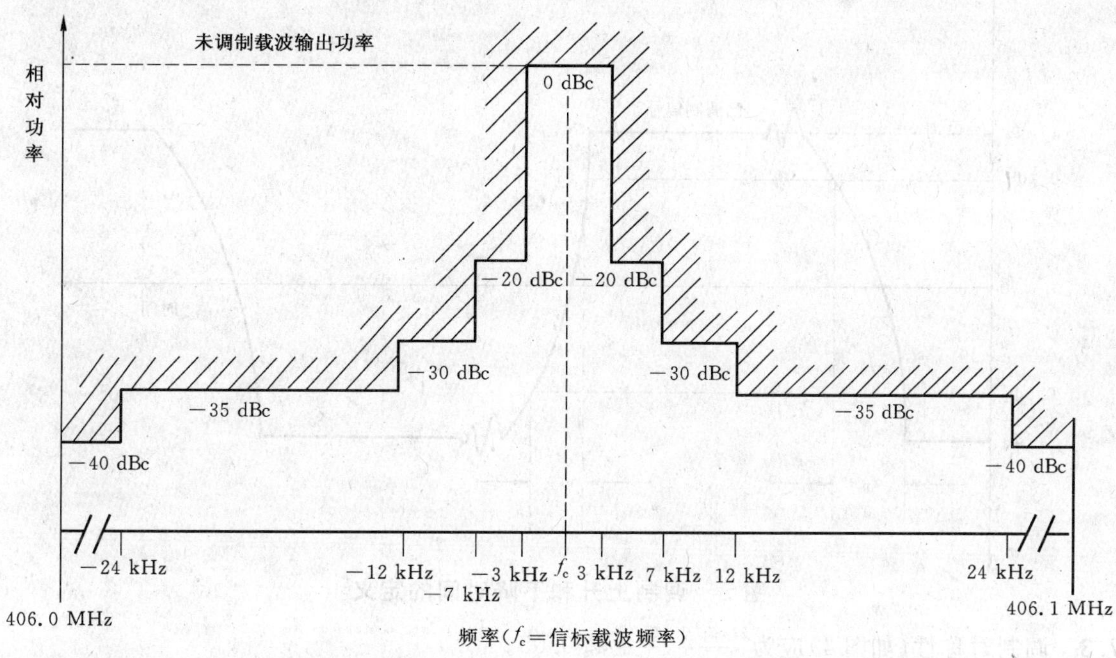

图 1 406.0 MHz～406.1 MHz 频带内的杂散发射分布图

4.3.6 数据编码

数据以双相 L 编码,如图 2 所示。

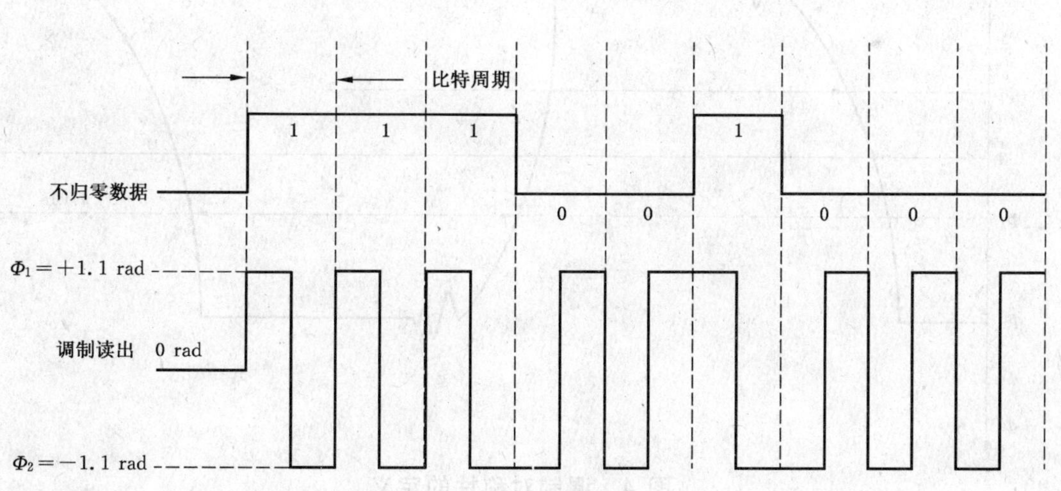

图 2 数据编码和调制示意图

4.3.7 调制

4.3.7.1 载波需经相位调制成峰值为 1.1 rad±0.1 rad,调制示意图如图 2 所示。

4.3.7.2 调制波形的上升(τ_R)和下降(τ_F)时间应为 150 μs±100 μs,如图 3 所示。

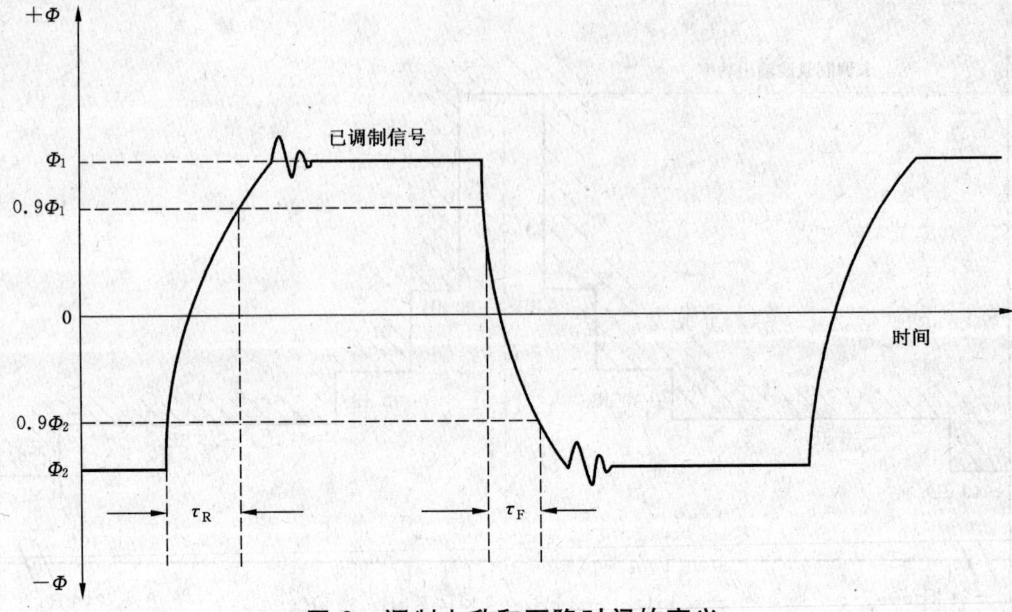

图 3 调制上升和下降时间的定义

4.3.7.3 调制对称性(如图 4)应为 $\frac{|\tau_1-\tau_2|}{\tau_1+\tau_2} \leqslant 0.05$。

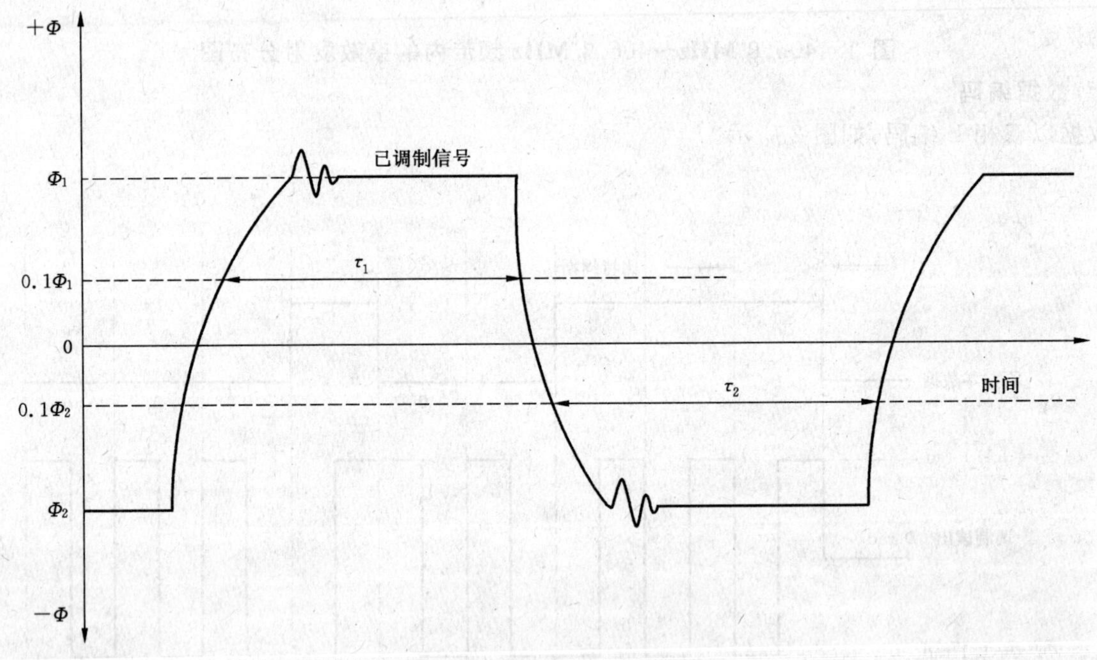

图 4 调制对称性的定义

4.3.8 电压驻波比

VSWR 应在 1∶1 和 3∶1 之间,而且任何负载开路或短路都不应使 S.EPIRB 受到损害。

4.3.9 最大连续发射

最大连续发射应不超过 45 s。

5 数字信息结构

5.1 基本结构

5.1.1 信息结构

经由 406 MHz S.EPIRB 发射的数字信息分为短信息 112 bit 和长信息 144 bit (见图 5)。

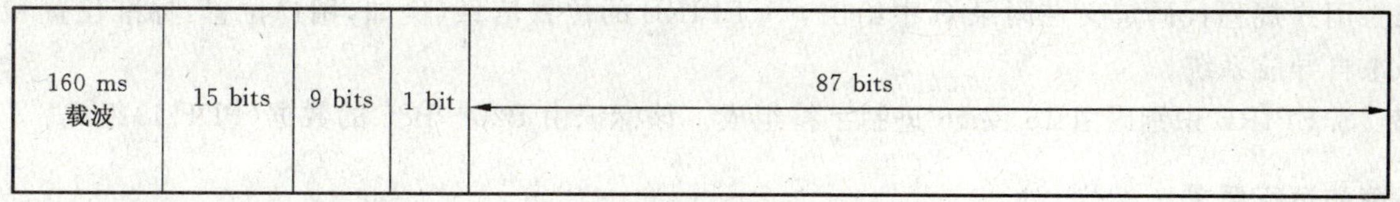

a) 短信息

b) 长信息

比特同步:15 个标记为“1”的比特;

帧同步:000101111;

标记为“0”的比特代表短信息;标记为“1”的比特代表长信息。

图 5　信息格式

5.1.2　系统位

B1～B24 为系统位,用于比特同步和帧同步。

5.1.3　数据位

B25～B85 是第一数据保护字段(PDF-1)。第一个数据比特(B25)代表数据长短类型,“0”表示短信息,“1”表示长信息。

5.1.4　差错控制编码

B86～B106 是 BCH-1 差错控制编码。此编码是 BCH 三重差错控制编码,参见附录 A。

5.1.5　紧急码

B107～B112 是紧急码,具体的比特位数以及定义取决于信息格式,IMO 建议的遇险性质紧急码见附录 B。

短信息:最后 6 bit 在 B107～B112。

长信息:26 bit 的数据在 B107～B132。

5.1.6　长信息附加选择码

长信息的最后 12 bit 的数据,即 B133～B144 是第二 BCH 差错校正字段(BCH-2)。

5.2　示位标编码

5.2.1　S. EPIRB 编码短信息分成五个字段,长信息分成六个字段:

a)　短信息:

1)　比特同步 B1～B15;

2)　帧同步 B16～B24;

3)　第一数据保护字段(PDF-1)B25～B85;

4)　第一 BCH 差错控制编码(BCH-1)B86～B106;

5)　非数据保护字段 B107～B112。

b)　长信息:

1)　比特同步 B1～B15;

2)　结构同步 B16～B24;

3)　第一数据保护字段(PDF-1)B25～B85;

4)　第一 BCH 差错控制编码(BCH-1)B86～B106;

5)　第二数据保护字段(PDF-2)B107～B132;

6)　第二 BCH 差错控制编码(BCH-2)B133～B144。

STANDARDS PRESS OF CHINA

5.2.2 用户规程代码定义在附录 C 中给出，S. EPIRB 的位置信息（例如，用户位置，标准位置和国家位置）来自导航系统。

5.2.3 S. EPIRB 识别码由 15 位 16 进制字符组成。该标识由 B26～B85 的数据（PDF-1）组成。

6 环境和运行要求

6.1 温度

6.1.1 工作温度

工作温度范围定义如下：

a) 第一级：－40 ℃～55 ℃；

b) 第二级：－20 ℃～55 ℃。

工作温度范围应永久地标记在 S. EPIRB 上。

6.1.2 温度梯度

温度梯度如图 6 所示。

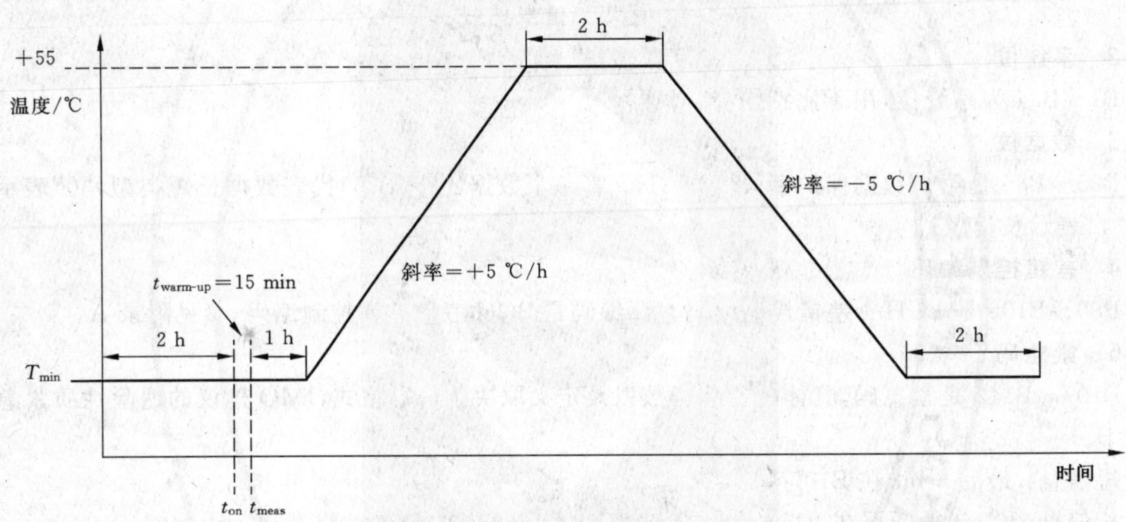

T_{min}＝－40 ℃（第一级信标）

T_{min}＝－20 ℃（第二级信标）

t_{on}＝2 h 冷水浸泡后信标开机时间

t_{meas}＝频率稳定性测量开始时间

图 6 温度梯度

6.1.3 热冲击

在保证满足可运行温度范围的前提下，激活 S. EPIRB 的同时进行 30 ℃的温度冲击，15 min 之后进行测量，发射频率稳定性平均斜率应满足第 4 章的要求。

6.2 机械环境

S. EPIRB 应进行振动和冲击测试。

6.3 其他环境要求

在船舶通常所经历的各种海况、船舶运动、湿度、盐碱、水密的情况下，设备应能继续工作。

6.4 运行要求

6.4.1 自测模式

6.4.1.1 S. EPIRB 都应包含自测模式。自测信息的内容应能永久地提供出 S. EPIRB 的标识码。

6.4.1.2 在自测模式下的信号应包含一个帧同步字符串 011010000，该测试信号将不会被卫星设备接收处理。

6.4.1.3 自测模式应由独立的开关进行激活，应提供一个独特的指示器，以记录 GNSS 自测试是否成功。

6.4.2 **激活**

6.4.2.1 S. EPIRB 的设计应能够防止意外的激活。

6.4.2.2 在激活后，S. EPIRB 在至少一个重复周期时长内不应发射遇险信息。

7 设备主体结构性能

7.1 结构

7.1.1 设备主体结构由发射机、电源、天线三部件组成，并装于同一壳体内，其结构应能在紧急时便于不熟练的人员操作。

7.1.2 设备壳体由防腐蚀材料制成，其颜色为黄色或橙色，并具有反光性能。

7.1.3 设备应配有能浮起的小系绳，该系绳不应阻碍 S. EPIRB 浮离船舶。

7.1.4 设备应配有 0.75 cd 的低负载循环灯，天暗时便能发光，用以向附近的幸存者和营救单位指明其位置。

7.1.5 需外接电源或数据连接的设备，连接的任何接头应能防腐蚀，并防止意外的脱接。连接装置不应阻碍 S. EPIRB 的释放。

7.2 性能

7.2.1 设备应能在 10 m 水深处，保持水密至少 5 min。

7.2.2 设备从安装位置到浸入水中期间有 45 ℃的温差变化，不利的海洋环境、冷凝和漏水等均不应影响 S. EPIRB 的性能。

7.2.3 设备应能在静水中直立漂浮，并在各种海况下具有正稳性和足够的浮力。

7.2.4 设备应能从 20 m 高处垂直投入水中不致损坏，并正浮于水面。

7.2.5 设备应不受海水、油及长时间阳光曝晒的影响。

7.2.6 设备贮存温度为－30 ℃～＋70 ℃。

7.2.7 设备应能在相对风速达 100 kn 时正常工作。

7.3 功能

7.3.1 设备应能手动启动和手动停止启动，并应有防止产生误动作的措施。

7.3.2 设备应有表明正在发射信号的指示装置。

8 自由浮离释放装置结构要求

8.1 S. EPIRB 设备应为自由浮离式，即使在海上可能遇到的最极端的状况下也应工作可靠。自由漂浮后，设备应能自动启动。

8.2 设备无论从任何横倾和纵倾角尚未达到 4 m 水深前应能自动释放和浮离。

8.3 应采用耐腐塑料材料制成，以免引起故障。不应对其部件进行电镀或其他形式的金属镀层处理。

8.4 应标有手动释放时的操作说明。应能在不启动发射的情况下，用人工方法从自由浮离装置上释放 S. EPIRB。

附 录 A
（资料性附录）
三重差错控制编码示例

三重差错控制编码为 BCH 编码。

$$g(X) = \mathrm{LCM}(m_1(X), m_3(X), m_5(X))$$

其中：

LCM 为最小公倍数

$m_1(X) = X^7 + X^3 + 1$

$m_3(X) = X^7 + X^3 + X^2 + X + 1$

$m_5(X) = X^7 + X^4 + X^3 + X^2 + 1$

从而，

$$g(X) = m_1(X) m_3(X) m_5(X) = X^{21} + X^{18} + X^{17} + X^{15} + X^{14} + X^{12} + X^{11} + X^8 + X^7 + X^6 + X^5 + X + 1$$

以 21 bit 的二进制数为：

$$g(X) = 1001101101100111100011$$

附 录 B
（规范性附录）
IMO 建议的遇险性质紧急码

IMO 建议的遇险性质紧急码见表 B.1。

表 B.1

IMO 指示位	二进制代码	用　途
1	0001	火灾/爆炸
2	0010	进水
3	0011	碰撞
4	0100	搁浅
5	0101	倾斜/倾覆
6	0110	下沉
7	0111	失控和漂流
8	0000	未指明的遇险性质（3）
9	1000	弃船
	1001～1111	留作将来需要的援救用或如需要用作便于搜索的其他信息

STANDARDS PRESS OF CHINA

附　录　C
（规范性附录）
用户规程代码选项

用户规程代码选项见表 C.1。

表 C.1

B 25：　格式标志：　0＝短信息，1＝长信息				
B 26：　规程标志：　1＝用户规程				
B 27～B 36：　国家代码号：　三位数字，列入在 ITU RR 附录 43				
B 37～B 39：　用户规程 1 代码：　000＝轨道图　110＝无线电呼号 001＝航空　111＝测试 010＝海上　100＝备用 011＝连续　101＝备用				
B 37～B 39：010＝海上用户	110＝无线电呼号用户	011＝连续用户	001＝航空用户	100＝国内用户
B 40～B 75：以 6 位数字结尾的海上移动业务识别或无线电呼号(修正博多码)	B 40～B 63：前四个字符((修正博多码)	B 40～42：示位标类型 000＝航空示位标 001＝飞机操作人员 011＝飞机地址 010＝海上示位标（自由浮离式） 100＝海上示位标（非自由浮离式） 110＝个人示位标	B 40～B 81：飞机登记号(修正博多码)	B 40～B85：国内用户(备用)
B 76～B 81：特定的示位标 （修正博多码） B 82～B 83：00＝备用	B 64～B 75：最后三个字符 （二—十进制编码） B 76～B 81：特定的示位标 （修正博多码） B 82～B 83：00 ＝备用	B 43：船舶类型　证书标志 B 44～B 73：序列号和其他数据 B 74～B 83：船舶类型　证书号或国家用户	B 82～B 83：00＝Spare	

表 C.1（续）

B 84～B 85:辅助无线电定位装置类型：　00＝无辅助无线电定位装置 01＝121.5 MHz 10＝海上定位装置：9 GHz 搜救雷达应答器 11＝其他辅助无线电定位装置	
B 86～B 106：差错控制编码：　25～85 为 21 bit 差错控制编码	
B 107:紧急码用：　0＝国内应用,未规定 1＝紧急码标志	B 107～112:国内使用
B 108:激活类型：　0＝仅是人工激活类型 1＝自动和人工激活类型	
B 109～B 112:遇险性质：　海上紧急码（见附录 B,缺省值为 0000）	

ICS 01.140.30
A 13

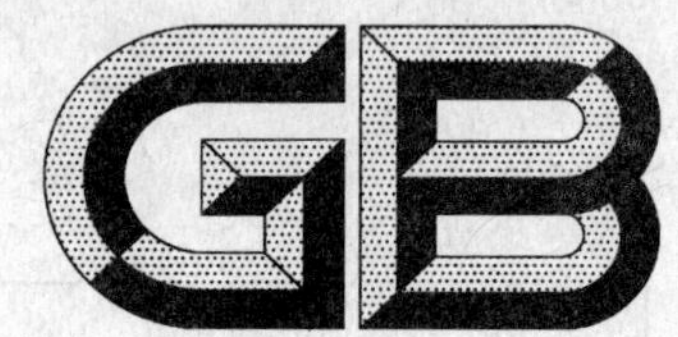

中华人民共和国国家标准

GB/T 14392—2009
代替 GB/T 14392—1993

国际贸易单证样式

Layout key for international trade documents

(ISO 6422:1985,Layout key for trade documents,MOD)

2009-11-15 发布　　　　2010-02-01 实施

中华人民共和国国家质量监督检验检疫总局
中国国家标准化管理委员会　发布

前　言

本标准修改采用 ISO 6422:1985《贸易单证样式》(英文版)。

本标准与 ISO 6422:1985 相比,存在如下差异:

——将标准名称由《贸易单证样式》改为《国际贸易单证样式》;

——增加了规范性引用文件;

——增加了术语和定义;

——本标准的第 4 章、第 5 章、第 6 章、第 7 章内容分别对应 ISO 6422:1985 的第 3 章、第 4 章、第 5 章、第 6 章的内容;

——将第 5 章中的最后两段分别作为注 1 和注 2;

——将 7.13 中"通常情况下,采用与商品统计或关税有关的号码,因此,这些号码的第一个数字是通用的"改为"通常情况下,采用 HS《海关进出口商品分类代码》";

——将图 1 中的"LAYOUT KEY FOR TRADE DOCUMENTS"由右上角改为居中。

本标准代替 GB/T 14392—1993。

本标准与 GB/T 14392—1993 相比主要变化如下:

——将标准名称由《贸易单证样式》改为《国际贸易单证样式》;

——增加了标准的前言;

——对标准的引言进行了修改;

——增加了规范性引用文件;

——增加了术语和定义;

——在第 5 章中增加了注 1 和注 2;

——增加了 7.1 概述。

本标准由全国电子业务标准化技术委员会提出并归口。

本标准起草单位:中国标准化研究院、中国对外贸易经济合作企业协会、商务部配额许可证局。

本标准主要起草人:胡涵景、孟朱明、曹新九、张荫芬、刘颖、熊虹艳、王凌云、徐俊荣。

本标准于 1993 年 5 月首次发布,本次为第 1 次修订。

STANDARDS PRESS OF CHINA

引　言

国际贸易是当今世界最大的经济活动。国际贸易单证是国际贸易中的重要组成部分。根据联合国贸发会的统计，国际贸易单证费用占国际贸易总额的8%。国际贸易单证标准化主要是指单证格式和所记录数据的标准化。1982年联合国贸易简化委员会正式向联合国各成员国推荐使用《联合国贸易单证样式》。1985年ISO将它采纳为国际标准，即ISO 6422《国际贸易单证样式》。联合国贸易简化委员会在随后几年又相继推出了若干项有关国际贸易单证的国际标准，这些标准均以《国际贸易单证样式》(ISO 6422)为基准。因此《国际贸易单证样式》标准是单证标准中的最重要的标准。

为了与国际惯例接轨，我国已于1993年根据ISO 6422起草了《国际贸易单证样式》国家标准。该标准修改采用ISO 6422，于1993年发布实施。GB/T 14392—1993《国际贸易单证样式》国家标准自发布以来，至今已经10多年了。在这十多年里，它对规范我国国际贸易单证格式，促进和规范国际贸易起到了非常重要的作用。但是，随着新的GB/T 1.1的发布实施以及近年来我国国际贸易的发展，需要对原标准中的内容进行修改。本次修订主要依据ISO 6422《国际贸易单证样式》，同时考虑国际贸易惯例和我国国际贸易的实际情况。

本标准的修订和实施将对指导和规范我国国际贸易单证标准起到积极作用。

国际贸易单证样式

1 范围

本标准规定了我国国际贸易主单证样式,包括相关术语和定义以及设计原则。

本标准适用于贸易活动中与行政、商业、生产以及流通有关的单证样式设计。

2 规范性引用文件

下列文件中的条款通过本标准的引用而成为本标准的条款。凡是注日期的引用文件,其随后所有的修改单(不包括勘误的内容)或修订版均不适用于本标准,然而,鼓励根据本标准达成协议的各方研究是否可使用这些文件的最新版本。凡是不注日期的引用文件,其最新版本适用于本标准。

GB/T 15191—1997　贸易数据元目录　标准数据元(idt ISO 7372:1993)

GB/T 18131—2000　国际贸易用标准运输标志(eqv UN/ECE/WP.4 第 15 号:1992)

ISO 216:1975　书写纸和某些印刷纸　裁切后尺寸　A 和 B 系列

ISO 3535　格式设计表和布局图

HS 海关进出口商品分类代码

3 术语和定义

下列术语和定义适用于本标准。

3.1

A 型纸张规格　A-sizes

在 ISO 216:1975 中规定的一系列实际纸张的规格。

注:实际纸张的长边和短边之间的比例关系为 1.414∶1.000。

[UN/CEFACT REC 1]

3.2

地址栏　address field

为姓名和/或地址保留的一个格式或信封区域。

[UN/CEFACT REC 1]

3.3

字符　character

供组织、控制或表示数据的元素集合中的一个元素。

[ISO/IEC 10646-1:2000]

3.4

字符间距　character spacing

同行相邻字符对应垂直中心线之间的距离。

注:办公计算机一格的宽度。

[UN/CEFACT REC 1]

3.5

代码框　code box

数据栏中为代码型数据项指定的区域。

[GB/T 14393—2008,定义 2.1]

3.6

代码型数据项　coded data entry

用代码表示的一条数据。

[GB/T 14393—2008,定义 2.2]

3.7

列　column

以竖直序列表示数据记录的区域。

[UN/CEFACT REC 1]

3.8

数据　data

信息的可重复解释的形式化表示,以适用于通信、解释或处理。

[UN/CEFACT REC 1]

3.9

数据载体　data carrier

为存储和/或传输数据指定的数据媒介。

[GB/T 14393—2008,定义 2.3]

3.10

数据项　data entry

数据载体中所输入的数据。

[GB/T 14393—2008,定义 2.4]

3.11

数据栏　data field

为特定数据项指定的区域。

[GB/T 14393—2008,定义 2.5]

3.12

描述性数据项　descriptive data entry

用普通语言以完整或缩略形式表示的数据项。

[GB/T 14393—2008,定义 2.6]

3.13

单证　document

一种数据载体及其所记录的数据,通常具有永久性并可为人或机器读取。

[GB/T 14393—2008,定义 2.7]

3.14

单证代码　document code

以代码形式表示的单证标识符。

[GB/T 14393—2008,定义 2.8]

3.15

单证标识符　document identifier

规定了单证功能的文本或代码。

[GB/T 14393—2008,定义 2.9]

3.16

单证名称　document name

以普通语言形式描述的单证标题。

[GB/T 14393—2008,定义 2.10]

3.17

栏目代码　field code

以代码形式表示的栏目标识符。

[GB/T 14393—2008,定义 2.11]

3.18

栏目标题　field heading

用普通语言以完整或缩略形式表示的栏目标识符。

[GB/T 14393—2008,定义 2.12]

3.19

栏目标识符　field identifier

在数据栏中规定了该数据属性的文本或代码。

[GB/T 14393—2008,定义 2.13]

3.20

格式　form

为传送数据项的可视化记录而指定的一种数据载体。

[GB/T 14393—2008,定义 2.14]

3.21

格式设计单　forms design sheet

样式表的一种应用,在含有边缘指示符和指出印刷规则位置网线的格式设计中该样式表准备用来帮助取代这些规则和预印刷。

[UN/CEFACT REC 1]

3.22

纸夹空白区　gripper margin

印刷机或复印机为纸夹留出的与格式的一边平行的空白区。

[UN/CEFACT REC 1]

3.23

图文区　image area

一个预先确定的区域,在该区域内能够进行信息的复制、储存或传输。

[UN/CEFACT REC 1]

3.24

ISO 的纸张规格　ISO-sizes

在 ISO 216:1975 规定的纸张规格。

[UN/CEFACT REC 1]

3.25

样式表　layout chart

配有标尺以及其他指示器的一张表,标尺和指示器与通常的办公和数据处理中使用的主要字符印刷机特征一致。

[ISO/IEC 3535:1977]。

3.26

样式　Layout key

一种形式文件,以集成方法为文件中展现某些表述预先定义指定空间。

[UN/CEFACT REC 1]

3.27

行距 line spacing

相邻的两行基线之间的距离。

[UN/CEFACT REC 1]

3.28

空白区 margin

格式的一边和其相邻图像区之间的距离。

[UN/CEFACT REC 1]

3.29

主单证 Master

为制作其他单证而准备的一个单证,其他单证可通过对该单证完整或部分数据进行复制或复印而获得。

[UN/CEFACT REC 1]

3.30

一对多复制方法 one-run method

把记录在主单证上的所有或部分信息传输到构成一个或多个配套格式上所进行的复制处理。

[UN/CEFACT REC 1]

3.31

序号数据项 ordinal data entry

用于对一个单证或一个数据项进行标识或分类和排序,而不进行数量计算的数据条目。

[GB/T 14393—2008,定义 2.15]

3.32

数量数据项 quantitative data entry

用来作为数量计算的数字型数据项。

[GB/T 14393—2008,定义 2.16]

3.33

顶部空白区 Top margin

格式上部的空白区。

[UN/CEFACT REC 1]

3.34

实际尺寸 Trimmed size

一张纸的实际规格。

[UN/CEFACT REC 1]

4 样式

图 1 中表示的样式给出了国际贸易单证图文区设计的基本原则。通常都基于“框式设计”原则进行样式设计。为使用开窗信封,收件人地址区处于邮政机构可以接受的一个区域。经与有关各方会商,从技术、法律、商务、行政及实务角度进行了综合考虑,才确定了样式中出现的其他项目的位置。样式下方的“自由处置区”则是为迎合个性化应用的特定需求所设。

5 纸张规格和图文区

样式的纸张规格为 ISO 的纸张规格中规定的 A4 型纸:210 mm×297 mm。基于这一样式所设计表格上的有效图文区为:183 mm×280 mm。页边空白的宽度符合 ISO/IEC 3535 附录中的规定,它们分别为:

左边(装订)空白 20 mm±0.5 mm

顶边(纸夹)空白 10 mm±0.5 mm

注 1：还可以考虑 A5L 型纸：148 mm×210 mm。基于这一纸张规格的样式所设计表格上的有效图文区为：131 mm×183 mmL。

注 2：在某些国家，尤其在北美，通常在贸易单证中使用的纸张规格为 216 mm×279 mm，对于这种规格单证的通用图文区尺寸为：183 mm×262 mm。

图文区的定位通过对上述左边距和顶边距的保留来实现，这就将版面置于相对于纸张左部及顶部边缘的相同对应位置。

6 设计原则

栏目边界线应与 ISO/IEC 3535 表格设计图中的表格线一致。

以本样式为基准设计单证的主要原则就是单证所要求的信息与其在版面表示所设定的位置应一一对应。单证中所需的但在样式中没有规定的信息应放置在"自由处置区"。

如果信息要在原始单证缮制之后才填写，则可以在版面对应区域置空，或者考虑对单证无关信息的设计。

7 样式中的栏目标题

7.1 概述

下列栏目标题将出现在样式中。备注栏用来解释将在对应数据栏中填入数据的属性。

单证名称(例如发票)通常预先印制在中间(见图 1)，示例中打印"LAYOUT KEY FOR TRADE DOCUMENTS"之处。

下面的数据项的说明、表示与 GB/T 15191—1997 中对应的数据元的说明和表示一致。

7.2 发货人(出口商)

本栏目用来表示货物的发送方或单证的制作人的名称和地址。

7.3 收货人

本栏目用于表示收货人的名称和地址，位置排列与国际邮政对适用于开窗信封的技术要求一致。

注：当每行占 4.233 mm 时，本样式最多可容纳 5 行。当每行占 3.175 mm 时，本样式最多可容纳 6 行。

7.4 通知方地址或交货地址

如果在海运中托运货物上标有"凭指示(to order)"，则需要一个通知方地址。如果没有，该区域可用来规定与收货人地址不同的交货地址。

7.5 运输事项

本栏目用于说明运输事项，包括运输环节中的有关地点、运输方式和运输工具等。

7.6 日期和参考号等

如果没有其他规定，本标准中的"日期"指的是在单证中出现的该单证的签发日期。参考号指的是每套单证通用的号码或符号。它可以是定单号，或发票号等。在该栏目中，将要输入的其他日期和号码要么是单证制作时间，要么是后续的参与方接管单证的时间。这些项的顺序可以更改。

7.7 买方(其他收货人)或其他地址

货物和单证的送达地址经常不同。在这种情况下，收货人栏目就用于货物所要求的地址，特别是运输单证。反之，例如：发票，其地址栏目就改为用于送达单证的地址(买方地址)。

注：样式中每行可容纳 35 个字符，每个字符间距为 2.54 mm(或每英寸 10 个字符)。由于在窗式信封中信封和嵌入之间可视长度的限制，建议从最左边开始最多使用 32 个字符。如果每个字符间距为 2.12 mm(或每英寸 12 个字符)，样式中每行可容纳 35 个字符。

7.8 国家情况

出于统计及其他目的，需要填写原产地国、出口国和目的地国的信息。如果不需要其中某些项目，留出的空间可作他用，例如用于表示许可证编号；还可以利用这种情况为交货或付款条款增加栏目。

7.9　交货和付款条款

本栏目可按需使用，通常用于指出所规定的交货时间、交货条款、付款条款、保险事项等。

7.10　运输标志和集装箱号

本栏目用于标识货物(及货运集装箱)并将其对应到单证的特殊要求，与 GB/T 18131—2000《国际贸易用标准运输标志》一致。如果货物标志为收货人地址，就应指明这一点，通过以“Address to consignee”字样的表示，或更进一步地输入货物外表所呈现的完整地址。

7.11　包装类型和件数

没有专门为这些数据元保留列宽，因为应以足够宽度容纳的最大件数极少出现，而且在大多数情况下，因此减少货名的空间是不可取的。建议使用本栏目与货物描述得以明显分隔的打印编排。

7.12　货物描述

本栏目用于以通用贸易术语对货物的描述，也可能用到适用的海关税则或运价表术语。对于明细的品名，则应使用“自由处置区”。

7.13　商品编码

通常情况下，采用 HS《海关进出口商品分类代码》。

7.14　毛重(质量)

本栏目用于货物和货物装卸。与净重设在同一列内进行表示，但用虚线进行分隔。毛重(质量)用于运输及其他的货物输送作业。毛重与净重在同列出现，但可使用“分层”编排或以其他方式另置一层进行区分。

7.15　体积

本栏目用于指出货物在运输中所占的立体空间。其位置应在毛重旁边。

7.16　净重

本栏目给出净重及统计需要的在相关商品表或关税表中规定的其他数量。

7.17　价值

本栏目主要用于统计目的。在大多数国家出口统计基于 FOB 的价值，而进口统计基于 CIF 的价值。

7.18　自由处置区

本区域可用于所需的未能纳入指定栏目的补充信息。通过划定虚线对单项间隔进行精确的限制。

7.19　认证(签署)

除了签署或其他出证依据，还可在本栏目输入单证签署或出证地点、出证日期等相关信息。

国际贸易单证样式
LAYOUT KEY FOR TRADE DOCUMENTS

发货人(出口商) Consignor(Exporter)	日期和参考号等 Date, Reference No. , etc			
收货人 Consignee	买方(其他收货人)或其他地址 Buyer(if other than consignee)or other address			
通知方地址或交货地址 Notify or delivery address	出口国 Country whence consigned			
	原产地国 Country of origin	目的地国 Country of destination		
运输事项 Transport details	交货和付款条款 Terms of delivery and payment			
运输标志和集装箱号码 Shipping marks; Container No.	包装类型和件数、货物描述 Number and kind of packages; Goods description	商品编码 Commodity No.	毛重 Gross weight 净数量 Net quantity	体积 Cube 价值 Value

自由处置区
Free disposal

认证(签署)
Place and date of issue, Authentication

图 1 国际贸易单证样式

STANDARDS PRESS OF CHINA

参 考 文 献

［1］ GB/T 14393—2008 贸易单证中代码的位置(ISO 8440:1986,IDT)

［2］ ISO/IEC 10646-1:2000 信息技术 通用多八位编码字符集(UCS) 第1部分:体系结构和基本多文种平面

［3］ UN/CEFACT REC 1 联合国贸易单证样式

ICS 35.040
A 24

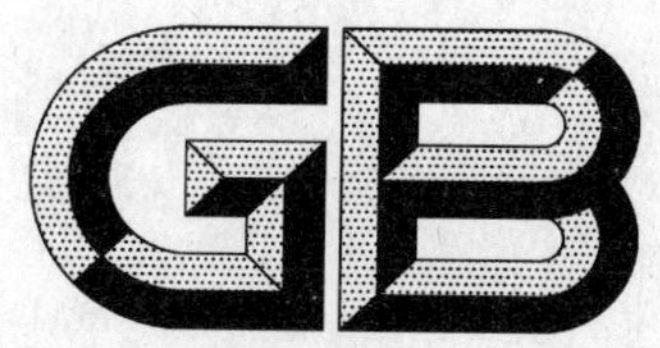

中华人民共和国国家标准

GB/T 14395—2009
代替 GB/T 14395—1993

城市地理要素编码规则 城市道路、道路交叉口、街坊、市政工程管线

Coding rules for urban geographical features—City roads, road intersections, blocks and municipal pipe lines

2009-05-06 发布

2009-11-01 实施

中华人民共和国国家质量监督检验检疫总局
中国国家标准化管理委员会
发布

前　言

本标准代替 GB/T 14395—1993《城市地理要素　城市道路、道路交叉口、街坊、市政工程管线编码结构规则》。

本标准与 GB/T 14395—1993 相比，主要变化如下：

——增加了前言、引言、附录 A 和附录 B。

——调整了术语和定义中的部分条目：去掉了“城市布局形式”、“城市道路的分类”、“快速路”、“主干路”、“次干路”、“支路”、“其他道路”、“路段”、“街坊级路”、“地理位置”等术语；增加了“地理要素”、“要素类”、“要素实例”、“城市道路”、“市政工程管线”、“定位区域”等术语。

——增加了城市地理要素编码的基本结构，确定该结构由要素几何类型代码、要素类代码、定位区域代码及要素实例序号组合而成。

——将城市道路、道路交叉口、街坊、市政工程管线的代码结构统一在城市地理要素编码的基本结构框架之内。

——调整了标准的编排结构。

本标准的附录 A、附录 B 为资料性附录。

本标准由中国标准化研究院提出并归口。

本标准起草单位：中国标准化研究院、北京市城市规划设计研究院、北京市地理信息中心。

本标准主要起草人：李小林、江洲、贾海樾、张鹤、陈煌、佟文会、邱苏文。

本标准于 1993 年首次发布，本次为第一次修订。

引　言

地理要素是与地球上位置相关的现实世界现象的表达，城市地理要素是地理要素的子集。城市地理要素有天然的，如山脉、河流、水域等，但更多的是经过人为改造和建设以后形成的，如道路、街坊等。城市地理要素的代码化标识，对于城市的现代化管理、科学的规划和可持续的发展具有重要的实践意义。

城市地理要素类很多，要素的实例数量也很大，因而其编码工作必然也是很繁杂的，需要一定的标准加以规范指导。为此很有必要将城市地理要素编码标准化。通过标准的地理要素编码可将各类地理要素统一组织在科学的空间定位体系中，便于检索、分析和综合。这也是建立城市地理信息系统的先行工作。

本标准对城市地理要素的编码结构给出了一个基本结构，并将其具体化到城市道路、道路交叉口、街坊、市政工程管线等4种实际城市地理要素的编码方案中。

本标准作为第一个城市地理要素的编码标准，虽然只针对城市地理要素中的城市道路、道路交叉口、街坊、市政工程管线，但在标准中提出的总体框架同样可为城市市域范围内其他地理要素的编码所参照、借鉴。附录B即为这方面的操作性建议。

城市地理要素编码规则
城市道路、道路交叉口、街坊、
市政工程管线

1 范围

本标准规定了城市地理要素编码的主要原则和基本结构，具体规定了城市道路、道路交叉口、街坊、市政工程管线的编码规则及其代码结构。

本标准适用于全国大、中、小城市编制城市道路、道路交叉口、街坊和市政工程管线等地理要素的代码系统，其他地理要素的编码也可参照使用。

2 术语和定义

下列术语和定义适用于本标准。

2.1

地理要素 geographic feature

与地球上位置相关的现实世界现象的表达。

注：地理要素可以有两种形式出现：一种是要素类，另一种是要素实例。当仅表达一种含义时，应明确究竟是指要素类还是指要素实例。

2.2

要素类 feature class

共享相同属性、操作、关系和语义的一组要素的描述。

2.3

要素实例 feature instance

要素类的实现对象。

2.4

城市地理要素 urban geographical feature

城市地域内，形成地理类型、地理区域之间差异性的主要地理要素。这些要素在空间分布上有显著的差异，在地理环境特征的形成与演变过程中起主导作用。

注：在本标准中，编码对象系指城市地理要素实例。

2.5

城市道路 city road

城市中供车辆、行人通行，具备一定技术条件的道路。

2.6

道路交叉口 road intersection

两条或两条以上城市道路的相交点。

2.7

街坊 block

由城市道路包围的或由城市道路与其他相对稳定的城市地理要素（如河流、铁路等）包围的完整地块。

注：有些街坊是由上述要素与行政区域界线划分形成的。

2.8

市政工程管线　municipal pipe line

与人们生产生活相关的市政基础设施中的各种管道或管线。

注：主要包括给水、雨水、污水、雨污合流、热力、电信、电力、燃气、工业管道或管线等。

2.9

定位区域　location region

为了明确城市地理要素在城市地域范围内的空间位置，并有利于地理编码，根据城市地理要素的分布特征，对全市域进行划分所形成的无缝覆盖的面状区域。

注：不同的地理要素定位区域的划分不一定相同。

3　城市地理要素编码的主要原则

3.1　唯一性

在城市地理要素编码系统中，每一个城市地理要素实例应仅有一个代码，一个代码只唯一表示一个城市地理要素实例。

3.2　适用性

代码结构应合理适用，它是根据各类城市地理要素在城市中的布局形式、要素自身特性以及不同应用部门的需要综合考虑确定的。

3.3　系统性

在一个城市内，各种城市地理要素编码均应各成系统，各系统的代码类型与结构应基本统一、互相协调配套，形成一个完整的编码体系。

3.4　稳定性

代码结构应综合考虑城市发展的各种因素，能在较长的时间里稳定有效，不发生重大变更。

3.5　可扩展性

代码结构应能为代码留有适当的后备容量，并考虑扩展更新后的代码与原代码间的一致性和相对连续性，以适应一定时期内不断扩充的需要。

4　城市地理要素编码的基本结构

4.1　基本结构

城市地理要素编码的基本结构为组合代码结构，由要素几何类型码、要素类码、定位区域码和要素实例序号等四部分组成，如图1所示。

城市地理要素代码			
要素几何类型码	要素类码	定位区域码	要素实例序号

图1　城市地理要素编码基本结构

4.2　要素几何类型

从几何学的角度划分地理要素，可将各种城市地理要素区分成点状、线状、面状等三种简单几何类型以及其他各种复杂几何类型。

4.3　要素类

要素类指城市地理要素的类别。要素类的类别确定宜从城市地理要素分类体系整体的角度加以考虑。

4.4　定位区域

城市地理要素的定位区域，宜以相对稳定的地理要素（通常是道路、河流、铁路）所形成的界线作为划分基准。另外可按照管理需求做出一定的非自然划分，如行政区域界线、业务分区等。不同的城市地理要素类，定位区域不一定相同。定位区域的划分，应尽可能不破坏城市地理要素实例的完整性。

4.5 要素实例序号

在同一个定位区域范围内，城市地理要素实例序号应按一定规律顺序编排。

5 城市道路、道路交叉口、街坊、市政工程管线编码规则

5.1 城市道路代码

5.1.1 城市道路代码以权威部门发布的法定路名为对象分段编码。城市道路代码由要素几何类型码、要素类码、定位区域码和道路序号组合而成，如图2所示。

城市道路代码			
要素几何类型码	要素类码	定位区域码	道路序号

图2 城市道路代码结构

5.1.2 城市道路的几何类型基于道路中心线为线状类型。

5.1.3 要素类码指明城市道路在城市地理要素分类体系中的具体类别。

5.1.4 定位区域码的赋码宜优先从城市中心地域开始，逐渐向外展开。对于位于定位区域边界上的道路，应将其归属为较先赋码的定位区域，示例参见附录A。

5.1.5 在各定位区域内，道路序号应按照一定的规律顺序排列。

5.1.6 在一个城市地域内，道路的交汇形成道路交叉口，道路交叉口又可将同一条道路分成若干路段，而各路段往往又围合形成街坊。因此，在城市道路、道路交叉口、街坊之间可以通过路段编码相互映射，关于路段的编码参见B.2。

5.2 道路交叉口代码

5.2.1 道路交叉口代码由要素几何类型码、要素类码、定位区域码和道路交叉口序号组合而成，如图3所示。

道路交叉口代码			
要素几何类型码	要素类码	定位区域码	道路交叉口序号

图3 道路交叉口代码结构

5.2.2 道路交叉口的几何类型基于道路中心线的交叉为点状类型。

5.2.3 要素类码指明道路交叉口在城市地理要素分类体系中的具体类别。

5.2.4 定位区域码的赋码宜优先从城市中心地域开始，逐渐向外展开。对于位于定位区域边界上的道路交叉口，应将其归属为较先赋码的定位区域，示例参见附录A。

5.2.5 在各定位区域内，道路交叉口序号应按照一定的规律顺序排列。

5.3 街坊代码

5.3.1 街坊代码由要素几何类型码、要素类码、定位区域码和街坊序号组合而成，如图4所示。

街坊代码			
要素几何类型码	要素类码	定位区域码	街坊序号

图4 街坊代码结构

5.3.2 街坊的几何类型为面状类型。

5.3.3 要素类码指明街坊在城市地理要素分类体系中的具体类别。

5.3.4 街坊应采用各城市现有划分。需要划分或重新划分时，应根据各城市的道路网密度或应用需要而定。

5.3.5 在各定位区域内，街坊序号应按照一定的规律顺序排列。

5.3.6 在一个街坊的范围内部，也存在规模较小的各种街坊级路，如：胡同、里弄、巷等，对街坊路的编

STANDARDS PRESS OF CHINA

码参见B.3。

5.4 市政工程管线代码

5.4.1 市政工程管线代码由要素几何类型码、要素类码、定位区域码和管线序号组合而成。如图5所示。

市政工程管线代码			
要素几何类型码	要素类码	定位区域码	管线序号

图5 市政工程管线代码结构

5.4.2 市政工程管线的几何类型为线状类型。

5.4.3 要素类码指明市政工程管线在城市地理要素分类体系中的具体类别。市政工程管线类别在一些行业或地方标准中有特殊规定的,可参照执行。

5.4.4 市政工程管线的定位区域可根据业务管理需要适当划分。

5.4.5 在各定位区域内,管线序号应按照一定的规律顺序排列。

附 录 A
（资料性附录）
位于定位区域边界上地理要素实例的归属判断方法

A.1 背景介绍

在实际工作中，对城市地理要素进行编码一般会首先按一定规则和实际需求对该城市进行定位区域的划分。然后在划分好的定位区域下对各定位区域中的城市地理要素进行编码。在这个工作过程中需要参考的规则有：定位区域的划分方案、城市地理要素的编码规则。

但一个常见的情况是，当要对定位区域边界上的地理要素实例进行赋码时，往往难以判断该要素实例到底应该属于哪个定位区域。

本附录为了解决这一归属判断问题，提出了一个比较通用的判断方法，以便能快捷地处理边界上地理要素实例应归到该边界两侧的哪个定位区域中；并力图让该判断方法能适用于所有现实的定位区域边界情况（包括复杂几何边界和简单几何边界）而不用考虑具体方向、方位、形状等会受到具体地理情况限制的因素。同时，还能较容易地进行计算机实现。

A.2 概述

A.2.1 前提

定位区域的划分方案和赋码先后顺序，应在使用本附录前即已确定，亦即：定位区域的具体划分已确定，并已知道各定位区域在赋码时的先后顺序。

A.2.2 方法

A.2.2.1 原则

递归法（按定位区域的赋码先后顺序）＋排除筛选法（逐步排除已确定归属的城市地理要素）。

A.2.2.2 步骤

——从第一个被赋码的定位区域开始，将该定位区域周围边界上未确定归属的城市地理要素都归到该区域中；

——按各定位区域的赋码先后顺序，将第二个被赋码的定位区域周围边界上未确定归属的城市地理要素都归到该区域中；

——按照上述顺序，依次将第 $n(n=3\cdots\infty)$ 个被赋码的定位区域周围边界上未确定归属的城市地理要素都归到该区域中；

——直到所有出于定位区域边界上的城市地理要素都已定出归属关系为止。

A.3 示例过程

A.3.1 案例

今有某市，现已划分出 9 个定位区域，定位区域划分原则未告知，但已确定定位区域码分别为 D01、D02、D03、D04、D05、D06、D07、D08、D09，其中 01～09 代表了对这些定位区域赋码的先后顺序。处于这些定位区边界上有道路 12 条（路 1～路 12），道路交叉口 4 个（口 1～口 4）。如图 A.1 所示。

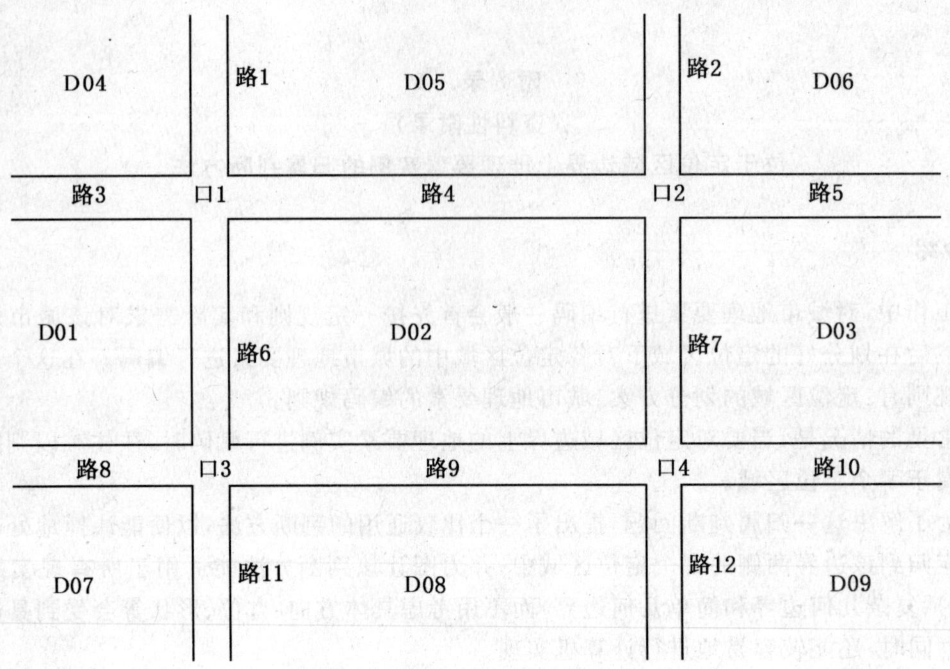

图 A.1 某市定位区域划分情况及现状

A.3.2 归属判断

A.3.2.1 任务

已知现有9个定位区域，且存在赋码先后顺序。存在16个边界上要素实例(12条道路，4个路口)需要判断其归属。

A.3.2.2 判断过程

按照A.2.2.2的步骤进行归属判断，具体步骤如下：

a) 将定位区域D01周围边界上的地理要素归入该区域，如此，归属到D01的边界地理要素分别为：道路交叉口口1、口3，道路路3、路6、路8；

b) 将定位区域D02周围边界上的尚未归属的地理要素归入该区域，如此，归属到D02则有口2、口4、路4、路7和路9；

c) 将定位区域D03周围边界上的尚未归属的地理要素归入该区域，如此，归属到D03则有路5和路10；

d) 将定位区域D04周围边界上的尚未归属的地理要素归入该区域，如此，归属到D04则只有路1；

e) 将定位区域D05周围边界上的尚未归属的地理要素归入该区域，如此，归属到D05则只有路2；

f) 将定位区域D06周围边界上的尚未归属的地理要素归入该区域，发现D06周边均已有归属，如此，则没有需要归属到D06的边界地理要素；

g) 将定位区域D07周围边界上的尚未归属的地理要素归入该区域，如此，归属到D07则只有路11；

h) 将定位区域D08周围边界上的尚未归属的地理要素归入该区域，如此，归属到D08则只有路12；

i) 将定位区域D09周围边界上的尚未归属的地理要素归入该区域，发现D09周边均已有归属，如此，则没有需要归属到D09的边界地理要素；进一步判断发现不存在尚未归属边界地理要素，因此判断过程结束。

A.3.2.3 小结

在上述案例中，经过判断完毕后16个边界上的城市地理要素归属情况如表A.1所示。

表A.1 某市定位区域边界上地理要素归属情况

已知的定位区域	归属的边界上城市地理要素	
	道路	道路交叉口
D01	路3、路6、路8	口1、口3
D02	路4、路7、路9	口2、口4
D03	路5、路10	—
D04	路1	—
D05	路2	—
D06	—	—
D07	路11	—
D08	路12	—
D09	—	—

由上可看出，按照既定方法和定位区域的赋码顺序，依次进行判断，就能简便地处理完所有边界上城市地理要素实例。其他更多和更复杂的边界情况上城市地理要素实例的归属问题，同样也可参照此例进行判断。

本附录仅供参考，各城市可根据自身地理特点制定更适合的归属判断方法。

STANDARDS PRESS OF CHINA

附 录 B
（资料性附录）
扩展应用建议

B.1 概述

本附录为城市地理要素编码结构规则扩展应用到城市道路的路段、街坊路以及城市市域范围内所辖的乡间道路、乡村地块等地理要素的编码提供了指导性建议。

B.2 路段代码

路段代码的编码对象是每个道路实例下所包含的各个路段，其代码结构可在道路代码的基础上扩展加上路段序号组合而成，如图B.1所示。

路段代码				
道路代码				路段序号
要素几何类型码	要素类码	定位区域码	道路序号	

图 B.1 路段代码结构

B.3 街坊路代码

街坊路代码结构可在街坊代码的基础上扩展加上街坊路序号组合而成，如图B.2所示。

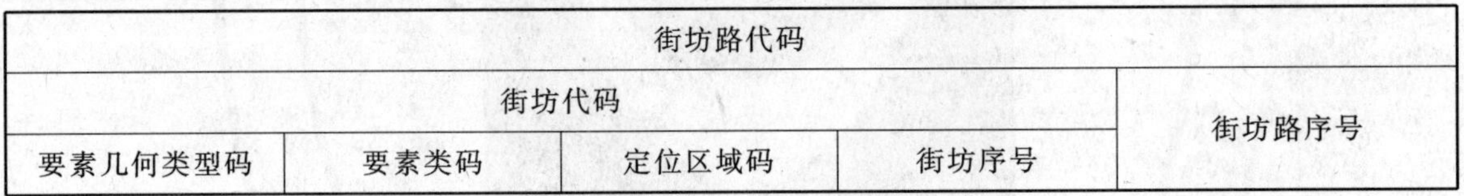

街坊路代码				
街坊代码				街坊路序号
要素几何类型码	要素类码	定位区域码	街坊序号	

图 B.2 街坊路代码结构

B.4 乡间道路

城市市域范围所辖的乡间道路可仿照城市道路编码结构，由要素几何类型码、要素类码、定位区域码和乡间道路序号组合而成，如图B.3所示。

乡间道路代码			
要素几何类型码	要素类码	定位区域码	乡间道路序号

图 B.3 乡间道路代码结构

B.5 乡村地块

城市市域范围所辖的乡村地块可仿照街坊编码结构，由要素几何类型码、要素类码、定位区域码和乡村地块序号组合而成，如图B.4所示。

乡村地块代码			
要素几何类型码	要素类码	定位区域码	乡村地块序号

图 B.4 乡村地块代码结构

参 考 文 献

[1] ISO 19101:2002 地理信息 参考模型

[2] 国务院.城市道路管理条例.1996年6月4日发布.

ICS 49.020
V 04

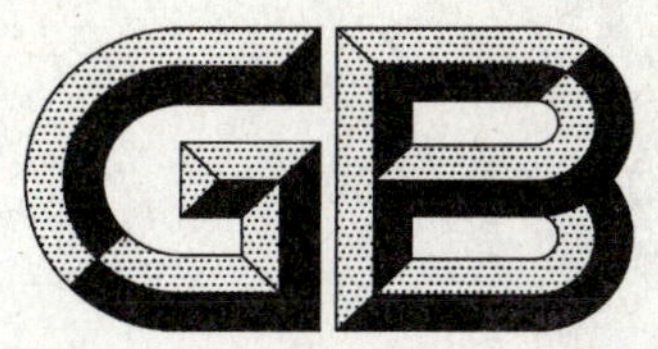

中华人民共和国国家标准

GB/T 14410.8—2009

飞行力学　概念、量和符号
第8部分：飞机动态特性

**Flight dynamics—Concepts, quantities and symbols—
Part 8: Dynamic behavior of the aircraft**

(ISO 1151-8:1992, Flight dynamics—Concepts, quantities and symbols—
Part 8: Concepts and quantities used in the study of the dynamic
behavior of the aircraft, MOD)

STANDARDS PRESS OF CHINA

2009-10-15 发布　　　　2010-03-01 实施

中华人民共和国国家质量监督检验检疫总局
中国国家标准化管理委员会　发布

前　言

GB/T 14410《飞行力学　概念、量和符号》分为九个部分：

——第1部分：坐标轴系和运动状态变量；

——第2部分：力、力矩及其系数和导数；

——第3部分：飞机稳定性和操纵性；

——第4部分：飞行性能；

——第5部分：飞行测量；

——第6部分：飞机几何形状；

——第7部分：飞行点和飞行包线；

——第8部分：飞机动态特性；

——第9部分：大气扰动模型。

本部分为GB/T 14410的第8部分。

本部分修改采用ISO 1151-8:1992《飞行动力学　概念、量和符号　第8部分：用于飞机动态研究的概念、量和符号》。

本部分与ISO 1151-8:1992相比主要增加了：

a)　“3.5.3　梯形”等输入信号的说明；

b)　中英文索引。

本部分由中国航空工业集团公司提出。

本部分由中国航空综合技术研究所归口。

本部分起草单位：北京航空航天大学、中国航空综合技术研究所、中国航空工业发展研究中心。

本部分主要起草人：屈香菊、洪冠新、焦志强、邵箭。

飞行力学　概念、量和符号
第8部分：飞机动态特性

1　范围

GB/T 14410的本部分规定了与飞机动态特性有关的概念、量和符号。

本部分适用于固定翼飞机，其他飞行器可参照使用。

2　规范性引用文件

下列文件中的条款通过GB/T 14410的本部分的引用而成为本部分的条款。凡是注日期的引用文件，其随后所有的修改单(不包括勘误的内容)或修订版均不适用于本部分，然而，鼓励根据本部分达成协议的各方研究是否可使用这些文件的最新版本。凡是不注日期的引用文件，其最新版本适用于本部分。

GB/T 14410.1—2008　飞行力学　概念、量和符号　第1部分：坐标轴系和运动状态变量

GB/T 14410.2—2008　飞行力学　概念、量和符号　第2部分：力、力矩及其系数和导数

GB/T 14410.5—2008　飞行力学　概念、量和符号　第5部分：飞行测量

3　术语和定义、符号

下列术语、定义和符号适用于GB/T 14410的本部分。

3.1　一般概念　general concepts

编号	术　语	定义或说明
3.1.1	飞行变量 flight variable	该量是时间的函数，其取值描述飞机的运动。
3.1.2	飞行状态 flight state	一组飞行变量的取值。
3.1.3	定常飞行状态 steady flight state	飞行状态(3.1.2)中的飞行变量(3.1.1)不随时间变化。
3.1.4	准定常飞行状态 quasi-steady flight state	飞行状态(3.1.2)中的飞行变量(3.1.1)随时间的变化很慢，在研究中它们的变化可以忽略。
3.1.5	非定常飞行状态 unsteady flight state	飞行状态(3.1.2)中至少有一个飞行变量随时间的变化不可忽略。
3.1.6	基准飞行状态 reference flight state	在给定的研究中，作为参考的飞行状态。 注1：在大多数情况下，基准飞行状态取为定常飞行状态(3.1.3)或准定常飞行状态(3.1.4)。 注2：对某时间段内的研究，一般用前一时间段的飞行状态(3.1.2)作为参照。

编号	术　　语	定义或说明
3.1.7	控制输入 control input	为了改变或保持飞行状态，对飞机所施加的作用。
3.1.8	扰动 disturbance	导致飞行状态改变的意外作用。 注：这种作用来源于人、大气、机械等。
3.1.9	输入变量 input variable	描述控制输入(3.1.7)或者扰动(3.1.8)的量。
3.1.10	输出变量 output variable	飞行变量(3.1.1)中的元素，是飞机对控制输入(3.1.7)或扰动(3.1.8)的响应。

3.2　飞机运动类型　types of aircraft motion

编号	术　　语	定义或说明
3.2.1	飞行航迹 飞行轨迹 aircraft flight-path trajectory	航迹坐标系(GB/T 14410.1—2008 中 3.1.7)的原点为飞机质心，原点相对于地轴系的三维轨迹。
3.2.2	平面运动 aircraft plane motion	飞行航迹(3.2.1)在一个平面内的飞机运动。
3.2.3	直线飞行 straight flight	飞行航迹(3.2.1)为直线的飞机平面运动(3.2.2)。
3.2.4	水平飞行 horizontal flight	飞行航迹(3.2.1)在一个水平平面内的飞机运动(3.2.2)。
3.2.5	对称飞行 symmetrical flight	侧滑角(GB/T 14410.1—2008 中 3.2.1.1)为零的飞机飞行状态(3.1.2)。
3.2.6	转弯 turn	飞行航迹方位角(GB/T 14410.1—2008 中 3.2.5.1)改变的飞机运动。
3.2.7	水平转弯 horizontal turn	在水平飞行(3.2.4)中的转弯(3.2.6)。
3.2.8	定常转弯 steady turn	空速(GB/T 14410.1—2008 中 3.3.1.1)和过载(GB/T 14410.2—2008 中的 3.9.1)保持不变的水平转弯(3.2.7)。 注：如果风速 V_w 为零，定常转弯的飞行航迹为圆形。

编号	术　语	定义或说明
3.2.9	(单独)纵向运动 (isolated) longitudinal motion	相对于基准飞行状态(3.1.6),由以下变量的增量所描述的运动: ——迎角 α(GB/T 14410.1—2008 中 3.2.1.2); ——俯仰角 θ(GB/T 14410.1—2008 中 3.2.2.2); ——空速 V(GB/T 14410.1—2008 中 3.3.1.1); ——爬升角 γ(GB/T 14410.1—2008 中 3.2.5.2); ——俯仰角速度 q(GB/T 14410.1—2008 中 3.3.2.2)。 此时,以下量的变化为零或忽略不计: ——侧滑角 β(GB/T 14410.1—2008 中 3.2.1.1); ——滚转角速度 p(GB/T 14410.1—2008 中 3.3.2.2); ——偏航角速度 r(GB/T 14410.1—2008 中 3.3.2.2)。
3.2.10	(单独)横向运动 (isolated) lateral motion	相对于基准飞行状态(3.1.6),由以下变量的增量所描述的运动: ——侧滑角 β(GB/T 14410.1—2008 中 3.2.1.1); ——滚转角 ϕ(GB/T 14410.1—2008 中 3.2.2.3); ——航迹方位角 ψ_k(GB/T 14410.1—2008 中 3.2.5.1); ——滚转角速度 p(GB/T 14410.1—2008 中 3.3.2.2); ——偏航角速度 r(GB/T 14410.1—2008 中 3.3.2.2)。 此时,以下量的变化为零或忽略不计: ——迎角 α(GB/T 14410.1—2008 中 3.2.1.2); ——空速 V(GB/T 14410.1—2008 中 3.3.1.1); ——爬升角 γ(GB/T 14410.1—2008 中 3.2.5.2); ——俯仰角速度 q(GB/T 14410.1—2008 中 3.3.2.2)。

3.3 飞机运动的自然模态 natural modes of aircraft motion

编号	术　语	定义或说明
3.3.1	短周期振荡模态 short period oscillation mode	振荡的纵向运动(3.2.9),由下列变量的增量描述:迎角 α(GB/T 14410.1—2008 中 3.2.1.2);俯仰角速度 q(GB/T 14410.1—2008 中 3.3.2.2);而空速 V(GB/T 14410.1—2008 中 3.3.1.1)是基本不变的。频率 f(3.4.7)高于长周期振荡模态(3.3.2)的频率。 注:阻尼系数 δ(3.4.2)通常很大。

STANDARDS PRESS OF CHINA

编号	术　语	定义或说明
3.3.2	长周期振荡模态 phugoia (oscillation) mode	振荡的纵向运动(3.2.9)，由下列变量的增量描述：飞机速度矢量 **V**(GB/T 14410.1—2008 中 3.3.1.1)在水平和垂直方向上的分量；飞机的俯仰角 θ(GB/T 14410.1—2008 中 3.2.2.2)；而迎角 α(GB/T 14410.1—2008 中 3.2.1.2)基本不变。 注：频率 f(3.4.7)和阻尼系数 δ(3.4.2)通常很低。
3.3.3	纵向非周期模态 aperiodic longitudinal mode	由飞机速度矢量 **V**(GB/T 14410.1—2008 中 3.3.1.1)的垂直分量表征的非周期的纵向运动(3.2.9)。 注1：阻尼系数 δ(3.4.2)通常很大。 注2：非周期纵向模态是由于高度随空气密度(GB/T 14410.5—2008 中 3.1.3)的变化而致。
3.3.4	滚转模态 roll mode	非周期的横向运动(3.2.10)，由下列变量描述：滚转角 ϕ(GB/T 14410.1—2008 中 3.2.2.3)；滚转角速度 p(GB/T 14410.1—2008 中 3.3.2.2)；而偏航角速度 r(GB/T 14410.1—2008 中 3.3.2.2)和侧滑角 β(GB/T 14410.1—2008 中 3.2.1.1)基本保持不变。 注：阻尼系数 δ(3.4.2)通常很大。
3.3.5	荷兰滚(振荡)模态 dutch roll (oscillation) mode	振荡的横向运动(3.2.10)，由下列变量描述：侧滑角 β(GB/T 14410.1—2008 中 3.2.1.1)；滚转角 ϕ(GB/T 14410.1—2008 中 3.2.2.3)；偏航角 ψ(GB/T 14410.1—2008 中 3.2.2.1)。
3.3.6	螺旋模态 spiral mode	非周期的横向运动(3.2.10)，由下列变量描述：慢变化的滚转角 ϕ(GB/T 14410.1—2008 中 3.2.2.3)；侧滑角 β(GB/T 14410.1—2008 中 3.2.1.1)。 注：阻尼系数 δ(3.4.2)可正可负，其绝对值通常很小。

3.4　各运动模态的特征参数　characteristic parameters of individual modes of motion

编号	术　语	定义或说明	符号
3.4.1	振幅 amplitude	是时间的函数，关系式为 $A = \vert A_0 \vert \cdot e^{-\delta t}$	A
3.4.2	阻尼系数 damping coefficient	振幅(3.4.1)随时间的变化，关系式为 $\delta = -\frac{1}{A} \cdot \frac{dA}{dt}$	δ

编号	术　语	定义或说明	符号
3.4.3	时间常数 time constant	由下面的关系式定义 $$\tau=\frac{1}{\delta}$$ 注 1：如果 δ 是正值，τ 为时间间隔，等于振幅减小到 A(3.4.1)除以 e(自然对数，1/e≈0.367 9)所用的时间。 注 2：如果 δ 是负值，$-\tau$ 为时间间隔，等于振幅减小到 A(3.4.1)除以 e 所用的时间。	τ
3.4.4	半衰时 time to half amplitude	又称半衰期。当振幅 A 是时间的递减函数时，半衰时 $\tau_{1/2}$ 是振幅减小到一半所用的时间。半衰时 $\tau_{1/2}$ 与阻尼系数 δ(3.4.2)之间的关系式 $$\tau_{1/2}=-\frac{\ln(1/2)}{\delta}\approx\frac{0.693\ 1}{\delta}$$	$\tau_{1/2}$
3.4.5	倍增时 time to double amplitude	又称倍幅时间。当振幅 A(3.4.1)是时间的递增函数时($\delta<0$)，倍增时 τ_2 是振幅增加一倍所用的时间。倍增时 τ_2 和阻尼系数的关系式 $$\tau_2=-\frac{\ln(2)}{\delta}\approx-\frac{0.693\ 1}{\delta}$$	τ_2
3.4.6	(振荡)周期 (oscillation) period	振荡函数的正弦因子周期。 $$T=\frac{2\pi}{\omega}$$ 注 1：振荡函数的周期是沿同一方向，连续 2 次穿越零轴的时间间隔。 注 2："伪周期"通常指没有严格周期性的周期函数。	T
3.4.7	(振荡)频率 (oscillation) frequency	振荡函数的正弦因子的频率。 $$f=\frac{1}{T}$$ 注：T 为振荡函数的周期(3.4.6)。	f
3.4.8	对数衰减 logarithmic decrement	阻尼系数 δ(3.4.2)和周期 T(3.4.6)的乘积。 $$\Lambda=\delta T$$ 注：对数衰减是 t 时刻的振幅 $A(t)$ 和 $(t+T)$ 时刻的振幅 $A(t+T)$ 之比，再取自然对数，即 $\Lambda=\ln\frac{A(t)}{A(t+T)}$。	Λ

3.5 标准输入信号 standard input signals

编号	术 语	定义或说明	符号
3.5.1	阶跃 step	定义为(见图1) $\Gamma_i(t_0)\begin{cases}=0 & t<t_0\\=a & t\geqslant t_0\end{cases}$	$\Gamma_i(t_0)$
3.5.2	δ脉冲 Dirac impulse	定义为 $\delta_i(t_0)\begin{cases}=0 & t\neq t_0\\=\infty & t=t_0\end{cases}$ 且: $\int_{-\infty}^{+\infty}\delta_i(t_0)\mathrm{d}t=1$	$\delta_i(t_0)$
3.5.3	梯形 ramp	定义为(见图2) $R_i(t_0,\Delta t,t_1)\begin{cases}=0 & t<t_0\\=\dfrac{a(t-t_0)}{\Delta t} & t_0\leqslant t\leqslant t_0+\Delta t\\=a & t_0+\Delta t<t<t_1-\Delta t\\=\dfrac{a(t_1-t)}{\Delta t} & t_1-\Delta t\leqslant t\leqslant t_1\\=0 & t>t_1\end{cases}$	$R_i(t_0,\Delta t,t_1)$
3.5.4	单侧梯形 limited ramp	定义为(见图3) $Q_i(t_0,\Delta t)\begin{cases}=0 & t<t_0\\=\dfrac{a(t-t_0)}{\Delta t} & t_0\leqslant t\leqslant t_0+\Delta t\\=a & t>t_0+\Delta t\end{cases}$	$Q_i(t_0,\Delta t)$
3.5.5	正弦 sinusoidal	定义为(见图4) $\Sigma_i t_0\begin{cases}=0 & t<t_0\\=a\sin\omega t & t\geqslant t_0\end{cases}$	$\Sigma_i t_0$
3.5.6	矩形 rectangle	定义为(见图5) $\Pi_i(t_0,\Delta t)\begin{cases}=0 & t<t_0\\=a & t_0\leqslant t\leqslant t_0+\Delta t\\=0 & t>t_0+\Delta t\end{cases}$	$\Pi_i(t_0,\Delta t)$
3.5.7	双矩形 rectangular doublet	定义为(见图6) $\Delta_i(t_0,\Delta t)\begin{cases}=0 & t<t_0\\=a & t_0\leqslant t<t_0+\Delta t\\=-a & t_0+\Delta t\leqslant t<t_0+2\Delta t\\=0 & t\geqslant t_0+2\Delta t\end{cases}$	$\Delta_i(t_0,\Delta t)$

编号	术语	定义或说明	符号
3.5.8	三角形 triangle	定义为(见图 7) $\Lambda_i(t_0,\Delta t)\begin{cases}=0 & t<t_0\\ =\dfrac{2a(t-t_0)}{\Delta t} & t_0\leqslant t<t_0+\dfrac{\Delta t}{2}\\ =2a\left(1-\dfrac{t-t_0}{\Delta t}\right) & t_0+\dfrac{\Delta t}{2}\leqslant t<t_0+\Delta t\\ =0 & t\geqslant t_0+\Delta t\end{cases}$	$\Lambda_i(t_0,\Delta t)$

3.6 飞机的阶跃响应 response of the aircraft to a step

编号	术语	定义或说明
3.6.1	阶跃响应 step response	是时间的函数,描述输入变量(3.1.9)为阶跃(3.5.1)时,所引起的输出变量(3.1.10)与初始稳态的偏差(见图 8a))。
3.6.2	稳态响应 steady-state response	输出变量(3.1.10)最后的稳态值(如果稳态值存在)和初始的稳态值的差别(见图 8b))。
3.6.3	瞬态响应 transient response	是时间的函数,表示阶跃响应(3.6.1)和稳态响应(3.6.2)之差(见图 8c))。
3.6.4	响应时间 response time	阶跃响应(3.6.1)第一次达到给定值所需要的时间(见图 8d))。 注:给定值为稳态响应(3.6.2)的百分比。
3.6.5	超调量 overshoot	瞬态响应(3.6.3)的极值,极值的正负号与稳态响应符号一致(见图 8b))。
3.6.6	相对超调量 relative overshoot	超调量除以稳态响应值。
3.6.7	调节时间 settling time	在该时间以后,瞬态响应(3.6.3)的绝对值不再超过给定的稳态响应的百分比。 注:这个百分比通常设定为 5%(见图 8d))。

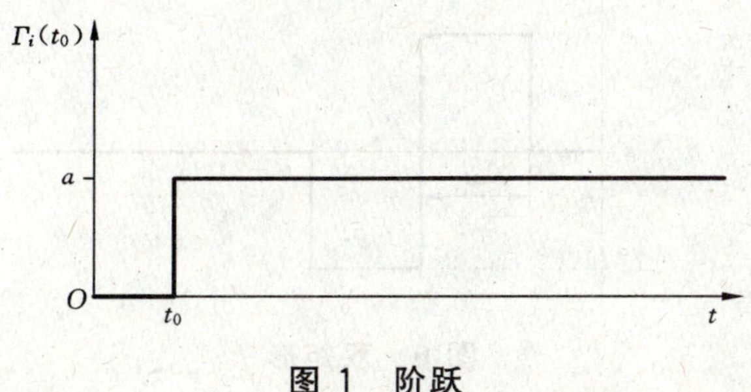

图 1 阶跃

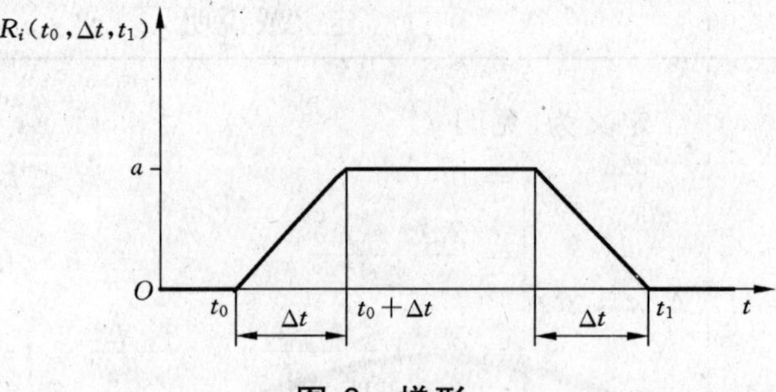

图 2 梯形

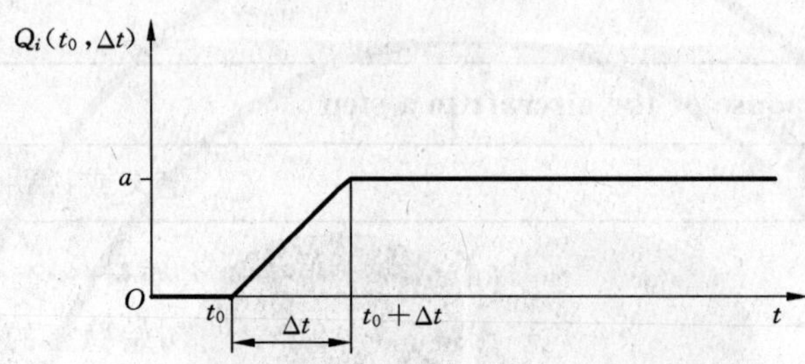

图 3 单侧梯形

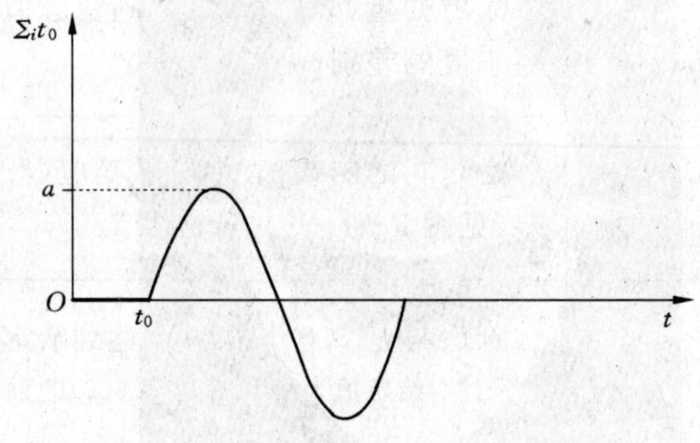

图 4 正弦

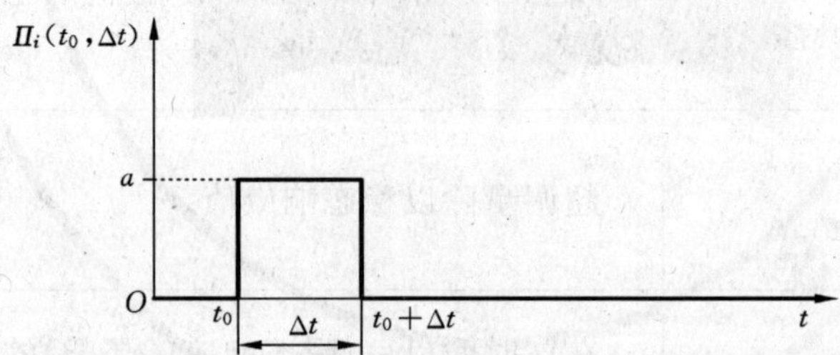

图 5 矩形

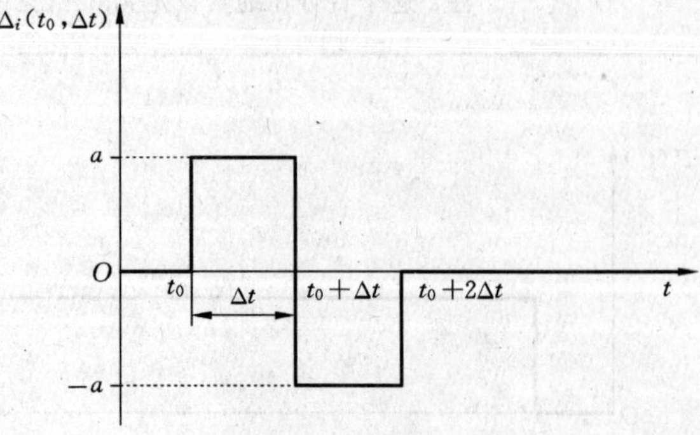

图 6 双矩形

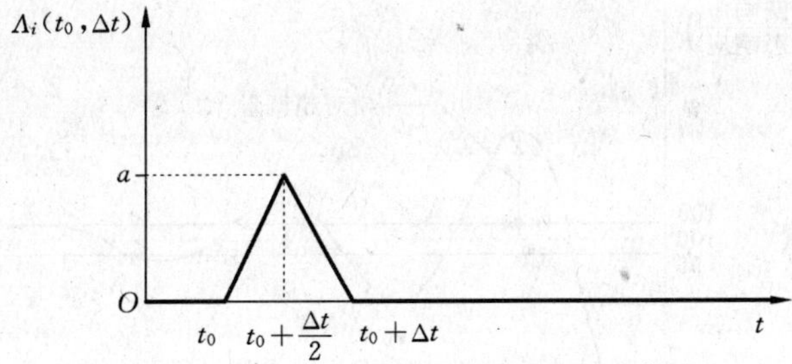

图 7　三角形

图 8a）　阶跃响应的输入

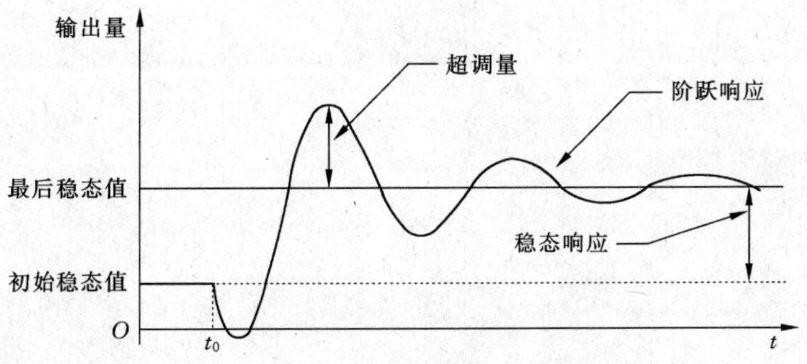

图 8b）　阶跃响应的输出

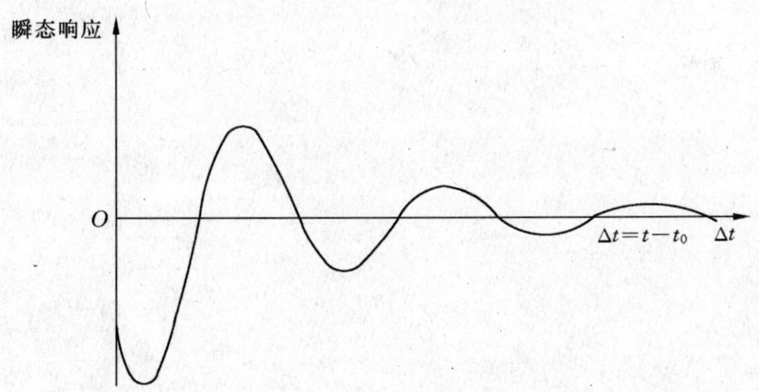

图 8c）　阶跃输入的瞬态响应

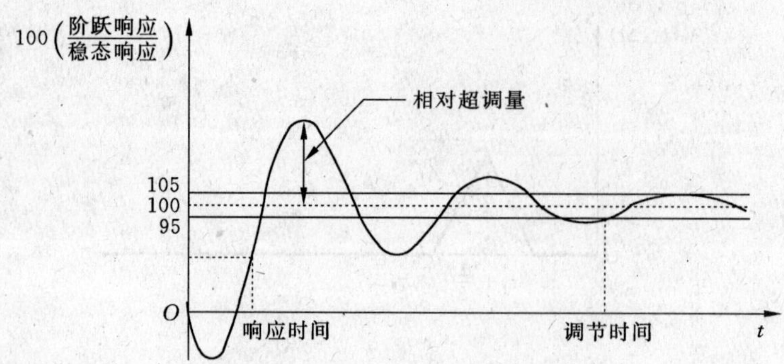

图 8d) 阶跃响应的性能指标

中 文 索 引

STANDARDS PRESS OF CHINA

δ

英 文 索 引

Q

R

S

T

U

ICS 49.020
V 04

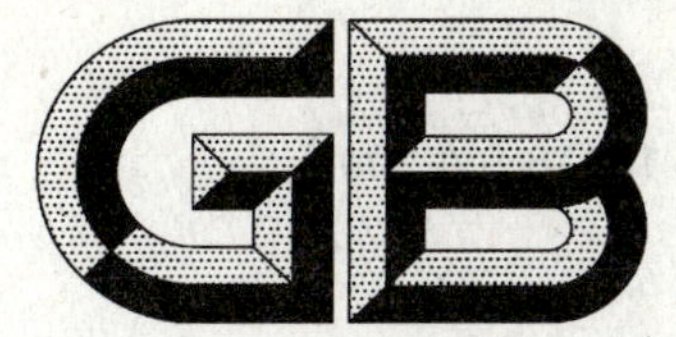

中华人民共和国国家标准

GB/T 14410.9—2009

飞行力学 概念、量和符号 第9部分：大气扰动模型

Flight dynamics—Concepts, quantities and symbols—Part 9: Models of atmospheric motions

(ISO 1151-9:1998, Flight dynamics—Concepts, quantities and symbols—Part 9: Models of atmospheric motions along the trajectory of the aircraft, MOD)

STANDARDS PRESS OF CHINA

2009-10-15 发布　　　　2010-03-01 实施

中华人民共和国国家质量监督检验检疫总局
中国国家标准化管理委员会　发布

前　言

GB/T 14410《飞行力学　概念、量和符号》分为九个部分：

——第1部分：坐标轴系和运动状态变量；

——第2部分：力、力矩及其系数和导数；

——第3部分：飞机稳定性和操纵性；

——第4部分：飞行性能；

——第5部分：飞行测量；

——第6部分：飞机几何形状；

——第7部分：飞行点和飞行包线；

——第8部分：飞机动态特性；

——第9部分：大气扰动模型。

本部分为GB/T 14410的第9部分。

本部分修改采用ISO 1151-9:1998《飞行动力学　概念、量和符号　第9部分：沿航空器轨迹的大气扰动模型》。

本部分对比ISO 1151-9:1998有以下技术变化：

a) 增加了“地面边界层风切变”、“湍流相关函数”、“湍流频谱函数”、“冯·卡门湍流模型”和“德莱顿湍流模型”等定义；

b) 将“范围”中“影响飞机沿飞行轨迹的大气扰动模型”修改为“影响飞机飞行特性的大气扰动模型”；

c) 增加了中英文索引。

本部分由中国航空工业集团公司提出。

本部分由中国航空综合技术研究所归口。

本部分起草单位：北京航空航天大学、中国航空综合技术研究所、中国航空工业发展研究中心。

本部分主要起草人：洪冠新、焦志强、邵箭、屈香菊。

飞行力学　概念、量和符号
第9部分:大气扰动模型

1　范围

GB/T 14410 的本部分规定了影响飞机飞行特性的大气扰动模型的概念、量和符号。

本部分适用于固定翼飞机,其他飞行器可参照使用。

2　规范性引用文件

下列文件中的条款通过 GB/T 14410 的本部分的引用而成为本部分的条款。凡是注日期的引用文件,其随后所有的修改单(不包括勘误的内容)或修订版均不适用于本部分,然而,鼓励根据本部分达成协议的各方研究是否可使用这些文件的最新版本。凡是不注日期的引用文件,其最新版本适用于本部分。

GB/T 14410.1—2008　飞行力学　概念、量和符号　第1部分:坐标轴系和运动状态变量

GB/T 14410.8—2009　飞行力学　概念、量和符号　第8部分:飞机动态特性

3　术语和定义、符号

下列术语和定义、符号适用于 GB/T 14410 的本部分。

3.1　常值风　constant wind

编号	术　语	定义或说明	符号
3.1.1	定常风 steady wind	风速(GB/T 14410.1—2008 中 3.3.1.8)矢量不随时间变化的风模型。	
3.1.2	常值风 constant wind	风速(GB/T 14410.1—2008 中 3.3.1.8)矢量不随时间和空间变化的风模型。	
3.1.3	时均风速度 mean wind velocity	通常,定义为大气运动随时间变化的时均值。 $\overline{\boldsymbol{V}}_{\mathrm{w}}=\frac{1}{T}\int_{0}^{T}\boldsymbol{V}_{\mathrm{w}}\mathrm{d}t$ 这里,$\boldsymbol{V}_{\mathrm{w}}$ 表示风速度矢量;T 是参考时间间隔值。 注:风模型的特征是风速度仅随时间变化而变化,在其参考轨迹上,任一点的时均风速度都是相等的。	$\overline{\boldsymbol{V}}_{\mathrm{w}}$

3.2 风梯度 wind gradients

编号	术 语	定义或说明
3.2.1	风梯度 wind gradient	风速的变化量不随时间变化，但是铅垂地面固定坐标轴系(GB/T 14410.1—2008 中 3.1.2)的坐标值的连续函数的风模型。 相对上述坐标轴系的风速变化量 $\Delta \boldsymbol{V}_{\mathrm{w}}$ $\Delta \boldsymbol{V}_{\mathrm{w0}}=\begin{bmatrix}\Delta u_{\mathrm{w0}}\\ \Delta v_{\mathrm{w0}}\\ \Delta w_{\mathrm{w0}}\end{bmatrix}=\begin{bmatrix}u_{\mathrm{w}x} & u_{\mathrm{w}y} & u_{\mathrm{w}z}\\ v_{\mathrm{w}x} & v_{\mathrm{w}y} & v_{\mathrm{w}z}\\ w_{\mathrm{w}x} & w_{\mathrm{w}y} & w_{\mathrm{w}z}\end{bmatrix}\begin{bmatrix}\Delta x_0\\ \Delta y_0\\ \Delta z_0\end{bmatrix}$ 注 1：$u_{\mathrm{w}x}=\frac{\partial u_{\mathrm{w0}}}{\partial x_0}, u_{\mathrm{w}y}=\frac{\partial u_{\mathrm{w0}}}{\partial y_0}, u_{\mathrm{w}z}=\frac{\partial u_{\mathrm{w0}}}{\partial z_0}$ 等。 注 2：$u_{\mathrm{w}x}=\frac{\partial u_{\mathrm{w0}}}{\partial x_0}\Delta x_0, \Delta y_0, \Delta z_0$ 表示坐标的变化量。
3.2.2	常值风梯度 constant wind gradient	在参考空间内任一点上的风梯度(3.2.1)都相同的风模型。

3.3 突风 discrete gusts

3.3.1 突风的一般描述 general description of gusts

编号	术 语	定义或说明
3.3.1.1	突风 gust	导致空速 **V**(GB/T 14410.1—2008 中 3.3.1.1)变化的、确定的且快速变化的风速(GB/T 14410.1—2008 中 3.3.1.7)矢量 $\boldsymbol{V}_{\mathrm{w}}$ 模型。
3.3.1.2	突风速度矢量 gust velocity 突风速度 gust speed	构成突风(3.3.1.1)的风速 $\boldsymbol{V}_{\mathrm{w}}$(GB/T 14410.1—2008 中 3.3.1.8)的部分。 突风速度的大小。
3.3.1.3	突风剖面 gust profile	突风模型中，关于飞行轨迹(GB/T 14410.8—2008 中 3.2.1)的距离的函数，或者关于突风速度(3.3.1.2)的时间的函数。 注：突风剖面具有： ——为零的突风速度初值； ——特征突风速度(3.3.1.4)； ——突风方向； ——突风速度的终值。
3.3.1.4	特征突风速度 characteristic gust speed	突风模型中突风速度(3.3.1.2)的最大值。
3.3.1.5	特征突风长度 characteristic gust length	风速 $\boldsymbol{V}_{\mathrm{w}}$(GB/T 14410.1—2008 中 3.3.1.8)的变化等于特征突风速度(3.3.1.4)时，对应于飞行轨迹(GB/T 14410.8—2008 中 3.2.1)上的最短距离。

编号	术　语	定义或说明
3.3.1.6	纵向突风 longitudinal gust	突风速度(3.3.1.2)具有唯一的关于气流坐标轴系(GB/T 14410.1—2008 中 3.1.5)纵轴 x_a 不为零的分量的突风剖面(3.3.1.3)。 注：也可用突风关于纵轴(GB/T 14410.1—2008 中 3.1.4.1)的分量来定义纵向突风。
3.3.1.7	横向突风 lateral gust	突风速度(3.3.1.2)具有唯一的关于气流坐标轴系(GB/T 14410.1—2008 中 3.1.5)横轴 y_a 不为零的分量的突风剖面(3.3.1.3)。 注：也可用突风关于横轴(GB/T 14410.1—2008 中 3.1.4.2)的分量来定义横向突风。
3.3.1.8	法向突风 normal gust	突风速度(3.3.1.2)具有唯一的关于气流坐标轴系(GB/T 14410.1—2008 中 3.1.5)法向轴 z_a 不为零的分量的突风剖面(3.3.1.3)。 注：也可用突风关于竖轴(GB/T 14410.1—2008 中 3.1.4.3)的分量来定义法向突风。
3.3.1.9	垂直突风 vertical gust	突风速度(3.3.1.2)具有唯一的关于地面固定坐标轴系(GB/T 14410.1—2008 中 3.1.1)垂直轴 z_0 不为零的分量的突风剖面(3.3.1.3)。
3.3.1.10	水平突风 horizontal gust	突风速度(3.3.1.2)具有唯一的关于地面固定坐标轴系(GB/T 14410.1—2008 中 3.1.1)中与水平面 x_0y_0 固连的坐标轴不为零的分量的突风剖面(3.3.1.3)。 注：此情况下，指明铅垂地面固定坐标轴系(GB/T 14410.1—2008 中 3.1.2)的轴的方向。

3.3.2　标准突风　**standard gusts**

编号	术　语	定义或说明	符号
3.3.2.1	阶跃突风 step gust	突风速度(3.3.1.2)分量沿参考坐标轴的变化是一个阶跃函数(GB/T 14410.8—2009 中 3.5.1)的突风模型。它关于时间的函数是 $\Gamma_{gi}(t_0)=\begin{cases}0 & t<t_0\\ a & t\geqslant t_0\end{cases}$	$\Gamma_{gi}(t_0)$
3.3.2.2	梯形突风 ramp gust	突风速度(3.3.1.2)分量沿参考坐标轴的变化是一个单侧梯形函数(GB/T 14410.8—2009 中 3.5.4)的突风模型。它关于时间的函数是 $\rho_{gi}(t_0,\Delta t)=\begin{cases}0 & t<t_0\\ a\dfrac{t-t_0}{\Delta t} & t_0\leqslant t\leqslant t_0+\Delta t\\ a & t>t_0+\Delta t\end{cases}$	$\rho_{gi}(t_0,\Delta t)$

编号	术 语	定义或说明	符号
3.3.2.3	(1-cos)阶跃突风 (1-cos)step gust	突风速度(3.3.1.2)分量沿参考坐标轴的变化是依照下述规律变化的突风模型 $\Psi_{gi}(t_0,\Delta t)=\begin{cases}0 & t<t_0 \\ \frac{a}{2}\left(1-\cos\frac{\pi(t-t_0)}{\Delta t}\right) & t_0\leqslant t\leqslant t_0+\Delta t \\ a & t>t_0+\Delta t\end{cases}$	$\Psi_{gi}(t_0,\Delta t)$
3.3.2.4	(1-cos)脉冲突风 (1-cos)pulse gust	突风速度(3.3.1.2)分量沿参考坐标轴的变化是依照下述规律变化的突风模型 $\Omega_{gi}(t_0,\Delta t)=\begin{cases}0 & t<t_0 \\ \frac{a}{2}\left(1-\cos\frac{2\pi(t-t_0)}{\Delta t}\right) & t_0\leqslant t\leqslant t_0+\Delta t \\ a & t>t_0+\Delta t\end{cases}$	$\Omega_{gi}(t_0,\Delta t)$
注1：a——常值； 注2：i——表征相关大气扰动的字母或数字下标； 注3：t_0——大气扰动起始时刻； 注4：Δt——(特征)时间间隔； 注5：$t<t_0$ 时所有标准突风剖面值均为零； 注6：$t_0=0$ 时参考起始时刻可以在符号中省略(符号的参考起始时刻可以被忽略)。			

3.4 三维风模型 three-dimensional wind models

编号	术 语	定义或说明
3.4.1	不连续风切变 discontinuous wind shear	一个平面两侧的两个常值风(3.1.2)交汇处的风模型，具有平行于该平面的不同的速度矢量。 注1：这个概念强调分开平面上的不连续性的存在。 注2：在分开平面上，飞机具有与阶跃突风(3.3.2.1)中一样的风速变化。 注3：风梯度(3.2.1)很大但有限时，可用更薄层替代分开的平面。
3.4.2	下冲气流 downburst	具有以下特征的三维风模型 ——以铅垂坐标轴为中心的圆柱对称性； ——向下的高风速。 注：风速在下冲气流的上部基本为竖直方向，接近地面时为水平方向。
3.4.3	地面边界层风切变 ground boundary layer wind shear	在绝热中性的大气条件下，风速具有下面对数形式的三维风模型 $\mathbf{V}_w(H)=\mathbf{V}_w\frac{\ln(H/z_0)}{\ln(6.096/z_0)}$ 注：$z_0=0.045\ 72$ m(对场域飞行阶段)，$z_0=0.609\ 6$ m(对其他飞行阶段)；H 为高度；$\mathbf{V}_w$ 是高度为 6.096 m 处的风速。

3.5 涡 vortex

编号	术 语	定义或说明
3.5.1	涡 vortex	气流绕一条轴线旋转的风模型。
3.5.2	兰金涡模型 Rankine vortex model	当地气流速度在垂直于涡轴的平面上,并且与垂直于涡轴的圆相切的涡(3.5.1)模型。 距涡轴距离为 r 处的气流速度为 $V_{vor}=V_n\hat{r}$,当 $\hat{r}\leqslant 1$ $V_{vor}=\frac{V_n}{\hat{r}}$,当 $\hat{r}>1$ $\hat{r}=\frac{r}{r_n}$ 式中: r_n 为涡核半径; V_n 为当 $r=r_n$ 时,气流的切向速度。 注:兰金涡模型中,涡核内部的气流有恒定的转动角速度。
3.5.3	经验涡模型 empirical vortex model	当地气流速度在垂直于涡轴的平面上,并且与垂直于涡轴的圆相切的涡(3.5.1)模型。 距涡轴距离为 r 处的气流速度为 $V_{vor}=V_n\frac{2\hat{r}}{1-\hat{r}^2}$ $\hat{r}=\frac{r}{r_n}$ 式中: r_n 为涡核半径; V_n 为当 $r=r_n$ 时,气流的切向速度。

3.6 连续湍流 continuous turbulence

3.6.1 湍流一般描述 general description of turbulence

编号	术 语	定义或说明	符号
3.6.1.1	湍流 turbulence	与时均风速度(3.1.3)有关的,风速 $\boldsymbol{V}_w$(GB/T 14410.1—2008 中 3.3.1.8)随机的和快速变化的风模型。	
3.6.1.2	湍流速度矢量 turbulence velocity	瞬时局部风速 $\boldsymbol{V}_w$(GB/T 14410.1—2008 中 3.3.1.8)与时均风速度 $\overline{\boldsymbol{V}}_w$(3.1.3)的差值 $\boldsymbol{V}_{tur}=\boldsymbol{V}_w-\overline{\boldsymbol{V}}_w$ 注:参考空间内所有点的瞬时平均湍流速度均为零。	$\boldsymbol{V}_{tur}$
	湍流速度 turbulence speed	湍流速度的大小。	V_{tur}

编号	术　语	定义或说明	符号
3.6.1.3	湍流速度分量 turbulence velocity components	湍流速度 $\boldsymbol{V}_{tur}$(3.6.1.2)沿 x 轴的分量 湍流速度 $\boldsymbol{V}_{tur}$(3.6.1.2)沿 y 轴的分量 湍流速度 $\boldsymbol{V}_{tur}$(3.6.1.2)沿 z 轴的分量	u_{tur} v_{tur} w_{tur}
3.6.1.4	湍流波长 turbulence wave-length	在参考方向上，湍流频谱函数的一个特定周期的长度。	l_{tur}
3.6.1.5	湍流波数 turbulence wave number	湍流波长(3.6.1.4)的倒数 $k_{tur}=\frac{1}{l_{tur}}$	k_{tur}
3.6.1.6	湍流空间频率 turbulence spatial frequency	定义为 $\Omega_{tur}=\frac{2\pi}{l_{tur}}$ 注：l_{tur} 为湍流波长(3.6.1.4)。	Ω_{tur}
3.6.1.7	基本气流速度矢量 basic air velocity	瞬时航迹速度 $\boldsymbol{V}_k$(GB/T 14410.1—2008 中 3.3.1.5)与时均风速度 $\overline{\boldsymbol{V}}_w$(3.1.3)的差值： $\boldsymbol{V}_b=\boldsymbol{V}_k-\overline{\boldsymbol{V}}_w$	$\boldsymbol{V}_b$
	基本气流速度(空速) basic airspeed	基本气流速度的大小。	V_b
3.6.1.8	湍流频率 turbulence frequency	基本湍流气流速度 V_b(3.6.1.7)与湍流波长 l_{tur}(3.6.1.4)的比值 $f_{tur}=\frac{V_b}{l_{tur}}$	f_{tur}
3.6.1.9	时间频率 temporal frequency	定义为 2π 与湍流频率 f_{tur}(3.6.1.8)的乘积 $\omega_{tur}=2\pi f_{tur}$	ω_{tur}
3.6.1.10	湍流相关函数 turbulence correlation function	湍流随机过程的速度 $u_{tur}(x)$ 和 $u_{tur}(x+\xi)$ 乘积的平均值，表示湍流随机过程的速度或梯度在空间坐标上相互联系的程度 $R_{ux}(\xi)=\lim\limits_{T\to\infty}\frac{1}{2T}\int_{-T}^{T}u_{tur}(x)u_{tur}(x+\xi)\mathrm{d}\xi$	$R(\xi)$
3.6.1.11	湍流频谱函数 turbulence spectrum function	定义为湍流相关函数(3.6.1.10)的傅里叶变换： $\Phi_{ux}(\Omega_{tur})=\frac{1}{2\pi}\int_{-\infty}^{\infty}R_{ux}(\xi)\mathrm{e}^{-i\Omega_{tur}\xi}\mathrm{d}\xi$ 注：式中 Ω_{tur} 表示湍流空间频率(3.6.1.6)。	$\Phi(\Omega_{tur})$

3.6.2 湍流模型 **turbulence models**

编号	术 语	定义或说明
3.6.2.1	高斯湍流模型 Gaussian turbulence model	气流坐标轴系中，湍流速度的时间概率分布是随机的、高斯型的、且零均值的湍流模型。高斯模型的湍流具有平稳性（湍流的统计特性不随时间变化）、均匀性（湍流的统计特性不随空间位置变化）和各向同性（湍流的统计特性不随坐标轴系方向变化）。 高斯模型的湍流速度由下面九个空间频谱函数表征 $\begin{bmatrix} \Phi_{ux}(\Omega_{tur}) & \Phi_{vx}(\Omega_{tur}) & \Phi_{wx}(\Omega_{tur}) \\ \Phi_{uy}(\Omega_{tur}) & \Phi_{vy}(\Omega_{tur}) & \Phi_{wy}(\Omega_{tur}) \\ \Phi_{uz}(\Omega_{tur}) & \Phi_{vz}(\Omega_{tur}) & \Phi_{wz}(\Omega_{tur}) \end{bmatrix}$ 九个频谱函数有两种形式： a) 纵向空间频谱函数是湍流速度分量平行于位移轴的量，如： $(\Phi_{ux}(\Omega_{tur}) \quad \Phi_{vy}(\Omega_{tur}) \quad \Phi_{wz}(\Omega_{tur}))$ b) 横向空间频谱函数是湍流速度分量垂直（正交）于位移轴的量，如： $(\Phi_{vx}(\Omega_{tur}) \quad \Phi_{wx}(\Omega_{tur}) \quad \Phi_{uy}(\Omega_{tur}) \quad \Phi_{wy}(\Omega_{tur}) \quad \Phi_{uz}(\Omega_{tur}) \quad \Phi_{vz}(\Omega_{tur}))$
3.6.2.2	冯·卡门湍流模型 von Karman turbulence model	一种高斯湍流模型（3.6.2.1），湍流速度的纵向和横向频谱函数由下式表达 $\Phi_{ux}(\Omega_{tur}) = \sigma_u^2 \frac{L_u}{\pi} \frac{1}{[1+(1.339L_u\Omega_{tur})^2]^{5/6}}$ $\Phi_{vy}(\Omega_{tur}) = \sigma_v^2 \frac{L_v}{\pi} \frac{[1+\frac{8}{3}(1.339\times 2L_v\Omega_{tur})^2]}{[1+(1.339\times 2L_v\Omega_{tur})^2]^{11/6}}$ $\Phi_{wz}(\Omega_{tur}) = \sigma_w^2 \frac{L_w}{\pi} \frac{[1+\frac{8}{3}(1.339\times 2L_w\Omega_{tur})^2]}{[1+(1.339\times 2L_w\Omega_{tur})^2]^{11/6}}$ 注：L_u，L_v，L_w 为纵向和横向湍流尺度；σ_u，σ_v，σ_w 为纵向和横向湍流强度。
3.6.2.3	德莱顿湍流模型 Dryden turbulence model	一种高斯湍流模型（3.6.2.1），湍流速度的纵向和横向频谱函数由下式表达 $\Phi_{ux}(\Omega_{tur}) = \sigma_u^2 \frac{L_u}{\pi} \frac{1}{1+(L_u\Omega_{tur})^2}$ $\Phi_{vy}(\Omega_{tur}) = \sigma_v^2 \frac{L_v}{\pi} \frac{1+12(L_v\Omega_{tur})^2}{[1+4(L_v\Omega_{tur})^2]^2}$ $\Phi_{wz}(\Omega_{tur}) = \sigma_w^2 \frac{L_w}{\pi} \frac{1+12(L_w\Omega_{tur})^2}{[1+4(L_w\Omega_{tur})^2]^2}$ 注：L_u，L_v，L_w 为纵向和横向湍流尺度；σ_u，σ_v，σ_w 为纵向和横向湍流强度。

STANDARDS PRESS OF CHINA

中 文 索 引

英 文 索 引

ICS 17.040.20
J 04

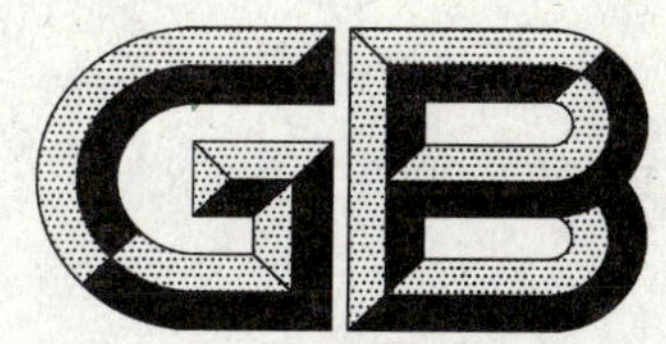

中华人民共和国国家标准

GB/T 14495—2009
代替 GB/T 14495—1993

产品几何技术规范(GPS) 表面结构 轮廓法 木制件表面粗糙度比较样块

Geometrical Product Specifications (GPS)— Surface texture: Profile method— Roughness comparison specimens for wooden pieces

STANDARDS PRESS OF CHINA

2009-03-16 发布　　　　2009-11-01 实施

中华人民共和国国家质量监督检验检疫总局
中国国家标准化管理委员会　发布

前言

本标准代替 GB/T 14495—1993《木制件表面粗糙度　比较样块》。

本标准与 GB/T 14495—1993 相比，修改的主要内容有：

——按照 GB/T 1.1—2000 标准化工作导则　第 1 部分：标准的结构和编写规则，作了一些编辑性修改，增加了标准的前言；

——在标准的技术内容，如：标准名称、术语和参数等方面，均与新的表面结构标准体系取得一致；

——增加了附录 B；

——本标准的附录 A 和附录 B 为资料性附录。本标准在 GPS 体系中的位置在附录 B 中说明。

本标准由全国产品尺寸和几何技术规范标准化技术委员会(SAC/TC 240)提出并归口。

本标准起草单位：中机生产力促进中心、哈尔滨量具刃具集团有限责任公司、时代集团公司、北京市计量检测科学研究院。

本标准主要起草人：王欣玲、郎岩梅、王忠滨、吴迅、陈景玉。

本标准所代替标准的历次版本发布情况为：

——GB/T 14495—1993。

产品几何技术规范(GPS)
表面结构　轮廓法
木制件表面粗糙度比较样块

1　范围

本标准规定了木制件表面粗糙度比较样块的制造方法、表面特征、样块分类、表面粗糙度参数、评定方法、结构尺寸及标记。

本标准适用于砂、铣、刨、车等方法加工的木制件表面粗糙度比较样块。该样块用来与同其结构纹理相近且加工方法相同的表面进行比较,通过视觉和触觉评定木制件表面粗糙度。它还可作为木制件表面粗糙度参数值选用的参考依据。

2　规范性引用文件

下列文件中的条款通过本标准的引用而成为本标准的条款。凡是注日期的引用文件,其随后所有的修改单(不包括勘误的内容)或修订版均不适用于本标准,然而,鼓励根据本标准达成协议的各方研究是否可使用这些文件的最新版本。凡是不注日期的引用文件,其最新版本适用于本标准。

GB/T 6062—2009　产品几何技术规范(GPS)　表面结构　轮廓法　接触(触针)式仪器的标称特性(ISO 3274:1996,IDT)

GB/T 12472—2003　产品几何量技术规范(GPS)　表面结构　轮廓法　木制件表面粗糙度参数及其数值

GB/Z 20380—2006　产品几何技术规范(GPS)　总体规划(ISO/TR 14638:1995,MOD)

3　术语和定义

GB/T 12472 中规定的以及下列术语和定义适用于本标准。

3.1

木制件表面粗糙度比较样块　roughness comparison specimens for wooden pieces

表征木材经机械加工或其他方法加工的具有与实际工件相近表面特征的已知表面轮廓算术平均偏差 *Ra* 值的样块。

4　制造方法

样块应按下列方法制造:

4.1　用电铸法复制的表面的阳模。

4.2　用塑料或其他材料复制的表面的阳模。

4.3　直接用特定木材按规定加工方法制造的表面。木材的含水率应等于或小于本地区年平均木材平衡含水率。

5　表面特征

5.1　样块表面只应呈现它所要表征的特定材质和加工方法产生的表面粗糙度特征,而不应含有表面粗糙度以外的其他表面特征，如波纹度、翘曲度、木材缺陷和加工缺陷等。

5.2　样块的表面色泽，应接近它所表征的特定材质的表面色泽。

6　分类及表面粗糙度参数

样块的分类及表面粗糙度参数公称值（按 GB/T 12472 中所规定的木制件表面粗糙度 *Ra* 的数值选取），应符合表 1。

表 1　样块表面粗糙度参数公称值　　单位为微米

加工方法	砂光		光刨类		平、压刨类		车	
木材分类	粗孔材	细孔材	粗孔材	细孔材	粗孔材	细孔材	粗孔材	细孔材
表面粗糙度参数公称值 *Ra*	3.2	3.2	3.2	3.2	3.2	3.2	3.2	3.2
	6.3	6.3	6.3	6.3	6.3	6.3	6.3	6.3
	12.5	12.5	12.5		12.5	12.5	12.5	12.5
	25		25		25	25	25	
					50	50		

注 1：光刨类包括手光刨、机光刨、刮刨。

注 2：平、压刨类包括铣削。

注 3：粗孔材类指管孔直径大于 200 μm 的木材；细孔材类指管孔直径小于或等于 200 μm 的木材（包括无孔材）。参见附录 A。

7　粗糙度的评定

7.1　评定方法

按加工产生的最大粗糙度参数值的方向，在样块表面均匀分布的 25 个位置，分别测得表面粗糙度参数值，并计算这些参数值的平均值和标准偏差。根据测得参数的分散程度，可适当增加或减少测量位置的个数。测量时，一般应避开剖切导管较集中的局部表面。

测量仪器应符合 GB/T 6062 的规定。测量仪器如果有已知或给定的误差，应予以考虑。

7.2　取样长度

测量时，取样长度按表 2 选取。

表 2　取样长度推荐数值　　单位为毫米

<table>
<tr><td colspan="2">Ra/μm</td><td>3.2</td><td>6.3</td><td>2.5</td><td>25</td><td>50[a]</td></tr>
<tr><td rowspan="2">加工方法</td><td>平、压刨类</td><td>2.5</td><td colspan="2">8.0</td><td colspan="2">25</td></tr>
<tr><td>其他</td><td colspan="3">2.5</td><td colspan="2">8.0</td></tr>
</table>

[a] 对于轮廓微观不平度的平均间距（*Rsm*）大于 10 mm 的木制件表面，在评定表面粗糙度 *Ra* 参数值时，应采用在记录轮廓图形上计算的方法。

7.3　平均值偏差

测量粗糙度参数值的平均值对公称值的相对偏差，应不超过表 3 中给出的公称值百分率的范围。

表 3 平均值偏差与标准偏差的范围

加工方法	木材分类	平均值偏差/% (公称值百分率)	评定长度所包括的取样长度个数				
			2	3	4	5	6
			标准偏差/%(有效值百分率)				
砂光	细孔材	+20 −15	24	19	17	15	14
	粗孔材	+25 −20	32	26	22	20	18
其他	细孔材	+25 −20	32	26	22	20	18
	粗孔材	+30 −25	40	32	28	25	23

7.4 标准偏差

偏离平均值的标准偏差，应不超过表 3 中所规定的有效值百分率范围。

不同评定长度的标准偏差的最大允许值，根据评定长度所包括的取样长度的个数按下列公式计算：

$$\sigma_n = \sigma_5\sqrt{\frac{5}{n}}$$

式中：

σ_n——实测时选用的评定长度所包括 n 个取样长度的标准偏差；

σ_5——评定长度包括 5 个取样长度的标准偏差；

n——实测时选用的评定长度所包括的取样长度的个数。

8 结构与尺寸

8.1 样块的结构尺寸应满足使用需要和对本身表面粗糙度测量的要求。

8.2 样块表面的最小尺寸应为 50 mm×100 mm。

9 标志

样块应有如下标志：

a) GB/T 14495—2009；

b) 表面粗糙度参数 Ra 及其公称值 μm；

c) 木材分类及加工方法的类型；

d) 制造厂厂名或注册商标；

e) 产品序号。

附　录　A
几种常用树种木材管孔直径范围
（资料性附录）

本附录给出几种常用树种木材的管孔直径范围，见表 A.1。

表 A.1　常用树种木材的管孔直径范围

单位为微米

树　　种	管孔直径范围
落叶松[a]	37～60
椴木	50～83
杨木	56～126
桦木	60～183
榆木	195～280
水曲柳	220～390

[a] 落叶松系针叶材，其数值指管胞直径。

附 录 B
（资料性附录）
在 GPS 矩阵模型中的位置

GPS 矩阵的全部详情参见 GB/Z 20308—2006。

B.1 本标准的信息及其应用

本标准规定了木制件表面粗糙度比较样块的制造方法、表面特征、样块分类、表面粗糙度参数、评定方法、结构尺寸及标记。

B.2 在 GPS 矩阵模型中的位置

本标准是 GPS 通用标准，它影响 GPS 通用标准矩阵中粗糙度轮廓标准链的链环 1，如图 B.1 所述。

GPS 基础标准

GPS 综合标准

GPS 通用标准						
链环号	1	2	3	4	5	6
尺寸						
距离						
半径						
角度						
与基准无关的线形状						
与基准相关的线形状						
与基准无关的面形状						
与基准相关的面形状						
方向						
位置						
圆跳动						
全跳动						
基准						
粗糙度轮廓						
波纹度轮廓						
原始轮廓						
表面缺陷						
棱边						

图 B.1 在 GPS 矩阵模型中的位置

B.3 相关的标准

相关的标准为图 B.1 所示标准链涉及的标准。

ICS 59.080.01
W 04

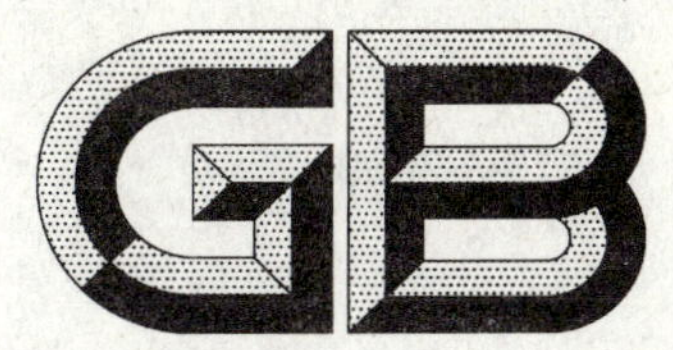

中华人民共和国国家标准

GB/T 14575—2009
代替 GB/T 14575—1993

纺织品　色牢度试验 综合色牢度

Textiles—Tests for colour fastness—Comprehensive colour fastness

2009-06-15 发布　　2010-02-01 实施

中华人民共和国国家质量监督检验检疫总局
中国国家标准化管理委员会　发布

前　言

本标准代替 GB/T 14575—1993《纺织品综合色牢度试验方法》。

本标准与 GB/T 14575—1993 相比，主要变化如下：

——题目修改为《纺织品　色牢度试验　综合色牢度》；

——第 4 章标题修改为“设备”；

——增加了“试剂和材料”作为第 5 章，以后章节依次顺延；

——增加了印花织物和纱线的取样方法；

——修改了对试验周期的规定；

——增加了资料性附录 B，作为其他色牢度组合方式的参考；

——增加了参考文献。

本标准的附录 A 和附录 B 为资料性附录。

本标准由中国纺织工业协会提出。

本标准由全国纺织品标准化技术委员会基础标准分会(SAC/TC 209/SC 1)归口。

本标准主要起草单位：新兴职业装备生产技术研究所、纺织工业标准化研究所。

本标准主要起草人：李世军、张惠、夏小娟、甘志军、田国力。

本标准所代替标准的历次版本发布情况为：

——GB/T 14575—1993。

纺织品 色牢度试验
综合色牢度

1 范围

本标准规定了测定纺织品耐光照、淋水、洗涤和刷洗综合色牢度的方法。

本标准适用于经印染后的各类纺织品。

2 规范性引用文件

下列文件中的条款通过本标准的引用而成为本标准的条款。凡是注日期的引用文件，其随后所有的修改单(不包括勘误的内容)或修订版均不适用于本标准，然而，鼓励根据本标准达成协议的各方研究是否可使用这些文件的最新版本。凡是不注日期的引用文件，其最新版本适用于本标准。

GB/T 250 纺织品 色牢度试验 评定变色用灰色样卡(GB/T 250—2008,ISO 105-A02:1993,IDT)

GB/T 420 纺织品 耐刷洗色牢度试验方法

GB/T 3921 纺织品 色牢度试验 耐皂洗色牢度(GB/T 3921—2008,ISO 105-C10:2006,MOD)

GB/T 6682 分析实验室用水规格和试验方法(GB/T 6682—2008,ISO 3696:1987,MOD)

GB/T 8430 纺织品 色牢度试验 耐人造气候色牢度:氙弧(GB/T 8430—1998,eqv ISO 105-B04:1994)

FZ/T 01096 纺织品耐光色牢度试验方法:碳弧

3 原理

在模拟实际服用时，纺织品试样经光照、淋水、洗涤和刷洗的综合作用后，以原样作为参照样，用灰色样卡评定试样变色程度。

4 设备

4.1 氙弧灯试验仪，应符合 GB/T 8430 的规定。

4.2 碳弧灯试验仪，应符合 FZ/T 01096 的规定(电压应控制在 125 V～145 V，电流控制在 15 A～17 A，黑板温度在 60 ℃～65 ℃，仓内温度 40 ℃～45 ℃)。喷淋用的循环水泵扬程为 3 m～5 m，循环水系统应防锈，喷水头距试样 50 mm。

4.3 耐皂洗色牢度试验机，应符合 GB/T 3921 中的规定。

4.4 耐刷洗色牢度试验机，应符合 GB/T 420 中的规定。

4.5 天平，精确度 0.01 g。

5 试剂和材料

5.1 肥皂，以干重计，所含水分不超过 5%，并符合下列要求：

——游离碱(以 Na_2CO_3 计) ≤0.3%

——游离碱(以 NaOH 计) ≤0.1%

——总脂肪物 ≥850 g/kg

——制备肥皂混合脂肪酸冻点 ≤30 ℃

——碘值　　　　　　　　　　　　　　　≤50

肥皂不应含荧光增白剂。

5.2　无水碳酸钠(Na_2CO_3)。

5.3　皂液,每升水(5.4)中含5 g肥皂(5.1)和2 g无水碳酸钠(5.2)。

注:建议用搅拌器将肥皂充分的分散溶解在温度为(25±5)℃的三级水中。

5.4　三级水,符合GB/T 6682。

5.5　灰色样卡,用于评定变色,符合GB/T 250。

5.6　本白涤棉布两块,120 mm(经向)×95 mm(纬向),作为适于刷洗色牢度的加长布,要考虑其不会污染试样。

6　试样

6.1　氙灯试验仪法:距布边100 mm以内取120 mm(经向)×95 mm(纬向)的试样一块,在试样上沿经向距布边25 mm处缝两条间隔为45 mm的标记线,在测试面一角做好标记。

6.2　碳弧灯试验仪法:距布边100 mm以内取350 mm(经向)×50 mm(纬向)的试样一块,并在测试面一角做好标记。

6.3　对于印花织物,如试样的受试面积上不能包括全部颜色,需取多个试样分别试验。若试样是纱线,可以将纱线编织成织物后,按照织物的方式进行试验。

7　操作程序

7.1　氙灯试验仪法(A法)的操作程序如下:

7.1.1　将试样置于氙弧灯试验仪的试样架上,有测试面标记的一面朝上,启动试验仪。

7.1.2　氙弧灯双面连续光照12 h,其中每间隔29 min向布面喷水(5.4)1 min,12 h后取下试样,将其上下两端用本白涤棉布(5.6)加长,形成组合试样。

7.1.3　制备皂液(5.3),并预热至60 ℃±2 ℃。

7.1.4　将组合式样放入容器中,注入皂液,浴比为50:1,盖好洗杯盖后,将洗杯放入洗涤设备(4.3)中,启动运行30 min,试验温度为60 ℃±2 ℃。

7.1.5　将组合试样取出平铺于耐刷洗色牢度试验机(4.4)的平板上,两端用夹持器固定(以刷洗时试样不松动为准),将摩刷头置于试样上,摇动手柄或启动开关,使刷子在试样上摩刷25个往复循环,抬起摩刷头,在试样上添加10 mL皂液(5.3)后,再摩刷25个往复循环。

7.1.6　在刷洗结束后将组合试样放入40 ℃的三级水(5.4)中,轻轻地搅动清洗,再放在流动水下冲洗至干净。

7.1.7　展开试样,将其悬挂在不超过60 ℃的空气中干燥。

7.2　碳弧灯试验仪法(B法)的操作程序如下:

7.2.1　将试样置于碳弧灯试验仪的试样架上,有测试面标记的一面朝上,启动试验仪。

7.2.2　碳弧灯单面连续光照6 h,其中每间隔27 min向布面喷水(5.4)3 min,6 h后取下试样。

7.2.3　按照7.1.3~7.1.7进行耐皂洗和耐刷洗试验。

7.3　如有需要,除去加长布,将试样在没有标记的一端沿纬向(或横向)剪下,A法剪下20 mm,B法剪下50 mm,作为第一周期试样。将剩余试样按照7.1或7.2重复操作,可做多个周期。

注:试验周期的确定可参见附录A。

7.4　对每一个周期的试样进行评级,用灰色样卡对比原始试样,评定试样的变色(见GB/T 250)。对经过若干周期试验后试样的颜色变化情况进行对比。

注:纺织品其他色牢度试验方法的组合方式可参见附录B。

8 试验报告

试验报告包括下列内容：

a) 说明试验是按本标准规定方法进行的；

b) 试样描述；

c) 使用的试验方法(A 法或 B 法)，以及试验周期数；

d) 使用灰卡或仪器评定的试样变色级数；

e) 与规定程序的偏离。

附 录 A
（资料性附录）
试验周期的确定

A.1 根据试穿试验与实验室试验对比结果，六个周期相当于中南地区5～10月份全日照条件下实际穿着六个月的变色结果。

A.2 根据试穿试验与实验室试验对比结果，四个周期相当于北京地区5～10月份全日照条件下实际穿着六个月的变色结果。

附 录 B
（资料性附录）
耐综合色牢度的其他组合方式

B.1 耐光照（氙弧灯）、淋水及皂洗色牢度试验

B.1.1 试样准备：距布边 100 mm 以内，取 120 mm（经向）×95 mm（纬向）试样一块，在试样上顺经向距布边 25 mm 处缝两条间隔为 45 mm 的标记线，在测试面一角做好标记。

B.1.2 光照及淋水：将试样置于氙弧灯试验仪的试样架上，有测试面标记的一面朝上，启动试验仪。双面连续光照 12 h，其中每间隔 29 min 向布面喷水（5.4）1 min，12 h 后取下试样。

B.1.3 皂洗：按 GB/T 3921—2008 中 7.2 条规定，用方法 C 进行耐皂洗色牢度试验。

B.1.4 清洗：皂洗结束后将组合试样放入 40 ℃的三级水中，轻轻地搅动清洗，再放在流动水下冲洗至干净。展开试样，将其悬挂在不超过 60 ℃的空气中干燥。

B.1.5 评级：用灰色样卡评定试样的变色。

B.2 耐光照（碳弧灯）、淋水及皂洗色牢度试验

B.2.1 试样准备：试样应距布边 100 mm 以内，取 350 mm（经向）×50 mm（纬向）试样一块，并在测试面一角做好标记。

B.2.2 光照及淋水：单面光照连续时间为 6 h，其中每间隔 27 min，喷水 3 min，到时取下试样。

B.2.3 按照 B.1.3 至 B.1.5 进行皂洗、清洗、评级的操作。

B.3 耐汗渍及光照（氙弧灯）色牢度试验

B.3.1 试样准备：在每个样品上制备三块试样，其中一块尺寸为 10 mm×45 mm，用于耐光试验；另二块尺寸为 100 mm×40 mm，用于耐光、汗色牢度试验，将每块试样分别与六块尺寸相同的棉贴衬缝合形成组合试样。

B.3.2 耐汗渍：按 GB/T 3922 中的规定配置汗液，将酸或碱汗液分别放入两只容器中，浴比为 50∶1，在常温下将组合试样浸入汗液 30 min 后取出，除去多余溶液，含液率为 100%±5%。

B.3.3 光照：取耐光试样和蓝色标样（1～5 级）以及浸过汗液的组合试样一同放在耐光试验仪的曝晒仓内按 GB/T 8427 进行曝晒。当 4 级蓝标变色达到灰卡 4-5 级时试验终止。

B.3.4 评级：将经过光、汗试验的试样用灰卡评定其变色。

B.4 耐汗渍、光照（氙弧灯）及皂洗色牢度试验

B.4.1 试样准备同 B.3.1。

B.4.2 耐汗渍及光照：同 B.3.2～B.3.3。

B.4.3 按照 B.1.3 至 B.1.5 进行皂洗、清洗、评级的操作。

参 考 文 献

[1] GB/T 3921—2008 纺织品 色牢度试验 耐皂洗色牢度(ISO 105-C10:2006,MOD)

[2] GB/T 3922 纺织品耐汗渍色牢度试验方法(GB/T 3922—1995,eqv ISO 105-E04:1994)

[3] GB/T 8427 纺织品 色牢度试验 耐人造光色牢度:氙弧(GB/T 8427—2008,ISO 105-B02:1994,MOD)

ICS 59.080.01
W 04

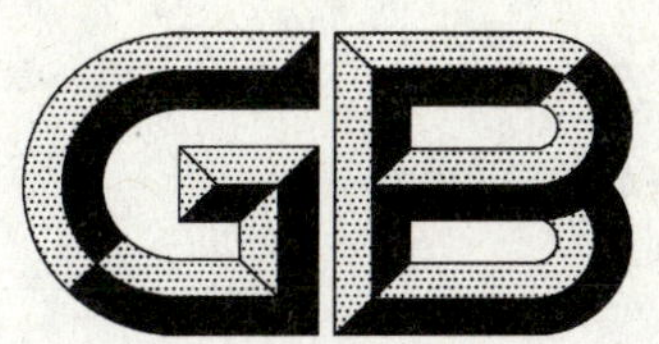

中华人民共和国国家标准

GB/T 14576—2009
代替 GB/T 14576—1993

纺织品 色牢度试验 耐光、汗复合色牢度

Textiles—Tests for colour fastness—Colour fastness to light of textiles wetted with artificial perspiration

(ISO 105-B07:2009, Textiles—Tests for colour fastness—Part B07: Colour fastness to light of textiles wetted with artificial perspiration, MOD)

STANDARDS PRESS OF CHINA

2009-06-19 发布 2010-02-01 实施

中华人民共和国国家质量监督检验检疫总局
中国国家标准化管理委员会 发布

前言

本标准使用重新起草法修改采用 ISO 105-B07:2009《纺织品　色牢度试验　第 B07 部分:耐光、汗复合色牢度》(英文版),与 ISO 105-B07:2009 相比主要差异如下:

——删除了引言和参考文献;

——规范性引用文件中的国际标准替换为相应的国家或行业标准,并增加了对 GB/T 730 和 AATCC TM 15 的引用;

——设备和材料一章中增加了碳弧灯耐光试验设备;

——第 6 章中增加了不同试样的取样方法,试样尺寸由"不小于 40 mm×10 mm"改为"不小于 45 mm×10 mm";

——对第 7 章进行了编辑性修改,将"蓝色羊毛标样"改为"蓝色羊毛标样 4",规定了曝晒终点及清洗用三级水的温度,并增加了一个有关使用蓝色羊毛标样的注解。

本标准代替 GB/T 14576—1993《纺织品耐光、汗复合色牢度试验方法》。

本标准与 GB/T 14576—1993 相比主要变化如下:

——扩大了适用范围;

——规范性引用文件中增加了 FZ/T 01024 和 AATCC TM 15,删除了 GB/T 7565;

——修改了第 3 章原理;

——第 4 章中增加了天平、pH 计、人工汗液、三级水,以及分光光度计或色差计的描述,删除了光、汗试验容器和棉贴衬织物;

——第 5 章中增加了汗液的配方及美国 AATCC TM 15 中规定的一种酸汗液;

——修改了第 6 章试样,增加了不同试样的取样方法;

——删除了原标准中的 A 法;

——将原标准中的 B 法作为第 7 章内容重新编写,删除了耐光、汗试验容器和棉贴衬的使用,增加了汗液的选用原则、试样带液率的控制方法、曝晒条件和蓝色羊毛标样的选用以及曝晒终点的控制原则等内容;

——增加了第 8 章评级;

——删除了附录 A。

本标准由中国纺织工业协会提出。

本标准由全国纺织品标准化技术委员会基础标准分会(SAC/TC 209/SC 1)归口。

本标准起草单位:国家纺织制品质量监督检验中心、国家军需产品质量监督检验中心、北京纺织产品及染料助剂质量监督检验站。

本标准主要起草人:李治恩、李纯、张其平、李世军、张惠、徐妮。

本标准所代替标准的历次版本发布情况为:

——GB/T 14576—1993。

纺织品　色牢度试验
耐光、汗复合色牢度

1　范围

本标准规定了一种测定在人工汗液作用下纺织品试样耐人造光作用色牢度的试验方法。

本标准适用于各种纺织品。

2　规范性引用文件

下列文件中的条款通过本标准的引用而成为本标准的条款。凡是注日期的引用文件，其随后所有的修改单(不包括勘误的内容)或修订版均不适用于本标准，然而，鼓励根据本标准达成协议的各方研究是否可使用这些文件的最新版本。凡是不注日期的引用文件，其最新版本适用于本标准。

GB/T 250　纺织品　色牢度试验　评定变色用灰色样卡(GB/T 250—2008，ISO 105-A02:1993，IDT)

GB/T 730　纺织品　色牢度试验　蓝色羊毛标样(1～7)级的品质控制(GB/T 730—2008，ISO 105-B08:1995，MOD)

GB/T 3922　纺织品耐汗渍色牢度试验方法(GB/T 3922—1995，eqv ISO105-E04:1994)

GB/T 6682　分析实验室用水规格和试验方法(GB/T 6682—2008，ISO 3696:1987，MOD)

GB/T 8427　纺织品　色牢度试验　耐人造光色牢度：氙弧(GB/T 8427—2008，ISO 105-B02:1994，MOD)

FZ/T 01024　试样变色程度的仪器评级方法(FZ/T 01024—1993，neq ISO 105-A05:1992)

FZ/T 01096　纺织品　色牢度试验　耐人造光色牢度：碳弧

AATCC TM 15　耐汗渍色牢度

3　原理

将经过人工汗液处理后的试样与蓝色羊毛标样同时放在耐光试验机中，并在规定条件下曝晒。当蓝色羊毛标样的褪色达到终点后，取出试样，用灰色样卡或仪器评定其变色级数。

4　设备和材料

4.1　天平：精度为 0.01 g。

4.2　pH 计：精确到 0.01。

4.3　评定变色用灰色样卡：符合 GB/T 250 的规定。

4.4　蓝色羊毛标样：符合 GB/T 730 的规定。

4.5　人工汗液：见 5.1、5.2 和 5.3。

4.6　防水白板：不含荧光增白。

4.7　耐光试验机：符合 GB/T 8427 或 FZ/T 01096 的规定。

4.8　三级水：符合 GB/T 6682 的规定。

4.9　分光光度计或色差计：符合 FZ/T 01024 的规定。

5　汗液的制备

5.1　酸汗液 1(见 AATCC TM 15)，用三级水(4.8)配制，现配现用。每升含：

L-组氨酸盐酸盐一水合物($C_6H_9N_3O_2 \cdot HCl \cdot H_2O$) 0.25 g

氯化钠(NaCl) 10 g

无水磷酸氢二钠(Na_2HPO_4) 1 g

85%乳酸($CH_3CHOHCOOH$) 1 g

溶液的 pH 值应为 4.3±0.2,否则需重新配制。

5.2 酸汗液 2(见 GB/T 3922),用三级水(4.8)配制,现配现用。每升含:

L-组氨酸盐酸盐一水合物($C_6H_9N_3O_2 \cdot HCl \cdot H_2O$) 0.5 g

氯化钠(NaCl) 5 g

磷酸二氢钠二水合物($NaH_2PO_4 \cdot 2H_2O$) 2.2 g

用 0.1mol/L 氢氧化钠溶液调节 pH 值至 5.5±0.2。

5.3 碱汗液(见 GB/T 3922),用三级水(4.8)配制,现配现用。每升含:

L-组氨酸盐酸盐一水合物($C_6H_9N_3O_2 \cdot HCl \cdot H_2O$) 0.5 g

氯化钠(NaCl) 5.0 g

磷酸氢二钠十二水合物($NaH_2PO_4 \cdot 12H_2O$) 5.0 g 或

磷酸氢二钠二水合物($NaH_2PO_4 \cdot 2H_2O$) 2.5 g

用 0.1 mol/L 氢氧化钠溶液调节 pH 值至 8.0±0.2。

6 试样

试样尺寸取决于试样数量及所用耐光试验机试样架的形状和尺寸。试样尺寸不小于 45 mm×10 mm。如试样是织物,应紧附于防水白板上;如试样是纱线,则紧密卷绕于防水白板上,或平行排列固定于防水白板上;如试样是散纤维,则梳压整理成均匀薄层固定于防水白板上。每种汗液对应制备一块试样。

7 操作程序

7.1 称取试样质量,精确至 0.01 g。

7.2 将试样放入一适宜的容器中,加入 50 mL 新配制的汗液(5.1、5.2 或 5.3,所用汗液的种类由有关各方协商确定)。将试样完全浸没于汗液中,室温下浸泡(30±2)min ,其间应对试样稍加揿压和搅动,以保证试样完全润湿。

7.3 从汗液中取出试样,去除试样上多余的汗液,称取试样的质量,使其带液率为(100±5)%。

7.4 将浸泡过汗液的试样固定在防水白板上(4.6),不遮盖试样。把蓝色羊毛标样 4(4.4) 固定在另一块白板上,注意不要被汗液浸湿,按 GB/T 8427 的规定进行遮盖。

注:也可采用其他蓝色羊毛标样,事先宜经各有关方协商确定。

7.5 将固定好试样和蓝色羊毛标样的白板分别装在试样架上。

7.6 将装有试样和蓝色羊毛标样的试样架置于耐光试验机的曝晒仓内,按照 GB/T 8427 或 FZ/T 01096 规定的任一个曝晒条件进行曝晒,曝晒条件事先应由有关各方商定。耐光试验机的光过滤系统和辐照度应符合 GB/T 8427 或 FZ/T 01096 的规定。

7.7 连续曝晒,直到蓝色羊毛标样 4 的变色达到灰卡 4-5 级或由有关各方事先商定的褪色等级,用灰色样卡(4.3)或仪器(4.9)评定,曝晒即可终止。

7.8 取出试样,用室温的三级水清洗 1 min,然后悬挂在不超过 60 ℃的空气中晾干。

8 评级

用灰色样卡(4.3)或仪器(4.9)评定试样的变色。

9 试验报告

试验报告应包括下列内容：

a) 试验是按照本标准进行的；

b) 有关样品的详细信息；

c) 所用汗液的种类；

d) 所用蓝色羊毛标样及曝晒终点级数；

e) 使用每种汗液所对应试样的耐光、汗复合色牢度级数；

f) 所用耐光试验机的型号及曝晒条件；

g) 与本标准的任何偏离；

h) 试验日期。

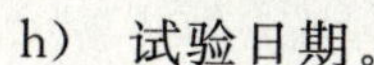

ICS 13.280
F 73

中华人民共和国国家标准

GB/T 14588—2009
代替 GB 14588—1993

反应堆退役环境管理技术规定

Technical regulations for environmental management of reactor decommissioning

2009-03-13 发布　　　　2009-11-01 实施

中华人民共和国国家质量监督检验检疫总局
中国国家标准化管理委员会　发布

前 言

本标准代替 GB 14588—1993《反应堆退役环境管理技术规定》。

本标准与 GB 14588—1993 相比主要改变如下：

——对“退役”、“遗留核设施”的定义进行了修正，去掉了“退役级别”、“无限制再利用”、“退役作业”、“低于低放的废物”，新增“退役策略”等定义；

——增加了“环境管理目标”一章，明确本标准环境管理的基本目标；

——去掉了“环境管理程序”一章；

——对“执行标准”一章中所引用的标准进行了修订，并增加了适用于本标准内容的相关标准；

——去掉了“反应堆退役初步环境影响报告书”和“反应堆退役最终环境影响报告书”的说法，修改“对退役中的技术文件的要求”一章为“对退役环境管理的技术文件的要求”，并重新编写；

——去掉了“环境评价与环境调查的范围”一章，其内容并入第 6 章“执行标准”中；

——将原“意外事故处理计划”一章改写为“应急对策”。

本标准由中国核工业集团公司提出。

本标准由核工业标准化研究所归口。

本标准起草单位：中国核电工程有限公司。

本标准主要起草人：郝文江、姜星斗、鲍芳、赵华松。

本标准所代替标准的历次版本发布情况为：

——GB 14588—1993。

反应堆退役环境管理技术规定

1 范围

本标准规定了反应堆退役过程和终态的环境管理目标、原则、程序及要求等内容。

本标准适用于生产堆及研究试验堆退役。

2 规范性引用文件

下列文件中的条款通过本标准的引用而成为本标准的条款。凡是注日期的引用文件,其随后所有的修改单(不包括勘误的内容)或修订版均不适用于本标准,然而,鼓励根据本标准达成协议的各方研究是否可使用这些文件的最新版本。凡是不注日期的引用文件,其最新版本适用于本标准。

GB 5085 危险废物鉴别标准

GB 8978 污水综合排放标准

GB 9132 低中水平放射性固体废物的浅地层处置规定

GB 9133 放射性废物的分类

GB 11215 核辐射环境质量评价一般规定

GB 11806 放射性物质安全运输规程

GB 11928 低、中水平放射性固体废物暂时贮存规定

GB 12348 工业企业厂界噪声标准

GB 12379 环境核辐射监测规定

GB 12711 低、中水平放射性固体废物包装安全标准

GB 14500 放射性废物管理规定

GB 16297 大气污染物综合排放标准

GB/T 17567—2009 核设施的钢铁、铝、镍和铜再循环、再利用的清洁解控水平

GB/T 17947 拟再循环、再利用或作非放射性废物处置的固体物质的放射性活度测量

GB 18597 危险废物贮存污染控制标准

GB 18598 危险废物填埋污染控制标准

GB/T 18871—2002 电离辐射防护与辐射安全基本标准

HJ 53 拟开放场址土壤中剩余放射性可接受水平规定(暂行)

HJ/T 61 辐射环境监测技术规范

3 术语和定义

下列术语和定义适用于本标准。

3.1

退役 decommissioning

为解除核设施(处置场除外,处置场是"关闭"而不是"退役")的部分或全部监管控制而采取的行政和技术行动。

3.2

退役策略 decommissioning strategies

a) 立即拆除 immediate dismantling

核设施设备、构筑物和局部含有的放射性污染物被转移或去污到设施允许无限制使用或由监管部门规定的有限制使用的水平,并且在设施最终关闭后立即实施。这就意味着要从设施及

时地转移处理放射性物质到其他新建或已有设施中长期贮存或处置。

b) 延迟拆除(安全贮存或安全封存)deferred dismantling (safe storage or safe enclosure)

核设施局部含有的放射性污染物被处理或达到安全贮存的状态,直到能被随后去污和拆除到设施允许被解控他用的水平。

c) 就地埋葬 entombment

放射性污染物在结构上被长期包容直到放射性衰变到允许设施无限制使用或由监管部门规定的有限制使用的水平。由于放射性物项将保留在场址,从本质上来讲设施将最终指定为近地表废物处置设施。

3.3

解控 clearance

审管部门按规定解除对已批准进行的实践中的放射性材料或物品的管理控制。

3.4

退役阶段 decommissioning stage

退役过程中,根据退役实施的不同时间段和目标而划分的作业阶段。一般分为准备阶段、去污拆除阶段、场址整治验收等阶段。

3.5

遗留核设施 remaining nuclear facility

核设施退役完成后,原场址内仍在监管控制下的剩余或新建核设施。

3.6

退役终态 decommissioning end-point

通过已批准退役方案的实施,场址完成最终放射性特性调查后达到的状态,通常包括场址的有限制开放和无限制开放两种终态。

4 环境管理目标

通过退役活动,使得退役实施过程和终态的放射性残存物以及其他有害物质对公众和环境的危险减少到可以接受的水平,并对退役产生的废物进行有效的管理,实现物料的再循环再利用以及场址的无限制或有限制的开放和使用。

5 环境管理一般要求

5.1 反应堆退役环境管理的程序和技术要求除满足本标准外,还应符合国家相关法规、标准和审管部门的要求。

5.2 反应堆退役实施前,为退役服务的环境保护设施和各项措施应落实并可投入使用。

5.3 反应堆退役过程中应满足辐射防护最优化原则,使职业照射和公众受照剂量满足可合理达到的尽量低原则。

5.4 反应堆退役过程中应贯彻废物最小化的原则,各阶段产生的放射性废物及其他有害废物,均应予以安全妥善的处理处置。

5.5 在退役阶段的质量保证大纲中,应包括环境管理的内容。

5.6 应制定应急对策,以应对可能发生的、会对环境产生影响的事件和事故,具体要求参见第9章。

6 执行标准

6.1 反应堆退役对公众照射的控制应符合 GB/T 18871—2002 第8章的规定;反应堆退役终态对公众所造成的持续照射,其剂量约束值应不高于该设施运行期间的剂量约束,剂量约束值的选取应符合 GB/T 18871—2002中11.4的规定。

6.2 反应堆退役过程中向环境排放的放射性物质,应符合 GB/T 18871—2002 中8.6的规定。

反应堆退役过程中大气污染物的排放应符合 GB 16297 的相关规定。

反应堆退役过程中非放射性污水向水体的排放应符合 GB 8978 的相关规定。

6.3 反应堆退役过程中放射性废物的管理应符合 GB 14500 相关规定。

其中放射性废物的分类、暂存、中低放废物的浅地层处置应符合 GB 9133、GB 11928、GB 9132 的相关规定。

反应堆退役过程中运出厂区的放射性物质或放射性废物，应按照 GB 12711、GB 11806 的相关规定进行包装和运输，非放射性废物也应进行合理包装。

6.4 反应堆退役过程中产生的物料，经审管部门认可，可以不再遵循本标准的要求，即可以将其解控。

反应堆退役过程中产生的钢铁和铝等材料需要再循环、再利用时，应符合 GB/T 17567 的相关规定。其他材料可参照 GB/T 17567—2009 附录 B 的方法，提出建议值，申报批准。

反应堆退役过程中拟再循环、再利用或作非放射性废物处置的固体物质的放射性活度测量应符合 GB/T 17947 相关规定。

6.5 反应堆退役过程中有毒有害危险废物的处理应符合 GB 5085、GB 18597 和 GB 18598 的相关规定。

6.6 反应堆退役过程的环境影响评价和辐射监测应符合 GB 11215、GB 12379 和 HJ/T 61 相关规定。

6.7 反应堆退役过程中产生的环境噪声应符合 GB 12348 相关规定。

6.8 反应堆退役后拟无限制开放场址土壤剩余放射性可接受水平可参照 HJ 53 相关规定，提出建议值，申报批准。

7 对退役环境管理的技术文件的要求

7.1 本标准的技术文件要求是针对大型反应堆制定的，中小型研究实验堆文件的内容和深度可酌情进行简化或省略。

7.2 退役设计中，应包括下列与环境安全有关的内容：

a) 描述不同退役阶段主要放射性特性调查情况，不同退役作业中放射源的分布与变化情况；
b) 提出不同退役阶段对退役废物的处理、运输、贮存与处置技术路线及确保环境安全的措施；
c) 针对退役作业的特点，提出不同退役阶段放射性流出物排放的管理目标值，制定减少放射性流出物向环境排放的措施；
d) 针对退役作业的特点和环境变化的情况，提出放射性流出物监测方案及环境监测方案，以及相应的质量保证措施；
e) 预测不同退役作业中可能发生的事故，分析这些事故对环境的影响，并制定相应的安全措施与补救应急措施；
f) 针对退役作业的特点，制定减少非放射性污染物（如化学毒物、粉尘、噪声等）对环境影响的措施，提出预防人为事故的安全措施；
g) 针对退役不同阶段的特点，对运行期间的环境保护与监测设施进行设计调整；
h) 遗留核设施应设计可靠的安全屏障，将该设施内的放射性物质对环境的影响减少到尽可能低的程度。

7.3 “反应堆退役环境影响报告书”应包括下列主要内容：

a) 描述厂址周围的自然环境与社会环境现状；
b) 简述退役反应堆及其辅助工程的概况、运行历史和运行期间的环境质量；
c) 描述反应堆退役放射性特性调查结果，包括安全关闭后放射性残存物的种类、数量、主要核素、总活度和活度浓度、放射性活度分布及活度随时间的变化；
d) 描述退役策略、退役目标及终态描述；
e) 简述退役方案及其主要作业内容；

f） 描述退役期间的废物管理，包括退役废物的处理、运输、贮存与处置方案，以及为控制放射性流出物向环境排放而采取的环境保护措施和设施；
g） 提出退役过程和终态辐射环境监测方案和质量保证措施；
h） 分析反应堆退役过程中正常工况及可能的事故工况对环境的影响，对可能的事故进行分析并给出缓解及减少事故后果的应急措施；
i） 分析非放射性有毒有害物质对环境产生的影响，包括其形态、数量和浓度等；
j） 分析退役终态放射性残存物对环境的影响。除无限制开放使用的场址外，如存在部分遗留核设施，应预估其放射性及拟采取的安全屏障和安全措施，并分析事故工况对环境的影响。

7.4 “反应堆退役过程环境监测大纲”应包括下列主要内容：
a） 每月放射性流出物的实测结果（要求见 8.2.1）；
b） 当年的环境辐射水平的调查结果（要求见 8.2.1）；
c） 说明运出厂区的放射性废物的种类、数量、活度浓度和总活度，简述运输方案和实施的情况；
d） 简述当年退役作业中出现的事故及对环境造成的影响评估；
e） 当年退役作业中产生的非放射性污染物的种类、浓度和数量。

7.5 “反应堆退役环境监测总结报告”应包括下列主要内容：
a） 简介退役工程背景和设施概况；
b） 简述退役方案及废物管理实施的概况；
c） 说明退役过程中排入环境的放射性流出物的实测结果及环境辐射水平的调查结果；
d） 说明退役过程中排入环境的非放射性有害物的种类、浓度和数量的测量结果；
e） 根据测量结果评价退役作业以及退役终态场址放射性残存物对环境的影响；
f） 说明场址地形地貌的恢复情况及预期再利用概况；
g） 如存在遗留核设施，说明其源项情况以及可能对环境造成的影响，应说明采取的安全屏障或安全措施，并评价事故工况下的环境影响。

8 环境管理技术要求

8.1 退役废物管理要求

8.1.1 一般要求

确保退役各项废物管理活动符合国家有关环境保护政策和要求，制定适宜的废物管理方案，预估所产生的废物量，采取有效的控制措施和先进的技术手段，减少对工作人员及公众的危害及对环境的影响。

8.1.2 废物接收、贮存、处理、处置设施的要求

在退役工程开始实施之前，应确定为退役工程服务的废物接收、贮存、处理、处置设施在退役期间能够安全、有效运行。

8.1.3 采取有效措施控制在退役作业过程中产生的气载放射性废物和放射性液体废物的排放，使得流出物的排放符合国家标准或审管部门的批准限值。

8.1.4 放射性废物管理要求
a） 退役过程中产生的放射性废物应进行合理分类，分别处理与处置，遵循废物最小化原则；
b） 暂存在临时场地的放射性废物，应保证能在规定的暂存年限内顺利回取，妥善处理处置；
c） 极低放固体废物可在经过论证批准的合适地点采用填埋法处置，或送极低放固体废物填埋场处置；地表应设置安全标志，并按填埋物的性质给出管理期限。管理期限以废物的放射性水平衰减到解控水平以下为界；
d） 中、低放固体废物经批准送中低放固体废物处置场；极少量高放固体废物先在批准的暂存库进行暂存，最终送高放地质处置库处置。

e) 再循环再利用物项和利用情况应进行严格、科学合理的检测，确保其放射性水平符合解控或回用要求。获得审管部门批准的再循环再利用物项应有详细记录，并长期保存相关资料；

f) 放射性废物的包装、运输应根据废物的不同种类制定安全、合理的方案，以确保环境安全。

8.1.5 非放射性废物管理要求

非放射性废物应进行合理分类、处理和处置，重视非放射性有毒、有害废物的管理，尽可能地减少对环境的影响，最终的处理和处置应符合国家相关法规和标准的要求。

8.2 环境监测要求

8.2.1 反应堆退役过程中应对周围环境进行监测，建立环境监测大纲，内容应包括项目、频度、介质与方法等。若监测结果异常，应追踪污染趋势并采取应急补救措施。

8.2.2 若非立即拆除的退役策略，应在遗留核设施周围设置监测装置，定期取样分析，检测附近地下水、地表水、土壤等样品的放射性水平。如发现异常，应及时查找原因、清除污染，采取相应的应急补救措施。

8.3 场址整治和开放要求

根据退役终态目标，制定场址整治方案，内容应包括整治方法手段、终态特性调查、剩余放射性水平的环境影响评估等。无限制或有限制开放使用的场址应符合相关标准、规定的要求，并经审管部门批准后，方可开放使用。

9 应急对策

根据反应堆的特点、退役情况和周围环境状况，编制应急对策，做好应急准备。

10 安全保卫

10.1 反应堆退役过程中，应根据现场实际情况，制定安全保卫制度并严格执行。

10.2 反应堆退役期间，现场应设置安全屏障。退役后若有遗留核设施，应对其提供相应安全保卫措施。

10.3 可能对公众、环境造成危害的放射性物料和非放射性物料，应严格管理，采取有效措施防止放射性废物丢失或非法转移。

11 质量保证措施

11.1 在反应堆退役的质量保证大纲中，应含有确保退役全过程中的环境安全的内容，使退役作业的实施和退役废物的处理与处置都不会对环境产生不可接受的影响。

11.2 从事退役质量保证工作的人员应经过培训、考核和批准，具有保证退役活动按预定的程序和质量要求进行的能力。

11.3 退役中的各项辐射监测，应满足下列要求：

a) 所用的测量仪器、仪表均应经过有资质的计量检定部门的校准与检定，确保仪器、设备处于正常工作状态，并在有效期内使用；

b) 监测人员应能正确地执行监测程序；使布点、取样、制样、测量等有关步骤得到正确的执行；

c) 测量误差应能受到控制，使测量的准确性得到保证，并有验证的措施；

d) 所使用的分析方法应符合国家有关规定的要求，确保测量结果得到正确的分析；

e) 应认真记录、校核并妥善保管监测数据与资料。

11.4 与退役有关的全部资料，包括该设施的设计、建造与运行资料、退役设计与退役作业实施资料、退役中的过程文件等都应予以认真收集与存档。

STANDARDS PRESS OF CHINA

ICS 71.100.20
G 86

中华人民共和国国家标准

GB/T 14600—2009
代替 GB/T 14600—1993

电子工业用气体 氧化亚氮

Gas for electronic industry—Nitrous oxide

2009-10-30 发布　　　　2010-05-01 实施

中华人民共和国国家质量监督检验检疫总局
中国国家标准化管理委员会　发布

前言

本标准代替GB/T 14600—1993《电子工业用气体　氧化亚氮》。

本标准与GB/T 14600—1993相比主要变化如下：

——修改电子工业用氧化亚氮的适用范围(GB/T 14600—1993的第1章,本版的第1章);

——修改规范性引用文件(GB/T 14600—1993的第2章,本版的第2章);

——修改技术指标内容(GB/T 14600—1993的第3章,本版的第3章);

——增加电子工业用氧化亚氮采样安全要求(见4.1.2);

——增加尾气处理的要求(见4.3);

——修改一氧化碳、二氧化碳、烃C1～C5、氮、氧含量检验方法的检测限和标准样品的规定(GB/T 14600—1993的4.4、4.5、4.6、4.7、4.8,本版的4.5、4.6、4.7、4.8);

——修改水分含量的检验方法(GB/T 14600—1993的4.7,本版的4.11);

——修改标志、包装、贮运及安全(GB/T 14600—1993的第6章、第7章,本版的第5章)。

本标准由全国半导体设备和材料标准化技术委员会提出。

本标准由全国半导体设备和材料标准化技术委员会气体分技术委员会归口。

本标准起草单位:中国计量科学研究院、西南化工研究设计院、大连光明化工研究院。

本标准主要起草人:周泽义、孙福楠、周鹏云。

本标准所代替标准的历次版本发布情况为：

——GB/T 14600—1993。

电子工业用气体　氧化亚氮

1　范围

本标准规定了氧化亚氮的技术要求，试验方法以及包装、标志、贮运及安全。

本标准适用于电子工业中化学气相淀积工艺。

分子式：N_2O。

相对分子质量：44.012 8(按 2005 年国际相对原子质量计算)。

2　规范性引用文件

下列文件中的条款通过本标准的引用而成为本标准的条款。凡是注日期的引用文件，其随后所有的修改单(不包括勘误的内容)或修订版均不适用于本标准，然而，鼓励根据本标准达成协议的各方研究是否可使用这些文件的最新版本。凡是不注日期的引用文件，其最新版本适用于本标准。

GB 190　危险货物包装标志

GB/T 3723　工业用化学产品采样安全通则

GB 5099　钢质无缝气瓶(GB 5099—1994，neq ISO 4705:1993)

GB 7144　气瓶颜色标志

GB/T 8984　气体中一氧化碳、二氧化碳和碳氢化合物的测定　气相色谱法

GB 11640　铝合金无缝气瓶

GB 14193　液化气体气瓶充装规定

气瓶安全监察规程

3　技术要求

氧化亚氮的质量应符合表 1 的要求。

表 1　技术指标

项　　目		指　　标	
氧化亚氮(N_2O)纯度(体积分数)/10^{-2}	≥	99.999 4	99.997
二氧化碳(CO_2)含量(体积分数)/10^{-6}	<	0.5	2
一氧化碳(CO)含量(体积分数)/10^{-6}	<	0.1	1
烃 C_1～C_5(以甲烷计)含量(体积分数)/10^{-6}	<	0.1	1
氮(N_2)含量(体积分数)/10^{-6}	<	3	10
氧(O_2)含量(体积分数)/10^{-6}	<	0.5	2
水(H_2O)含量(体积分数)/10^{-6}	<	1.0	3
氨(NH_3)含量(体积分数)/10^{-6}	<	供需双方商定	5
一氧化氮(NO)含量(体积分数)/10^{-6}	<	供需双方商定	1
二氧化氮(NO_2)含量(体积分数)/10^{-6}	<	供需双方商定	1
杂质总含量(体积分数)/10^{-6}	≤	5.5	26

注：质量保证期为 36 个月。

4 试验方法

4.1 抽样、判定和复验

4.1.1 氧化亚氮产品应逐一检验并验收。当检验结果有任何一项指标不符合本标准技术要求时，则判该产品不合格。

4.1.2 氧化亚氮采样安全应符合 GB/T 3723 的相关规定。

4.2 氧化亚氮纯度

氧化亚氮纯度按式(1)计算：

$$\Phi = 100 - (\Phi_1 + \Phi_2 + \Phi_3 + \Phi_4 + \Phi_5 + \Phi_6 + \Phi_7 + \Phi_8 + \Phi_9) \times 10^{-4} \quad \cdots\cdots\cdots\cdots (1)$$

式中：

Φ——氧化亚氮纯度(体积分数)/10^{-2}；

Φ_1——氨含量(体积分数)/10^{-6}；

Φ_2——二氧化碳含量(体积分数)/10^{-6}；

Φ_3——一氧化碳含量(体积分数)/10^{-6}；

Φ_4——烃 C_1～C_5 含量(体积分数)/10^{-6}；

Φ_5——氮含量(体积分数)/10^{-6}；

Φ_6——氧含量(体积分数)/10^{-6}；

Φ_7——一氧化氮含量(体积分数)/10^{-6}；

Φ_8——二氧化氮含量(体积分数)/10^{-6}；

Φ_9——水含量(体积分数)/10^{-6}。

4.3 测定氧化亚氮中的杂质含量时，应有氧化亚氮尾气处理措施。

4.4 氨的测定

4.4.1 纯度的体积分数不低于 99.997×10^{-2} 的氧化亚氮中氨的测定。

4.4.1.1 仪器

采用填装有溴酚蓝(或其他等效)显色剂的检测管来测定氧化亚氮中的氨。

检测限的体积分数：0.5×10^{-6}。

4.4.1.2 测定条件

氨检测管：测量范围的体积分数为$(0\sim30)\times10^{-6}$。

4.4.1.3 分析步骤

将氧化亚氮气体通过检测管时开始计量。进样量和进样流量的控制，按检测管操作说明书进行。

根据检测管颜色变化的长度，读出氨的含量。

4.4.1.4 允许采用其他等效的方法测定氧化亚氮中氨含量。当测定结果有异议时，以 4.4.1 规定的方法为仲裁方法。

4.4.2 纯度的体积分数不低于 99.9994×10^{-2} 氧化亚氮中氨的测定。

测定方法与顾客协商。

4.5 一氧化碳、二氧化碳的测定

按 GB/T 8984 规定的方法或其他等效的方法测定氧化亚氮中的微量一氧化碳、二氧化碳含量。当以上测定结果有异议时，以 GB/T 8984 规定的方法为仲裁方法。

仪器检测限的体积分数：0.05×10^{-6}。

尾吹气：高纯氩。将燃烧气气路改为高纯氩作尾吹气。

4.6 烃 C_1～C_5(以甲烷计)的测定

按 GB/T 8984 规定的方法或其他等效的方法测定氧化亚氮中的微量总烃含量。当测定结果有异议时，以 GB/T 8984 规定的方法为仲裁方法。

仪器检测限的体积分数:0.05×10^{-6}。

4.7 氮和氧的测定

4.7.1 仪器

采用配备氦离子化检测器气相色谱仪测定氧化亚氮中氮和氧。

检测限的体积分数:0.05×10^{-6}。

4.7.2 原理

基于潘宁效应(Penning effect),即电子与稀有气体碰撞形成亚稳态原子,该亚稳态原子的激发能传递到样品分子或原子;如果样品分子或原子的电离电位(IP)小于亚稳态原子的激发电位,样品将通过碰撞被电离,使离子流增大。

4.7.3 测定条件

载气:高纯氦,其流速参照相应的仪器说明书。

辅助气:需要采用辅助气的仪器按仪器说明书使用辅助气。

色谱柱:长约1.5 m,内径4 mm的不锈钢管,内装粒径为0.25 mm~0.4 mm的5A分子筛,或其他等效色谱柱。

其他条件:载气净化器温度、色谱柱温度、检测器温度、样气流量等其他条件参考仪器说明书。

4.7.4 分析步骤

开启仪器至稳定后按仪器说明书的操作步骤完成样品分析。

平行测定气体标准样品和样品气至少两次,记录色谱响应值,直至相邻两次测定的相对偏差不大于10×10^{-2},取其平均值。

4.7.5 结果处理

采用峰面积(或峰高)定量,用外标法计算结果。

氮、氧含量的计算采用外标法,按式(2)计算:

$$\phi_i = \frac{A_i(h_i)}{A_s(h_s)} \times \phi_s \qquad \cdots\cdots(2)$$

式中:

ϕ_i——样品气中被测组分的含量(体积分数);

$A_i(h_i)$——样品气中被测组分的峰面积或峰高,单位为平方毫米或毫米(mm^2 或 mm);

$A_s(h_s)$——气体标准样品中相应已知组分的峰面积或峰高,单位为平方毫米或毫米(mm^2 或 mm);

ϕ_s——气体标准样品中相应已知组分的含量(体积分数)。

4.7.6 允许采用其他等效的方法测定电子工业用氧化亚氮中氮和氧含量。当测定结果有异议时,以4.7规定的方法为仲裁方法。

4.8 气体标准样品

一氧化碳、二氧化碳、甲烷、氮和氧组分含量的体积分数为(1~5)×10^{-6},平衡气为氦或其他气体。

4.9 一氧化氮含量的测定

4.9.1 纯度的体积分数不低于99.997×10^{-2}的氧化亚氮中一氧化氮的测定。

4.9.1.1 仪器

采用化学发光的方法来测定氧化亚氮中的一氧化氮。检测器装有一个可读出二氧化氮衰变发光的光电倍增管,检测器有可调的衰减器、零点和跨度调节器,并安装有一台臭氧发生器。

本方法不测定氧化亚氮中的二氧化氮杂质。

检测限的体积分数:0.1×10^{-6}。

4.9.1.2 测定条件

零气:纯氩,含一氧化氮的体积分数小于0.01×10^{-6}。

送入臭氧发生器的氧气,含一氧化氮的体积分数应小于0.01×10^{-6}。

气体标准样品：组分含量的体积分数为$(1\sim5)\times10^{-6}$，平衡气为氩。

4.9.1.3　分析步骤

通入零气，用零位调节旋钮调仪器至零点。

通入气体标准样品，用跨度调节旋钮调节，使输出的读数与气体标准样品浓度一致。

重复以上的步骤，直至读数的重现性优于满刻度值的1×10^{-2}。

通入氧化亚氮样品，读出一氧化氮的含量。

4.9.2　允许采用其他等效的方法测定氧化亚氮中一氧化氮含量。当测定结果有异议时，以4.9.1规定的方法为仲裁方法。

4.9.3　纯度的体积分数不低于99.9994×10^{-2}的氧化亚氮中一氧化氮的测定。

测定方法与顾客协商。

4.10　二氧化氮含量的测定

4.10.1　纯度的体积分数不低于99.997×10^{-2}的氧化亚氮中二氧化氮的测定。

4.10.1.1　仪器

采用填装有邻联(二)茴香胺(或其他等效)显色剂的检测管，来测定氧化亚氮中的二氧化氮。

检测限的体积分数：0.1×10^{-6}。

4.10.1.2　测定条件

二氧化氮检测管：测量范围的体积分数为$(0\sim6)\times10^{-6}$。

4.10.1.3　分析步骤

将氧化亚氮气体通过检测管时开始计量。进样量和进样流量的控制，按检测管操作说明书进行。根据检测管颜色变化的长度，读出氨的含量。

4.10.2　允许采用其他等效的方法测定氧化亚氮中二氧化氮含量。当测定结果有异议时，以4.10.1规定的方法为仲裁方法。

4.10.3　纯度的体积分数不低于99.9994×10^{-2}的氧化亚氮中二氧化氮的测定。

测定方法与顾客协商。

4.11　水分含量的测定

4.11.1　方法及原理

采用光腔衰荡光谱法测定氮中水分含量。

光腔衰荡光谱法通过测量时间而不是强度的变化来确定光学吸收。光腔衰荡光谱法水分仪的主要部件是激光源、一对高反射性镜面形成的光共振腔和光探测器。在光衰荡光谱法中，一小部分脉冲激光会进入光腔并且由高度反射性镜面反复多次反射，每次都有微小的光透过镜面而离开光腔。这部分光就构成了光衰荡信号。它的强度变化可以简单地用单指数衰减来描述，光的衰荡是由于光在共振腔中的损失决定的。如果光腔是空的，衰荡时间取决于镜子的反射率(假设散射和吸收与透射损失相比是微不足道的)，见式(3)：

$$\tau_{\text{empty}}=\frac{d}{c(1-R)} \qquad (3)$$

式中：

τ_{empty}——空腔光衰荡时间；

d——两个镜面的距离；

c——光速；

R——镜面反射率(假设两个镜面相同)。

实际上，τ_{empty}并不是在真正的空腔里测量的，而是将激光调在光腔内气体分子没有吸收的波长下测量的。当激光频率是在腔内分子的一条具体吸收线的峰顶时，光腔衰荡时间$\tau(\nu)$还要取决于分子的吸收。而分子的吸收服从比尔定律。

$$\tau(\nu)=\frac{d}{c(1-R+\sigma(\nu)\cdot N\cdot d)} \qquad \cdots\cdots(4)$$

式中：

$\tau(\nu)$——在激光频率 ν 下的衰荡时间；

$\sigma(\nu)$——分子在激光频率 ν 吸收截面；

N——分子密度，与绝对浓度成正比。

在光腔衰荡光谱法测量中，首先要测量没有吸收时的衰荡时间 τ_{empty}，激光的频率此时被调到分子没有吸收的位置。然后再测量分子吸收高峰频率 ν 位置的衰荡时间 $\tau(\nu)$。这两个测量位置的激光频率都处于镜面高反射区，反射率基本恒定。分子密度 N，可以很容易地转换成浓度，可以从式(5)计算出来：

$$N=\frac{1}{c\cdot\sigma(\nu)}\cdot\left(\frac{1}{\tau(\nu)}-\frac{1}{\tau_{\text{empty}}}\right) \qquad \cdots\cdots(5)$$

4.11.2 检测限

仪器检测限的体积分数：0.1×10^{-6}。

4.11.3 允许采用其他等效的方法测定氧化亚氮中水分含量。当测定结果有异议时，以光腔衰荡光谱法为仲裁方法。

5 标志、包装、贮运及安全

5.1 标志、包装及贮运

5.1.1 电子工业用氧化亚氮气瓶应符合 GB 5099、GB 11640 的规定，气瓶颜色标记应符合 GB 7144 的规定。运输时，氧化亚氮气瓶上应附有 GB 190 中指定的标志。

5.1.2 推荐使用经过内表面处理的气瓶，气瓶内表面应满足本标准对于水分的要求，气瓶瓶阀推荐使用 CGA326。

5.1.3 应妥善处理气瓶瓶口。

5.1.4 包装容器上应标明“电子氧化亚氮”字样。

5.1.5 电子工业用氧化亚氮应符合 GB 14193 以及《气瓶安全监察规程》(2000 年)的相关规定。

5.1.6 氧化亚氮的最大充装量按式(6)计算：

$$m=Fr\cdot V \qquad \cdots\cdots(6)$$

式中：

m——钢瓶内氧化亚氮的质量，单位为千克(kg)；

V——钢瓶标明的内容积，单位为升(L)；

Fr——充装系数，单位为千克每升(kg/L)。

氧化亚氮的充装量按实际称量的质量计。

5.1.7 氧化亚氮出厂时应附有质量合格证，其内容至少应包括：

——产品名称，生产厂名称，危险化学品生产许可证编号；

——生产日期或批号，充装质量，产品技术指标；

——本标准号及产品等级，检验员号。

5.2 安全要求

5.2.1 氧化亚氮(俗称笑气)是一种氧化性强的无色液态气体。具有微甜气味，是一种单纯的窒息剂。与亚硫(酸)酐、无定形硼、磷化氢、醚类、铝、肼、苯基锂和碳化钨激烈反应，有着火和爆炸的危险。高于 300 ℃时，气体是强氧化剂，可能与氨、一氧化碳、硫化氢、油、油脂和燃料生成爆炸性混合物。

5.2.2 与氧化亚氮接触时，禁止明火、禁止火花和禁止吸烟。若发生火灾，使用适当的灭火剂。

5.2.3 氧化亚氮可通过吸入吸收到体内。容器漏损时，迅速达到空气中该气体的有害浓度。

STANDARDS PRESS OF CHINA

5.2.4 液体可能引起冻伤。该物质可能对中枢神经系统有影响，导致意识降低。冻伤时，用大量水冲洗，不要脱去衣服。给予医疗护理。

5.2.5 长期或反复接触的影响：该物质可能对骨髓和末梢神经系统有影响。可能造成人类生殖或发育毒性。

5.2.6 2005年美国政府工业卫生学家会议规定：

5.2.7 接触限值的体积分数：50×10^{-6}（时间加权平均值）。最高容许浓度的体积分数：100×10^{-6}，180 mg/m^3。

注：时间加权平均接触限值：正常8小时工作日或40小时工作周的时间加权平均浓度。

5.2.8 泄漏时，撤离危险区域！保持通风。如果是液体，不要用锯末或其他可燃吸收剂吸收。切勿直接向液体上喷水。个人防护用具：自给式呼吸器。

5.2.9 使用时需用导管引出室外排放。

5.2.10 氧化亚氮生产企业应为用户提供安全技术说明书。

ICS 71.100.20
G 86

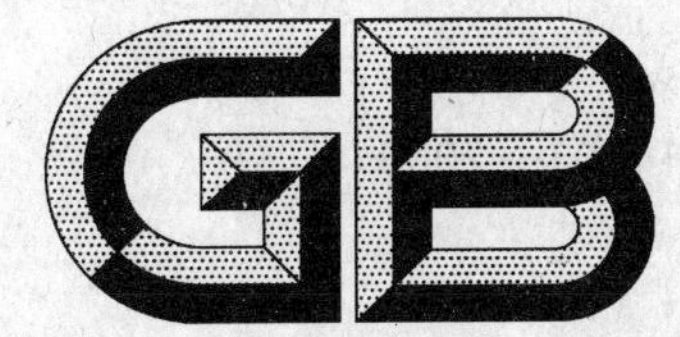

中华人民共和国国家标准

GB/T 14601—2009
代替 GB/T 14601—1993

电子工业用气体　氨

Gas for electronic industry—Ammonia

2009-10-30 发布　　2010-05-01 实施

中华人民共和国国家质量监督检验检疫总局
中国国家标准化管理委员会　发布

前言

本标准代替 GB/T 14601—1993《电子工业用气体　氨》。

本标准与 GB/T 14601—1993 相比主要变化如下：

——修改标准的名称；

——修改适用范围(GB/T 14601—1993 的第 1 章,本版的第 1 章)；

——修改规范性引用文件(GB/T 14601—1993 的第 2 章,本版的第 2 章)；

——修改技术指标内容(GB/T 14601—1993 的第 3 章,本版的第 3 章)；

——增加对氨尾气处理的要求(见 4.3)；

——删去按 GB 5831 规定的方法测定氧含量(GB/T 14601—1993 的 4.2.1)；

——修改氧、氮、一氧化碳含量的测定(GB/T 14601—1993 的 4.2、4.3、4.4,本版的 4.4)；

——增加氢、氩含量的测定(见 4.4)；

——增加二氧化碳含量的测定(见 4.4)；

——修改烃含量的测定(GB/T 14601—1993 的 4.5,本版的 4.4)；

——修改水含量的测定方法(GB/T 14601—1993 的 4.6,本版的 4.5)；

——增加金属离子的测定方法(见 4.6)；

——修改标志、包装、贮运及安全(GB/T 14601—1993 的第 6 章、第 7 章,本版的第 5 章)；

——增加规范性附录 A,并把采用氦放电离子化气相色谱法测定氨中的氢、氧(氩)、氮、一氧化碳、二氧化碳和烃(C_1～C_3)含量组分的方法写入该附录(见附录 A)。

本标准的附录 A 为规范性附录。

本标准由全国半导体设备和材料标准化技术委员会提出。

本标准由全国半导体设备和材料标准化技术委员会气体分会归口。

本标准起草单位:大连光明化工研究院、中国西南油气田成都天然气化工总厂、武汉市鼎立化工有限责任公司、西南化工研究设计院。

本标准主要起草人:孙福楠、刘泽军、付永成、谢国清、周鹏云。

本标准所代替标准的历次版本发布情况为：

——GB/T 14601—1993。

电子工业用气体　氨

1　范围

本标准规定了氨的技术要求,试验方法,检验规则及产品的包装、标志、运输、贮存及安全要求。

本标准适用于半导体工业,氮化硅、氮化镓的化学气相淀积,也可用于硅或氧化硅的氮化。

分子式:NH_3。

相对分子质量:17.031(按2005年国际相对原子质量)。

2　规范性引用文件

下列文件中的条款通过本标准的引用而成为本标准的条款。凡是注日期的引用文件,其随后所有的修改单(不包括勘误的内容)或修订版均不适用于本标准,然而,鼓励根据本标准达成协议的各方研究是否可使用这些文件的最新版本。凡是不注日期的引用文件,其最新版本适用于本标准。

GB 190—2009　危险货物包装标志

GB/T 3723　工业用化学产品采样安全通则

GB 7144　气瓶颜色标志

GB 14193　液化气体气瓶充装规定

气瓶安全监察规程

压力容器安全技术监察规程

3　技术要求

3.1　氨电子级产品的质量应符合表1的要求。

表1　电子级产品技术指标

项　　目		电子级
氨(NH_3)纯度(体积分数)/10^{-2}	≥	99.999 5
氧(O_2)含量(体积分数)/10^{-6}	<	1
氮(N_2)含量(体积分数)/10^{-6}	<	1
一氧化碳(CO)含量(体积分数)/10^{-6}	<	1
烃(C_1～C_3)含量(体积分数)/10^{-6}	<	1
水分(H_2O)含量(体积分数)/10^{-6}	<	3
总杂质含量(体积分数)/10^{-6}	≤	5

3.2　氨光电子级产品应符合表2的要求,重金属含量应符合表3的规定。

表2　光电子级产品技术指标

项　　目		光电子级
氨(NH_3)纯度(体积分数)/10^{-2}	≥	99.999 94
氧(O_2)(氩)含量(体积分数)/10^{-6}	<	0.1
氢(H_2)含量(体积分数)/10^{-6}	<	0.1
一氧化碳(CO)含量(体积分数)/10^{-6}	<	0.05

STANDARDS PRESS OF CHINA

表 2（续）

项　目		光电子级
二氧化碳(CO_2)含量(体积分数)/10^{-6}	<	0.1
烃(C_1～C_3)含量(体积分数)/10^{-6}	<	0.05
水分(H_2O)含量(体积分数)/10^{-6}	<	0.2
总杂质含量(体积分数)/10^{-6}	≤	0.6

表 3　光电子级产品重金属技术指标

重金属含量/10^{-6}(质量分数)		气相	液相
锑(Sb)	<	0.01	0.01
镉(Cd)	<	0.01	0.01
钙(Ca)	<	0.01	0.05
铬(Cr)	<	0.01	0.05
钴(Co)	<	0.01	0.01
铜(Cu)	<	0.01	0.05
镓(Ga)	<	0.001	0.01
碲(Te)	<	0.05	0.1
铅(Pb)	<	0.01	0.01
锂(Li)	<	0.001	0.001
镁(Mg)	<	0.01	0.05
锰(Mn)	<	0.01	0.05
钼(Mo)	<	0.01	0.01
镍(Ni)	<	0.01	0.1
钾(K)	<	0.001	0.001
硅(Si)	<	0.01	0.05
钠(Na)	<	0.01	0.01
锡(Sn)	<	0.01	0.1
锌(Zn)	<	0.01	0.05

4　试验方法

4.1　抽样、判定和复验

4.1.1　氨产品应逐一检验并验收。当检验结果有任何一项指标不符合本标准技术要求时，则判该产品不合格。生产企业应确保每一包装氨产品符合本标准技术要求。

4.1.2　氨采样安全应符合 GB/T 3723 的相关规定。

4.2　氨纯度

4.2.1　电子级产品纯度按式(1)计算：

$$\Phi = 100 - (\Phi_1 + \Phi_2 + \Phi_3 + \Phi_4 + \Phi_5) \times 10^{-4} \quad \cdots\cdots(1)$$

式中：

Φ——氨纯度(体积分数)，10^{-2}；

Φ_1——氧含量(体积分数),10^{-6};

Φ_2——氮含量(体积分数),10^{-6};

Φ_3——一氧化碳含量(体积分数),10^{-6};

Φ_4——烃(C_1～C_3)含量(体积分数),10^{-6};

Φ_5——水分含量(体积分数),10^{-6}。

4.2.2 光电子级产品纯度按式(2)计算:

$$\Phi = 100 - (\Phi_1 + \Phi_2 + \Phi_3 + \Phi_4 + \Phi_5 + \Phi_6 + \Phi_7) \times 10^{-4} \quad \cdots\cdots(2)$$

式中:

Φ——氨纯度(体积分数),10^{-2};

Φ_1——氧含量(体积分数),10^{-6};

Φ_2——氩含量(体积分数),10^{-6};

Φ_3——氮含量(体积分数),10^{-6};

Φ_4——一氧化碳含量(体积分数),10^{-6};

Φ_5——二氧化碳含量(体积分数),10^{-6};

Φ_6——烃(C_1～C_3)含量(体积分数),10^{-6};

Φ_7——水分含量(体积分数),10^{-6}。

4.3 测定氨中的杂质含量时,应有氨尾气处理措施,以防止氨对环境的污染。

4.4 氢、氧(氩)、氮、一氧化碳、二氧化碳、烃(C_1～C_3)含量的测定

4.4.1 氢、氧(氩)、氮、一氧化碳、二氧化碳、烃(C_1～C_3)的测定见附录A。

4.4.2 允许采用其他等效的方法测定氨中的微量氢、氧(氩)、氮、一氧化碳、二氧化碳和烃(C_1～C_3)含量。当以上测定结果有异议时,以4.4.1规定的方法为仲裁方法。

4.5 水分含量的测定

4.5.1 方法原理

氨中水分的测定方法是基于氨的分解反应,当氨通过1 000 ℃的镍触媒时,此反应是完全的,不可逆的。而水通过触媒不发生变化。因此,氨中水分的含量可用测定氨分解后产生的氢、氮气流的露点而获得。反应式为:

$$2NH_3 \rightarrow N_2 + 3H_2$$

4.5.2 仪器

4.5.2.1 露点仪。检测限:0.02×10^{-6}(体积分数)。

4.5.2.2 反应管

反应管:铬镍铁合金反应管或其他等效反应管,长0.6 m、外径2.5 cm,内装镍催化剂。将反应管置于加热电炉内。

反应管出口用长约1.2 m,外径3.0 mm的不锈钢管与露点仪连接。该连接管的长度应能使反应管流出气体得到充分冷却。

4.5.2.3 测定步骤

用金属连接管将氮气瓶与反应管入口相连接。开启氮气,吹洗取样系统和反应管系统。

开启加热炉,将反应管温度升至950 ℃并使其达以恒定(约1.5 h～2 h)。

调节氮气流量约2 400 L/min。充分吹洗氨样品管道后,关闭氮气,拆下该样品管并将其与氨样气瓶相连接。

打开氨钢瓶瓶阀,调节针形阀以获得约2 400 L/min的流量。

逐渐升高炉温,定期用一块润湿的红色石蕊试纸置于排气管气流以检测气流中氨的存在。如果试纸不变蓝,表明催化剂已升至合适温度,氨已被完全分解。

按露点仪使用说明书,测定氨分解后的氮和氢混合气流中水含量。

4.5.2.4 结果处理

水含量按式(3)计算：

$$\Phi_7 = 2(\Phi_0 - 2\Phi_1) \quad\cdots\cdots(3)$$

式中：

Φ_7——水分含量(体积分数)，10^{-6}；

Φ_0——氮和氢混合气流中水含量(体积分数)，10^{-6}；

Φ_1——氧含量(体积分数)，10^{-6}。

4.5.3 允许按其他等效的方法测定氨中的微量水。当以上测定结果有异议时，以本标准规定的方法为仲裁方法。

4.6 金属离子含量的测定

推荐使用等离子发射光谱-质谱检测仪。

检测方法与用户协商。

5 标志、包装、贮运及安全

5.1 充装氨的气瓶，公称工作压力不得低于 3 MPa，气瓶颜色标记应符合 GB 7144 的规定。气瓶的运输标志应符合 GB 190—2009 第 3 章规定。

5.2 气瓶瓶阀应为钢质，不得使用铜或铜合金瓶阀。

5.3 推荐使用进行内表面处理的气瓶，气瓶内表面应满足本标准对于水分和颗粒的要求。

5.4 电子级产品瓶阀推荐使用 CGA660，光电子级产品瓶阀推荐使用 DISS720。

5.5 包装容器上应标明“电子氨”字样。

5.6 充装、贮运

5.6.1 气瓶充装应符合 GB 14193 和《气瓶安全监察规程》(2000 年)、《压力容器安全监察规程》(1999 年)的相关规定。

5.6.2 瓶装氨以液态形式存在，以称重计量，充装系数为 0.53 kg/L。

5.7 返回生产厂的氨气瓶应留有余压。

5.8 氨气出厂时应附有质量合格证，其内容至少应包括：

——产品名称，生产厂名称，危险化学品生产许可证编号；

——生产日期或批号，成品充装量，产品技术指标；

——本标准标准号及产品等级，检验员号。

5.9 安全要求

5.9.1 氨的生产、使用以及贮运应符合《气瓶安全监察规程》(2000 年)、《压力容器安全监察规程》(1999 年)等相关规定。

5.9.2 氨无色，有刺激臭味，能伤害人的眼睛和呼吸器官，在使用时应注意防护，防止人身与氨接触，以免烧伤。

5.9.3 氨的生产、使用，应有适当的尾气处理的措施，以防止氨对环境的污染。

5.9.4 由于氨易溶于水，应使用捕液器或止回阀防止倒吸。如发生倒吸，钢瓶内有可能爆发猛烈反应，除此之外，还有可能对钢瓶造成严重腐蚀。任何意外的倒吸都应及时报告供货商。

5.9.5 氨可燃、易爆，它与空气或氧气混合有发生爆炸的危险。对于干燥的氨-空气混合物，爆炸范围约为含氨 16%～25%。在下列三种情况下，爆炸范围将扩大：(1)混入其他可燃气体，例如氢；(2)用氧代替空气；(3)温度升高，压力高于大气压力。

5.9.6 在使用氨的环境中不能有明火。

5.9.7 氨气瓶应贮存在不易起火的地方；运输及搬运时避免受冲击、跌落和阳光照射。

5.9.8 电子工业用氨的生产企业应为顾客提供安全技术说明书。

5.10　材料要求

对任何要和氨接触的设备，推荐使用铁和钢。不能使用铜、锡、锌及其合金，因它们会受潮湿氨的腐蚀。除短连接，比如钢瓶之间的连接外，应使用硬质钢材做连接管道。对于短连接，推荐使用钢加固的可塑氯丁橡胶管。

氨可和汞化合生成爆炸化合物。不得使用任何含有汞的仪器。

附 录 A
（规范性附录）
氦中氢、氧(氩)、氮、一氧化碳、二氧化碳和烃(C_1～C_3)含量的测定

A.1 仪器

采用配备氦放电离子化检测器的气相色谱仪测定氦中氢、氧(氩)、氮、一氧化碳、二氧化碳和烃(C_1～C_3)。

检测限：0.01×10^{-6}(体积分数)。

A.2 原理

氦在外能作用下被激发到高能态亚稳态(He^*)。当亚稳态氦与待测物的原子或分子发生非弹性碰撞时，如果其电离电位小于亚稳态氦的激发电位(19.8 eV)，则该待测物的原子或分子将被电离。在一定范围内，离子化电流是待测物含量的函数。

A.3 测定条件

A.3.1 载气：高纯氦，经纯化器纯化。其流速参照相应的仪器说明书。

A.3.2 辅助气：需要采用辅助气的仪器，辅助气按仪器使用说明书要求。

A.3.3 切割柱：长约 3 m，内径 3 mm 的不锈钢管，内装粒径为 0.125 mm～0.15 mm 的 HaysepA，或其他等效色谱柱。

A.3.4 色谱柱

柱Ⅰ：长约 3 m，内径 3 mm 的不锈钢管，内装粒径为 0.125 mm～0.15 mm 的 HaysepA，或其他等效色谱柱。柱Ⅰ用于氦中氢、氧(氩)、氮和一氧化碳的测定。

柱Ⅱ：长约 2 m，内径 3 mm 的不锈钢管，内装粒径为 0.25 mm～0.4 mm 的 HaysepB，或其他等效色谱柱。柱Ⅱ用于氦中烃(C_1～C_3)的测定。

柱Ⅲ：长约 2 m，内径 3 mm 的不锈钢管，内装粒径为 0.25 mm～0.4 mm 的 HaysepD，或其他等效色谱柱。柱Ⅲ用于氦中二氧化碳的测定。

色谱柱、柱温以及载气流量的选择，应保证各待测组分的分离度 R 大于 1。

A.3.5 气体标准样品

气体标准样品中的组分含量(体积分数)为$(1～5)\times10^{-6}$，平衡气为氦。

A.3.6 其他条件：载气净化器温度、色谱柱温度、检测器温度、样气流量等其他条件参考仪器说明书。

A.4 分析步骤

开启仪器至稳定后按仪器说明书的操作步骤完成样品分析。

平行测定气体标准样品和样品气至少两次，记录色谱响应值，直至相邻两次测定的相对偏差不大于10%，取其平均值。

A.5 结果处理

采用峰面积(或峰高)定量，用外标法计算结果。

氢、氧(氩)、氮、一氧化碳、二氧化碳和烃含量的计算采用外标法，按式(A.1)计算：

$$\Phi_i=\frac{A_i(h_i)}{A_s(h_s)}\times\Phi_s \qquad \cdots\cdots(A.1)$$

式中：

Φ_i——样品气中被测组分的含量(体积分数)；

$A_i(h_i)$——样品气中被测组分的峰面积或峰高，单位为平方毫米或毫米(mm^2 或 mm)；

$A_s(h_s)$——气体标准样品中相应已知组分的峰面积或峰高，单位为平方毫米或毫米(mm^2 或 mm)；

Φ_s——气体标准样品中相应已知组分的含量(体积分数)。

ICS 71.100.20
G 86

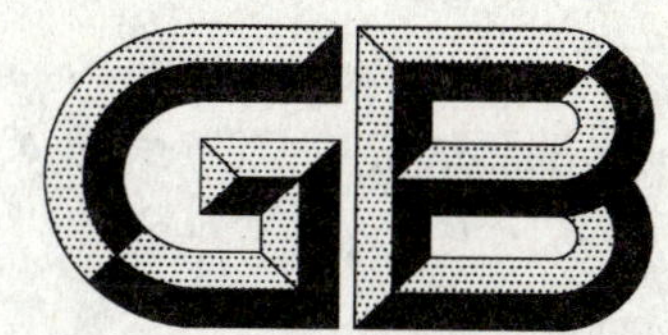

中华人民共和国国家标准

GB/T 14603—2009
代替 GB/T 14603—1993

电子工业用气体 三氟化硼

Gases for electronic industry—Boron trifluoride

2009-10-30 发布

2010-05-01 实施

中华人民共和国国家质量监督检验检疫总局
中国国家标准化管理委员会 发布

前言

本标准代替 GB/T 14603—1993《电子工业用气体　三氟化硼》。

本标准与 GB/T 14603—1993 相比主要区别如下：

——修改三氟化硼的适用范围(GB/T 14603—1993 的第 1 章,本版的第 1 章)；

——修改规范性引用文件(GB/T 14603—1993 的第 2 章,本版的第 2 章)；

——修改三氟化硼的技术指标内容(GB/T 14603—1993 的第 3 章,本版的第 3 章)；

——增加三氟化硼采样安全要求(本版的 4.1.2)；

——修改氮、氧(氩)含量的分析方法(GB/T 14603—1993 的 4.2,本版的 4.3)；

——修改二氧化硫含量的分析方法(GB/T 14603—1993 的 4.2,本版的 4.6)；

——增加二氧化碳、四氟化碳含量的分析方法(见本版的 4.3)；

——修改标志、包装、贮运及安全(GB/T 14603—1993 的第 6 章、第 7 章,本版的第 5 章)；

——增加资料性附录 A,并把测定三氟化硼中的氮、氧(氩)、二氧化碳和四氟化碳含量的色谱切割流程图写入该附录(见附录 A)。

本标准的附录 A 为资料性附录。

本标准由全国半导体设备和材料标准化技术委员会提出。

本标准由全国半导体设备和材料标准化技术委员会气体分技术委员会归口。

本标准起草单位：核工业理化工程研究院、大连光明化工研究院、西南化工研究设计院。

本标准主要起草人：邓建平、倪志强、孙福楠、周鹏云。

本标准所代替标准的历次版本发布情况为：

——GB/T 14603—1993。

电子工业用气体　三氟化硼

1　范围

本标准规定了电子工业用三氟化硼的技术要求、试验方法、检验规则、包装、标志、贮运及安全要求。

本标准适用于以氟气和硼单质为原料，采用直接化合的方法制得并经过纯化制取的三氟化硼；和以氟硼酸钠为原料热分解法制得并经过纯化制取的三氟化硼。主要用于半导体器件和集成电路生产的离子注入和掺杂。

分子式：BF_3。

相对分子质量：67.805(按2005年国际相对原子质量计算)。

2　规范性引用文件

下列文件中的条款通过本标准的引用而成为本标准的条款。凡是注日期的引用文件，其随后所有的修改单(不包括勘误的内容)或修订版均不适用于本标准，然而，鼓励根据本标准达成协议的各方研究是否可使用这些文件的最新版本。凡是不注日期的引用文件，其最新版本适用于本标准。

GB 190　危险货物包装标志

GB/T 3723　工业用化学产品采样安全通则

GB 7144　气瓶颜色标志

GB 11640　铝合金无缝气瓶

GB 14194　永久气体气瓶充装规定

气瓶安全监察规程

危险货物运输规则

3　技术要求

三氟化硼的质量应符合表1和表2的要求。

注：质量保证期为18个月。

表1　直接反应法制备的产品技术指标

项　　目		指　标	
三氟化硼(BF_3)纯度(摩尔分数)/10^{-2}	≥	99.999	99.995
氮(N_2)含量(摩尔分数)/10^{-6}	<	2	20
氧＋氩(O_2+Ar)含量(摩尔分数)/10^{-6}	<	1	10
二氧化碳(CO_2)含量(摩尔分数)/10^{-6}	<	1	5
四氟化碳(CF_4)含量(摩尔分数)/10^{-6}	<	1	5
四氟化硅(SiF_4)含量(摩尔分数)/10^{-6}	<	5	10
总杂质含量(摩尔分数)/10^{-6}	≤	10	50
颗粒[a]		供需双方商定	供需双方商定

表 2 热分解法制备的产品技术指标

项　　目		指　　标
三氟化硼(BF_3)纯度(摩尔分数)/10^{-2}	≥	99.995
氮(N_2)+氧(O_2)+氩(Ar)含量(摩尔分数)/10^{-6}	<	10
二氧化碳(CO_2)含量(摩尔分数)/10^{-6}	<	10
二氧化硫(SO_2)含量(摩尔分数)/10^{-6}	<	10
四氟化硅(SiF_4)含量(摩尔分数)/10^{-6}	<	20
硫酸盐(SO_4^{2-})含量(摩尔分数)/10^{-6}	<	8
总杂质含量(摩尔分数)/10^{-6}	≤	50
颗粒		供需双方商定

4 试验方法

4.1 抽样、判定和复验

4.1.1 三氟化硼产品应逐一检验并验收。当检验结果有任何一项指标不符合本标准技术要求时，则判该产品不合格。

4.1.2 三氟化硼采样安全应符合 GB/T 3723 的相关规定。

4.2 三氟化硼纯度

4.2.1 直接反应法制备三氟化硼纯度按式(1)计算：

$$\Phi = 100 - (\Phi_1 + \Phi_2 + \Phi_3 + \Phi_4 + \Phi_5) \times 10^{-4} \quad \cdots\cdots(1)$$

式中：

Φ——三氟化硼纯度(摩尔分数)，10^{-2}；

Φ_1——氮含量(摩尔分数)，10^{-6}；

Φ_2——氧+氩含量(摩尔分数)，10^{-6}；

Φ_3——二氧化碳含量(摩尔分数)，10^{-6}；

Φ_4——四氟化碳含量(摩尔分数)，10^{-6}；

Φ_5——四氟化硅含量(摩尔分数)，10^{-6}。

4.2.2 热分解法制备三氟化硼纯度按式(2)计算：

$$\Phi = 100 - (\Phi_1 + \Phi_2 + \Phi_3 + \Phi_4) \times 10^{-4} \quad \cdots\cdots(2)$$

式中：

Φ——三氟化硼纯度(摩尔分数)，10^{-2}；

Φ_1——空气含量(摩尔分数)，10^{-6}；

Φ_2——二氧化硫含量(摩尔分数)，10^{-6}；

Φ_3——四氟化硅含量(摩尔分数)，10^{-6}；

Φ_4——硫酸盐含量(摩尔分数)，10^{-6}。

4.3 氮、氧(氩)、二氧化碳、四氟化碳的测定

4.3.1 仪器

采用配备带切割装置的氦离子化检测器气相色谱仪测定三氟化硼中的氮、氧(氩)、二氧化碳和四氟化碳。气相色谱流程示意图见附录 A 的图 A.1。

检测限的摩尔分数：0.1×10^{-6}。

4.3.2 原理

电子与稀有气体碰撞形成亚稳态原子，该亚稳态原子的激发能传递到样品分子或原子；如果样品分子或原子的电离电位(IP)小于亚稳态原子的激发电位，样品将通过碰撞被电离，使离子流增大。

4.3.3 测定条件

载气：高纯氦，必须经过纯化，其流速参照相应的仪器说明书。

辅助气：需要采用辅助气的仪器按仪器说明书使用辅助气。

切割柱：长 5.0 m，内径 2 mm，内装粒度为 0.18 mm～0.25 mm 的 Porapak Q 有机多孔聚合物的不锈钢柱或采用其他等效色谱柱。

分析柱：长 3.0 m，内径 2 mm，内装粒度为 0.18 mm～0.25 mm 的 HayeSep DB 的气相色谱级多孔聚合物的不锈钢柱或采用其他等效色谱柱。

其他条件：载气纯化器温度、色谱柱温度、检测器温度、切割时间、样气流量等其他条件参考仪器说明书。

4.3.4 气体标准样品

组分含量的摩尔分数为$(1\sim10)\times10^{-6}$，平衡气为氦。

4.3.5 分析步骤

开启仪器至稳定后按仪器说明书的操作步骤完成样品分析。

平行测定气体标准样品和样品气至少两次，记录色谱响应值，直至相邻两次测定的相对偏差不大于10×10^{-2}，取其平均值。

4.3.6 结果处理

采用峰面积(或峰高)定量，用外标法计算结果。

氮、氧(氩)、二氧化碳、四氟化碳含量的计算采用外标法，按式(3)计算：

$$\Phi_i = \frac{A_i(h_i)}{A_s(h_s)} \times \Phi_s \quad \cdots\cdots (3)$$

式中：

Φ_i——样品气中被测组分的含量(摩尔分数)；

$A_i(h_i)$——样品气中被测组分的峰面积或峰高，单位为平方毫米或毫米(mm^2 或 mm)；

$A_s(h_s)$——气体标准样品中相应已知组分的峰面积或峰高，单位为平方毫米或毫米(mm^2 或 mm)；

Φ_s——气体标准样品中相应已知组分的含量(摩尔分数)。

4.3.7 允许采用其他等效的方法测定三氟化硼中氮、氧(氩)、二氧化碳、四氟化碳含量。当测定结果有异议时，以本标准规定的方法为仲裁方法。

4.4 四氟化硅含量的测定

4.4.1 方法和原理

采用分光光度法测定。

BF_3 和 SiF_4 在水中按下式发生水解反应：

$BF_3 + 3H_2O = H_3BO_3 + 3HF$

$3SiF_4 + 4H_2O = H_4SiO_4 + 2H_2SiF_6$

$H_2SiF_6 + 4H_2O = H_4SiO_4 + 6HF$

在适当的酸度下，硅酸根与钼酸生成黄色的硅钼酸络合物，用抗坏血酸还原为硅钼蓝，其颜色深度与含量成正比。在选定的条件下进行分光光度测定。

4.4.2 仪器

分光光度计。

4.4.3 试剂及溶液

硫酸溶液：分析纯。$c(1/2H_2SO_4)=0.5$ mol/L 和 10 mol/L。

偏硅酸钠标准溶液：0.1 mg/mL。准确称取 0.1 g 偏硅酸钠(精确到 0.000 1 g)，溶解后转移至 1 000 mL 容量瓶中定容。

氨水：1+1 水溶液。

STANDARDS PRESS OF CHINA

抗坏血酸:0.01 g/mL 水溶液。

钼酸铵溶液:0.15 g/mL 水溶液。

对硝基酚溶液:0.01 g/mL 水溶液。

去离子水。

4.4.4 测定条件

波长:650 nm;

比色皿厚度:1 cm;

硅钼黄显色酸度:pH 为 1.1～1.4。

4.4.5 绘制标准曲线

(1) 系列硅标准溶液的制备

准确量取硅标准溶液 0.00、0.05、1.00、1.50、2.00、2.50、3.00、3.50、4.00、4.50 mL 分别加至一系列 100 mL 容量瓶内,加入两滴 0.01 g/mL 对硝基酚,用 1+1 氨水调至微黄色,用滴定管加入 6 mL 0.5 mol/L 硫酸,并立即加入 3 mL 钼酸铵溶液,显色 10 min 后加入 8 mL 10 mol/L 硫酸,最后加入 6 mL 抗坏血酸显色 30 min。

(2) 吸光度的测定

按分光光度计使用说明书,用波长为 650 nm 及 1 cm 厚度的比色池测定显色后的系列标准溶液的吸光度。

(3) 标准曲线的绘制

用系列标准溶液的吸光度作纵坐标,以硅的质量为横坐标绘制标准曲线。

(4) 取样

在 50 mL 带有密封丝扣的不锈钢取样器中,装入 40 mL 去离子水,通过高压微调阀、压力表按图 1 与盛装三氟化硼的气瓶连接。

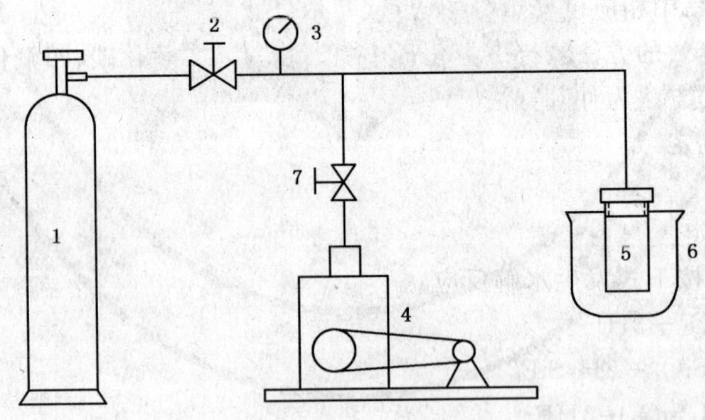

1——充装 BF_3 的气瓶;

2——高压微调阀;

3——压力表;

4——机械真空泵;

5——取样器;

6——冷浴;

7——开关阀。

图 1 取样装置图

在取样器外，套上−10 ℃的冰盐水冷浴。用机械真空泵抽至约−0.1 MPa，关闭阀 7，然后打开三氟化硼气瓶阀慢慢导入三氟化硼气体，用去离子水吸收约 30 min。吸收速度用压力表和高压微调阀控制。

吸收结束后，关闭气瓶阀，测量吸收液总体积(V)。将吸收液转入聚四氟乙烯烧杯中作为样品溶液。样品量(m_1)为吸收前后吸收液的称量之差。

4.4.6 测定

准确量取 20.00 mL 样品溶液于 100 mL 容量瓶中，加入两滴 0.01 g/mL 对硝基酚，用 1+1 氨水调至微黄色，用滴定管加入 6 mL 0.5 mol/L 硫酸并立即加入 3 mL 0.15 g/mL 钼酸铵溶液，显色 10 min 后加入 8 mL 10 mol/L 硫酸，最后加入 6 mL 0.01 g/mL 抗坏血酸显色 30 min。测定吸光度。

4.4.7 结果计算

由测得的样品溶液吸光度从标准曲线查得硅量，按式(4)计算四氟化硅的含量。

$$\Phi_3 = 2\,414 \frac{V_1 m}{V_2 m_1} \qquad \cdots\cdots(4)$$

式中：

Φ_3——样品气体中 SiF_4 的含量(摩尔分数)，10^{-6}；

V_1——吸收溶液的总体积，单位为毫升(mL)；

m——从标准曲线上查得的硅的质量，单位为毫克(mg)；

V_2——比色时样品溶液的取样量，单位为毫升(mL)；

m_1——吸收液中样品的质量，单位为克(g)；

2 414——换算系数。

以两次平行测定的算术平均值为测定结果。

4.4.8 允许采用其他等效的方法测定三氟化硼中四氟化硅含量。当测定结果有异议时，以本标准规定的方法为仲裁方法。

4.5 硫酸盐含量的测定

4.5.1 方法和原理

采用比浊法测定硫酸盐含量。在酸性溶液中，在稳定剂存在下，硫酸根与钡离子形成微量硫酸盐的测定。

4.5.2 仪器

采用分光光度计。

4.5.3 试剂

氯化钠：分析纯；

硫酸钾：分析纯；

氯化钡：分析纯；

盐酸：分析纯；

无水乙醇：分析纯；

丙三醇：分析纯；

去离子水。

4.5.4 溶液

稳定液：取 15 g 氯化钠，加 60 mL 盐酸，10 mL 丙三醇，20 mL 乙醇，混合均匀；

硫酸盐标准溶液：准确称取 0.087 10 g 硫酸钾，用去离子水溶于 1 L 容量瓶中并稀释至刻度。此溶液硫酸盐浓度为 5×10^{-4} mol/L；

氯化钡溶液：将 40 g 氯化钡溶于去离子水并稀释至 100 mL，此溶液中氯化钡的浓度为 400 g/L。

4.5.5　绘制标准曲线

与一系列 25 mL 容量瓶中分别加入 0.00、1.00、2.00、3.00、4.00、5.00、6.00 mL 硫酸盐标准溶液，再加入稳定液 2.5 mL，氯化钡溶液 5 mL 并稀释至刻度，摇动 1 min，静置 5 min。

用波长 420 nm 及 2 cm 厚度的吸收池测定系列标准溶液的吸光度。以吸光度为纵坐标，以硫酸盐的量(mol)为横坐标，绘制标准曲线。

4.5.6　取样

同 4.4.5(4)。

4.5.7　测定

准确吸取 10.00 mL 样品溶液于 25 mL 容量瓶中，加入稳定液 2.5 mL，氯化钡溶液 5 mL 并稀释至刻度。摇动 1 min，静置 5 min。用波长 420 nm 及 2 cm 厚度吸收池，测定吸光度。

4.5.8　结果计算

根据测得的样品溶液的吸光度，从标准曲线查得硫酸盐的量，按式(5)计算硫酸盐的含量。

$$X_4 = 67.805\frac{V_3 n}{V_4 m_2} \times 10^6 \qquad \cdots\cdots(5)$$

式中：

X_4——样品气体中硫酸盐的含量(摩尔分数)，10^{-6}；

V_3——吸收溶液的总体积，单位为毫升(mL)；

n——从标准曲线上查得的硫酸盐的量，单位为摩尔(mol)；

V_4——比浊测定时样品溶液的取样量，单位为毫升(mL)；

m_2——吸收液中样品的质量，单位为克(g)；

67.805——三氟化硼的摩尔质量[$M(BF_3)$]，单位为克每摩尔(g/mol)。

以两次平行测定的算术平均值为测定结果。

4.5.9　允许采用其他等效的方法测定三氟化硼中硫酸盐含量。当测定结果有异议时，以本标准规定的方法为仲裁方法。

4.6　二氧化硫的测定

4.6.1　仪器

采用配备火焰光度检测器气相色谱仪测定三氟化硼中二氧化硫。

仪器检测限的摩尔分数：0.1×10^{-6}。

4.6.2　测定条件

切割柱：长 5.0 m，内径 2 mm，内装粒度为 0.18 mm～0.25 mm 的 Porapak Q 有机多孔聚合物的不锈钢柱。色谱柱在 1 ℃通载气活化 2 h 后备用，切割柱使用温度为 4 ℃。或采用其他等效色谱柱。

分析柱：长 2.4 m，内径 2 mm，内装粒度为 0.18 mm～0.25 mm 的 Chromosil 330 的聚四氟乙烯柱。或采用其他等效色谱柱。

4.6.3　气体标准样品

组分含量的摩尔分数为$(1\sim10)\times10^{-6}$，平衡气为氮。

4.6.4　其他条件：载气流量、氢气流量、空气流量、色谱柱温度、检测器温度、切割时间、样气流量等其他条件参考仪器说明书。

4.6.5　分析步骤

用气体标准样品进样。记录气体标准样品中组分的色谱信号。重复进样至少两次，直至两次平行测定的相对偏差不大于 5%，取其平均值。

将三氟化硼样气连接到仪器的进样系统，待仪器稳定后进样，记录三氟化硼样品中组分的色谱信号，重复进样至少两次，直至两次平行测定的相对偏差不大于5%，取其平均值。初次测定时，应当确定切割阀开启时间和关闭的适当时间。在切割阀开启的时间内，气路切除样品中的绝大部分乃至全部三氟化硼组分。

4.6.6 结果处理

采用峰面积(或峰高)定量，用外标法计算结果。

二氧化硫含量的计算采用外标法，按式(6)计算：

$$\Phi_i = \frac{A_i(h_i)}{A_s(h_s)} \times \Phi_s \qquad (6)$$

式中：

Φ_i——样品气中被测组分的含量(摩尔分数)；

$A_i(h_i)$——样品气中被测组分的峰面积或峰高，单位为平方毫米或毫米(mm^2 或 mm)；

$A_s(h_s)$——气体标准样品中相应已知组分的峰面积或峰高，单位为平方毫米或毫米(mm^2 或 mm)；

Φ_s——气体标准样品中相应已知组分的含量(摩尔分数)。

4.6.7 允许采用其他等效的方法测定三氟化硼中二氧化硫含量。当测定结果有异议时，以本标准规定的方法为仲裁方法。

5 标志、包装、贮运及安全

5.1 标志、包装及贮运

5.1.1 三氟化硼气瓶的使用、运输及贮存应符合《气瓶安全监察规程》(2000年)和《危险货物运输规则》(1971年)等相关规定，三氟化硼气瓶上应附有GB 190中的指定标志。

5.1.2 推荐使用经过内表面处理的气瓶，气瓶内表面应满足本标准对于颗粒的要求。瓶阀推荐使用CGA630。

5.1.3 包装容器上应标明“电子三氟化硼”字样。

5.1.4 三氟化硼的充装应符合GB 14194的相关规定。

5.1.5 充装三氟化硼的气瓶应符合GB 11640的规定，气瓶颜色标记应符合GB 7144的规定。

5.1.6 充装三氟化硼的气瓶瓶阀及瓶颈螺纹连接处不得泄漏。必须戴好安全帽。

5.1.7 返厂三氟化硼气瓶在充装前应进行加热、抽空处理。

5.1.8 三氟化硼出厂时应附有质量合格证，其内容至少应包括：

——产品名称，生产厂名称，危险化学品生产许可证编号；

——生产日期或批号，充装质量(kg)，产品技术指标；

——本标准标准号及产品等级，检验员号。

5.2 安全要求

5.2.1 三氟化硼是无色压缩性气体，有刺鼻气味。在潮湿空气中形成白色烟雾。该物质聚合生成不饱和化合物，与水和潮湿空气接触时，分解生成氟化氢、氟硼酸、硼酸有毒和腐蚀性烟雾。与许多物质钠、钾和钙以及烷基硝酸酯发生反应。有水存在时浸蚀许多金属。

5.2.2 该物质腐蚀眼睛、皮肤和呼吸道。吸入气体可能引起肺气肿。液体迅速蒸发可能引起冻伤。

5.2.3 急救时用大量水冲洗，然后脱掉污染的衣物，再次冲洗，给予医疗护理。

5.2.4 泄漏时，撤离危险区域！保持通风。切勿直接将水喷洒在液体上。喷水雾驱除烟雾。个人防护用具：全套防护服包括自给式呼吸器。

STANDARDS PRESS OF CHINA

5.2.5 存储时应选择阴凉场所，具备耐火条件。与碱金属、碱土金属、烷基硝酸酯和石灰分开存放。

5.2.6 分析系统要保证密闭。取样、置换过程的三氟化硼尾气，都要经解毒处理后再放空。设备、仪器在通三氟化硼之前，要用干燥的载气吹洗，管线要经过检漏。

5.2.7 三氟化硼生产企业应为用户提供安全技术说明书。

附 录 A
（资料性附录）
切割气路流程示意图

图 A.1 为氧(氩)、氮、二氧化碳、四氟化碳色谱分析流程示意图。

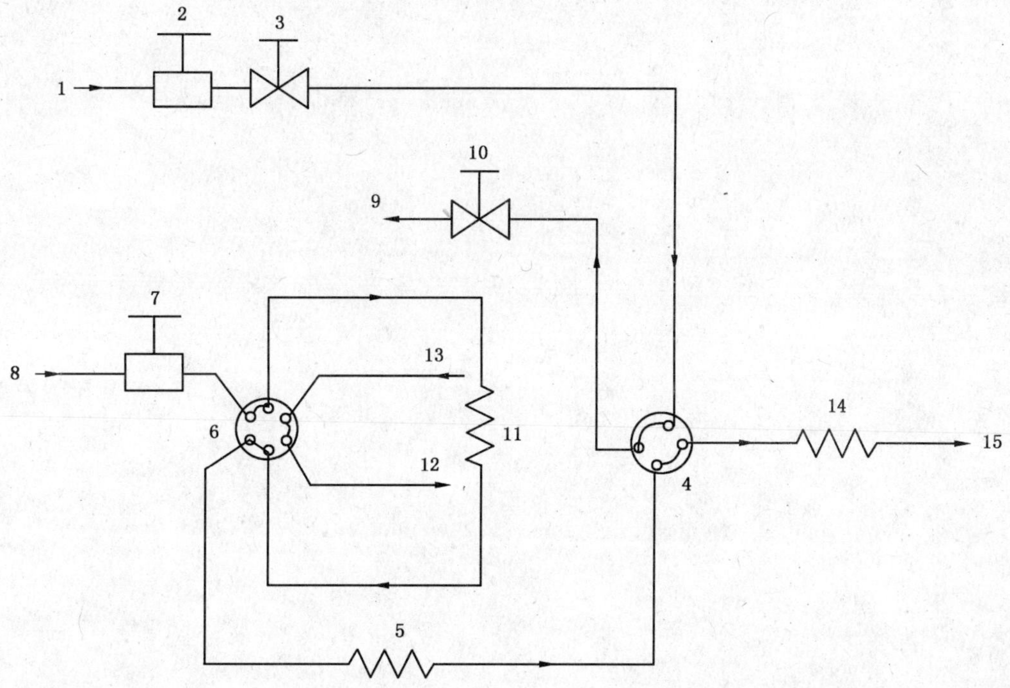

1——平衡路载气；
2——平衡路载气稳压阀；
3——平衡路载气针形调节阀；
4——自动四通切割阀；
5——切割柱；
6——自动六通进样阀；
7——进样路载气稳压阀；
8——进样路载气；
9——载气放空；
10——载气平衡调节阀；
11——定体积量管；
12——样气出口；
13——样气入口；
14——分析柱；
15——去氦离子化检测器的载气。

图 A.1 气路切割装置流程示意图

ICS 71.100.20
G 86

中华人民共和国国家标准

GB/T 14604—2009
代替 GB/T 14604—1993

电子工业用气体　氧

Gas for electronic industry—Oxygen

2009-10-30 发布　　　　2010-05-01 实施

中华人民共和国国家质量监督检验检疫总局
中国国家标准化管理委员会　发布

前言

本标准代替GB/T 14604—1993《电子工业用气体　氧》。

本标准与GB/T 14604—1993相比主要变化如下：

——修改电子工业用氧的适用范围(GB/T 14604—1993的第1章,本版的第1章)；

——修改规范性引用文件(GB/T 14604—1993的第2章,本版的第2章)；

——修改技术指标内容(GB/T 14604—1993的第3章,本版的第3章)；

——修改瓶装电子工业用氧采样要求(GB/T 14604—1993的4.1,本版的4.1.3)；

——修改瓶装电子工业用氧抽样方法(GB/T 14604—1993的第5章,本版的4.1.1、4.1.2、4.1.4)；

——修改氢、氩、氮、氪、一氧化碳、二氧化碳、氧化亚氮、总烃和水含量的分析方法和标准样品的规定,当出现多种分析方法时,规定仲裁方法(GB/T 14604—1993的4.3、4.4、4.5、4.6、4.7、4.8,本版的4.3、4.4、4.6、4.7、4.8)；

——增加一氧化氮含量的分析方法(本版的4.5)；

——修改标志、包装、贮运及安全(GB/T 14604—1993的第6章、第7章,本版的第5章)；

——删去GB/T 14604—1993的附录A和附录B；

——增加规范性附录A,并把采用氦离子化气相色谱法测定电子工业用氧中的氢、氩、氮和氪组分的方法写入该附录(见附录A)；

——增加规范性附录B,并把采用氦离子化气相色谱法测定电子工业用氧中的一氧化碳、二氧化碳和氧化亚氮组分的方法写入该附录(见附录B)。

本标准的附录A、附录B为规范性附录。

本标准由全国半导体设备和材料标准化技术委员会提出。

本标准由全国半导体设备和材料标准化技术委员会气体分技术委员会归口。

本标准起草单位:中国计量科学研究院、西南化工研究设计院。

本标准主要起草人:周泽义、周鹏云。

本标准所代替标准的历次版本发布情况为：

——GB/T 14604—1993。

电子工业用气体　氧

1　范围

本标准规定了电子工业用氧的技术要求,试验方法以及包装、标志、贮运及安全。

本标准适用于以深冷法、电解法提取的气态或液态氧,以及经纯化方法得到的氧。它们主要用于二氧化硅化学气相淀积,用作氧化源和生产高纯水的反应剂,用于等离子体蚀刻和剥离、光导纤维。

分子式:O_2。

相对分子质量:31.998 8(按 2005 年国际相对原子质量计算)。

2　规范性引用文件

下列文件中的条款通过本标准的引用而成为本标准的条款。凡是注日期的引用文件,其随后所有的修改单(不包括勘误的内容)或修订版均不适用于本标准,然而,鼓励根据本标准达成协议的各方研究是否可使用这些文件的最新版本。凡是不注日期的引用文件,其最新版本适用于本标准。

GB 190　危险货物包装标志

GB/T 3723　工业用化学产品采样安全通则

GB/T 3863　工业氧

GB 5099　钢质无缝气瓶(GB 5099—1994,neq ISO 4705:1993)

GB 7144　气瓶颜色标志

GB/T 8984　气体中一氧化碳、二氧化碳和碳氢化合物的测定　气相色谱法

GB 14194　永久气体气瓶充装规定

GB/T 14600　电子工业用气体　氧化亚氮

GB 16912　深度冷冻法生产氧气及相关气体安全技术规范

JB/T 5905　真空多层绝热低温液体容器

JB/T 6897　低温液体运输车

JB/T 6898　低温液体贮运设备　使用安全规则

气瓶安全监察规程

压力容器安全技术监察规程

压力管道安全管理与监察规定

3　技术要求

电子工业用气体氧的质量应符合表 1 的要求。

表 1　技术指标

项　目		指　标		
氧(O_2)纯度/含量(体积分数)/10^{-2}	≥	99.999 8	99.98	99.5
氢(H_2)含量(体积分数)/10^{-6}	<	0.1	1	1
氩(Ar)含量(体积分数)/10^{-6}	<	1.0	100	—
氮(N_2)含量(体积分数)/10^{-6}	<	0.5	30	100
一氧化碳(CO)含量(体积分数)/10^{-6}	<	0.1	1	—

表 1（续）

项　目		指　标		
二氧化碳(CO_2)含量(体积分数)/10^{-6}	＜	0.1	1	—
一氧化碳和二氧化碳含量(体积分数)/10^{-6}	＜	—	—	5
总烃含量(以甲烷计)(体积分数)/10^{-6}	＜	0.1	1	25
一氧化氮(NO)含量(体积分数)/10^{-6}	＜	—	1	—
氧化亚氮(N_2O)含量(体积分数)/10^{-6}	＜	—	—	2
氪(Kr)含量(体积分数)/10^{-6}	＜	—	10	—
水(H_2O)含量(体积分数)/10^{-6}	＜	0.1	1	1
总杂质(包括稀有气体)含量(体积分数)/10^{-6}	≤	2.0	147	5 000
颗粒		供需双方商定	供需双方商定	供需双方商定

注：质量保证期为 36 个月。

4 试验方法

4.1 抽样、判定和复验

4.1.1 瓶装、集装格装、大容积钢质无缝气瓶装和多层绝热低温容器装氧产品应逐一检验并验收。当检验结果有任何一项指标不符合本标准技术要求时，则判该产品不合格。

4.1.2 对稳定生产的管道输送的氧由供需双方确定抽样频数。企业应确保管道输送的氧产品符合本标准技术要求。

4.1.3 氧采样安全应符合 GB/T 3723 的相关规定。

4.1.4 液态氧的技术指标应气化后测定。

4.2 氧纯度/含量

4.2.1 氧纯度的体积分数不低于 99.98×10^{-2} 的按式(1)计算：

$$\Phi = 100-(\Phi_1+\Phi_2+\Phi_3+\Phi_4+\Phi_5+\Phi_6+\Phi_7+\Phi_8+\Phi_9+\Phi_{10})\times10^{-4} \quad \cdots\cdots(1)$$

式中：

Φ——氧纯度(体积分数)/10^{-2}；

Φ_1——氢含量(体积分数)/10^{-6}；

Φ_2——氩含量(体积分数)/10^{-6}；

Φ_3——氮含量(体积分数)/10^{-6}；

Φ_4——一氧化碳含量(体积分数)/10^{-6}；

Φ_5——二氧化碳含量(体积分数)/10^{-6}；

Φ_6——总烃含量(体积分数)/10^{-6}；

Φ_7——一氧化氮含量(体积分数)/10^{-6}；

Φ_8——氧化亚氮含量(体积分数)/10^{-6}；

Φ_9——氪含量(体积分数)/10^{-6}；

Φ_{10}——水含量(体积分数)/10^{-6}。

4.2.2 氧含量的体积分数不低于 99.5×10^{-2} 的测定

按 GB/T 3863 中规定的方法进行测定。

4.3 氢、氩、氮和氪的测定

4.3.1 氢、氩、氮和氪的测定见附录 A。

4.3.2 允许采用其他等效的方法测定氧中氢、氩、氮和氪含量。当测定结果有异议时，以 4.3.1 规定的方法为仲裁方法。

4.4 一氧化碳、二氧化碳和氧化亚氮的测定

4.4.1 一氧化碳、二氧化碳和氧化亚氮的测定见附录 B。

4.4.2 允许采用其他等效的方法测定氧中一氧化碳、二氧化碳和氧化亚氮含量。当测定结果有异议时，以 4.4.1 规定的方法为仲裁方法。

4.5 一氧化氮的测定

按 GB/T 14600 规定的方法或其他等效的方法测定氧中的一氧化氮含量。当以上测定结果有异议时，以 GB/T 14600 规定的方法为仲裁方法。

仪器检测限的体积分数：0.1×10^{-6}。

4.6 总烃（以甲烷计）的测定

按 GB/T 8984 规定的方法或其他等效的方法测定氧中的微量总烃含量。当以上测定结果有异议时，以 GB/T 8984 规定的方法为仲裁方法。

仪器检测限的体积分数：0.05×10^{-6}。

4.7 气体标准样品

组分含量的体积分数为$(1\sim5)\times10^{-6}$，平衡气为氦或其他气体。当样品待测组分的体积分数大于5×10^{-6}时，标样中组分含量应与待测组分相近。

4.8 水分含量的测定

4.8.1 方法及原理

采用光腔衰荡光谱法测定氧中水分含量。

光腔衰荡光谱法通过测量时间而不是强度的变化来确定光学吸收。光腔衰荡光谱法水分仪的主要部件是激光源、一对高反射性镜面形成的光共振腔和光探测器。在光衰荡光谱法中，一小部分脉冲激光会进入光腔并且由高度反射性镜面反复多次反射，每次都有微小的光透过镜面而离开光腔。这部分光就构成了光衰荡信号。它的强度变化可以简单地用单指数衰减来描述，光的衰荡是由于光在共振腔中的损失决定的。如果光腔是空的，衰荡时间取决于镜子的反射率（假设散射和吸收与透射损失相比是微不足道的），见式(2)：

$$\tau_{\text{empty}}=\frac{d}{c(1-R)} \qquad \cdots\cdots(2)$$

式中：

τ_{empty}——空腔光衰荡时间；

d——两个镜面的距离；

c——光速；

R——镜面反射率（假设两个镜面相同）。

实际上，τ_{empty}并不是在真正的空腔里测量的，而是将激光调在光腔内气体分子没有吸收的波长下测量的。当激光频率是在腔内分子的一条具体吸收线的峰顶时，光腔衰荡时间$\tau(\nu)$还要取决于分子的吸收。而分子的吸收服从比尔定律，见式(3)。

$$\tau(\nu)=\frac{d}{c[1-R+\sigma(\nu)\cdot N\cdot d]} \qquad \cdots\cdots(3)$$

式中：

$\tau(\nu)$——在激光频率ν下的衰荡时间；

$\sigma(\nu)$——分子在激光频率ν吸收截面；

N——分子密度，与绝对浓度成正比。

在光腔衰荡光谱法测量中，首先要测量没有吸收时的衰荡时间τ_{empty}，激光的频率此时被调到分子没有吸收的位置。然后再测量分子吸收高峰频率ν位置的衰荡时间$\tau(\nu)$。这两个测量位置的激光频率

STANDARDS PRESS OF CHINA

都处于镜面高反射区，反射率基本恒定。分子密度 N 可以很容易地转换成浓度，可以从式(4)计算出来：

$$N=\frac{1}{c\cdot\sigma(\nu)}\cdot\left(\frac{1}{\tau(\nu)}-\frac{1}{\tau_{\mathrm{empty}}}\right)\quad\cdots\cdots(4)$$

4.8.2 检测限

仪器检测限的体积分数：0.05×10^{-6}。

4.8.3 允许采用其他等效的方法测定氧中水分含量。当测定结果有异议时，以光腔衰荡光谱法为仲裁方法。

5 标志、包装、贮运及安全

5.1 标志、包装及贮运

5.1.1 氧气瓶应符合 GB 5099 的规定，气瓶颜色标记应符合 GB 7144 的规定。运输时，氧气瓶上应附有 GB 190 中指定的标志。

5.1.2 推荐使用经过内表面处理的气瓶，气瓶内表面应满足本标准对于水分和颗粒的要求。瓶阀推荐使用 CGA540、DISS714。

5.1.3 应妥善处理气瓶瓶口。

5.1.4 包装容器上应标明"电子氧"字样。

5.1.5 瓶装气态氧应符合 GB 14194 以及《气瓶安全监察规程》(2000 年)的相关规定。

5.1.6 液态氧应符合 JB/T 5905、JB/T 6897、JB/T 6898 和《压力容器安全技术监察规程》(1999 年)的相关规定。

5.1.7 管道输送的氧应符合《压力管道安全管理与监察规定》(1996 年)。

5.1.8 瓶装氧的成品压力应不低于气瓶公称工作压力的 90%。用于测量的压力表精度不低于2.5 级。氧气在 20 ℃、101.3 kPa 状态下的体积按 GB/T 3863 的规定。

5.1.9 返厂氧气钢瓶的余压不应低于 0.2 MPa。余压不符合要求的气瓶，水压试验后的气瓶以及新气瓶等在充装前应按规定要求进行加热、抽空和置换。

5.1.10 氧气出厂时应附有质量合格证，其内容至少应包括：

——产品名称，生产厂名称，危险化学品生产许可证编号；

——生产日期或批号，成品压力或质量，产品技术指标；

——本标准标准号及产品等级，检验员号。

5.2 安全要求

5.2.1 氧的生产、使用以及贮运应符合 GB 16912、《气瓶安全监察规程》(2000 年)、《压力容器安全技术监察规程》(1999 年)等相关规定。

5.2.2 氧是一种强氧化剂。与可燃物质和还原性物质发生反应，有着火和爆炸危险。

5.2.3 液氧迅速蒸发可能引起冻伤，在极高浓度时刺激呼吸道，可能对中枢神经系统有影响。冻伤时，用大量水冲洗，不要脱去衣服，给予医疗护理。

5.2.4 浸饱液氧的工作服可能有严重的火灾危险。不要在火焰或高温表面附近或焊接时使用。

5.2.5 与氧接触时，禁止明火、禁止火花和禁止吸烟。禁止与易燃物质接触。禁止与还原剂接触。周围环境着火时，允许使用各种灭火剂。

5.2.6 液氧泄漏时应保持通风并移除全部引燃源，不要用锯末或其他可燃吸收剂吸收。切勿直接向液体上喷水。

5.2.7 贮存氧的地点应是阴凉场所，具备耐火条件。氧应与可燃物质和还原物质分开存放。

5.2.8 氧的生产企业应为顾客提供安全技术说明书。

附 录 A
（规范性附录）
氧中氢、氩、氮和氪的测定

A.1 仪器

采用配备氦放电离子化检测器的气相色谱仪测定氧中氢、氩、氮和氪。图A.1给出了气相色谱仪的参考气路流程示意图。

检测限的体积分数：0.01×10^{-6}。

A.2 原理

基于潘宁效应(Penning effect)，即电子与稀有气体碰撞形成亚稳态原子，该亚稳态原子的激发能传递到样品分子或原子；如果样品分子或原子的电离电位(IP)小于亚稳态原子的激发电位，样品将通过碰撞被电离，使离子流增大。

A.3 测定条件

A.3.1 载气：高纯氦，经过纯化处理，其流速参照相应的仪器说明书。

A.3.2 辅助气：需要采用辅助气的仪器按仪器说明书使用辅助气。

A.3.3 色谱柱：长约2 m，内径2 mm的不锈钢管，内装粒径为0.18 mm～0.25 mm的13X分子筛，或其他等效色谱柱。

A.3.4 脱氧柱：长约3 m，内径3 mm的不锈钢管，内装粒径为0.25 mm～0.40 mm的脱氧剂。

A.3.5 定体积量管：约0.5 mL。

A.3.6 气体标准样品

组分含量的体积分数为$(1\sim5)\times10^{-6}$，平衡气为氦。

A.3.7 其他条件：载气净化器温度、色谱柱温度、检测器温度、样气流量等其他条件参考仪器说明书。

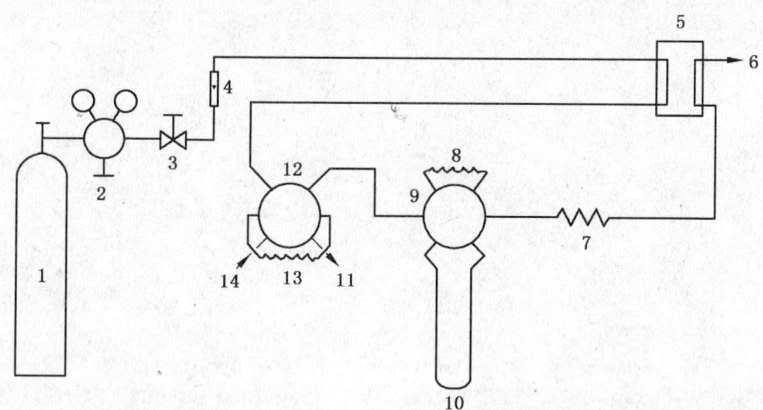

1——载气瓶；
2——钢瓶压力调节器；
3——调节阀；
4——流量计；
5——检测器；
6——载气出口；
7——色谱柱；
8——气路阻力平衡管或平衡调节阀；
9——切换六通阀；
10——脱氧柱；
11——样品气出口；
12——进样六通阀；
13——定体积量管；
14——样品气入口。

图A.1 色谱流程图

A.4 分析步骤

开启仪器至稳定后按仪器说明书的操作步骤完成样品分析。

平行测定气体标准样品和样品气至少两次，记录色谱响应值，直至相邻两次测定的相对偏差不大于 10×10^{-2}，取其平均值。

A.5 结果处理

采用峰面积(或峰高)定量，用外标法计算结果。

氢、氩、氮和氪含量的计算采用外标法，按式(A.1)计算：

$$\Phi_i=\frac{A_i(h_i)}{A_s(h_s)}\times\Phi_s \qquad \text{(A.1)}$$

式中：

Φ_i——样品气中被测组分的含量(体积分数)；

$A_i(h_i)$——样品气中被测组分的峰面积或峰高，单位为平方毫米或毫米(mm^2 或 mm)；

$A_s(h_s)$——气体标准样品中相应已知组分的峰面积或峰高，单位为平方毫米或毫米(mm^2 或 mm)；

Φ_s——气体标准样品中相应已知组分的含量(体积分数)。

附 录 B
（规范性附录）
氧中氧化亚氮、一氧化碳和二氧化碳的测定

B.1 仪器

采用配备氦放电离子化检测器的气相色谱仪测定氧中氧化亚氮、一氧化碳和二氧化碳。图B.1给出了气相色谱仪的参考气路流程示意图。

检测限的体积分数：0.01×10^{-6}。

B.2 原理

基于潘宁效应（Penning effect），即电子与稀有气体碰撞形成亚稳态原子，该亚稳态原子的激发能传递到样品分子或原子；如果样品分子或原子的电离电位（IP）小于亚稳态原子的激发电位，样品将通过碰撞被电离，使离子流增大。

B.3 测定条件

B.3.1 载气：高纯氦，经过纯化处理，其流速参照相应的仪器说明书。

B.3.2 辅助气：需要采用辅助气的仪器按仪器说明书使用辅助气。

B.3.3 色谱柱：

色谱柱Ⅰ：长约2 m，内径2 mm的不锈钢管，内装粒度为0.18 mm～0.25 mm的TDX—01型碳分子筛，或其他等效色谱柱。色谱柱Ⅰ用于分析氧中一氧化碳、二氧化碳组分。

色谱柱Ⅱ：长约6 m，内径2 mm的不锈钢管，内装粒度为0.18 mm～0.25 mm的Porapak Q，或其他等效色谱柱。色谱柱Ⅱ用于分析氧中氧化亚氮组分。

B.3.4 切割柱：

切割柱Ⅰ：长约2 m，内径2 mm的不锈钢管，内装粒度为0.18 mm～0.25 mm的TDX—01型碳分子筛，或其他等效切割柱。切割柱Ⅰ用于分析氧中一氧化碳、二氧化碳组分时的切割。

切割柱Ⅱ：长约6 m，内径2 mm的不锈钢管，内装粒度为0.18 mm～0.25 mm的Porapak Q，或其他等效切割柱。切割柱Ⅱ用于分析氧中氧化亚氮组分时的切割。

B.3.5 气体标准样品

组分含量的体积分数为$(1\sim5)\times10^{-6}$，平衡气为氦。

B.3.6 其他条件：载气净化器温度、色谱柱温度、检测器温度、切割时间、样气流量等其他条件参考仪器说明书。

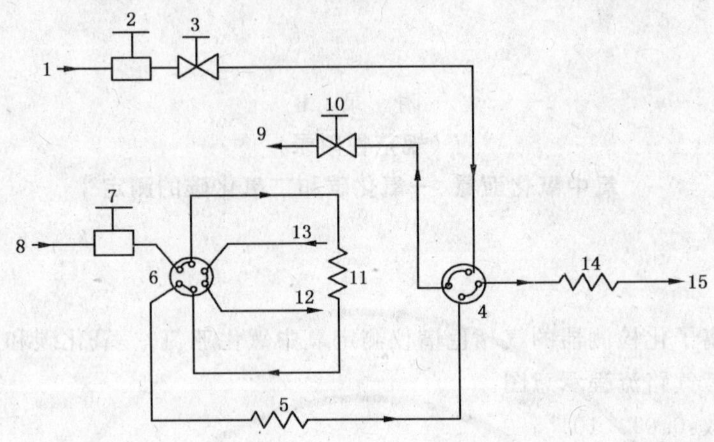

1——平衡路载气；
2——平衡路载气稳压阀；
3——平衡路载气针形调节阀；
4——自动四通切割阀；
5——切割柱；
6——自动六通进样阀；
7——进样路载气稳压阀；
8——进样路载气；
9——载气放空；
10——载气平衡调节阀；
11——定体积量管；
12——样气出口；
13——样气入口；
14——色谱柱；
15——去氦离子化检测器的载气。

图 B.1 色谱流程图

B.4 分析步骤

开启仪器至稳定后按仪器说明书的操作步骤完成样品分析。

平行测定气体标准样品和样品气至少两次，记录色谱响应值，直至相邻两次测定的相对偏差不大于 10×10^{-2}，取其平均值。

B.5 结果处理

采用峰面积(或峰高)定量，用外标法计算结果。

氧化亚氮、一氧化碳和二氧化碳含量的计算采用外标法，按式(A.1)计算：

$$\Phi_i = \frac{A_i(h_i)}{A_s(h_s)} \times \Phi_s \qquad \text{(B.1)}$$

式中：

Φ_i——样品气中被测组分的含量(体积分数)；

$A_i(h_i)$——样品气中被测组分的峰面积或峰高，单位为平方毫米或毫米(mm^2 或 mm)；

$A_s(h_s)$——气体标准样品中相应已知组分的峰面积或峰高，单位为平方毫米或毫米(mm^2 或 mm)；

Φ_s——气体标准样品中相应已知组分的含量(体积分数)。

ICS 87.080
Y 44

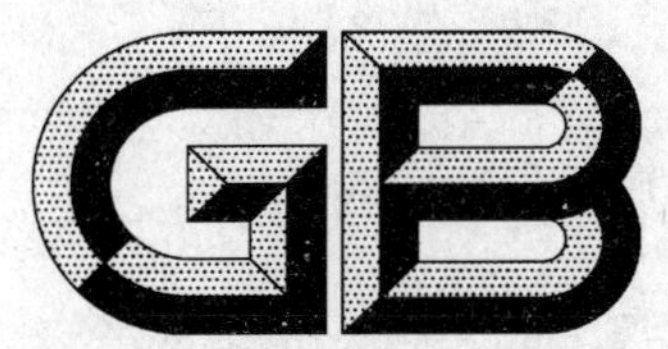

中华人民共和国国家标准

GB/T 14624.1—2009
代替 GB/T 14624.1—1993

胶印油墨颜色检验方法

Test method for colour of offset ink

2009-03-19 发布　　　　2009-11-01 实施

中华人民共和国国家质量监督检验检疫总局
中国国家标准化管理委员会　发布

前言

GB/T 14624 的本部分代替 GB/T 14624.1—1993《油墨颜色检验方法》。

本部分与 GB/T 14624.1—1993 的主要差异如下：

——文本格式按 GB/T 1.1—2000 的规定进行了修改；

——标准名称修改为《胶印油墨颜色检验方法》；

——刮样纸由晒图原纸改为 80 g/m^2 胶版印刷纸；

——对环境温度指数进行了调整，取消了湿度要求；

——增加了对标样和试样的粘性差值的规定；

——增加了附录 A（评定变色用灰色样卡的使用方法）。

本部分的附录 A 为规范性附录。

本部分由中国轻工业联合会提出。

本部分由全国油墨标准化技术委员会归口。

本部分起草单位：杭华油墨化学有限公司、太原高氏劳瑞油墨化学有限公司、浙江永在化工有限公司、天津东洋油墨有限公司、国家印刷装潢制品质量监督检验中心。

本部分主要起草人：黄荣海、田建中、吴敏、张进梅、苏传健。

本部分所代替标准的历次版本情况为：

——GB/T 14624.1—1993。

胶印油墨颜色检验方法

1 范围

GB/T 14624 的本部分规定了胶印油墨颜色的检验方法。

本部分适用于胶印油墨颜色的检验。

2 规范性引用文件

下列文件中的条款通过 GB/T 14624 的本部分的引用而成为本部分的条款。凡是注日期的引用文件，其随后所有的修改单(不包括勘误的内容)或修订版均不适用于本部分，然而，鼓励根据本部分达成协议的各方研究是否可使用这些文件的最新版本。凡是不注日期的引用文件，其最新版本适用于本部分。

GB 250 评定变色用灰色样卡

QB/T 1012 胶版印刷纸

3 原理

将试样与标样并列刮样，在标准光源下对比评定变色用灰色样卡，目测检视试样与标样两者颜色差异程度。

4 工具与材料

4.1 调墨刀。

4.2 刮片。

4.3 玻璃板。

4.4 刮样纸：80 g/m^2 胶版印刷纸，符合 QB/T 1012 A 型；规格 210 mm×70 mm，顶端往下 130 mm 处印有 20 mm 宽黑色实地横道。

注：黑色横道供检视油墨遮盖力。

4.5 玻璃纸。

4.6 评定变色用灰色样卡：符合 GB 250。

5 检验条件

5.1 检验应在温度(23±2)℃条件下进行。

5.2 检视面色及墨色应在入射角 45°±5°的 D_{65} 标准光源下进行。

5.3 检视底色应将刮样对光透视。

6 检验步骤

6.1 用调墨刀取标样及试样各约 5 g，置于玻璃板上，分别将其调匀。

6.2 用调墨刀取标样约 0.5 g 涂于刮样纸的右上方，再取试样约 0.5 g 涂于刮样纸左上方，两者应相邻而不相连。

6.3 将刮片置于涂好的油墨样品上方，使刮片主体部分与刮样纸呈 90°角。用力自上而下将油墨于刮样纸上刮成薄层，至黑色横道下 1/2 处时，减小用力，使刮片内侧角度近似 25°角，使油墨在纸上涂成较厚的墨层(如图 1 所示)。最终刮样形状应与图 1 中的相似。

STANDARDS PRESS OF CHINA

6.4 刮样纸上的油墨薄层称为面色；刮样纸下部的油墨厚层称为墨色；刮样纸上的油墨薄层对光透视称为底色。

6.5 油墨颜色试验完毕，将玻璃纸覆盖在厚墨层上。

7 检验结果

在刮样后 5 min 内，对比评定变色用灰色样卡，目测检视试样与标样两者面色、底色和墨色的差异程度（见附录 A）。

8 注意事项

试样与标样的粘性值之差不得大于 1。

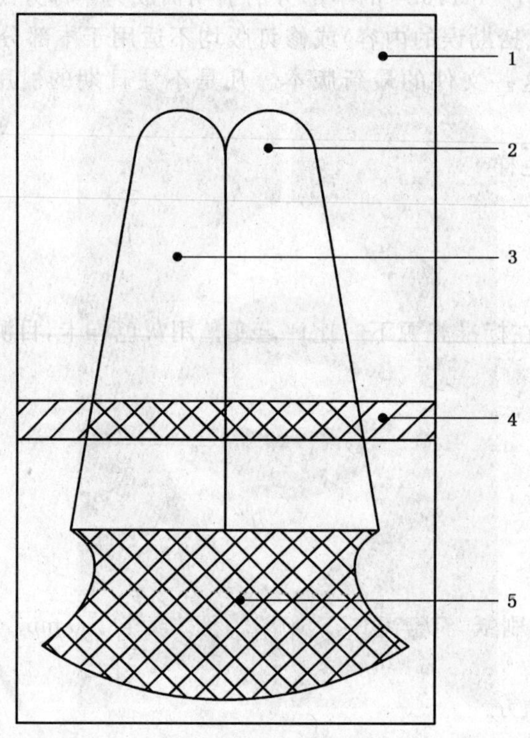

1——刮样纸；
2——试样；
3——标样；
4——黑色横道；
5——厚墨层。

图 1 颜色刮样示意图

附 录 A
（规范性附录）
评定变色用灰色样卡的使用方法

A.1 范围

适用于油墨颜色差异的评定。

油墨颜色刮样、展色样、印刷品样均可参照此法评定。

A.2 提要

将试样与标样并列，在标准光源下对比评定变色用灰色样卡(以下简称“样卡”)，目测检视试样与标样两者颜色差异程度。

本方法只提示两颜色之差别，合格与否需自行根据实际要求设定范围。

A.3 评定

A.3.1 油墨颜色刮样对比评定

当两者底色、面色、墨色完全一致时，对比样卡相应级数，颜色在5级。评定该试样与标样颜色相符。

当两者颜色存在差异，对比样卡相应级数，面色、底色在4～5级，墨色在4级。评定该试样与标样颜色近似。

当两者颜色存在较大差异，对比样卡相应级数，面色在3～4级，墨色在3级，底色在4级。评定该试样与标样颜色不符。

A.3.2 展色样、印刷品样对比评定

当两者颜色对比样卡相应级数，面色在5级。评定该试样与标样颜色无差异。

当两者颜色对比样卡相应级数，面色在4～5级间，评定该试样与标样颜色有差异。

当两者颜色对比样卡相应级数，面色在4级，评定该试样与标样颜色有较大差异。

ICS 71.040.40
G 76

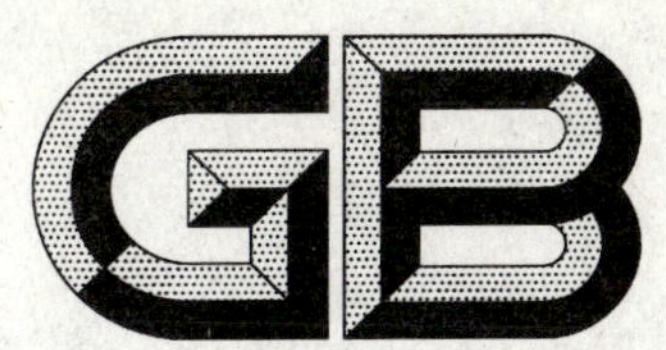

中华人民共和国国家标准

GB/T 14642—2009
代替 GB/T 14642—1993

STANDARDS PRESS OF CHINA

工业循环冷却水及锅炉水中氟、氯、磷酸根、亚硝酸根、硝酸根和硫酸根的测定 离子色谱法

Industrial circulating cooling water and boiler water—Determination of fluoride, chloride, phosphate, nitrite, nitrate and sulfate—Ion chromatography

2009-05-18 发布　　　　2010-02-01 实施

中华人民共和国国家质量监督检验检疫总局
中国国家标准化管理委员会　发布

前言

本标准对应于ASTM D4327:2003《化学抑制离子色谱法测定水中阴离子的标准试验方法》(英文版),与ASTM D4327:2003的一致性程度为非等效。

本标准代替GB/T 14642—1993《工业循环冷却水及锅炉水中氟、氯、磷酸根、亚硝酸根、硝酸根和硫酸根的测定　离子色谱法》。

本标准与GB/T 14642—1993相比的主要变化如下:

——在方法提要中给出了离子色谱流路图;

——增加了"5　干扰"。

本标准的附录A、附录B、附录C均为资料性附录。

本标准由中国石油和化学工业协会提出。

本标准由全国化学标准化技术委员会水处理剂分会(SAC/TC 63/SC 5)归口。

本标准负责起草单位:广州市特种承压设备检测研究院、中海油天津化工研究设计院。

本标准主要起草人:周国富、杜玉辉、朱传俊、谢海垣、白莹。

本标准于1993年首次发布。

工业循环冷却水及锅炉水中氟、氯、磷酸根、亚硝酸根、硝酸根和硫酸根的测定 离子色谱法

1 范围

本标准规定了离子色谱法测定工业循环冷却水及锅炉水中氟离子(F^-)、氯离子(Cl^-)、磷酸根离子($PO_4{}^{3-}$)、亚硝酸根离子($NO_2{}^-$)、硝酸根离子($NO_3{}^-$)、硫酸根离子($SO_4{}^{2-}$)的方法。

本标准适用于工业循环冷却水及锅炉水中氟离子含量0.10 mg/L～100.0 mg/L;氯离子含量0.10 mg/L～500.0 mg/L;磷酸根离子含量0.10 mg/L～100.0 mg/L;亚硝酸根离子含量0.10 mg/L～100.0 mg/L;硝酸根离子含量0.10 mg/L～100.0 mg/L;硫酸根离子含量0.20 mg/L～500.0 mg/L范围的测定。

本标准也适用于地表水、地下水及其他工业用水中氟离子(F^-)、氯离子(Cl^-)、磷酸根离子($PO_4{}^{3-}$)、亚硝酸根离子($NO_2{}^-$)、硝酸根离子($NO_3{}^-$)、硫酸根离子($SO_4{}^{2-}$)等离子的测定。

2 规范性引用文件

下列文件中的条款通过本标准的引用而成为本标准的条款。凡是注日期的引用文件,其随后所有的修改单(不包括勘误的内容)或修订版均不适用于本标准,然而,鼓励根据本标准达成协议的各方研究是否可使用这些文件的最新版本。凡是不注日期的引用文件,其最新版本适用于本标准。

GB/T 602 化学试剂 杂质测定用标准溶液的制备(GB/T 602—2002,ISO 6353-1:1982,NEQ)

GB/T 6682 分析实验室用水规格和试验方法(GB/T 6682—2008,ISO 3696:1987,MOD)

GB/T 6907 锅炉用水和冷却水分析方法 水样的采集方法

3 术语和定义

下列术语和定义适用于本标准。

3.1

离子色谱法 ion chromatography

通过离子交换分离离子组分,然后用适当的检测器检测,是高效液相色谱法的一个分支。

3.2

保护柱 guard column

置于分离柱之前,用于保护分离柱免受颗粒物或不可逆保留物等杂质的污染。

3.3

分离柱 separator column

根据待测离子保留特性,在检测前将被检测离子分离的交换柱。

3.4

分析柱 analytical columns

在保护柱后连接一支或多支分离柱组成一系列用以分离待测离子的分析系统。系列中所有柱子对分析柱的总柱容量均有贡献。

3.5

抑制器 suppressor device

安装在分析柱和检测器之间,用来降低淋洗液中离子组分的检测响应,增加被测离子的检测响应,

进而提高信噪比的一种专用装置。

3.6

淋洗液　eluant

离子流动相，样品通过分析柱的载体。

3.7

分离度　resolution

在特定的测试条件下，一个分析柱分开连续组分的能力。

4　方法提要

本标准离子色谱流路图如图1所示(图中虚线框为可选部件)。样品阀处于装样位置时，一定体积的样品溶液(如10 μL)被注入样品定量环，当样品阀切换到进样位置时，淋洗液将样品定量环中的样品溶液(或将富集于浓缩柱上的被测离子洗脱下来)带入分析柱，被测阴离子根据其在分析柱上的保留特性不同实现分离。淋洗液携带样品通过抑制器时，所有阳离子被交换为氢离子，氢氧根型淋洗液转换为水，碳酸根型淋洗液转换为碳酸，背景电导率降低；与此同时，被测阴离子被转化为相应的酸，电导率升高。由电导检测器检测响应信号，数据处理系统记录并显示离子色谱图。以保留时间对被测阴离子定性，以峰高或峰面积对被测阴离子定量，测出相应离子含量。

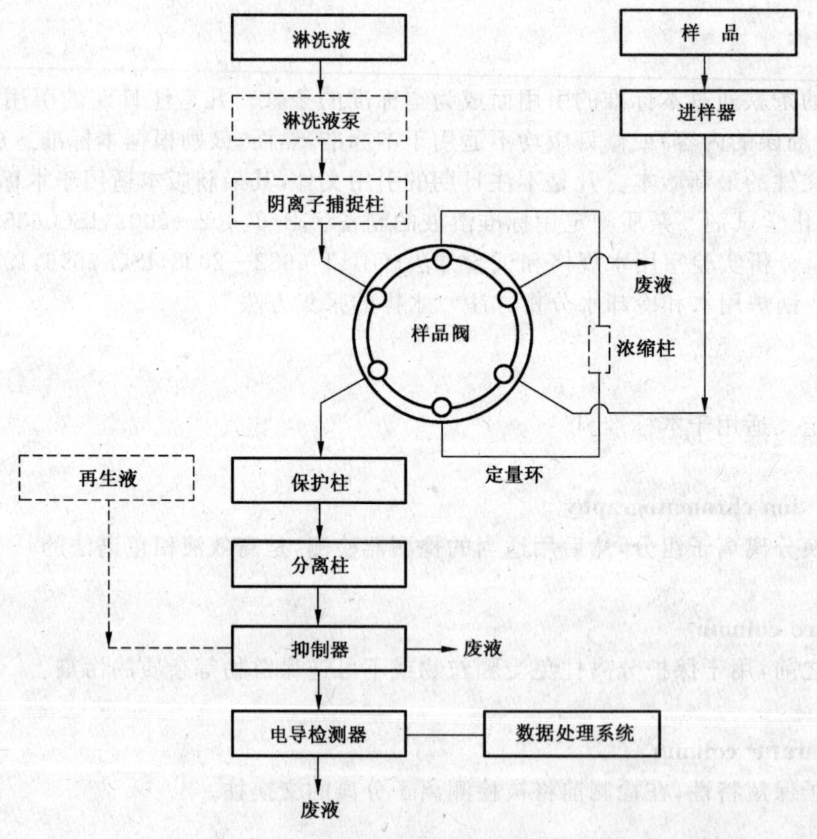

图1　离子色谱流路图

5　干扰

5.1　在离子色谱法中，当样品中某组分浓度非常高时，色谱图中会对应产生很大峰，掩盖其他组分的峰并造成干扰，这种干扰通常可根据其他阴离子浓度，适当稀释样品来减少干扰；或者通过预处理分离干扰离子的方法减少干扰。

5.2 由于在冷却水中加入大量缓蚀、阻垢和杀菌剂，这些有机物，特别是含苯环的有机物对分离柱的树脂永久性地吸附，使分离柱的吸附容量降低，以至损坏柱子，干扰测定。通常采用预处理柱来处理。

5.3 由于水的电导率低于淋洗液的电导率，试样中的水在淋洗时会在色谱图中产生一个峰值，参见附录A。

6 试剂和材料

本标准所用试剂和水，除非另有规定，应使用优级纯试剂和符合GB/T 6682中一级水的规定并参见附录B进行脱气处理。

试验中所需杂质测定用标准溶液，在没有注明其他要求时，均按GB/T 602之规定制备。

注：水和试剂的纯度影响方法检测限，建议使用高纯水器，用新制备的水配制低含量标准溶液。

6.1 硫酸溶液：1+4。

6.2 硫酸溶液：1+35。

6.3 过硫酸钾溶液：40 g/L。

称取20 g过硫酸钾，溶于500 mL水中，摇匀，贮存于棕色瓶中(保存期为一个月)。

6.4 淋洗液

根据所用分析柱的特性，参考分析柱使用说明书，选择适合的淋洗液。

6.5 再生液

根据所用抑制器及其使用方式，参考抑制器使用说明书，选择适合的再生液。

6.6 标准贮备液

6.6.1 氟离子(F^-)标准贮备液：1 000 mg/L。

称取2.210 g氟化钠，溶于水中，转移至1 000 mL容量瓶中，用水稀释至刻度，摇匀。贮于聚丙烯瓶或高密度聚乙烯瓶中，4 ℃冷藏存放。

6.6.2 氯离子(Cl^-)标准贮备液：1 000 mg/L。

称取1.648 g氯化钠(105 ℃烘干2 h)溶于水中，转移至1 000 mL容量瓶中，用水稀释至刻度，摇匀。贮于聚丙烯或高密度聚乙烯瓶中，4 ℃冷藏存放。

6.6.3 磷酸根离子(PO_4^{3-})标准贮备液：1 000 mg/L。

称取1.433 g磷酸二氢钾溶于水中，转移至1 000 mL容量瓶中，用水稀释至刻度，摇匀。贮于聚丙烯或高密度聚乙烯瓶中，4 ℃冷藏存放。

6.6.4 亚硝酸根离子(NO_2^-)标准贮备液：1 000 mg/L。

称取1.499 7 g亚硝酸钠(浓硫酸干燥器中干燥至恒重，约24 h)溶于水中，转移至1 000 mL容量瓶中，用水稀释至刻度，摇匀。贮于聚丙烯或高密度聚乙烯瓶中，4 ℃冷藏存放，有效期为一个月。

注：亚硝根很容易被氧化，特别在潮湿的环境，所以新配制的才能使用。

6.6.5 硝酸根离子(NO_3^-)标准贮备液：1 000 mg/L。

称取1.371 g硝酸钠(105 ℃烘干2 h)溶于水中，转移至1 000 mL容量瓶中，用水稀释至刻度，摇匀。贮于聚丙烯或高密度聚乙烯瓶中，4 ℃冷藏存放。

6.6.6 硫酸根离子(SO_4^{2-})标准贮备液：1 000 mg/L。

称取1.479 g无水硫酸钠(105 ℃烘干1 h)溶于水中，转移至1 000 mL容量瓶中，用水稀释至刻度，摇匀。贮于聚丙烯或高密度聚乙烯瓶中，4 ℃冷藏存放。

6.6.7 离子色谱测定用标准工作溶液

F^-、Cl^-、PO_4^{3-}、NO_2^-、NO_3^-、SO_4^{2-}混合标准工作溶液，根据实际测定的离子浓度范围，取各离子标准贮备液分别注入一组容量瓶中，用水稀释至刻度，配制成混合标准工作溶液。准备一个空白溶液和至少五个浓度水平的标准混合溶液，此溶液应现用现配。

STANDARDS PRESS OF CHINA

7 仪器、设备

7.1 离子色谱仪

7.1.1 精密度要求：$RSD<3\%$。

7.1.2 柱的分离能力(R)：被检测阴离子的分离度 R 不能低于 1.3(见附录 C)。

7.1.3 淋洗液泵：泵接触流动相的部件应为非金属材料，且耐强酸耐强碱，这样不会对分析柱造成污染。也可以用高压高纯氮代替泵输送淋洗液。

7.1.4 保护柱：通常使用和分离柱一样的离子交换材料。此柱的目的是用于保护分离柱免受颗粒物或不可逆保留物等杂质的污染。

7.1.5 分析柱：对该标准规定的待测离子应达基线分离。

7.1.6 抑制器：电解自动再生微膜抑制器或其他抑制器。

7.1.7 电导检测器，可以进行温度补偿或自动调整量程。

7.1.8 浓缩柱、浓缩泵和阴离子捕捉柱(选择使用)，样品定量环。

7.1.9 样品预处理柱(H^+柱)、R-Ag^+：根据需要选用。

7.1.10 数据处理系统(色谱工作站)：用于数据的记录、处理、存储等。

7.2 电冰箱(−10 ℃)。

7.3 容量瓶：聚丙烯材质，各种规格。

7.4 样品瓶：聚丙烯或高密度聚乙烯材质，各种规格。

7.5 0.45 μm 一次性针筒微膜过滤器(水相)。

8 取样

8.1 水样的采集方法应符合 GB/T 6907 的规定。

8.2 用聚丙烯或高密度聚乙烯瓶取样，让水样溢流，赶出空气，盖上瓶盖。不应使用玻璃瓶取样，因为玻璃瓶会导致离子污染。

8.3 水样采集后应尽快分析，需要分析亚硝酸根离子、硝酸根离子和磷酸根离子时，水样应于 4 ℃冷藏存放。

8.4 对含有颗粒物等杂质的水样，进样前可用 0.45 μm 一次性针筒微膜过滤器过滤，以免堵塞柱子。防止膜对样品的污染(例如用少量样品润洗膜，弃去过滤液的前面部分)。

9 分析步骤

9.1 仪器的准备

9.1.1 按照仪器使用说明书调试、准备仪器，平衡系统至基线平稳。选择合适的分析柱、抑制器及相应的工作条件。

9.1.2 检测器的量程是可调节的。分析所需的量程设定根据样品离子的浓度正确选择。

9.1.3 根据分析柱的性能、待测水样中阴离子含量等因素，选择合适的样品定量环进样，确定进样体积。

9.1.4 淋洗液经分析柱抑制器和电导池来平衡系统，直到基线稳定，并且使用分析柱说明书所推荐的淋洗液时背景电导为 18 μS 以内。平衡过程可在准备样品和标准溶液的过程完成。

9.2 混合标准溶液的配制

根据实际工作需要按照 6.6.7 配制。

9.3 标准工作曲线的绘制

9.3.1 分析空白溶液、混合标准工作溶液，记录色谱图上的出峰时间，确定各阴离子的保留时间；以阴离子浓度为横坐标，以峰高或峰面积为纵坐标，绘制标准工作曲线或计算出回归方程，线性相关系数应大于0.990(最好0.999以上)。

9.3.2 根据所选择的分析柱，按照其说明书配制相应的淋洗液，其出峰顺序是相应固定的。使用不同的分析柱，其保留时间和出峰顺序也不一样，如图2，是一个出峰顺序的例图。

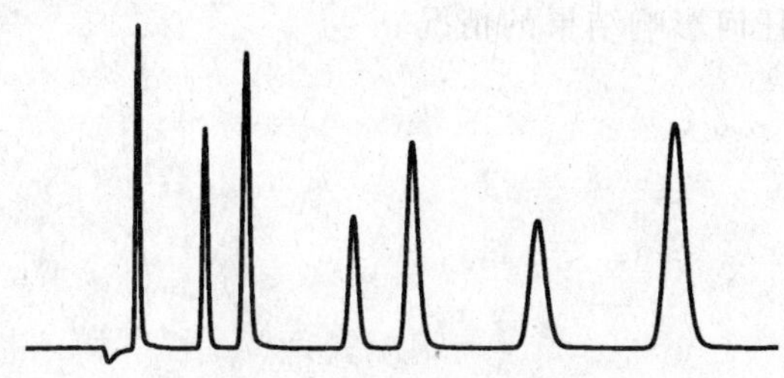

图2 阴离子色谱图

9.3.3 标准工作溶液和水样的进样体积应保持一致。

9.4 试样溶液的制备

9.4.1 氟离子、氯离子、磷酸根离子、硝酸根离子、硫酸根离子测定试样的制备

先用0.45 μm一次性针筒微膜过滤器过滤水样，然后将过滤后的水样通过预处理柱去除水中的金属离子和有机物。最终处理后的水样体积以保证测定需要体积量为宜。然后根据水样中实际阴离子的含量，量取一定量处理后的水样，选择适宜的比例稀释。

9.4.2 总无机磷酸盐测定试样的制备

先用0.45 μm一次性针筒微膜过滤器过滤水样，然后取此过滤后的水样20 mL于100 mL锥形瓶中，加硫酸溶液(6.1)0.50 mL，调整溶液体积至25 mL左右，于沸水浴中煮沸30 min，取出，冷至室温。然后取一定量的冷却液通过预处理柱，最终处理后的水样体积以保证测定需要体积量为宜。然后根据水样中实际总无机磷酸盐的含量，量取一定量处理后的水样，选择适宜的比例稀释。

9.4.3 总磷含量测定试样的制备

取水样10.00 mL于100 mL锥形瓶中，加1.00 mL过硫酸钾溶液和1.00 mL硫酸溶液(6.2)，加水至30 mL左右，置于可调电炉上加热煮沸至近干，出现微晶。取下冷却至室温，加水溶解，全部移入100 mL容量瓶中，用水稀释至刻度，摇匀。以下按9.4.1的方法处理，备用。

9.4.4 亚硝酸根离子测定试样的制备(可选择)

如果所选用的分析柱，出峰图上氯离子含量过高会对亚硝酸根离子测定有影响，可用R-Ag^+柱预先处理水样，以消除氯离子的干扰(根据实际需要可选择)。以下按9.4.1操作。

9.5 试样分析

在与分析标准工作溶液相同的测试条件下，对试样进行分析测定，根据被测阴离子的峰高或峰面积，由相应的标准工作曲线确定各阴离子浓度(mg/L)。

10 结果计算

分析结果保留到小数点后两位。单位为mg/L。

11 测试报告

测试报告需要包含以下信息：

11.1 注明引用本标准；

11.2 样品标识(包括样品名称、编号、采样日期、采样地点、采样人、使用单位名称等)；

11.3 依据第10章表述的结果；

11.4 如果需要，应描述样品的预处理方法；

11.5 描述色谱条件：仪器类型，柱类型，柱尺寸，流速，检测器类型和检测参数；

11.6 描述定量依据（峰高或峰面积）；

11.7 计算结果（线性校正方程，标准加入法）；

11.8 任何与本方法的差异和任何影响结果的情况。

附 录 A
(资料性附录)
消除水负峰的技巧

A.1 消除水负峰的技巧

A.1.1 消除水负峰的一个技巧是在样品中加所用的淋洗液(即:和分析柱相对应浓度的碳酸钠和碳酸氢钠混合溶液)来调整背景电导,可以用以下两个不同的办法:

A.1.1.1 如果样品需要稀释的话,在分析前用淋洗液稀释样品。

A.1.1.2 每 100 mL 样品加入 1 mL 淋洗液浓缩液(分析所用浓度的 100 倍)。

A.1.2 标准溶液按照 A.1.1.2 的指导准备。使用水和淋洗液浓缩液(100∶1)配制空白来抵消存在的阴离子杂质。

附　录　B
（资料性附录）
去离子水脱气

去离子水里通常含有溶解的气体，如果直接配制洗脱液，溶解的气体会造成洗脱液短路，使得洗脱液在冲洗和平衡分离柱的过程中，基线不稳，影响测定正常进行，严重的还会损坏分离柱，所以在配制洗脱液之前，首先要将去离子水脱气。

B.1　仪器、设备

B.1.1　真空泵。

B.1.2　吸滤瓶：25 L。

B.2　去离子水脱气

将去离子水放入洗净的吸滤瓶内。然后接上真空泵，将吸滤瓶口盖紧，开启真空泵，脱气 10 min。在脱气过程中，轻轻摇动吸滤瓶，以使脱气完全。但要注意，不要使水倒吸入真空泵。

附　录　C
（资料性附录）
分离度的定义

C.1　分离度（Resolution，符号 R）是指两个相邻色谱峰的保留时间差与两个组分峰的平均峰宽的比值，是柱效能、选择性影响的总和，是色谱柱的总体分离效能指标。如图 C.1。

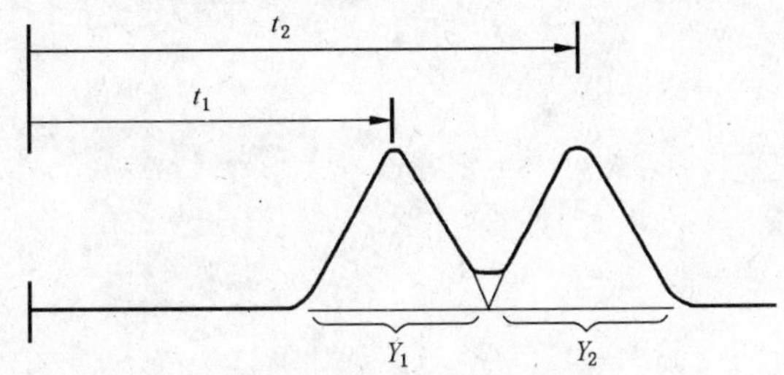

图 C.1　分离度图示

分离度 R 按式(C.1)计算：

$$R = \frac{t_2 - t_1}{(Y_1 + Y_2)/2} \qquad \cdots\cdots(\text{C.1})$$

式中：

t_1，t_2——两个组分的保留时间；

Y_1，Y_2——相应两个组分色谱峰的峰宽。

R 值越大，就意味着相邻两个组分分离越好。由图 C.1 可以看出，两个组分要达到完全分离，首先是两组分的色谱峰之间的距离必须足够大，即保留时间相差足够大；二是谱峰必须要窄。

从理论上可以证明，若峰形对称且满足于正态分布，则当 $R=1$ 时，分离程度可以达到 98%；当 $R=1.5$ 时，分离程度可达到 99.7%。因而可以用 $R=1.5$ 来作为相邻两峰完全分离的标志。

C.2　当两组分的色谱峰分离较差，峰底宽度难于测量时，可用半峰宽来代替峰宽。

分离度 R' 按式(C.2)计算：

$$R' = \frac{t_2 - t_1}{(Y_{½(1)} + Y_{½(2)})/2} \qquad \cdots\cdots(\text{C.2})$$

式中：

t_1，t_2——两个组分的保留时间；

$Y_{½(1)}$，$Y_{½(2)}$——相应两个组分色谱峰的半峰宽。

R' 与 R 的物理意义一致，但数值不同，$R=0.59R'$，应用时注意所采用分离度的计算方法。

ICS 71.040.40
G 76

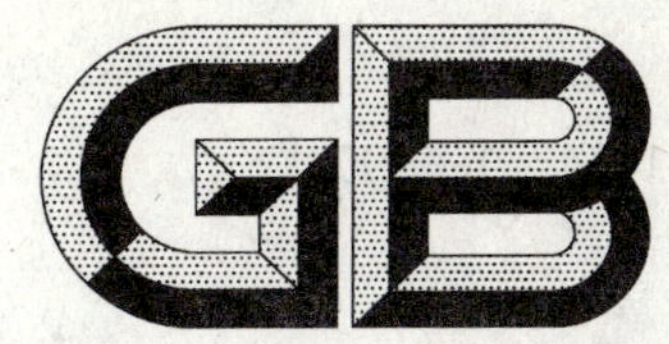

中华人民共和国国家标准

GB/T 14643.1—2009
代替 GB/T 14643.1—1993

工业循环冷却水中菌藻的测定方法 第1部分:黏液形成菌的测定 平皿计数法

Examination of bacteria and algae in industrial circulating cooling water—Part 1: Examination of bacteria formed deposits—Standard of plate count

STANDARDS PRESS OF CHINA

2009-05-18 发布

2010-02-01 实施

中华人民共和国国家质量监督检验检疫总局
中国国家标准化管理委员会 发布

前 言

GB/T 14643《工业循环冷却水中菌藻的测定方法》分为以下几个部分：

——第1部分：黏液形成菌的测定　平皿计数法

——第2部分：土壤菌群的测定　平皿计数法

——第3部分：黏泥真菌的测定　平皿计数法

——第4部分：土壤真菌的测定　平皿计数法

——第5部分：硫酸盐还原菌的测定　MPN法

——第6部分：铁细菌的测定　MPN法

本部分为GB/T 14643的第1部分。

本部分代替GB/T 14643.1—1993《工业循环冷却水中粘液形成菌的测定　平皿计数法》。

本部分与GB/T 14643.1—1993相比，在技术内容上并无变化，只是对文本结构和文字进行了修改。

本部分由中国石油和化学工业协会提出。

本部分由全国化学标准化技术委员会水处理剂分会(SAC/TC 63/SC 5)归口。

本部分负责起草单位：中海油天津化工研究设计院、上海未来企业有限公司。

本部分主要起草人：朱传俊、刘昕、张全、白莹、李琳。

本部分于1993年首次发布。

工业循环冷却水中菌藻的测定方法
第1部分:黏液形成菌的测定
平皿计数法

1 范围

GB/T 14643 的本部分规定了工业循环冷却水中黏液形成菌的测定方法。

本部分适用于工业循环冷却水中悬浮的黏泥中的异养菌的测定,也适用于工业循环冷却水中沉积的黏泥中异养菌的测定。还适用于原水、生活用水及其他水中黏液异养菌的测定。

2 规范性引用文件

下列文件中的条款通过 GB/T 14643 的本部分的引用而成为本部分的条款。凡是注日期的引用文件,其随后所有的修改单(不包括勘误的内容)或修订版均不适用于本部分,然而,鼓励根据本部分达成协议的各方研究是否可使用这些文件的最新版本。凡是不注日期的引用文件,其最新版本适用于本部分。

GB/T 603　化学试剂　试验方法中所用制剂及制品的制备(GB/T 603—2002,ISO 6353-1:1982,NEQ)

GB/T 6682　分析实验室用水规格和试验方法(GB/T 6682—2008,ISO 3696:1987,MOD)

3 方法提要

本法采用25号浮游生物网收集循环冷却水中的黏泥,所得的黏泥用石英砂充分研磨使细胞分散,再利用平皿计数技术在(29±1)℃培养72 h来测定黏泥中的异养菌总数。

4 试剂和材料

本部分所用试剂,除非另有规定,应使用分析纯试剂和符合 GB/T 6682 三级水的规定。

试验中所需制剂及制品,在没有注明其他要求时,均按 GB/T 603 之规定制备。

4.1　牛肉膏:生化试剂。

4.2　蛋白胨:生化试剂。

4.3　氯化钠。

4.4　琼脂:生物试剂。

4.5　氢氧化钠溶液:40 g/L。

4.6　盐酸溶液:1+11。

4.7　乙醇溶液:75%(体积分数)。

4.8　牛皮纸。

4.9　医用脱脂棉。

4.10　医用脱脂纱布。

4.11　石英砂:210 μm~150 μm。

5 仪器、设备

5.1　25号浮游生物网。

5.2　量筒：25 mL。

5.3　量筒：500 mL。

5.4　转子流量计。

5.5　瓷研钵。

5.6　无菌箱(室)或超净工作台。

5.7　蒸汽压力灭菌器。

5.8　生化培养箱。

5.9　电热干燥箱：温度可控制在 60 ℃～280 ℃。

5.10　刻度吸管：1 mL。

5.11　刻度吸管：5 mL。

5.12　磨口三角瓶：100 mL。

5.13　容量瓶：1 000 mL。

5.14　培养皿：ϕ90 mm。

5.15　三角瓶：500 mL。

5.16　搪瓷量杯：1 000 mL。

6　试验前的准备

6.1　培养基的制备

称取下列试剂：

牛肉膏：3.0 g。

蛋白胨：10.0 g。

氯化钠：5.0 g。

琼脂：15.0 g。

将上述试剂加水约 950 mL，在电炉上加热溶解后，趁热用四层医用脱脂纱布过滤于搪瓷量杯中，并用热水补充至 1 000 mL。用氢氧化钠溶液或盐酸溶液调节 pH 值至 7.2±2，并分装在 500 mL 三角瓶中，每瓶分装量不超过其总容量的 2/3。塞上棉塞，用牛皮纸把瓶口包好，用蒸汽压力灭菌器(121±1)℃灭菌 15 min。

6.2　无菌稀释水的制备

6.2.1　生理盐水的配制：称取 8.5 g 氯化钠溶解在 1 000 mL 水中，混匀。

6.2.2　将生理盐水分装在 100 mL 磨口三角瓶中，每瓶 45 mL，每个三角瓶塞子和瓶口间插入一小纸片，塞紧瓶塞，每个瓶子的瓶口均用牛皮纸包扎以防污染，用蒸汽压力灭菌器(121±1)℃灭菌 15 min。

6.3　刻度吸管的灭菌

6.3.1　将洗净并烘干后的吸管粗端塞上医用脱脂棉，棉花量要适宜，长度大约 10 mm～15 mm，棉花不宜露在口外，多余的棉花可以用火焰烧掉。

6.3.2　每支刻度吸管用 1 条约 40 mm～50 mm 宽的牛皮纸条，以 45°左右角度螺旋形卷起来，吸管的尖端在头部，粗端用多余的纸条折叠打结，不使散开，标上量度，若干支扎成一束，置电热干燥箱中，于(160±2)℃灭菌 2 h。

6.4　培养皿的灭菌

将洗净并烘干后的培养皿 10 个左右叠在一起，用牛皮纸卷成一筒，置电热干燥箱中，于(160±2)℃灭菌 2 h。

6.5　石英砂灭菌

将洗净烘干后的石英砂装入磨口三角瓶中，按“无菌稀释水的制备”中三角瓶包扎及灭菌步骤进行包扎、灭菌。

7 测定步骤

7.1 样品的采集

7.1.1 采集黏泥装置见图 1。

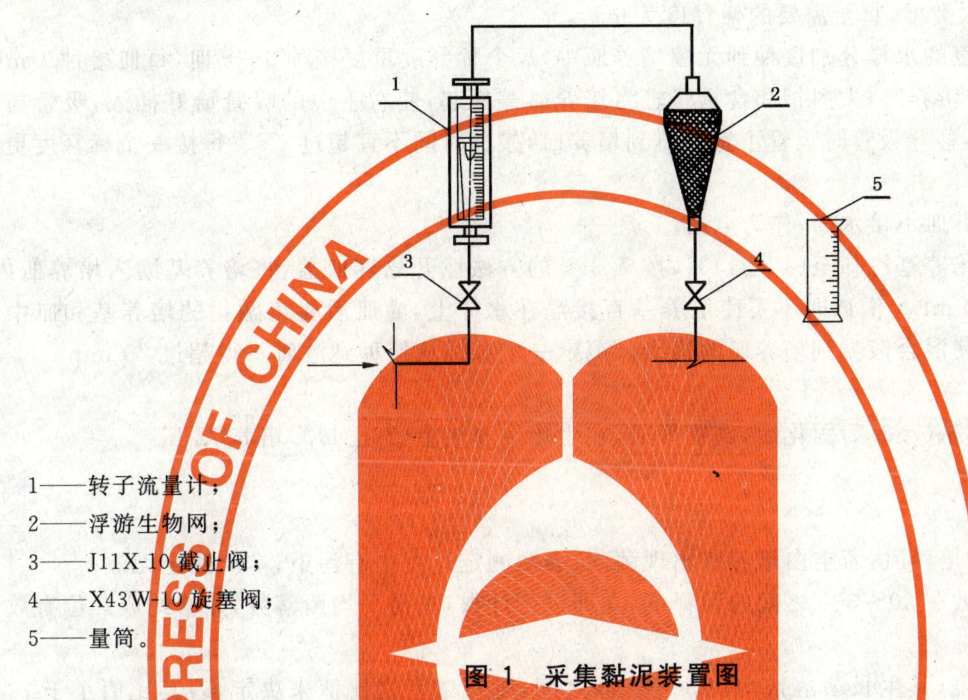

1——转子流量计；
2——浮游生物网；
3——J11X-10 截止阀；
4——X43W-10 旋塞阀；
5——量筒。

图 1 采集黏泥装置图

7.1.2 调节采样装置中阀门，使冷却水的流速控制在 0.8 m/s 左右，水流量在 1 m^3/h 左右，然后关上浮游生物网旋塞阀，过滤 1 m^3 水。

7.1.3 关闭水阀，取下浮游生物网，打开旋塞阀，将黏泥收集在 500 mL 量筒内，用自来水冲洗滤网，洗涤液也收集在 500 mL 量筒内，沉淀 30 min 后倾出上层清液。将剩余浊液转移至 25 mL 量筒内，静止 30 min，记录沉淀出的黏泥体积。

黏泥量用 V 表示，单位为毫升每立方米（mL/m^3），按式(1)计算：

$$V = \frac{V_2}{V_1} \qquad \cdots\cdots(1)$$

式中：

V_2——量筒中黏泥体积的数值，单位为毫升(mL)；

V_1——通过浮游生物网过滤的循环水量的体积的数值，单位为立方米(m^3)。

7.1.4 用无菌吸管移去 25 mL 量筒内的上清液，将量筒内的黏泥或部分黏泥转移至洗净并烘干后瓷研钵中，加入约 2 g 灭过菌的石英砂，充分研磨后转移至 1 000 mL 洗净并烘干后的容量瓶中，用无菌稀释水稀释至刻度，充分混匀，并立即进行测定。

7.2 无菌箱(室)灭菌

把试验所用的无菌稀释水，无菌培养皿、无菌吸管等用品放入无菌箱(室)内，打开紫外线灯灭菌 30 min。

7.3 水样的稀释和接种

7.3.1 黏泥水样放入灭过菌的无菌箱(室)中，立即用 75%乙醇溶液浸泡的医用脱脂棉球擦手，点燃无菌箱(室)内的酒精灯。

以下对水样的稀释和接种的操作应在无菌箱(室)内的火焰区进行。

7.3.2 选择适宜的稀释度，应使最后一个稀释度接种后平皿上生长的菌落数小于 300 个。在空白稀释

STANDARDS PRESS OF CHINA

水样瓶上标上稀释度数。

7.3.3　用10倍稀释法稀释水样，即用5 mL无菌吸管吸取5 mL水样注入到45 mL空白稀释水中充分摇匀，此时稀释度为10^{-1}。

7.3.4　另取一支5 mL无菌吸管吸取5 mL稀释度为10^{-1}水样注入到第二个稀释水中，充分摇匀，此时稀释度为10^{-2}。依次类推，直至需要的稀释度为止。

7.3.5　将不同稀释度的水样分别接种到无菌培养皿中，每个稀释度重复接种3～5皿，每皿接种1 mL，接种时左手手撑托住培养皿，大拇指和食指轻轻将培养皿盖提起，使右手中的吸管恰好插入，吸管与培养皿底成45°角相接，移开吸管时吸管不宜再碰到培养皿，接种时间不宜超过4 s。每接一个稀释度更换一支无菌吸管。

7.3.6　另取一组培养皿不接水样，作为空白。

7.3.7　将灭过菌的培养基冷却至(45±1)℃，按7.3.5的方法掀开培养皿盖，将培养基灌入培养皿内，每皿应灌15 mL～20 mL。灌皿时不要使培养基直接灌在水样上，灌皿后要将融化的培养基和皿中水样彻底混合，小心勿使混合液溅到培养皿的边缘。测定一个水样从接种到灌皿不得超过20 min。

7.4　培养

待培养皿中培养基(7.3.7)固化后，倒置平皿，在生化培养箱中(29±1)℃培养72 h。

8　计数与报告

8.1　培养之后，取出培养皿，若空白培养皿出现菌落，表明测定过程中有污染，本次测定无效。

8.2　选择平均菌落数在30～300之间的稀释度，立即进行计数，求得平均菌落数，并修约成二位有效数字(见表1示例1)。

8.3　若有二个稀释度，其生长菌落数均在30～300之间，则视二者之比值来决定，若其比值小于2，应报告其平均数；若大于2则报告其中较小的数字(见表1示例2及示例3)。

8.4　若所有稀释度的平均菌落数均大于300，则应选择稀释度最高的培养皿计数(见表1示例4)。

8.5　若所有稀释度的平均菌落数均小于30，则应选择稀释度最低的培养皿计数(见表1示例5)。

8.6　若所有稀释度均无菌落生长，则以“小于1乘以最低稀释倍数”报告之(见表1示例6)。

8.7　若所有稀释度的平均菌落数均不在30～300之间，其中一部分大于300而另一部分小于30时，则选择最接近30或300的培养皿计数(见表1示例7)。

8.8　黏液形成菌的数量用ρ表示，单位为个每毫升(个/mL)，按式(2)计算：

$$\rho=\frac{X_1\times 1\ 000}{FV_1\times 1\ 000\ 000}=\frac{kX_1V}{FV_3\times 1\ 000} \qquad (2)$$

式中：

X_1——按(8.2)计数得出的培养皿上生长的平均菌落数，个；

V——按(7.1.3)计算的黏泥量的数值，单位为毫升每立方米(mL/m³)；

V_3——按(7.1.4)测定时所取的黏泥体积的数值，单位为毫升(mL)；

k——按(7.1.4)测定时，所取黏泥体积(V_3)与黏泥总体积(V_2)之比值；

F——计数组的样品稀释度数。

表1

示例	稀释度及菌落数			两稀释度菌落数之比	黏液形成菌总数/(个/mL)	报告方式 个/mL
	10^{-1}	10^{-2}	10^{-3}			
1	—	164	20	—	16 400	1.6×10^4
2	—	295	46	1.6	37 750	3.8×10^4
3	—	271	60	2.2	27 100	2.7×10^4

表 1（续）

示例	稀释度及菌落数			两稀释度菌落数之比	黏液形成菌总数/(个/mL)	报告方式 个/mL
	10^{-1}	10^{-2}	10^{-3}			
4	＞6 500	估计 3 475	313	—	313 000	3.1×10^{5}
5	27	11	5	—	270	2.7×10^{2}
6	0	0	0	—	＜1×10	＜10
7	—	306	12	—	30 600	3.1×10^{4}

9 精密度

9.1 由于微生物能以单独个体，双双成对、链状、成簇或一团团等形式存在，而且没有单独一种培养基能满足一个水样中所有细菌的生理要求。所以，由此法所得的菌落数可能要低于其正常存在的活细胞的数目。

9.2 标准平皿计数的正确度随着平行样皿的增加而增加，当使用 5 个平行皿，每皿加 1 mL 样品时测定结果的置信度为 95%。

ICS 71.040.40
G 76

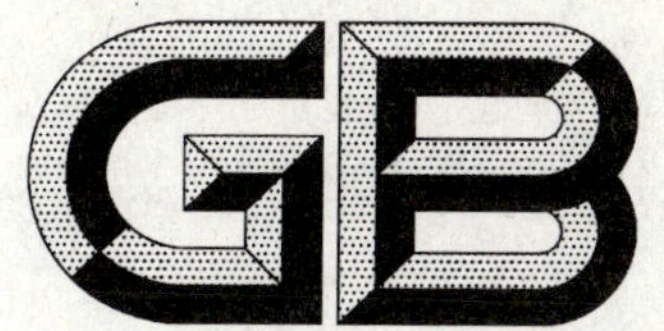

中华人民共和国国家标准

GB/T 14643.2—2009
代替 GB/T 14643.2—1993

工业循环冷却水中菌藻的测定方法 第2部分:土壤菌群的测定 平皿计数法

Examination of bacteria and algae in industrial circulating cooling water—Part 2:Examination of soil micro-bioti—Standard of plate count

STANDARDS PRESS OF CHINA

2009-05-18 发布　　　　2010-02-01 实施

中华人民共和国国家质量监督检验检疫总局
中国国家标准化管理委员会　发布

前　言

GB/T 14643《工业循环冷却水中菌藻的测定方法》分为以下几个部分：

——第1部分：黏液形成菌的测定　平皿计数法

——第2部分：土壤菌群的测定　平皿计数法

——第3部分：黏泥真菌的测定　平皿计数法

——第4部分：土壤真菌的测定　平皿计数法

——第5部分：硫酸盐还原菌的测定　MPN法

——第6部分：铁细菌的测定　MPN法

本部分为GB/T 14643的第2部分。

本部分代替GB/T 14643.2—1993《工业循环冷却水中土壤菌群的测定　平皿计数法》。

本部分与GB/T 14643.2—1993相比，在技术内容上并无变化，只是对文本结构和文字进行了修改。

本部分由中国石油和化学工业协会提出。

本部分由全国化学标准化技术委员会水处理剂分会(SAC/TC 63/SC 5)归口。

本部分负责起草单位：中海油天津化工研究设计院、天津正达科技有限责任公司。

本部分主要起草人：李琳、张全、白莹。

本部分于1993年首次发布。

工业循环冷却水中菌藻的测定方法
第2部分:土壤菌群的测定
平皿计数法

1 范围

GB/T 14643的本部分规定了工业循环冷却水中土壤菌群的测定方法。

本部分适用于工业循环冷却水中土壤菌群的测定,也适用于原水、生活用水及其他水中土壤菌群的测定。

2 规范性引用文件

下列文件中的条款通过GB/T 14643的本部分的引用而成为本部分的条款。凡是注日期的引用文件,其随后所有的修改单(不包括勘误的内容)或修订版均不适用于本部分,然而,鼓励根据本部分达成协议的各方研究是否可使用这些文件的最新版本。凡是不注日期的引用文件,其最新版本适用于本部分。

GB/T 603 化学试剂 试验方法中所用制剂及制品的制备(GB/T 603—2002,ISO 6353-1:1982,NEQ)

GB/T 6682 分析实验室用水规格和试验方法(GB/T 6682—2008,ISO 3696:1987,MOD)

3 方法提要

本部分采用混合培养基,利用平皿计数技术,在(29±1)℃培养72 h,测定循环冷却水中土壤菌群总数。

4 试剂和材料

本部分所用试剂,除非另有规定,应使用分析纯试剂和符合GB/T 6682中三级水的规定。

试验中所需制剂及制品,在没有注明其他要求时,均按GB/T 603之规定制备。

4.1 牛肉膏:生物试剂。

4.2 蛋白胨:生物试剂。

4.3 琼脂:生物试剂。

4.4 氯化钠。

4.5 硝酸钠。

4.6 磷酸氢二钾。

4.7 氯化钾。

4.8 硫酸镁。

4.9 硫酸亚铁。

4.10 蔗糖。

4.11 土壤(果园土、菜园土)。

4.12 氢氧化钠溶液:40 g/L。

4.13 乙醇溶液:75%(体积分数)。

4.14 硫代硫酸钠。

4.15 牛皮纸。

4.16 医用脱脂棉。

4.17 医用脱脂纱布。

5 仪器、设备

5.1 无菌箱(室)或超净工作台。

5.2 蒸汽压力灭菌器。

5.3 生化培养箱。

5.4 鼓风电热干燥箱:温度可控制在 60 ℃~280 ℃。

5.5 铝锅:ϕ200 mm。

5.6 搪瓷量杯:1 000 mL。

5.7 磨口三角瓶:100 mL。

5.8 培养皿:ϕ90 mm。

5.9 磨口试剂瓶:1 000 mL。

5.10 刻度吸管:1 mL。

5.11 刻度吸管:5 mL。

5.12 三角瓶:500 mL。

6 试验前的准备

6.1 土壤浸出液的制备

称取约 100 g 土壤加入 300 g 水中,采用蒸汽压力灭菌器在(121±1)℃灭菌 15 min,静置 24 h 后第二次灭菌,再静置 24 h 后进行第三次灭菌。瓶中的上层清液为土壤浸出液。

6.2 培养基的制备

称取下列试剂:

牛肉膏:1.5 g。

蛋白胨:5.0 g。

氯化钠:2.5 g。

硝酸钠:2.5 g。

磷酸氢二钾:0.5 g。

氯化钾:0.2 g。

硫酸镁:0.25 g。

硫酸亚铁:0.005 g。

蔗糖:20.0 g。

土壤浸出液:5 mL。

琼脂:15.0 g。

将上述试剂加水约 950 mL,在电炉上加热溶解后,趁热用四层医用脱脂纱布过滤于搪瓷量杯中,用热水补充至 1 000 mL,用氢氧化钠溶液调节 pH 至 7.0±0.2,并分装在 500 mL 三角瓶中,每瓶分装量不超过其总容量的 2/3。塞上棉塞,用牛皮纸把瓶口包好,用蒸汽压力灭菌器于(121±1)℃灭菌 15 min。

6.3 无菌稀释水的制备

6.3.1 生理盐水的配制:称取 8.5 g 氯化钠,溶解在 1 000 mL 水中,混匀。

6.3.2 将生理盐水分装在100 mL磨口三角瓶中，每瓶45 mL，每个三角瓶塞子和瓶口间插入一小纸片，塞紧瓶塞，每个瓶子的瓶口均用牛皮纸包扎以防污染，用蒸汽压力灭菌器于(121±1)℃灭菌15 min。

6.4 刻度吸管的灭菌

6.4.1 将洗净并烘干后的吸管粗端塞上医用脱脂棉，棉花量要适宜，长度大约10 mm～15 mm，棉花不宜露在口外，多余的棉花可以用火焰烧掉。

6.4.2 每支刻度吸管用1条约40 mm～50 mm宽的牛皮纸条，以45°左右角度螺旋形卷起来，吸管的尖端在头部，粗端用多余的纸条折叠打结，不使散开，标上量度，若干支扎成一束，置电热干燥箱中，于(160±2)℃灭菌2 h。

6.5 培养皿的灭菌

将洗净并烘干后的培养皿10个左右叠在一起，用牛皮纸卷成一筒，置电热干燥箱中于(160±2)℃灭菌2 h。

6.6 采样瓶的灭菌

将洗净并烘干后的1 000 mL磨口试剂瓶瓶口和瓶颈用牛皮纸裹好，扎紧，置电热干燥箱于(160±2)℃灭菌2 h。

6.7 硫代硫酸钠灭菌

将硫代硫酸钠放入无菌箱(室)内，并均匀地摊在离紫外线灯30 cm处，灭菌30 min。

7 测定步骤

7.1 水样的采集

7.1.1 用无菌采样瓶采集被测样品，在采样过程中，要保护瓶口和瓶颈，防止这些部分受杂菌污染。瓶内要留下足够的空间，以备测定之前摇晃。

7.1.2 若采集的水中有余氯，应于采样前在无菌操作下于无菌采样瓶中加入灭过菌的硫代硫酸钠，加入量为每升水样约0.1 g。

7.1.3 水样采集后应立即进行测定，如果2 h内不能进行测定，应把水样放在冰箱中，于4 ℃～10 ℃保存，保存时间不宜超过24 h。经冷冻保存后的水样需测定时，从冰箱中取出于30 ℃左右活化4 h～5 h，再进行测定。

7.2 无菌箱(室)灭菌

7.2.1 把实验所用的无菌稀释水、无菌培养皿、无菌吸管等用品放入无菌箱(室)内，打开紫外线灯灭菌30 min。

7.3 水样的稀释和接种

7.3.1 关掉紫外线灯，打开荧光灯，将待测水样放入无菌箱(室)中，立即用75%的乙醇溶液浸泡的医用脱脂棉球擦手，点燃无菌箱(室)内的酒精灯。

以下对水样的稀释和接种条的操作应在无菌箱(室)内的火焰区进行。

7.3.2 选择适宜的稀释度，应使最后一个稀释度接种后培养皿中生长的菌落数小于300个，在空白稀释水样瓶上标上稀释度数。

7.3.3 用10倍稀释法稀释水样，即用5 mL无菌吸管吸取5 mL水样注入到45 mL空白稀释水中充分摇匀，此时稀释度为10^{-1}。

7.3.4 另取一支5 mL无菌吸管吸取5 mL 10^{-1}水样移入到第二个稀释水中，充分摇匀，此时稀释度为10^{-2}，依次类推，直至需要的稀释度为止。

7.3.5 将不同稀释度的水样分别接种到无菌培养皿中，每个稀释度重复接种3～5个皿，每皿接种1 mL，接种时左手掌托住培养皿，大拇指和食指轻轻将培养皿提起，吸管与培养皿底成45°角相接。移开吸管时吸管不宜再碰到培养皿。接种时间不宜超过4 s。每接种一个稀释度更换一支无菌吸管。

7.3.6 另取一组培养皿不接水样，作为空白。同时操作。

STANDARDS PRESS OF CHINA

7.3.7 将灭过菌的培养基冷却至(45±1)℃,按7.3.5的方法掀开培养皿盖,将培养基灌入培养皿内,每皿应灌15 mL~20 mL。灌皿时不要使培养基直接灌在水样上,灌皿后要将融化的培养基和皿中水样彻底混合,小心勿使混合液溅到培养皿的边缘,测定一个水样从接种到灌皿不得超过20 min。

7.4 **培养**

待培养皿中培养基(7.3.7)固化后,倒置平皿,在生化培养箱中(29±1)℃培养72 h。

8 计数与报告

8.1 培养之后,取出培养皿,若空白培养皿出现菌落,表明测定过程中有污染,本次测定无效。

8.2 选择平均菌落数在30~300之间的稀释度,立即进行计数,求得平均菌落数,并修约成二位有效数字(见表1示例1)。

8.3 若有二个稀释度,其生长菌落数均在30~300之间,则视二者之比值来决定,若其比值小于2,应报告其平均数;若大于2则报告其中较小的数字(见表1示例2及示例3)。

8.4 若所有稀释度的平均菌落数均大于300,则应选择稀释度最高的培养皿计数(见表1示例4)。

8.5 若所有稀释度的平均菌落数均小于30,则应选择稀释度最低的培养皿计数(见表1示例5)。

8.6 若所有稀释度均无菌落生长,则以"小于1乘以最低稀释倍数"报告之(见表1示例6)。

8.7 若所有稀释度的平均菌落数均不在30~300之间,其中一部分大于300而另一部分小于30时,则选择最接近30或300的培养皿计数(见表1示例7)。

8.8 土壤菌群的总数以ρ表示,单位为个每毫升(个/mL),按式(1)计算:

$$\rho = \frac{X_1}{F} \qquad (1)$$

式中:

X_1——计数得出的培养皿中长出的平均菌落数,个;

F——计数组的样品稀释度数。

表1

示例	稀释度及菌落数			两稀释度菌落数之比	土壤菌群总数 个/mL	报告方式 个/mL
	10^{-1}	10^{-2}	10^{-3}			
1	—	164	20	—	16 400	1.6×10^4
2	—	295	46	1.6	37 750	3.8×10^4
3	—	271	60	2.2	27 100	2.7×10^4
4	>6 500	3 475	313	—	313 000	3.1×10^5
5	27	11	5	—	270	2.7×10^2
6	0	0	0	—	<1×10	<10
7	0	306	12	—	30 600	3.1×10^4

9 精密度

9.1 由于微生物能以单独个体,双双成对、链状、成簇或一团团等形式存在,而且没有单独一种培养基能满足一个水样中所有细菌的生理要求。所以,由此法所得的菌落数可能要低于其正常存在的活细胞的数目。

9.2 标准平皿计数的正确度随着平行样皿的增加而增加,当使用5个平行皿,每皿加1 mL样品时测定结果的置信度为95%。

ICS 71.040.40
G 76

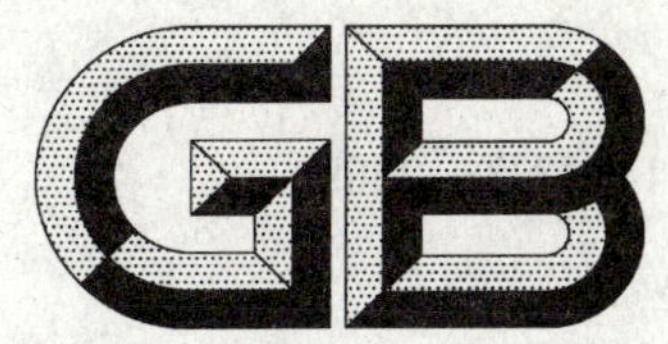

中华人民共和国国家标准

GB/T 14643.3—2009
代替 GB/T 14643.3—1993

工业循环冷却水中菌藻的测定方法 第3部分:黏泥真菌的测定 平皿计数法

Examination of bacteria and algae in industrial circulating cooling water—Part 3: Examination of slime formed fungi—Standard of plate count

2009-05-18 发布 2010-02-01 实施

中华人民共和国国家质量监督检验检疫总局
中国国家标准化管理委员会 发布

前　言

GB/T 14643《工业循环冷却水中菌藻的测定方法》分为以下几个部分：

——第1部分：黏液形成菌的测定　平皿计数法

——第2部分：土壤菌群的测定　平皿计数法

——第3部分：黏泥真菌的测定　平皿计数法

——第4部分：土壤真菌的测定　平皿计数法

——第5部分：硫酸盐还原菌的测定　MPN法

——第6部分：铁细菌的测定　MPN法

本部分为GB/T 14643的第3部分。

本部分代替GB/T 14643.3—1993《工业循环冷却水中黏泥真菌的测定　平皿计数法》。

本部分与GB/T 14643.3—1993相比，在技术内容上并无变化，只是对文本结构和文字进行了修改。

本部分由中国石油和化学工业协会提出。

本部分由全国化学标准化技术委员会水处理剂分会(SAC/TC 63/SC 5)归口。

本部分负责起草单位：中海油天津化工研究设计院、上海未来企业有限公司。

本部分主要起草人：邵宏谦、刘昕、张全、李琳、朱传俊。

本部分于1993年首次发布。

工业循环冷却水中菌藻的测定方法 第3部分:黏泥真菌的测定 平皿计数法

1 范围

GB/T 14643的本部分规定了工业循环冷却水中黏泥真菌的测定方法。

本部分适用于工业循环冷却水中黏泥真菌的测定,也适用于原水、生活用水及其他水中黏泥真菌的测定。

2 规范性引用文件

下列文件中的条款通过GB/T 14643的本部分的引用而成为本部分的条款。凡是注日期的引用文件,其随后所有的修改单(不包括勘误的内容)或修订版均不适用于本部分,然而,鼓励根据本部分达成协议的各方研究是否可使用这些文件的最新版本。凡是不注日期的引用文件,其最新版本适用于本部分。

GB/T 603 化学试剂 试验方法中所用制剂及制品的制备(GB/T 603—2002,ISO 6353-1:1982,NEQ)

GB/T 6682 分析实验室用水规格和试验方法(GB/T 6682—2008,ISO 3696:1987,MOD)

3 方法提要

本方法采用25号浮游生物网收集循环冷却水中的黏泥,所得的黏泥用石英砂充分研磨使细胞分散,再利用平皿计数技术在(29±1)℃培养72 h来测定黏泥中真菌总数。

4 试剂和材料

本部分所用试剂,除非另有规定,应使用分析纯试剂和符合GB/T 6682三级水的规定。

试验中所需制剂及制品,在没有注明其他要求时,均按GB/T 603之规定制备。

4.1 马铃薯:市售新鲜(无芽),去皮后切成约20 mm×20 mm×20 mm小块。

4.2 葡萄糖。

4.3 琼脂:生物试剂。

4.4 石英砂:210 μm～150 μm(70目～100目)。

4.5 氯化钠。

4.6 乳酸。

4.7 乙醇溶液:75%(体积分数)。

4.8 牛皮纸。

4.9 医用脱脂棉。

4.10 医用脱脂纱布。

5 仪器、设备

5.1 无菌箱(室)或超净工作台。

5.2 蒸汽压力灭菌器。

5.3 生化培养箱。

5.4 鼓风电热干燥箱:温度可控制在 60 ℃～280 ℃。

5.5 铝锅:ϕ200 mm。

5.6 25 号浮游生物网。

5.7 转子流量计(0～2 m^3/h)。

5.8 瓷研钵。

5.9 搪瓷量杯:1 000 mL。

5.10 磨口三角瓶:1 000 mL。

5.11 培养皿:ϕ90 mm。

5.12 容量瓶:1 000 mL。

5.13 刻度吸管:1 mL。

5.14 刻度吸管:5 mL。

5.15 三角瓶:500 mL。

5.16 量筒:500 mL。

5.17 量筒:25 mL。

6 试验前的准备

6.1 培养基的制备

称取约 200 g 的马铃薯于铝锅中,加水约 1 000 mL 于电炉上加热,煮沸 10 min 并不断搅拌,趁热用四层医用脱脂纱布过滤于搪瓷量杯中,收集到约 900 mL 滤液,滤液搅匀待用。

于上述滤液中加入 20.0 g 琼脂和 20.0 g 葡萄糖,并放在电炉上加热,不断地搅拌,待琼脂完全溶化后,趁热用四层医用脱脂纱布过滤,待滤液不再滴出时,用水补充至 1 000 mL,并用乳酸调节 pH 至 4.0±0.1,并分装在 500 mL 三角瓶中,每瓶分装量不超过其总量的三分之二,塞上棉塞再用牛皮纸把瓶口包好,用蒸汽压力灭菌器于(121±1)℃灭菌 15 min。

6.2 无菌稀释水的制备

6.2.1 生理盐水的配制:称取 8.5 g 氯化钠,溶解在 1 000 mL 水中,混匀。

6.2.2 将生理盐水分装在 100 mL 磨口三角瓶中,每瓶 45 mL,每个三角瓶塞子和瓶口间插入一小纸片,塞紧瓶塞,每个瓶子的瓶口均用牛皮纸包扎以防污染,用蒸汽压力灭菌器于(121±1)℃灭菌 15 min。

6.3 刻度吸管的灭菌

6.3.1 将洗净并烘干后的吸管粗端塞上医用脱脂棉,棉花量要适宜,长度大约 10 mm～15 mm,棉花量不宜露在口外,多余的棉花可以用火焰烧掉。

6.3.2 每支刻度吸管用 1 条约 40 mm～50 mm 宽的牛皮纸条,以 45°左右角度螺旋形卷起来,吸管的尖端在头部,粗端将多余的纸条折叠打结,不使散开,标上量度,若干支扎成一束,置电热干燥箱中于 160 ℃±2 ℃灭菌 2 h。

6.4 培养皿的灭菌

将洗净并烘干后的培养皿 10 个左右叠在一起,用牛皮纸卷成一筒,置电热干燥箱中于(160±2)℃灭菌 2 h。

6.5 石英砂的灭菌

将洗净并烘干后的石英砂装入磨口三角瓶中,按“无菌稀释水的制备”中三角瓶包扎及灭菌步骤进行包扎,灭菌。

7 测定步骤

7.1 样品的采集

7.1.1 采集黏泥的装置见图 1。

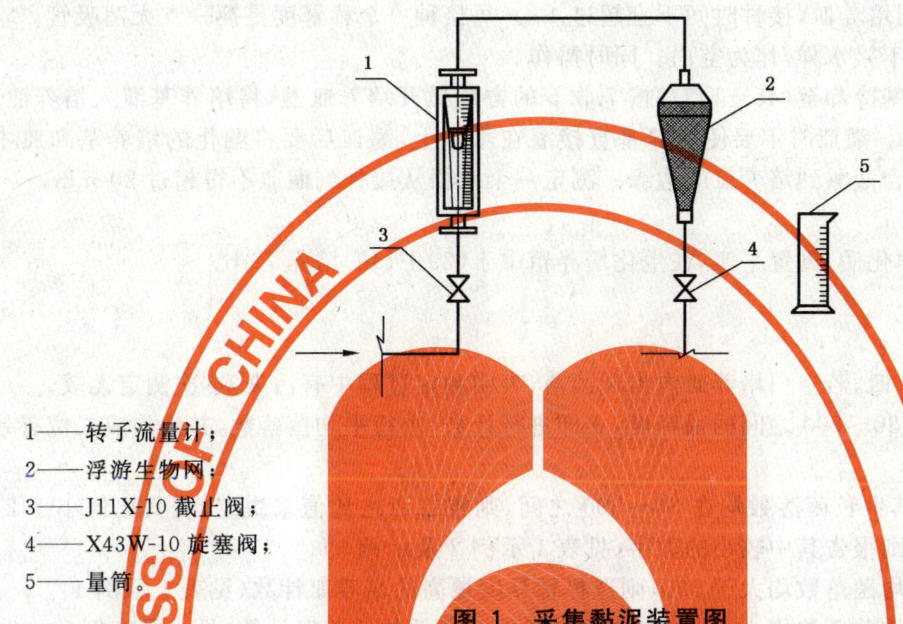

1——转子流量计；
2——浮游生物网；
3——J11X-10 截止阀；
4——X43W-10 旋塞阀；
5——量筒。

图 1 采集黏泥装置图

7.1.2 调节采样装置中的阀门，使冷却水的流速控制在 0.8 m/s 左右，水流量在 1 m^3/h 左右，然后关上浮游生物网的旋塞阀，过滤 1 m^3 水。

7.1.3 关闭水阀，取下浮游生物网，打开旋塞阀，将黏泥收集在一个 500 mL 量筒内，沉淀 30 min 后倾出上层清液。将剩余浊液转至 25 mL 量筒内，静置 30 min，记录沉淀出的黏泥体积。

黏泥量以 V 计，单位为毫升每立方米（mL/m^3），按式(1)计算：

$$V=\frac{V_2}{V_1} \quad \cdots\cdots(1)$$

式中：

V_2——量筒中黏泥体积的数值，单位为毫升(mL)；

V_1——通过浮游生物网过滤的循环水量的体积的数值，单位为立方米(m^3)。

7.1.4 用无菌吸管移去 25 mL 量筒内的上清液，将量筒内的黏泥或部分黏泥转移至洗净并烘干后的瓷研钵中，加入约 2 g 灭过菌的石英砂，充分研磨后转移至 1 000 mL 洗净并烘干后的容量瓶中，用无菌稀释水稀释至刻度，充分混匀，并立即进行测定。

7.2 无菌箱(室)灭菌

把试验所用的无菌稀释水、无菌培养皿、无菌吸管等用品放入无菌箱(室)内，打开紫外线灯灭菌 30 min。

7.3 水样的稀释和接种

7.3.1 关掉紫外线灯，打开荧光灯，将黏泥水样放入无菌箱(室)中，立即用 75% 的乙醇溶液浸泡的医用脱脂棉球擦手，点燃无菌箱(室)内的酒精灯。

以下对水样的稀释和接种的操作应在无菌箱(室)内的火焰区进行。

7.3.2 选择适宜的稀释度，应使最后一个稀释度接种后，培养皿中生长的菌落数小于 300 个，在空白稀释水样瓶上标上稀释度数。

7.3.3 用 10 倍稀释法稀释水样，即用 5 mL 无菌吸管吸取 5 mL 水样注入到 45 mL 空白稀释水中充分摇匀，此时稀释度为 10^{-1}。

STANDARDS PRESS OF CHINA

7.3.4 另取一支5 mL无菌吸管吸取5 mL 10^{-1}水样移入到第二个稀释水中，充分摇匀，此时稀释度为10^{-2}，依次类推，直至需要的稀释度为止。

7.3.5 将不同稀释度的水样分别接种到无菌培养皿中，每个稀释度重复接种3～5个皿，每皿接种1 mL，接种时左手掌托住培养皿，大拇指和食指轻轻将培养皿提起，吸管与培养皿底成45°角相接。移开吸管时吸管不宜再碰到培养皿，接种时间不宜超过4 s。每接种一个稀释度更换一支无菌吸管。

7.3.6 另取一组培养皿不接水样，作为空白。同时操作。

7.3.7 将灭过菌的培养基冷却至(45±1)℃，按7.3.5的方法掀开培养皿盖，将培养基灌入培养皿内，每皿应灌15 mL～20 mL。灌皿时不要使培养基直接灌在水样上，灌皿后要将融化的培养基和皿中水样彻底混合，小心勿使混合液溅到培养皿的边缘。测定一个水样从接种到灌皿不得超过20 min。

7.4 培养

待培养皿中培养基固化后，倒置平皿，在生化培养箱中于(29±1)℃培养72 h。

8 计数与报告

8.1 培养之后，取出培养皿，若空白培养皿内出现菌落，表明测定过程中有污染，本次测定无效。

8.2 选择平均菌落数在30～300之间的稀释度，立即进行计数，求得平均菌落数，并修约成二位有效数字(见表1示例1)。

8.3 若有两个稀释度，其生长菌落数均在30～300之间，则视二者之比值来决定，若其比值小于2，应报告其平均数；若大于2则报告其中较小的数字(见表1示例2及示例3)。

8.4 若所有稀释度的平均菌落数均大于300，则选择稀释度最高的培养皿计数(见表1示例4)。

8.5 若所有稀释度的平均菌落数均小于30，则应选择稀释度最低的培养皿计数(见1示表例5)。

8.6 若所有稀释度均无菌落生长，则以“小于1乘以最低稀释倍数”报告之(见表1示例6)。

8.7 若所有稀释度的平均菌落数均不在30～300之间，其中一部分大于300而另一部分小于30时，则选择最接近30或300的培养皿计数(见表1示例7)。

8.8 黏泥真菌的数量以ρ表示，单位为个每毫升(个/mL)，按式(2)计算：

$$\rho=\frac{1\,000X_1}{1\,000\,000FV_1}=\frac{kX_1V}{FV_3\times 1\,000} \qquad (2)$$

式中：

X_1——按(8.2)计数得出的培养皿上生长的平均菌落数，个；

V——按(7.1.3)计算的黏泥量的数值，单位为毫升每立方米(mL/m³)；

V_3——按(7.1.4)测定时所取的黏泥体积的数值，单位为毫升(mL)；

k——按(7.1.4)测定时，所取黏泥体积(V_3)与黏泥总体积(V_2)之比($V_3=k\cdot V_2$)；

F——计数组的样品稀释度数。

表1

示例	稀释度及菌落数			两稀释度菌落数之比	黏泥真菌总数 个/mL	报告方式 个/mL
	10^{-1}	10^{-2}	10^{-3}			
1	—	164	20	—	16 400	1.6×10^4
2	—	295	46	1.6	37 750	3.8×10^4
3	—	271	60	2.2	27 100	2.7×10^4
4	>6 500	3 475	313	—	313 000	3.1×10^5
5	27	11	5	—	270	2.7×10^2
6	0	0	0	—	<1×10	<10
7	—	306	12	—	30 600	3.1×10^4

9 精密度

9.1 由于微生物能以单独个体、双双成对、链状、成簇或一团团等形式存在，而且没有单独一种培养基能满足一个水样中所有细菌的生理要求。所以，由此法所得的菌落数可能要低于其正常存在的活细胞的数目。

9.2 标准平皿计数的正确度随着平行样皿的增加而增加，当使用 5 个平行皿，每皿加 1 mL 样品时测定结果的置信度为 95％。

ICS 71.040.40
G 76

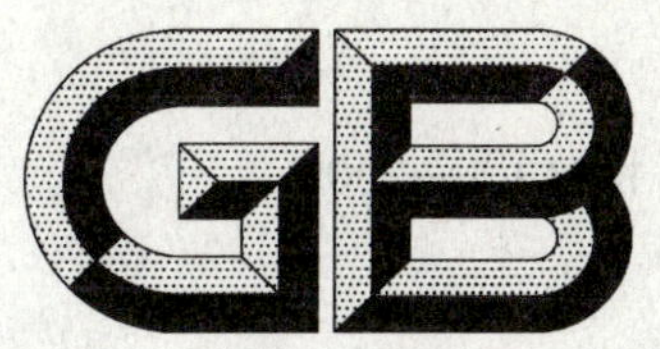

中华人民共和国国家标准

GB/T 14643.4—2009
代替 GB/T 14643.4—1993

工业循环冷却水中菌藻的测定方法
第4部分：土壤真菌的测定 平皿计数法

Examination of bacteria and algae in industrial circulating cooling water—
Part 4: Examination of soil fangi—Standard of plate count

2009-05-18 发布 2010-02-01 实施

中华人民共和国国家质量监督检验检疫总局
中国国家标准化管理委员会 发布

前　言

GB/T 14643《工业循环冷却水中菌藻的测定方法》分为以下几个部分：

——第1部分：黏液形成菌的测定　平皿计数法

——第2部分：土壤菌群的测定　平皿计数法

——第3部分：黏泥真菌的测定　平皿计数法

——第4部分：土壤真菌的测定　平皿计数法

——第5部分：硫酸盐还原菌的测定　MPN法

——第6部分：铁细菌的测定　MPN法

本部分为GB/T 14643的第4部分。

本部分代替GB/T 14643.4—1993《工业循环冷却水中土壤真菌的测定　平皿计数法》。

本部分与GB/T 14643.4—1993相比，在技术内容上并无变化，只是对文本结构和文字进行了修改。

本部分由中国石油和化学工业协会提出。

本部分由全国化学标准化技术委员会水处理剂分会(SAC/TC 63/SC 5)归口。

本部分负责起草单位：中海油天津化工研究设计院、天津正达科技有限责任公司。

本部分主要起草人：白莹、张全、邵宏谦。

本部分于1993年首次发布。

工业循环冷却水中菌藻的测定方法
第4部分:土壤真菌的测定　平皿计数法

1　范围

GB/T 14643的本部分规定了工业循环冷却水中土壤真菌的测定方法。

本部分适用于工业循环冷却水中土壤真菌的测定,也适用于原水、生活用水及其他水中土壤真菌的测定。

2　规范性引用文件

下列文件中的条款通过GB/T 14643的本部分的引用而成为本部分的条款。凡是注日期的引用文件,其随后所有的修改单(不包括勘误的内容)或修订版均不适用于本部分,然而,鼓励根据本部分达成协议的各方研究是否可使用这些文件的最新版本。凡是不注日期的引用文件,其最新版本适用于本部分。

GB/T 603　化学试剂　试验方法中所用制剂及制品的制备(GB/T 603—2002,ISO 6353-1:1982,NEQ)

GB/T 6682　分析实验室用水规格和试验方法(GB/T 6682—2008,ISO 3696:1987,MOD)

3　方法提要

本部分采用土壤真菌培养基,用平皿计数技术,在(29±1)℃培养72 h,测定工业循环冷却水中土壤真菌的总数。

4　试剂和材料

本部分所用试剂,除非另有规定,应使用分析纯试剂和符合GB/T 6682中三级水的规定。

试验中所需制剂及制品,在没有注明其他要求时,均按GB/T 603之规定制备。

4.1　马铃薯:市售新鲜(无芽),去皮后切成约20 mm×20 mm×20 mm小块。

4.2　葡萄糖。

4.3　琼脂:生物试剂。

4.4　氯化钠。

4.5　乳酸。

4.6　乙醇溶液:75%(体积分数)。

4.7　硫代硫酸钠。

4.8　牛皮纸。

4.9　医用脱脂棉。

4.10　医用脱脂纱布。

5　仪器、设备

5.1　无菌箱(室)或超净工作台。

5.2　蒸汽压力灭菌器。

5.3　生化培养箱。

5.4 鼓风电热干燥箱：温度可控制在 60 ℃～280 ℃。

5.5 铝锅：ϕ200 mm。

5.6 搪瓷量杯：1 000 mL。

5.7 磨口三角瓶：1 000 mL。

5.8 培养皿：ϕ90 mm。

5.9 磨口试剂瓶：1 000 mL。

5.10 刻度吸管：1 mL。

5.11 刻度吸管：5 mL。

5.12 三角瓶：500 mL。

6 试验前的准备

6.1 培养基的制备

称取约 200 g 的马铃薯于铝锅中，加水约 1 000 mL 在电炉上加热溶解后，趁热用四层医用脱脂纱布过滤到搪瓷量杯中，收集到约 900 mL 滤液，滤液搅匀待用。于上述滤液中加入 20.0 g 琼脂和 20.0 g 葡萄糖，并放在电炉上加热，不断地搅拌，待琼脂完全溶化后趁热用四层医用脱脂纱布过滤于搪瓷量杯中，用热水补充至 1 000 mL，并用乳酸调节 pH 至 4.0±0.1，并分装在 500 mL 三角瓶中，每瓶分装量不超过其总量的 2/3，塞上棉塞，再用牛皮纸把瓶口包好，用蒸汽压力灭菌器于(121±1)℃灭菌 15 min。

6.2 无菌稀释水的制备

6.2.1 生理盐水的配制：称取 8.5 g 氯化钠溶解在 1 000 mL 水中，混匀。

6.2.2 将生理盐水分装在 100 mL 磨口三角瓶中，每瓶 45 mL，每个三角瓶塞子和瓶口间插入一小纸片，塞紧瓶塞，每个瓶子的瓶口均用牛皮纸包扎以防污染，用蒸汽压力灭菌器于(121±1)℃灭菌 15 min。

6.3 刻度吸管的灭菌

6.3.1 将洗净并烘干后的吸管粗端塞上医用脱脂棉，棉花量要适宜，长度大约 10 mm～15 mm，棉花不宜露在口外，多余的棉花可以用火焰烧掉。

6.3.2 每支刻度吸管用一条约 40 mm～50 mm 宽的牛皮纸条，以 45°左右角度螺旋形卷起来，吸管的尖端在头部，粗端用多余的纸条折叠打结，不使散开，标上量度，若干支捆成一束，置电热干燥箱中于(160±2)℃灭菌 2 h。

6.4 培养皿的灭菌

将洗净并烘干后的培养皿 10 个左右叠在一起，用牛皮纸卷成一筒，置电热干燥箱中于(160±2)℃灭菌 2 h。

6.5 采样瓶的灭菌

将洗净并烘干后的 1 000 mL 磨口试剂瓶瓶口和瓶颈用牛皮纸裹好，扎紧，置电热干燥箱中于(160±2)℃灭菌 2 h。

6.6 硫代硫酸钠的灭菌

将硫代硫酸钠放入无菌箱(室)内，并均匀地摊在离紫外线灯 30 cm 处，灭菌 30 min。

7 测定步骤

7.1 水样的采集

7.1.1 用无菌采样瓶采集被测样品，在采样过程中要保护瓶口和瓶颈，防止这些部分受杂菌污染，瓶内要留下足够的空间，以备测定前摇动。

7.1.2 若采集的水中有余氯，应在采样前，在无菌操作下于无菌采样瓶中加入灭过菌的硫代硫酸钠，加入量为每升水样约 0.1 g。

7.1.3 水样采集后应立即进行测定，如果 2 h 内不能进行测定，应把水样放在冰箱中，于 4 ℃～10 ℃保存，保存时间不宜超过 24 h。经冷冻保存后的水样需测定时，从冰箱中取出，于 30 ℃左右活化 4 h～5 h 再进行测定。

7.2 无菌箱(室)灭菌

把实验所用的无菌稀释水、无菌培养皿、无菌吸管等用品放入无菌箱(室)内，打开紫外线灯灭菌 30 min。

7.3 水样的稀释和接种

7.3.1 关掉紫外线灯，打开荧光灯，将待测水样放入无菌箱(室)中，立即用 75% 的乙醇溶液浸泡的医用脱脂棉擦手，点燃无菌箱(室)内的酒精灯。

以下对水样的稀释和接种的操作应在无菌箱(室)内的火焰区进行。

7.3.2 选择适宜的稀释度，应使最后一个稀释度接种后培养皿中生长的菌落数小于 300 个，在空白稀释水样瓶上标上稀释倍数。

7.3.3 用 10 倍稀释法稀释水样，即用 5 mL 无菌吸管吸取 5 mL 水样注入到 45 mL 空白稀释水中充分摇匀，此时稀释度为 10^{-1}。

7.3.4 另取一支 5 mL 无菌吸管吸取 5 mL 10^{-1} 水样注入到第二个稀释水中，充分摇匀，此时稀释度为 10^{-2}，依次类推，直至需要的稀释度为止。

7.3.5 将不同稀释度的水样分别接种到无菌培养皿中，每个稀释度重复接种 3～5 个皿，每皿接种 1 mL，接种时左手掌托住培养皿，大拇指和食指轻轻将培养皿提起，吸管与培养皿底成 45°角相接。移开吸管时，吸管不宜再碰到培养皿，接种时间不宜超过 4 s。每接种一个稀释度更换一支无菌吸管。

7.3.6 另取一组培养皿不接水样，作为空白。同时操作。

7.3.7 将灭过菌的培养基冷却至(45±1)℃，按 7.3.5 的方法掀开培养皿盖，将培养基灌入培养皿内，每皿应灌 15 mL～20 mL。灌皿时不要使培养基直接灌在水样上，灌皿后要将融化的培养基和皿中水样彻底混合，小心勿使混合液溅到培养皿的边缘。测定一个水样从接种到灌皿不得超过 20 min。

7.4 培养

待培养皿中培养基固化后，倒置平皿，在生化培养箱中(29±1)℃培养 72 h。

8 计数与报告

8.1 培养之后，取出培养皿，若空白培养皿内出现菌落，表明测定过程中有污染，本次测定无效。

8.2 选择平均菌落数在 30～300 之间的稀释度，立即进行计数，求得平均菌落数，并修约成二位有效数字(见表 1 示例 1)。

8.3 若有两个稀释度，其生长菌落数均在 30～300 之间，则视二者之比值来决定，若其比值小于 2，应报告其平均数，若大于 2 则报告其中较小的数字(见表 1 示例 2 及示例 3)。

8.4 若所有稀释度的平均菌落数均大于 300，则应选择稀释度最高的培养皿计数(见表 1 示例 4)。

8.5 若所有稀释度的平均菌落数均小于 30，则应选择稀释度最低的培养皿计数(见表 1 示例 5)。

8.6 若所有稀释度均无菌落生长，则以“小于 1 乘以最低稀释倍数”报告之(见表 1 示例 6)。

8.7 若所有稀释度的平均菌落数均不在 30～300 之间，其中一部分大于 300 而另一部分小于 30 时，则选择最接近 30 或 300 的培养皿计数(见表 1 示例 7)。

8.8 土壤真菌的总数以 ρ 表示，单位为个每毫升(个/mL)，按式(1)计算：

$$\rho = \frac{X_1}{F} \qquad \cdots\cdots\cdots\cdots(1)$$

式中：

X_1——计数得出的培养皿上长出的平均菌落数，个；

F——计数组的样品稀释倍数。

STANDARDS PRESS OF CHINA

表 1

示　例	稀释度及菌落数			两稀释度菌落数之比	土壤真菌总数 个/mL	报告方式 个/mL
	10^{-1}	10^{-2}	10^{-3}			
1	—	164	20	—	16 400	1.6×10^4
2	—	295	46	1.6	37 750	3.8×10^4
3	—	271	60	2.2	27 100	2.7×10^4
4	>6 500	3 475	313	—	313 000	3.1×10^5
5	27	11	5	—	270	2.7×10^2
6	0	0	0	—	<1×10	<10
7	—	306	12	—	30 600	3.1×10^4

9　精密度

9.1　由于微生物能以单独个体、双双成对、链状、成簇或一团团等形式存在，而且没有单独一种培养基能满足一个水样中所有细菌的生理要求。所以，由此法所得的菌落数可能要低于其正常存在的活细胞的数目。

9.2　标准平皿计数的正确度随着平行样皿的增加而增加，当使用 5 个平行皿，每皿加 1 mL 样品时测定结果的置信度为 95%。

ICS 71.040.40
G 76

中华人民共和国国家标准

GB/T 14643.5—2009
代替 GB/T 14643.5—1993

工业循环冷却水中菌藻的测定方法 第5部分:硫酸盐还原菌的测定 MPN法

Examination of bacteria and algae in industrial circulating cooling water—Part 5:Examination of sulfate-reducing bacteria—MPN test

2009-05-18 发布 2010-02-01 实施

中华人民共和国国家质量监督检验检疫总局
中国国家标准化管理委员会
发布

前　言

GB/T 14643《工业循环冷却水中菌藻的测定方法》分为以下几个部分：

——第1部分：黏液形成菌的测定　平皿计数法

——第2部分：土壤菌群的测定　平皿计数法

——第3部分：黏泥真菌的测定　平皿计数法

——第4部分：土壤真菌的测定　平皿计数法

——第5部分：硫酸盐还原菌的测定　MPN法

——第6部分：铁细菌的测定　MPN法

本部分为GB/T 14643的第5部分。

本部分代替GB/T 14643.5—1993《工业循环冷却水中硫酸盐还原菌的测定　MPN法》。

本部分与GB/T 14643.5—1993相比，在技术内容上并无变化，只是对文本结构和文字进行了修改。

本部分的附录A、附录B、附录C为规范性附录。

本部分由中国石油和化学工业协会提出。

本部分由全国化学标准化技术委员会水处理剂分会(SAC/TC 63/SC 5)归口。

本部分负责起草单位：中海油天津化工研究设计院、天津正达科技有限责任公司。

本部分主要起草人：朱传俊、张全、邵宏谦、李琳、白莹。

本部分于1993年首次发布。

工业循环冷却水中菌藻的测定方法
第5部分：硫酸盐还原菌的测定
MPN法

1 范围

GB/T 14643的本部分规定了工业循环冷却水中硫酸盐还原菌的测定方法。

本部分适用于工业循环冷却水中硫酸盐还原菌的测定，也适用于原水、生活用水及粘泥中硫酸盐还原菌的测定。

2 规范性引用文件

下列文件中的条款通过GB/T 14643的本部分的引用而成为本部分的条款。凡是注日期的引用文件，其随后所有的修改单(不包括勘误的内容)或修订版均不适用于本部分，然而，鼓励根据本部分达成协议的各方研究是否可使用这些文件的最新版本。凡是不注日期的引用文件，其最新版本适用于本部分。

GB/T 603 化学试剂 试验方法中所用制剂及制品的制备(GB/T 603—2002,ISO 6353-1:1982,NEQ)

GB/T 6682 分析实验室用水规格和试验方法(GB/T 6682—2008,ISO 3696:1987,MOD)

3 方法提要

本法采用多试管发酵技术，在(29±1)℃培养21 d，如果试管内产生黑色沉淀并伴有硫化氢臭味的，表明阳性反应，采用MPN技术对被测试样中的硫酸盐还原菌进行计数。

4 试剂和材料

本部分所用试剂，除非另有规定，应使用分析纯试剂和符合GB/T 6682中三级水的规定。

试验中所需制剂及制品，在没有注明其他要求时，均按GB/T 603之规定制备。

4.1 磷酸氢二钾。

4.2 氯化铵。

4.3 硫酸钠。

4.4 氯化钙。

4.5 硫酸镁。

4.6 乳酸钠。

4.7 酵母汁：生化试剂。

4.8 硫酸亚铁铵。

4.9 维生素C。

4.10 氯化钠。

4.11 氢氧化钠溶液：40 g/L。

4.12 盐酸溶液：1+11。

4.13 硫代硫酸钠。

4.14 乙醇溶液：75%(体积分数)。

4.15 牛皮纸。

4.16 医用脱脂棉。

5 仪器、设备

5.1 无菌箱(室)或超净工作台。

5.2 蒸汽压力灭菌器。

5.3 生化培养箱。

5.4 电热干燥箱:温度可控制在 60 ℃～280 ℃。

5.5 电热恒温水浴锅:恒温范围 37 ℃～100 ℃。

5.6 刻度吸管:1 mL。

5.7 刻度吸管:5 mL。

5.8 试管:150 mm×15 mm 并配上密封的塞子。

5.9 试管架。

5.10 刻度三角瓶:500 mL。

5.11 磨口三角瓶:100 mL。

5.12 磨口试剂瓶:1 000 mL。

5.13 容量瓶:1 000 mL。

6 试验前准备

6.1 无菌水的制备

将水分装在 100 mL 磨口三角瓶中,每瓶 40 mL,每个三角瓶塞子和瓶口间插入一小纸片来防止粘连,每个瓶子的瓶口均用牛皮纸包扎,以防污染,用蒸汽压力灭菌器于(121±1)℃灭菌 15 min。

6.2 培养基的制备

6.2.1 称取下列试剂:

磷酸氢二钾	0.5 g;
氯化铵	1.0 g;
硫酸钠	0.5 g;
氯化钙	0.1 g;
硫酸镁	2.0 g;
乳酸钠	3.5 g;
酵母汁	1.0 g。

将上述试剂溶解在 1 000 mL 水中,用氢氧化钠溶液或盐酸溶液调节 pH 至 7.2±0.2,并分装在 500 mL 刻度三角瓶中,每瓶不超过 350 mL,瓶口塞上棉塞,并用牛皮纸包好,用蒸汽压力灭菌器于(121±1)℃灭菌 15 min。

6.2.2 硫酸亚铁铵溶液:在培养基使用的当天称取 1.2 g 硫酸亚铁铵,在无菌箱(室)内均匀地摊在离紫外线灯 30 cm 处灭菌 30 min,在无菌操作下,把硫酸亚铁铵溶解于事先准备好的无菌水中,混匀。

6.2.3 维生素 C 溶液:在培养基使用的当天称取 0.4 g 维生素 C,在无菌箱(室)内均匀地摊在离紫外线灯 30 cm 处灭菌 30 min。在无菌操作下,把维生素 C 溶解于事先准备好的无菌水中,混匀。

6.2.4 在无菌操作下,按每 100 mL 培养基各加入 1.0 mL 硫酸亚铁铵溶液和 1.0 mL 维生素 C 溶液。

6.3 无菌稀释水的制备

6.3.1 生理盐水的配制:称取 8.5 g 氯化钠溶解在 1 000 mL 水中,混匀。

6.3.2 将生理盐水分装在 100 mL 磨口三角瓶中,每瓶 45 mL,每个三角瓶塞子和瓶口间插入一小纸片,塞紧瓶塞,每个瓶子的瓶口均用牛皮纸包扎以防污染,用蒸汽压力灭菌器于(121±1)℃灭菌 15 min。

6.4 刻度吸管的灭菌

6.4.1 将洗净并烘干后的吸管粗端塞上医用脱脂棉，棉花量要适宜，长度大约 10 mm～15 mm，棉花不宜露在口外，多余的棉花可以用火焰烧掉。

6.4.2 每支刻度吸管用 1 条约 40 mm～50 mm 宽的牛皮纸条，以 45°左右角度螺旋形卷起来，吸管的尖端在头部，粗端用多余纸条折叠打结，不使散开。标上度量，若干支扎成一束，置电热干燥箱中，于(160±2)℃灭菌 2 h。

6.5 试管的灭菌

将洗净并烘干后的试管塞上密封的塞子，数支一捆，每捆管口用牛皮纸包扎，置电热干燥箱中，于(160±2)℃灭菌 2 h。

6.6 采样瓶的灭菌

将洗净并烘干后的 1 000 mL 磨口试剂瓶瓶口和瓶颈用牛皮纸裹好，扎紧，置电热干燥箱中，于(160±2)℃灭菌 2 h。

6.7 硫代硫酸钠灭菌

将硫代硫酸钠放在无菌箱(室)内，并均匀地摊在离紫外线灯 30 cm 处灭菌 30 min。

7 测定步骤

7.1 水样的采集

7.1.1 用无菌采样瓶采集被测样品，在取样过程中，要保护瓶口和颈部，防止这些部分受杂菌污染，瓶内要灌满水样。

7.1.2 若采集的水中有余氯，应在采样前，在无菌操作下，于无菌采样瓶中加入硫代硫酸钠，加入量为每升水样约 0.1 g。

7.1.3 水样采集后，应立即进行测定，如果在 2 h 内不能进行测定，应把水样放在冰箱中，于 4 ℃～10 ℃ 保存，存放时间不宜超过 24 h。经冷冻保存后的水样需测定时，从冰箱中取出，于 30 ℃左右活化 4 h～5 h，再进行测定。

7.2 无菌箱(室)灭菌

把试验所用的无菌培养基、无菌稀释水、无菌吸管等用品放入无菌箱(室)内，打开紫外线灯灭菌 30 min。

7.3 水样的稀释和接种

7.3.1 水样放入灭过菌的无菌箱(室)中，立即用 75%乙醇溶液浸泡的医用脱脂棉球擦手，点燃无菌箱(室)内的酒精灯。

以下对水样的稀释和接种的操作应在无菌箱(室)内火焰区进行。

7.3.2 选择适宜的稀释度，应使最后一个稀释度接种培养后无硫酸盐还原菌生长，在空白稀释水样瓶上标上稀释度数。

7.3.3 用 10 倍稀释法稀释水样，即用 5 mL 无菌吸管吸取 5 mL 水样注入到 45 mL 空白稀释水中充分摇匀，此时稀释度为 10^{-1}。

7.3.4 另取一支 5 mL 无菌吸管吸取 5 mL 10^{-1} 水样注入到第二个稀释水中，充分摇匀，此时稀释度为 10^{-2}，依次类推，直至需要的稀释度为止。

7.3.5 将水样(包括稀释水样)分别接种于无菌试管中，试管置试管架上，每个稀释度重复接种 5 管(根据需要也可重复接种 3 管或 4 管)，每管接种 1 mL，每接一个稀释度更换一支无菌吸管。

7.3.6 另取一组试管不接水样作为空白。

7.3.7 用事先在水浴上加热至 60 ℃，并迅速冷却到 20 ℃的无菌培养基灌满试管(7.3.5、7.3.6)盖上密封盖子。

7.4 培养

在生化培养箱中，于(29±1)℃培养 21 d。

8 计数与报告

8.1 凡产生黑色沉淀并伴有硫化氢臭味的表示有硫酸盐还原菌存在，以“+”(阳性)表示，其余试管以“－”(阴性)表示。

8.2 如果空白出现阳性反应，表明测定过程中有污染，本次测定无效。

8.3 算出 10 进位稀释管中阳性试管数，以阳性组合指数记录下来。

8.4 在 10 进位稀释中多于三个稀释度时，阳性组合的指数只需要用其中依次的三个稀释度，对这三个稀释度的决定是先选出 5 管全部阳性反应的最大稀释度，然后选出其次相连的两个更高的稀释度，算出阳性组合指数(见表 1 示例 1、2、4)。

8.5 若按照上条规定的原则选出三个稀释度后，有更高的稀释仍然产生一个阳性试管，就应该将这一个阳性试管并入所选择的最高稀释的阳性结果中(见表 1 示例 3)。

8.6 根据阳性组合的指数，查表(附录 A)得出最大可能菌数(MPN)除以阳性组合指数的第一位数字的稀释度数，即为每毫升水样中硫酸盐还原菌的菌数(如果每个稀释度重复接种 4 管或 3 管，根据阳性组合的指数查“附录 B”表 B.1 或“附录 C”表 C.1。

表 1

示例	稀释度、生长情况及阳性试管数					阳性组合指数	报告方式 个/mL
	10^0	10^{-1}	10^{-2}	10^{-3}	10^{-4}		
1	+++++ 5	+++++ 5	++－－－ 2	－－－－－ 0	－－－－－ 0	520	$5.0/10^{-1}=50$
2	+++++ 4	++++－ 4	++－－－ 2	－－－－－ 0	－－－－－ 0	542	$25/10^0=25$
3	+++++ 5	+++－－ 3	+－－－－ 1	+－－－－ 1	－－－－－ 0	532	$14/10^0=14$
4	+++++ 5	+++++ 5	+++++ 5	+－－－－ 1	－－－－－ 0	510	$3.5/10^{-2}=3.5\times10^2$

9 精密度

9.1 由于微生物是不稳定的，精确的试验不能实现，精密度表达仅能按 MPN 程序。

9.2 在样品中细菌的分布是不规则的，有时细菌成倍地吸附到小颗粒上，MPN 正确度随着平行管的增加而增加，当使用 5 个平行管时，每管加 1 mL 样品时测定结果的置信度为 95%。

附 录 A
（规范性附录）
五个平行管最大可能的菌数

五个平行管最大可能的菌数见表 A.1。

表 A.1

指数	个/mL	指数	个/mL	指数	个/mL	指数	个/mL
000	0.0	203	1.2	400	1.3	513	8.5
001	0.2	210	0.7	401	1.7	520	5.0
002	0.4	211	0.9	402	2.0	521	7.0
010	0.2	212	1.2	403	2.5	522	9.5
011	0.4	220	0.9	410	1.7	523	12.0
012	0.6	221	1.2	411	2.0	524	15.0
020	0.4	222	1.4	412	2.5	525	17.5
021	0.6	230	1.2	420	2.0	530	8.0
030	0.6	231	1.4	421	2.5	531	11.0
100	0.2	240	1.4	422	3.0	532	14.0
101	0.4	300	0.8	430	2.5	533	17.0
102	0.6	301	1.1	431	3.0	534	20.0
103	0.8	302	1.4	432	4.0	535	25.0
110	0.4	310	1.1	440	3.5	540	13.0
111	0.6	311	1.4	441	4.9	541	17.0
112	0.8	312	1.7	450	4.0	542	25.0
120	0.6	313	2.0	451	4.0	543	30.0
121	0.8	320	1.4	500	2.5	544	35.0
122	1.0	321	1.7	501	3.0	545	45.0
130	0.8	322	2.0	502	4.0	550	25.0
131	1.0	330	1.7	503	6.0	551	35.0
141	1.1	331	2.0	504	7.5	552	60.0
200	0.5	340	2.0	510	3.5	553	90.0
201	0.7	341	2.5	511	4.5	554	160.0
202	0.9	350	2.5	512	6.0	555	180.0

STANDARDS PRESS OF CHINA

附 录 B
（规范性附录）
四个平行管时最大可能菌数

四个平行管时最大可能菌数见表 B.1。

表 B.1

指数	个/mL	指数	个/mL	指数	个/mL	指数	个/mL
000	0.0	113	1.3	231	2.0	402	5.0
001	0.2	120	0.8	240	2.0	403	7.0
002	0.5	121	1.1	241	3.0	410	3.5
003	0.7	122	1.3	300	1.1	411	5.5
010	0.2	123	1.6	301	1.6	412	8.0
011	0.5	130	1.1	302	2.0	413	11.0
012	0.7	131	1.4	303	2.5	414	14.0
013	0.9	132	1.6	310	1.6	420	6.0
020	0.5	140	1.4	311	2.0	421	9.5
021	0.7	141	1.7	312	3.0	422	13.0
022	0.9	200	0.6	313	3.5	423	17.0
030	0.7	201	0.9	320	2.0	424	20.0
031	0.9	202	1.2	321	3.0	430	11.5
040	0.9	203	1.6	322	3.5	431	16.5
041	1.2	210	0.9	330	3.0	432	20.0
100	0.3	211	1.3	331	3.5	433	30.0
101	0.5	212	1.6	332	4.0	434	35.0
102	0.8	213	2.0	333	5.0	440	25.0
103	1.0	220	1.3	340	3.5	441	40.0
110	0.5	221	1.6	341	4.5	442	70.0
111	0.8	222	2.0	400	2.5	443	140.0
112	1.0	230	1.7	401	3.5	444	160.0

附 录 C
（规范性附录）
三个平行管最大可能的菌数

三个平行管最大可能的菌数见表 C.1。

表 C.1

指数	个/mL	指数	个/mL	指数	个/mL
000	0.0	201	1.4	302	6.5
001	0.3	202	2.0	310	4.5
010	0.3	210	1.5	311	7.5
011	0.6	211	2.0	312	11.5
020	0.6	212	3.0	313	16.5
100	0.4	220	2.0	320	9.5
101	0.7	221	3.0	321	15.0
102	1.1	222	3.5	322	20.0
110	0.7	223	4.0	323	30.0
111	1.1	230	3.0	330	25.0
120	1.1	231	3.5	331	45.0
121	1.5	232	4.0	332	110.0
130	1.6	300	2.5	333	140.0

ICS 71.040.40
G 76

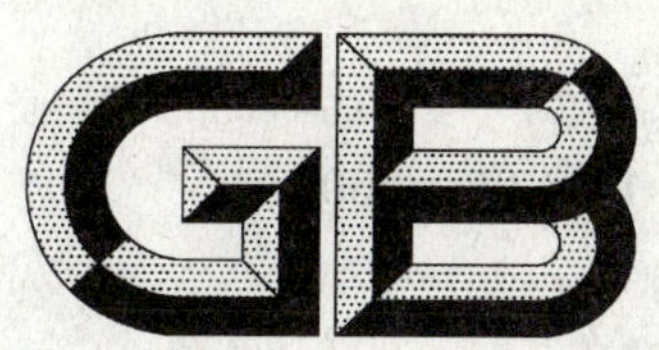

中华人民共和国国家标准

GB/T 14643.6—2009
代替 GB/T 14643.6—1993

工业循环冷却水中菌藻的测定方法 第6部分：铁细菌的测定 MPN法

Examination of bacteria and algae in industrial circulating cooling water—Part 6: Examination of iron bacteria—MPN test

STANDARDS PRESS OF CHINA

2009-05-18 发布　　　　2010-02-01 实施

中华人民共和国国家质量监督检验检疫总局
中国国家标准化管理委员会　发布

前言

GB/T 14643《工业循环冷却水中菌藻的测定方法》分为以下几个部分：

——第1部分：黏液形成菌的测定　平皿计数法

——第2部分：土壤菌群的测定　平皿计数法

——第3部分：黏泥真菌的测定　平皿计数法

——第4部分：土壤真菌的测定　平皿计数法

——第5部分：硫酸盐还原菌的测定　MPN法

——第6部分：铁细菌的测定　MPN法

本部分为GB/T 14643的第6部分。

本部分代替GB/T 14643.6—1993《工业循环冷却水中铁细菌的测定　MPN法》。

本部分与GB/T 14643.6—1993相比，在技术内容上并无变化，只是对文本结构和文字进行了修改。

本部分的附录A、附录B、附录C为规范性附录。

本部分由中国石油和化学工业协会提出。

本部分由全国化学标准化技术委员会水处理剂分会(SAC/TC 63/SC 5)归口。

本部分负责起草单位：中海油天津化工研究设计院、天津正达科技有限责任公司。

本部分主要起草人：朱传俊、张全、邵宏谦。

本部分于1993年首次发布。

工业循环冷却水中菌藻的测定方法
第6部分：铁细菌的测定　MPN法

1　范围

GB/T 14643 的本部分规定了工业循环冷却水中铁细菌的测定方法。

本部分适用于工业循环冷却水中铁细菌的测定，也适用于原水、生活用水及粘泥中铁细菌的测定。

2　规范性引用文件

下列文件中的条款通过 GB/T 14643 的本部分的引用而成为本部分的条款。凡是注日期的引用文件，其随后所有的修改单(不包括勘误的内容)或修订版均不适用于本部分，然而，鼓励根据本部分达成协议的各方研究是否可使用这些文件的最新版本。凡是不注日期的引用文件，其最新版本适用于本部分。

GB/T 603　化学试剂　试验方法中所用制剂及制品的制备(GB/T 603—2002，ISO 6353-1:1982，NEQ)

GB/T 6682　分析实验室用水规格和试验方法(GB/T 6682—2008，ISO 3696:1987，MOD)

3　方法提要

本法采用多试管发酵技术，在(29±1)℃培养 14 d，如果试管内棕色消失而且形成褐色或黑色沉淀，表明阳性反应，采用 MPN 技术，对被测试样中的铁细菌进行计数。

4　试剂和材料

本部分所用试剂，除非另有规定，应使用分析纯试剂和符合 GB/T 6682 中三级水的规定。

试验中所需制剂及制品，在没有注明其他要求时，均按 GB/T 603 之规定制备。

4.1　硫酸镁。

4.2　硫酸铵。

4.3　磷酸氢二钾。

4.4　氯化钙。

4.5　硝酸钠。

4.6　柠檬酸铁铵。

4.7　氯化钠。

4.8　氢氧化钠溶液：40 g/L。

4.9　盐酸溶液：1+11。

4.10　硫代硫酸钠。

4.11　乙醇溶液：75%(体积分数)。

4.12　牛皮纸。

4.13　医用脱脂棉。

5　仪器、设备

5.1　无菌箱(室)或超净工作台。

5.2　蒸汽压力灭菌器。

5.3　生化培养箱。

5.4 电热干燥箱:温度可控制在 60 ℃～280 ℃。

5.5 刻度吸管:1 mL。

5.6 刻度吸管:5 mL。

5.7 试管:150 mm×15 mm。

5.8 试管架。

5.9 磨口三角瓶:100 mL。

5.10 磨口试剂瓶:1 000 mL。

5.11 容量瓶:1 000 mL。

6 试验前准备

6.1 培养基的制备

称取下列试剂:

硫酸镁 0.5 g;

硫酸铵 0.5 g;

磷酸氢二钾 0.5 g;

氯化钙 0.2 g;

硝酸钠 0.5 g;

柠檬酸铁铵 10.0 g。

将上述试剂溶解在 1 000 mL 水中,用氢氧化钠溶液或盐酸溶液调节 pH 至 6.8±0.2,并分装在试管中,每管 5 mL,塞上棉塞,数支一捆,每捆管口用牛皮纸包扎,用蒸汽压力灭菌器于(121±1)℃灭菌 15 min。

6.2 无菌稀释水的制备

6.2.1 生理盐水的配制:称取 8.5 g 氯化钠溶解在 1 000 mL 水中,混匀。

6.2.2 将生理盐水分装在 100 mL 磨口三角瓶中,每瓶 45 mL。每个三角瓶塞子和瓶口间插入一小纸片,塞紧瓶塞,每个瓶子的瓶口用牛皮纸包扎以防污染,用蒸汽压力灭菌器于(121±1)℃灭菌 15 min。

6.3 刻度吸管的灭菌

6.3.1 将洗净并烘干后的刻度吸管粗端塞上医用脱脂棉,棉花量要适宜,长度大约 10 mm～15 mm,棉花不宜露在口外,多余的棉花可以用火焰烧掉。

6.3.2 每支刻度吸管用一条约 40 mm～50 mm 宽的牛皮纸条,以 45°左右角度螺旋形卷起来,吸管的尖端在头部,粗端用多余的纸条折叠打结,不使散开,标上度量,若干支扎成一束,置电热干燥箱中,于(160±2)℃灭菌 2 h。

6.4 采样瓶的灭菌

将洗净并烘干后的 1 000 mL 磨口试剂瓶瓶口和瓶颈用牛皮纸裹好,扎紧,置电热干燥箱中,于(160±2)℃灭菌 2 h。

6.5 硫代硫酸钠灭菌

将硫代硫酸钠放入无菌箱(室)内,并均匀地摊在离紫外线灯 30 cm 处,灭菌 30 min。

7 测定步骤

7.1 水样的采集

7.1.1 用无菌采样瓶采集被测样品,在采样过程中,要保护瓶口和颈部,防止这些部分受杂菌污染,瓶内要留下足够的空间,以备测定之前摇匀。

7.1.2 若采集的水中有余氯,应在采样前,在无菌操作下,于无菌采样瓶中加入灭过菌的硫代硫酸钠,加入的量为每升水样约 0.1 g。

7.1.3 水样采集后应立即进行测定,如果在 2 h 内不能进行测定,应把水样放在冰箱中于 4 ℃～10 ℃

保存,存放时间不宜超过 24 h。经冷冻保存后的水样需测定时,从冰箱中取出,于 30 ℃左右活化 4 h~5 h,再进行测定。

7.2 无菌箱(室)灭菌

把试验所用的无菌培养基、无菌稀释水、无菌吸管等用品放入无菌箱(室)内,打开紫外线灯灭菌 30 min。

7.3 水样的稀释和接种

7.3.1 水样放入灭过菌的无菌箱(室)中,立即用 75%乙醇溶液浸泡的医用脱脂棉球擦手,点燃无菌箱(室)内的酒精灯。

对水样的稀释和接种的操作应在无菌箱(室)内的火焰区进行。

7.3.2 选择适宜的稀释度,应使最后一个稀释度接种培养后无铁细菌生长,在空白稀释水样瓶上标上稀释度数。

7.3.3 用 10 倍稀释法稀释水样,即用 5 mL 无菌吸管吸取 5 mL 水样注入到 45 mL 空白稀释水中充分摇匀,此时稀释度为 10^{-1}。

7.3.4 另取一支 5 mL 无菌吸管吸取 5 mL 稀释度为 10^{-1} 水样注入到第二个稀释水中,充分摇匀,此时稀释度为 10^{-2},依次类推,直至需要的稀释度为止。

7.3.5 将水样(包括稀释水样)分别接种于装有培养基的试管中,试管置试管架上,每个稀释度重复接种 5 管(根据需要也可重复接种 3 管或 4 管),每管接种 1 mL,每接一个稀释度更换一支无菌吸管。

7.3.6 另取一组试管培养基不接水样,作为空白。

7.4 培养

在生化培养箱中于(29±1)℃培养 14 d。

8 计数与报告

8.1 凡产生褐色或黑色沉淀且原培养基中棕色消失变为透明状者,表明有铁细菌存在,以“+”(阳性)表示,其余试管以“—”(阴性)表示。

8.2 如果空白出现阳性反应,表明测定过程中有污染,本次测定无效。

8.3 算出 10 进位稀释管中阳性试管数,以阳性组合指数记录下来。

8.4 在 10 进位稀释中多于三个稀释度时,阳性组合的指数只需要用其中依次的三个稀释度,对这三个稀释度的决定是先选出 5 管全部阳性反应的最大稀释度,然后选出其次相连的两个更高的稀释度,算出阳性组合指数(见表 1 示例 1、2、4)。

8.5 若按照 8.4 所规定的原则选出三个稀释度后,有更高的稀释仍然产生一个阳性试管,就应该将这一个阳性试管并入所选择的最高稀释的阳性结果中(见表 1 示例 3)。

8.6 根据阳性组合的指数,查表 A.1 得出最大可能的菌数(MPN)除以阳性组合指数的第一位数字的稀释度数,即为每毫升水样中铁细菌的菌数(如果每个稀释度重复接种 4 管或 3 管,根据阳性组合的指数查“附录 B”表 B.1 或“附录 C”表 C.1)。

表 1

示例	稀释度、生长情况及阳性试管数					阳性组合指数	报告方式 个/mL
	10^0	10^{-1}	10^{-2}	10^{-3}	10^{-4}		
1	+++++ 5	+++++ 5	++——— 2	————— 0	————— 0	520	$5.0/10^{-1}=50$
2	+++++ 5	++++— 4	++——— 2	————— 0	————— 0	542	$25/10^0=25$
3	+++++ 5	+++—— 3	+———— 1	+———— 1	————— 0	532	$14/10^0=14$
4	+++++ 5	+++++ 5	+++++ 5	+———— 1	————— 0	510	$3.5/10^{-2}=3.5\times10^2$

9 精密度

9.1 由于微生物是不稳定的，精确的试验不能实现，精密度的表达仅能按 MPN 程序。

9.2 在样品中细菌的分布是不规则的，有时细菌成倍地吸附到小颗粒上，MPN 正确度随着平行管的增加而增加，当使用 5 个平行管，每管加 1 mL 样品时，测定结果的置信度为 95%。

附 录 A
（规范性附录）
五个平行管最大可能的菌数

五个平行管最大可能的菌数见表 A.1。

表 A.1

指数	个/mL	指数	个/mL	指数	个/mL	指数	个/mL
000	0.0	203	1.2	400	1.3	513	8.5
001	0.2	210	0.7	401	1.7	520	5.0
002	0.4	211	0.9	402	2.0	521	7.0
010	0.2	212	1.2	403	2.5	522	9.5
011	0.4	220	0.9	410	1.7	523	12.0
012	0.6	221	1.2	411	2.0	524	15.0
020	0.4	222	1.4	412	2.5	525	17.5
021	0.6	230	1.2	420	2.0	530	8.0
030	0.6	231	1.4	421	2.5	531	11.0
100	0.2	240	1.4	422	3.0	532	14.0
101	0.4	300	0.8	430	2.5	533	17.0
102	0.6	301	1.1	431	3.0	534	20.0
103	0.8	302	1.4	432	4.0	535	25.0
110	0.4	310	1.1	440	3.5	540	13.0
111	0.6	311	1.4	441	4.9	541	17.0
112	0.8	312	1.7	450	4.0	542	25.0
120	0.6	313	2.0	451	5.0	543	30.0
121	0.8	320	1.4	500	2.5	544	35.0
122	1.0	321	1.7	501	3.0	545	45.0
130	0.8	322	2.0	502	4.0	550	25.0
131	1.0	330	1.7	503	6.0	551	35.0
141	1.1	331	2.0	504	7.5	552	60.0
200	0.5	340	2.0	510	3.5	553	90.0
201	0.7	341	2.5	511	4.5	554	160.0
202	0.9	350	2.5	512	6.0	555	180.0

附 录 B
（规范性附录）
四个平行管时最大可能菌数

四个平行管时最大可能菌数见表B.1。

表 B.1

指数	个/mL	指数	个/mL	指数	个/mL	指数	个/mL
000	0.0	113	1.3	231	2.0	402	5.0
001	0.2	120	0.8	240	2.0	403	7.0
002	0.5	121	1.1	241	3.0	410	3.5
003	0.7	122	1.3	300	1.1	411	5.5
010	0.2	123	1.6	301	1.6	412	8.0
011	0.5	130	1.1	302	2.0	413	11.0
012	0.7	131	1.4	303	2.5	414	14.0
013	0.9	132	1.6	310	1.6	420	6.0
020	0.5	140	1.4	311	2.0	421	9.5
021	0.7	141	1.7	312	3.0	422	13.0
022	0.9	200	0.6	313	3.5	423	17.0
030	0.7	201	0.9	320	2.0	424	20.0
031	0.9	202	1.2	321	3.0	430	11.5
040	0.9	203	1.6	322	3.5	431	16.5
041	1.2	210	0.9	330	3.0	432	20.0
100	0.3	211	1.3	331	3.5	433	30.0
101	0.5	212	1.6	332	4.0	434	35.0
102	0.8	213	2.0	333	5.0	440	25.0
103	1.0	220	1.3	340	3.5	441	40.0
110	0.5	221	1.6	341	4.5	442	70.0
111	0.8	222	2.0	400	2.5	443	140.0
112	1.0	230	1.7	401	3.5	444	160.0

附　录　C
（规范性附录）
三个平行管最大可能的菌数

三个平行管最大可能的菌数见表C.1。

表C.1

指数	个/mL	指数	个/mL	指数	个/mL
000	0.0	201	1.4	302	6.5
001	0.3	202	2.0	310	4.5
010	0.3	210	1.5	311	7.5
011	0.6	211	2.0	312	11.5
020	0.6	212	3.0	313	16.5
100	0.4	220	2.0	320	9.5
101	0.7	221	3.0	321	15.0
102	1.1	222	3.5	322	20.0
110	0.7	223	4.0	323	30.0
111	1.1	230	3.0	330	25.0
120	1.1	231	3.5	331	45.0
121	1.5	232	4.0	332	110.0
130	1.6	300	2.5	333	140.0
200	0.9	301	4.0		

STANDARDS PRESS OF CHINA

ICS 47.080
U 37

中华人民共和国国家标准

GB/T 14652.1—2009/ISO 7840:2004
代替 GB/T 14652.1—2001

小艇　耐火燃油软管

Small craft—Fire-resistant fuel hoses

（ISO 7840:2004,IDT）

2009-03-09 发布　　2009-11-01 实施

中华人民共和国国家质量监督检验检疫总局
中国国家标准化管理委员会　发布

前　言

GB/T 14652 分为两部分：

——第 1 部分：耐火燃油软管；

——第 2 部分：非耐火燃油软管。

本部分为 GB/T 14652 的第 1 部分。

本部分等同采用 ISO 7840:2004《小艇　耐火燃油软管》。

本部分代替 GB/T 14652.1—2001《小艇　耐火燃油软管》。

本部分与 GB/T 14652.1—2001 相比，主要有下列变化：

——将“公称内径”改为“内径”；

——试验环境温度从“23 ℃”改为“(23±2)℃”；

——第 4 章表 1 中增加了“d=7、9.5、19、38”四种内径标准；

——5.1“1.36MPa” 改为“1.4MPa”；

——5.3“30%”改为“35%”；

——5.6 “2 倍”改为“7 倍”；

——增加了低温弯曲特性试验，磨损试验，耐干热试验，耐油试验，附着力试验；

——燃油渗透率单位统一为“g/(m^2・24 h)”，以 24 h 为时间单位；

——修改了第 6 章；

——附录 A 图中的部分构件尺寸允许有一定量的误差，并将所有构件进行了编号和说明，增加了第 8 项：金属隔热板。

本部分的附录 A 和附录 B 是规范性附录。

本部分由中国船舶工业集团公司提出。

本部分由全国小艇标准化技术委员会归口。

本部分起草单位：中国船舶工业集团公司第七〇八研究所。

本部分主要起草人：景宝金。

本部分所代替标准的历次版本发布情况为：

——GB 14652—1993、GB/T 14652.1—2001。

小艇　耐火燃油软管

1　范围

GB/T 14652 的本部分规定了在艇长不大于 24 m 的小艇上，设计用于工作压力不超过 0.34 MPa、内径不大于 10 mm 及以下；和不超过 0.25 MPa，内径大于 10 mm 的输送汽油和柴油的耐火燃油软管的一般要求和物理试验。

本部分适用于艇内装有永久固定燃油系统的小艇所用的软管，不适用于完全位于艇艉井内并与舷外机直接连接的小艇所用的软管。

非耐火燃油软管的技术要求见 GB/T 14652.2《小艇　非耐火燃油软管》。

2　规范性引用文件

下列文件中的条款通过 GB/T 14652 的本部分的引用而成为本部分的条款。凡是注日期的引用文件，其随后所有的修改单（不包括勘误的内容）或修订版均不适用于本部分，然而，鼓励根据本部分达成协议的各方研究是否可使用这些文件的最新版本。凡是不注日期的引用文件，其最新版本适用于本部分。

ISO 3:1973　优先数　优先数系列

ISO 1307:1992　一般工业用途的橡胶和塑料软管　内径及其公差和长度公差

ISO 1402:1994　橡胶和塑料软管及软管组合件　液压试验

ISO 1817:2005　硫化橡胶　液体影响的测定

ISO 7233:2006　橡胶和塑料软管及软管组合件　真空性能的测定

ISO 7326:2006　橡胶和塑料软管　静态条件下耐臭氧性能的评定

ISO 10088:2001　小艇　永久性安装的燃油系统和固定式燃油柜

3　一般要求

软管内表面应光滑，且无气孔、化学杂质及其他缺陷。

软管应符合第 5 章中各项试验的要求，以证明其适合于船舶使用。软管的标志应符合第 6 章规定。

4　内径

表 1 按 ISO 3 的 R10 系列列出了部分内径。其公差应如表 1 中所示或符合 ISO 1307:1992 的规定。

表 1　内径及公差

单位为毫米

内径 d	公差	内径 d	公差
3.2	±0.5	16	±0.75
4		19	
5		20	
6.3	±0.75	25	±1.25
7		31.5	
8		38	
9.5		40	±1.5
10		50	
12.5		63	

STANDARDS PRESS OF CHINA

5 成品软管的物理试验

应采用新软管样品进行下述各项试验。

5.1 爆破压力

从软管成品中取出3根软管或试件,按ISO 1817:2005中规定注入试液C。在环境温度为(23±2)℃的空气中放置7 d。

排空试液,并将冷水注入软管或试件,按ISO 1402:1994规定对软管或试件施加爆破压力。

对内径为10 mm或以下的软管,其爆破压力至少应为1.4 MPa;对内径为10 mm以上的软管,此压力至少应为1.0 MPa。

5.2 真空试验

按ISO 7233:2006规定的方法A,采用表2中规定的试验条件进行试验。

表2 真空试验的压力条件

内径 d/mm	真空度/kPa
$d \leqslant 10$	80
$10 < d \leqslant 25$	35
$d > 25$	不要求试验

试验时间应为60 s,所采用球体的直径为$0.8d$(软管内径)。

5.3 在液体C中的体积变化

按ISO 1817:2005规定的方法测定软管(管子和外护层)体积的变化。

在环境温度为(23±2)℃下,将试件置于液体C中(70±2) h。

如果软管由单一化合物(有或无增强材料)制成,则其在液体C中的体积膨胀与其在水中的体积相比不应超过35%。对内层为耐燃油材料而外护层为另一种主要用于耐风雨和耐臭氧材料的软管,其在液体C中的体积增加,对管子内层不应超过35%,而对外护层不应超过120%。

5.4 在液体C中的质量减少

按ISO 1817:2005中规定的方法测定内层质量的减少,从软管成品中取出三根软管或试件,按ISO 1817:2005中规定注入试液C。在环境温度(23±2)℃的空气中放置7 d。

内层质量的减少不应超过该试件原始质量的8%。

注:质量减少8%相当于体积减少约10%。

5.5 耐火

软管试样按附录A规定的方法进行试验。

5.6 臭氧作用

软管应按ISO 7326:2006规定的方法1进行试验,并以7倍放大镜观察,试样不应出现可见裂纹。

5.7 燃油渗透

应作渗透率试验。当按附录B或等效方法作试验时,软管应以下列方法分级并以第6章的方法标记:

a) 1级:软管的渗透率小于或等于100 g/(m^2·24 h);

b) 2级:软管的渗透率大于100 g/(m^2·24 h),但小于或等于300 g/(m^2·24 h)。

5.8 低温弯曲特性测试

在环境温度(−20±2)℃的条件下,对于内径小于等于19 mm的直软管放置5 h后,将其沿软管最大外径10倍的芯轴中心线弯曲180°,此弯曲应能在4 s内完成,且试件内外层不产生损伤和裂纹等缺陷。

对于内径大于19 mm的直管或预制软管,可以在软管上切下3段100 mm×6 mm的试件,依照上述低温环境，将试件按其自然状态夹在 50 mm 宽、间距为 64 mm 的两个夹钳中，然后再突然移动夹钳，使其间距压缩为 25 mm，这时试件应无破裂、断裂等破坏。

5.9 磨损试验——38 mm 及以上内径嵌有金属丝加强的燃油软管

应选择 38 mm 内径试件进行试验。大于 38 mm 内径的软管应通过测试来验证其材料结构和敷料厚度均不小于 38 mm 的试件材料。

试验时，测试 3 个内径为 38 mm 的样品，环境温度为(23±2)℃，相对湿度为(50±5)%，至少保持 24 h。试验软管应轴向支撑并以(80±2) r/min 匀速转动。试验软管与 80 目的 Al_2O_3 砂布(或类似砂布)表面摩擦，砂布应保持与软管纵向轴线平行。砂布的接触面应为(25±5) mm×(75±5) mm 且粘于硬物表面，并以(45±5)N 的力前后分别运动(75±5) mm。一次试验应使软管旋转 360°且磨损表面分别向前、后运动一次。经过 1 000 次循环后，3 个试件在磨损面处应没有金属丝加强环暴露出来。

5.10 耐干热试验

在环境温度为(100±2)℃中放置 70 h 后，试件的外表材料的拉伸强度损失应不大于 20%，或者其拉伸强度应不低于未加热试件的 50%。

5.11 耐油试验

在环境温度为(100±2)℃时，将试件浸没于 ISO 1817:2005 中规定的 3 号油中 70 h，取自管段的试件材料的拉伸强度减少应不大于 40%，或者体积变化不超出浸前试件的(−5～25)%。取自覆盖层试件外表的材料体积变化应在(0～100)%范围之内。

5.12 附着力试验

在(23±2)℃的环境条件下，将 25 mm 宽的管体和外表面材料试件向相反方向分层拉开的拉力应不小于 27 N。

6 标记

符合本标准的软管应至少每隔 0.3 m 作下列标记：

a) 制造厂或供应商的名称或商标；

b) 制造年份(最后 2 位数)；

c) 内径，单位为毫米(mm)；

d) “GB/T 14652.1—2009-A1”或“GB/T 14652.1 7840—2009-A2”。

注：“A”用于标记耐火型燃油软管；“1”用于标记燃油渗透率小于或等于 100 g/(m^2 · 24 h)；“2”用于标记燃油渗透率小于或等于 300 g/(m^2 · 24 h)。

标记的字母和数字的高度应至少为 3 mm，且标记应经受住普通洗涤剂的洗涤。

在标记中可以包括附加内容。

附 录 A
（规范性附录）
耐火试验

A.1 基本要求

使充以庚烷的软管经受火焰。在盘中燃料着火后，软管经受 2.5 min 火焰，应无漏泄。

A.2 取样

至少应取三根软管试样依次进行试验。

A.3 设备

试验应在温度为(20±5)℃的通风遮蔽处所内进行。试验设备应符合如图 A.1 所示的要求。燃料盘应为有垂直周边的 350 mm×350 mm 的方形盘，使用在温度(80～110)℃蒸馏制取的商用庚烷作燃料，燃料和水的温度应为(20±2)℃。

A.4 试验程序

A.4.1 制备

按图 A.1 安装试验设备但不装设任何试验物。因为在试验室内即使有测不出的通风作用，其也会影响火焰，所以应调整燃料盘的位置，尽可能使火焰围绕软管及其一个端头。

应按 ISO 10088:2001 中 6.4 的规定进行软管端头与试验器具的连接(图 A.1)。

A.4.2 试验

打开燃油箱阀，使燃油灌入软管，确保在软管内无残留空气。调整燃油液位到 900 mm。

将 0.5 L 水和 1 L 庚烷倒入燃料盘内，并点燃庚烷。燃料盘的放置应使其两边与试验物平行。确保在试验期间保持稳定的火焰，且使此火焰围绕软管及其一个连接件。

让庚烷燃烧并记录出现漏泄的时间。

当出现漏泄或超过 2.5 min 时，试验结束。

试验时如果火焰极不稳定，以及在至少为 75% 的试验时间内试验软管并未完全暴露于试验条件下，或者如果在任何试验中，漏泄时间与已确定的漏泄时间平均值之差大于 30 s，则应对另外两个试验软管做试验。

每次试验后，燃油管路和燃料盘应冷却至环境温度，才可安装新的试样和重新注入水和燃油。

警告：漏泄可引起大火和燃烧废弃的燃油，因此试验应在不可燃的环境中进行，并备有个人防护设备和消防设备。

单位为毫米

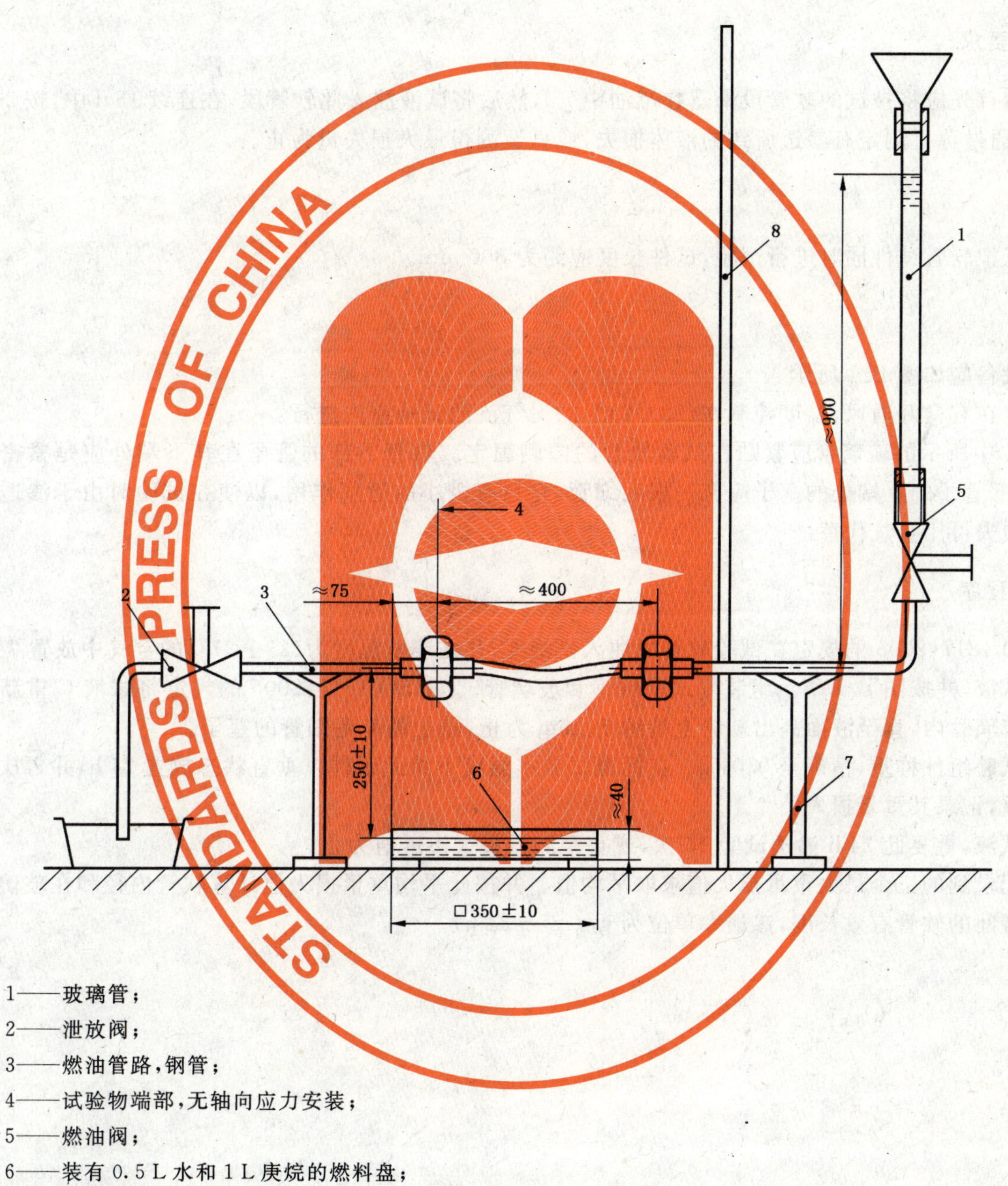

STANDARDS PRESS OF CHINA

1——玻璃管；

2——泄放阀；

3——燃油管路，钢管；

4——试验物端部，无轴向应力安装；

5——燃油阀；

6——装有 0.5 L 水和 1 L 庚烷的燃料盘；

7——钢支架；

8——金属隔热板。

图 A.1

附 录 B
（规范性附录）
燃油渗透试验（或等效测试）

B.1 基本要求

试验前首先应将被试的软管段暴露在燃油中 7 d，然后将试液注入此软管段，在连续 15 d 中，按 24 h 为一周期，通过称重测定有渗透所致的液体损失，或直至测得最大损失量为止。

B.2 取样

应取三根软管试件同时进行试验，试件长度应约为 300 mm。

B.3 设备

试验设备应如图 B.1 所示。

试验应在有良好通风，温度控制在(23±2)℃的无气流的试验室内进行。

图 B.1 中所示的玻璃管应紧贴在试验软管的内侧固定。软管下部的管子在其下端处应是紧密不透油的，上部管子的上端处的塞子应有一根毛细管，它只有极小的通气作用，以使在试验时由于渗透造成的燃油损失可用空气代替。

B.4 试验程序

按 ISO 1817:2005 的规定在试验软管中注入试液 C，并在环境温度为(23±2)℃的空气中放置 7 d。

排空试液，并按图 B.1 所示组装好试验软管和玻璃管。按 ISO 1817:2005 的规定将试液 C 重新注入软管和玻璃管内，直至液面高出软管上端约 70 mm 为止，盖上装有毛细管的塞子。

将此试验组件称重，精确至 0.01 g。在标准试验室温度下将此组件以垂直状态放置 24 h，并再次将此组件称重，记录其重量损失。

排空试液，重复此 24 h 渗透试验 15 次，或直至测得最大渗透值为止。

对所记录到的三个最大重量损失值求取平均值。并按此平均重量损失值计算软管内径和在玻璃管的两个内端间的软管有效长度，渗透率单位为 $g/(m^2 \cdot 24\ h)$。

单位为毫米

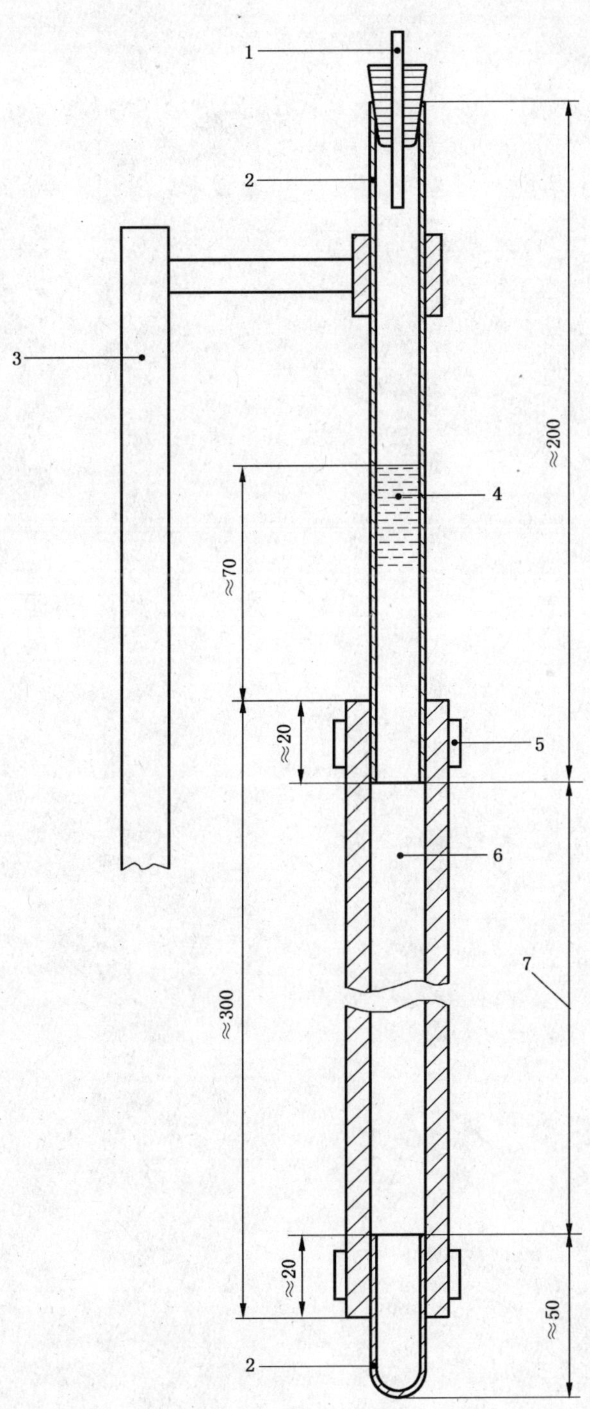

1——毛细管；
2——玻璃管；
3——悬架；
4——试液；
5——软管夹(如需要)；
6——试样；
7——有效长度。

图 B.1

ICS 47.080
U 37

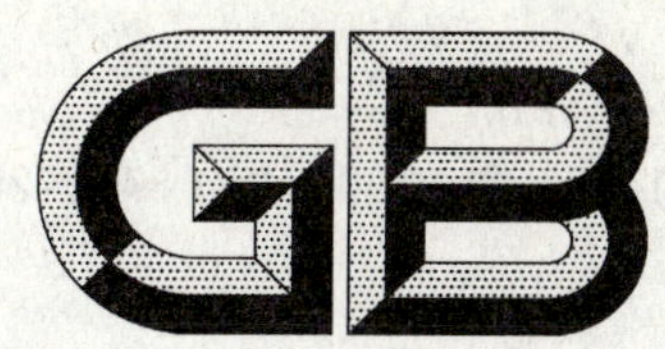

中华人民共和国国家标准

GB/T 14652.2—2009/ISO 8469:2006
代替 GB/T 14652.2—2001

小艇　非耐火燃油软管

Small craft—Non-fire-resistant fuel hoses

(ISO 8469:2006,IDT)

2009-03-09 发布　　　　2009-11-01 实施

中华人民共和国国家质量监督检验检疫总局
中国国家标准化管理委员会　发布

前　言

GB/T 14652 分为两部分：

——第 1 部分：耐火燃油软管；

——第 2 部分：非耐火燃油软管。

本部分为 GB/T 14652 的第 2 部分。

本部分等同采用 ISO 8469:2006《小艇　非耐火燃油软管》。

本部分代替 GB/T 14652.2—2001《小艇　非耐火燃油软管》。

本部分与 GB/T 14652.2—2001 相比，主要有下列变化：

——本部分将"公称内径"改为"内径"；

——试验环境温度从"23 ℃"改为"(23±2)℃"；

——第 4 章的表 1 中增加了"d=7、9.5、19、38"四种内径标准；

——5.3 中"30%"改为"35%"；

——取消了加速老化试验；

——燃油渗透率单位统一为"g/(m^2·24h)"，以 24 h 为时间单位；

——增加了冷弯曲特性测定、磨损试验、耐干试验、耐油试验和附着力试验等内容。

本部分的附录 A 是规范性附录。

本部分由中国船舶工业集团公司提出。

本部分由全国小艇标准化技术委员会归口。

本部分起草单位：中国船舶工业集团公司第七〇八研究所。

本部分主要起草人：景宝金。

本部分所代替标准的历次版本发布情况为：

——GB 14652—1993、GB/T 14652.2—2001。

小艇　非耐火燃油软管

1　范围

GB/T 14652 的本部分规定了在艇长不大于 24 m 的小艇上，设计用于工作压力不超过 0.34 MPa，内径不大于 10 mm 和不超过 0.25 MPa，内径小于 63 mm 的输送汽油和柴油的非耐火燃油软管的一般要求和物理试验。

本部分适用于艇内装有永久固定燃油系统的小艇所用的软管。

耐火燃油软管的技术要求见 GB/T 14652.1《小艇　耐燃油软管》。

2　规范性引用文件

下列文件中的条款通过 GB/T 14652 的本部分的引用而成为本部分的条款。凡是注日期的引用文件，其随后所有的修改单(不包括勘误的内容)或修订版均不适用于本部分，然而，鼓励根据本部分达成协议的各方研究是否可使用这些文件的最新版本。凡是不注日期的引用文件，其最新版本适用于本部分。

ISO 3:1973　优先数　优先数系列

ISO 1307:1992　橡胶和塑料软管　内径及其公差和切段长度公差

ISO 1402:1994　橡胶和塑料软管及软管组合件　液压试验

ISO 1817:2005　硫化橡胶　液体影响的测定

ISO 7233:2006　橡胶和塑料软管及软管组合件　真空性能的测定

ISO 7326:2006　橡胶和塑料软管　静态条件下耐臭氧性能的评定

3　一般要求

管内表面应光滑，且无气孔、化学杂质及其他缺陷。

软管应符合第 5 章中各项试验的要求，以证明其适合于船舶使用。软管的标志应符合第 6 章规定。

4　内径

表 1 按 ISO 3 的 R10 系列列出了部分内径。其公差应如表 1 中所示或符合 ISO 1307:1992 的规定。

表 1　内径及公差

单位为毫米

内径 d	公差	内径 d	公差
3.2	±0.5	16	±0.75
4		19	
5		20	
6.3	±0.75	25	±1.25
7		31.5	
8		38	
9.5		40	±1.5
10		50	
12.5		63	

5 成品软管的物理试验

应采用新管或一段软管样品进行下述各项试验。

5.1 压力试验

从软管成品中取出三根软管或试件，按 ISO 1817:2005 中规定注入试液 C。在环境温度为(23±2)℃的空气中放置 7 d。

排空试液，并将冷水注入软管或试件，按 ISO 1402:1994 规定，对软管或试件施加静压力。

对内径为 10 mm 或以下的软管，其静压力至少应为 1.4 MPa；对内径为 10 mm 以上的软管，此压力至少应为 1.0 MPa。

5.2 真空试验

按 ISO 7233:2006 规定的方法 A，采用表 2 中规定的试验条件进行试验。

表 2 真空试验的压力条件

内径 d/mm	真空度/kPa
$d \leqslant 10$	80
$10 < d \leqslant 25$	35
$d > 25$	不要求试验

试验时间应为 60 s，所采用球体的直径为 0.8d(软管内径)，球体应能在真空条件下自由穿越软管。

5.3 在液体 C 中的体积变化

按 ISO 1817:2005 规定的方法测定软管(管子和外护层)体积的变化。

在环境温度为(23±2)℃下，将试件置于液体 C 中(70±2)h。

如果软管由单一化合物(有或无增强材料)制成，则其在液体 C 中的体积膨胀不应超过 35%。对于主要用于耐风雨和耐臭氧，内层为耐燃油材料，而外护层为另一种材料的软管，其在液体 C 中的体积增加，对管子内层不应超过 35%，而对外护层不应超过 120%。

5.4 在液体 C 中的质量减少

按 ISO 1817:2005 中规定的方法测定内层质量的减少。从软管成品中取出三根软管或试件，按 ISO 1817:2005 中规定注入试液 C。在环境温度为(23±2)℃的空气中放置 7 d。

内层质量的减少不应超过该试件原始质量的 8%。

注：质量减少 8%相当于体积减少约 10%。

5.5 臭氧作用

软管应按 ISO 7326:2006 规定的方法 1 进行试验，并以 2 倍放大镜观察，试样不应出现可见裂纹。

5.6 燃油渗透

渗透率应当按附录 A 中所述的方法或等效方法作试验时确定。软管应以下列方法分级并以第 6 章方法标记：

a) 1 级：软管的渗透率小于或等于 100 g/(m^2·24 h)；

b) 2 级：软管的渗透率大于 100 g/(m^2·24 h)，但小于或等于 300 g/(m^2·24 h)。

5.7 冷弯曲特性测试

在环境温度为(−20±2)℃的条件下，对于内径不大于 19 mm 的直软管放置 5 h 后，将其沿中心线旋转 180°方向后弯曲成 10 倍于外径的圆环，应能在 4 s 内完成，且试件内外层均不产生损伤和裂纹等缺陷。

对于内径大于 19 mm 的直管或预制软管，可以在软管上切下三段 100 mm×6 mm 的试件，依照上述低温环境，将试件按其自然状态夹在 50 mm 宽，间距为 64 mm 的两个夹钳中，然后再突然移动夹钳，使其压缩为 25 mm，这时试件应无破裂、断裂等破坏。

5.8 磨损试验——38 mm 及以上内径嵌有金属丝加强的燃油软管

应选择 38 mm 内径试件进行测试。大于 38 mm 内径的软管其材料结构和敷料厚度均不小于38 mm 的试件材料。

测试三个 38 mm 内径的样品，环境温度为(23±2)℃，相对湿度为(50±5)%，至少保持 24 h。试验软管应轴向支撑并以(80±2)r/min 的转速匀速转动。试验软管与 80 目的 Al_2O_3 砂布(或同类砂布)表面摩擦，砂布应保持与软管纵向轴线平行。砂布的接触面应为(25±5)mm×(75±5)mm 且粘于硬物表面，并以(45±5)N 的力前后分别运动(75±5)mm。一次试验应使软管旋转 360°且磨损表面分别向前、后运动一次。经过 1 000 次循环后，三个试件在磨损面处应没有金属丝加强环暴露出来。

5.9 耐干热试验

在环境温度为(100±2)℃中放置 70 h 后，试件的外表材料的拉伸强度损失应不大于 20%，或者其拉伸强度应不低于未加热试件的 50%。

5.10 耐油试验

在环境温度为(100±2)℃时，将试件浸没于 ISO 1817:2005 中的 3 号油中 70 h，试件外面材料的拉伸强度减少应不大于 40%，或者体积变化不超出浸前试件的(-5～25)%。试件外表材料的体积变化应不大于(0～100)%。

5.11 附着力试验

在(23±2)℃的环境条件下，将 25 mm 宽的管体和外表面材料试件向相反方向分层拉开的拉力应不小于 27 N。

6 标记

符合本部分的软管应至少每隔 0.3 m 作下列标记：

a) 制造厂或供应商的名称或商标；

b) 制造年份(最后 2 位数)；

c) 内径，单位为毫米(mm)；

d) “GB/T 14652.2—2009-B1”或“GB/T 14652.2—2009-B2”。

注：“B”用于标记非耐火型燃油软管；“1”用于标记燃油渗透率小于或等于 100 g/(m^2·24 h)；“2”用于标记燃油渗透率小于或等于 300 g/(m^2·24 h)。

标记的字母和数字的高度应至少为 3 mm，且标记应经受住普通洗涤剂的洗涤。

在标记中可以包括附加内容。

STANDARDS PRESS OF CHINA

附　录　A
（规范性附录）
燃油渗透试验（或等效测试）

A.1　基本要求

试验前首先应将被试的软管段暴露在燃油中 7 d，然后将试液注入此软管段，在连续 15 d 中，按 24 h 为一周期，通过称重测定有渗透所致的液体损失，或直至测得最大损失量为止。

A.2　取样

应有三根软管试件同时进行试验，试件长度应约为 300 mm。

A.3　设备

试验设备应如图 A.1 所示。

试验应在有良好通风，温度控制在环境温度(23±2)℃的无气流的试验室内进行。

图 A.1 中所示的玻璃管应紧贴在试验软管的内侧固定。软管下部的管子在其下端处应是紧密不透油的，上部管子的上端处的塞子应有一根毛细管，它只有极小的通气作用，以使在试验时由于渗透造成的燃油损失可用空气代替。

A.4　试验程序

按 ISO 1817:2005 的规定在试验软管中注入试液 C，并在标准试验室温度为(23±2)℃的空气中放置 7 d。

倒空试液，并按图 A.1 所示组装好试验软管和玻璃管。按 ISO 1817:2005 的规定将试液 C 重新注入软管和玻璃管内，直至液面高出软管上端约 70 mm 为止，盖上装有毛细管的塞子。

将此试验组件称重，精确至 0.01 g。在标准试验室温度下将此组件以垂直状态放置 24 h，并再次将此组件称重，记录其重量损失。

倒空试液，重复此 24 h 渗透试验 15 次，或直至测得最大渗透值为止。

对所记录到的三个最大重量损失值求取平均值。并按此平均重量损失值计算软管内径和在玻璃管的两个内端间的软管有效长度，渗透率单位为 g/(m^2 · 24 h)。

单位为毫米

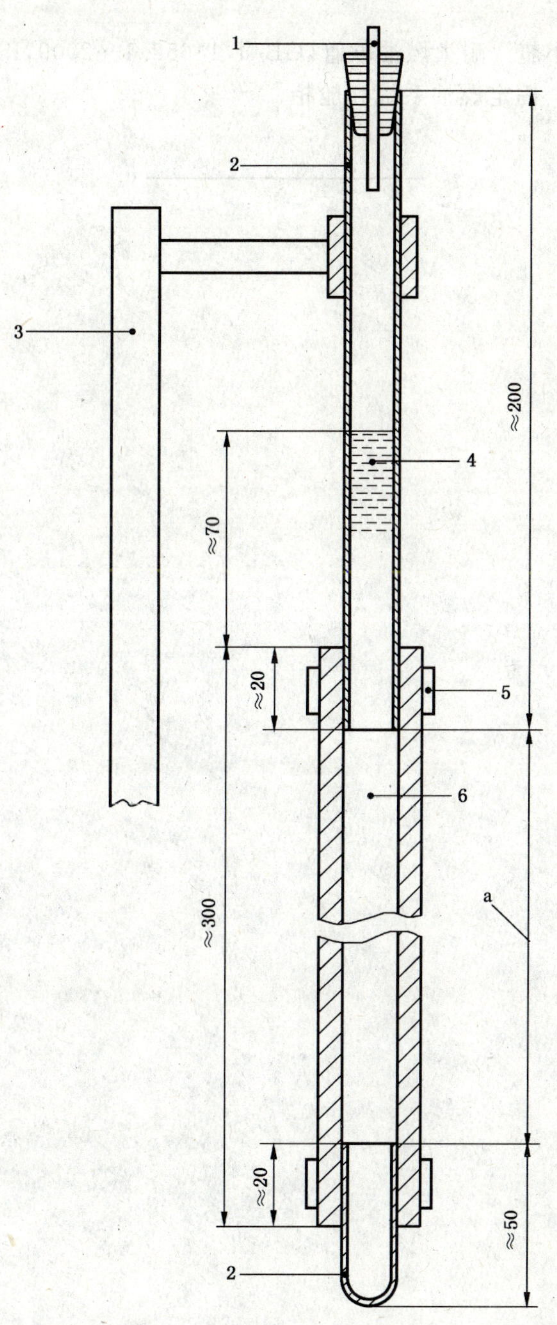

1——毛细管；
2——玻璃管；
3——悬架；
4——试液；
5——软管夹(如需要)；
6——试样。
a 有效长度。

图 A.1　燃油渗透试验设备

参考文献

[1] GB/T 14652.1 小艇 耐火燃油软管(GB/T 14652.1—2009,ISO 7840:2004,IDT)

[2] ISO 10088 小艇 固定燃油系统和舱柜

ICS 13.220.40
C 82

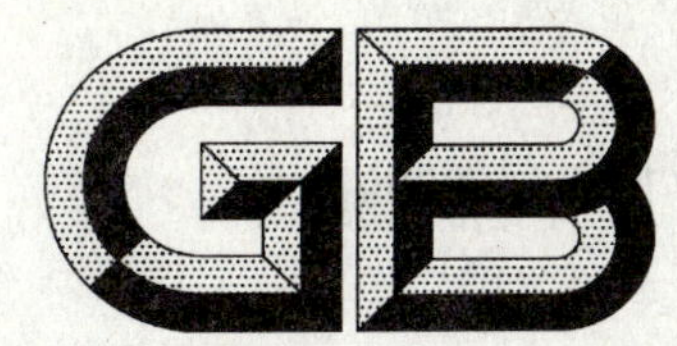

中华人民共和国国家标准

GB/T 14656—2009
代替 GB/T 14656—1993

阻燃纸和纸板燃烧性能试验方法

Test method for burning behavior of flame-retardant paper and board

2009-03-11 发布　　　　2009-11-01 实施

中华人民共和国国家质量监督检验检疫总局
中国国家标准化管理委员会　发布

前言

本标准修改采用ASTM D777—97(2002)《阻燃纸和纸板的标准燃烧性能试验方法》(英文版)。考虑到我国国情,在采用ASTM D777—97(2002)时,本标准做了一些修改。有关技术性差异已编入正文中并在它们所涉及的条款的页边空白处用垂直单线标识。在附录A中列出了本标准章条编号与ASTM D777—97(2002)章条编号的对照一览表。在附录B中给出了这些技术性差异及其原因的一览表以供参考。

为了便于使用,本标准对ASTM D777—97(2002)做了下列编辑性修改:

——标准的名称作了修改;

——用小数点符号"."代替小数点符号","。

本标准代替GB/T 14656—1993《阻燃纸和纸板燃烧性能试验方法》。

本标准与GB/T 14656—1993相比主要变化如下:

——修改了范围中的有关规定(见本版第1章);

——增加了规范性引用文件(见本版第2章);

——修改了术语和定义(见本版第3章);

——修改了试验装置的有关规定(见本版第4章);

——增加了试样状态调节的有关规定(见本版第6章);

——修改了试验程序的有关规定(见本版第7章);

——修改了试验报告的有关规定(见本版第10章)。

本标准的附录A、附录B均为资料性附录。

本标准由中华人民共和国公安部提出。

本标准由全国消防标准化技术委员会防火材料分技术委员会(SAC/TC 113/SC 7)归口。

本标准负责起草单位:公安部四川消防研究所。

本标准主要起草人:赵成刚、邓小兵。

本标准所代替标准的历次版本发布情况为:

——GB/T 14656—1993。

阻燃纸和纸板燃烧性能试验方法

1 范围

本标准规定了阻燃纸和纸板燃烧性能的试验方法。试验方法包括：

a) 试验方法 A：主要用于经阻燃处理，且经水浸洗后阻燃效果受到明显影响的纸或纸板；

b) 试验方法 B：主要用于经阻燃处理，且经水浸洗后阻燃效果未受到明显影响的纸或纸板。

本标准适用于厚度不超过 1.6 mm 的纸和纸板。

2 规范性引用文件

下列文件中的条款通过本标准的引用而成为本标准的条款。凡是注日期的引用文件，其随后所有的修改单（不包括勘误的内容）或修订版均不适用于本标准，然而，鼓励根据本标准达成协议的各方研究是否可使用这些文件的最新版本。凡是不注日期的引用文件，其最新版本适用于本标准。

GB/T 5907 消防基本术语 第一部分

GB/T 10739 纸、纸板和纸浆试样处理和试验的标准大气条件（GB/T 10739—2002，eqv ISO 187：1990）

3 术语和定义

GB/T 5907 中确立的以及下列术语和定义适用于本标准。

3.1

炭化长度 char length

在试验条件下，与试样脱离的炭化材料的长度。

3.2

续燃时间 flaming time

在试验条件下，移开燃烧器火焰后试样持续有焰燃烧的时间。

3.3

灼燃时间 glowing time

试样停止有焰燃烧后，试样持续灼热燃烧的时间。

3.4

非耐洗型阻燃纸或纸板 un-laundering resistant flame-retardant paper and board

在试验条件下，经水浸洗后阻燃效果受到明显影响的纸或纸板。

3.5

耐洗型阻燃纸或纸板 laundering resistant flame-retardant paper and board

在试验条件下，经水浸洗后阻燃效果未受到明显影响的纸或纸板。

4 试验装置

4.1 燃烧试验箱

如图 1 所示，燃烧试验箱由金属板（或其他不燃材料）制作，箱体底部尺寸为（305×355）mm，高 760 mm。试验箱设有供观察燃烧现象的含卡口的玻璃门。箱体顶板下方 25 mm 处设有一块挡板，顶板上均匀分布 16 个直径为 ϕ12.5 mm 的通风孔。箱体两侧面各设有 8 个直径为 ϕ12.5 mm 的通风孔，孔中心距离箱体底边 25 mm。

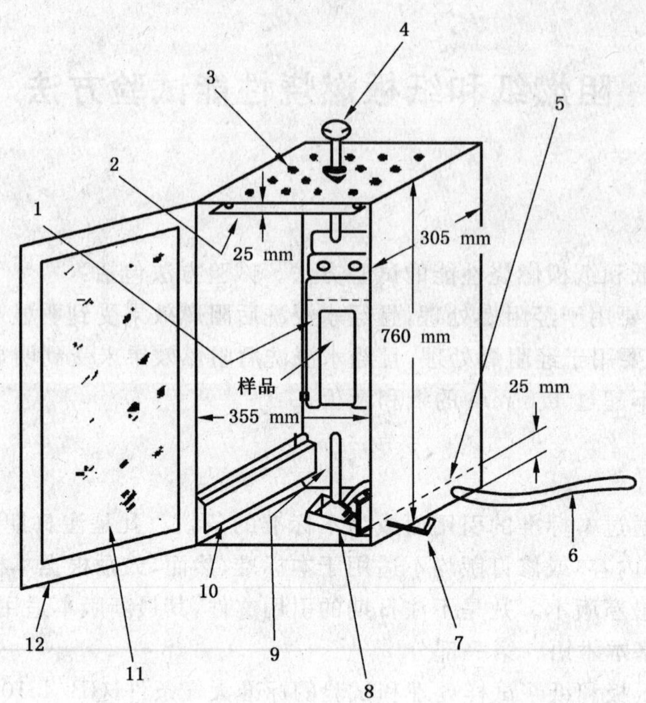

1——试样夹；

2——顶板；

3——通风孔；

4——可旋转试样的球形手柄；

5——通风孔(位于箱体两侧)；

6——供气橡胶管；

7——本生灯定位手柄；

8——本生灯滑槽；

9——本生灯；

10——挡板(位于两侧)；

11——观察窗；

12——绞链门。

图 1 燃烧试验箱

4.2 试样夹

试样夹为一个悬挂于箱体中心的倒"U"型金属夹，可夹持尺寸为(70×210)mm 的试样，夹持后试样的长轴线位于垂直方向。夹持试样时，应沿试样整个长度方向，距试样边缘 10 mm 位置进行夹取，暴露面为(50×210)mm。试样夹应与箱体顶部连接，并能在箱体外部旋转试样夹，以观察试样的两个侧面。

4.3 试验火焰

试验火焰由本生灯提供，灯管内径为 ϕ10 mm，位于试样底边中心处，灯管顶端距离试样底边 19 mm。调节灯管的空气供应量以产生(40±2)mm 高的火焰。本生灯配有拉伸手柄和轨道，在点燃本生灯后可使本生灯滑动至规定位置。

燃气通常可使用天然气或丙烷，输入压力应为(17.2±1.8)kPa。

4.4 记时器

采用精度为 0.2 s 的秒表或电子记时器。

4.5 刻度尺

采用精度为 0.5 mm 的直尺。

5 试样制备

5.1 非耐洗型阻燃纸或纸板

从样品的纵向和横向各切取两块尺寸为(70×210)mm 的试样。将试样分为两组，每组包括一块纵向切取的试样和一块横向切取的试样。

5.2 耐洗型阻燃纸或纸板

从样品的纵向和横向各切取四块尺寸为(70×210)mm 的试样。将试样分为四组，每组包括一块纵向切取的试样和一块横向切取的试样。

6 状态调节

试样应按 GB/T 10739 的规定进行状态调节。

7 试验程序

7.1 试验方法 A

7.1.1 浸洗程序

7.1.1.1 将按 5.2 规定制备的四组试样中的两组试样放入 2 000 mL 的玻璃烧杯中。

7.1.1.2 用一张金属丝网盖住烧杯口，将一根内径约为 ϕ6 mm 的玻璃管插至烧杯底部，通过玻璃管以 12 L/h 的速度向烧杯中连续注入(24±1)℃的蒸馏水(或去离子水)，注入持续时间为 4 h。

7.1.1.3 向烧杯注入蒸馏水(或去离子水)完毕后，从烧杯中取出试样，用纸巾擦除试样表面水分。

7.1.1.4 将试样水平置于(105±3)℃的烘箱中干燥 1 h。

7.1.1.5 将烘干后的试样按第 6 章规定进行状态调节。

7.1.2 点火程序

7.1.2.1 将经状态调节后的试样夹持在试样夹上，并将本生灯火焰高度调节为(40±2)mm。

7.1.2.2 关闭箱门，滑动本生灯，使本生灯火焰直接与试样底边接触 12 s，然后立即移开本生灯火焰。记录试样的续焰时间和灼燃时间。

7.1.3 炭化长度的测量程序

7.1.3.1 从试样夹上取出试样，如图 2 所示，水平把持住试样，用直径 ϕ6 mm 的玻璃棒轻轻拍打试样的炭化区域，以去除松脆的炭渣。

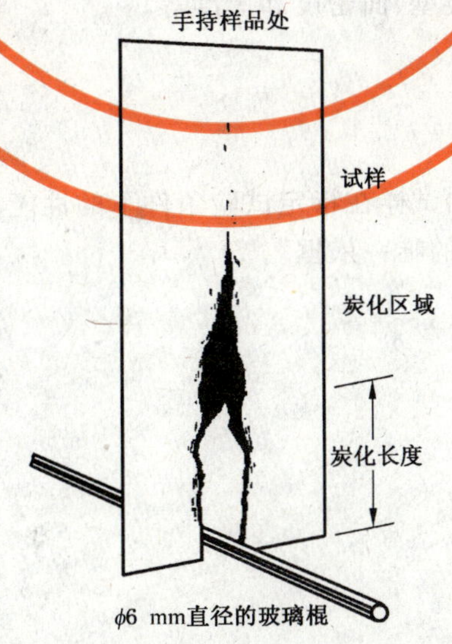

图 2 测量炭化长度

STANDARDS PRESS OF CHINA

7.1.3.2 测量并记录每个空缺区域的最大长度。应从试样底边开始测量,精确至 1 mm。

7.2 试验方法 B

试样不需浸洗烘干,按第 6 章的规定进行状态调节后,依照 7.1.2～7.1.3 规定的程序测试试样。

7.3 非耐洗型阻燃纸或纸板和耐洗型阻燃纸或纸板燃烧性能试验方法

7.3.1 非耐洗型阻燃纸或纸板按试验方法 B 规定进行试验。

7.3.2 耐洗型阻燃纸或纸板分别按试验方法 A 和方法 B 规定进行试验。

8 试验结果的表述

记录并计算纵向和横向试样的续焰时间、灼燃时间和炭化长度的算术平均值,并得到以下结果:

a) 平均续燃时间;

b) 平均灼燃时间;

c) 平均炭化长度。

9 纸或纸板燃烧性能要求

纸或纸板燃烧性能试验结果应符合下列要求:

a) 平均续燃时间≤5 s;

b) 平均灼燃时间≤60 s;

c) 平均炭化长度≤115 mm。

10 试验报告

试验报告应包含样品在每个方向(纵向和横向)上两块试样的下述信息:

a) 试验依据的本标准代号;

b) 实验室的名称和地址;

c) 报告的日期和编号;

d) 委托方的名称和地址;

e) 生产商名称和地址;

f) 到样日期;

g) 制品标识;

h) 试验制品的一般说明,包括类型、面密度和厚度等;

i) 状态调节的详情;

j) 试验日期;

k) 根据第 8 章表述的试验结果;

l) 说明“本试验结果只与制品的试样在特定试验条件下的性能相关,不能将其作为评价该制品在实际使用中潜在火灾危险性的唯一依据”。

附 录 A
(资料性附录)
本标准章条编号与 ASTM D777—97(2002)章条编号对照

表 A.1 给出了本标准章条编号与 ASTM D777—97(2002)章条编号对照一览表。

表 A.1 本标准章条编号与 ASTM D777—97(2002)章条编号对照

本标准章条编号	ASTM D777—97(2002)章条编号
1	1.2 的第一句、1.4、1.5 和 1.6
—	1.1、1.3、1.7 和 1.8
—	2
2	—
3.1～3.5	3.1.1～3.1.5
—	3.2、3.3 和 4
4.1～4.5	5.1～5.5
—	6.1 和 6.2
5.1～5.2	7.1～7.2
6	8.1.2.1
7	8
7.1	8.1
7.1.1	8.1.1
7.1.1.1～7.1.1.5	8.1.1.1、8.1.1.3、8.1.1.4、8.1.1.5 和 8.1.2.1
7.1.2	8.1.2
7.1.2.1～7.1.2.3	8.1.2.2～8.1.2.3
7.1.3	8.1.3
7.1.3.1～7.1.3.2	8.1.3.1～8.1.3.2
7.2	8.2 和 8.2.1
7.3	—
8	8.1.2.3～8.1.3.2
—	9.1～9.3
9	—
10	10.1、10.1.4、10.1.5 和 10.1.6
—	11.1 和 11.2
—	11.1.1～11.1.3
—	12
附录 A	—
附录 B	—

附 录 B
（资料性附录）
本标准与ASTM D777—97(2002)技术性差异及其原因

表B.1给出了本标准与ASTM D777—97(2002)技术性差异及其原因一览表。

表B.1 本标准与ASTM D777—97(2002)技术性差异及其原因

本标准的章条编号	技术性差异	原 因
2	引用了采用国际标准的GB/T 10739，以及GB/T 5907	适合我国国情，强调与GB/T 1.1的一致性
3	去掉了ASTM D777—97(2002)中纸和燃烧两个术语	不需要纸的术语，燃烧术语有标准规定，本标准不再做说明
4.3	将ASTM D777—97(2002)中“注”的内容改为正文，并去掉了特殊燃气配比“混合气体：(55±1)%氮气，(24±1)%甲烷，(3±1)%乙烷，(18±1)%一氧化碳”的要求	这部分要求不适用我国国情
7.3	增加试验方法分类	使试验方法分类表述更清晰
8	去掉ASTM D777—97(2002)中对结果分析的参数	本标准不需要额外说明
9	增加了纸和纸板的阻燃性能要求	保留原国标要求，增强标准适用性，以及对纸或纸板阻燃性能的规范性
10	对ASTM D777—97(2002)中第10章有关试验报告的内容按我国通行的要求进行修改	原标准中对报告内容的规定不适合我国对方法标准的规定
—	删除ASTM D777—97(2002)的3.2、3.3、第4章、第6章	本标准不需要对抽样要求进行说明
—	删除ASTM D777—97(2002)的第12章	列举关键词不符合我国对方法标准的规定

ICS 11.040
C 30

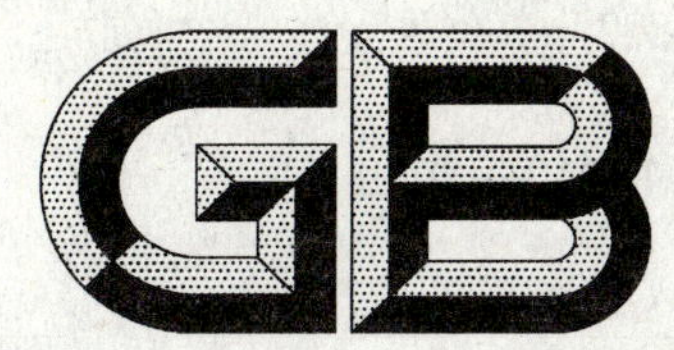

中华人民共和国国家标准

GB/T 14710—2009
代替 GB/T 14710—1993

医用电器环境要求及试验方法

Environmental requirement and test methods for medical electrical equipment

STANDARDS PRESS OF CHINA

2009-11-15 发布 2010-05-01 实施

中华人民共和国国家质量监督检验检疫总局
中国国家标准化管理委员会 发布

前　言

本标准代替 GB/T 14710—1993《医用电气设备环境要求及试验方法》。

本标准与 GB/T 14710—1993 相比，主要变化如下：

——增加了运输试验可以使用运输试验装置的要求；

——修改了基准试验条件的要求；

——增减了有关特殊情况的要求；

——修改了对电源的适应能力的要求和试验方法；

——增加了附录 A“试验要求及检验项目”。

本标准的附录 A 是资料性附录。

本标准由国家食品药品监督管理局提出。

本标准由全国医用电器标准化技术委员会(SAC/TC 10)归口。

本标准由上海市医疗器械检测所负责起草。

本标准主要起草人：何骏、石戴峰。

本标准所代替标准的历次版本发布情况为：

——GB/T 14710—1993。

医用电器环境要求及试验方法

1 范围

本标准规定了医用电器设备(以下简称设备)环境试验的目的、环境分组、运输试验、对电源的适应能力、基准试验条件、特殊情况、试验程序、试验顺序、试验要求、试验方法及引用本标准时应规定的细则。

本标准适用于所有符合医疗器械定义的电气设备或电气系统。

注：例如符合 GB 9706.1 标准中定义的医用电气设备、GB 4793.1 标准中规定的实验室用电气设备及 GB 9706.15 标准中定义的医用电气系统等。

本标准的目的是评定设备在各种工作环境和模拟贮存、运输环境下的适应性。

2 规范性引用文件

下列文件中的条款通过本标准的引用而成为本标准的条款。凡是注日期的引用文件，其随后所有的修改单(不包括勘误的内容)或修订版均不适用于本标准，然而，鼓励根据本标准达成协议的各方研究是否可使用这些文件的最新版本。凡是不注日期的引用文件，其最新版本适用于本标准。

JTG B01—2003 公路工程技术标准

3 环境分组

3.1 设备按气候环境分组

设备按使用条件分为三个基本组别：

a) Ⅰ组

在良好的环境中使用。通常指设备在具有空调等设备的可控环境中使用；

b) Ⅱ组

在一般的环境中使用。通常指设备在具有供暖及通风的环境中使用；

c) Ⅲ组

在恶劣的环境中使用。通常指设备在无保温供暖及通风的环境，以及与此相类似的室外环境中使用。

3.2 设备按机械环境分组

设备按运输、流通条件分为三个基本组别：

a) Ⅰ组

操作时细心，运输、流通时受到轻微的振动和冲击的设备一般指固定、位置很少移动的设备；

b) Ⅱ组

在使用中允许受到一般的振动与冲击的设备，一般指移动方便的设备；

c) Ⅲ组

在频繁的运输、装卸、搬动中允许受到振动与冲击的设备。

3.3 环境试验条件分组

环境试验条件分组详见表1。

表 1 环境试验条件分组

<table>
<tr><th colspan="2" rowspan="2">试验项目</th><th rowspan="2">试验条件</th><th colspan="3">试验分组</th></tr>
<tr><th>Ⅰ组</th><th>Ⅱ组</th><th>Ⅲ组</th></tr>
<tr><td rowspan="8">气候环境条件</td><td>额定工作低温试验</td><td rowspan="4">温度/℃</td><td>10</td><td>5</td><td>−10</td></tr>
<tr><td>低温储存试验</td><td colspan="3">−40</td></tr>
<tr><td>额定工作高温试验</td><td>30</td><td>40</td><td>50</td></tr>
<tr><td>高温储存试验</td><td colspan="2">55</td><td>70</td></tr>
<tr><td rowspan="2">额定工作湿热试验</td><td>温度/℃</td><td>30</td><td>40</td><td>50</td></tr>
<tr><td>相对湿度/%</td><td>70±3</td><td>80±3</td><td>93±3</td></tr>
<tr><td rowspan="2">湿热储存试验</td><td>温度/℃</td><td colspan="2">40</td><td>60</td></tr>
<tr><td>相对湿度/%</td><td colspan="2">93±3</td><td>93±3</td></tr>
<tr><td rowspan="11">机械环境条件</td><td rowspan="5">振动试验</td><td>频率循环范围/Hz</td><td>5～20～5</td><td>5～35～5</td><td>5～55～5</td></tr>
<tr><td>振幅值/mm</td><td>0.15</td><td>0.35</td><td>0.35</td></tr>
<tr><td>扫频循环次数/次</td><td>10</td><td>15</td><td>20</td></tr>
<tr><td>扫频速率</td><td colspan="3">≤1 倍频程/分</td></tr>
<tr><td>工作状态</td><td colspan="3">非工作状态</td></tr>
<tr><td rowspan="6">碰撞试验</td><td>加速度/(m/s^2)</td><td rowspan="6">由产品标准规定</td><td>50</td><td>100</td></tr>
<tr><td>脉冲持续时间/ms</td><td>11±2</td><td>11±2</td></tr>
<tr><td>碰撞次数/次</td><td>1 000±10</td><td>1 000±10</td></tr>
<tr><td>脉冲重复频率/Hz</td><td colspan="2">1.0～1.7</td></tr>
<tr><td>脉冲波形</td><td colspan="2">半个正弦波</td></tr>
<tr><td>工作状态</td><td colspan="2">非工作状态</td></tr>
</table>

4 运输试验

在设备正常出厂包装条件下，设备应按标志“向上”的位置捆在载重汽车的后部，试验时汽车的负荷量应为额定载重量的 1/3。

行车路面：按 JTG B01—2003 标准规定的三级公路。

行车距离：200 km。

行车速度：30 km/h～40 km/h。

按上述要求，试验可以使用载重汽车进行，也可以使用运输试验装置进行。试验完毕，检验设备紧固件是否有松动现象并按产品标准规定的检验项目进行检测。

5 对电源的适应能力

5.1 由电网电源供电的设备，试验电压为额定值的 110%或 90%。

5.2 对电源频率及电源电压有特殊要求的设备，其频率、电压的工作范围、试验方法可在产品标准中另行规定。

6 基准试验条件

基准试验条件基准值或范围，及允差见表 2。

在不产生疑义时，可在+10 ℃～+40 ℃，相对湿度30%～75%，交流电压为：额定值±10%，电源频率为：额定值±2%的条件下进行。

表2 基准试验条件

影响量	基准值或范围	允差
环境温度/℃	23	±2
环境湿度	45%～75%	—
大气压力/hPa	860～1 060	—
交流供电电压/V	额定值	±2%
交流供电频率/Hz	额定值	±1%
交流供电波形	正弦波	$\beta^{a}=0.05$
直流供电电压	额定值	±1%
直流供电电压的纹波	—	$\Delta V/V_0{}^{b}\leqslant 0.1$
外电磁场干扰	应避免	—
通风	良好	—
阳光照射	避免直射	—
工作位置	按制造商规定	±1°

[a] β 为失真因子，即交流供电电压的波形失真应保持在$(1+\beta)A\sin\omega t$与$(1-\beta)A\sin\omega t$所形成的包络之间。

[b] ΔV 为纹波电压峰值；V_0 为直流供电电压的额定值。

7 特殊情况

7.1 如制造商规定的试验分组的试验条件与表1中规定的不完全一致，应按制造商规定的执行。

7.2 个别影响量不能按本标准规定的基准试验条件试验时，应按制造商的规定条件进行试验。

7.3 当进行整机试验不可行时，允许将设备分成几个部分进行试验，制造商应规定对哪些关键部件或部分进行试验。

7.4 若设备(诸如：大型设备或对使用环境有特定要求的设备)不适宜进行某些环境试验项目时(例如：额定工作低温试验、额定工作高温试验、额定工作湿热试验等)，应由制造商提供具体试验要求，并在产品标准中加以说明。

7.5 当设备适用其他国家或行业标准，且这些标准中也规定了环境试验要求，则应按其规定进行环境试验。

8 试验程序

每个试验通常包括下列程序：

a) 预处理(必要时)；

b) 初始检测(必要时)；

c) 试验；

d) 中间检测(必要时)；

e) 运行试验(必要时)；

f) 恢复(必要时)；

g) 最后检测。

9 试验顺序

当对同一设备依次进行多项试验时，一般按下列顺序进行试验：

a） 额定工作低温试验；

b） 低温贮存试验；

c） 额定工作高温试验；

d） 高温贮存试验；

e） 额定工作湿热试验；

f） 湿热贮存试验；

g） 振动试验；

h） 碰撞试验；

i） 运输试验。

如试验顺序有影响时，由产品标准规定。

10 试验要求

10.1 对试验箱（室）的要求

10.1.1 对温度试验箱（室）的要求

对温度试验箱（室）有以下要求：

——在试验箱（室）的有效工作空间中应装有温度传感器，以用于监控试验条件；

——试验箱（室）内温度应保持恒定均匀，温差不超过±2 ℃；

注 1：±2 ℃的温度允差应包括测量绝对误差和有效空间内温度的均匀度、波动度。

注 2：如果由于试验箱（室）的体积尺寸较大，不可能保持±2 ℃的允差时，温度允差可放宽为±3 ℃，但这时应在有关试验报告中写明。

——试验箱（室）的容积应不小于设备体积的 3 倍；

——试验箱（室）内的绝对湿度为每立方米空气中不应有超过 20 g 的水蒸气（相当于 35 ℃时 50% 的相对湿度），当试验温度低于 35 ℃时，相对湿度不应超过 50%。

注：此项要求适用于进行额定工作高温试验的试验箱（室）。

10.1.2 对湿热试验箱（室）的要求

对湿热试验箱（室）有以下要求：

——在试验箱（室）的有效工作空间中应装有温、湿度传感器，以用于监控试验条件；

——试验箱（室）的有效工作空间中的温、湿度应能保持表 1 中的相应规定值，温差不超过±2 ℃。为了保持所要求的湿度，控制点的温度波动应保持在±0.5 ℃范围内；

注：±2 ℃的温度允差包括测量绝对误差和有效工作空间内的温度的均匀度、波动度。

——试验箱（室）内的冷凝水要不断排出，排出冷凝水在纯化处理前，不得再作为湿源的水使用；

——直接用来产生湿度的水的电阻率不小于 500 Ω·m；

——应保持试验箱（室）有效工作空间中各处温度均匀，并尽可能和控制点的数值一致；

——试验设备的特性及电气负载不应明显影响试验箱（室）内条件；

——试验箱（室）壁上和顶上的凝水不得滴落到试验样品上；

——试验箱（室）应设有观察窗及照明装置。

10.2 对设备的要求

对设备有以下要求：

——设备的附件应与设备一同进行试验，除非附件有产品标准要求；

——设备应在不包装、准备使用状态和正常工作位置下投入试验箱（室）；

——在试验箱(室)的工作空间不足以做整机试验时,若设备允许,可按分机形式与整机接成一个系统分别进行试验。试验方法应在产品标准中规定;

注:此项要求可适用于进行额定工作低温试验、额定工作高温试验、额定工作湿热试验的设备。

——在试验箱(室)的工作空间受到限制时,允许将设备分成几个部分进行试验,其试验方法应在产品标准中规定。

注:此项要求可适用于进行低温贮存试验、高温贮存试验、湿热贮存试验的设备。

11 试验方法

11.1 额定工作低温试验

11.1.1 预处理

将设备放置在基准试验条件下,使之达到温度稳定。

11.1.2 初始检测

设备达到温度稳定后,接通设备电源,经预热后按产品标准所规定的检测项目对设备进行检测。

11.1.3 试验

将设备放入试验箱(室),然后以平均速率为 0.3 ℃/min～1 ℃/min 的温度变化将试验箱(室)温度降到表 1 中的相应规定值,再按产品标准的规定通电或加载,试验的持续时间只需要保持到设备达到温度稳定即可,但不得少于 1 h。

11.1.4 最后检测

试验持续时间到达后,立即在该温度下按产品标准所规定的检测项目对设备进行检测。

11.1.5 引用本标准时应规定的细则

引用本标准时应规定的细则如下:

a) 初始检测的项目和要求;

b) 试验持续时间;

c) 最后检测的项目和要求。

11.2 低温贮存试验

11.2.1 预处理

将设备放置基准试验条件下,使之达到温度稳定。

11.2.2 初始检测

设备达到温度稳定后,接通设备电源,经预热后按产品标准所规定的检测项目对设备进行检测。

11.2.3 试验

将设备放入试验箱(室),设备电源处于断开位置,然后以平均速率为 0.3 ℃/min～1 ℃/min 的温度变化将试验箱(室)温度降到表 1 中的规定值并保持 4 h。

11.2.4 恢复

试验结束后,设备仍留在试验箱(室)内,将试验箱(室)的温度回升到基准试验条件,为保证设备不致凝水,可降低温度回升率,或采取其他不违背温度试验目的的措施,使设备达到温度稳定,恢复时间由产品标准规定。

11.2.5 最后检测

设备按规定时间恢复后,接通设备电源,经预热后按产品标准所规定的检测项目对设备进行检测。

11.2.6 引用本标准时应规定的细则

引用本标准时应规定的细则如下:

a) 初始检测的项目和要求;

b) 恢复时间;

c) 最后检测的项目和要求。

11.3 额定工作高温试验

11.3.1 预处理

将设备放置在基准试验条件下，使之达到温度稳定。

11.3.2 初始检测

设备达到温度稳定后，接通设备电源，经预热后按产品标准所规定的检测项目对设备进行检测。

11.3.3 试验

将设备放入试验箱(室)，然后以平均速率为0.3 ℃/min～1 ℃/min的温度变化将试验箱(室)温度升到表1中的相应规定值，再按产品标准的规定通电或加载，试验的持续时间只需要保持到设备达到温度稳定即可，但不得少于1 h。

11.3.4 中间检测

试验持续时间到达后，立即在该温度下按产品标准所规定的检测项目对设备进行检测。

11.3.5 运行试验

将设备留在试验箱(室)中，按产品标准的规定通电或加载，试验箱(室)仍保持表1中的规定值。运行试验持续时间由产品标准规定，但不得少于4 h。

11.3.6 最后检测

运行试验持续时间到达后，立即在该温度下按产品标准所规定的检测项目对设备进行检测。

11.3.7 引用本标准时应规定的细则

引用本标准时应规定的细则如下：

a) 初始检测的项目和要求；

b) 试验持续时间；

c) 中间检测的项目和要求；

d) 运行试验持续时间；

e) 最后检测的项目和要求。

11.4 高温贮存试验

11.4.1 预处理

将设备放置基准试验条件下，使之达到温度稳定。

11.4.2 初始检测

设备达到温度稳定后，接通设备电源，经预热后按产品标准所规定的检测项目对设备进行检测。

11.4.3 试验

将设备放入试验箱(室)，设备电源处于断开位置，然后以平均速率为0.3 ℃/min～1 ℃/min的温度变化将试验箱(室)温度升到表1中的规定值并保持4 h。

11.4.4 恢复

试验结束后，设备仍留在试验箱(室)内，然后以平均速率为0.3 ℃/min～1 ℃/min的温度变化将试验箱(室)的温度降到基准试验条件，恢复时间由产品标准规定。

11.4.5 最后检测

设备按规定时间恢复后，接通设备电源，经预热后按产品标准所规定的检测项目对设备进行检测。

11.4.6 引用本标准时应规定的细则

引用本标准时应规定的细则如下：

a) 初始检测的项目和要求；

b) 恢复时间；

c) 最后检测的项目和要求。

11.5 额定工作湿热试验

11.5.1 预处理

将设备放置在基准试验条件下，使之达到温、湿度稳定。

11.5.2 初始检测

设备达到温度稳定后，接通设备电源，经预热后按产品标准所规定的检测项目对设备进行检测。

11.5.3 试验

将设备放入试验箱(室)，设备之间应有适当的距离，不允许重叠，然后先以平均速率为 0.3 ℃/min～1 ℃/min 的温度变化将试验箱(室)温度升到表 1 中的温度规定值，再加湿至表 1 中的相对湿度规定值，按产品标准的规定通电或加载，试验的持续时间只需要保持到设备温、湿度达到稳定即可，但不得少于 4 h。

11.5.4 最后检测

试验持续时间到达后，立即在该温、湿度条件下按产品标准所规定的检测项目对设备进行检测。

11.5.5 引用本标准时应规定的细则

引用本标准时应规定的细则如下：

a) 初始检测的项目和要求；

b) 试验持续时间；

c) 最后检测的项目和要求。

11.6 湿热贮存试验

11.6.1 预处理

将设备放置在基准试验条件下，使之达到温、湿度稳定。

11.6.2 初始检测

设备达到温度稳定后，接通设备电源，经预热后按产品标准所规定的检测项目对设备进行检测。

11.6.3 试验

将设备放入试验箱(室)，设备电源处于断开位置，设备之间应有适当的距离，不允许重叠，然后先以平均速率为 0.3 ℃/min～1 ℃/min 的温度变化将试验箱(室)温度升到表 1 中的温度规定值，再加湿至表 1 中的相对湿度规定值，保持 48 h。

11.6.4 恢复

试验期满，设备仍留在试验箱(室)内，将试验箱(室)内的试验温度(以 0.3 ℃/min～1 ℃/min 的平均速率)和相对湿度恢复到基准试验条件，使设备达到温、湿度稳定，恢复时间由产品标准规定。

11.6.5 最后检测

设备按规定时间恢复后，接通设备电源，经预热后按产品标准所规定的检测项目对设备进行检测。

11.6.6 引用本标准时应规定的细则

引用本标准时应规定的细则如下：

a) 初始检测的项目和要求；

b) 恢复时间；

c) 最后检测的项目和要求。

11.7 振动试验

11.7.1 初始检测

试验前，按产品标准所规定的检测项目对设备进行检测。

11.7.2 设备的安装

设备的安装应满足下列要求：

——设备的试验方向应符合产品标准的规定；

——如果产品标准规定进行二个轴向以上的试验而振动设备不能满足时，对允许改变正常位置的设备可借助于改变位置的方法，实现二个轴向以上的振动试验；

STANDARDS PRESS OF CHINA

——装有不允许振动的指示表头和玻璃器皿等设备，在振动试验时可卸下；
——固定受试设备时，设备一般应按正常工作位置紧固在振动台上，受试设备的重心应位于振动台面的中心区域；
——应避免紧固受试设备的装置件(螺栓、压板、压条等)在振动试验中产生共振。

11.7.3 试验

振动试验应按表1中所规定的组别在振动台上进行。

11.7.4 最后检测

试验结束后，按产品标准规定的检测项目对设备进行检测。

11.7.5 引用本标准时应规定的细则

引用本标准时应规定的细则如下：

a) 初始检测的项目和要求；
b) 试验方向；
c) 最后检测的项目和要求。

11.8 碰撞试验

11.8.1 对试验设备的要求

对试验设备有以下要求：

——碰撞脉冲用安装于检测点上加速度传感器测量，检测点应尽可能接近距离碰撞台台面中心最近的受试仪器的固定点，加速度传感器要与该固定点刚性连接；
——在检测点上，垂直于碰撞方向的正负加速度值，应在任何时刻都不得超过标称脉冲加速度值的30%。

11.8.2 初始检测

试验前，按产品标准规定的检测项目对设备进行检测。

11.8.3 设备的安装

设备的安装应满足下列要求：

——将设备紧固在碰撞台面上，设备的试验方向应符合产品标准的规定；
——装有不允许振动的指示表头和玻璃器皿等设备，在碰撞试验时可卸下。

11.8.4 试验

碰撞试验应按表1中所规定的组别在碰撞台上进行。

11.8.5 最后检测

试验结束后，按产品标准规定的检测项目对设备进行检测。

11.8.6 引用本标准时应规定的细则

引用本标准时应规定的细则如下：

a) 初始检测的项目和要求；
b) 试验方向；
c) 最后检测的项目和要求。

11.9 电源适应能力的试验

11.9.1 试验方法

试验方法如下：

——本试验一般在额定工作低温试验及额定工作高温试验时进行；
——进行试验时，将设备的电源线连接到可调的电源上。将可调电源输出频率保持在产品额定频率的±2%上，将电压置于产品额定电压的+110%或90%上，取两者中最不利者，并在该电压上至少保持15 min后，测试产品标准规定的相关检测项目。

11.9.2 引用本标准时应规定的细则

检测的项目和要求。

附 录 A
（资料性附录）
试验要求及检验项目

本附录给出了试验要求及试验项目（见表 A.1），供产品标准制定时参考。

表 A.1 试验要求及检验项目

试验项目	试验要求				检测项目				
	持续时间 h	恢复时间 h	通电状态	试验条件	初始检测	中间检测	最后检测	电源电压 V 额定值 −10%	电源电压 V 额定值 +10%
额定工作低温试验	≥1	—	试验时通电	b	c	—	c	√	—
低温贮存试验	4	a	试验后通电	b	c	—	c	d	
额定工作高温试验	≥1	—	试验时通电	b	c	c	—	—	√
运行试验	≥4	—	试验时通电	b	—	—	c	—	√
高温贮存试验	4	a	试验后通电	b	c	—	c	d	
额定工作湿热试验	≥4	—	试验时通电	b	c	—	c	d	
湿热贮存试验	48	a	试验后通电	b	c	—	c	d	
振动试验	—		试验后通电	基准试验条件	c	—	c	d	
碰撞试验	—		试验后通电	基准试验条件	c	—	c	d	
运输试验	—		试验后通电	基准试验条件	c	—	c	d	

a 按制造商规定的恢复时间恢复。

b 按制造商规定的试验条件进行试验。

c 按制造商规定的测试项目试验。

d 按制造商规定的测试用电压试验。

ICS 65.060.80
B 97

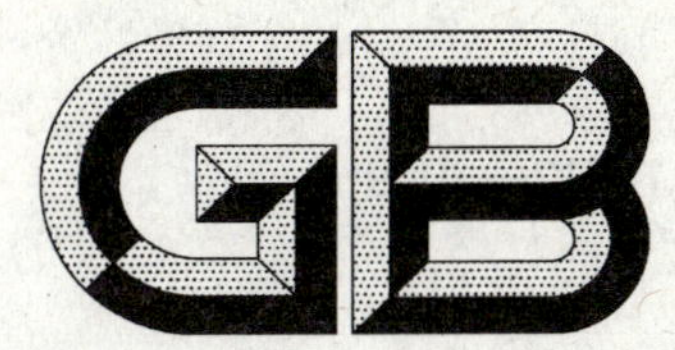

中华人民共和国国家标准

GB/T 14712—2009
代替 GB/T 14712—1993

单层热压机

Single-opening hot press

2009-05-12 发布　　2009-11-01 实施

中华人民共和国国家质量监督检验检疫总局
中国国家标准化管理委员会　发布

前　言

本标准代替 GB/T 14712—1993《单层热压机》。

本标准与 GB/T 14712—1993 相比主要差异如下：

——扩大了参数范围；

——将精度公差的三个等级改为一个，并对公差值予以调整；

——增加了安全要求的内容；

——修改了工作精度的检验方法；

——取消了涂漆质量方面的要求；

——将原标准的第 4 章～第 10 章合并为一章，并对部分内容进行修改。

本标准由国家林业局提出。

本标准由全国人造板机械标准化技术委员会归口。

本标准起草单位：国家林业局北京林业机械研究所。

本标准主要起草人：李晓旭、欧阳琳。

本标准所代替标准的历次版本发布情况为：

——GB/T 14712—1993。

单层热压机

1 范围

本标准规定了单层热压机的主参数、要求、检验以及标志、包装和贮存。

本标准适用于生产刨花板、纤维板等的单层热压机(以下简称热压机)。

2 规范性引用文件

下列文件中的条款通过本标准的引用而成为本标准的条款。凡是注日期的引用文件,其随后所有的修改单(不包括勘误的内容)或修订版均不适用于本标准,然而,鼓励根据本标准达成协议的各方研究是否可使用这些文件的最新版本。凡是不注日期的引用文件,其最新版本适用于本标准。

GB/T 191　包装储运图示标志(GB/T 191—2008,ISO 780:1997,MOD)

GB/T 1184　形状和位置公差　未注公差值(GB/T 1184—1996,eqv ISO 2768-2:1989)

GB/T 3766　液压系统通用技术条件(GB/T 3766—2001,eqv ISO 4413:1998)

GB/T 4879　防锈包装

GB 5226.1　机械安全　机械电气设备　第1部分:通用技术条件(GB 5226.1—2002,IEC 60204-1:2000,IDT)

GB/T 7932　气动系统通用技术条件(GB/T 7932—2003,ISO 4414:1998,IDT)

GB/T 13306　标牌

GB/T 13384　机电产品包装通用技术条件

GB/T 18262　人造板机械通用技术条件

GB/T 18514　人造板机械安全通则

3 简图

热压机结构简图如图1所示。

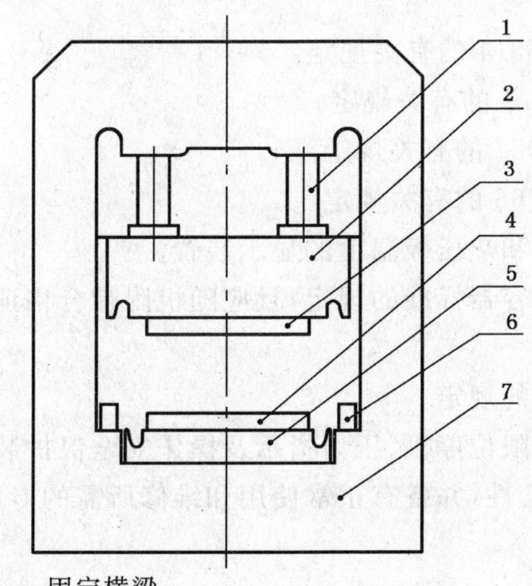

1——柱塞缸;
2——活动横梁;
3——上热压板;
4——下热压板;
5——固定横梁;
6——厚度规;
7——机架。

注:本图不限制热压机的具体结构。

图1　热压机结构简图

4 主参数

热压机第一主参数为产品幅面，第二主参数为单位面压，热压机主参数如表1所示。

表1 热压机主参数

产品幅面(宽度×长度)/mm	单位面压/MPa
2 440×21 960	3.5～5.0
2 440×14 640	
2 440×12 200	
2 440×9 760	
2 440×7 320	
2 440×2 800	
1 830×9 760	
1 830×7 320	
1 220×9 760	
1 220×7 320	
1 220×4 880	
注：经供需双方协议，可生产其他规格的热压机。	

5 要求

5.1 一般要求

5.1.1 设计、制造与验收除应符合本标准的规定外，还应符合GB/T 18262的有关规定。

5.1.2 所有配套的标准件、外购件应有合格证明书，并应符合相关国家标准的规定，且应与热压机同时进行运转试验。

5.1.3 安全要求应符合GB/T 18514的有关规定。

5.1.4 电气系统应符合GB 5226.1的有关规定。

5.1.5 气动系统应符合GB/T 7932的有关规定。

5.1.6 液压系统应符合GB/T 3766的有关规定。

5.1.7 热压机应有加热介质温度和热压板温度的显示装置。

5.1.8 压力容器应符合有关压力容器标准的规定，且应随机附带合格证明书和制造厂的压力容器生产许可证。

5.1.9 装配应符合装配工艺规程的规定。

5.1.10 热压机应设有过载保护、限位停机、压力指示及操作安全保护装置。

5.1.11 出厂的热压机应保证成套性，并备有正常使用和维修所需的专用工具、配件及备件。

5.2 主要零件、部件要求

5.2.1 机架板、机架

5.2.1.1 采用焊接结构的机架板的焊缝应进行探伤检查，焊缝不应有裂纹、未焊透、未焊熔等缺陷。

5.2.1.2 机架内框下平面对内框中心线的垂直度应不低于GB/T 1184的规定。

5.2.1.3 机架内框上平面对内框下平面的平行度应不低于GB/T 1184的规定。

5.2.1.4 机架板内框圆弧过渡处表面粗糙度不应低于$Ra6.3\ \mu m$。

5.2.2 热压板

5.2.2.1 热压板应以不低于热介质最大工作压力的1.5倍进行压力试验，保压5 min不得渗漏。

5.2.2.2 热压板工作表面粗糙度不应低于$Ra1.6\ \mu m$。

5.2.2.3 用于刨花板的热压板厚度不应小于90 mm，用于纤维板的热压板厚度不应小于100 mm。

5.2.2.4 热压板表面温度的均匀度不应大于3 ℃。

以热压板工作温度为基准，在各进出口温度稳定后，按图2所示各点测量温度，以所测最大与最小读数差为热压板表面温度的均匀度测定值。

单位为毫米

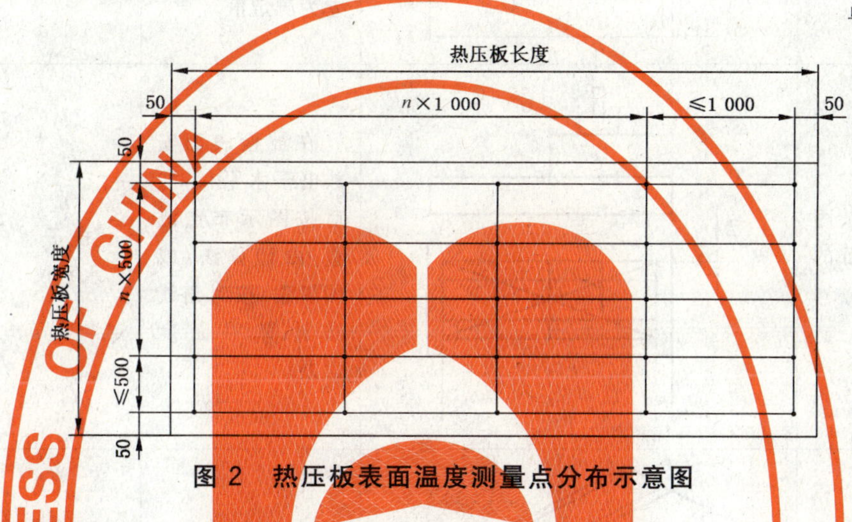

图2 热压板表面温度测量点分布示意图

5.2.3 柱塞

5.2.3.1 工作表面应耐磨、耐蚀，表面硬度应不低于HRC45。

5.2.3.2 径向全跳动应不低于GB/T 1184的规定。

5.2.3.3 与活动横梁相接触的柱塞端面对轴线的垂直度应不低于GB/T 1184的规定。

5.2.3.4 柱塞表面粗糙度不应低于$Ra0.8\ \mu m$。

5.2.4 柱塞缸

5.2.4.1 应有探伤报告和合格证明书。

5.2.4.2 安装平面对衬套孔轴线的垂直度，应不低于GB/T 1184的规定。

5.2.4.3 柱塞缸体以最大工作压力的1.25倍进行试压，保压5 min后，压力降不应大于工作压力的5%。

5.3 几何精度

热压机的几何精度检验项目、检验方法及公差值如表2所示。不具备本标准规定的检验条件时，允许采用不低于本标准所规定的检验精度的检验方法。

表2 热压机的几何精度

单位为毫米

序号	检验项目	检验示意图	检验方法	检验工具	公差
G1	热压板的平面度	50 50 L	将热压板放置在平板上或在加工机床上，在被检表面安放电子水平仪，按图示布点测量。用计算法（或图解法）按对角线法计算平面度误差	电子水平仪	任意1 220×2 440幅面内为0.17；$L>4\ 000$，全长0.5

表 2（续）

单位为毫米

序号	检验项目	检验示意图	检验方法	检验工具	公差
G2	热压板的厚度差	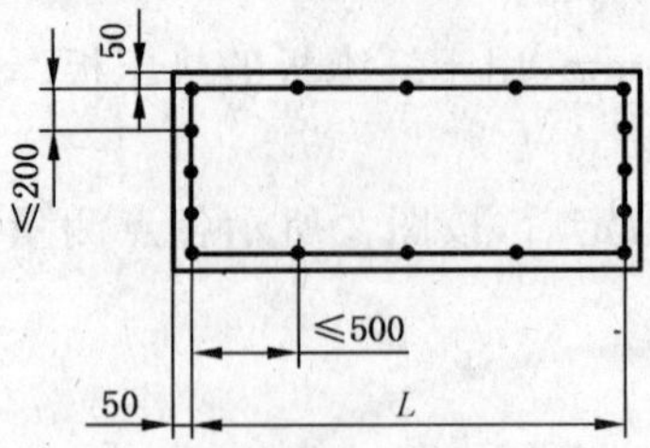 50 ≤200 ≤500 50 *L*	用千分尺按图示各点测量热压板的厚度，其最大读数与最小读数差为测定值	千分尺	0.3
G3	活动横梁、固定横梁台面的平面度	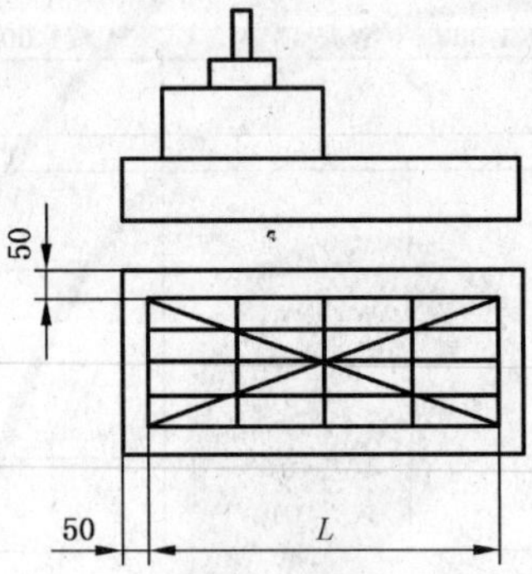 50 50 *L*	在被检表面安放电子水平仪，然后按图示布点测量，由计算法（或图解法）按对角线法计算平面度误差	电子水平仪	*L*≤4 000，0.25 *L*>4 000，0.5
G4	机架活动横梁安装面（A）、厚度规安装面（B）及固定横梁安装面（C）的平面度	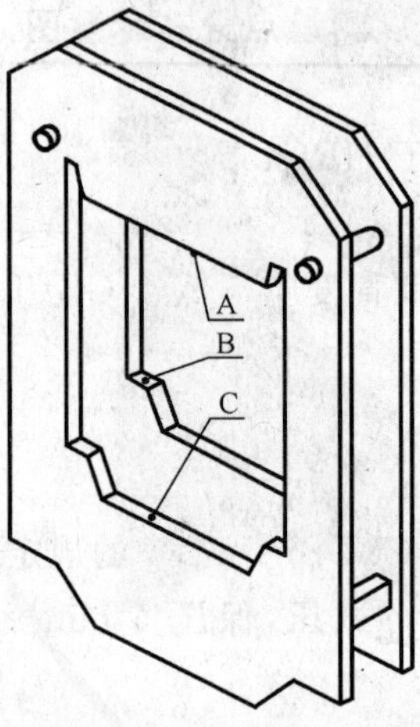 A B C	在加工机床上，在测杆前端安上测量指示器，使测杆垂直和水平移动，分别检查 A、B、C 各面，指示器在各面的最大与最小读数差为测量值	指示器	0.10
G5	机架组合后，机架与下热压板隔离装置的接触面（C）全长的平面度	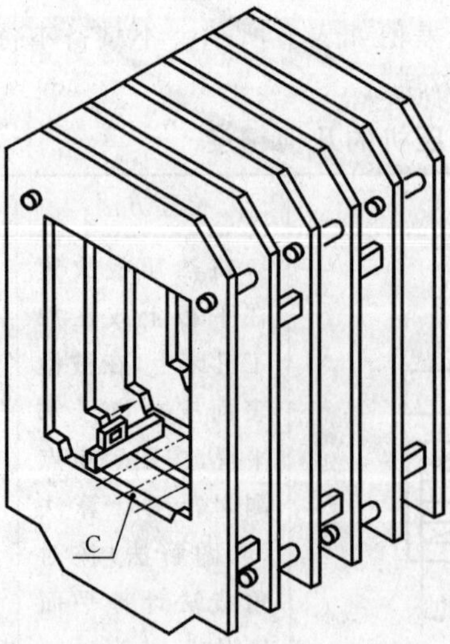 C	在相邻两机架板的 C 面上纵向和横向分别放置平尺，电子水平仪置于平尺之上。沿热压机纵向连续测量相邻两机架板的水平度（横向每间隔 300 mm 测量一组），用计算法按对角线法计算平面度误差	电子水平仪、平尺	0.15

5.4 工作精度

热压后将同一车所压毛板沿长度方向间隔 500 mm 裁切出宽度 100 mm 的板条，最外侧板条端面距毛板边缘 50 mm，按图 3 所示各点测量其厚度，所测数值的最大差值应符合下列规定：

——刨花板：≤1.2 mm；

——纤维板：厚度小于 5 mm 的，≤0.6 mm；厚度大于 5 mm 的，≤1.2 mm。

单位为毫米

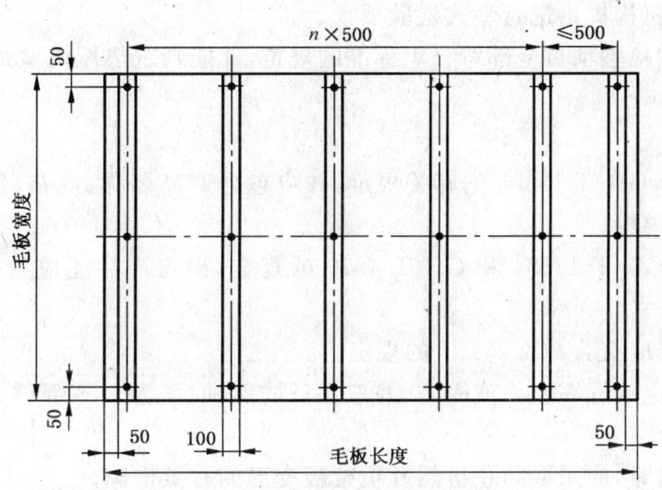

图 3 工作精度检验示意图

5.5 空运转试验

每台热压机均应进行空运转试验，柱塞连续往复运动 20 次后检验下列项目：

——各运转机构动作应平稳、协调、可靠；

——柱塞运动应灵活、平稳，不得有冲击和爬行。

5.6 负荷试验

每台热压机均应进行负荷试验，试验次数不得少于 3 次，试验时应在热压板间放置与热压板幅面相应的人造板，负荷试验可在用户方进行。负荷试验应符合下列规定：

a) 热压机升至最大工作压力，保压 5 min 后，压力降不得超过 5%；

b) 所有机构在满负荷试验时应正常、可靠；

c) 热压机的动作顺序应符合设计要求；

d) 电气、液压、气动、冷却等系统应工作正常可靠，且不应渗漏和泄漏；

e) 热压机操纵台位置噪声声压级不应超过 85 dB(A)；

f) 各紧固元件无松动现象。

5.7 超负荷检验

每台热压机均应按工作压力的 1.2 倍作不少于 2 次的超负荷试验，所有机构应正常、可靠，整机不应有明显晃动。

6 检验

热压机的检验包括出厂检验和型式检验。

6.1 出厂检验

6.1.1 每台热压机均应经检验合格，并附有产品合格证方可出厂。制造厂不具备检验条件的项目，可在用户处进行检验。出厂检验应包括 5.1～5.3、5.5～5.7 的各项内容。

6.1.2 只有出厂检验的项目全部符合本标准的规定，才能判定热压机出厂检验合格。

6.2 型式检验

6.2.1 型式检验项目包括第4章、第5章的全部内容。

6.2.2 凡符合下列条件之一者，应进行型式检验：

a) 新产品或老产品转产的试制定型鉴定；

b) 正式投产后，产品的结构、材料、工艺有较大改变；

c) 产品长期停产后，恢复生产；

d) 国家质量监督机构提出进行型式检验要求。

6.2.3 只有型式检验的检验项目全部符合本标准的规定，才能判定热压机型式检验合格。

7 标志、包装和贮存

7.1 标牌的制作应符合 GB/T 13306 的有关规定，并应包含产品名称、规格、制造编号或标记、出厂日期、制造厂名称、商标等内容。

7.2 产品包装应符合 GB/T 13384 和 GB/T 4879 的规定，出口产品还应符合出口设备包装的有关规定。

7.3 包装储运图示标志应符合 GB/T 191 的规定。

7.4 产品长期存放时，应放置在室内或棚内，并应保证防腐蚀、防潮。零部件、专用工具及随机备件等应完整无损。

7.5 热压机存放和运输时，应采取防止机架及机架板变形的有效措施。

7.6 随机文件应包括产品合格证、产品使用说明书、产品装箱单等。

ICS 65.060.80
B 97

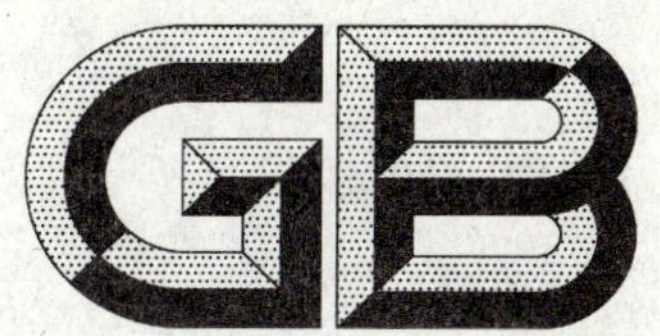

中华人民共和国国家标准

GB/T 14713—2009
代替 GB/T 14713—1993

旋切机通用技术条件

General specification for veneer lathe

2009-05-12 发布　　2009-11-01 实施

中华人民共和国国家质量监督检验检疫总局
中国国家标准化管理委员会　发布

前　言

本标准代替 GB/T 14713—1993《旋切机通用技术条件》。

本标准与 GB/T 14713—1993 相比主要差异如下：

——增加了主参数的规格；

——提高了卡轴与卡爪锥体结合面的接触长度；

——取消了附录。

本标准由国家林业局提出。

本标准由全国人造板机械标准化技术委员会归口。

本标准起草单位：信阳木工机械股份有限公司。

本标准主要起草人：胡德弟、李新民、王喜宏、韩辉。

本标准所代替标准的历次版本发布情况为：

——GB 5049—1985；

——GB 5050—1985；

——GB/T 14713—1993。

旋切机通用技术条件

1 范围

本标准规定了旋切机的参数、要求、检验以及标志、包装、运输和贮存。

本标准适用于旋切木材的卡轴式单板旋切机(以下简称旋切机)。

2 规范性引用文件

下列文件中的条款通过本标准的引用而成为本标准的条款。凡是注日期的引用文件,其随后所有的修改单(不包括勘误的内容)或修订版均不适用于本标准,然而,鼓励根据本标准达成协议的各方研究是否可使用这些文件的最新版本。凡是不注日期的引用文件,其最新版本适用于本标准。

GB/T 191 包装储运图示标志(GB/T 191—2008,ISO 780:1997,MOD)

GB 2893 安全色(GB 2893—2008,ISO 3864-1:2002,MOD)

GB/T 3766 液压系统通用技术条件(GB/T 3766—2001,eqv ISO 4413:1998)

GB 5226.1 机械安全 机械电气设备 第1部分:通用技术条件(GB 5226.1—2002,IEC 60204-1:2000,IDT)

GB/T 13306 标牌

GB/T 13384 机电产品包装通用技术条件

GB/T 18262 人造板机械通用技术条件

GB/T 18514 人造板机械安全通则

JB/T 9953 木工机床 噪声声(压)级测量方法(NEQ ISO/DP 7960)

3 简图

旋切机结构简图如图1所示。

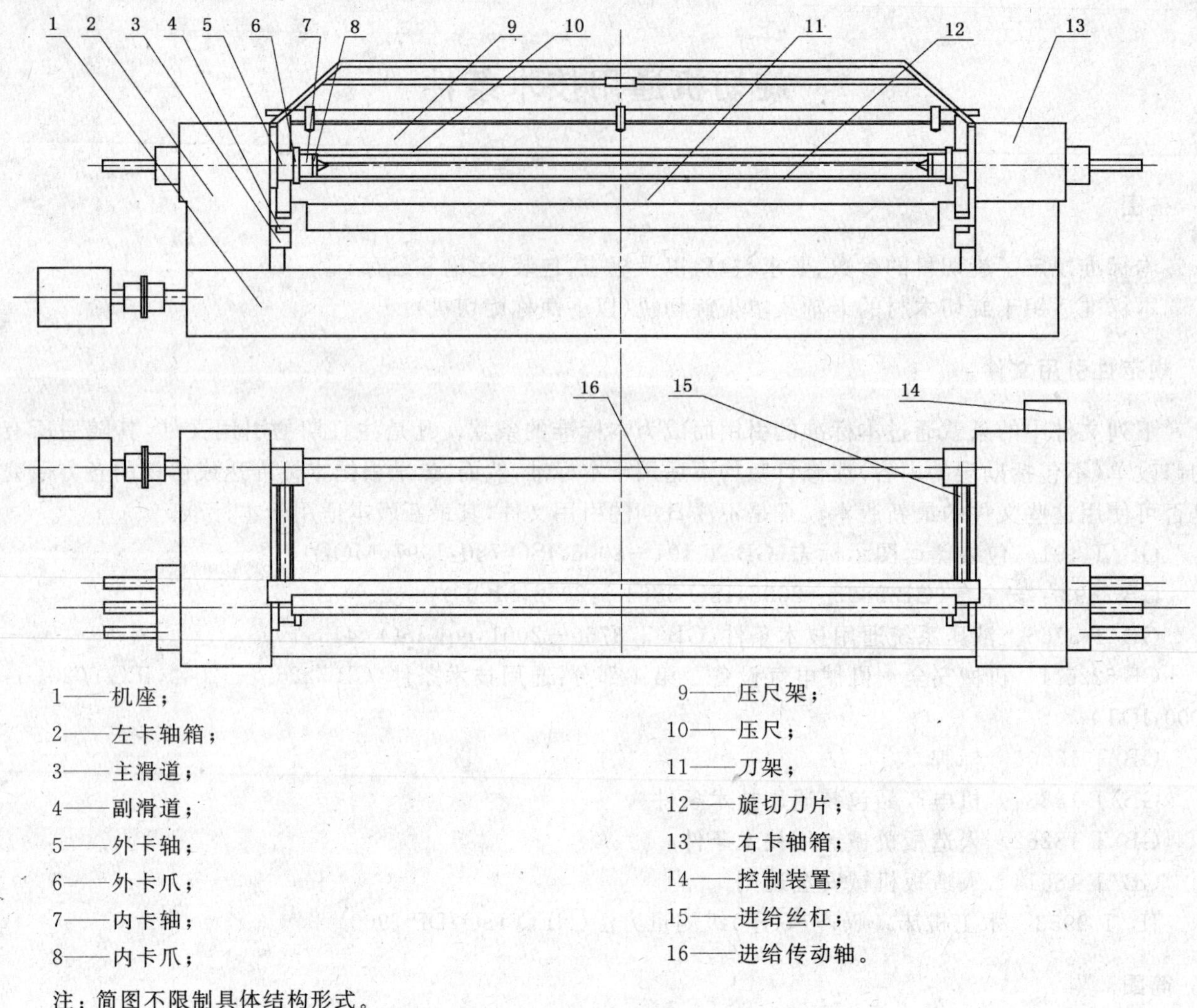

1——机座；
2——左卡轴箱；
3——主滑道；
4——副滑道；
5——外卡轴；
6——外卡爪；
7——内卡轴；
8——内卡爪；
9——压尺架；
10——压尺；
11——刀架；
12——旋切刀片；
13——右卡轴箱；
14——控制装置；
15——进给丝杠；
16——进给传动轴。

注：简图不限制具体结构形式。

图 1 旋切机结构简图

4 参数

4.1 旋切机主参数应符合表 1 的规定。

表 1 旋切机主参数

单位为毫米

旋切木段最大长度	1 000	1 320	2 000	2 300	2 600	3 200	3 800

4.2 旋切机第二主参数应符合表 2 的规定。

表 2 旋切机第二主参数

单位为毫米

旋切木段最大直径	500	650	800	1 000	1 250	1 600	2 000

5 要求

5.1 一般要求

5.1.1 制造与验收除应符合本标准的规定外，还应符合 GB/T 18262 的规定。

5.1.2 所采用的外购件应符合国家现行标准，并具有合格证明。

5.1.3 电气设备应符合 GB 5226.1 的规定。

5.1.4 液压系统应符合 GB/T 3766 的规定。

5.1.5 应设有保证操作安全的防护装置以及限位停机装置等，并应符合 GB/T 18514 的规定。

5.1.6 旋切机的外观表面应平整，外露的焊缝应修整平直、均匀。涂漆表面应完整、光滑、均匀。

5.1.7 主动轴与进给传动轴不允许产生共振现象。

5.1.8 重要的转动零部件应做静平衡试验，平衡精度为G6.3。

5.1.9 卡轴箱与机座、压尺与压尺架、旋刀与刀架的结合面以及主滑道面，应符合GB/T 18262中有关重要结合面的规定。

5.1.10 卡轴与卡爪的锥体结合面，装配时应用量规做涂色法检验，锥孔的接触长度应靠近大端，接触长度应为工作长度的60%～70%。

5.1.11 装刀平面的直线度公差为1 000：0.03。

5.1.12 左右主滑道表面（水平面、侧面）的直线度公差为1 000：0.03。左右主滑道水平面间的平行度公差为1 000：0.04。

5.1.13 旋切机运转不应有异常声响，噪声（声压）级不应大于85 dB(A)。

5.1.14 滑动表面应有排屑装置。

5.1.15 刀门的启闭调整应灵活，锁紧应可靠。

5.1.16 旋切机的涂漆颜色应符合GB 2893的规定。

5.2 几何精度检验

5.2.1 在几何精度检验前，应使机床处于自然水平位置，纵横向不得超过0.10/1 000。

5.2.2 采用其他检验方法时，其精度不应低于本标准所规定检验方法的精度。

5.2.3 几何精度检验如表3所示。

表3 几何精度检验

单位为毫米

序号	检验项目	检验示图	检验方法	检验工具	公差
G1	左右卡轴的径向圆跳动	100 100	将卡轴伸出120 mm，在距轴套100 mm处的外圆表面上测量，转动卡轴，指示器读数的最大差值即为测定值	指示器	外卡轴（卡轴）0.10；内卡轴0.20
G2	左右卡轴轴线与主滑道的等距误差		在主滑道上移动指示器，使指示器测头触及卡轴的外圆表面，指示器的读数差值即为测定值	指示器	0.15
G3	左右卡轴轴线的同轴度	l l 旋切木段长度≤1 320，l=250； 旋切木段长度≥2 000，l=300	将左右卡轴全部伸出，将平尺置于卡轴的外圆表面上，在图示尺寸范围内，用塞尺测量间隙，所测得的最大值即为测定值	平尺 塞尺	水平面0.20； 铅垂面0.20
G4	左右卡轴公共轴线与装刀平面的平行度		在距刀架装刀平面两端200 mm处安装指示器，使指示器测头触及卡轴外圆表面，两测点的读数差值即为测定值	指示器	0.15

STANDARDS PRESS OF CHINA

表 3（续）　　单位为毫米

序号	检验项目	检验示图	检验方法	检验工具	公　差
G5	刀床进给精度	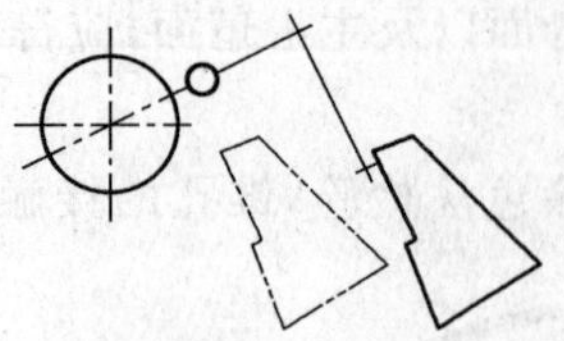	参照 G4 方法，沿刀床进给方向每进给 100 mm 测量一次，共测三次，取三次变化量的代数差值中的最大值即为测定值	指示器	0.10
G6	压尺安装面与左右卡轴公共轴线的平行度	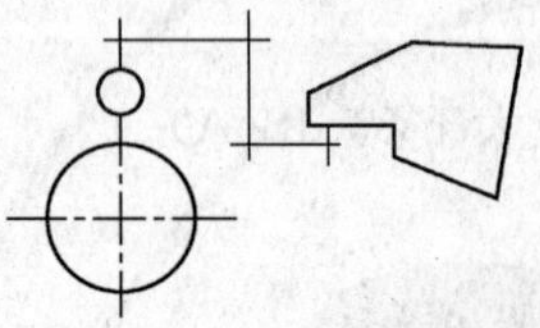	按图示，在压尺架装压尺面上，距两端 200 mm 处安放指示器，指示器测头触及卡轴外圆表面最高点，两测点的读数差值即为测定值	指示器	0.15

5.2.4　工作精度检验见表 4。

表 4　工作精度检验　　单位为毫米

序号	检验项目	检验示图	检验方法	检验工具	公　差
P1	单板厚度均匀度	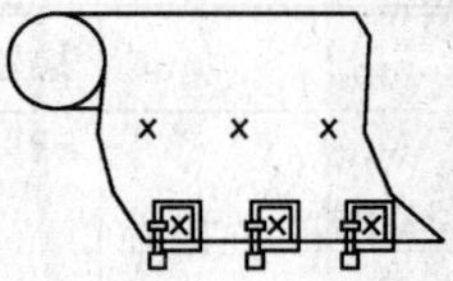	连续旋切数圈后，测量单板的厚度，测量时至少应选横截面的中间和两端三个位置12 个测点取其最大值和最小值的差值即为测定值（在纵向每隔 1/4 圆周处测量）	千分尺	板厚小于 0.5 为 0.03； 板厚 0.05～2 为 0.05； 板厚大于 2～4.5 为 0.10

5.3　空运转试验

5.3.1　旋切机的主运动机构从最低速起，依次连续运转 1 h，每级速度的运转时间不得少于 2 min，高速运转时间不得少于 30 min，无级变速的旋切机，作低、中、高速运转。

5.3.2　各工作机构应运转灵活、动作可靠；安全限位装置应准确、可靠；电气系统应安全可靠。

5.3.3　刀床在进行低、中、高速进给和快速进退时，进给机构应工作平稳、可靠。

5.3.4　电气元、部件的动作应准确、可靠。

5.3.5　液压系统的工作应可靠；各管路不得有渗漏现象。

5.3.6　按 JB/T 9953 的规定，测量机床的噪声，噪声（声压）级应符合 5.1.13 的规定。

5.4　负荷试验

5.4.1　负荷试验应符合旋切工艺的要求，并应分别按高速旋切薄单板、中速旋切中厚单板、低速旋切厚单板三个工况进行，负荷试验允许在用户处进行。

5.4.2　负荷试验时所有工作机构的工作应正常、可靠，不应有明显的振动、冲击现象及异常声响。刀架、压尺架的运动应轻便、灵活、无阻滞现象，并应旋切出连续单板。

6　检验

6.1　出厂检验

每台旋切机出厂前均应按照 5.2.3 和 5.3 进行检验。全部检验合格则判定出厂检验合格。

6.2　型式检验

6.2.1　型式检验按第 5 章进行。

6.2.2 批量生产的旋切机不定期按 6.2.1 做型式检验，有下列情况之一时，应做型式检验：

a) 新产品或老产品转厂生产的试验定型鉴定；

b) 正式生产后，如结构、材料、工艺有较大改变，可能影响产品性能时；

c) 产品长期停产后，恢复生产时；

d) 出厂检验结果与上次型式检验结果有较大差异时；

e) 国家质量监督机构提出型式检验要求时。

6.3 合格判定

只有当型式检验的项目全部符合要求，才能判定型式检验合格。

7 标志、包装、运输和贮存

7.1 标牌除按 GB/T 13306 的规定外，还应符合 GB/T 18262 的规定。

7.2 包装、运输、贮存应符合 GB/T 13384 和 GB/T 191 的规定。

ICS 11.040.70
C 45

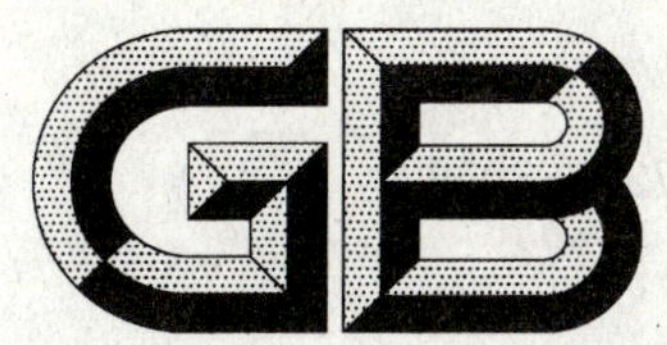

中华人民共和国国家标准

GB 14724—2009
代替 GB 14724—1993

硬质假眼

Hard ocular prosthesis

2009-09-30 发布 2009-11-01 实施

中华人民共和国国家质量监督检验检疫总局
中国国家标准化管理委员会 发布

前言

本标准的第5章、第6章和第7章为强制性，其余各章为推荐性。

本标准代替GB 14724—1993《硬质假眼》。

本标准与GB 14724—1993相比主要变化如下：

a) 规范性引用文件，采用GB/T 2828.1《计数抽样检验程序 第1部分：按接收质量限(AQL)检索的逐批检验抽样计划》、YY 0270《牙科学 义齿基托聚合物》、YY/T 0268《牙科学 用于口腔的医疗器械生物相容性临床前评价 第一单元：评价与试验项目选择》和GB/T 16432《残疾人辅助器具 分类和术语》取代了GB 2828《逐批检查计数抽样程序及抽样表(适用于连续批的检查)》、GB 1710《颜料耐光性测定法》、GB 8265《合成树脂牙》和GB 11417.1《硬质角膜接触镜》；

b) 术语中，修改了薄形假眼、厚形假眼和特种假眼术语定义的描述，增加了眼座植入术术语名称的定义；

c) 产品分类中，型号及含义增加了产品左、右侧向位置标注，删除了设计顺序号；

d) 按照YY 0270《牙科学 义齿基托聚合物》要求，对色泽稳定性的要求和试验方法做了修改；

e) 按照GB 11417.1《硬质角膜接触镜》第一号修改单要求，删除了假眼抗拉强度的技术要求；

f) 按照YY/T 0268《牙科学 用于口腔的医疗器械生物相容性临床前评价 第一单元：评价与试验项目选择》要求，对安全卫生要求的试验方法做了修改；

g) 根据产品标准的编写规则，删除了配戴要求。

本标准由中华人民共和国民政部提出。

本标准由全国残疾人康复和专用设备标准化技术委员会(SAC/TC 148)归口。

本标准起草单位：上海假肢厂有限公司、上海民博康复器具技术有限公司、国家康复器械质量监督检验中心、北京假肢矫形技术中心、四川省肢体伤残康复中心。

本标准主要起草人：徐祖义、朱纲、贾亚玲、朱立民、杨卫东。

本标准所代替标准的历次版本发布情况为：

——GB 14724—1993。

硬 质 假 眼

1 范围

本标准规定了硬质假眼的术语、产品分类、技术要求、试验方法、检验规则及标志、包装、运输、贮存。

本标准适用于高分子材料制成的硬质假眼(以下简称假眼)。

2 规范性引用文件

下列文件中的条款通过本标准的引用而成为本标准的条款。凡是注日期的引用文件，其随后所有的修改单(不包括勘误的内容)或修订版均不适用于本标准，然而，鼓励根据本标准达成协议的各方研究是否可使用这些文件的最新版本。凡是不注日期的引用文件，其最新版本适用于本标准。

GB/T 191 包装储运图示标志(GB/T 191—2000,eqv ISO 780:1997)

GB/T 2828.1 计数抽样检验程序 第1部分:按接收质量限(AQL)检索的逐批检验抽样计划(GB/T 2828.1—2003,ISO 2859-1:1999,IDT)

GB/T 16432 残疾人辅助器具 分类和术语(GB/T 16432—2004,ISO 9999:2002,IDT)

YY/T 0268 牙科学 口腔医疗器械生物学评价 第1单元:评价与试验(YY/T 0268—2008,neq ISO/FDIS 7405:2008)

YY 0270—2003 牙科学 义齿基托聚合物(ISO 1567:1999,MOD)

3 术语和定义

下列术语和定义适用于本标准。

3.1

假眼 eye (ocular) prosthesis

仿制眼睛外观的外置假体组织。

用于眼球摘除、眼内容剜除及眼球萎缩后填充眼腔、弥补眼部缺陷的人造眼球。

注：引用 GB/T 16432 06 30 21

3.2

硬质假眼 hard ocular prosthesis

用硬质材料制成的，配戴时不变形的假眼。

3.3

眼黑 cornea and iris

相当于人体眼球的角膜与虹膜部分。

3.4

眼白 sclera

相当于人体眼球的巩膜部分。

3.5

瞳孔 pupil

相当于人眼的瞳孔。

3.6

血丝 capillary

相当于人体眼球的毛细血管，用红色纤维排列于眼白表面。

3.7

长轴 major axis

按假眼正常装配位置，额状面水平方向的最大尺寸。

3.8

短轴 minor axis

按假眼正常装配位置，额状面垂直方向的最大尺寸。

3.9

眼座植入术 orbital implant surgery

是指眼球摘除或眼内容物剜除后，同时或者二期将眼座植入肌锥内或巩膜腔内，以替代眼眶缺失的容积，矫正眶区凹陷。

3.10

薄形假眼 thin ocular prosthesis

适应眼球萎缩或已行眼座植入术患者配戴的假眼。

3.11

厚形假眼 thick ocular prosthesis

适应眼球摘除或眼内容剜除患者配戴的假眼。

3.12

特种假眼 extra ocular prosthesis

适应已行眼座植入术并打孔植入栓钉患者配戴的假眼。

4 产品分类

4.1 品种

假眼按厚度分为：

a) 薄形假眼，用汉语拼音字母“B”表示；

b) 厚形假眼，用汉语拼音字母“H”表示；

c) 特种假眼，用汉语拼音字母“T”表示。

4.2 规格

假眼制作一般是因人而异定制生产。当批量生产时，其规格尺寸见表1。

表 1 单位为毫米

规格	长轴	短轴	眼黑直径
1号	20～23	17～20	9.5～10.5
2号	23～26	20～22	10.5～11.5
3号	26～30	22～25	11.5～12.5

4.3 型号及含义

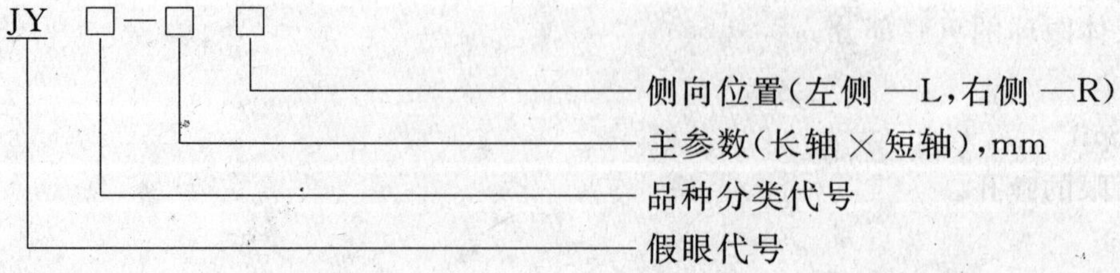

型号示例：

左侧，长轴 24 mm、短轴 19 mm 的薄形假眼；表示为 JYB—24×19L。

4.4　结构图示

结构图示见图1。

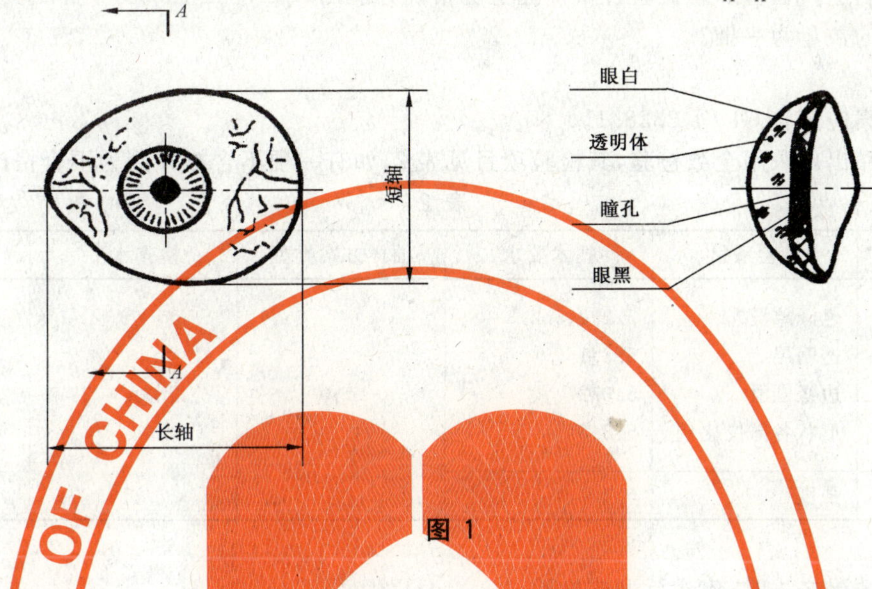

图 1

5　要求

5.1　安全卫生

5.1.1　材料应对人体无毒无害，且与人体组织和体液有良好的生物相容性。

5.1.2　在正常配戴时，假眼应对人体眼腔组织无刺激性及痛胀等异常感觉。

5.2　色泽

5.2.1　按 YY 0270—2003 中 8.4 检验后，色泽应无明显变化。

5.2.2　眼白的色泽及血丝的分布应与健眼相似，供双眼安装用的两只假眼色泽应相似。

5.2.3　眼黑、瞳孔的着色应均匀，过渡自然，无杂色和斑点。

5.3　外观

5.3.1　透明层应光洁明亮，无气泡、杂质、颗粒、裂纹。

5.3.2　边缘应过渡圆滑，无缺损、棱边、尖角。

5.3.3　形状、各部位的比例应与健眼近似，与眼腔吻合。

5.4　假眼强度

假眼在 2 m 高度内跌落不碎、不裂。

6　试验方法

6.1　安全卫生

应符合 YY/T 0268 中相应的材料要求。

6.2　色泽

6.2.1　色泽稳定性按 YY 0270—2003 中 8.4 进行。

6.2.2　用目测在 350 lx～380 lx 照度下，比较假眼与健眼的色泽差异。

6.3　外观

在 350 lx～380 lx 照度下，用不小于 5 倍的辅助放大设备观察假眼外观质量和假眼形状、各部位比例、与眼腔吻合程度。

6.4　假眼强度

将假眼从 2 m 高度自由跌落水泥地面 3 次。

STANDARDS PRESS OF CHINA

7 检验规则

7.1 假眼须经制造厂检验部门检验合格并挂上合格证方能出厂。

7.2 同一订货的数量为一批。

7.3 出厂检验

7.3.1 抽样方案应符合 GB/T 2828.1。

7.3.2 定制产品出厂采用全数检验，其检验项目见表 2，如有一项不合格即判为不合格产品。

表 2

<table>
<tr><th>不合格分类</th><th>检验项目</th><th>技术要求</th><th>抽样方案类型</th><th>检查水平</th><th>AQL</th></tr>
<tr><td rowspan="4">B</td><td>色泽差异</td><td>5.2.2,5.2.3</td><td rowspan="5">一次</td><td rowspan="5">Ⅱ</td><td rowspan="4">2.5</td></tr>
<tr><td>透明层</td><td>5.3.1</td></tr>
<tr><td>边缘圆滑</td><td>5.3.2</td></tr>
<tr><td>形状各部位比例</td><td>5.3.3</td></tr>
<tr><td>C</td><td>强度</td><td>5.4</td><td>6.5</td></tr>
</table>

7.4 型式检验

7.4.1 在下列情况之一时，应进行型式检验：

a) 新产品鉴定定型时；

b) 假眼在结构、工艺、材料上有重大变化，有可能影响产品质量时；

c) 正常生产每两年至少进行一次；

d) 停产一年后又恢复生产时；

e) 国家质量监督部门要求进行时。

7.4.2 型式检验时，在首批生产的产品中随机抽取三个产品作为样本，并按第 5 章全部项目进行检验。

型式检验中如有安全卫生指标不合格，则该批产品为不合格。其他如有一项不合格，则可在原批产品中加倍抽取样本，如仍出现不合格项目，则该批产品为不合格。

8 标志、包装、运输、贮存

8.1 标志

8.1.1 内包装标志内容：

a) 制造厂名，厂址；

b) 产品名称；

c) 商标；

d) 制造日期或生产批号；

e) 型号；

f) 数量。

8.1.2 外包装标志内容：

a) 产品名称；

b) 制造厂名，厂址；

c) 数量；

d) 毛重；

e) 小心轻放，怕湿，堆码层数极限标志按 GB/T 191 规定。

8.2 包装

8.2.1 包装材料应性能稳定，内衬软质材料。

8.2.2 包装附件

a） 使用说明书1份；

b） 合格证1份。

8.3 运输

8.3.1 运输时应避免剧烈震动、磕碰及受潮。

8.3.2 运输过程中应避免靠近易燃品和化学腐蚀剂等有害物质。

8.4 贮存

贮存于干燥、阴凉、无腐蚀气体的环境中。

ICS 11.020
C 05

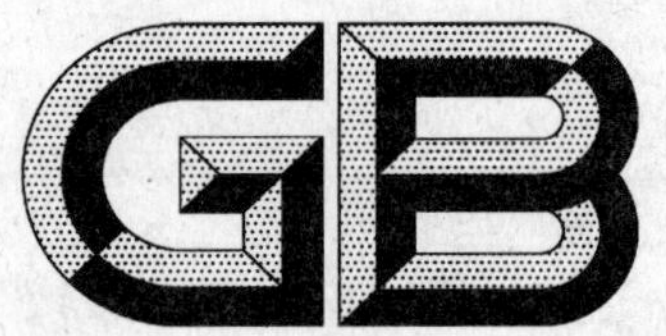

中华人民共和国国家标准

GB/T 14726—2009
代替 GB/T 14726—1993

残疾运动员的医学和功能分级

Medical and functional classification for disabled athletes

2009-03-16 发布 2009-09-01 实施

中华人民共和国国家质量监督检验检疫总局
中国国家标准化管理委员会 发布

前　言

本标准参考国际轮椅和截肢运动联合会(IWAS)手册,国际脑瘫运动娱乐协会(CP-ISRA)手册和国际盲人运动协会(IBSA)手册。

本标准代替 GB/T 14726—1993《残疾运动员的医学和功能分级》。

本标准与 GB/T 14726—1993 相比变化如下:

——依据手册做了修订;

——修订了参赛的最低残疾标准中的一些具体指标;

——对男性、女性侏儒分别给出了高度指标。

本标准的附录 A、附录 B 和附录 C 为规范性附录。

本标准由中华人民共和国民政部提出。

本标准由全国残疾人康复和专用设备标准化技术委员会(SAC/TC 148)归口。

本标准起草单位:中国康复研究中心、国家康复器械质量监督检验中心。

本标准主要起草人:丁伯坦、贾亚玲。

本标准所代替标准的历次版本发布情况为:

——GB/T 14726—1993。

引　言

残疾人参加体育运动比赛需要在公平的条件下进行，由于残疾的种类不同，残疾部位不同，以及各运动项目对残疾人的运动功能要求不同，因此，国际上各残疾人体育运动组织的医学科学委员会制定了相应的分级、参赛标准，并在国际比赛中执行。我国残疾人体育运动协会是国际各残疾人体育运动组织的成员，我们在参加国际残疾人运动比赛时当然要应用这些标准，同时在国内开展残疾人运动比赛时也采用这些标准，因此，我们等效采用有关国际标准。为了推动我国残疾人体育运动的发展，应积极贯彻本标准、组织分级人员队伍进行学习和培训，同时在国内各种残疾人运动会的比赛中应用。

残疾运动员的医学和功能分级

1 范围

本标准规定了残疾运动员的医学和功能分级标准。

本标准适用于脊髓损伤、脑瘫、盲人、截肢和其他肢体残疾的运动员。

2 分级

2.1 脊髓损伤运动员的医学和功能分级

2.1.1 1A 级:脊髓损伤平面 C_4～C_6。肱三头肌肌力 0 级～3 级。

2.1.2 1B 级:脊髓损伤平面 C_7。肱三头肌肌力 4 级～5 级,腕关节伸、屈肌肌力 0 级～3 级。

2.1.3 1C 级:脊髓损伤平面 C_8。肱三头肌肌力 4 级～5 级,腕关节伸、屈肌肌力 4 级～5 级,手骨间肌和蚓状肌功能差,肌力 0 级～3 级。

2.1.4 2 级:脊髓损伤平面 T_1～T_5。躯干和下肢功能障碍,腹肌功能丧失,坐位平衡功能丧失。

2.1.5 3 级:脊髓损伤平面 T_6～T_{10}。上部腹肌肌力好,下部腹肌无功能,下部躯干伸肌无功能,有轻度维持坐位平衡的能力。

2.1.6 4 级:脊髓损伤平面 T_{11}～L_3。腹肌和脊柱伸肌肌力好,髋关节屈曲、外展肌力尚可,坐位平衡功能好,双下肢肌力总分 1 分～20 分(创伤),双下肢肌力总分 1 分～15 分(脊髓灰质炎)。

2.1.7 5 级:脊髓损伤平面 L_4 和 L_5。坐位平衡功能好,腹肌肌力好,双下肢肌力总分 21 分～40 分(创伤),双下肢肌力总分 16 分～35 分(脊髓灰质炎)。

2.1.8 6 级:脊髓损伤平面 S_1～S_3。一下肢功能障碍,或双下肢轻度功能障碍,双下肢肌力总分 41 分～46 分(创伤),双下肢肌力总分 36 分～50 分(脊髓灰质炎)。

2.1.9 下列情况不具备参赛资格:

a) 双下肢肌力总分≥61 分(创伤);

b) 双下肢肌力总分≥51 分(脊髓灰质炎)。

2.1.10 肌力测试部位见附录 A。

2.1.11 肌力测试计分方法见附录 B。

2.2 脑瘫运动员的医学和功能分级

2.2.1 1 级:严重四肢瘫。痉挛 4 级～3^+级或伴有手足徐动,躯干和四肢功能性活动范围小,功能性肌力差。严重手足徐动或伴有痉挛,功能性肌力和控制力差。活动需依靠电动轮椅或助手的帮助,自己不能驱动轮椅。

2.2.2 2 级:中重度四肢瘫。痉挛 3^+级～3 级或伴有手足徐动。严重手足徐动或四肢瘫,但瘫痪较轻的一侧功能尚可。自己能驱动轮椅。躯干静态平衡功能尚可,动态平衡功能差,需借助头及上肢的力量才能维持动态平衡。如果一侧或双侧下肢功能比较好,能够驱动轮椅,而上肢功能如同 1 级则定为下肢 2 级。如果上肢能够驱动轮椅,手能握住圆柱形或球形物体,功能比较好则定为上肢 2 级。

2.2.3 3 级:中度四肢瘫或需坐轮椅的严重偏瘫,但健侧上肢功能正常,能独立驱动轮椅。四肢瘫中、下肢痉挛 3 级～4 级,在助手的帮助下或使用辅助器具能够步行。躯干功能受限,投掷动作主要靠臂力。功能较好的上肢痉挛 2 级～3 级,手有比较好的握力,但手的快速握伸动作迟钝、吃力。

2.2.4 4 级:中重度双下肢瘫,痉挛 3 级～4 级,长距离行走需要辅助器具,运动时需要轮椅。上肢和躯干功能好,能正常驱动轮椅,站立时平衡功能差。

2.2.5 5 级:对称或不对称的中度双肢瘫,下肢痉挛 3 级,步行可能需要辅助器具,但站立和投掷时不需要。静态平衡功能正常，但动态平衡功能差。上肢及手的功能正常。

2.2.6 6级：中度手足徐动或运动失调，能独立步行，常伴有痉挛。上肢的控制能力比5级差，手握伸功能障碍，但下肢功能比较好，平衡功能好。

2.2.7 7级：不用辅助器具能独立步行的偏瘫。偏瘫侧肢体痉挛2级～3级，有跛行，上肢控制功能障碍。健侧肢体功能正常。

2.2.8 8级：功能影响最小的双肢瘫。痉挛1级～2级的偏瘫。轻微的手足徐动。他们能自由的跑、跳、无跛行，不需要辅助器具。

2.2.9 痉挛分级方法见附录C。

2.3 盲人运动员的医学和功能分级

2.3.1 B1级：双眼无光感，如有光感但在任何距离、任何方向均不能辨认手的形状。

2.3.2 B2级：视力为从能识别手的形状到0.03和/或视野小于5°。

2.3.3 B3级：0.03视力以上到0.1和/或视野大于5°小于20°。

2.3.4 分级时应测试较好一侧眼睛的最佳校正视力，凡使用隐形眼镜或其他视力校正镜的运动员，在比赛时不管是否配戴，在分级检查时均应配戴。

2.4 截肢运动员的医学和功能分级

2.4.1 A1级：双侧膝关节以上或通过膝关节的截肢。

2.4.2 A2级：单侧膝关节以上或通过膝关节的截肢。

2.4.3 A3级：双侧膝关节以下，踝关节以上或通过踝关节的截肢。

2.4.4 A4级：单侧膝关节以下，踝关节以上或通过踝关节的截肢。

2.4.5 A5级：双侧肘关节以上或通过肘关节的截肢。

2.4.6 A6级：单侧肘关节以上或通过肘关节的截肢。

2.4.7 A7级：双侧肘关节以下，腕关节以上或通过腕关节的截肢。

2.4.8 A8级：单侧肘关节以下，腕关节以上或通过腕关节的截肢。

2.4.9 A9级：上肢和下肢的联合截肢。

2.4.10 参赛的最低截肢标准：通过踝、腕关节或踝、腕关节以上的截肢。

2.5 其他运动员的医学和功能分级(除外脊髓损伤、截肢、脑瘫、盲人)。

2.5.1 L1级：严重的四肢功能障碍。

例如：脑脊髓多发性硬化症；肌营养不良；合并关节挛缩的风湿性关节炎。

2.5.2 L2级：严重三肢功能障碍或者四肢功能障碍但比L1级轻。

例如：严重的偏瘫；一肢瘫痪并有其他两肢畸形；较轻的多发性硬化症和类似的残疾。

2.5.3 L3级：至少两肢功能障碍。

例如：轻偏瘫；一下肢髋关节和膝关节僵硬和一上肢畸形。

2.5.4 L4级：两肢或两肢以上功能障碍，但必须比L3级轻。

例如：一肢体关节挛缩或强直并另一肢体功能受限。

2.5.5 L5级：至少一肢体功能受限或类似残疾。

例如：髋关节或膝关节挛缩或强直；一上肢瘫；脊柱后凸侧弯。

2.5.6 L6级：功能轻度受限。

例如：关节炎和骨质疏松；膝关节强直。

2.5.7 参赛的最低残疾标准

2.5.7.1 双下肢肌力总分至少减20分。

2.5.7.2 双上肢肌力总分至少减20分。

2.5.7.3 髋关节被动屈伸幅度小于60°或关节僵硬。

2.5.7.4 膝关节被动伸直差30°或关节在任何位置僵硬。

2.5.7.5 踝关节僵硬。

2.5.7.6 肩关节，上肢被动上举不超过135°或关节在任何位置僵硬。

2.5.7.7 肘关节被动伸直差45°或关节在任何位置僵硬。

2.5.7.8 腕关节僵硬。

2.5.7.9 两侧下肢不等长，至少相差7 cm(从髂前上棘到同侧内踝的距离)。

2.5.7.10 躯干活动能力永久性严重降低。脊柱侧凸的COBB氏角超过60°。

2.5.7.11 侏儒，身高男性不超过145 cm，女性不超过140 cm。

2.5.8 下列情况不属其他残疾范围

唐氏综合症，严重智力降低，心、肺、腹部、皮肤、耳、眼等有病但未丧失运动能力者。

2.5.9 肌力测试部位见附录A。

2.5.10 肌力测试计分方法见附录B。

附 录 A
（规范性附录）
肌力测试部位

A.1 上肢

a） 肩关节屈肌；
b） 肩关节伸肌；
c） 肩关节外展肌；
d） 肩关节内收肌；
e） 肘关节屈肌；
f） 肘关节伸肌；
g） 腕关节伸肌；
h） 腕关节屈肌；
i） 腕关节尺偏；
j） 腕关节桡偏。

对于乒乓球、坐地排球和游泳项目另要测试前臂旋前肌、前臂旋后肌。

A.2 下肢

a） 髋关节屈肌；
b） 髋关节伸肌；
c） 髋关节内收肌；
d） 髋关节外展肌；
e） 膝关节屈肌；
f） 膝关节伸肌；
g） 踝关节背屈肌；
h） 踝关节跖屈肌；
i） 足内反肌；
j） 足外反肌。

附 录 B
（规范性附录）
肌力测试计分方法

0:肌肉完全无收缩。

1:肌肉有收缩,但不能带动关节运动。

2:肌力差,肌肉收缩能运动关节,但不能抗肢体重力运动关节。

3:肌力一般,肌肉能抗肢体重力运动关节,但不能抗阻力运动关节。

4:肌力好,肌肉能总分地对抗阻力运动关节。

5:肌力正常,肌肉能完全抗阻力运动关节。

注：运动关节指关节活动要达到正常的活动范围。

附　录　C
（规范性附录）
痉挛分级方法

0:肌张力低。

1:肌张力正常。

2:肌张力高,但肢体运动不受限。

3:肌张力高,肢体运动受限。

4:肌张力高,肢体僵硬,被动运动困难或不可能。

ICS 53.020.30;03.220.40
R 46

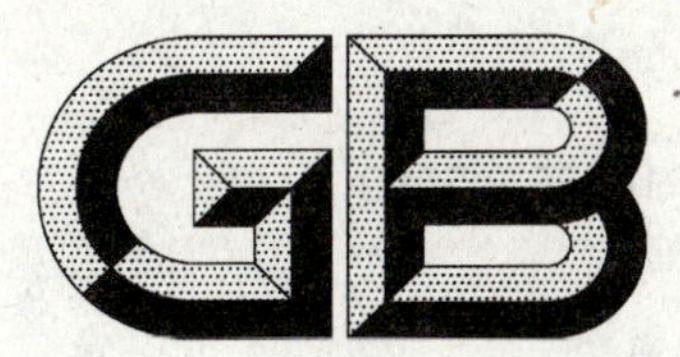

中华人民共和国国家标准

GB/T 14735—2009
代替 GB 14735—1993

港口装卸用吊钩使用技术条件

Specification for the operation of the hook used in the port for cargo handling

2009-09-30 发布　　　　2009-11-01 实施

中华人民共和国国家质量监督检验检疫总局
中国国家标准化管理委员会　发布

前　言

本标准代替 GB 14735—1993《港口装卸用吊钩使用技术条件》。

本标准与 GB 14735—1993 相比，主要差异如下：

——在范围中扩大了适用范围，删除了不适用危险品作业的规定(见第 1 章)；

——在吊钩的型式中，增加了鼻形钩(见图 1)；

——修改了吊钩强度等级的划分，把原来五个强度等级按照 ISO 标准划分为三个强度等级，提高了强度等级划分的标准(见 3.2)；

——修订了吊钩额定起重量系列，吊钩起重量按吊钩强度等级划分，增加了 T(8)级额定起重量 20 t 吊钩(见 3.3)；

——材料要求中按吊钩强度等级限定吊钩材质中含硫、磷的要求(见 4.1.1)；

——工艺要求中增加了吊钩热处理后对吊钩表面硬度的要求，增加了吊钩在制造过程中不得补焊的规定(见 4.2)；

——强度要求中，增加了①吊钩起吊 2 倍额定起重量的试验载荷后，环眼直径的残余变形量不得超过直径的 1%；②吊钩起吊 4 倍额定起重量的试验载荷时，吊钩在滑钩前不得发生断裂破坏(见 4.4)；

——贮存要求中增加了吊钩放置的环境要求(见 6.2)；

——吊钩的使用从附录中列为标准正文，删除了吊钩的修理(见第 7 章)；

——增加了吊钩使用检查(见 7.4)；

——吊钩的检查及报废从附录中列为标准正文，吊钩报废标准中增加了①T 级吊钩开口度超过公称尺寸的 10%；②吊钩环眼磨损量超过公称尺寸的 10%；③吊钩表面磨损、锈蚀、凹坑超过公称尺寸的 10%；④吊钩弯曲变形(见第 8 章)。

本标准由中华人民共和国交通运输部提出。

本标准由交通部港机标准归口单位归口。

本标准起草单位：上海国际港务(集团)股份有限公司。

本标准主要起草人：包起帆、徐德麟、闻君、葛中雄、高永庠、董庭龙。

本标准所代替标准的历次版本发布情况为：

——GB 14735—1993。

港口装卸用吊钩使用技术条件

1 范围

本标准规定了港口装卸用吊钩(以下简称吊钩)的等级、额定起重量、技术要求、试验方法、标志及贮存、使用、检查及报废等使用技术条件。

本标准适用于港口装卸工索具组合件上各种型式的吊钩。

2 规范性引用文件

下列文件中的条款通过本标准的引用而成为本标准的条款。凡是注日期的引用文件,其随后所有的修改单(不包括勘误的内容)或修订版均不适用于本标准,然而,鼓励根据本标准达成协议的各方研究是否可使用这些文件的最新版本。凡是不注日期的引用文件,其最新版本适用于本标准。

GB/T 699 优质碳素结构钢

GB/T 1591 低合金高强度结构钢

GB/T 3077 合金结构钢(GB/T 3077—1999,neq DIN EN 10083-1:1991)

3 吊钩的基本形式、强度等级及额定起重量

3.1 吊钩的基本形式见图1。

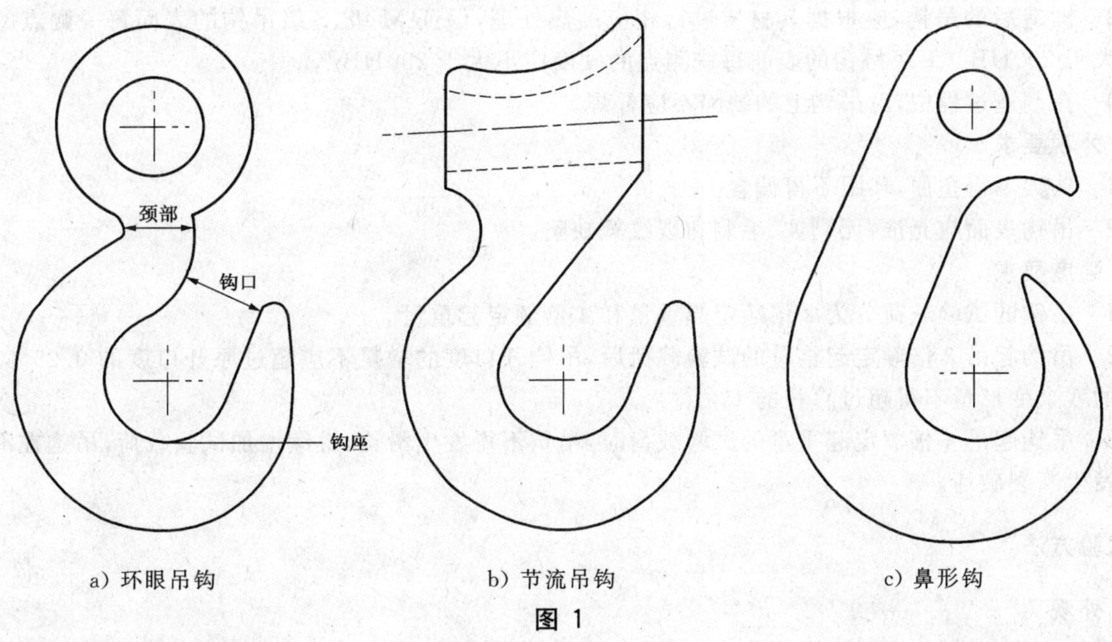

a) 环眼吊钩　　b) 节流吊钩　　c) 鼻形钩

图 1

3.2 吊钩的强度等级见表1。

表 1 吊钩的强度等级

强度等级	材料抗拉强度 (σ_b)/MPa
M(4)级	≥400
S(6)级	≥630
T(8)级	≥800

3.3 吊钩的额定起重量见表2。

表2 吊钩的额定起重量系列

单位为吨

M(4)级	0.5	1.0	2.0	3.2	5.0	8.0	—	—	—	—
S(6)级	—	1.0	2.0	3.2	5.0	8.0	10.0	—	—	—
T(8)级	—	—	2.0	3.2	5.0	8.0	10.0	12.5	16.0	20.0

4 技术要求

4.1 材料要求

4.1.1 制钩用的钢材应是镇静钢，并具有良好的锻造性能，不同强度等级吊钩的材料抗拉强度应符合3.2的要求。吊钩制造材质中硫、磷的最大含量不应超过表3的规定。

表3 吊钩材质硫、磷的最大含量

强度等级	硫(最大含量)		磷(最大含量)	
	熔炼分析	检验分析	熔炼分析	检验分析
M(4)级	0.040%	0.050%	0.040%	0.045%
S(6)级、T(8)级	0.035%	0.040%	0.035%	0.040%

4.1.2 制钩用的材质可在GB/T 699、GB/T 1591和GB/T 3077中选取。

4.2 工艺要求

4.2.1 吊钩锻制坯料应采用机械切割方法落料。

4.2.2 吊钩应整体热模锻制造，锻件材料纤维走向和吊钩成形方向一致。

4.2.3 锻造后的吊钩，应根据其材质进行相应的热处理，保证M级、S级吊钩的表面每一测点的硬度应不大于200HB。T级吊钩的表面每一测点的硬度应不大于250HB。

4.2.4 在制造过程中，对吊钩上的缺陷不应补焊。

4.3 外观要求

4.3.1 钩尖不得扭曲，环眼不得偏置。

4.3.2 吊钩表面应光洁，无剥蚀、毛刺和裂纹等缺陷。

4.4 强度要求

4.4.1 吊钩的试验载荷分为2倍额定起重量和4倍额定起重量。

4.4.2 吊钩起吊2倍额定起重量的试验载荷后，吊钩开口度的增量不应超过原开口度的0.25%，环眼直径的残余变形量不得超过直径的1%。

4.4.3 吊钩起吊4倍额定起重量的试验载荷时，吊钩不得发生滑钩，继续增加试验载荷，吊钩在滑钩前不得发生断裂破坏。

5 试验方法

5.1 外观

吊钩应逐件进行外观检验，用倍率为5倍的放大镜对吊钩表面进行观察，检查有无裂纹。

5.2 强度

5.2.1 2倍额定起重量载荷静载试验

试验前测量每只新吊钩的开口度和环眼直径，作好记录，然后在吊钩钩座部施加2倍额定起重量的垂直载荷，10 min后卸载，测定吊钩的开口度和环眼直径，计算吊钩开口度的增量和环眼直径的残余变形量，应符合4.4.2的要求。

5.2.2 4倍额定起重量载荷静载试验

在吊钩钩座部施加4倍额定起重量的垂直载荷，观察在10 min内吊钩的变化，应符合4.4.3的要求。

5.2.3 强度检验时的抽样数见表4，如第一次的抽样试验结果不合格，允许做第二次抽样试验，如仍不合格，则该批吊钩为不合格产品。

表4 抽检数量

批量数	第一次抽样数	第二次抽样数
20只以下	1	2
21只～100只	2	4
100只以上	4	8

5.3 抽检报告和合格证书

吊钩使用前应提供强度检验的抽检报告和质量合格证书。

6 标志及贮存

6.1 标志

6.1.1 吊钩的标志应位于不易磨损的平整部位，且为低应力区。

6.1.2 标志内容应包括吊钩的额定起重量、吊钩的强度等级、制造厂名。

6.2 贮存

6.2.1 吊钩应贮存在干燥的场所，避免接近酸、碱、盐等具有腐蚀性的物质。

6.2.2 新吊钩表面应涂以防锈油或防锈漆，并用油纸或塑料袋包装。

6.2.3 对上架的吊钩应保持清洁，若有锈蚀，应设法清除。

6.2.4 装卸腐蚀品后，应及时清洗掉残留在吊钩上的腐蚀品，擦干上油。

7 使用要求

7.1 起吊时吊钩所承受的载荷不应超过该吊钩的额定起重量。

7.2 起吊时应平稳，避免出现冲击载荷。

7.3 载荷应置于吊钩钩座的中部。

7.4 吊钩在借用、归还、整理工具保管上架时和使用过程中应进行检查，发现问题立即停止使用。

7.5 吊钩应定期检查，并作相应的检查记录。

8 检查及报废

检查项目和报废要求见表5。

表5 吊钩的检查与报废

序号	检查项目	报废要求
1	吊钩开口度	对M级、S级吊钩开口度超过公称尺寸的15%； 对T级吊钩开口度超过公称尺寸的10%
2	吊钩变形	吊钩扭转变形超过10°； 吊钩弯曲变形
3	吊钩钩座磨损	吊钩钩座磨损量超过公称尺寸的10%
4	吊钩环眼内径磨损量	吊钩环眼磨损量超过公称尺寸的10%
5	吊钩颈部或危险断面变形	吊钩的颈部或危险断面发生塑性变形
6	吊钩的外观	吊钩表面出现裂纹、裂痕； 吊钩表面磨损、锈蚀、凹坑超过公称尺寸的10%

STANDARDS PRESS OF CHINA

参 考 文 献

［1］ GB/T 783—1987 起重机械 最大起重量系列(eqv ISO 2374:1983).

［2］ GB/T 6067—1985 起重机械安全规程(neq NF E52-122:1975).

［3］ GB/T 20946－2007 起重用短环链 验收总则(ISO 1834:1999,IDT).

［4］ ISO 2141:1972 起重吊钩一般特性.

［5］ ISO 4779:1986 M(4)级链条配用的环眼起重吊钩.

［6］ ISO 7597:1987 T(8)级链条配用的环眼起重吊钩.

ICS 53.020.30;03.220.40
R 46

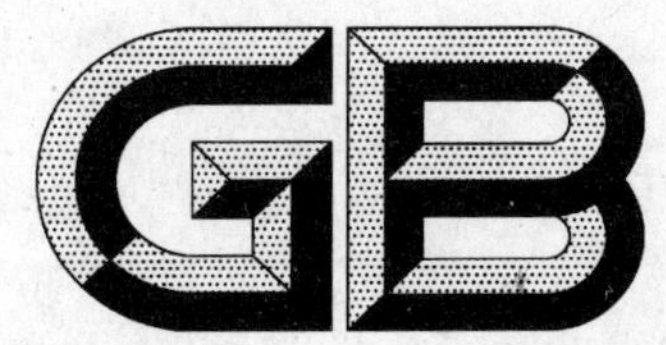

中华人民共和国国家标准

GB/T 14736—2009
代替 GB 14736—1993

港口装卸用吊环使用技术条件

Specification for the operation of the hanging ring used in the port for cargo handling

2009-09-30 发布 2009-11-01 实施

中华人民共和国国家质量监督检验检疫总局
中国国家标准化管理委员会 发布

前言

本标准代替 GB 14736—1993《港口装卸用吊环使用技术条件》。

本标准与 GB 14736—1993 相比，主要差异如下：

——吊环强度等级由原来四个等级改为 M(4)级、S(6)级、T(8)级三个等级，并增加了三个强度等级的验证力试验载荷作用下的平均应力值、额定工作载荷下的平均应力值(见 5.1)；

——吊环的材料要求中增加了对三个强度等级材料含磷、硫成分的不同要求(见 7.1.1)；

——工艺要求中增加了吊环制造可采用整体热模锻加工工艺及吊环热处理后对吊环表面硬度的要求(见 7.2.2 和 7.2.7)；

——吊环焊接按 GB/T 5118 选用棒料材质相适应的焊条(见 7.2.3)；

——修订吊环强度要求，增加了所有吊环其强度应满足相对应强度等级的额定工作载荷下的平均应力、验证力试验载荷作用下的平均应力和最小破断力试验载荷作用下的平均应力的要求(见 7.3.1)；

——修订外观要求，增加吊环不应纵向弯曲和局部扭曲的要求，增加了焊缝处吊环外形在任何截面均不能小于吊环材料公称直径(见 7.4.1 和 7.4.2)；

——试验方法中，增加了不同额定工作载荷下的试验载荷表(见 8.2.1)；

——增加吊环使用前提供强度检验的抽检报告和质量合格证书(见 8.3)；

——增加吊环贮存要求(见 9.2)；

——增加了吊环使用过程中的检查要求(见 10.12 和 10.13)。

本标准的附录 B 为规范性附录，附录 A 为资料性附录。

本标准由中华人民共和国交通运输部提出。

本标准由交通部港机标准归口单位归口。

本标准起草单位：上海国际港务(集团)股份有限公司。

本标准主要起草人：包起帆、闻君、徐德麟、葛中雄、高永庠、董庭龙。

本标准所代替标准的历次版本发布情况为：

——GB 14736—1993。

港口装卸用吊环使用技术条件

1 范围

本标准规定了港口装卸用吊环(以下简称吊环)的结构型式、强度等级、载荷等级、技术要求、试验方法、标记及贮存、使用要求、检查及报废等使用技术条件。

本标准适用于港口装卸用索具组合部件截面为圆形的焊接吊环,也适用于圆形截面热模锻吊环,不适用于非圆形截面的吊环和铸造吊环。

2 规范性引用文件

下列文件中的条款通过本标准的引用而成为本标准的条款。凡是注日期的引用文件,其随后所有的修改单(不包括勘误的内容)或修订版均不适用于本标准,然而,鼓励根据本标准达成协议的各方研究是否可使用这些文件的最新版本。凡是不注日期的引用文件,其最新版本适用于本标准。

GB/T 699 优质碳素结构钢

GB/T 985.1 气焊、焊条电弧焊、气体保护焊和高能束焊的推荐坡口(GB/T 985.1—2008,ISO 9692-1:2003,Welding and allied processes—Recommendations for joint preparation—Part 1:Manual metal arc welding,gas-shield arc welding,gas welding,TIG welding and beam welding of steels,MOD)

GB/T 1591 低合金高强度结构钢

GB/T 3077 合金结构钢(GB/T 3077—1999,neq DIN EN 10083-1:1991)

GB/T 5118 低合金钢焊条(GB/T 5118—1995,neq ANSI/AWSA5.5:1981)

GB/T 14737 港口装卸用吊索使用技术条件

3 术语和定义

下列术语和定义适用于本标准。

3.1

吊环 hanging ring

港口装卸用索具的组合部件,分主环和连接环。

3.2

主环 main hanging ring

起重索具的上端配件,通过它与起重机械上的吊具相连接。

3.3

连接环 connecting ring

起重索具中的连接配件。用于主环、链、索、吊钩等部件之间的连接。用于链式吊索时,根据连接环在链式吊索中所处的位置分为:中间主环、中间环、连接环。

3.4

装配式连接环 assembled connecting ring

起重索具中的连接配件。用零件装配成的连接环。

3.5

额定工作载荷 rated maximum load

在铅垂条件下,单只吊环允许承受的最大载荷。

4 结构型式

4.1 吊环型式

吊环型式分为长形环(图 1)和圆形环(图 2)。

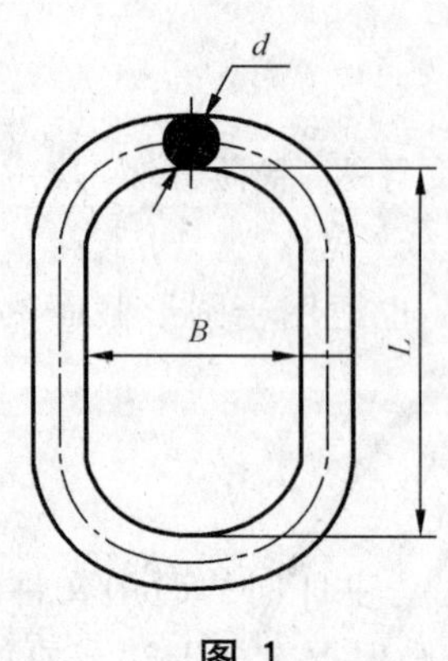

图 1

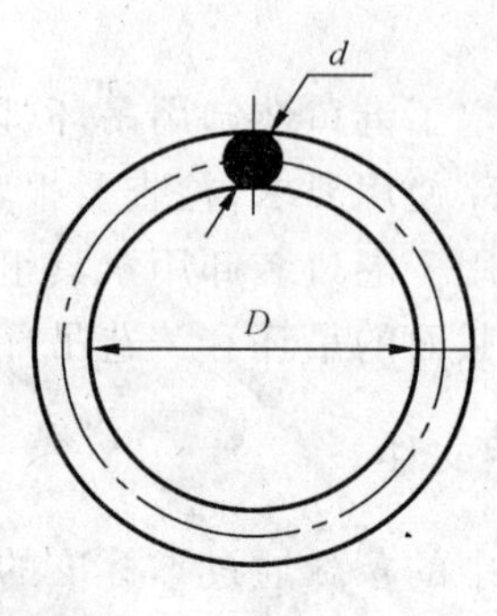

图 2

4.2 连接型式

主环与连接环之间的连接型式见表 1。

表 1

A 型	B 型	C 型	D 型	E 型
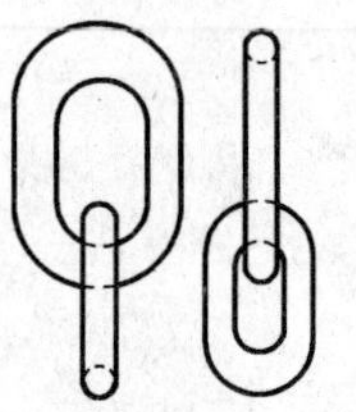	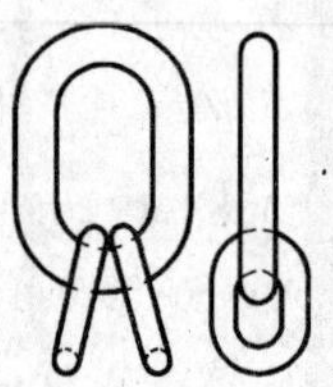	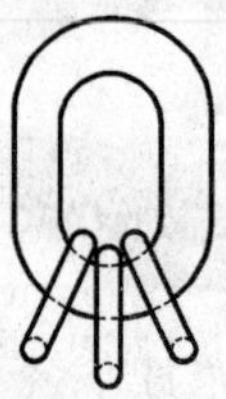	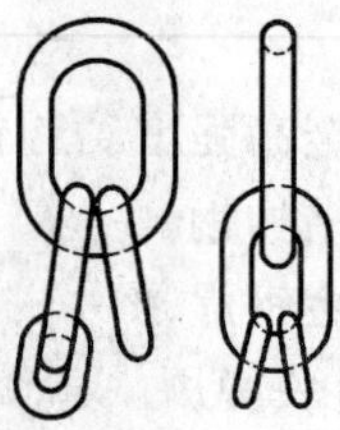	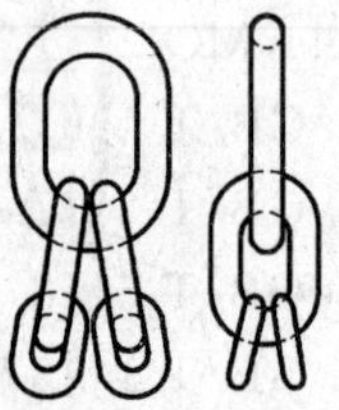

4.3 吊环的尺寸

4.3.1 吊环的尺寸按吊环所连接的链索的公称直径确定。

4.3.2 长型主环的尺寸见表 2,主环内宽 B 应满足钩头等连接件在其内自由转动。

表 2

单位为毫米

	A 型	B 型	C 型	D 型	E 型
内　长(L)	$7.51d_c$	$9.24d_c$	$10.39d_c$	$12.70d_c$	$12.70d_c$
内　宽(B)	$4.50d_c$	$5.54d_c$	$6.24d_c$	$8.08d_c$	$8.08d_c$
环材直径(d)	$1.69d_c$	$2.28d_c$	$2.73d_c$	$3.24d_c$	$3.24d_c$
注：d_c 为吊环所连接的链索的公称直径,设计方法参见附录 A。					

4.3.3 长型连接环尺寸见表 3,其他要求如下:

a) 连接环的内宽 B 应能确保索具的自由连接;

b) 当连接环在工索具中上端与主环连接,下端需通过起过渡作用的连接环与链、索连接时,该连接环的内部尺寸按长形主环的连接形式确定。

表 3

单位为毫米

项目	尺寸
内　长(L)	$4.25d_c$
内　宽(B)	$2.12d_c$
环材直径(d)	$1.18d_c$

4.3.4 圆形主环尺寸见表4。

表4 单位为毫米

	A型	B型	C型	D型	E型
内　径(D)	7.51d_c	9.24d_c	10.39d_c	12.70d_c	12.70d_c
环材直径(d)	1.88d_c	2.54d_c	3.03d_c	3.56d_c	3.56d_c

5 强度等级

5.1 吊环的强度等级见表5。

表5 单位为兆帕

强度等级	最小破断力作用下的平均应力	验证力作用下的平均应力	额定工作载荷下的平均应力
M(4)级	400	200	100
S(6)级	630	315	157.5
T(8)级	800	400	200
注：平均应力等于吊环所受的力除以吊环两侧的总截面积。			

5.2 用于链式吊索时，其强度等级应与链式吊索强度等级一致。

6 载荷等级

6.1 主环载荷等级见表6。

表6 单位为吨

额定工作载荷				
0.5	1.0	2.0	3.2	5.0
8.0	10.0	12.5	16.0	20.0
25.0	32.0	40.0		

6.2 连接环的载荷等级

6.2.1 连接环的载荷等级按组成装卸工索具的种类不同而定，与链条、钢丝绳或纤维绳连接时按吊索载荷等级确定。

6.2.2 上述以外装卸工索具中使用的连接环，其载荷等级应符合6.1。

7 技术要求

7.1 材料要求

7.1.1 吊环用的钢材应是镇静钢，并具有良好焊接性能，机械性能符合5.1的要求。吊环制造材质中硫、磷的最大含量不应超过表7的规定。

表7

强度等级	硫(最大含量)		磷(最大含量)	
	熔炼分析	检验分析	熔炼分析	检验分析
M(4)级	0.040%	0.050%	0.040%	0.045%
S(6)级、T(8)级	0.035%	0.040%	0.035%	0.040%

7.1.2 当吊环用于链式吊索时，吊环的材质应与链条的材质相同或在机械性能与链条相当的材质中选取。

7.1.3 当吊环用于钢丝绳吊索、纤维绳吊索时,吊环的材质的选取应满足 7.1.1 的要求,可在 GB/T 699、GB/T 1591 和 GB/T 3077 中选取。

7.2 工艺要求

7.2.1 制造吊环的棒料应采用机械切割加工方法落料。

7.2.2 吊环制造不应冷弯,应采用热弯法加工成型,也可采用整体热模锻加工工艺制造。

7.2.3 吊环焊接按 GB/T 5118 选用与棒料材质相适应的焊条。

7.2.4 吊环焊接接头的型式和尺寸按 GB/T 985.1 选用。

7.2.5 长型环的焊接接头应在直线段的中部。

7.2.6 链式吊索上的主环、连接环应符合链式吊索的整体制造工艺要求。

7.2.7 吊环焊接、模锻后,应根据其材质进行相适应的热处理,M 级、S 级吊环的表面每一测点的硬度应不大于 200 HB,T 级吊环的表面每一测点的硬度应不大于 250 HB。

7.3 强度要求

7.3.1 不同强度等级的吊环,其在额定工作载荷下的平均应力、验证力作用下的平均应力及最小破断力作用下的平均应力应符合表 5 的要求。

7.3.2 吊环在验证力试验载荷的作用下,长型环外长方向永久变形不大于 1%;圆形环内径永久变形不大于 1%。验证力试验载荷为吊环额定工作载荷的 2 倍。

7.3.3 长型环最小破断力不小于验证力试验载荷 2 倍;圆型环最小拉直力不小于验证力试验载荷 2 倍。

7.3.4 长型环的破断伸长率不应小于表 8 值。

表 8

强度等级	M(4)级	S(6)级	T(8)级
破断伸长率/%	20	17	17

7.4 外观要求

7.4.1 吊环不应纵向弯曲和局部扭曲。

7.4.2 焊缝不应错位,焊缝处的吊环外形在任何截面均不应小于吊环材料公称直径。

7.4.3 焊缝应焊透,不应有气孔、过烧、夹渣等缺陷。

7.4.4 吊环表面应光洁、平整,无毛刺和裂纹等。

8 试验方法

8.1 外观

吊环应逐件进行外观检验,用倍率为 5 倍的放大镜对吊环表面进行仔细观察,应符合 7.4 的要求。

8.2 强度

8.2.1 吊环的试验载荷见表 9。

表 9

额定工作载荷/t	验证力试验载荷/kN	最小破断力试验载荷/kN
0.5	10	20
1.0	20	40
2.0	40	80
3.2	64	128
5.0	100	200
8.0	160	320

表 9（续）

额定工作载荷/t	验证力试验载荷/kN	最小破断力试验载荷/kN
10.0	200	400
12.5	250	500
16.0	320	640
20.0	400	800
25.0	500	1 000
32.0	640	1 280
40.0	800	1 600

8.2.2 吊环在验证力试验载荷作用下，吊环的残余变形，应符合 7.3.2 的要求。拉力试验方法见附录 B。

8.2.3 吊环最小破断拉力试验，从做过 8.2.2 试验合格的吊环中，按表 10 的规定，抽样做本试验。观察吊环受力后的变化，应符合 7.3.3 和 7.3.4 的要求。

8.2.4 吊环与链条、钢丝绳连接组成各种装卸工索具的主环和连接环按 GB/T 14737 的试验要求进行试验。

8.2.5 强度检验时的抽样数见表 10，如第一次的抽样试验结果不合格，允许做第二次抽样试验，如仍不合格，则该批吊环为不合格产品。

表 10

批 量 数	第 一 次 抽 样 数	第 二 次 抽 样 数
20 只以下	1	2
21 只～100 只	2	4
100 只以上	4	8

8.3 抽检报告和合格证书

吊环使用前应提供强度检验的抽检报告和质量合格证书。

9 标记及贮存

9.1 标记

9.1.1 单只吊环和按表 1 连接形式制成的吊环，应在环上远离焊点处压印永久性标记，表明额定工作载荷和强度等级。

9.1.2 压印标记应为凹面，且深度不应影响吊环强度。

9.2 贮存

9.2.1 吊环应贮存在干燥的场所，避免接近酸、碱、盐等具有腐蚀性的物质。

9.2.2 新吊环表面应涂以防锈油或防锈漆，并用油纸或塑料袋包装。

10 使用要求

10.1 用于组成链式吊索、钢丝绳吊索、纤维绳吊索的主环宜采用长型环，连接环应采用长型环。

10.2 与单只吊环直接连接的吊索数不应多于三肢，四肢吊索与主环的连接应采用表 1 中的 E 型。

10.3 出现伤痕或显著锈蚀的吊环再利用，应按 8.2 进行强度检验。

10.4 不应将有缺陷的吊环焊补后重新使用。

10.5 无标记的吊环未经确认，不应使用。

10.6　与链条连接的连接环，其环材直径应与链材直径相匹配。

10.7　不应采用锤击的方法纠正已扭曲的吊环。

10.8　不应抛掷吊环。

10.9　不应从重物下面拉拽吊环或让重物在吊环上滚动。

10.10　不宜用卸扣代替连接环。

10.11　现场更换装卸工索具中的连接环，允许使用装配式连接环，装配式连接环的形状和额定载荷应符合吊索额定载荷的要求。

10.12　吊环在借用、归还、整理工具保管上架时和使用过程中应检查，发现问题立即停止使用。

10.13　吊环应定期检查，并作相应的检查记录。

11　检查及报废

检查项目及报废要求见表11。

表 11

序号	检查项目	报 废 要 求
1	吊环的平面弯曲	吊环整体的扭曲变形超过10°
2	吊环的磨损	吊环任意处的最大磨损和锈蚀量之和不应超过环材公称尺寸的10%
3	吊环的变形	长型环内长(圆形环内径)变形超过公称尺寸的5%
4	吊环的外观	吊环表面出现裂纹、裂痕

附 录 A
（资料性附录）
吊环的设计方法

港口装卸用截面为圆形的焊接吊环(长形环),可参照下列公式设计:

$$d = 0.2AB\left[6.7 + A - \frac{B}{L}\right] \quad \cdots\cdots(\text{A.1})$$

$$d = B\left[0.1 + A(1 + A) - 0.12\frac{L}{B}\right] \quad \cdots\cdots(\text{A.2})$$

式中:

d——环材直径,单位为毫米(mm);

L——吊环的内长,单位为毫米(mm)。

$$A = \left(\frac{W}{fB^2}\right)^{\frac{1}{3}} \quad \cdots\cdots(\text{A.3})$$

W——吊环的额定工作载荷,单位为牛(N);

f——额定工作载荷下吊环名义的最大应力,单位为兆帕(MPa)。

各等级吊环 f 的推荐值为:

M 级:315 MPa(N/mm^2);

S 级:500 MPa(N/mm^2);

T 级:630 MPa(N/mm^2)。

B——吊环的内宽,单位为毫米(mm)。

两个公式(A.1)和公式(A.2)每次都应进行计算,环材直径最终取两式所得值的较大者。

附　录　B
（规范性附录）
拉力试验方法

B.1　验证试验

B.1.1　试验指标

以试验时测量点距离的变化率作为检验指标之一。

B.1.2　测量点位置的确定

B.1.2.1　长型环

在长型环长度方向的外缘处加载线上，对称地选取两测量点。测量点的确定应保证在长型环内宽的垂直平分线上。

B.1.2.2　圆形环

在与加载方向垂直，且通过圆形环内径 D 环材内缘处，水平对称地选取两测量点。测量点的确定应保证加载力直接通过环的焊接处。

B.1.3　量取测量点间的距离

首先在环上施加初始载荷，其值为20％试验载荷，带载量取测量点的实际距离。

B.1.4　加载

在环上施加试验载荷，加载速度要均匀。加载后稳定 2 min，再回复到初始载荷上，重新量取测量点间的距离。

B.1.5　检验

测量点间的距离变化率在1％之内为合格。

B.2　破坏试验

B.2.1　试样在拉力试验机上均匀地进行加载，长形环直至出现破坏为止，圆形环直至拉直为止。

B.2.2　记录长形环最小破断力和圆形环最小拉直力后与试验载荷进行比较，应符合7.3.3的要求。

参 考 文 献

[1] GB/T 20652—2006 M(4)、S(6)、T(8)级焊接吊链(ISO 4778:1981,IDT).

[2] GB/T 20946—2007 起重用短环链 验收总则(ISO 1834:1999,IDT).

[3] ISO 1835:1980 起重用短环链 吊链等用M(4)级非校准链条.

[4] ISO 3075:1980 起重用短环链 吊链等用S(6)级非校准链条.

[5] ISO 3076:1980 起重用短环链 吊链等用T(8)级非校准链条.

ICS 53.020.30;03.220.40
R 46

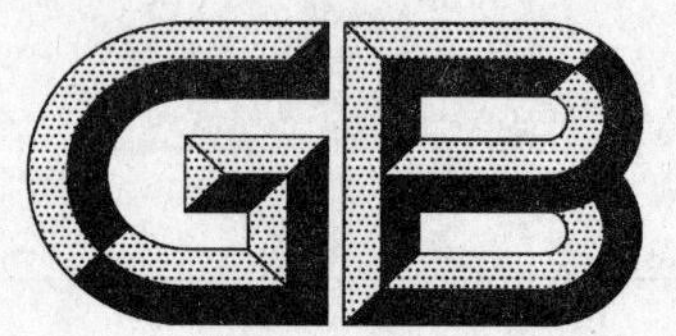

中华人民共和国国家标准

GB/T 14737—2009
代替 GB 14737—1993,GB 14738—1993,GB 14739—1993

港口装卸用吊索使用技术条件

Specification for the operation of sling used in the port for cargo handling

2009-09-30 发布　　2009-11-01 实施

中华人民共和国国家质量监督检验检疫总局
中国国家标准化管理委员会　发布

前　言

本标准代替 GB 14737—1993《港口装卸用链式吊索使用技术条件》、GB 14738—1993《港口装卸用钢丝绳吊索使用技术条件》和 GB 14739—1993《港口装卸用纤维绳吊索使用技术条件》，本标准整合修订 GB 14737～14739—1993。

本标准与 GB 14737～14739—1993 相比，主要变化如下：

——整合了吊索额定载荷和极限工作载荷的定义(见 3.10 和 3.11)；

——整合了单肢吊索和多肢吊索吊用模式及吊用模式系数(见 4.2)；

——整合了极限工作载荷的计算公式(见 5.3)；

——整合了吊索所用的配件选用，多肢吊索上端配件允许使用的工作载荷不应小于吊索的最大极限工作载荷；下端配件允许使用的工作载荷不应小于所属分肢的最大极限工作载荷(见 6.1.3.3)；

——钢丝绳吊索的材料要求中，增加对选用的钢丝绳公称抗拉强度一般不大于 1 770 MPa 的要求(见 6.2.1.1)；

——钢丝绳吊索工艺要求中，增加了钢丝绳吊索软环眼尺寸的规定(见 6.2.2.7)；

——修订了纤维绳吊索材料选用的要求，删除了选用三股和八股聚丙烯单丝或薄膜绳索及三股维纶绳索，增加了吊索可选用三股聚丙烯-聚乙烯绳索，增加了吊索选用三股白棕绳绳索(见 6.3.1.1)；

——纤维绳吊索材料要求中增加了制造吊索的纤维绳应用新原料，不应用再生原料制成的绳索，绳股应连续无捻接，以及制造吊索的绳索应具有生产厂的合格证书和材质检验报告的要求(见 6.3.1.1)；

——整合了钢丝绳吊索和纤维绳吊索拉伸试验的检验数量，每批次同规格抽检量 5%，不应少于 3 件(见 7.1.5)；

——整合了吊索的标志要求，增加了吊索的生产厂名和生产日期及批号(见 7.1.6)；

——钢丝绳拉伸试验方法中，修订拉伸夹具间的试验最小有效长度(见 7.3.3.3)；

——整合了吊索贮存及保养的要求(见第 8 章)；

——纤维绳吊索贮存要求中增加了吊索贮存期超过一年，应重新检验(见 8.6)；

——整合和归并三种吊索的使用要求(见第 9 章)；

——整合了吊索的检查基本要求，纤维绳吊索定期检查中增加了两年应拉力测试的要求(见第 10 章)；

——增加链式吊索报废条件，链条任一节链环之间发生咬合、转动困难报废(见 11.1)；

——增加了吊索端部配件卸扣的日常检查和报废条件(见 11.2)；

——修订纤维绳吊索报废条件，原吊索磨损使绳纱断裂数达每股绳纱的 20%以上报废，现修改为吊索磨损使绳纱断裂数达每股绳纱的 10%以上报废(见 11.3)；

——增加了纤维绳吊索的报废条件(见 11.3)；

——增加了表 A.1 中 6×37 类钢丝绳的力学特性、表 A.2 中三股聚丙烯-聚乙烯(丙乙纶)绳索和表 A.5 白棕绳绳索特性表(见附录 A)。

本标准附录 A 为规范性附录，附录 B 为资料性附录。

本标准由中华人民共和国交通运输部提出。

本标准由交通部港机标准归口单位归口。

本标准起草单位：上海国际港务（集团）股份有限公司。

本标准主要起草人：包起帆、徐德麟、闻君、葛中雄、高永庠、董庭龙。

本标准所代替标准的历次版本发布情况为：

——GB 14737—1993；

——GB 14738—1993；

——GB 14739—1993。

港口装卸用吊索使用技术条件

1 范围

本标准规定了港口装卸用吊索的分类及吊用模式、极限工作载荷、技术要求、检验、贮存及保养、使用、检查和报废的技术条件。

本标准适用于港口装卸机械与货物连接的链式吊索、钢丝绳吊索和纤维绳吊索。

2 规范性引用文件

下列文件中的条款通过本标准的引用而成为本标准的条款。凡是注日期的引用文件,其随后所有的修改单(不包括勘误的内容)或修订版均不适用于本标准,然而,鼓励根据本标准达成协议的各方研究是否可使用这些文件的最新版本。凡是不注日期的引用文件,其最新版本适用于本标准。

GB/T 985.1 气焊、焊条电弧焊、气体保护焊和高能束焊的推荐坡口(GB/T 985.1—2008,ISO 9692-1:2003,Welding and allied processes—Recommendations for joint preparation—Part 1:Manual metal arc welding,gas-shield arc welding,gas welding,TIG welding and beam welding of steels,MOD)

GB/T 985.2 埋弧焊的推荐坡口(GB/T 985.1—2008,ISO 9692-2:1998,Welding and allied processes—Joint preparation—Part 2:Submerged arc welding of steels,MOD)

GB/T 5974.1 钢丝绳用普通套环

GB/T 5974.2 钢丝绳用重型套环

GB/T 6394 金属平均晶粒度测定方法(GB/T 6394—2002,ASTM E112-96,MOD)

GB/T 6946 钢丝绳铝合金压制接头

GB/T 8358 钢丝绳破断拉伸试验方法(GB/T 8358—2006,ISO 3108:1974,Steel wire ropes for general purposes—Determination of actual breaking load,NEQ)

GB/T 8834 绳索 有关物理和机械性能的测定(GB/T 8834—2006,ISO 2307:1990,IDT)

GB 8918 重要用途钢丝绳(GB 8918—2006,ISO 3154:1988,Stranded wire ropes for mine hoisting—Technical delivery requirements,MOD)

GB/T 14735 港口装卸用吊钩使用技术条件

GB/T 14736 港口装卸用吊环使用技术条件

GB/T 15029 剑麻白棕绳(GB/T 15029—2009,ISO 1181:2004,Fibre ropes—Manila and sisal—3-,4-and 8-Stand ropes,NEQ)

GB/T 18674 渔用绳索通用技术条件

GB/T 20946 起重用短环链 验收总则(GB/T 20946—2007,ISO 1834:1999,IDT)

CB/T 33 索具套环

CB 3061 合金钢卸扣

JB/T 8112 一般起重用锻造卸扣 D形卸扣和弓形卸扣

3 术语和定义

下列术语和定义适用于本标准。

3.1

链式吊索 chain sling

由链条上、下端与吊钩、吊环连接组成的装卸吊索。

3.2

钢丝绳吊索　steel wire rope sling

由钢丝绳的一端或两端与吊钩、吊环、链条等金属配件连接组成的装卸索具。钢丝绳也可单独制成吊索。

3.3

纤维绳吊索　fibre rope sling

由纤维绳的一端或两端与吊钩、吊环等金属配件连接组成的装卸索具。纤维绳也可单独制成吊索。

3.4

单肢吊索　single sling

仅用一根吊索来起吊货物的吊索。

3.5

多肢吊索　multiple sling

同时用与主环相连的两根或两根以上、长度相等的单肢吊索组合成的吊索。一般由各肢的一端与主环连接或双肢分别通过连接环或中间环与主环连接制成。

3.6

无级吊索　ring sling

由一根纤维绳两端的各股互相穿插对接而制成的环状吊索。

3.7

肢间夹角　angle

在多肢吊索中，相对于一定的吊用模式下的两根吊索之间的夹角。

3.8

吊用模式　hanging mode

吊运货物时，由相应吊索呈现出的几何位置形状。

3.9

吊用模式系数　hanging model coefficient(M)

根据吊用模式中的吊索肢数和肢间夹角，吊索所能承受最大载荷的校正值。

3.10

极限工作载荷　working load limit(Q_J)

一般使用条件下的吊索，考虑了安全系数和吊用模式系数后，在给定的模式下吊索允许起升的最大载荷，单位为千牛(kN)。

3.11

额定载荷　rated load(Q_E)

单肢吊索额定载荷为单肢吊索的极限工作载荷。多肢吊索额定载荷为肢间夹角90°，与垂直线夹角45°时的极限工作载荷，单位为千牛(kN)。

3.12

效率系数　efficiency coefficient(K_C)

钢丝绳吊索在拉伸试验时的破断拉力与所选用钢丝绳的最小破断拉力之比。

3.13

环眼　eye of a rope ring

由绳索两端的绳股分别穿插制成的环状绳圈，也称软环眼。如环眼内嵌有金属套环时，则称为硬环眼(见图1)。

a）硬环眼

b）软环眼

图 1 环眼

3.14

插接 splicing

解开绳索端按绳股的顺序穿插进绳索各股的制作方法。用于制作绳索环眼和无级吊索绳端的对接和制作环眼(见图 1 和图 2)。

a）插接

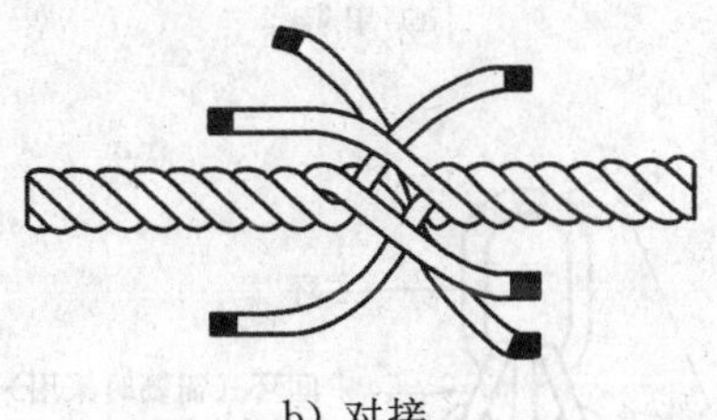

b）对接

图 2 绳索的插接

3.15

压接 compression joint

钢丝绳一端或两端用铝合金或铁合金套管通过机械压制成环眼的方法(见图 3)。

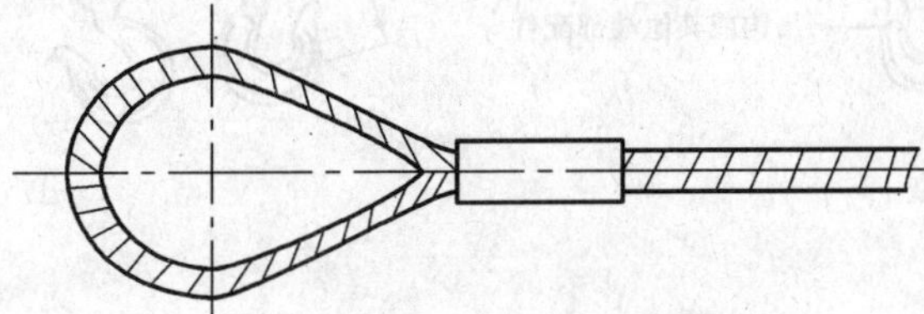

图 3 压接

3.16

花 tuck

在插接工艺中,钢丝绳插接一锥称为一花。

3.17

单花 single strand tuck

对被插入的钢丝绳以一股为间隔插入的花。

3.18

双花 double strand tuck

对被插入的钢丝绳以两股为间隔插入的花。

4 吊索分类及吊用模式

4.1 吊索分类

4.1.1 链式吊索

链式吊索的型式分为单肢、双肢和多肢吊索,见图 4。

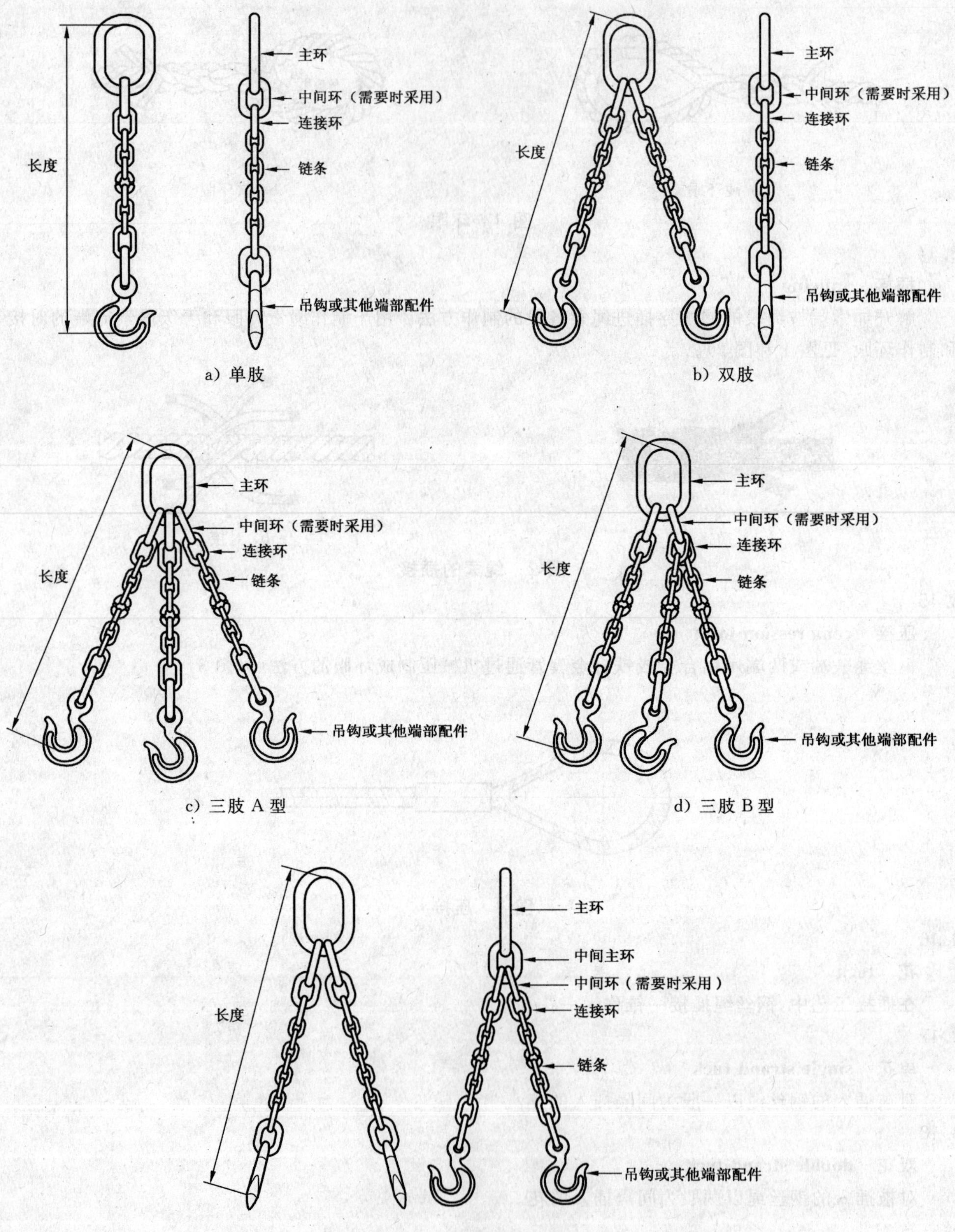

图 4 链式吊索

4.1.2 钢丝绳吊索

钢丝绳吊索的型式分为单肢、双肢和多肢吊索，见图 5。

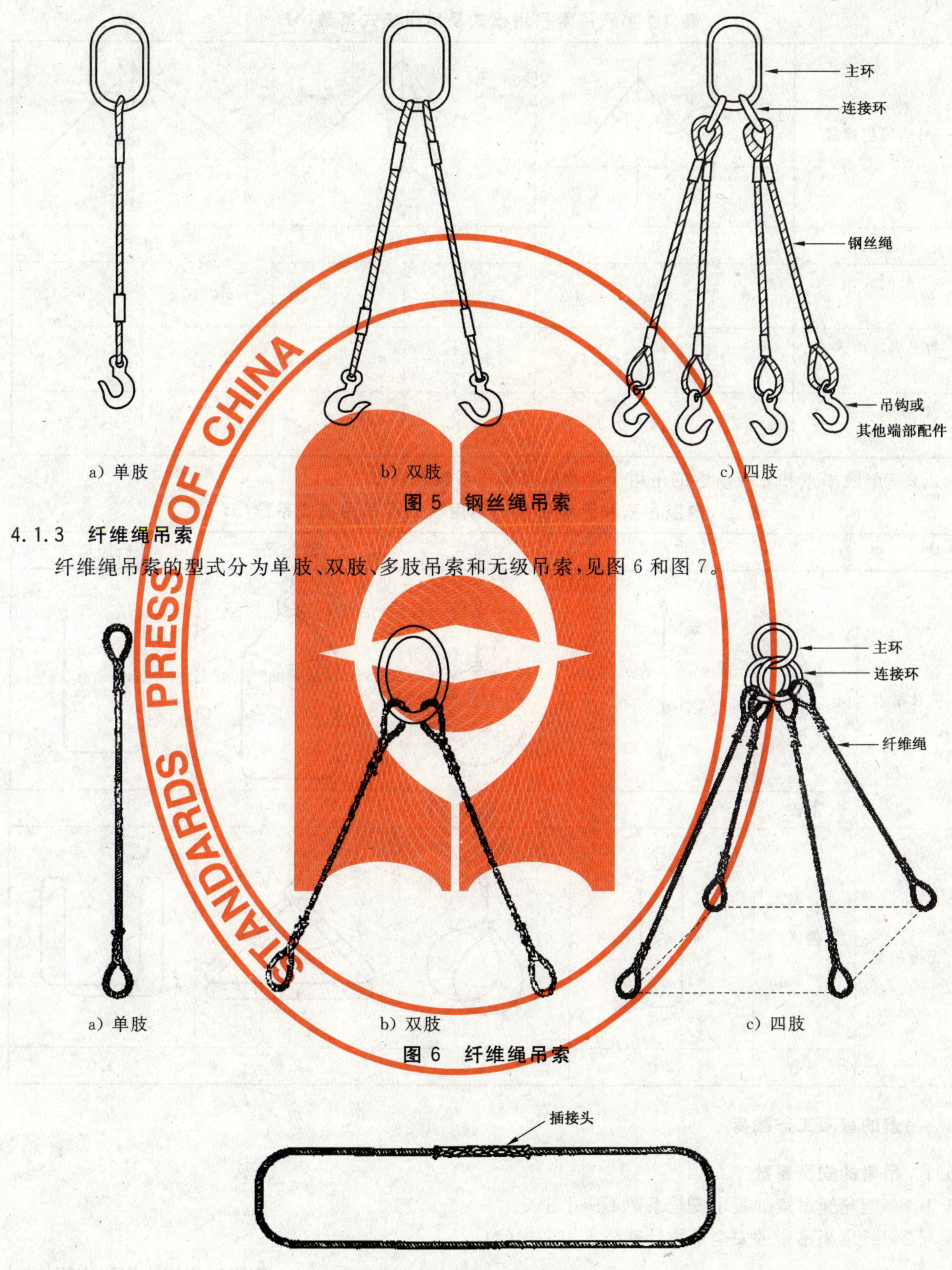

图 5 钢丝绳吊索

4.1.3 纤维绳吊索

纤维绳吊索的型式分为单肢、双肢、多肢吊索和无级吊索，见图 6 和图 7。

图 6 纤维绳吊索

图 7 纤维绳无级吊索

STANDARDS PRESS OF CHINA

4.2 吊用模式及吊用模式系数

4.2.1 多肢吊索吊用模式及吊用模式系数见表 1。

表 1　多肢吊索吊用模式及吊用模式系数(M)

吊索吊用模式	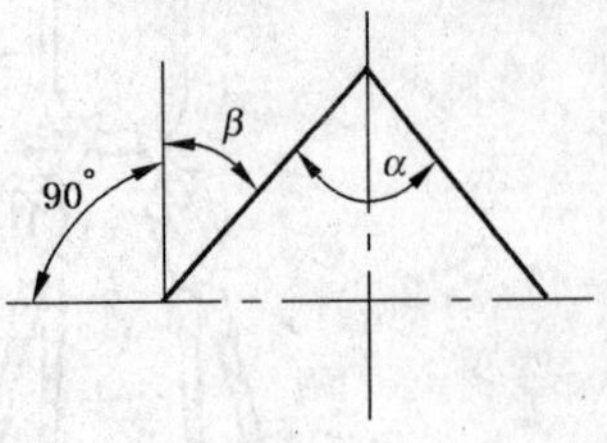		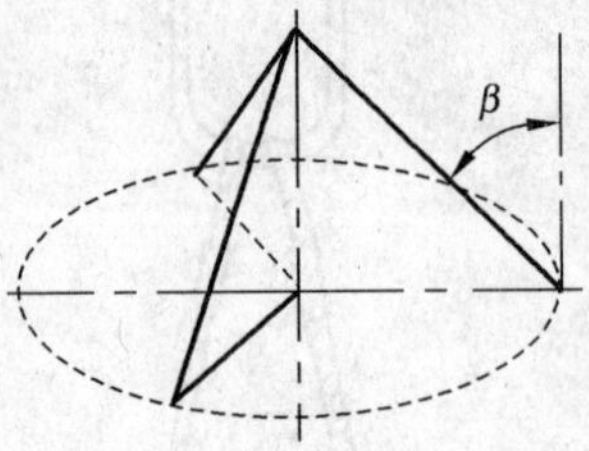		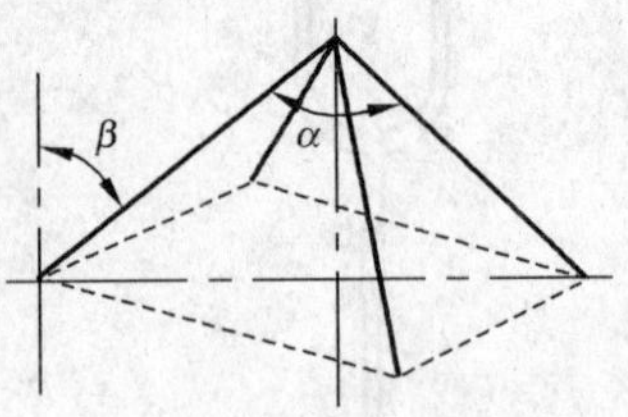	
肢数	双肢		三肢		四肢	
肢间夹角 α	$\alpha \leqslant 90°$	$90° < \alpha \leqslant 120°$	—	—	$\alpha \leqslant 90°$	$90° < \alpha \leqslant 120°$
与垂直线的夹角 β	$\beta \leqslant 45°$	$45° < \beta \leqslant 60°$	$\beta \leqslant 45°$	$45° < \beta \leqslant 60°$	$\beta \leqslant 45°$	$45° < \beta \leqslant 60°$
模式系数 M	1.4	1	2.1	1.5	2.1	1.5

4.2.2　单肢吊索和无级吊索的吊用模式及吊用模式系数见表 2。

表 2　单肢吊索和无级吊索的吊用模式及吊用模式系数(M')

模　式		直拉式	钩套式	跨篮式	平行跨篮式
单肢吊索	模式		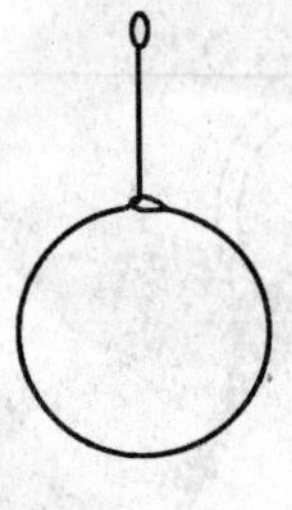	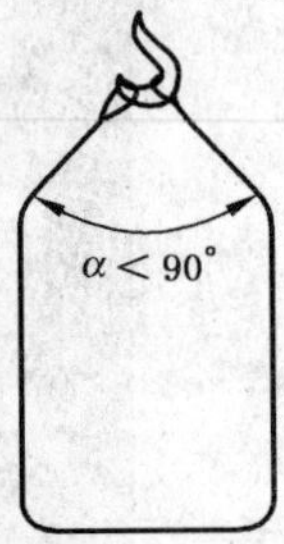 $\alpha < 90°$	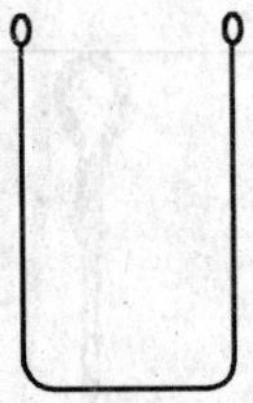
	系数	1.0	0.75	1.4	2.0
无级吊索	模式		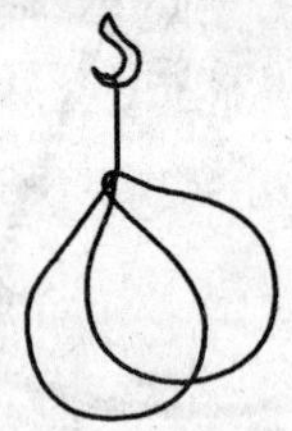	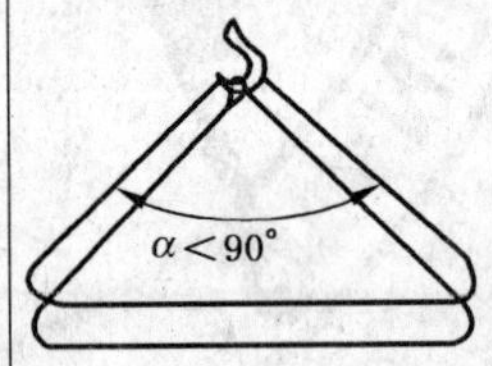 $\alpha < 90°$	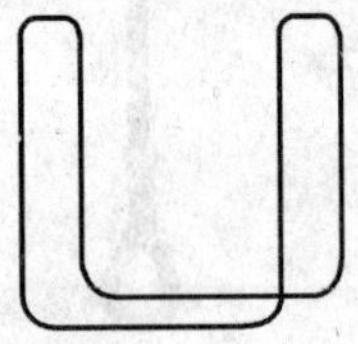
	系数	2.0	1.6	2.8	4.0

5　吊索的极限工作载荷

5.1　吊索的安全系数

5.1.1　钢丝绳吊索的最小安全系数不应小于 5。

5.1.2　纤维绳吊索的安全系数计算公式如公式(1)：

$$n = 72/D + 3 \qquad (1)$$

式中：

n——安全系数；

D——绳索直径，单位为毫米(mm)。

5.1.3 链式吊索最小破断力不应小于链条额定工作载荷的4倍。

5.1.4 链式吊索采用钩套方法时,安全系数不小于6。

5.2 单肢吊索的极限工作载荷(Q)

5.2.1 单肢钢丝绳吊索和纤维绳吊索的极限工作载荷计算公式如公式(2):

$$Q = F_S/n \quad \cdots\cdots\cdots\cdots(2)$$

式中:

Q——单肢吊索的极限工作载荷,单位为千牛(kN);

F_S——钢丝绳吊索的破断拉力,或纤维绳吊索的最低断裂强力,单位为千牛(kN)。

5.2.2 单肢链式吊索的极限工作载荷等于所使用的链条额定工作载荷。

5.3 多肢吊索的极限工作载荷(Q_J)

吊索的极限工作载荷计算公式如公式(3):

$$Q_J = Q \times M \quad \cdots\cdots\cdots\cdots(3)$$

式中:

Q_J——极限工作载荷,单位为千牛(kN);

M——吊用模式系数,按表1和表2选取。

6 技术要求

6.1 链式吊索

6.1.1 基本要求

6.1.1.1 链式吊索的强度等级与所用的链条等级一致,按GB/T 20946分为M(4)级、S(6)级、T(8)级。

6.1.1.2 按照单肢链式吊索的极限工作载荷选用链条。

6.1.2 尺寸公差

多肢链式吊索的最长肢和最短肢的尺寸公差如下:

a) 长度2 m以内时不超过6 mm;

b) 长度超过2 m时,可增加每米不超过3 mm。

6.1.3 材质要求

6.1.3.1 链条所用钢材应为镇静钢,具有良好的可焊性和冷弯性,且不易产生老化脆裂,应满足链条的机械性能:

a) 钢材的晶粒度按GB/T 6394进行测定,应达到奥氏体晶粒度5级以上;

b) 材质中硫、磷最大含量不应超过表3的规定值。

表3 链条材质硫、磷的最大含量

强度等级	硫(最大含量)		磷(最大含量)	
	熔炼分析	检验分析	熔炼分析	检验分析
M(4)级	0.040%	0.050%	0.040%	0.045%
S(6)级、T(8)级	0.035%	0.040%	0.035%	0.040%

6.1.3.2 链式吊索配置吊钩和吊环配件,吊钩应符合GB/T 14735的相关规定;吊环应符合GB/T 14736的相关规定。

6.1.3.3 链式吊索选用的端部配件应与吊索的极限工作载荷相匹配。多肢吊索上端配件允许使用的工作载荷不应小于吊索的最大极限工作载荷;下端配件允许使用的工作载荷不应小于所属分肢的最大极限工作载荷。

6.1.4 制造工艺

6.1.4.1 多肢链式吊索的链条与主环的连接方式见图 4。

6.1.4.2 各链环的焊接应符合 GB/T 985.1 和 GB/T 985.2 的有关规定，焊条的强度不应低于母材的强度，焊接应在环的平行部位的中间处，焊缝金属任何地方都不应错位，使环外廓产生凹陷，焊缝四周应修整平滑。

6.1.4.3 焊接后连接环和中间环应能灵活转动。

6.1.4.4 采用 S(6)级和 T(8)级链式吊索的链条和各配件应进行相应的热处理。

6.2 钢丝绳吊索

6.2.1 材料要求

6.2.1.1 钢丝绳的选择要求如下：

a) 钢丝绳为 6 股圆股结构型式，符合 GB 8918 的规定，钢丝绳直径和公称抗拉强度应根据单肢吊索的极限工作载荷合理选择，钢丝绳的公称抗拉强度一般不大于 1 770 MPa(见表 A.1)；

b) 在腐蚀性较大的环境中使用的钢丝绳吊索，宜采用镀锌钢丝绳；

c) 钢丝绳应具有生产厂的质量合格证书和质量检验报告。

6.2.1.2 钢丝绳套管的材料按 GB/T 6946 的规定。

6.2.1.3 钢丝绳吊索配置套环、吊钩、吊环、卸扣等端部配件。套环应符合 GB/T 5974.1 和 GB/T 5974.2 的相关规定；吊钩应符合 GB/T 14735 的相关规定；吊环应符合 GB/T 14736 的相关规定；卸扣应符合 JB/T 8112 和 CB 3061 的相关规定。

6.2.1.4 选用端部配件应与吊索的极限工作载荷相匹配，应符合 6.1.3.3 规定。

6.2.2 制作工艺

6.2.2.1 钢丝绳应保持表面清洁，钢丝绳在连接加工前不应在地面上拖滞，以避免钢丝绳的损伤。

6.2.2.2 钢丝绳和套管棒料应用机械切割的方法截取，不应用熔断方法截取。

6.2.2.3 钢丝绳在切割前，应在切口处 15 mm～20 mm 的两边用细铁丝扎紧(扎紧长度见图 8)，以防止切断处松散。

单位为毫米

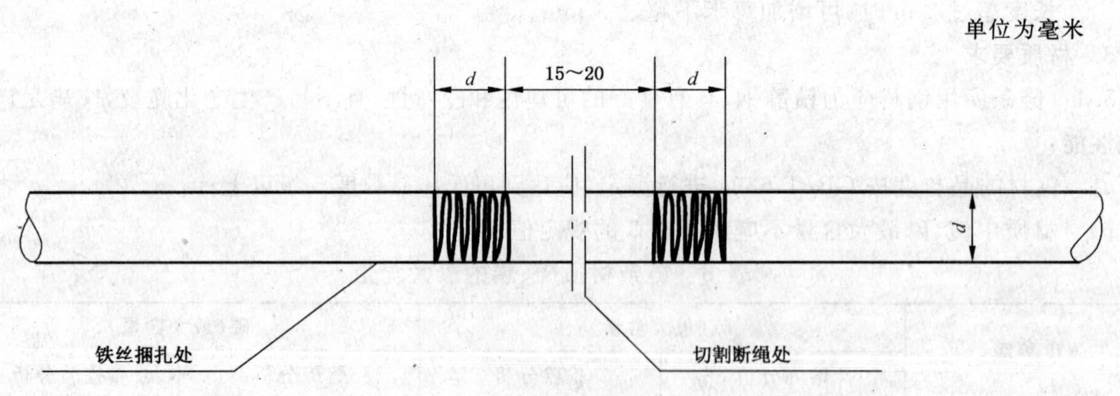

图 8

6.2.2.4 按规定的长度切割套管，切割边应与套管轴线垂直，并清除套管内外壁铝屑和毛边。

6.2.2.5 插接结构型式要求如下(见图 9)：

a) 单肢使用的钢丝绳吊索，用手工插接应全部采用两锥双花；

b) 插花的总花数不应少于 21 花；

c) 插接长度应为钢丝绳直径的 20 倍；

d) 插接完毕后留毛头不少于 25 mm，不大于 30 mm，多余部分应采用切割方法割去。

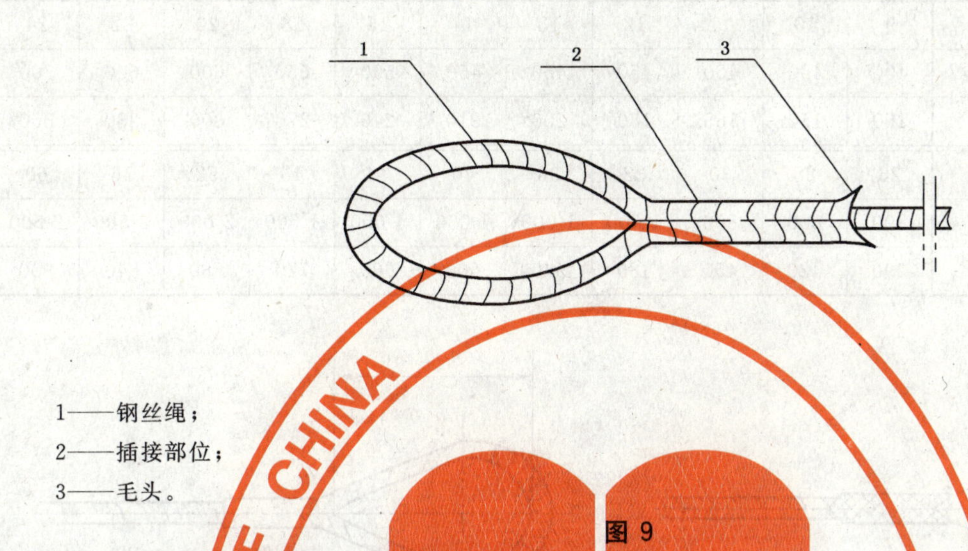

1——钢丝绳；

2——插接部位；

3——毛头。

图 9

6.2.2.6　压接结构型式要求如下(见图 10)：

a)　套管按 GB/T 6946 规定选取；

b)　套管与钢丝绳装配后，在模具内一次挤压成型，其压制方法按 GB/T 6946 规定；

c)　清除套管合模处及端部的外露飞边毛刺，但不应损伤钢丝绳；

d)　按图 10 规定位置打印标记，标记内容：套管接头号和钢丝绳直径。

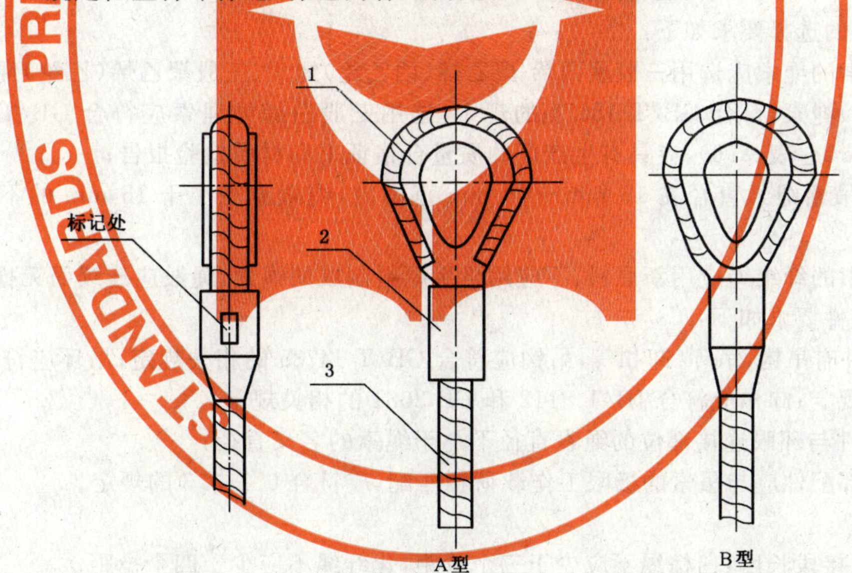

1——套环；

2——套管；

3——钢丝绳。

图 10

6.2.2.7　环眼要求如下：

a)　吊索的硬环眼应与 GB/T 5974.1 和 GB/T 5974.2 的尺寸相匹配；

b)　吊索软环眼(见图 11)的尺寸见表 4；

c)　吊索软环眼的长度 L 不应小于钢丝绳直径的 15 倍。

STANDARDS PRESS OF CHINA

表 4 钢丝绳吊索软环眼的长度

单位为毫米

钢丝绳直径	9	10	11	12	13	14	16	18	20	22	24
插接结构型式(L)	400	400	450	450	450	450	500	550	600	600	700
压接结构型式(L_1)	150	150	165	180	200	210	240	270	300	330	360
钢丝绳直径	26	28	30	32	36	40	44	48	52	56	60
插接结构型式(L)	800	800	800	1 000	1 000	1 000	1 000	1 500	2 000	2 500	2 500
压接结构型式(L_1)	390	420	450	480	540	600	660	720	780	840	900

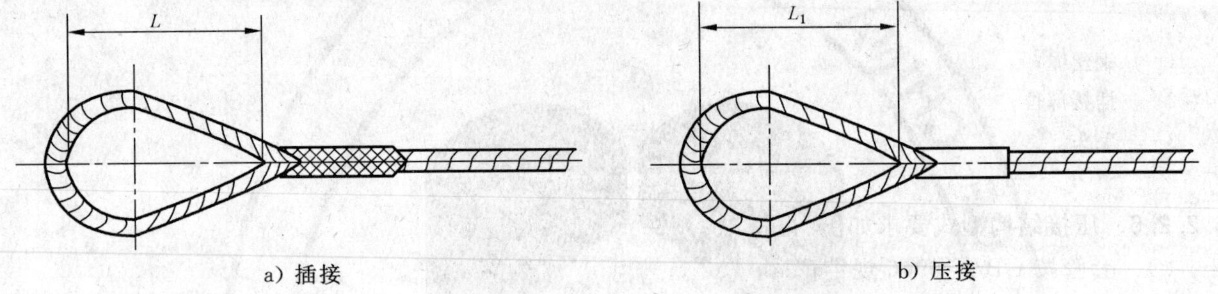

a) 插接　　b) 压接

图 11

6.3 纤维绳吊索

6.3.1 材料要求

6.3.1.1 纤维绳的选择要求如下：

a) 制造吊索的绳索应选用三股聚丙烯-聚乙烯(丙乙纶)绳索、三股聚乙烯(乙纶)绳索和三股聚酰胺(锦纶)绳索，符合 GB/T 18674 的规定，选用三股白棕绳绳索应符合 GB/T 15029 的规定(见表 A.2～表 A.5)，应具有生产厂的质量合格证书和材质检验报告；

b) 纤维绳吊索绳索直径在 16 mm～48 mm 范围内，绳索直径小于 16 mm 的不应用作纤维绳吊索；

c) 制造吊索的纤维绳应用新原料，不应用再生原料制成的绳索，绳股应连续而无捻接。

6.3.1.2 端部配件要求如下：

a) 端部配件有吊钩、吊环、卸扣等，吊钩应符合 GB/T 14735 的相关规定；吊环应符合 GB/T 14736 的相关规定；卸扣应符合 JB/T 8112 和 CB 3061 的相关规定；

b) 端部配件与环眼连接部位的绳索直径不小于绳索的名义直径；

c) 选用端部配件应与吊索的极限工作载荷相匹配，应符合 6.1.3.3 的规定。

6.3.2 插接工艺

6.3.2.1 环眼插接段长度：白棕绳不应少于三个捻距，化纤绳不应少于四个捻距。

6.3.2.2 对接插接段长度：白棕绳不应少于七个捻距，即左右两侧各三个捻距，含中间一个捻距，化纤绳不应少于九个捻距。

6.3.2.3 插接段外观应平整，绳股收紧，不应有绳股松紧不匀和迭纱、松散等缺陷。

6.3.2.4 绳股末端应留有一定余量且长度相等，白棕绳绳股余量长度不应小于绳索直径的 2 倍，化纤绳绳股余量长度不应小于绳索直径的 3 倍。

6.3.2.5 对接插接方法只适用于无级吊索，且只能有一个插接段，其他吊索不应采用。

6.3.2.6 插接段的捻向与绳索的捻向相反。

6.3.2.7 环眼的要求如下：

a) 吊索的硬环眼的周长应与 CB/T 33 中的纤维索套环尺寸相匹配；

b) 吊索软环眼的周长尺寸不应小于表 5 中的相应值(见表 5)。

表 5　纤维绳吊索软环眼的周长

单位为毫米

绳索公称直径	绳环内周长	绳索公称直径	绳环内周长
16	150	32	195
18	155	36	210
20	160	40	220
24	170	44	232
28	185	48	245

7　吊索的检验

7.1　基本要求

7.1.1　吊索在使用前应提供吊索抽检报告和质量检验合格证书。

7.1.2　每批吊索应逐个进行外观检验。

7.1.3　吊索上的端部配件应符合 GB/T 14735、GB/T 14736、JB/T 8112 和 CB 3061 的规定。

7.1.4　链式吊索验证试验的数量按 GB/T 20946、GB/T 14735 和 GB/T 14736 的规定。

7.1.5　钢丝绳吊索的拉伸试验、破断拉伸试验和纤维绳吊索的拉力测试按每批吊索每种规格批量的5%，抽样数量不足5%的不应少于3件，若有1件不合格应加倍抽样试验，再有不合格产品，应禁止该批量产品出厂。

7.1.6　吊索标志应设在不影响吊索机械性能的明显部位，也可将标牌或标签牢固地连接在吊索上。标志内容包括：

a)　额定载荷；

b)　肢数；

c)　等级(链式吊索强度等级；钢丝绳抗拉强度；纤维绳材质及等级)；

d)　规格(链环尺寸；钢丝绳、纤维绳直径)；

e)　长度；

f)　吊索的生产厂名；

g)　生产日期及批号。

7.2　链式吊索

7.2.1　外观

7.2.1.1　链条的强度等级及链条尺寸应符合 6.1.1 的规定。

7.2.1.2　链式吊索结构应符合 4.1.1 规定。

7.2.1.3　多肢链式吊索的最长肢和最短肢的差应符合 6.1.2 的规定。

7.2.1.4　吊索上的任何部位不应有裂纹、裂缝、明显锈蚀等对使用有害的缺陷。

7.2.1.5　吊索上的链条、中间环、连接环应灵活转动。

7.2.2　验证试验

7.2.2.1　验证试验应在链式吊索热处理后进行。

7.2.2.2　单值载荷法试验时加载方法、链条及各配件试验的加载系数见表 6。

7.2.2.3　验证试验力为额定工作载荷的 2 倍。验证试验链式吊索的各部位不应有任何明显的永久性变形。

7.2.2.4　链式吊索最小破断力应符合 5.1.3 的规定。

7.2.2.5　组合后的链式吊索应进行验证试验和破断试验。试验可整体进行或按部件分别进行。

7.2.2.6　整体试验按照表 6 的加载方法进行。

7.2.2.7　链条的试验要求按 GB/T 20946 规定进行，其他配件根据 GB/T 14735 和 GB/T 14736 的规定进行。

表 6 链条及各配件试验的加载方法和加载系数

加载方法	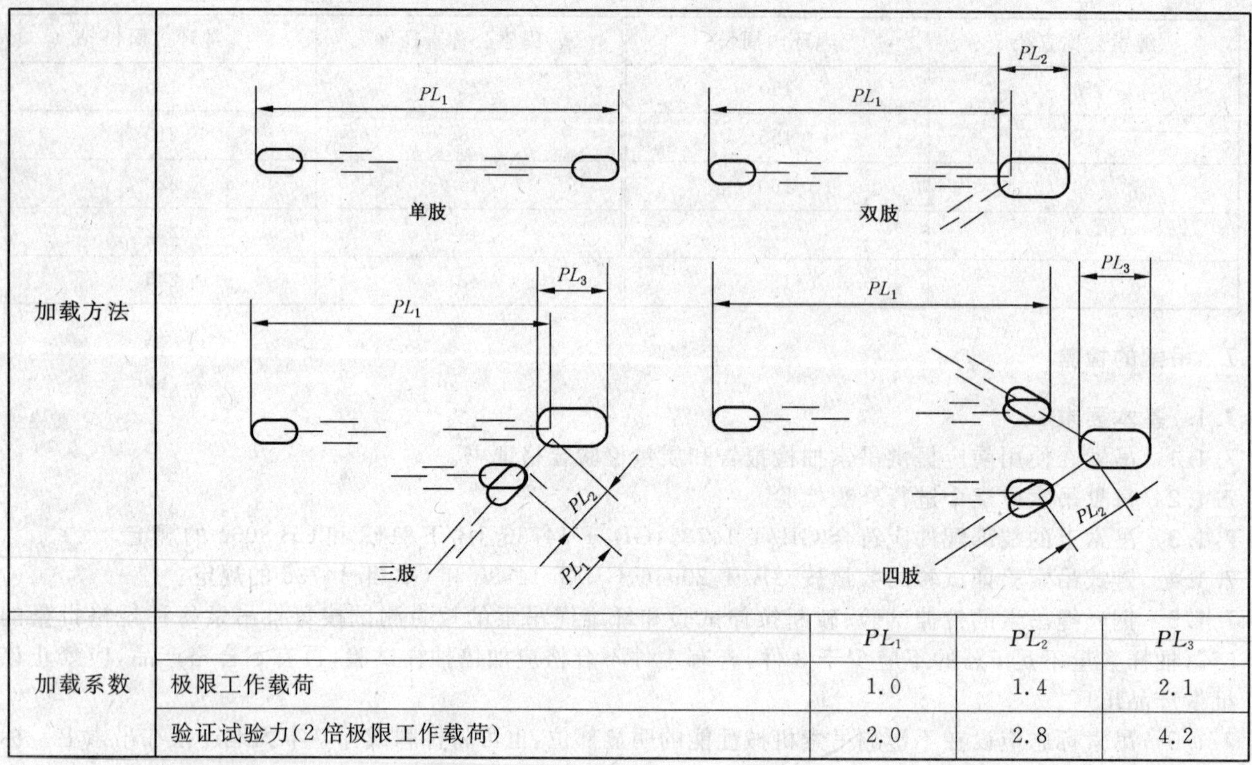			
加载系数		PL_1	PL_2	PL_3
	极限工作载荷	1.0	1.4	2.1
	验证试验力(2 倍极限工作载荷)	2.0	2.8	4.2

7.2.2.8 链条的检验按 GB/T 20946 有关规定进行，且破断伸长率不应小于表 7 的规定。

表 7 链条破断伸长率

强度等级	M(4)级	S(6)级	T(8)级
破断伸长率/%	20	17	17

7.3 钢丝绳吊索

7.3.1 外观

7.3.1.1 钢丝绳结构及直径应符合 6.2.1.1 的规定。

7.3.1.2 钢丝绳吊索结构应符合 4.1.2 的规定。

7.3.1.3 插接钢丝绳吊索的环眼连接技术应符合 6.2.2.5 的规定。

7.3.1.4 插接的钢丝绳吊索，环眼连接不应有编结不均匀、夹丝、露芯，环眼部位不应断丝。

7.3.1.5 插接部分的绳芯不应外露，各股紧密，不应有松动的现象。

7.3.1.6 插接后的绳股切头要平整，不应有明显的扭曲。

7.3.1.7 压接钢丝绳吊索，套管表面光洁、合模处圆滑、无裂纹。

7.3.1.8 配置套管、套环的钢丝绳吊索应符合 GB/T 6946、GB/T 5974.1 和 GB/T 5974.2 的规定。

7.3.2 拉伸试验

拉伸试验的载荷为钢丝绳吊索单肢极限工作载荷的两倍。在拉伸试验的载荷作用下，钢丝绳、套环或套管不应有任何滑移声响等异常现象。

7.3.3 破断拉伸试验

7.3.3.1 钢丝绳吊索破断拉伸试验应符合 GB/T 8358 的规定。

7.3.3.2 将钢丝绳吊索上的吊钩、吊环等配件卸下，再按图 12 安装拉伸试验机上，施加静拉力，测量破断时的最大载荷。

7.3.3.3 拉伸夹具间的试验最小有效长度 L(见图 12)按表 8，夹具销的直径 D 不应小于钢丝绳直径的 2 倍。

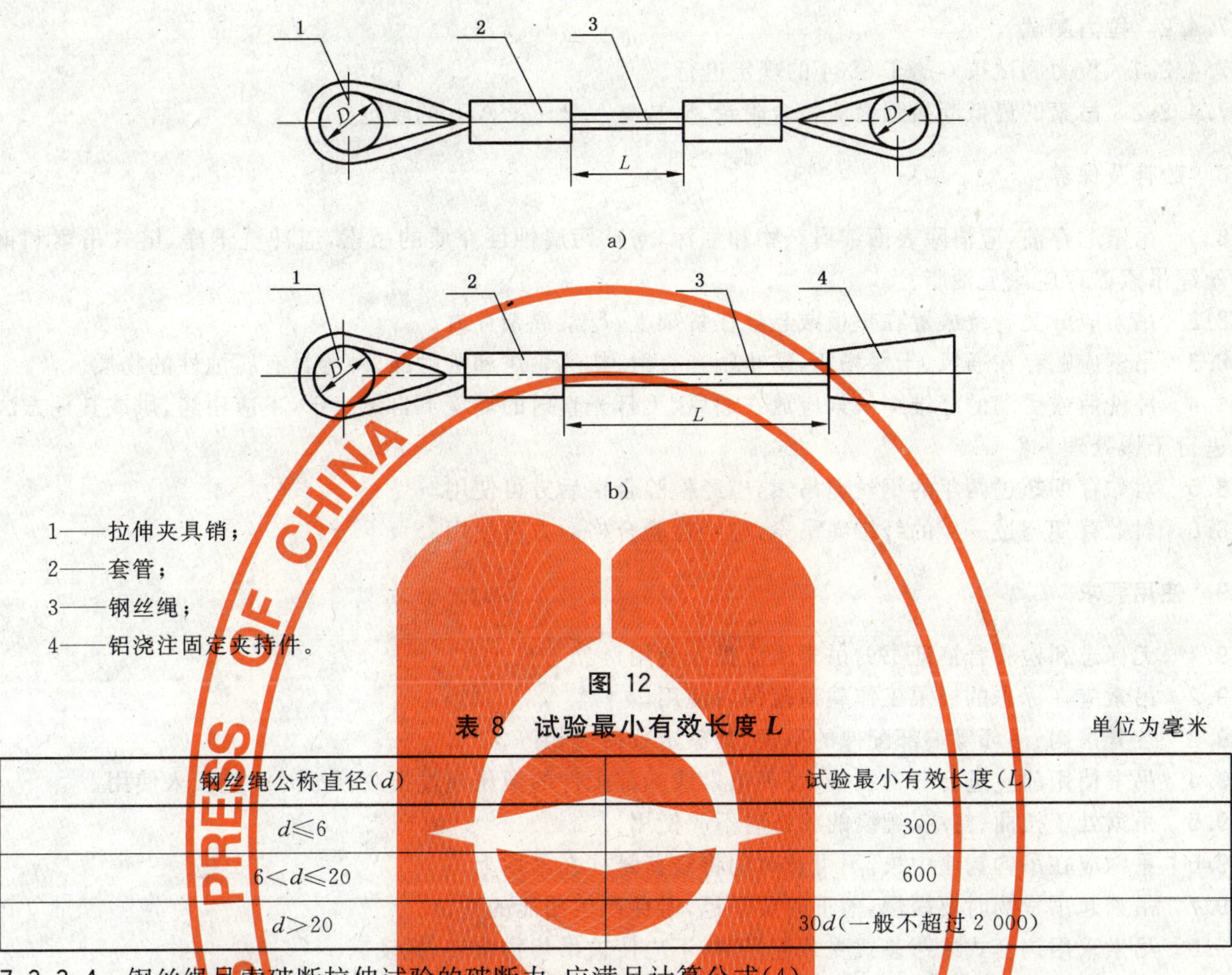

1——拉伸夹具销；

2——套管；

3——钢丝绳；

4——铝浇注固定夹持件。

图 12

表 8　试验最小有效长度 L

单位为毫米

钢丝绳公称直径(d)	试验最小有效长度(L)
$d \leqslant 6$	300
$6 < d \leqslant 20$	600
$d > 20$	$30d$(一般不超过 2 000)

7.3.3.4　钢丝绳吊索破断拉伸试验的破断力，应满足计算公式(4)：

$$F_S \geqslant F_0 \times K_C \quad \cdots\cdots(4)$$

式中：

F_S——钢丝绳吊索的破断拉力，单位为千牛(kN)；

F_0——所选用钢丝绳的破断拉力，单位为千牛(kN)；

K_C——效率系数，根据表 9 钢丝绳直径与之相对应的数据选取。

表 9　钢丝绳直径和效率系数 K_C

结构型式	插　接					压接
钢丝绳直径/mm	$d \leqslant 8$	$8 < d \leqslant 20$	$20 < d \leqslant 30$	$30 < d \leqslant 40$	$d > 40$	—
效率系数(K_C)	0.95	0.90	0.80	0.75	0.79	1.00

7.3.3.5　压接钢丝绳吊索的破断拉伸试验，在满足公式(4)的条件下，当钢丝绳断裂时，套管不应滑移和破裂。

7.3.3.6　压接钢丝绳吊索，接头强度符合 GB/T 6946 的规定。振动冲击试验按 GB/T 6946 的规定进行。

7.4　纤维绳吊索

7.4.1　外观

7.4.1.1　纤维绳直径、捻系数和线密度应符合 6.3.1.1 的规定。

7.4.1.2　纤维绳吊索结构应符合 4.1.3 规定。

7.4.1.3　吊索插接工艺应符合 6.3.2 的规定。

STANDARDS PRESS OF CHINA

7.4.2 **拉力测试**

7.4.2.1 拉力测试按 GB/T 8834 的规定进行。

7.4.2.2 吊索的最低断裂强力应符合附录 A 中表 A.2～表 A.5 的规定。

8 贮存及保养

8.1 吊索贮存前，应清除表面细屑杂物和油污，对玷污腐蚀性介质的吊索，应冲洗干净，链式吊索和钢丝绳吊索贮存应涂上油脂。

8.2 吊索应分类卷绕放置在垫板或悬挂在货架上，严禁混杂存放。

8.3 吊索应贮存在通风、干燥场所，防止阳光直射、热气烘烤和接触酸、碱等具有腐蚀性的物质。

8.4 冲洗后或受潮的纤维绳吊索应放在通风、无日光直射的环境下自然晾干，不应用烤、烘或其他方法进行干燥处理。

8.5 对贮存期超过两年的钢丝绳吊索，应经检验合格后方可使用。

8.6 对贮存期超过一年的纤维绳吊索，应经检验合格后方可使用。

9 使用要求

9.1 无标志和检验合格证书的吊索不应投入使用。

9.2 吊索应在标志的极限工作载荷范围内使用。

9.3 装置吊钩、吊环等端部配件的吊索，其额定载荷应相等。

9.4 吊索使用前应进行日常检查，发现吊索或端部配件的损伤超过报废标准时不应投入使用。

9.5 吊索处于扭曲、打结、缠绕的状态时不应使用。

9.6 重物应在吊钩钩座中央，不可长时间将载荷悬挂在吊索上。

9.7 吊索起吊货物时要缓慢，落下时要平稳，避免产生明显的冲击。

9.8 吊索采用钩套式或跨篮式受载起吊时，不应使被吊货物旋转、晃动。

9.9 多肢吊索的各肢受力要均匀，链式吊索和钢丝绳吊索肢间夹角不应大于 120°，纤维绳吊索除钩套式外（见表 2）肢间夹角不应超过 90°。

9.10 吊索的软环眼的内角不应大于 30°（见图 1）。

9.11 吊索与货物棱角接触时，应铺上衬垫物，避免发生弯折，防止吊索切割损伤。

9.12 吊索在搬运过程中，不应从高空摔丢，不应吊索拖拽，不应重物在吊索上碾压，纤维绳吊索不应用锋利工具勾拉。

9.13 吊索不应暴露在腐蚀性的气体、液体或蒸气中使用。

9.14 不应将有缺陷的链条进行焊接、加厚或热处理后重新使用。

9.15 受潮的纤维绳吊索不应在低于 0 ℃的环境中使用。

9.17 危险品装卸作业，吊索的工作载荷不应超过吊索极限工作载荷的 80%。

10 检查

10.1 检查基本要求

10.1.1 吊索在借用、归还、整理工具上架时和使用过程中应检查，发现问题立即停止使用。

10.1.2 吊索应定期检查，并作相应的检查记录

10.1.3 对使用频繁的吊索应根据使用频繁程度，缩短检查周期。

10.1.4 吊索上的吊钩和吊环的检查按 GB/T 14735 和 GB/T 14736 的规定进行。

10.1.5 吊索上配置卸扣，应检查卸扣的磨损、变形和裂纹。

10.1.6 每批纤维绳吊索每隔两年应做拉力测试，拉力测试的样品应是外观检查未达到报废标准正常使用的吊索，测试数量为每批两根。

10.2 链式吊索的检查

10.2.1 检查链环裂纹、弯曲和扭曲状态。

10.2.2 检查链环的磨损和锈蚀。

10.2.3 检查链环转动是否灵活。

10.2.4 测量链条的永久伸长率。

10.3 钢丝绳吊索的检查

10.3.1 检查钢丝绳断丝根数及断丝分布状况和断丝程度。

10.3.2 测量钢丝绳各磨损部位钢丝绳的直径。

10.3.3 检查钢丝绳的腐蚀及锈蚀程度。

10.3.4 检查钢丝绳油脂是否适当存在,油脂上有无附着杂物。

10.3.5 检查钢丝绳的变形及异常状况,检查钢丝绳扭结痕迹、压扁、损伤、松股或松捻的程度和位置。

10.3.6 按 GB/T 6946 检查钢丝绳吊索压接套管。

10.3.7 检查吊索套环及套环上绳索的磨损情况。

10.4 纤维绳吊索的检查

10.4.1 检查绳索霉变和脆断。转动绳索检查全部表面,每隔 300 mm 处为检查部位,轻轻逆向拧松绳股检查内部情况,随即拧紧绳股,如出现粉状纤维,表明绳索已变质或脆断。

10.4.2 检查绳索的外部磨损和内部损伤。由于摩擦或硬物切割造成绳纱断裂为外部磨损,由于重复受载时扭曲或硬物嵌入绳索造成内部损伤。

10.4.3 检查吊索套环及套环上绳索的磨损情况。

11 报废

11.1 链式吊索发现以下情况之一,应立即报废:

a) 链环直径磨损量达原直径的 10%;

b) 链环有裂纹、弯曲或扭曲现象;

c) 任一节链环之间发生咬合、转动困难;

d) 链条永久性伸长超过原长的 5%。

11.2 钢丝绳吊索发现以下情况之一,应立即报废:

a) 环眼连接部位断丝为总丝数的 5%;

b) 在一个捻距内断丝数为总丝数的 13%;

c) 钢丝绳直径相对公称直径减少 10%;

d) 钢丝绳被压扁、扭结、弯折、绳股断裂(参见图 B.1~B.4);

e) 出现波浪形变形时,在钢丝绳长度不超过 $25d$ 的范围内(参见图 B.5):

$$d_1 \geqslant \frac{4}{3}d \qquad \cdots\cdots(5)$$

式中:

d——钢丝绳公称直径,单位为毫米(mm);

d_1——钢丝绳变形后包络面的直径,单位为毫米(mm);

f) 钢丝绳严重锈蚀,直径变粗,龟裂脆化;

g) 环眼连接部位,钢丝绳松脱或错动;

h) 套管损伤、变形、裂纹和严重腐蚀;

i) 套管直径缩小到 GB 6946 所规定直径的 95%;

j) 吊索配置卸扣,卸扣出现下述情况之一,应予以报废:

1) 卸扣任何一处发生裂纹;

2） 卸扣有明显变形、横销不能转动；

3） 卸扣本体和横销任何一处截面磨损量超过名义尺寸的10%。

11.3 纤维绳吊索发现以下情况之一，应立即报废：

a） 吊索被锐器冲击后有绳索断裂或吊索断股；

b） 吊索磨损后的直径达到或小于公称直径的90%；

c） 吊索磨损使绳纱断裂数达每股绳纱的10%以上；

d） 吊索绳股或套环扭曲变形，结构破坏；

e） 绳索霉变发黑、脆断，出现粉状纤维；

f） 定期检查中吊索的最低断裂强力不符合表A.2～表A.5的规定；

g） 吊索配置卸扣，卸扣符合11.2 j)则报废。

11.4 吊索上的吊钩和吊环的报废要求，按GB/T 14735和GB/T 14736的相关规定执行。

附 录 A
（规范性附录）
钢丝绳和纤维绳的主要特性

A.1 6×37类钢丝绳力学特性

6×37类钢丝绳力学特性见表A.1。

表A.1 6×37类钢丝绳力学特性

钢丝绳结构：6×25Fi+FC，6×25Fi+IWR，6×26WS+FC，6×26WS+IWR，6×29Fi+FC，6×29Fi+IWR，6×31WS+FC，6×31WS+IWR，6×36WS+FC，6×36WS+IWR，6×37S+FC，6×37S+IWR，6×41WS+FC，6×41WS+IWR，6×49SWS+FC，6×49SWS+IWR，6×55SWS+FC，6×55SWS+IWR

钢丝绳公称直径 D/mm	允许偏差/%	钢丝绳参考质量/(kg/100 m)			钢丝绳公称抗拉强度/MPa									
					1 570		1 670		1 770		1 870		1 960	
					钢丝绳最小破断拉力/kN									
		天然纤维芯钢丝绳	合成纤维芯钢丝绳	钢芯钢丝绳	纤维芯钢丝绳	钢芯钢丝绳	纤维芯钢丝绳	钢芯钢丝绳	纤维芯钢丝绳	钢芯钢丝绳	纤维芯钢丝绳	钢芯钢丝绳	纤维芯钢丝绳	钢芯钢丝绳
12		54.7	53.4	60.2	74.6	80.5	79.4	85.6	84.1	90.7	88.9	95.9	93.1	100
13		64.2	62.7	70.6	87.6	94.5	93.1	100	98.7	106	104	113	109	118
14		74.5	72.7	81.9	102	110	108	117	114	124	121	130	127	137
16		97.3	95.0	107	133	143	141	152	150	161	158	170	166	179
18		123	120	135	168	181	179	193	189	204	200	216	210	226
20		152	148	167	207	224	220	238	234	252	247	266	259	279
22		184	180	202	251	271	267	288	283	305	299	322	313	338
24		219	214	241	298	322	317	342	336	363	355	383	373	402
26		257	251	283	350	378	373	402	395	426	417	450	437	472
28		298	291	328	406	438	432	466	458	494	484	522	507	547
30		342	334	376	466	503	496	535	526	567	555	599	582	628
32		389	380	428	531	572	564	609	598	645	632	682	662	715
34		439	429	483	599	646	637	687	675	728	713	770	748	807
36	+5	492	481	542	671	724	714	770	757	817	800	863	838	904
38	0	549	536	604	748	807	796	858	843	910	891	961	934	1 010
40		608	594	669	829	894	882	951	935	1 010	987	1 070	1 030	1 120
42		670	654	737	914	986	972	1 050	1 030	1 110	1 090	1 170	1 140	1 230
44		736	718	809	1 000	1 080	1 070	1 150	1 130	1 220	1 190	1 290	1 250	1 350
46		804	785	884	1 100	1 180	1 170	1 260	1 240	1 330	1 310	1 410	1 370	1 480
48		876	855	963	1 190	1 290	1 270	1 370	1 350	1 450	1 420	1 530	1 490	1 610
50		950	928	1 040	1 300	1 400	1 380	1 490	1 460	1 580	1 540	1 660	1 620	1 740
52		1 030	1 000	1 130	1 400	1 510	1 490	1 610	1 580	1 700	1 670	1 800	1 750	1 890
54		1 110	1 080	1 220	1 510	1 630	1 610	1 730	1 700	1 840	1 800	1 940	1 890	2 030
56		1 190	1 160	1 310	1 620	1 750	1 730	1 860	1 830	1 980	1 940	2 090	2 030	2 190
58		1 280	1 250	1 410	1 740	1 880	1 850	2 000	1 960	2 120	2 080	2 240	2 180	2 350
60		1 370	1 340	1 500	1 870	2 010	1 980	2 140	2 100	2 270	2 220	2 400	2 330	2 510
62		1 460	1 430	1 610	1 990	2 150	2 120	2 290	2 250	2 420	2 370	2 560	2 490	2 680
64		1 560	1 520	1 710	2 120	2 290	2 260	2 440	2 390	2 580	2 530	2 730	2 650	2 860

注1：6×37类钢丝绳力学特性参数根据GB 8918。

注2：最小钢丝破断拉力总和＝钢丝绳最小破断拉力×1.226（纤维芯）或1.321（钢芯），其中6×37S纤维芯：1.191、钢芯：1.283。

A.2 三股聚丙烯-聚乙烯绳索特性

三股聚丙烯-聚乙烯绳索特性见表 A.2。

表 A.2 三股聚丙烯-聚乙烯绳索特性

绳索公称直径/mm	线密度		预加张力		最低断裂强力/daN		
	额定值/ktex	允许偏差/%	额定值/daN	允许偏差/%	优等品	一等品	合格品
16	115	±5%	32	±5%	3 700	3 280	2 880
18	148		40		4 720	4 200	3 650
20	180		50		5 690	5 050	4 400
22	220		60		6 820	5 930	5 160
24	260		70		7 970	6 930	6 030
26	305		85		9 220	8 020	6 980
28	355		100		10 490	9 130	7 940
30	405		115		11 980	10 400	9 050
32	460		130		13 230	11 500	10 000
36	585		160		16 590	14 400	12 500
40	720		200		20 100	17 500	15 200
44	880		240		24 150	21 000	18 300
48	1 040		290		28 040	24 400	21 200

注 1：三股聚丙烯-聚乙烯绳索特性参数根据 GB/T 18674。
注 2：聚丙烯-聚乙烯绳索捻系数不大于 3.7(捻系数等于绳索捻距与直径之比)。
注 3：1 ktex=1 g/m，1 daN=10 N。

A.3 三股聚乙烯绳索特性

三股聚乙烯绳索特性见表 A.3。

表 A.3 三股聚乙烯绳索特性

绳索公称直径/mm	线密度		预加张力		最低断裂强力/daN		
	额定值/ktex	允许偏差/%	额定值/daN	允许偏差/%	优等品	一等品	合格品
16	128	±5%	32	±5%	2 750	2 440	2 120
18	161		40		3 400	3 010	2 620
20	200		50		4 190	3 710	3 230
22	243		60		4 980	4 400	3 830
24	295		70		5 980	5 290	4 600
26	328		85		6 800	6 020	5 420
28	393		100		8 050	7 120	6 180
30	460		115		9 300	8 230	7 160
32	525		130		10 500	9 270	8 050
36	660		160		13 200	11 600	10 100
40	785		200		16 000	14 100	12 300
44	950		240		19 250	17 000	14 800
48	1 150		290		22 400	19 800	17 300

注 1：三股聚乙烯绳索特性参数根据 GB/T 18674。
注 2：聚乙烯绳索捻系数不大于 3.6(捻系数等于绳索捻距与直径之比)。
注 3：1 ktex=1 g/m，1 daN=10 N。

A.4 三股聚酰胺(锦纶)绳索特性

三股聚酰胺(锦纶)绳索特性见表A.4。

表 A.4 三股聚酰胺(锦纶)绳索特性

绳索公称直径/mm	线密度		预加张力		最低断裂强力/daN		
	额定值/ktex	允许偏差/%	额定值/daN	允许偏差/%	优等品	一等品	合格品
16	158	±5%	32	±5%	5 200	4 370	3 540
18	200		40		6 570	5 520	4 470
20	245		50		8 140	6 840	5 540
22	300		60		9 800	8 230	6 660
24	355		70		11 800	9 910	8 020
26	420		85		13 700	11 500	9 310
28	485		100		15 500	13 000	10 500
30	555		115		17 400	14 600	11 800
32	630		130		19 600	16 400	13 300
36	800		160		24 400	20 500	16 600
40	990		200		29 400	24 700	20 000
44	1 200		240		35 100	29 500	23 900
48	1 420		290		41 200	34 600	28 000

注1：三股聚酰胺绳索特性参数根据GB/T 18674。

注2：聚酰胺绳索捻系数不大于3.5(捻系数等于绳索捻距与直径之比)。

注3：1 ktex=1 g/m,1 daN=10 N。

A.5 白棕绳绳索特性

白棕绳绳索特性见表A.5。

表 A.5 白棕绳绳索特性

绳索公称直径/mm	线密度		最低断裂强力/daN		
	额定值/ktex	允许偏差/%	优等品	一等品	合格品
16	190	±5%	1 770	1 680	1 590
18	220		2 100	1 990	1 890
20	275		2 790	2 650	2 510
22	330		3 340	3 170	3 010
24	400		3 990	3 790	3 590
26	470		4 640	4 410	4 180
28	530		5 220	4 960	4 700
30	625		5 980	5 680	5 380
32	700		6 730	6 390	6 060
36	890		8 530	8 110	7 680
40	1 100		10 300	9 790	9 590
44	1 340		12 500	11 880	11 250
48	1 580		14 500	13 780	13 050

注1：白棕绳绳索特性参数根据GB/T 15029。

注2：白棕绳绳索捻系数不大于3.5(捻系数等于绳索捻距与直径之比)。

注3：1 ktex=1 g/m,1 daN=10 N。

附　录　B
（资料性附录）
钢丝绳损伤报废的图例

B.1　由于局部压裂造成的绳股之间的不平衡，加之断丝引起钢丝绳的压扁，报废图例参见图 B.1。

图 **B.1**　压扁

B.2　钢丝绳搓捻过紧引起纤维芯突起，报废图例参见图 B.2。

图 **B.2**　扭结

B.3　严重弯折，报废图例参见图 B.3。

图 **B.3**　弯折

B.4　绳股断裂，报废图例参见图 B.4。

图 **B.4**　绳股断裂

B.5　波浪形变形，报废图例参见图 B.5。

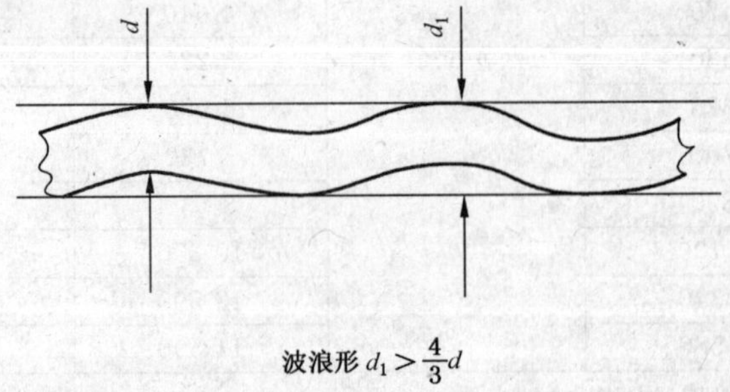

图 **B.5**　波浪形变形

参 考 文 献

[1] GB/T 699—1999 优质碳素结构钢.

[2] GB/T 1591—2008 低合金高强度结构钢.

[3] GB/T 3077—1999 合金结构钢(neq DIN EN 10083-1:1991).

[4] GB/T 4146—1984 纺织名词术语(化纤部分).

[5] GB/T 5972—2006 起重机用钢丝绳检验和报废实用规范(ISO 4309:1990,IDT).

[6] GB/T 6067—1985 起重机械安全规程(neq NF E52-122:1975).

[7] GB/T 16271—2009 钢丝绳吊索 插编索扣(ISO 8794:1986,MOD).

[8] GB/T 20652—2006 M(4)、S(6)和 T(8)级焊接吊链(ISO 4778:1981,IDT).

[9] SC/T 5001—1995 渔具材料基本名词术语.

ICS 53.040.30;03.220.40
R 46

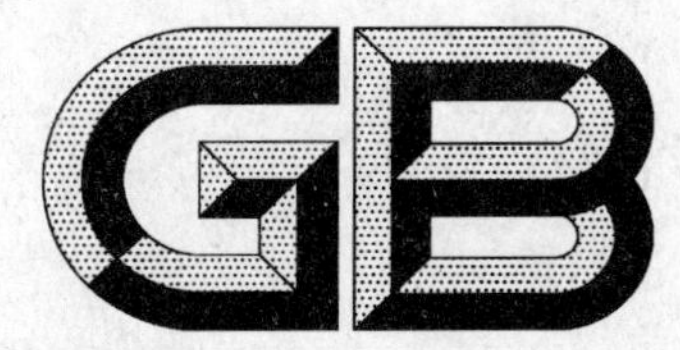

中华人民共和国国家标准

GB/T 14741—2009
代替 GB/T 14741—1993、GB/T 14742—1993

港口吸粮机

Port pneumatic grain unloader

2009-03-31 发布　　2009-11-01 实施

中华人民共和国国家质量监督检验检疫总局
中国国家标准化管理委员会　发布

前　言

本标准代替GB/T 14741—1993《港口吸粮机技术条件》和GB/T 14742—1993《港口吸粮机试验方法》。本标准是对GB/T 14741—1993和GB/T 14742—1993的整合修订，将GB/T 14742的内容纳入GB/T 14741中。

本标准与GB/T 14741—1993和GB/T 14742—1993相比，主要差异如下：

——充实和修改了职业卫生、安全保护、可靠性、电气系统等方面的技术要求（见第3章）；

——参照《工业通风机　用标准化风道进行性能试验》（GB/T 1236—2000 idt ISO 5801:1997），用质量流量代替容积流量来表述气力输送系统的风量（见4.7.1.2）；

——改进了气力输送系统的试验和计算方法（见第4章）；

——改进了用皮托管测气力输送系统参数的方法（见第4章）；

——增加了“检验规则”（见第5章）；

——将试验记录表格调整为资料性附录（见附录C）。

本标准的附录A、附录B和附录C为资料性附录。

本标准由中华人民共和国交通运输部提出。

本标准由交通部港口港机标准归口单位归口。

本标准起草单位：上海海事大学、交通部水运科学研究院。

本标准主要起草人：王重华、王承程、陈丽昕。

本标准所代替标准的历次版本发布情况为：

——GB/T 14741—1993；

——GB/T 14742—1993。

港 口 吸 粮 机

1 范围

本标准规定了港口吸粮机(以下简称吸粮机)的技术要求、试验方法、检验规则、标志、包装、运输和贮存要求。

本标准适用于港口吸粮机。

2 规范引用文件

下列文件中的条款通过本标准的引用而成为本标准的条款。凡是注日期的引用文件,其随后所有的修改单(不包括勘误的内容)或修订版均不适用于本标准,然而,鼓励根据本标准达成协议的各方研究是否可使用这些文件的最新版本。凡是不注日期的引用文件,其最新版本适用于本标准。

GB/T 985 气焊、手工电弧焊及气体保护焊焊缝坡口的基本形式与尺寸

GB/T 986 埋弧焊焊缝坡口的基本形式和尺寸

GB/T 1228 钢结构用高强度大六角头螺栓(GB/T 1228—2006,ISO 7412:1984,NEQ)

GB/T 1229 钢结构用高强度大六角螺母(GB/T 1229—2006,ISO 4775:1984,NEQ)

GB/T 1230 钢结构用高强度垫圈(GB/T 1230—2006,ISO 7416:1984,NEQ)

GB/T 1231 钢结构用高强度大六角头螺栓、大六角螺母、垫圈技术条件

GB/T 1236 工业通风机 用标准化风道进行性能试验(GB/T 1236—2000,idt ISO 5801:1997)

GB/T 2888 风机和罗茨鼓风机噪声测量方法

GB 2893 安全色

GB 2894 安全标志

GB/T 3222.1 声学 环境噪声的描述、测量与评价 第1部分:基本参量与评价方法(GB/T 3222.1—2006,ISO 1996-1:2003,IDT)

GB/T 3323 金属熔化焊焊接接头射线照相(GB/T 3323—2005,EN 1435:1997,MOD)

GB/T 3811 起重机设计规范

GB 5083 生产设备安全卫生设计总则

GB 5226.2 机械安全 机械电气设备 第32部分:起重机械技术条件(GB 5226.2—2002,idt IEC 60204-32:1998)

GB 5491 粮食、油料检验 扦样、分样法

GB/T 5905 起重机试验规范和程序(GB/T 5905—1986,idt ISO 4310:1981)

GB/T 6067 起重机械安全规程

GB/T 6921 大气飘尘浓度测定方法

GB/T 8163 输送流体用无缝钢管(GB/T 8163—1999,neq ISO 559:1991)

GB 8918 重要用途钢丝绳(GB 8918—2006,ISO 3154:1988,Stranded wire ropes for mine hoisting—Technical delivery requirements,MOD)

GB/T 8923 涂装前钢材表面锈蚀等级和除锈等级(GB/T 8923—1988,eqv ISO 8501-1:1988)

GB/T 10595 带式输送机 技术条件(GB/T 10595—1989,neq DIN 22112:1985)

GB/T 10596.2 埋刮板输送机 技术条件

GB 12602 起重机械超载保护装置 安全技术规范

GB/T 13384 机电产品包装通用技术条件

GB/T 13561.2 港口连续装卸设备安全规程 第2部分:气力卸船机

GB/T 13561.6 港口连续装卸设备安全规程 第6部分:连续装卸机械

GB/T 14976 流体输送用不锈钢无缝钢管(GB/T 14976—2002,neq ASTM A 269:2000)

GB/T 16157 固定污染源排气中颗粒物测定与气态污染物采样方法

GB/T 17395 无缝钢管尺寸、外形、重量及允许偏差(GB/T 17395—2008,ISO 4200:1991,ISO 5252:1991,ISO 1127:1992,NEQ)

GB/T 17495 港口门座起重机技术条件

GB 17918 港口散粮装卸系统粉尘防爆安全规程(GB 17918—1999,neq NFPA 61B:1989)

GB/T 18438 港口起重机 验收试验规则(GB/T 18438—2001,neq ISO 4310:1981)

GB 50205 钢结构工程施工质量验收规范

GB 50058 爆炸和火灾危险环境电力装置设计规范

GB 50231 机械设备安装工程施工及验收通用规范

GB 50235 工业金属管道工程施工及验收规范

GB 50270 连续输送设备安装工程施工及验收规范

GB 50275 压缩机、风机、泵安装工程施工及验收规范

GB 50278 起重设备安装工程施工及验收规范

GBZ 1 工业企业设计卫生标准

GBZ 2.1 工作场所有害因素职业接触限值 第1部分:化学有害因素

CB/T 3123 船用轧制钢材气割面质量技术要求

JB/T 4730(所有部分) 承压设备无损检测

JB/T 4735 钢制焊接常压容器

JB/T 10559 起重机械无损检测 钢焊缝超声检测

JT/T 90 港口装卸机械风载荷计算及防风安全要求

JT/T 93 港口装卸机械电气设备安装及检测规范

JT 556 港口防雷与接地技术要求

JT/T 622 港口装卸机械电气安全规程

3 技术要求

3.1 工作条件

3.1.1 环境温度:−20 ℃～+45 ℃。

3.1.2 最大相对湿度为95%(可有凝露)。

3.1.3 工作时环境风速不大于20 m/s。

3.2 整机

3.2.1 吸粮机的结构、机构和电气的设计应符合GB/T 3811的规定。

3.2.2 吸粮机的安全装置应符合GB/T 6067和3.13的要求。

3.2.3 吸粮机的职业卫生、安全保护装置应符合GBZ 1、GBZ 2.1、GB 5083、GB/T 13561.6的要求。

3.2.4 吸粮机部件及布置应便于检查、维修、润滑和排水。

3.2.5 吸粮机及其设备的安装应符合GB 50278和GB 50231的规定。

3.2.6 吸粮机第一次大修前正常工作时间应符合GB/T 13561.2的要求。

3.3 材料

3.3.1 吸粮机使用材料的机械性能应与其工作条件和环境相适应，并应符合 GB/T 3811 的规定。

3.3.2 吸粮机主要承载构件材料应有材料制造商的出厂合格证书，对重要构件的材料宜抽样化验和试验，其化学成分、机械性能应符合相应标准的规定。

3.3.3 用于连接结构用的铆钉、螺栓联接副、销轴材料应满足 GB/T 3811 的要求，高强度螺栓、螺母、垫圈应符合 GB/T 1228、GB/T 1229、GB/T 1230、GB/T 1231 的规定。

3.4 主要零部件

3.4.1 钢丝绳及接头

3.4.1.1 钢丝绳的选用应符合 GB/T 3811 和 GB/T 6067 的要求，并应有产品合格证书。

3.4.1.2 伸缩、变幅、起升机构用钢丝绳应采用 GB 8918 中规定的钢丝绳。

3.4.1.3 钢丝绳应根据工作需要选用合适的联接、固定方式，选用的压板、接头、套环等应符合相应的国家标准的规定。

3.4.2 滑轮与卷筒

3.4.2.1 滑轮、卷筒的材质和结构型式的选择应符合 GB/T 3811 的要求。滑轮槽不得有损坏钢丝绳的缺陷。

3.4.2.2 钢丝绳在滑轮和卷筒上的卷绕直径与钢丝绳直径的比值应符合 GB/T 3811 的要求。卷筒上的钢丝绳安全圈数不得少于三圈。

3.4.3 齿轮与减速器

3.4.3.1 齿轮的设计和减速器的选择应符合 GB/T 3811 的要求，装配好的减速器运转应平稳灵活，各联接处与密封处无渗漏现象。

3.4.3.2 齿轮的承载能力和精度应满足吸粮机的使用场合以及各机构安全性和可靠性的要求。

3.4.3.3 减速器运转应平稳、无异常响声。减速器以额定转速无负荷运转时在箱体剖分面等高线上距减速器前后左右 1 m 处测量，噪音不得大于 85 dB(A)。

3.4.4 制动器

3.4.4.1 制动器的装设及制动安全系数应符合 GB/T 3811 与 GB/T 6067 相关规定。

3.4.4.2 各机构的制动应平稳可靠、点动性能良好。

3.4.4.3 选用的制动器应满足相应产品标准的规定，并具有合格证书。

3.4.5 联轴器

可根据工作需要选择各种型式的联轴器，且应满足 GB/T 3811 的要求。联轴器的安装要求可参照 GB 50231 和 GB/T 17495 执行。

3.5 机上配套输送设备

3.5.1 埋刮板输送机的结构、机构、电气等设计应符合 GB/T 10596.2 的规定。

3.5.2 带式输送机的结构、机构、电气等设计应符合 GB/T 10595 的规定。

3.5.3 埋刮板或带式输送机等配套输送设备的生产率应为吸粮机生产率的 1.2～1.5 倍。

3.6 结构

3.6.1 吸粮机结构设计和制造应符合 GB/T 3811 和 GB/T 17495 的规定。

3.6.2 应保证质量的焊接件的切割面质量应不低于 CB/T 3123 中规定的 2 级。

3.6.3 焊缝坡口应符合 GB/T 985 和 GB/T 986 的规定，特殊要求的坡口形式和尺寸可根据具体情况执行并需在图样上注明。

3.6.4 焊接用的焊条、焊丝与焊剂应符合相关国家产品标准的规定，焊条与焊丝的选择应与主体构件材料强度以及焊缝所受载荷类型相适应。

3.6.5 所有焊缝均不得有漏焊、烧穿、裂纹、气孔、未熔合、严重咬边、夹渣、熔瘤、凹坑等影响性能和外观质量的缺陷，重要焊缝应按 GB/T 3323、JB/T 10559 进行探伤检验。

3.6.6 联接金属结构件的高强度螺栓副应按设计的技术要求处理并用专用工具紧固。

3.7 机构

3.7.1 机构的设计应按 GB/T 3811 进行，并应符合 GB/T 17495 的相关规定。

3.7.2 吸粮机各机构相对运动部件严禁形成油滴现象，固定结合面不应有渗油、漏水现象。

3.8 气力输送系统

3.8.1 气力输送系统的金属管件、设备、焊接材料的选用、设计、制造、安装、检验等应符合 GB 50235、JB/T 4735 的规定。气力输送系统设备的安装应符合 GB 50270 的要求。

3.8.2 气力输送系统各部件的强度应能承受气源设备额定负压或正压，并留有余量。

3.8.3 输料管宜采用无缝管，计算管径应按 GB/T 17395 进行圆整，其要求应符合 GB/T 8163 或 GB/T 14976 的规定。管径大于 350 mm 的输料管可用钢板卷制焊接制成，输料弯管的曲率半径宜大于 6 倍管道内径。

3.8.4 气力输送系统的漏气量应符合 GB/T 13561.2 的要求，整个管道系统安装后应做气密性试验。金属管件及设备焊缝的探伤检验宜按 JB/T 4730(所有部分)进行。

3.8.5 伸缩管应有必要的密封措施，密封装置可采用聚氨酯或聚四氟乙烯、毛毡等作为密封材料。

3.8.6 弯管应采用耐磨防磨结构，直管内壁可喷涂耐磨涂层或其他等效措施，橡胶软管材料应采用耐磨橡胶。

3.8.7 吸嘴应符合下列要求：

a) 吸嘴类型可依据工作需求采用单筒型吸嘴、双筒型吸嘴、清仓吸嘴或其他型式吸嘴；
b) 单筒型吸嘴应设补充风量调节孔，其调节装置应灵活可靠；双筒型吸嘴内外筒断面间隙应能方便灵活调节；
c) 各种吸嘴应轻便、牢固、装拆方便，工作性能良好；
d) 吸嘴进料口可视需要设置防止杂物进入的隔栅，隔栅距吸口约 50 mm 左右；
e) 吸嘴应安装触地保险装置。

3.8.8 分离器与卸料器应符合下列要求：

a) 分离器的结构类型可根据需要选取，分离器和卸料器均应采取有效的防磨措施，其结构尺寸和工作参数应与所选用的气源设备的参数相匹配；
b) 分离器应使输料管中的颗粒完全分离沉降后经卸料器转移到后续处理设备上；
c) 分离器应设检修用人孔或手孔，下部应设观察孔；
d) 分离器底部可根据需要设置防止杂物进入卸料器的筛网；
e) 卸料器的结构类型可根据需要选取，其通过能力应不小于吸粮机生产率的 1.2～1.5 倍；
f) 旋转式卸料器的最高转速不宜超过 50 r/min；
g) 旋转卸料器应采取有效的防漏气措施；
h) 旋转卸料器应装设均压管。

3.8.9 除尘系统应符合下列要求：

a) 除尘器的结构类型及组合可根据需要选取和确定，其性能应符合相关标准的要求。
b) 旋风除尘器应能清除(20～30) μm 的粉尘微粒，除尘效率应达到 98%。
c) 袋式除尘器的除尘效率应达到 99.5%。
d) 各除尘点附近工作地点的粉尘浓度应符合 GBZ 2.1 的规定；粉尘的排放不应超过环保部门的规定。

3.8.10 气源设备应符合下列要求：

a) 气源设备的结构类型可根据需要选定，其风量的确定应包括气力输送系统10%～20%的漏气量。其压力应按气力输送系统总压力损失加上10%～20%的裕度来确定。

b) 气源设备的安装应符合GB 50275标准，并应装设合适的减震装置，进排气口应采用挠性连接。

c) 气源设备的噪声测量可按GB/T 2888进行，噪声限值不得超过85 dB(A)，若有必要则应在进排气口装设消声器，并对整个机组应设置隔声室。

d) 必要时气源设备应装设冷却系统。

e) 气力输送系统应保持在正常工作真空度下运转，正常工作真空度为气源设备额定真空度的80%～90%，可通过吸嘴插入深度和内外筒端面间隙来调节。使用罗茨风机，应空载启动，使用离心风机则应重载启动。应采取有效措施防止异物进入风机。

3.9 润滑

3.9.1 各润滑油路应畅通，油嘴、油杯的安装应便于加注和维修更换。

3.9.2 应根据不同部位和不同要求选择合适的润滑油和润滑脂。

3.9.3 司机室内应有润滑图，标出各润滑点位置、润滑油脂种类和润滑周期，便于使用中按要求定期润滑。

3.10 电气及照明

3.10.1 电气系统的设计、制造和安装应与吸粮机的特性、港口工作条件相适应。爆炸和火灾危险环境的电气装置还应满足GB 50058的规定。

3.10.2 电气设备的设计、安装、验收等应符合GB/T 3811、GB 5226.2、GB/T 6067、JT/T 622、JT/T 93的规定和相应专业技术标准的要求。

3.10.3 照明系统应满足GB/T 3811和GB/T 6067的规定和设计要求。

3.11 司机室

3.11.1 司机室应具有良好的视野、保温性和隔音性。吸粮机作业时，司机室粉尘含量应符合GBZ 2.1的要求，在全封闭条件下司机室内的噪声声级限值为85 dB(A)。

3.11.2 司机室内应设有吸粮机各种性能参数及工作状态显示设备，操作方法和润滑图的标牌位置应醒目，各指示仪表的方向与指示应准确、及时、可靠。

3.11.3 操纵台的布置应便于司机同时操纵多个机构，各操纵动作不得相互干扰和引起误动作，操作系统应轻便灵活、安全、可靠。

3.12 表面处理和涂装

3.12.1 主要结构件材料的表面应经过预处理，其他结构件在涂装前应进行除锈处理，其质量等级可按GB/T 8923的规定进行。涂装时的环境温度应符合涂料产品说明书的要求，表面处理应按设计要求进行，最低应满足GB 50205的要求。

3.12.2 涂料、涂装遍数、涂层厚度均应符合设计要求。当设计无要求时应按GB 50205或用户要求进行。油漆材质应与附着机体的材料以及与其相接触的环境条件相适应。

3.12.3 出厂前应做好所有外露加工表面的防锈措施。

3.13 安全保护

3.13.1 吸粮机的粉尘防爆要求应符合GB 17918的规定，应设有必要的电气和机械过载保护装置，其设计构造应符合GB/T 6067、GB 50058和GB 12602的规定。

3.13.2 在正常工作或维修时，其运行对人体可能造成危险的零部件应设有保护装置。吸粮机上外露的，有可能对人造成伤害的活动零部件，如开式齿轮、联轴器、传动轴、链轮、链条、传动带、皮带轮等，均应装设防护罩。

3.13.3 吸粮机上禁止人员触动的部位、紧急停止按钮、消防设备以及防护栏杆等均应按GB 2893的

STANDARDS PRESS OF CHINA

规定涂安全色,安全标志的设置应符合 GB 2894 的规定。通道、楼梯、栏杆和平台的设计、布置应符合 GB/T 3811 的要求。

3.13.4 吸粮机的水平和垂直伸缩管、俯仰、回转、行走机构均应设极限位置开关。所有安全联锁、限位、声光报警、故障检测装置均应符合设计要求和 GB/T 6067 的规定。各种安全保护装置和报警系统应准确、可靠。

3.13.5 电气装置的安全性应满足本标准中相关章节的规定。防雷与接地应符合 JT 556 的规定。

3.13.6 吸粮机应设防突发风和防台风的安全装置,其要求应满足 JT/T 90 的规定。风速报警器应在风速 15 m/s 时报警,防风锚定装置应安全可靠。

3.13.7 为了防止误动作,输料管的变幅、回转、伸缩及行走机构的控制回路中应设有联锁装置。

3.13.8 气源设备应根据需要设置安全阀和电动蝶阀等过载保护装置,吸入口负压超过额定值时应自行开启,停止吸料。

3.13.9 卸料器应设防卡安全装置,分离器应设料位指示器。

4 试验方法

4.1 试验方法原理概要

4.1.1 吸粮机金属结构、机构、电气和安全装置等试验内容、方法、程序可依据 GB/T 18438、GB/T 5905 进行。

4.1.2 吸粮机气力输送系统内气固双相流的试验以空气动力性能试验方法为基础。

4.1.3 使用皮托管测量气力输送系统的流量,其测量方法、数据处理应符合 GB/T 1236 的要求。

4.2 试验仪器、试验样机及其要求

4.2.1 试验仪器的选用参见附录 A,试验仪器在使用前应校验合格。

4.2.2 压力计在正常情况下应是垂直或倾斜的液体圆柱型的,可以采用压力传感器,其要求参见附录 B。

4.2.3 试验样机的安装应符合产品使用说明书的要求。

4.2.4 试验样机应按设计、使用要求进行全面检查和调试,达到正常作业的良好技术状态并满足性能试验中各项测定的需要。

4.2.5 试验项目根据不同机型特点和试验目的允许有所增减。

4.3 试验目的

通过性能试验对样机的工作性能、结构特点、有关技术经济指标等进行测定,包括:生产率、输送风速、混合比、压力损失、工作场地粉尘浓度、能耗、不同工况下的漏气量和散粮破损率及噪声等,考核其是否达到设计或改进的要求。

4.4 试验条件

4.4.1 试验场地、气象、水文、船型条件应符合产品设计要求,测试装置进口或出口周围不得存在外界气流干扰。试验用仪器、仪表使用前均应校验合格。

4.4.2 测试系统各组件之间、管路与气源设备之间应连接良好,不得有泄漏。

4.4.3 吸粮机的操作、试验和测定工作应配备具有操作证的司机和熟练的测试人员担任。

4.4.4 试验用物料应选择中等质量、同一批次、数量充足的散粮。

4.5 试验装置

4.5.1 试验装置和测试位置的布置如图 1 所示。

4.5.2 皮托管的型式应符合 GB/T 1236 中的要求,皮托管头部应与气流平行,偏差不超过±2°。流量的测量应使用 GB/T 1236 中的横动法进行测量,测点数目、位置应符合 GB/T 1236 的要求。

4.5.3 节流装置应采用可拆式圆锥形流量调节器。空载测定漏气量时,拆除吸嘴,装上调节器和整流栅进行测试,测试完毕即恢复原状。

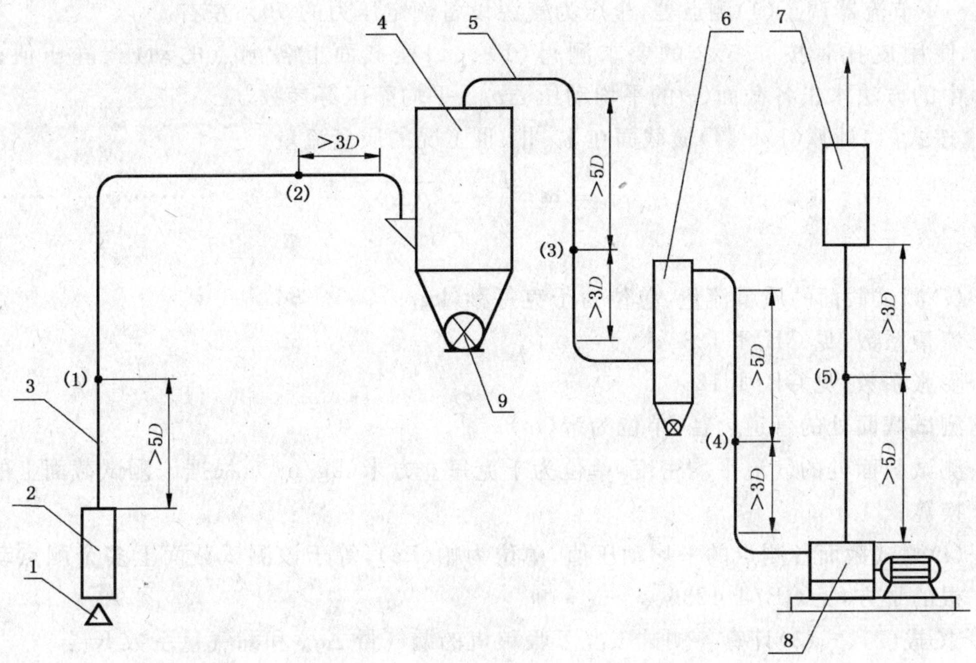

1——节流装置；

2——吸嘴；

3——输料管；

4——分离器；

5——风管；

6——除尘器；

7——消声器；

8——气源设备；

9——卸料器；

(1)、(2)、(3)、(4)、(5)——测试截面位置；

D——管径。

图 1 试验装置和测点布置

4.6 外形几何尺寸测量

试验前按设计使用要求对样机进行全面检查和调整，使设备处于正常工作状态。测定吸粮机的几何尺寸和各种参数，并将其填入试验记录表中，记录表参见表 C.1。

4.7 试验程序

4.7.1 空载试验

4.7.1.1 空载运转

空载运转(1～2)h，观察其运转情况，并按 GB/T 3222.1 的规定测定空载运转时的电流、电压、转速，环境噪声，将观察测定结果填入试验记录表中，记录表参见表 C.2。

4.7.1.2 吸粮机漏气量的测定

4.7.1.2.1 测定试验现场的干、湿球温度、空气相对湿度、地面大气压力，依据 GB/T 1236 所述的方法通过计算求得所需的参数。

4.7.1.2.2 利用节流器在空载运转情况下人为加载，顺序测定下述三种测试工况下吸粮机的漏气量，并依次重复至每种工况各测定五次。

Ⅰ工况——节流器全开；

Ⅱ工况——节流器调至(4)测点处，全压为气源设备额定压力的 60%左右；

Ⅲ工况——节流器调至(4)测点处，全压为气源设备额定压力的90%左右。

4.7.1.2.3 使用皮托管按4.5.2的要求测得(1)、(4)横截面上各测点的动压、静压值；然后依据GB/T 1236中的方法求出各截面(i)的平均动压Δp_{m_i}、平均静压等参数。

4.7.1.2.4 按式(1)计算(1)、(4)横截面在Ⅰ、Ⅱ、Ⅲ工况的质量流量。

$$q_{m_i} = \alpha\varepsilon\pi\frac{D_i^2}{4}\sqrt{2\rho_i\Delta p_{m_i}} \qquad \cdots\cdots(1)$$

式中：

q_{m_i}——(i)测试截面的质量流量，单位为千克每秒(kg/s)；

α——流量系数，见GB/T 1236；

ε——膨胀系数，见GB/T 1236；

D_i——测试截面处的管道内径，单位为米(m)；

ρ_i——测试截面处的气流平均密度，单位为千克每立方米(kg/m^3)，根据该测试截面上的平均静压换算；

Δp_{m_i}——(i)测试截面各测点的平均动压值，单位为帕(Pa)，等于该测试截面上多个测点动压的均方根的平方，见GB/T 1236。

4.7.1.2.5 按式(2)、式(3)计算各测试工况下吸粮机的漏气量Δq_m和漏气量系数K_1：

$$\Delta q_m = q_{m4} - q_{m1} \qquad \cdots\cdots(2)$$

$$K_1 = \frac{\Delta q_m}{q_{m_4}} \times 100\% \qquad \cdots\cdots(3)$$

4.7.1.2.6 如果需要单独测量分离器及卸料器、除尘器、各段管道等处的漏气量，则只需在(2)、(3)测试截面和相应位置增设测孔，其前后直管段长度要求应与(4)截面相同，计算参照上述方法进行。

4.7.1.2.7 将测点和计算的有关数据填入试验记录表中，记录表参见表C.3。

4.7.1.3 空载压力损失的测定

4.7.1.3.1 用皮托管和压力计测定空载运转时(1)、(2)、(3)、(4)、(5)截面中间的全压值或测得各点的动压和静压值换算出全压值，测定(1)的静压值并填入试验记录表中，记录表参见表C.4。

4.7.1.3.2 测点之间在空载时的压力损失等于前、后端管道测点的全压之差，(1)点的负静压值视为吸嘴的空载压力损失。

4.7.2 负载试验

4.7.2.1 噪声测定

观察负载运转情况，测定电流、电压、转速、负载噪声，将观察测定结果填入试验记录表中，记录表参见表C.2。

4.7.2.2 取样及样品处理

4.7.2.2.1 试验应在满负荷条件下进行，在试验过程中，除必要的操作外，一般不作调整和变动，每一品种同一批次粮食试验时间不少于二次。

4.7.2.2.2 在测定时间内分别从吸嘴附近和卸料器的出料口处取样三次。第一次取样时间在输送量测定开始后5 min进行，以后每隔(15～20)min取样一次。

4.7.2.2.3 每个取样点的每个原始取样采用分样器分样，分样方法应符合GB 5491的规定。分样后取其中任一个平均样品作为检验样品。

4.7.2.2.4 每个取样点的三份平行取样，应分开保管备查，待试验结束确认测试有效后方可处理。

4.7.2.2.5 利用接卸散粮的计量器具，测定吸粮机在工作稳定的正常工作条件下连续运转1 h所达到的生产率。测定结果填入试验记录表中，记录表参见表C.5。

4.7.2.3 输送风速的测定

4.7.2.3.1 在正常作业条件下，在(4)测试位置处使用4.7.1.2.3中方法测定数据后按式(1)求得该处

的输送风量 q_{m_4}。

4.7.2.3.2　按式(4)求得吸嘴处输料管的输送风速。

$$v=(1-K_1)\frac{q_{m_4}}{\frac{\pi}{4}D_4^2\rho_4} \quad \cdots\cdots(4)$$

式中：

v——吸嘴处管路输送风速，单位为米每秒(m/s)；

ρ_4——测试截面(4)处的气流平均密度，单位为千克每立方米(kg/m³)；

D_4——测试截面(4)处的管道内径，单位为米(m)；

K_1——对应工况下的漏气量系数。

4.7.2.3.3　根据4.7.2.2和4.7.2.3的测定数据按式(5)计算混合比 m。

$$m=\frac{G}{0.9\pi D_0^2\rho_0 v} \quad \cdots\cdots(5)$$

式中：

G——吸粮机的生产率，单位为吨每小时(t/h)；

ρ_0——标准状态空气密度，单位为千克每立方米(kg/m³)；

D_0——吸嘴附近输料管内径，单位为米(m)。

4.7.2.3.4　测点和计算结果填入试验记录表中，记录表参见表C.6。

4.7.2.4　负载压力损失测定

4.7.2.4.1　在吸粮机正常作业时按GB/T 1236中的方法测定(1)、(2)、(3)、(4)、(5)各点管路壁面静压的平均值，结果填入附表C.4，壁面静压孔应符合GB/T 1236的要求。

4.7.2.4.2　(1)～(4)各测试位置负静压的平均值即为吸嘴到该测点的压力损失，(5)测试位置正静压值即为消声器及排出管的压力损失，吸粮机总压力损失为(4)、(5)位置所测压力损失之和。各测点之间的压力损失等于前、后端管道测点的静压之差。

4.7.2.5　测定散粮破损率

分别从原粮和吸粮机卸出物料三次取样的平均样品中各称取试样50 g，用手捡出破损粮粒并称重，按式(6)计算散粮破损率，计算结果填入附表C.5。

$$K_2=\left(\frac{G_2-G_1}{W}\right)\times 100 \quad \cdots\cdots(6)$$

式中：

K_2——散粮破损率，%；

G_2——卸料试样中的破损粮粒质量，单位为克(g)；

G_1——原试样中的破损粮粒质量，单位为克(g)；

W——试样质量，为50 g。

4.7.2.6　测定单位能耗指标

记录吸粮机在测定时间内作业耗电量和同一时间内的吸粮吨数，按式(7)计算单位能耗指标 K，计算结果填入附表C.5。

$$K=\frac{A}{G_t L} \quad \cdots\cdots(7)$$

式中：

A——测定时间内耗电量，单位为千瓦小时(kW·h)；

G_t——测定时间内吸粮吨数，单位为吨(t)；

L——吸料点至卸料点的实际长度，单位为米(m)。

4.7.2.7 空气含尘浓度测定

吸粮机工作状态下的排尘情况测定可按 GB/T 16157 和 GB/T 6921 进行,测定结果填入附表 C.6。

4.7.3 试验结果的计算和评定

4.7.3.1 试验测定完成后,应及时整理数据,分析试验结果,写出试验报告。

4.7.3.2 试验报告的主要内容应包括:所测吸粮机简介;试验目的和试验情况;试验结果及分析;试验结论。在试验结果中应列出所测定的主要性能参数——生产率、输送风速、输料管内径 、垂直和水平输料管长度、混合比、空载及负载的压力损失、单位能耗指标、散粮破损率、吸粮机漏气量及噪声等,并附有效的测定记录,试验记录表参见附录 C。

5 检验规则

5.1 型式检验

凡属下列情况之一者,均应进行型式检验:

a) 新产品或老产品转厂生产的试制定型鉴定;

b) 正式生产后,如结构、材料、工艺有较大改变,可能影响产品性能时;

c) 产品停产达一年以上,恢复生产时;

d) 出厂检验结果与上次型式检验有较大差异时;

e) 国家质量监督机构或使用单位提出进行型式检验时。

型式检验项目为第 4 章的全部试验内容。

5.2 出厂检验

根据吸粮机的特点,新产品出厂检验宜在设备安装调试后结合验收检验进行,出厂检验项目为:4.6、4.7.1、4.7.2.1、4.7.2.3、4.7.2.3.3、4.7.1.3、4.7.2.4、4.7.1.2、4.7.2.2.5、4.7.2.6、4.7.2.5 和 4.7.2.7。

经检验合格后签发合格证明书。

6 标志、包装、运输、贮存

6.1 标志

6.1.1 验收合格的吸粮机应在醒目处设置铭牌,内容包括:

a) 产品型号;

b) 产品名称;

c) 吸粮机的主要技术性能参数;

d) 产品制造编号;

e) 产品出厂日期;

f) 制造厂厂名。

6.1.2 司机室内视觉明显处应设主要技术参数表和标牌。

6.1.3 各种操纵手柄、开关及信号装置近旁应装设指示功能的标牌,所示位置和控制方向应符合操作要求。

6.1.4 大型裸装零部件、结构件、包装箱的重心和吊装点应有标志。

6.2 包装

6.2.1 吸粮机零部件的包装应符合 GB/T 13384 的要求。

6.2.2 对易损和要求防震的仪表、部件应拆下作防震包装,不能拆下的防震易损的部件应作防震处理。

6.2.3 产品在解体拆散前应在解体零部件的连接处打上清晰的钢印标记和编号,电缆接头要进行编号。

6.2.4 外露的加工面应涂上防锈剂,防止锈蚀。随机文件要封好,并采取防潮措施,应存放在有标记的箱内。

6.2.5　危险、易碎、防潮等包装箱、件应分别标明“危险”、“易碎防潮”、放置方向等符号字样。

6.2.6　随机文件主要包括：

a)　产品合格证明书；

b)　产品说明书；

c)　总图及部件总图；

d)　试验报告；

e)　易损件清单及图纸；

f)　主要外购件，机电产品的质量保证书和说明书；

g)　发运单。

6.3　运输

6.3.1　吸粮机整机运输的外形尺寸、重量、重心、吊点位置应符合铁路、公路、航运部门的有关规定。

6.3.2　吸粮机拆开运输的部件应有外形尺寸、重量、重心、吊点位置及其标志。特大、特重件需给出运输加固要求。

6.3.3　产品技术文件和工具应装箱随机发运。长大件和可自由移动的部件应垫平绑扎牢固，防止变形、移位、碰撞。

6.4　贮存

6.4.1　制造厂应提供吸粮机闲置状态的要求及其保管注意事项。

6.4.2　产品零部件应妥善保管，对露天保管的大型部件应垫平放置，避免变形。

6.4.3　裸露的加工表面应涂防锈剂，以防锈蚀。

6.4.4　放置仓库中保管的零部件应注意防潮和通风。

附 录 A
（资料性附录）
试验仪器、仪表和工具

试验包括的仪器仪表和工具见表 A.1。

表 A.1

序　　号	仪器名称	规格和精度
1	皮托管	型式应符合 GB/T 1236 要求
2	U 形压力计	±0.4%
3	补偿式微压计	±0.1%
4	倾斜式微压计	±0.1%
5	大气压力计	最大误差不超过 10 Pa
6	干球温度计	精度±0.5 ℃
7	湿球温度计	精度±0.5 ℃
8	湿度计	精度 1%
9	电能表	精度±1.0%
10	三相电压电流表	精度±0.5%
11	接卸散粮计量器具	精度±0.1%
12	天平感量	精度 1%
13	声级计	
14	秒表、钢直尺、钢卷尺等	
15	转速表	

附 录 B
（资料性附录）
压力电测法

B.1 压力传感器的选用

B.1.1 气力输送系统的静压、动压、全压可采用压力传感器，压力计的位置应按 GB/T 1236 设置，将压力信号转换为电信号的配套二次仪表进行测定。

B.1.2 压力损失亦可采用差压传感器测量。

B.2 压力传感器的规格和精度

B.2.1 测静压的传感器，其压力范围为 0～0.05 MPa，精度±1%。

B.2.2 测动压的压力传感器，其压力范围为 0～500 Pa，精度±1%，并配置相应的压力放大器，使在该压力范围内可读出小于 10 Pa 的动压值。

B.3 静压、动压和压力损失的计算

电测法所得静压、动压处理方法见 4.7.1.2.3，压力损失的计算方法见 4.7.1.3，4.7.2.4。

STANDARDS PRESS OF CHINA

附 录 C
（资料性附录）
试验记录表

C.1 性能数据与主要规格尺寸

性能数据与主要规格尺寸见表 C.1。

表 C.1

<table>
<tr><td>吸粮机型号：</td><td colspan="3"></td><td>测试日期：</td><td colspan="2"></td></tr>
<tr><td>提供单位：</td><td colspan="3"></td><td>试验地点：</td><td colspan="2"></td></tr>
<tr><td>试验人员：</td><td colspan="3"></td><td>试验负责人：</td><td colspan="2"></td></tr>
<tr><td></td><td colspan="3"></td><td></td><td colspan="2"></td></tr>
<tr><td rowspan="2">吸嘴</td><td colspan="2">型式</td><td></td><td rowspan="2">袋滤器</td><td>清灰装置型式</td><td></td></tr>
<tr><td colspan="2">内径×长度/mm</td><td></td><td>清灰功率/kW</td><td></td></tr>
<tr><td rowspan="3">垂直输料管</td><td colspan="2">始端内径/mm</td><td></td><td rowspan="4">气源设备</td><td>型号</td><td></td></tr>
<tr><td colspan="2">终端内径/mm</td><td></td><td>风量/(m^3/min)</td><td></td></tr>
<tr><td colspan="2">总长度/m</td><td></td><td>风压/kPa</td><td></td></tr>
<tr><td rowspan="2">弯管</td><td colspan="2">截面尺寸/mm</td><td></td><td>驱动功率/kW</td><td></td></tr>
<tr><td colspan="2">曲率半径/mm</td><td></td><td colspan="2">进气管内径/mm</td><td></td></tr>
<tr><td rowspan="3">水平输料管</td><td colspan="2">始端内径/mm</td><td></td><td colspan="2">排气管内径/mm</td><td></td></tr>
<tr><td colspan="2">终端内径/mm</td><td></td><td rowspan="2">消声器</td><td>型式</td><td></td></tr>
<tr><td colspan="2">总长度/m</td><td></td><td>规格尺寸/mm</td><td></td></tr>
<tr><td colspan="3">铰接弯管型式</td><td></td><td rowspan="3">垂直管
伸缩机构</td><td>伸缩行程/m</td><td></td></tr>
<tr><td rowspan="2">分离器</td><td colspan="2">型式</td><td></td><td>伸缩速度/(m/min)</td><td></td></tr>
<tr><td colspan="2">筒径×高度/mm</td><td></td><td>驱动功率/kW</td><td></td></tr>
<tr><td rowspan="4">卸料器</td><td colspan="2">型式</td><td></td><td rowspan="3">水平管
伸缩机构</td><td>伸缩行程/m</td><td></td></tr>
<tr><td colspan="2">内径×有效长度/mm</td><td></td><td>伸缩速度/(m/min)</td><td></td></tr>
<tr><td colspan="2">转速/(r/min)</td><td></td><td>驱动功率/kW</td><td></td></tr>
<tr><td colspan="2">驱动功率/kW</td><td></td><td rowspan="3">回转机构</td><td>回转角度/(°)</td><td></td></tr>
<tr><td rowspan="6">旋风除尘器</td><td colspan="2">型式</td><td></td><td>回转速度/(r/min)</td><td></td></tr>
<tr><td colspan="2">筒体内径</td><td></td><td>驱动功率/kW</td><td></td></tr>
<tr><td rowspan="4">卸灰器</td><td>型式</td><td></td><td rowspan="3">变幅机构</td><td>最大俯仰角度/(°)</td><td></td></tr>
<tr><td>规格尺寸/mm</td><td></td><td>臂端线速度/(m/min)</td><td></td></tr>
<tr><td>转速/(r/min)</td><td></td><td>驱动功率/kW</td><td></td></tr>
<tr><td>驱动功率/kW</td><td></td><td rowspan="2">行走机构</td><td>行走速度/(m/min)</td><td></td></tr>
<tr><td>袋滤器</td><td colspan="2">型式</td><td></td><td>驱动功率/kW</td><td></td></tr>
</table>

表 C.1(续)

袋滤器	布袋直径×长度/mm		轨距/m	
	布袋只数		整机质量/t	
备　注				

C.2　运转情况

运转情况测定记录见表 C.2。

表 C.2

吸粮机型号：＿＿＿＿＿＿　测试日期：＿＿＿＿＿＿

提供单位：＿＿＿＿＿＿　试验地点：＿＿＿＿＿＿

测试人员：＿＿＿＿＿＿　测试负责人：＿＿＿＿＿＿

记录项目		空　载	负　载
运转情况 (是否平稳、有无异声)			
气源设备电动机	启动电流/A		
	运行电流/A		
	电压/V		
	转速/(r/min)		
环境噪声	司机室内/dB(A)		
	机外 5 m 处/dB(A)		
	机外 20 m 处/dB(A)		
排尘情况			
故障情况 (故障部件、内容及原因)			
备　注			

C.3 漏气量

漏气量测定数据见表 C.3。

表 C.3

测定日期：________　大气压力：________ Pa　湿球温度：________ ℃

大气密度：________ kg/m³　________ %　干球温度：________ ℃

试验人员：________　试验负责人：________　吸粮机型号：________

动、静压测试记录[a]												
测点	1	2	3	4	5	6	7	8	9	10	11	12
ΔP_m/Pa												
P_{sj}[b]/Pa												
ρ_i/(kg/m³)												
测点	13	14	15	16	17	18	19	20	21	22	23	24
ΔP_m/Pa												
P_{sj}/Pa												
ρ_i/(kg/m³)												

计算结果							
项　　目		Ⅰ工况		Ⅱ工况		Ⅲ工况	
		(1)截面	(4)截面	(1)截面	(4)截面	(1)截面	(4)截面
风量	kg/s						
	kg/h						
漏气量	kg/s						
	kg/h						
漏气量系数 K_1							
备注							

a　仅表示出一个测试截面的记录表格，其他截面类似。

b　记录该测试截面上第 j 点的静压值，下同。

C.4 全压、静压测定以及压力损失

全压、静压测定以及压力损失记录见表C.4。

表 C.4

吸粮机型号：＿＿＿＿ 测试日期：＿＿＿＿

提供单位：＿＿＿＿ 试验地点：＿＿＿＿

试验人员： 试验负责人：

测点位置	空载静压、全压/Pa					
	1次	2次	3次	4次	5次	平均
(1)[a]						
(1)[b]						
(2)[b]						
(3)[b]						
(4)[b]						
(5)[b]						
测点位置	负载时壁面静压/Pa					
	1次	2次	3次	4次	5次	平均
(1)						
(2)						
(3)						
(4)						
(5)						
总压力损失/Pa	空载：			负载：		
备注						

a 记录静压值；

b 记录该点的全压，也可以用该点的静压与动压之和代替。

STANDARDS PRESS OF CHINA

C.5 生产率、能耗及散粮破损率

生产率、能耗及散粮破损率测定见表 C.5。

表 C.5

吸粮机型号：＿＿＿＿ 船名：＿＿＿＿ 试验日期：＿＿＿＿

散粮品种：＿＿＿＿ 散粮堆积密度：＿＿＿＿ t/m³ 试验地点：＿＿＿＿

试验人员：＿＿＿＿ 试验负责人：＿＿＿＿

序号	舱口	开工时间	完工时间	停机时间	停机原因	作业时间/h	吸粮量/t	耗电量/(kW·h)	散粮破损率/%	生产率/t/h	单位耗电指标/kW·h(t·m)$^{-1}$	备注
1												
2												
3												
4												
5												
6												

C.6 输送风速、混合比、含尘浓度

输送风速、混合比、含尘浓度测定记录见表 C.6。

表 C.6

测定日期：＿＿＿＿ 大气压力：＿＿＿＿ Pa 湿球温度：＿＿＿＿ ℃

环境温度：＿＿＿＿ ℃ 相对湿度：＿＿＿＿ % 大气密度：＿＿＿＿ kg/m³

试验人员：＿＿＿＿ 试验负责人：＿＿＿＿

(4) 截面动、静压测试记录

测点	1	2	3	4	5	6	7	8	9	10	11	12
ΔP_m/Pa												
P_{sj}/Pa												
ρ_i/(kg/m³)												
测点	13	14	15	16	17	18	19	20	21	22	23	24
ΔP_m/Pa												
P_{sj}/Pa												
ρ_i/(kg/m³)												

输送风速、混合比

测点空气密度/ （kg/m³）	吸嘴处输送风速/ （m/s）	生产率/ （t/h）	混合比 *m*/ （kg/kg）	备　　注

<table>
<tr><td colspan="7">空气含尘浓度记录</td></tr>
<tr><td rowspan="4">工作场地含尘浓度/
（mg/m³）</td><td>测定次数</td><td colspan="5">测定部位名称或序号</td></tr>
<tr><td>1</td><td></td><td></td><td></td><td></td><td></td></tr>
<tr><td>2</td><td></td><td></td><td></td><td></td><td></td></tr>
<tr><td>3</td><td></td><td></td><td></td><td></td><td></td></tr>
</table>

ICS 03.220.40;53.020.20
R 46

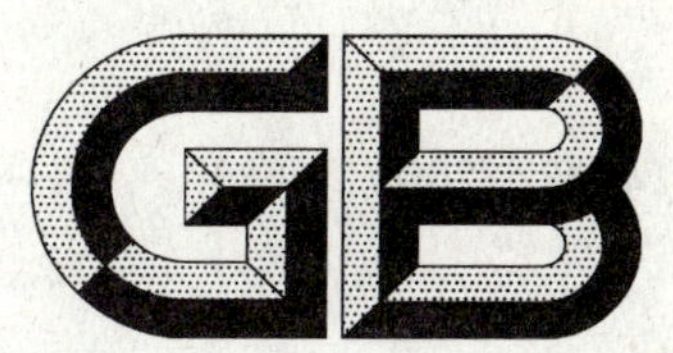

中华人民共和国国家标准

GB/T 14743—2009
代替 GB/T 14743—1993,GB/T 14744—1993

港口轮胎起重机

Port of wheel crane

2009-10-30 发布　　2010-03-01 实施

中华人民共和国国家质量监督检验检疫总局
中国国家标准化管理委员会　发布

前　言

本标准代替 GB/T 14743—1993《港口轮胎起重机技术条件》和 GB/T 14744—1993《港口轮胎起重机试验方法》。本标准整合修订 GB/T 14743—1993 和 GB/T 14744—1993。

本标准与 GB/T 14743—1993 和 GB/T 14744—1993 相比主要变化如下：

——删除了起重机按起升卷筒及下降方式对产品的分类方法；

——起重机最大起重量增加到 80 t(见表 1)；

——修改了起重机的基本参数(见表 2)；

——修改了起重机回转机构的工作级别的规定(见表 4)；

——增加了起重机液压系统、液压元件、液压油的选择、更换、污染等级及测量方法(见 4.3.4 和 4.5.14)；

——增加了起重机选用发动机与液力变矩器的动力性能应满足起重机规定的联合动作的要求(见 4.3.5)；

——修改了起重机尺寸参数允许偏差(见表 7)；

——增加了起重机作业时噪声限值及测量方法的要求(见 4.3.20 和 5.13)；

——增加了起重机行驶时的照明信号应符合 GB 7258 的规定(见 4.6.13)。

本标准的附录 A 为规范性附录。

本标准由中华人民共和国交通运输部提出。

本标准由交通部水运科学研究院归口。

本标准起草单位：上海国际港务(集团)股份有限公司、上海信达机械有限公司。

本标准主要起草人：包起帆、徐德麟、许来宝、闻君、金茂海、金顺其、沈济民。

本标准所代替标准的历次版本发布情况为：

——GB/T 14743—1993；

——GB/T 14744—1993。

港口轮胎起重机

1 范围

本标准规定了港口轮胎起重机(以下简称起重机)的产品分类及基本参数、技术要求、试验方法、检验规则、标志、包装、运输和贮存。

本标准适用于港口装卸件杂货及散货用的轮胎起重机。

2 规范性引用文件

下列文件中的条款,通过本标准的引用而成为本标准的条款。凡是注日期的引用文件,其随后所有的修改单(不包括勘误的内容)或修订版均不适用于本标准,然而,鼓励根据本标准达成协议的各方研究是否可使用这些文件的最新版本。凡是不注日期的引用文件,其最新版本适用于本标准。

GB/T 699 优质碳素结构钢

GB/T 700 碳素结构钢(GB/T 700—2006,ISO 630:1995,NEQ)

GB/T 985.1 气焊、焊条电弧焊、气体保护焊和高能束焊的推荐坡口(GB/T 985.1—2008,ISO 9692-1:2003,MOD)

GB/T 985.2 埋弧焊的推荐坡口(GB/T 985.1—2008,ISO 9692-2:1998,MOD)

GB/T 1147(所有部分) 中小功率内燃机

GB/T 1184 形状和位置公差 未注公差值(GB/T 1184—1996,eqv ISO 2768-2:1989)

GB/T 1243 传动用短节距精密滚子链、套筒链、附件和链轮(GB/T 1243—2006,ISO 606:2004,IDT)

GB/T 1591 低合金高强度结构钢

GB/T 3323 金属熔化焊焊接接头射线照相(GB/T 3323—2005,EN 1435:1997,MOD)

GB/T 3766 液压系统通用技术条件(GB/T 3766—2001,eqv ISO 4413:1998)

GB/T 3811 起重机设计规范

GB 3847 车用压燃式发动机和压燃式发动机汽车排气烟度排放限值及测量方法

GB/T 4025 人-机界面标志标识的基本和安全规则 指示器和操作器的编码规则(GB/T 4025—2003,IEC 60073:1996,IDT)

GB/T 5117 碳钢焊条

GB/T 5118 低合金钢焊条

GB/T 5905 起重机试验规范和程序

GB/T 5972 起重机用钢丝绳检验和报废实用规范(GB/T 5972—2006,ISO 4309:1990,IDT)

GB/T 5973 钢丝绳用楔形接头

GB/T 5974.1 钢丝绳用普通套环

GB/T 5974.2 钢丝绳用重型套环

GB/T 5975 钢丝绳用压板

GB/T 5976 钢丝绳夹

GB/T 6067 起重机械安全规程

GB/T 6068 汽车起重机和轮胎起重机试验规范

GB/T 6072.1 往复式内燃机 性能 第1部分:功率、燃料消耗和机油消耗的标定及试验方法 通用发动机的附加要求(GB/T 6072.1—2008,ISO 3046-1:2002,IDT)

GB/T 6946　钢丝绳铝合金压制接头

GB 7258　机动车运行安全技术条件

GB/T 7935　液压元件　通用技术条件

GB 7950　臂架型起重机　起重力矩限制器　通用技术条件

GB 8918　重要用途钢丝绳(GB 8918—2006,ISO 3154:1988,MOD)

GB/T 8923　涂装前钢材表面锈蚀等级和除锈等级(GB/T 8923—1988,eqv ISO 8501-1:1988)

GB/T 10051.1　起重吊钩　机械性能、起重量、应力及材料(GB/T 10051.1—1988,eqv DIN 15400)

GB/T 10051.2　起重吊钩　直柄吊钩技术条件(GB/T 10051.2—1988,eqv DIN 15401)

GB/T 10051.3　起重吊钩　直柄吊钩使用检查(GB/T 10051.3—1988,eqv DIN 15405)

GB/T 10051.4　起重吊钩　直柄单钩毛坯件(GB/T 10051.4—1988,eqv DIN 15401)

GB/T 10051.5　起重吊钩　直柄单钩(GB/T 10051.5—1988,eqv DIN 15404)

GB/T 10089　圆柱蜗杆、蜗轮精度(GB/T 10089—1988,neq DIN 3975:1980)

GB/T 10095.1　圆柱齿轮　精度制　第1部分:轮齿同侧齿面偏差的定义和允许值(GB/T 10095.1—2008,ISO 1328-1:1995,IDT)

GB/T 11345　钢焊缝手工超声波探伤方法和探伤结果分级

GB/T 11352　一般工程用铸造碳钢件(GB/T 11352—2009,ISO 3755:1991,ISO 4999:2003,MOD)

GB/T 11365　锥齿轮和准双曲面齿轮　精度

GB 14048.1　低压开关设备和控制设备　第1部分:总则(GB 14048.1—2006,IEC 60947-1:2001,MOD)

GB 15052　起重机械危险部位与标志

GB/T 19924　流动式起重机　稳定性的确定(GB/T 19924—2005,ISO 4305:1991,IDT)

GB 20062　流动式起重机　作业噪声限值及测量方法

JB/T 2300　回转支承

JB/T 4030.3　汽车起重机和轮胎起重机试验规范　液压系统试验

JB/T 5944　工程机械　热处理件通用技术条件

JB/T 5945　工程机械　装配通用技术条件

JB/T 5946　工程机械　涂装通用技术条件

JB/T 6406　电力液压鼓式制动器

JB/T 7685　电磁鼓式制动器

JB/T 9737.1　汽车起重机和轮胎起重机液压油　固体颗粒污染等级

JB/T 9737.2　汽车起重机和轮胎起重机液压油　固体颗粒污染测量方法

JB/T 9737.3　汽车起重机和轮胎起重机液压油　选择与更换

JT/T 562　港口轮胎起重机安全规程

3　产品分类及基本参数

3.1　产品分类

起重机按动力型式分为五种类型:

a)　内燃机—液力机械驱动自行式全回转动臂起重机;

b)　内燃机—液压驱动自行式全回转动臂起重机;

c)　内燃机—电力驱动自行式全回转动臂起重机;

d)　内燃机—外接交流电源电力驱动自行式全回转动臂起重机;

e) 外接交流电源电力驱动拖行式全回转动臂起重机。

3.2 起重机最大起重量系列

起重机最大起重量系列见表1。

表1 起重机最大起重量系列

最大起重量/t											
3.2	5	8	10	16	20	25	32	40	50	63	80

3.3 起重机基本参数

起重机基本参数见表2。

表2 起重机基本参数

最大起重量/t	最小幅度/m 不小于	最大幅度/m 不小于	最大起重力矩/kN·m 不小于	起升高度(吊钩)/m 不小于	起升速度(单绳)/(m/min) 不小于	最大回转速度/(r/min) 不小于	
						A	B
3.2	2.5	8	135	10	50	4	2
5	2.5	10	170	11	50	4	2
8	3.0	11	290	12	50	4	2
10	3.0	12	380	13	50	4	2
16	3.0	14	620	17	60	3	2
20	3.0	16	750	18	60	3	2
25	3.0	16	880	20	60	3	1.5
32	3.0	18	1 120	24	50	3	1.5
40	3.0	20	1 400	24	50	2	1.5
50	3.0	22	1 750	26	50	2	1.5
63	3.0	24	2 150	28	50	2	1.5
80	3.0	26	2 650	32	50	2	1.5
注：A为3.1a)和3.1b)两类起重机；B为3.1c)、3.1d)和3.1e)三类起重机。							

4 技术要求

4.1 工作环境

4.1.1 环境温度为－20 ℃～＋45 ℃。

4.1.2 最大相对湿度为95%。

4.1.3 风速不超过13.80 m/s。

4.1.4 地面应坚实平整，坡度不大于2%；起重机用支腿作业时，回转支承平面及水平倾斜度不大于1%。

4.2 一般要求

4.2.1 用于制造起重机的主要材料，应有材料生产厂的产品出厂合格证书，并符合GB/T 3811及设计图纸的规定，对于重要零件的材料还应进行抽样检验。

4.2.2 起重机的主要外购件、主要外协件，应具备合格证书，重要件还应抽样检验，确认合格后方可

STANDARDS PRESS OF CHINA

装机。

4.2.3 轮胎充气压力应符合轮胎制造厂产品说明书要求，其误差不大于±3%。

4.2.4 起重机不用支腿作业时，所有轮胎应顺直线行驶方向，起重机用支腿作业时，所有轮胎应离地。

4.2.5 对有特殊要求的起重机，可按供需双方技术协议执行，并应符合国家有关标准和规范的规定。

4.3 整机

4.3.1 起重机的设计及制造应符合 GB/T 3811 和本标准的规定。

4.3.2 起重机整机工作级别应符合表 3 的规定，机构工作级别应符合表 4 的规定。

4.3.3 安全装置的设置应符合 GB/T 6067 的规定。

4.3.4 液压系统应符合 GB/T 3766 的规定。

表 3 起重机整机工作级别

用 途	工作级别
装卸用吊钩	A4～A6
装卸用抓斗	A6～A7

表 4 起重机机构工作级别

用途	起升机构	回转机构	变幅机构	运行机构
装卸用吊钩	M5～M6	M5～M6	M5	M4
装卸用抓斗	M6～M7	M6～M7	M6	M5

4.3.5 选用的发动机与液力变矩器的动力性能，应满足起重机规定的联合动作的要求，并应符合 GB/T 1147 的规定。节能和环保指标应符合国家相关标准规定。

4.3.6 起重机整机稳定性要求应符合 GB/T 6068 的规定。

4.3.7 起重机作业可靠性

起重机的作业可靠性应在满足表 5 要求的条件下，平均无故障时间不小于 50 h。

表 5 起重机作业率[A]

起重量(G)/t	$G<16$	$16\leqslant G<40$	$G\geqslant 40$
作业率/%	91	88	85

4.3.8 起重机质量和载荷参数的允许偏差应符合表 6 的规定。

表 6 起重机质量和载荷参数允许偏差

参数	代号	单位	允许偏差
最大起重量	G_{max}	t	$+0.05G_{max}$
起重力矩	M	kN·m	$+0.05M$
起重倾覆力矩	M_A	kN·m	$+0.05M_A$
起重机总质量	G_0	t	$\pm 0.03G_0$
工作轮压	P	kN	$\pm 0.03P$
外伸支腿最大压力	P_n	kN	$\pm 0.03P_n$
轴荷	P_h	kN	$\pm 0.03P_h$

4.3.9 起重机尺寸参数的允许偏差应符合表 7 的规定。

表 7 起重机尺寸参数允许偏差

参数	代号	单位	允许偏差
最大幅度	L_{max}	m	$+0.02L_{max}$
最小幅度	L_{min}	m	$-0.05L_{min}$
最小转弯半径	R	m	$-0.02R$
尾部半径	r	m	$-0.02r$
起升高度	H	m	$+0.05H$
下降深度	h	m	$+0.05h$
轮距	K	m	$+0.03K$
外伸支腿纵向间距	B_0	m	$+0.01B_0$
外伸支腿横向间距	K_0	m	$+0.01K_0$
整机全长	A	m	$\pm0.01A$
整机全宽	B	m	$\pm0.01B$
整机全高	C	m	$\pm0.02C$

4.3.10 起重机速度参数的允许偏差为额定值的＋10%～－5%。

4.3.11 起重机应具有带载变幅的能力。

4.3.12 起重机使用支腿作业，起吊相应幅度的额定起重量进行回转时任何支腿不得松动。

4.3.13 起重机在各种正常使用工况下，各机构的起动、制动应平稳可靠，点动性能良好。

4.3.14 停止在空中的载荷或起重臂，再次起升时不应出现反向动作。

4.3.15 起重机在空载回转速度下脱开动力，制动器松闸，上车应具有滑移功能。

4.3.16 起重机在平整、坚实、干燥和清洁的水泥和沥青路面(路面的附着系数为 0.7)上以 0.6 倍最高行驶速度空载行驶时，制动距离应符合式(1)的要求。

$$S \leqslant 0.1v + \frac{v^2}{90} \qquad \cdots\cdots(1)$$

式中：

S——制动距离，单位为米(m)；

v——起重机的计算行驶速度，单位为千米每小时(km/h)。

4.3.17 起重机在坡度为 12% 路面上行驶或牵引时应制动可靠。

4.3.18 起重机各机构固定结合面不应渗油、漏水、漏气，相对运动部位不允许有滴油现象。

4.3.19 起重机支腿的伸缩应灵活轻便、高度可调，并能可靠地锁定。

4.3.20 起重机作业时噪声限值及测量方法应符合 GB 20062 的规定。

4.4 金属结构

4.4.1 金属结构的设计布置应便于检查、维修和排水。

4.4.2 金属结构中主要承载构件应采用 GB/T 700 规定的普通碳素结构钢、GB/T 699 规定的优质碳素结构钢及 GB/T 1591 规定的低合金高强度结构钢。

4.4.3 重要受力构件的对接焊缝应按 GB/T 3323 或 GB/T 11345 规定进行探伤检查，其质量等级应不低于 GB/T 3323 中规定Ⅱ级或 GB/T 11345 中规定Ⅰ级。

4.4.4 起重臂根部销孔轴线与起重臂中心线垂直度公差值不大于 1/1 000；起重臂头部滑轮轴线与起

重臂根部销孔轴线的平行度公差不大于1/1 000。

4.4.5 起重臂的弦杆、腹杆不准拼接。

4.4.6 起重臂各节端面对角线长度误差不大于公称尺寸的1.5/1 000。

4.4.7 起重臂各节弦杆和腹杆的直线度误差不大于公称长度的2/1 000,焊接后主弦杆直线误差在被测长度不大于3 mm。

4.4.8 由多节臂架组成的起重臂、各节臂架应具有良好的互换性。

4.4.9 转台非加工面的平面度误差不大于5 mm;转台与回转支承等结合面的平面度应不低于GB/T 1184 中的9级,其表面粗糙度不大于 $Ra6.3\ \mu m$;转台起重臂支撑销孔轴线与回转支承结合面不平行公差值不大于1.5/1 000;转台起重臂支撑销孔轴线与回转平面中心线垂直度公差值不大于1.5/1 000。

4.4.10 底架纵向中心线与前、后桥轴线垂直度公差值不大于1/1 000;底架纵向中心线与四个支腿中心线的垂直度公差值不大于2/1 000;底架上平面与回转支承结合面的平面度应不低于9级,其表面粗糙度应不大于 $Ra6.3\ \mu m$。

4.4.11 前、后桥轴线平行度公差值应不大于轴距的1/1 000。

4.4.12 人字架最高点离地距离大于4 m时,应设放倒装置。

4.4.13 焊接构件使用的焊条、焊丝和焊剂应与被焊构件的材料相适应。

4.4.14 焊条应符合GB/T 5117、GB/T 5118的规定;焊缝应符合GB/T 985.1、GB/T 985.2的规定,角焊缝高度应不低于被焊件中较薄连接件板厚的70%。

4.4.15 所有的焊缝不得有漏焊、烧穿、裂缝、夹渣、凹坑、未焊透及咬边等影响性能和外观质量的缺陷;所有的焊渣、熔瘤及飞溅珠滴均应清除干净。

4.4.16 金属结构件焊接工作应经考试合格的焊工担任,主要受力构件的焊缝附近应打上焊工代号钢印。

4.5 主要零部件

4.5.1 钢丝绳及其连接件

4.5.1.1 钢丝绳应选用GB 8918中的起重机用优质钢丝绳,并优先选用线接触钢丝绳;钢丝绳检验和报废应按GB/T 5972的规定。

4.5.1.2 绕过卷筒或滑轮的钢丝绳安全系数和不绕过卷筒或滑轮作固定用的钢丝绳安全系数不得小于表8的规定。

表8 钢丝绳安全系数

机构工作级别	M4	M5	M6	M7
绕过卷筒或滑轮的钢丝绳安全系数	4.5	5	6	7
不绕过卷筒或滑轮的钢丝绳安全系数	3.5	4	4.5	5

4.5.1.3 钢丝绳端部用楔与楔套连接时,楔与楔套应符合GB/T 5973的规定;采用铝合金接头应符合GB/T 6946的规定;采用套环接头应符合GB/T 5974.1~5974.2的规定;采用压板应符合GB/T 5975的规定;采用绳夹应符合GB/T 5976的规定。

4.5.1.4 钢丝绳端部采用编结连接时,编结长度应不小于钢丝绳直径的15倍,并且不得小于300 mm,连接强度不得小于钢丝绳破断拉力的75%。

4.5.1.5 对以上各种钢丝绳连接形式的端部均应以该零部件承受的2倍额定载荷进行拉力试验,拉力试验持续时间不得少于10 min。

4.5.2 吊钩

起重吊钩应有制造单位产品检验合格证,并应符合GB/T 10051.1~10051.5的规定,其强度等级应不低于M级的规定,吊钩应具有防钢丝绳脱落功能。

4.5.3 铸钢件

铸钢件应采用 GB/T 11352 规定的钢种。

4.5.4 卷筒

4.5.4.1 卷筒的最小缠绕直径与钢丝绳直径之比应不小于18。

4.5.4.2 起升、变幅机构处于下降工作位置最低点时,钢丝绳在卷筒上的安全圈不得少于三圈。

4.5.4.3 钢丝绳绕进绕出卷筒时,钢丝绳对于单层缠绕卷筒偏离螺旋槽两侧的角度不大于 3.5°;对于光卷筒或多层缠绕卷筒,钢丝绳偏离与卷筒轴垂直平面的角度应不大于 2°。

4.5.4.4 卷筒绳槽的最小半径应大于钢丝绳直径的 0.535 倍;卷筒绳槽表面粗糙度应达到 $Ra25\ \mu m$,棱边应倒圆,不应有损坏钢丝绳的表面缺陷。

4.5.5 滑轮

4.5.5.1 滑轮的最小卷绕直径与钢丝绳直径之比应不小于 18;平衡滑轮的最小卷绕直径与钢丝绳直径之比应不小于 15。

4.5.5.2 滑轮绳槽的最小半径应大于钢丝绳直径的 0.535 倍;滑轮绳槽表面粗糙度应达到 $Ra6.3\ \mu m$,棱边应倒圆,不应有损坏钢丝绳的表面缺陷。

4.5.5.3 钢丝绳绕进或绕出滑轮绳槽的偏角应不大于 5°,并应设置防止钢丝绳脱槽的挡绳装置。

4.5.6 制动器和离合器

4.5.6.1 电力液压鼓式制动器的选用应符合 JB/T 6406 的规定。

4.5.6.2 电磁鼓式制动器的选用应符合 JB/T 7685 的规定。

4.5.6.3 起升、变幅制动器的制动安全系数应不小于 1.75。

4.5.6.4 带式制动器、离合器摩擦面接触点应均匀分布,接触面积应不小于接触总面积的 75%。

4.5.6.5 制动器的安装应符合 JB/T 5945 的规定,轮面对内孔轴线的径向圆跳动应符合 GB/T 1184 中的 9 级精度的规定,端面圆跳动应符合 GB/T 1184 中的 10 级精度的规定。

4.5.6.6 干式制动器应有防油污的措施。

4.5.6.7 起重机在额定载荷下降制动时,应安全、准确、可靠。

4.5.6.8 离合器工作时应平稳无冲击,离合迅速、动作准确可靠。

4.5.7 减速器

4.5.7.1 减速器的装配精度、跑合、轴承的安装间隙均应符合 JB/T 5945 的规定。

4.5.7.2 减速器应运转灵活、平稳,密封性能良好,密封处无渗漏现象。

4.5.7.3 减速器以不低于工作转速正、反方向空载各运转 2 h 后,油温升不超过 45 ℃,蜗轮、蜗杆减速器应按设计要求加载跑合。

4.5.7.4 减速器以正常工作转速进行空载运转时,在无其他外因干扰的情况下,在壳体剖分面等高线上,距减速器前、后、左、右各 1 m 处测量噪声不得大于 85 db(A)。

4.5.7.5 减速器齿轮及齿轮副的精度等级不得低于 GB/T 10095.1 中的 8-8-7 级,对开式齿轮传动精度不得低于 GB/T 10095.1 中的 9-8-8 级;锥齿轮和准双曲面齿轮精度等级不得低于 GB/T 11365 中的 8 级,圆柱蜗杆和蜗轮精度等级不得低于 GB/T 10089 中的 8 级;套筒滚子传动链链轮精度等级不得低于 GB/T 1243 中的 1 级。

4.5.7.6 主要零件的热处理应符合 JB/T 5944 的规定。

4.5.8 中心回转接头、集电器

中心回转接头、集电器在行驶时摆动不得超过 0.50 mm,回转时摆动不得超过 0.50 mm。

4.5.9 回转支承

回转支承应符合 JB/T 2300 的规定,回转起动平稳、制动有效。

4.5.10 转向器

转向器应操纵灵敏,性能可靠。

4.5.11 司机室、机棚

4.5.11.1 司机室、机棚造型应美观、实用。有足够的刚度,司机室能满足起重机使用和检修要求。

4.5.11.2 司机室顶部应能承受2.5 kPa的均布静载荷,具有良好的隔音、隔热、密封、通风、散热、防雨、防晒性能,地板应防滑。

4.5.11.3 司机室应视野宽阔,并配置刮水器、遮阳板、反光镜、门锁、灭火器、空调,以及舒适可调的座椅,司机操纵舒适方便。

4.5.11.4 司机室应设置作业用通讯音响联络信号装置和数字、声光报警显示系统。

4.5.11.5 司机室应设置紧急断电开关;内燃机驱动的起重机应设置发动机熄火装置。

4.5.11.6 司机室内应具有表示起重机各种性能、操作方法,润滑图等的标牌或标志,位置醒目。

4.5.12 操纵系统

4.5.12.1 起重机操纵系统的设计与布置,应避免发生各操纵动作相互干扰或容易引起误操纵。

4.5.12.2 各操纵手柄、踏板的间距不小于60 mm,其操纵力和操纵行程应符合表9的规定,对有特殊要求起重机脚操纵力不大于250 N。

表9 操纵力及操纵行程

操纵方式	操纵力/N	操纵行程/mm
手操纵	≤40	≤160
脚操纵	≤100	≤250

4.5.12.3 各操纵手柄、踏板、控钮等操纵应轻便灵活,能自动复位,工作可靠。

4.5.12.4 各操纵手柄,踏板在中位不得因振动产生离位。

4.5.13 气路系统

4.5.13.1 气压达到额定工作气压,停机关闭控制阀2 h后,压力表指示的压力应不低于额定工作压力的80%。

4.5.13.2 各气阀排气不应有明显的滞后现象。

4.5.14 液压系统

4.5.14.1 液压系统的设计、制造、安装以及油管配置等应符合GB/T 3766的规定;液压元件应符合GB/T 7935的规定;液压油的选用应符合JB/T 9737.3的规定;液压油污染等级应符合JB/T 9737.1的规定;液压油污染等级测量方法应符合JB/T 9737.2的规定。

4.5.14.2 液压系统应具有良好的密封性能,所有油路、元件应无渗漏现象。

4.5.14.3 油箱应设有表面液面高度的标识。

4.6 电气设备

4.6.1 起重机所采用的电动机、发电机及其他电器设备在起重机上的安装部位应便于接线和检查维修,并具有良好的通风散热条件和尽可能避免振动。

4.6.2 起重机电气系统中,工作电压不大于60 V的电路,绝缘电阻不得小于1 MΩ;工作电压大于60 V的电路,绝缘电阻不得小于1.5 MΩ。测试仪表的选用应符合GB 14048.1的规定。

4.6.3 起重机电气设备应设置过流、欠压、零位、电源错相及缺相保护装置,并应设置紧急断电开关,其安装部位应便于司机操作,确保起重机安全。

4.6.4 起重机电气系统中非连接的两个独立回路之间,以及带电回路对金属外壳(或地)之间,应承受表10所示的电压,试验时间为1 min,试验结果应符合GB 14048.1的规定。

表 10 耐压试验

回路额定电压(U)/V	0<U≤60	60<U≤125	125<U≤250	250<U≤550
试验电压/V	500	1 000	1 500	2 000

4.6.5 起重机电气设备采用电气元器件应符合各自标准的规定，并按其安装规程安装。

4.6.6 起重机采用的外接电源应为 380 V、50 Hz 三相交流电。当外接电源电压为额定值的 90%时，起重机应能可靠工作。

4.6.7 外接电源的电缆应采用 yc 型四芯橡套电缆，电缆芯线的颜色应以黄、绿、红、黑区分。

4.6.8 线路布线应安全、合理、整齐、牢固。

4.6.9 用于布线的一般控制用导线应采用铜芯多股线，当采用多股单芯线时，其最小截面积应不小于 1.5 mm^2(电子装置、油压伺服机构、传感器所用导线除外)。

4.6.10 起重机应装有显示工作状态的仪表和灯光显示信号，其安装位置应便于司机观察。

4.6.11 起重机电气设备所用指示灯和按钮的颜色应符合 GB/T 4025 的规定。

4.6.12 起重机所有电气安全保护声光报警装置和限位装置功能应准确可靠。

4.6.13 起重机行驶时的照明信号灯应符合 GB 7258 的规定。

4.6.14 起重机工作面的照度应不低于 40 lx，司机室工作面上的照度应不低于 50 lx，机棚的照度应不低于 30 lx，并在适当部位装置安全电源插座和备有移动灯具。

4.6.15 起重机电气设备应有防护罩壳，防止意外触及带电部分，防止水、油及其他物质侵蚀。

4.6.16 起重机中心集电器每块电刷与滑环的有效接触面积应不少于 80%的电刷面积，其容量应满足要求。

4.7 安全指示装置

4.7.1 起重机应装设起升高度位置报警装置和极限位置限位器，应能可靠报警。

4.7.2 起重机应装设幅度限位报警装置和起重臂防后翻装置，应能可靠报警，并停止起重臂后倾。

4.7.3 起重机应装幅度指示器，读数清晰，其幅度指示偏差不大于 2%。

4.7.4 起重机应装回转报警器，确保起重机在旋转时发出警告声音。

4.7.5 起重机应装回转锁定装置，确保起重机在行驶时，使回转部分保持在固定位置。

4.7.6 起重机起重量小于 16 t 的起重机，应装设起重量指示器，其误差不大于 5%，当载荷大于相应工况下额定值 110%时，应发出超载声光报警和数字显示。

4.7.7 起重机起重量等于 16 t 或大于 16 t 的起重机，应装设起重力矩限制器和水平仪，起重力矩限制器应符合 GB 7950 的规定，工作可靠，其误差不大于±5%。当起重力矩大于相应工况下额定值并小于额定值 110%时，应发出超载声光报警和数字显示；当起重力矩等于额定起重力矩 110%时，应能自动切断起重力矩机构的动力电源，此时机构只能停止起重力矩的运动。

4.7.8 起重机应设置作业用音响警告信号，音响警告信号应与力矩限制器超载报警信号有区别。

4.7.9 起重机应装起重臂架头部两侧红色安全指示灯。

4.7.10 起重机应装支腿伸缩锁定装置。

4.7.11 起重机应装裸露传动部位防护罩。

4.7.12 起重机应装发动机排气灭火罩和倒车报警装置。

4.7.13 起重机的危、突出部位安全色标与标志应符合 GB 15052 的规定。

4.8 润滑

4.8.1 各润滑油路应畅通，油嘴、油杯安装位置应便于加注润滑油脂和维修更换。

4.8.2 应根据不同部位和不同需求，选用润滑油和润滑脂。

4.9 涂装

4.9.1 起重机的外形、油漆应符合 JB/T 5946 的规定，起重机图案及商标应美观大方，涂漆的颜色可由供需双方协商而定。

4.9.2 起重机涂漆前对物体表面应进行除锈，其质量等级应符合 GB/T 8923 的规定，用手工方式除锈为 St2 级，用化学处理和抛(喷)丸或采用其他磨料方式除锈为 Sa2 $\frac{1}{2}$级。

4.9.3 保护性涂层一般需涂两层防锈底漆，两层面漆，漆层厚度为 0.1 mm～0.12 mm；对重要结构件要求涂两层防锈底漆，三层面漆，漆层厚度由供需双方协商而定。

5 试验方法

5.1 方法原理概要

5.1.1 起重机的试验以检测整机在试验载荷下的工作性能，有关数据，各机构、结构强度，整机稳定性及可靠性为基础。

5.1.2 通过试验测定起重机的主要性能参数，包括：工作速度、作业范围、几何尺寸、质量、机构及结构强度、稳定性、可靠性及噪声等。

5.2 试验仪器、试验样机

5.2.1 试验所用测量仪器和工具应经过有关计量部门检查并处于有效期内，其精度应能满足试验要求。

5.2.2 试验仪器和工具按表 A.1 选用。

5.2.3 试验样机应按 GB/T 3811 进行设计，并符合 GB/T 6067 和本标准的规定。

5.2.4 试验样机应安装为满足生产需要并在设计中规定的全部工作装置。试验前应对全部工作装置进行全面检查和调试，使其达到正常作业的良好技术状态和满足性能试验中各项测定的需要。

5.3 试验条件

5.3.1 燃油箱应加注到容量的 1/3～2/3，冷却液、润滑油和液压油应按规定装至工作液面，油的品质应符合设计规定的要求。

5.3.2 起重机的轮胎工作压力应符合制造厂规定的气压，其允许偏差为±3%。起重机不用支腿作业时，所有轮胎应在直线行驶位置。

5.3.3 试验场地应平整坚实，倾斜度不大于 1%，起重机四面不得有妨碍起重机回转、变幅动作的障碍物。使用支腿试验时，要求起重机车架上回转支承平面水平，其误差应不大于 1%。

5.3.4 试验时的风速应不大于 8.3 m/s，结构应力测试时，风速不大于 4 m/s。

5.3.5 当使用支腿作试验时，如供方无其他规定，应靠支腿抬起起重机，使所有的轮胎都不承受起重机的重量。

5.3.6 试验时环境温度应在－15 ℃～35 ℃之间。

5.3.7 最大相对湿度应不大于 95%，可有凝露、盐雾。

5.3.8 试验载荷应标定准确，其允许偏差对于垂直载荷为±1%，对水平载荷为±3%。

5.4 整机调试与试验准备

5.4.1 起重机试验前应进行外观检查，检查各传动件、紧固件连接部位是否牢固，润滑和密封情况是否良好。

5.4.2 各机构按设计要求调试完毕后，结构和传动件均能正常工作，整机无异常现象。

5.4.3 所有的安全装置应进行检查和调试，安全装置的设置和调试应符合 JT/T 562 和本标准的规定。

5.4.4 对起重机的新产品应按本标准进行试验，对已批量生产的产品应抽样进行 5.4.2、5.5、5.8、5.9、5.10、5.11 和 5.12 所规定的试验。

5.5 空载试验

5.5.1 空载试验指取物装置在空载情况下，在使用支腿和不使用支腿(对允许不使用支腿工作的起重机)的条件下进行空载运转。检查各机构能否在规定的工作范围内正常工作,各机构指示器、安全装置是否可靠。

5.5.2 将取物装置从距地 0.5 m 处上升至极限位置,限位报警应准确。

5.5.3 以额定速度左、右回转各三圈,脱开动力,其回转惯性应满足 4.3.15 的规定。

5.5.4 空载试验应在全程范围内以低速和全速分别进行起升、变幅和回转试验若干次,对电力驱动各机构的起重机,检查运转过程中的最大电流值、电压值;对内燃机或液压驱动各机构的起重机,检查运转过程的最大油压值。

5.5.5 试验中各机构工作未见异常,各限位、安全、指示装置符合 GB/T 6067 和本标准的规定。

5.6 质量、几何参数测量

5.6.1 质量

测量起重机的总质量,并测定下列负荷参数:

a) 行驶状态下的各轴负荷;

b) 左侧车轮总负荷,右侧车轮总负荷;

c) 质心位置(在使用中长臂或最长臂时,起重臂分别处于正前方、正后方,正侧方的最大幅度和最小幅度。)

5.6.2 几何参数

测量起重机作业时下列起重机外形尺寸及尺寸误差应符合 4.3.9 的规定:

a) 基本臂臂长、最长主臂臂长;

b) 外伸支腿纵向间距、横向间距;

c) 整机全长、全宽、全高;

d) 回转轴线到平衡重边缘距离;

e) 前轮距、后轮距、轴距;

f) 最小转弯半径(前外轮轮迹中心半径及机体外廓轨迹半径)。

5.7 技术性能参数测定

5.7.1 起升速度

起重机以最高速度起升(下降)试验载荷,测量载荷通过 2 m(副钩为 10 m)行程所需的时间,计算三次试验的平均起升(下降)速度(特殊情况例外),误差应符合本标准的规定。试验工况为:

a) 主钩、最大倍率、基本臂、空载;

b) 主钩、最大倍率、基本臂相应工作幅度时的额定起重量。

5.7.2 回转速度

基本臂、最小幅度、空载以最高回转速度回转,测量回转的角度(圈数)及相应的回转时间,其回转速度误差应符合 4.3.10 的规定。

5.7.3 变幅速度

测量起重臂空载以最高速度在最大工作幅度和最小工作幅度范围内全程起臂(落臂)的工作速度,误差应符合 4.3.10 的规定。

5.7.4 收(放)支腿时间

在平坦的水泥或沥青地面收(放)支腿,测量收(放)支腿的时间。

5.7.5 行驶速度

测量处于空载行驶状态的起重机在坚硬平直路面上的最高速度,误差应符合 4.3.10 的规定。

5.7.6 工作幅度

测量起重机最大工作幅度和最小工作幅度,误差应符合 4.3.9 的规定。

5.7.7 起升范围

起重臂处于最小工作幅度时,起重钩升到最高位置,测量从钩口中心到支承地面的距离;起重钩下放到支承地面以下,测量支承地面到起重钩口中心的距离,高度误差应符合4.3.9的规定。此时起升卷筒上钢丝绳至少应保留三圈安全圈数。

5.8 额定载荷试验

5.8.1 额定载荷试验是检验起重机各工作机构在额定载荷下的工作性能。

5.8.2 试验后各部件应能满足设计所规定的性能要求,各机构工作正常且未发现损坏,连接处无松动。

5.8.3 额定载荷试验的工况见表11。

表11 额定载荷试验工况

序号	试验工况	一次循环内容	循环次数
1	基本臂: 额定起重量;相应的工作幅度;起重臂在正侧方	重物由地面起升至最大高度(中间制动1次)—下降到地面200 mm左右(中间制动1次)—在作业范围内作左右全程回转(制动1次～2次)重物下降到地面(中间制动1次)	2
2	中长臂: 中长臂额定起重量的1/3;相应的工作幅度;起重臂在正侧方	重物起升至离地面200 mm左右—起臂到最小工作幅度,再落臂到原位(中间制动1次)—在作业范围内作左右全程回转—起升到最大高度—下降到地面	2
3	最长主臂: 最长主臂额定起重量;相应的工作幅度;起重臂在正侧方	重物起升至离地面200 mm左右—在作业范围内作左右全程回转—起升至最大高度后再下降到地面(中间制动1次)	2

5.8.4 表11中各工况的循环次数分别以最低速度和最高速度各进行2次。

5.8.5 额定载荷试验时,任一活动支腿的压力应大于零。

5.9 动载试验

5.9.1 动载试验是验证起重机各机构、结构和制动器在1.1倍额定载荷作用下的工作性能。

5.9.2 动载试验中各机构工作正常,各机构、结构强度满足要求无残余变形或损坏现象,连接处未出现松动或损坏,无异常响声,固定结合面不渗油,运动结合面不滴油。

5.9.3 动载试验的工况见表12。

表12 动载试验工况

序号	试验工况	一次循环内容	循环次数
1	基本臂: 额定起重量1.1倍;相应的工作幅度;起重臂在正侧方	重物由地面起升至最大高度再下降到某一高度—在作业范围内作左右全程回转—重物下降到地面	5
2	中长臂: 中长臂额定起重量的1/3的1.1倍;相应的工作幅度;起重臂在正侧方	重物起升至离地面200 mm左右—起臂到最小工作幅度,再落臂到原位(中间制动1次)—在作业范围内作左右全程回转—起升到最大高度—下降到地面	7
3	最长主臂: 最长主臂额定起重量1.1倍;相应的工作幅度;起重臂在正侧方	重物起升至离地面200 mm左右—在作业范围内作左右全程回转—起升至最大高度再下降到地面	4

5.9.4 表12中每一工况的循环次数应连续进行，一次循环的起升和下降动作的过程中，中间各制动1次。

5.9.5 动载试验时，起重机应按操作规定进行控制，确保起重机额定运转的范围内。

5.9.6 动载试验中应包括悬挂着的载荷作空中起升运动，试验载荷在起升操作条件下不得出现反向动作和瞬时下滑现象。

5.10 静载试验

5.10.1 静载试验是验证起重机在承受1.25倍额定载荷时各零部件和结构件的承载能力。

5.10.2 静载试验中各机构与结构未产生裂纹、永久变形、油漆剥落或对起重机的性能与安全有影响的损坏，连接处未出现松动，则认为这项试验良好。

5.10.3 试验时，起重臂应分别位于正后方、正侧方及最大支腿压力的位置。

5.10.4 起重臂在任何位置上，允许有一个支腿抬起，支腿抬起量不大于40 mm。

5.10.5 试验时允许调整液压系统安全溢流阀压力、力矩限制器或起重量限制器、制动器、离合器，但试验后应调回到规定的数值。

5.10.6 静载试验的载荷应逐渐加上去，当试验载荷达到1.25倍的额定起重量时，应将试验载荷停留在离地面100 mm～200 mm高度处(支腿处除外)至少悬空停留10 min。

5.10.7 在作最大支腿压力位置的静载试验时，允许先在其他方位起吊1.1倍额定的起重量，回转至该位置后再逐渐静止地添加试验载荷到规定的数值。

5.11 联合动作试验

在完成表11额定载荷试验和表12动载试验后，应进行中长臂额定载荷下起升，回转同时联合动作和起升，变幅同时联合动作试验各3次，试验过程中、起升、回转制动与起升，变幅制动各进行3次，各机构应工作正常。

5.12 行驶试验

5.12.1 行驶试验是验证起重机空载行驶、爬坡、制动性能。

5.12.2 起重机行驶试验里程应不小于20 km。

5.12.3 起重机以一种臂长的形式、空载，用最快速度行使500 m(左右转弯及制动各3次)—后退500 m(左右转弯及制动各2次)。

5.12.4 起重机空载以慢速挡行驶在坡度不大于12%的坚实道路上，试验中上坡与下坡制动、起动各1次。

5.12.5 起重机空载按4.3.16的规定进行试验，测定制动距离，其制动距离应符合式(1)要求，并不得跑偏。

5.13 噪声测定

起重机作业噪声测量方法应符合GB 20062的规定。

5.14 发动机试验报告

试验样机的发动机应有发动机制造厂提供的测定发动机的功率、燃油消耗和机油消耗等性能试验报告。其试验方法应按GB/T 6072.1的规定。

5.15 安全环保性能试验

5.15.1 起重机的安全、环保及经济性能的试验方法按国家相关规定。

5.15.2 起重机的发动机应按照GB 3847规定的方法检测自由加速度烟度排放，其排放标准应符合GB 3847的规定。

5.16 电气设备检验

电气设备应按GB 14048.1的要求和本标准的规定检验电气装置、电气产品及安装质量。

5.17 结构试验

结构试验应按 GB/T 6068 的规定进行试验。

5.18 液压系统试验

液压系统试验应按 JB/T 4030.3 的规定进行试验。

5.19 稳定性试验

稳定性试验是检验起重机抗倾覆的能力。

5.19.1 试验工况

起重机应作起重臂位于最大幅度、最小幅度位置时稳定性试验。

5.19.2 试验项目

稳定性试验应包括整机稳定性试验和后翻稳定性试验。

5.19.3 整机稳定性试验

起重机在不大于 4 m/s 风速条件下进行试验。起重臂处于正侧方在最大和最小工作幅度，分别起升相应幅度时的 $1.25P+0.1F$ 的载荷离地面至 100 mm 处，不发生倾翻，则认为起重机静稳定性良好。

注：P——最大额定总起重量；F——起重臂折算到主臂头部或副臂头部的重力，F 的计算方法参见 GB/T 5905 的规定。

5.19.4 后翻稳定性试验

起重机采用测试支腿压力的方法进行试验。当基本臂处于最小幅度，吊钩放置地面，起重臂处于正侧方和正后方时，起重臂一侧的所有支腿或轮胎压力之和不得小于该机工作状况下整机总质量的 15%，符合 GB/T 19924 的规定，则认为起重机是稳定的。

5.20 可靠性试验

5.20.1 试验要求

5.20.1.1 试验期间不允许带故障作业，起重作业时不允许进行保养工作。按日(班)分类统计各项试验。

5.20.1.2 作业可靠性试验的循环次数和基本工况见表 13、表 14。

表 13 循环次数

额定起重量/t	基本工况循环次数	
	主臂	副臂
<40	6 000	150
≥40	3 500	150

表 14 基本工况表

序号	循环名称	试验工况	一次循环内容	循环次数占一次循环的百分数
1	基本臂起升、回转循环	基本臂：额定起重量；相应的工作幅度；起重臂在正侧方	重物由地面起升至最大高度—下降到某一高度—180°范围内左右回转—重物下降到地面	30%
2	中长臂起升、变幅、回转循环	中长臂：额定起重量的 1/3；相应的工作幅度；起重臂在正侧方	重物起升至离地面 200 mm 左右—起臂到最小工作幅度后再落臂到原位—180°范围内左右全程回转—起升到最大高度—下降到地面	40%

表 14（续）

序号	循环名称	试验工况	一次循环内容	循环次数占一次循环的百分数
3	最长主臂起升、回转循环	最长主臂：最长主臂额定起重量；相应的工作幅度	重物起升至离地面 200 mm 左右—在 180°范围内左右回转—起升至最大高度—下降到地面	25%
4	空载起重臂收放循环	空载：起重臂在正侧方；起重臂在最大幅度位置	空载状态下，起重臂由最大幅度到最小幅度，再回复到最大幅度	5%

5.20.1.3　基本工况以外的其他工况试验应在完成基本工况试验后进行 50 次连续收放支腿试验。

5.20.1.4　以全速完成表 14 规定的各种工况，每种工况的 1 次循环时间测量 5 次，取其平均值作为该工况完成一次循环的时间，用式(2)计算各工况完成规定循环次数所需要的作业时间。

$$T_i = t_i \cdot n_i \quad \cdots\cdots\cdots\cdots(2)$$

式中：

T_i——某一工况所需的作业时间，单位为小时(h)；

t_i——某一工况一次所需的作业时间，单位为小时(h)；

n_i——某一工况的循环次数。

完成作业可靠性试验所需的总的作业时间用式(3)计算：

$$T = \sum_{i=1}^{n} T_i \quad \cdots\cdots\cdots\cdots(3)$$

式中：

T——可靠性试验总作业时间，单位为小时(h)；

n——基本工况与其他工况种类数之和。

5.20.1.5　可靠性试验后，应对整机拆检，详细记录拆检的情况，必要的零件要拍照。对液压传动的起重机应测定液压油污染度。

5.20.1.6　拆检项目及内容见表 15。

表 15　拆检项目及合格要求

总成名称	零件名称	拆检项目	合格要求
起升机构减速器 变幅机构减速器 回转机构减速器	齿轮	齿面接触痕迹、点蚀、剥落	磨损正常无点蚀剥落
	箱体	箱体是否有损坏裂纹	无异常现象
回转支撑	内外圈	裂纹、压痕、点蚀、剥落	裂纹、点蚀、剥落、无异常压痕
液压阀	阀芯和阀座	表面粗糙度和损伤	粗糙度不低于设计要求表面无损伤
油缸	轮杆和缸筒	表面粗糙度和表面损伤	粗糙度不低于设计要求表面无损伤
结构件	起重臂、转台底架	裂缝、焊缝、结构变形	无裂缝，焊缝达到规定要求，结构无永久变形

5.20.2　试验结论

5.20.2.1　可靠性时间指标

根据试验数据计算作业率 A，按式(4)计算。

$$A = \frac{T_0}{T_0 + T_1} \times 100\% \geqslant [A] \quad \cdots\cdots(4)$$

式中：

A——作业率；

T_0——总作业时间，单位为小时(h)；

T_1——维修时间，单位为小时(h)。

作业率 A 应满足表 5 的规定。

5.20.2.2 **试验平均无故障工作时间**

试验的平均无故障工作时间按式(5)计算。

$$T_2 = T_0/(N+1) \geqslant 50\text{h} \quad \cdots\cdots(5)$$

式中：

T_2——平均无故障工作时间，单位为小时(h)；

N——总故障次数。

试验平均无故障工作时间应满足 4.3.7 的规定。

5.20.3 **其他**

5.20.3.1 起重机应在规定的时间内完成表 13 规定的循环次数。规定的试验时间(包括作业时间和维修时间)按式(6)计算。

$$T_a = T/[A] \quad \cdots\cdots(6)$$

式中：

T_a——规定的试验时间，单位为小时(h)；

T——按公式(3)确定的数值；

$[A]$——见表 5。

5.20.3.2 试验期间，固定结合面不准渗油，有相对运动部位不允许形成油滴，发动机运转或停机时不允许漏水。

5.20.3.3 新产品的可靠性试验中，允许更换零件。按其损坏的性质决定是否重新进行该部位有关的可靠性试验。

5.20.3.4 试验期间钢丝绳属于正常磨损而进行的更换不作为故障。

5.20.3.5 新产品的可靠性试验，其维修时间只记故障排除时间。

5.21 **工业性试验**

5.21.1 工业性试验应由制造厂和用户(典型用户)共同负责并详细记录作业工作条件、工况、每次起吊的载荷、总作业时间。试验中起重机不得发生重大损坏或性能异常现象。对试验期间起重机出现的任何不正常现象或事故应作详细记录，并提出分析和处理意见。工业性试验结束后，应认真整理试验记录，分析试验结果，编写结论性的工业性试验报告。

5.21.2 可靠性试验可用 500 h 工业性试验代替，作业率及平均无故障工作时间计算及考核办法相同。

5.22 **其他**

5.22.1 对港口电动轮胎起重机还应进行降电压起动试验，将额定载荷吊在空中，在试验电压为额定电压的 90%时，应能够从这种状态进行提升，试验应不少于 3 次。

5.22.2 对采用液压传动的港口轮胎起重机，应测定起重机在满负荷下各机构分别工作时液压系统的压力。

5.22.3 有副臂的起重机，以副臂最大额定起重量按表 14 中序号 1 和表 13 进行试验。

5.22.4 起重机应进行 50 次连续收放支腿试验。

5.23 **试验报告**

试验报告的编写应在完成本标准所规定的试验后进行，试验报告要按照所试验起重机的编号、型号、规格及执行的产品标准代号，记下试验日期、地点及监督人的姓名，详细记载每种情况下的载荷、位置、状态、程序和结论。

6 检验规则

6.1 型式检验

6.1.1 产品有下列情况之一时，应进行型式检验：

a) 新产品或老产品转厂生产的试制定型鉴定；

b) 正式生产后，如结构、材料、工艺有较大改变，可能影响产品性能时；

c) 产品停产达 3 年以上后，恢复生产时；

d) 出厂检验结果与上次型式检验有较大差异时；

e) 国家质量监督机构提出进行型式检验要求时。

6.1.2 型式检验项目按第 4 章的要求进行。

6.1.3 定型或批量生产的起重机应抽取样机 1 台进行试验。

6.2 出厂检验

产品的出厂检验按 5.4、5.8、5.9、5.10、5.11、5.12、5.13 的规定进行，试验工况为基本臂或用户要求的某种臂长。

7 标志、包装、运输和贮存

7.1 标志

7.1.1 验收合格的起重机，应在起重机上车前部、司机室外表面易于观察之处装设产品铭牌。

7.1.2 产品铭牌应包括以下内容：

a) 产品商标；

b) 产品型号；

c) 产品名称；

d) 最大起重量；

e) 产品编号；

f) 制造厂名；

g) 制造日期；

h) 制造许可证编号；

i) 设备代码。

7.2 包装

7.2.1 对防震易损的仪表和部件应拆下作防震包装；对不能拆下的易损防震部件应作防震处理。

7.2.2 产品技术文件及备件应随机发运。

7.2.3 产品应具备以下随机技术文件，并应防潮、包装好装箱：

a) 产品合格证书；

b) 产品使用维护说明书；

c) 发动机使用说明书；

d) 易损件目录或各种图册；

e) 整机外形图、主要部件保养图、检修用图、液压原理图、电气原理图及电气布线图；

f) 随机备件、附件清单；

g) 装箱发运清单。

7.2.4 产品应具备以下随机备件、工具及专用工具，并应防潮，包装好装箱：

a) 按产品出厂规定供应的配件、易损件；

b) 按合同规定供应的选购件；

c) 工具及专用工具。

7.3 运输

7.3.1 起重机整机运输的外形尺寸、质量、质心、吊点位置应符合铁路、公路、航运等部门的规定。

7.3.2 起重机拆开运输的部件应有外形尺寸、质量、质心、吊点位置及其标志。

7.4 贮存

7.4.1 制造厂应提供起重机闲置状态的要求及其保管注意事项。

7.4.2 产品零部件应妥善保管，对露天保管的大型物件，应垫平放置。

7.4.3 裸露的加工面应定期作涂防锈处理。

7.4.4 放置仓库中保管的零部件应注意防潮和通风。

附 录 A
（规范性附录）
试验仪器及工具

试验仪器及工具见表 A.1。

表 A.1 试验仪器及工具

序号	试验仪器和工具名称	精度等级
1	电阻应变仪	±1.0%
2	动态电阻应变仪	±1.0%
3	振动冲击测试量仪	±0.02%
4	经纬仪	2″
5	风速仪	0.1
6	数显五轮仪	±0.1 km/h
7	声级计	0.5 dB
8	数字式万用表	±1 V;±0.1 A
9	兆欧表	0.1 MΩ
10	数显式照度计	±4%
11	干式温度计	
12	加速度计	
13	拉压传感器	±2%
14	电子秒表	±0.015
15	钢卷尺	±1 mm
16	钢直尺	±1 mm
17	标定长测索吊锤	

STANDARDS PRESS OF CHINA

参 考 文 献

［1］ GB/T 5905 起重机试验规范和程序(GB/T 5905—1986,idt ISO 4310:1981).

ICS 03.220.40;53.020.20
R 46

中华人民共和国国家标准

GB/T 14783—2009
代替 GB/T 14783—1993,GB/T 15362—1994

轮胎式集装箱门式起重机

Rubber tired gantry crane

2009-05-11 发布　　2009-12-20 实施

中华人民共和国国家质量监督检验检疫总局
中国国家标准化管理委员会　发布

前言

本标准代替 GB/T 14783—1993《轮胎式集装箱门式起重机技术条件》和 GB/T 15362—1994《轮胎式集装箱门式起重机试验方法》，将 GB/T 15362 的内容纳入 GB/T 14783 中。

本标准与 GB/T 14783—1993 相比主要技术差异如下：

——取消了“术语”；

——对“齿轮和减速器”内容进行了修改和完善(见 3.6.1)；

——对“联轴器”的选型要求进行了补充(见 3.6.3)；

——取消原“主要部件”，将原小车轨道内容纳入“小车车轮和轨道”(见 3.6.7)，将原起升机构、小车运行机构和大车运行机构内容纳入“机构”(见 3.7)，其他内容单列成条(见 3.6)；

——对“动力装置”内容进行了补充(见 3.8)；

——对“试验方法”内容进行了修改和完善(见第 4 章)。

本标准的附录 A 为资料性附录。

本标准由中华人民共和国交通运输部提出。

本标准由交通运输部港机标准归口单位归口。

本标准起草单位：上海振华港口机械(集团)股份有限公司、上海港机重工有限公司、交通部水运科学研究院。

本标准主要起草人：李海波、胡桂军、何刚、李国辉、饶京川、李伟。

本标准所代替标准的历次版本发布情况为：

——GB/T 14783—1993；

——GB/T 15362—1994。

轮胎式集装箱门式起重机

1 范围

本标准规定了轮胎式集装箱门式起重机(以下简称起重机)的技术要求、试验方法、检验规则、标志和运输等。

本标准适用于装卸符合 GB/T 1413 规定的国际集装箱的起重机。

2 规范性引用文件

下列文件中的条款通过本标准的引用而成为本标准的条款。凡是注日期的引用文件,其随后所有的修改单(不包括勘误的内容)或修订版均不适用于本标准,然而,鼓励根据本标准达成协议的各方研究是否可使用这些文件的最新版本。凡是不注日期的引用文件,其最新版本适用于本标准。

GB/T 699 优质碳素结构钢

GB/T 700 碳素结构钢(GB/T 700—2006,ISO 630:1995,NEQ)

GB/T 985.1 气焊、焊条电弧焊、气体保护焊和高能束焊的推荐坡口(GB/T 985.1—2008,ISO 9692-1:2003,MOD)

GB/T 985.2 埋弧焊推荐坡口(GB/T 985.2—2008,ISO 9692-2:1998,MOD)

GB/T 1184 形状和位置公差 未注公差值(GB/T 1184—1996,eqv ISO 2768-2:1989)

GB/T 1228 钢结构用高强度大六角头螺栓(GB/T 1228—2006,ISO 7412:1984,NEQ)

GB/T 1229 钢结构用高强度大六角螺母(GB/T 1229—2006,ISO 4775:1984,NEQ)

GB/T 1230 钢结构用高强度垫圈(GB/T 1230—2006,ISO 7416:1984,NEQ)

GB/T 1231 钢结构用高强度大六角头螺栓、大六角头螺母、垫圈技术条件

GB/T 1413 系列 1 集装箱 分类、尺寸和额定质量(GB/T 1413—2008,ISO 668:1995,IDT)

GB/T 1591 低合金高强度结构钢

GB/T 1801 极限与配合 公差带和配合的选择(GB/T 1801—1999,eqv ISO 1829:1975)

GB 2893 安全色(GB 2893—2008,ISO 3864-1:2002,Graphical symbols—Safety colours and safety signs—Part 1:Design principles for safety signs in workplaces and public areas,MOD)

GB 2894 安全标志及其使用导则

GB/T 3077 合金结构钢

GB/T 3220 集装箱吊具的尺寸和起重量系列

GB/T 3323 金属熔化焊焊接接头射线照相(GB/T 3323—2005,EN 1435:1997,MOD)

GB/T 3766 液压系统通用技术条件(GB/T 3766—2001,eqv ISO 4413:1998)

GB/T 3811 起重机设计规范

GB/T 5117 碳钢焊条(GB/T 5117—1995,eqv ANSI/AWSA5.1:1991)

GB/T 5118 低合金钢焊条(GB/T 5118—1995,eqv ANSI/AWSA5.5:1981)

GB/T 5293 埋弧焊用碳钢焊丝和焊剂

GB/T 6067 起重机械安全规程(GB/T 6067—1985,neq NF E52-122:1975)

GB/T 8110 气体保护电弧焊用碳钢、低合金钢焊丝(GB/T 8110—2008,AWSA5.18M:2005,MOD)

GB 8918 重要用途钢丝绳(GB 8918—2006,ISO 3154:1988,Stranded wire ropes for mine hoisting—Technical delivery requirements,MOD)

GB/T 8923　涂装前钢材表面锈蚀等级和除锈等级(GB/T 8923—1988,eqv ISO 8501-1:1988)

GB/T 9286　色漆和清漆　漆膜的划格试验(GB/T 9286—1998,eqv ISO 2409:1992)

GB/T 10095(所有部分)　圆柱齿轮　精度制(GB/T 10095—2008,ISO 1328(所有部分),IDT)

GB/T 10096　齿条精度

GB/T 11345　钢焊缝手工超声波探伤方法和探伤结果分级

GB/T 11352　一般工程用铸造碳钢件(GB/T 11352—2009,ISO 3755:1991,MOD)

GB/T 12470　埋弧焊用低合金钢焊丝和焊剂

GB/T 14957　熔化焊用钢丝

GB 16710.1　工程机械　噪声限值

GB/T 16710.2　工程机械　定置试验条件下机外辐射噪声的测定(GB/T 16710.2—1996,ISO/DIS 6393:1995,MOD)

GB/T 16710.3　工程机械　定置试验条件下司机位置处噪声的测定(GB/T 16710.2—1996,ISO/DIS 6394:1995 ADM1:1996,MOD)

GB/T 16710.4　工程机械　动态试验条件下机外辐射噪声的测定(GB/T 16710.4—1996,eqv ISO 6395:1988)

GB/T 16710.5　工程机械　动态试验条件下司机位置处噪声的测定(GB/T 16710.5—1996,eqv ISO 6396:1992)

GB/T 20303.1　起重机　司机室　第1部分:总则(GB/T 20303.1—2006,ISO 8566-1:1992,IDT)

GB/T 20303.5　起重机　司机室　第5部分:桥式和门式起重机(GB/T 20303.5—2006,ISO 8566-5:1992,IDT)

CB/T 3123　船用轧制钢材气割面质量技术要求

JT/T 90　港口装卸机械风载荷计算及防风安全要求

3　技术要求

3.1　工作条件

3.1.1　工作环境温度为－20 ℃～＋40 ℃,最大相对湿度不大于95%,有凝露。

3.1.2　工作时风速不大于20 m/s;非工作时风速不大于44 m/s。

3.1.3　起重机的工作级别宜为A6、A7。

3.1.4　起重机行走通道地面坡度应不大于1%,局部坡度不大于3%。跨度两侧行走通道地面坡度应同向,即同为上坡或下坡。

3.1.5　如有其他特殊要求,按订货合同或技术规格书规定。

3.2　整机要求

3.2.1　起重机的设计、制造应符合GB/T 3811和本标准的有关规定。

3.2.2　起重机作业时的噪声应符合GB 16710.1的规定,座椅处司机耳边噪声应符合GB/T 20303.1的规定。

3.2.3　起重机在做静载试验时,应能承受1.25倍额定起重量的试验载荷。试验后各构件均不应产生裂纹、永久变形、油漆打皱及其他异常情况。

3.2.4　起重机在做额定载荷试验时,应能承受额定起重量的试验载荷。试验中各机构应工作正常、无异常响声、结构件完好。

3.2.5　起重机在做动载试验时,应能承受1.1倍额定起重量的试验载荷。试验中各机构应工作正常,无异常响声,结构件完好无损。

3.2.6　起重机在做可靠性试验时,应持续进行8 h的作业试验,起重机不应出现因缺陷(包括漏油)而发生的故障。若一旦发生故障，且在 15 min 内又不能修复，或故障出现二次以上，则可靠性试验应重作。

3.2.7 起重机做金属结构应力测定时，结构强度、刚度应满足设计要求，无残余变形和损坏现象，焊缝无裂纹，表面油漆不打皱。

3.2.8 起重机应完成不少于 5 000 自然箱的起重作业工业性试验，工业性试验作业时间内包括可靠性试验作业循环次数。试验中起重机不应发生重大损坏或性能异常现象。

3.3 主要技术参数的允许偏差

3.3.1 起升速度的允许偏差为公称值的－3%～＋10%。

3.3.2 小车运行速度的允许偏差为公称值的－3%～＋10%。

3.3.3 大车运行速度的允许偏差为公称值的±10%。

3.3.4 轮压和质量的允许偏差为公称值的±5%。

3.3.5 起升高度的允许偏差为公称值的(0～5)%。

3.3.6 跨距、基距、轴距和内净空的允许偏差为公称值的±1%。

3.3.7 外形尺寸的允许偏差为公称值的±2%。

3.4 材料

3.4.1 主要零件的材料应有材料生产厂的出厂合格证明书，否则应取样试验，其化学成分、机械性能应符合标准。采用本标准规定之外的材料，应有可靠的理论或试验依据，并有起重机制造厂技术部门的签证。

3.4.2 用于起重机金属结构中主要受力构件的材料性能不低于表 1 的规定。钢号 Q235B、Q235C 应符合 GB/T 700 的规定；Q345B 应符合 GB/T 1591 的规定。

表 1

工作环境温度/℃	＞－20	≤－20	
钢号	Q235B	Q235C	Q345B

3.4.3 起升卷筒应采用焊接结构，其材料性能应不低于 GB/T 700 中的 Q235B。

3.4.4 起升钢丝绳滑轮轮缘的材料性能应不低于 GB/T 699 中的 35 钢。

3.4.5 齿轮、小车车轮材料性能不低于 GB/T 699 中的 45 钢或 GB/T 11352 中的 ZG310-570 铸钢。

3.4.6 联轴器材料性能应不低于 GB/T 699 中的 45 钢或 GB/T 11352 中的 ZG310-570 铸钢。

3.4.7 齿轮轴、滑轮轴材料性能应不低于 GB/T 699 中的 35 钢。

3.4.8 集装箱吊具转锁材料性能应不低于 GB/T 3077 中的 40Cr 钢。

3.5 结构件

3.5.1 结构件制造的允许偏差应符合表 2 的规定。

表 2

单位为毫米

序号	检查项目	简　图	允许偏差
1	构件的直线度 a) 垂直方向 b) 水平方向	a) f L_1 b) f'	a) $f \leqslant \frac{1}{1\,000} L_1$ b) $f' \leqslant \frac{1}{2\,000} L_1$

表 2（续） 单位为毫米

<table>
<tr><th>序号</th><th>检查项目</th><th>简 图</th><th>允许偏差</th></tr>
<tr><td>2</td><td>梁的上拱度偏差</td><td></td><td>$\Delta F={}^{+0.40F}_{-0.05F}$
F——图纸规定的拱度</td></tr>
<tr><td>3</td><td>箱形梁（工字梁）
两端的扭曲度</td><td>$C=H_1-H_2$</td><td><table><tr><th>梁的长度（L）</th><th>C</th></tr><tr><td>$L\leqslant 5\,000$</td><td>$\leqslant 4$</td></tr><tr><td>$5\,000<L\leqslant 10\,000$</td><td>$\leqslant 6$</td></tr><tr><td>$10\,000<L\leqslant 20\,000$</td><td>$\leqslant 8$</td></tr><tr><td>$20\,000<L\leqslant 30\,000$</td><td>$\leqslant 10$</td></tr><tr><td>$30\,000<L\leqslant 50\,000$</td><td>$\leqslant 15$</td></tr></table></td></tr>
<tr><td>4</td><td>箱形梁（工字梁）
腹板的垂直度</td><td></td><td>$h\leqslant\frac{1}{200}H$
（此值在筋板或节点处测量）</td></tr>
<tr><td>5</td><td>a) 工字梁翼缘板的平面度
b) 箱形梁（工字梁）上翼缘板的水平倾斜度</td><td></td><td>a) $f\leqslant\frac{1}{100}A$
（f 值在筋板处测量）
b) $f'\leqslant\frac{1}{200}B$
（f 值在筋板处测量）</td></tr>
<tr><td>6</td><td>相配梁高度差</td><td></td><td>$\Delta H\leqslant\frac{1.5}{1\,000}B$
但不大于 10
（ΔH 在筋板处测量）</td></tr>
</table>

表 2（续）

单位为毫米

序号	检查项目	简　图	允许偏差
7	构件尺寸偏差和对角线偏差	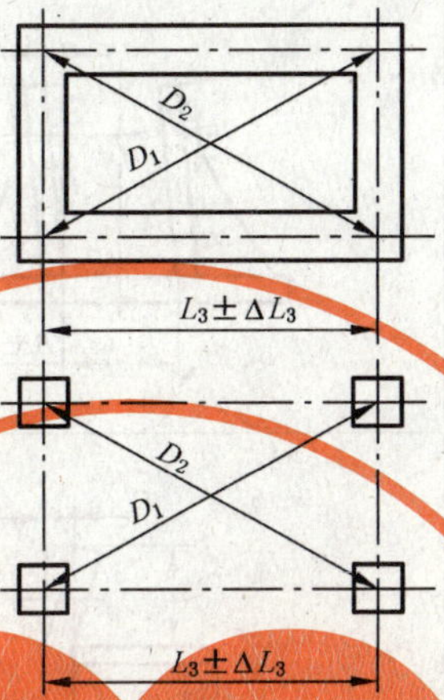 D_2 D_1 $L_3\pm\Delta L_3$	当长度 $L_3<7\ 000$ 时：$\Delta L_3\leqslant 3$，$\lvert D_1-D_2\rvert\leqslant 4$； 当长度 $L_3\geqslant 7\ 000$ 时：$\Delta L_3\leqslant 5$，$\lvert D_1-D_2\rvert\leqslant 7$
8	a) 筋板(隔板)相对位置偏差 b) 筋板(隔板)对箱形梁(工字梁)腹板或翼缘板的垂直度	 H f B f' δ e	a) $e\leqslant\frac{1}{2}\delta$ b) $f\leqslant\frac{3}{1\ 000}H$ $f'\leqslant\frac{3}{1\ 000}B$
9	箱形梁(工字梁)腹板的波浪度	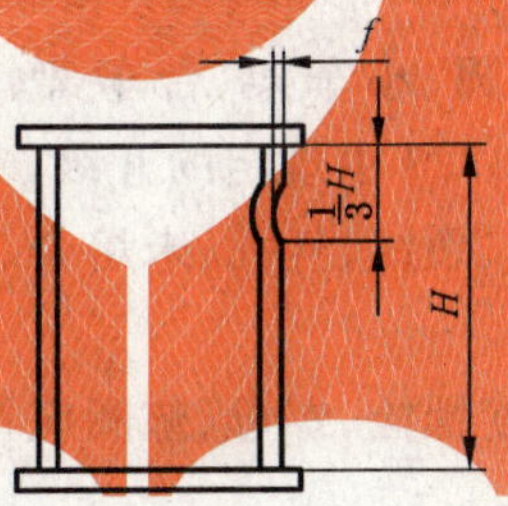 f $\frac{1}{3}H$ H	用 1 m 平尺检查 a) 在受压区 $\frac{1}{3}H$ 的区域内：$f\leqslant 0.7\delta$；但在相邻筋板间凹凸不超过一处 b) 其余区域内：$f\leqslant 1.2\delta$
10	箱形梁(工字梁)翼缘板的波浪度	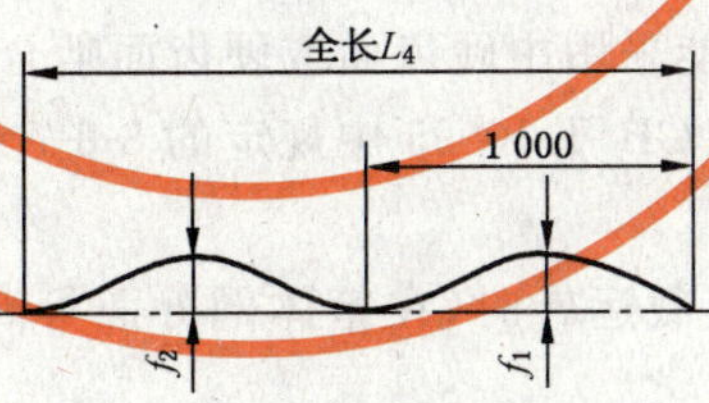 全长 L_4 1 000 f_2 f_1	用 1 m 平尺检查 $f_1\leqslant 3$ 全长 $f_2\leqslant\frac{1.5}{1\ 000}L_4$
11	a) 操纵室围壁波浪度 b) 机器房围壁波浪度 c) 棚顶波浪度 d) 平台波浪度	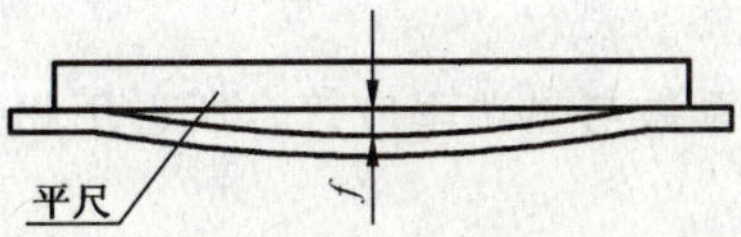 平尺 f	用 1 m 平尺检查 a) $f\leqslant 5$； b) $f\leqslant 6$； c) $f\leqslant 10$； d) $f\leqslant 8$
12	贯通筋板错位量	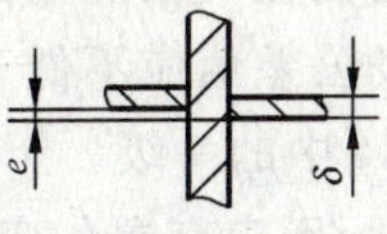 e δ	$e\leqslant 0.3\delta$

STANDARDS PRESS OF CHINA

表 2（续）

单位为毫米

序号	检查项目	简　图	允许偏差
13	a)　支座耳板垂直度 b)　支座开档尺寸偏差	f　H　B±ΔB	a)　$f \leqslant \frac{1}{100}H$ b)　$\Delta B \leqslant \frac{1}{100}H$
14	法兰面角变形偏差	f　b	$f \leqslant \frac{1}{30}b$

3.5.2　主梁宜设拱度，拱度值应符合设计要求。

3.5.3　凡影响产品性能以及产品外观质量的切割面，应不低于 CB/T 3123 中规定的 2 级。

3.5.4　焊接用的焊条、焊丝与焊剂应符合 GB/T 5117、GB/T 5118、GB/T 5293、GB/T 8110、GB/T 12470、GB/T 14957 的规定。焊条的型号选择应与主体构件材料强度以及焊缝所受载荷类型相适应。自动焊或半自动焊焊丝和焊剂的选配应与主体构件材料强度相适应。

3.5.5　焊缝坡口应符合 GB/T 985.1 和 GB/T 985.2 的规定。特殊需要的坡口形式和尺寸，可根据具体情况规定并在图样上注明。

3.5.6　主要受力结构件（如主梁、支腿、小车架、台车架、吊具架、起升卷筒）对接焊缝质量应不低于 GB/T 11345 中规定的Ⅰ级和 GB/T 3323 中规定的Ⅱ级。

3.5.7　所有焊缝均不应有焊漏、烧穿、裂纹、气孔、未熔合、严重咬边、夹渣、熔瘤等影响性能和外观质量的缺陷。

3.5.8　用于连接金属结构件的高强度螺栓、螺母、垫圈应符合 GB/T 1228～GB/T 1231 的规定。

3.6　主要零部件

3.6.1　齿轮与减速器

3.6.1.1　齿轮应经热处理，尽可能采用中硬齿面或硬齿面啮合。

3.6.1.2　齿轮副的精度应不低于 GB/T 10095 中规定的 8-8-7 级。齿条副的精度应不低于 GB/T 10096 中规定的 9-8-8 级。

3.6.1.3　减速器以工作转速无负载运转时，在箱体剖分面等高线上，距减速器前后左右 1 m 处测量，噪声应不大于 85 dB(A)。

3.6.1.4　减速器在正常润滑条件下，以工作转速无负载正反各运转 1 h 后，轴承处温升应不超过 45 K。

3.6.1.5　减速器应无渗漏现象。

3.6.1.6　减速器过载能力、安全系数与热功率应符合所选用相关减速器的规范要求。

3.6.2　制动轮与制动器

3.6.2.1　制动器的选择和使用应符合 GB/T 3811 和 GB/T 6067 的相关规定。

3.6.2.2　直接安装在轴上的盘式制动器圆盘对轴的端面跳动量应不大于 0.2 mm。

3.6.2.3　制动轮对基准轴线径向圆跳动公差值应不低于 GB/T 1184 中的 7 级。直接安装在轴上的制动轮，其径向圆跳动应不低于 GB/T 1184 中的 9 级。

3.6.2.4　制动器弹簧经过三次全压缩后，不应有永久变形。

3.6.2.5 装配后的制动器，各铰点应转动灵活，符合有关技术文件的规定。

3.6.3 **联轴器**

3.6.3.1 联轴器的转速、转矩和安装要求等应符合相应型式联轴器标准规范的规定。

3.6.3.2 弹性套柱销联轴器的两个半联轴器的相对径向圆跳动 ΔY 和相对端面圆跳动 ΔX 偏差值见图 1、图 2 和表 3。

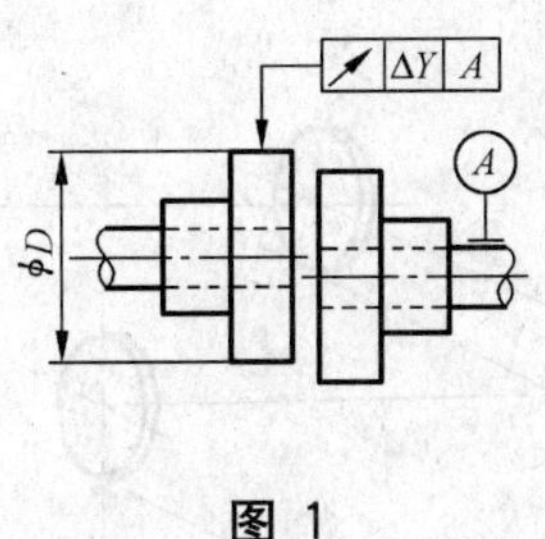

图 1

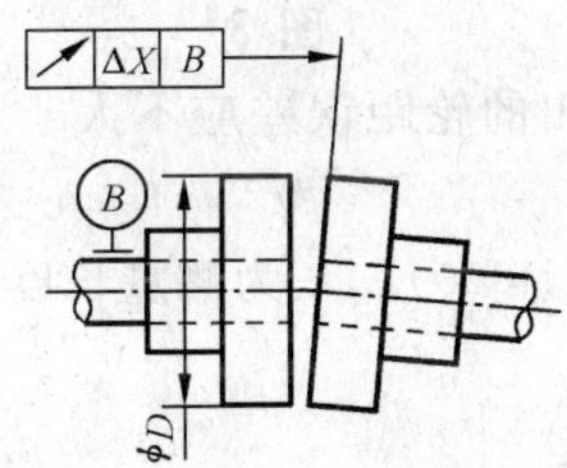

图 2

表 3

单位为毫米

D	ΔY	ΔX
100＜D≤180	0.14	0.16
180＜D≤280	0.16	0.18
280＜D≤380	0.18	0.20
380＜D≤500	0.20	0.25

3.6.3.3 齿轮联轴器的两个半联轴器的相对端面跳动和相对径向圆跳动的偏差值为 0.2 mm。

3.6.4 **钢丝绳**

3.6.4.1 钢丝绳应符合 GB 8918 的要求，且优先采用线接触型钢丝绳。

3.6.4.2 钢丝绳端部固定、连接应符合 GB/T 6067 的相关规定。

3.6.4.3 钢丝绳禁止接长使用。

3.6.5 **滑轮**

3.6.5.1 滑轮公称直径与钢丝绳公称直径的比值应符合 GB/T 3811 的相关规定。

3.6.5.2 钢丝绳绕进或绕出滑轮时偏斜的最大的允许角度不大于 5°。

3.6.5.3 滑轮上应设有钢丝绳防脱槽装置，防脱槽装置与滑轮最外缘间隙不应超过钢丝绳直径的 20%。

3.6.5.4 滑轮槽应光洁平滑，不应有损坏钢丝绳的缺陷。

3.6.6 **卷筒**

3.6.6.1 卷筒公称直径与钢丝绳直径的比值应符合 GB/T 3811 的相关规定。

3.6.6.2 钢丝绳绕进或绕出卷筒时，单层缠绕钢丝绳对绳槽的每一侧的偏斜角应不大于 3.5°。

3.6.6.3 起升卷筒切槽后，壁厚尺寸偏差应不大于 3 mm。

3.6.7 **小车车轮和轨道**

3.6.7.1 车轮踏面直径的精度不低于 GB/T 1801 中的 h9 级。

3.6.7.2 车轮踏面对基准轴线的圆跳动公差值不低于 GB/T 1184 中的 9 级。

3.6.7.3 车轮宜采用钢材轧制。铸造车轮的踏面和轮缘内侧不应有气孔、夹渣等缺陷。

3.6.7.4 小车的四个车轮踏面,应在同一平面上,支承面的最大不平度 t 应不大于轨距 K 的 0.1%,见图 3。

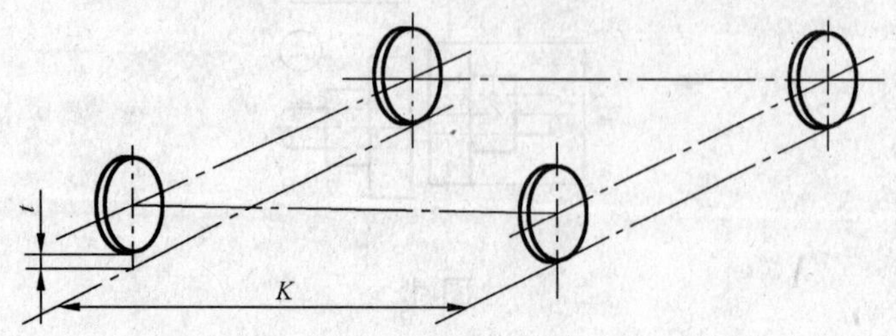

图 3

3.6.7.5 从同一轴线上一对车轮处量出的轮距误差应不大于±2 mm。两轮距 K_1 及 K_2 相对差应不大于 2 mm。

3.6.7.6 车轮的水平偏斜值为 $P \leqslant (1/1\,000)L$,L 为测量长度,水平偏斜方向按图 4 所示。

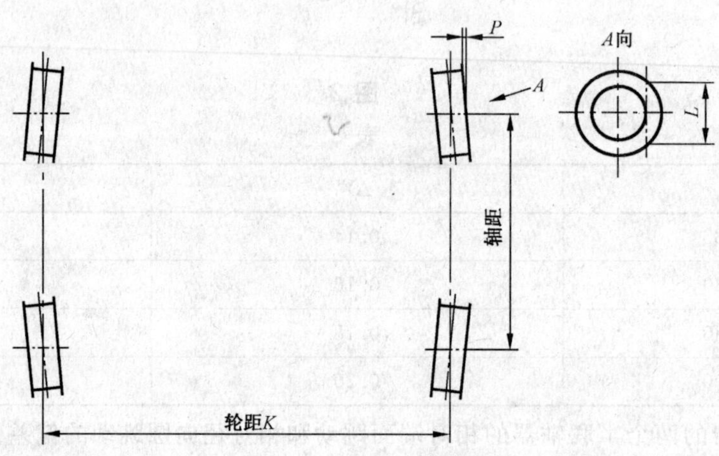

图 4

3.6.7.7 车轮的垂直偏斜值为 $\alpha=(0\sim2.5/1\,000)L$,$L$ 为测量长度,正号为上端向外,见图 5(车轮不受载荷下测量)。

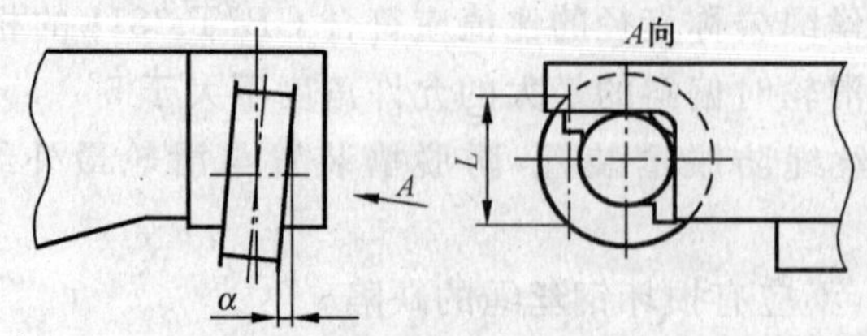

图 5

3.6.7.8 同一侧轨道上车轮的同位差 δ 应不大于 2 mm,见图 6。

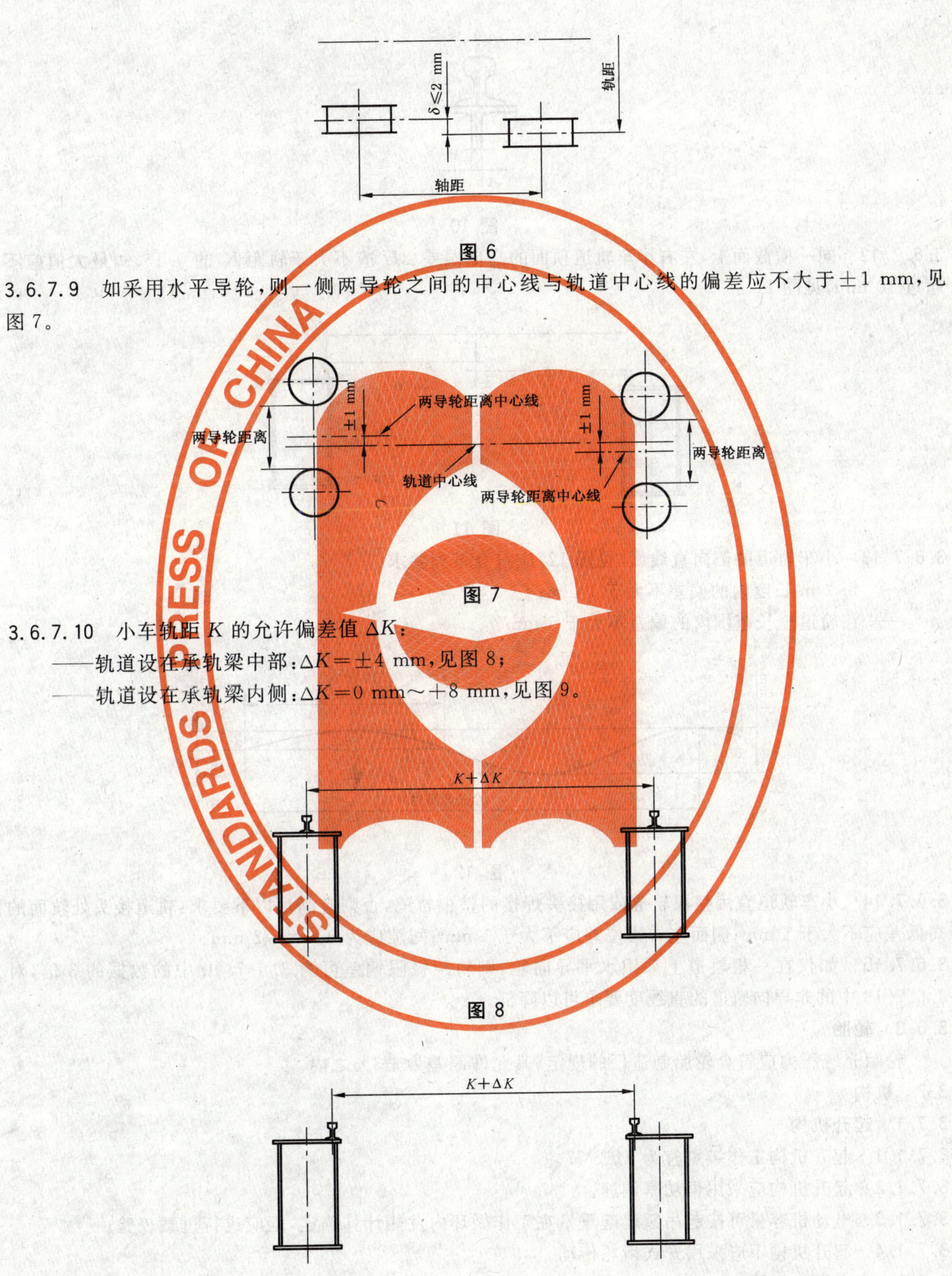

图 6

3.6.7.9　如采用水平导轮，则一侧两导轮之间的中心线与轨道中心线的偏差应不大于±1 mm，见图 7。

图 7

3.6.7.10　小车轨距 K 的允许偏差值 ΔK：

——轨道设在承轨梁中部：$\Delta K=\pm 4$ mm，见图 8；

——轨道设在承轨梁内侧：$\Delta K=0$ mm～$+8$ mm，见图 9。

图 8

图 9

3.6.7.11　小车轨道中心线与轨道支承腹板中心线的位置偏差应不大于其腹板厚度 t 的 1/2，见图 10。

STANDARDS PRESS OF CHINA

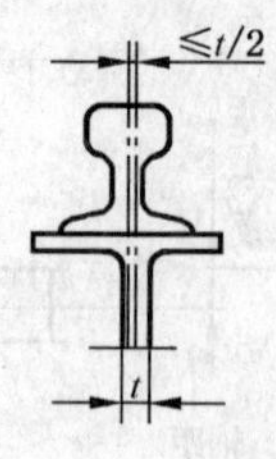

图 10

3.6.7.12 同一横截面上，左右小车轨道顶面的高低误差 ΔH 应不大于轨距 K 的 0.15%，最大值应不超过 10 mm，见图 11。

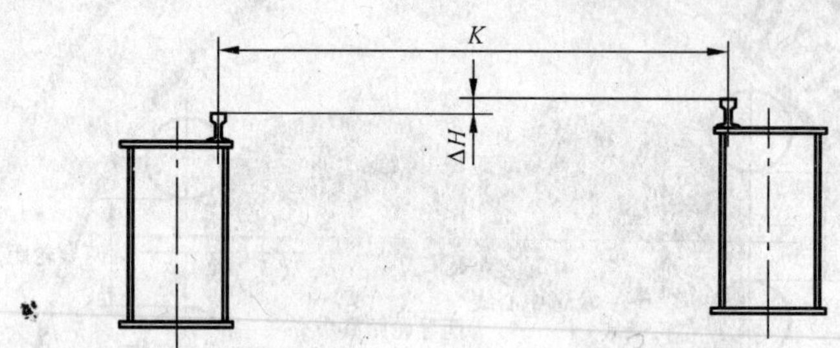

图 11

3.6.7.13 小车轨道的侧向直线度(见图 12)应符合下列要求：

——每 2 m 长度内的偏差不大于 1 mm；

——在轨道全长范围内的偏差不大于 5 mm。

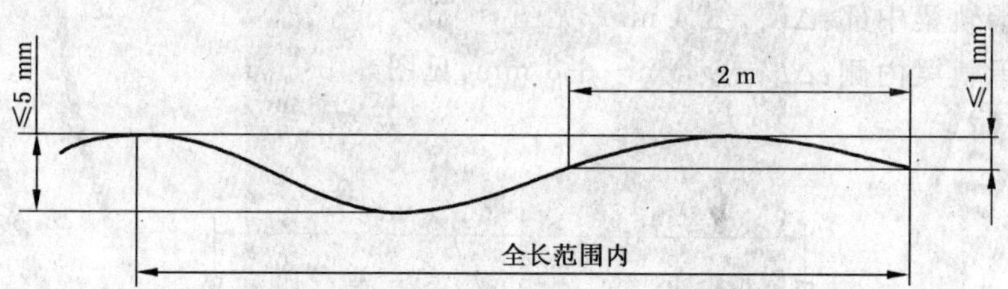

图 12

3.6.7.14 小车轨道宜用整根轨道或用接头焊接的整根轨道，否则应满足以下要求：轨道接头处轨面的高低差应不大于 1 mm；侧面左右错位差应不大于 1 mm；间隙应为 0 mm～2 mm。

3.6.7.15 如仅在一根轨道上采用水平导向轮，则轨距极限偏差可为 3.6.7.10 中的数据的 3 倍，对 3.6.7.13 中的非导向轨道的直线度要求可以降低。

3.6.8 轮胎

轮胎充气压力应符合轮胎制造厂的规定，其允许偏差为±3%之内。

3.7 机构

3.7.1 起升机构

3.7.1.1 起升机构工作级别宜为 M6、M7。

3.7.1.2 起升机构应采用恒功率调速。

3.7.1.3 电动机容量可按起吊额定起重量在工作循环内发热计算确定，但应进行过载校验。

3.7.1.4 起升机构不应采用开式齿轮传动。

3.7.2 小车运行机构

3.7.2.1 小车运行机构工作级别宜为 M6、M7。

3.7.2.2 运行静阻力应符合 GB/T 3811 中的相关规定，其中等效坡度阻力应包括主梁拱度阻力、道路坡度阻力、轮胎变形坡度阻力等。

3.7.2.3 小车运行机构起动或制动的加(减)速度值及相应的加(减)速时间按 GB/T 3811 的相关规定选取。

3.7.3 **大车运行机构**

3.7.3.1 大车运行机构工作级别宜为 M5、M6。

3.7.3.2 大车运行速度一般可分空载(仅载吊具)运行速度和满载运行速度。载箱运行是作倒箱短距离移位，其速度值宜不小于 25 m/min。

3.7.3.3 大车运行机构应具有保持起重机直线行驶的纠偏装置，当大车运行车轮偏离行走中心 300 mm 时，大车运行距离在 9 m 内应能纠正。

3.7.3.4 大车运行机构可转向 90°后直线行驶，90°转向系在空载、大车不运行工况下，并宜在指定地点特定路面下进行。

3.7.3.5 大车运行机构制动器应有简便的机械方式能使制动器处于释放状态，以便拖运起重机。

3.7.3.6 在未采用定轴转向的起重机上，应装设手控装置，使轮胎各自可转至小于 90°的任何一角度。

3.8 **动力装置**

3.8.1 起重机的动力装置可为柴油发电机组，亦可采用由电力通过电缆卷筒或高架滑触线等型式为其提供动力，或是两者的组合形式。

3.8.2 如采用柴油发电机组为动力装置，应满足下列要求：

a) 在发动机附近应设置操纵发动机起动、停车装置，司机室内应设置停车装置；

b) 发动机燃油油箱容量应能保证起重机 36 h 工作的需要，并应有明显标志油位的指示器；

c) 发动机除自带充电设备外，另应装设可用岸电充电的设备。

3.9 **集装箱吊具及回转、减摇装置**

3.9.1 集装箱吊具应能装卸 GB/T 1413 规定的国际集装箱，其转锁的位置尺寸和公差应不低于 GB/T 3220 的规定。

3.9.2 伸缩吊具本体的伸缩臂或横梁处应设有可对大宗件货进行装卸用的吊耳。

3.9.3 伸缩吊具宜采用具有上架的结构，吊具上架可与吊具本体分开，两者之间用易拆装的转锁或销轴连接。

3.9.4 吊具转锁热处理加工后，应进行无损探伤检查，不应有裂纹，并不应修补。

3.9.5 吊具离地面 2.4 m 时，吊具应在水平平面内按纵向中心线可进行回转±5°。

3.9.6 起重机宜装设能抑制吊具或吊具与集装箱摇摆的减摇装置。

3.10 **司机室**

司机室应符合 GB/T 20303.5 的相关规定。

3.11 **液压系统**

3.11.1 液压系统应符合 GB/T 3766 中的规定。

3.11.2 液压系统装配前，接头、管路及通道(包括铸造型芯孔、钻孔)应清洗干净，不许有任何污物(铁屑、毛刺、纤维状杂质等)。

3.11.3 主要液压元件(油泵、油缸、阀类等)应有制造厂出具的合格证书。

3.11.4 液压系统应有防止过载和冲击的安全装置；溢流阀调整压力应不大于系统额定工作压力的 110%。

3.11.5 油箱应有足够的容量，在无冷却装置下，液压油的循环周期应不少于 2 min，工作油温应不超过 70 ℃。

3.12 **电气设备**

3.12.1 电气设备设计及选择应符合 GB/T 3811 的有关规定。

3.12.2 电气设备和电气元件应适用于港口等工作环境，并符合工作级别和工作制度的要求。

3.12.3 电气设备应有良好的绝缘性能，用500 V兆欧表测量：电动机、电阻器的绝缘电阻冷态时不低于1 MΩ或热态时不低于0.5 MΩ；控制柜、操纵台等成套电气设备的绝缘电阻，一次回路不低于1 MΩ；二次回路不低于0.5 MΩ；单独的电器元件绝缘电阻不低于1.5 MΩ。

3.12.4 交流和直流的不同电压等级的导线都宜分开敷设。

3.12.5 除动力传动控制屏与控制台等成套设备内应用聚氯乙烯塑料绝缘铜芯软线外，其余宜采用绝缘多股铜芯电缆。动力回路的导线截面应不小于2.5 mm^2，控制照明回路的导线截面应不小于1.5 mm^2；装有电子设备控制柜的导线截面应不小于0.2 mm^2。

3.12.6 吊具电缆应选用特殊的挠性多芯软电缆，并应在吊具上架和吊具本体之间设置多芯插头与插座，以便吊具快速更换。

3.12.7 所有连接导线两端应有与原理图、配线表一致的明显编号，标明线号、线束号、去向等。

3.12.8 小车供电应保证拖带电缆时轻便、灵活，并应保证电缆的弯曲半径在允许的范围内。

3.12.9 电气房的照明度应不低于50 lx；主要通道及扶梯平台入口处的照明度应不低于20 lx；作业面的照明度应不低于50 lx，司机室的照明度应不低于50 lx。

3.12.10 直流电路系统中应设有过流、过压、失磁、零位等保护。

3.12.11 交流电路系统中应设有短路、过载、失压、漏电、缺相等保护。

3.12.12 起重机应可接岸电，以供设备预热、维修及照明等用。

3.13 安全保护装置

3.13.1 超速、超载限制器

3.13.1.1 当起升载荷达到额定起重量的100%时，应能发出提示性报警。

3.13.1.2 当起升载荷达到额定起重量的110%时，应自动切断上升电源，但可下降放下物件。

3.13.1.3 当升降速度超过空载额定升降速度的115%时，超速装置应能切断起升电动机电源。

3.13.2 极限保护装置

3.13.2.1 应装设上升终点前减速、上升终点停止、上升极限位置停止、下降终点前减速、下降终点停止的限位位置保护。

3.13.2.2 小车运行机构两端均应装设终点前减速、终点停止、终点极限位置停止的安全保护装置，以及缓冲器和车轮的车挡等。

3.13.3 联锁保护装置

3.13.3.1 大车运行机构与大车转向机构应装设联锁保护。如车轮锁销全部退出后方可转向；车轮锁销全部进销后方可允许大车运行等。

3.13.3.2 吊具着箱后，起升机构应切断下降电源，绳索不再继续下降。

3.13.3.3 吊具吊起集装箱后，吊具应不能伸缩、转锁应不能转动、大车应不能转向。

3.13.3.4 吊具转锁当未全部进入集装箱顶角件孔穴时，转锁应有防止转动的联锁装置。

3.13.3.5 当吊具上架与吊具本体连接件拆卸后，吊具电缆插头仍插入吊具本体的插座时，应设有吊具上架不能起升的联锁装置；当吊具上架与吊具本体连接件装妥后，吊具电缆插头未插入吊具本体插座时，应设有整个吊具不能起升的联锁装置。

3.13.4 防触箱装置

起重机应设大车运行防触箱装置，当起重机与集装箱碰撞之前，应能发出讯号报警，并立即切断继续向前运行电源，但可倒退行驶。

3.13.5 防台风系拉设施和楔块

3.13.5.1 起重机宜设置防台风系拉设施，抗风能力应满足JT/T 90的要求，防台风系拉设施应始终保持良好的技术状态。

3.13.5.2 为防止由于风载荷引起起重机沿路面滑移，应设置楔块。

3.13.6 报警装置

3.13.6.1 起重机应设置风速报警器,并宜有瞬时风速的显示能力。

3.13.6.2 起重机应设置声光报警器,运行时应能发出报警声光信号。

3.13.7 灭火器

起重机应在电气房、发动机房、司机室附近设置灭火器。

3.13.8 发动机保护装置

发动机应配备冷却水温过高、机油压力过低和超速等的保护装置。

3.13.9 故障监视诊断装置

应设置有效的故障监视诊断装置以便及时报警,确保安全作业,缩短排除故障时间。

3.13.10 急停装置

在司机室、小车、电气房与发动机一侧的扶梯口,都应装有事故紧停按钮,可在紧急状态下切断动力电源。

3.14 涂装和外观

3.14.1 表面处理

3.14.1.1 在涂装前构件表面应进行除铁锈、焊渣、毛刺、灰尘、油脂、盐、污泥、氧化皮等预处理,以保证表面光滑平整。

3.14.1.2 除锈质量等级按 GB/T 8923 的规定:用手工方式除锈为 St3 级,用化学处理和抛(喷)丸(或其他磨料)方式除锈为 Sa2 $\frac{1}{2}$级。

3.14.1.3 表面处理后 4 h 内应喷涂一道干膜厚度为 15 μm~20 μm 的底漆,作为钢材预处理后的短期保护,在正式涂层开始涂装时,需进行二次表面处理去除。

3.14.2 涂层与漆膜厚度

涂层、涂料品种、最低干膜厚及道数见表 4。

表 4

涂层	涂料品种	最低干膜厚/μm	道数
底涂层	环氧富锌底漆	60	1
中间涂层	环氧后浆漆	100	1
面涂层	脂肪族聚氨酯面漆	60	2
总干膜厚度		220	—

3.14.3 涂装颜色

产品的安全标志颜色应符合 GB 2893、GB 2894 的规定。

3.14.4 漆膜附着力

涂层的漆膜附着力应不低于 GB/T 9286 中规定的 1 级。

3.14.5 外观

起重机外观质量应达到:

a) 零、部件表面不应有明显变形及损伤,应平整、无粘砂和余留冒口,焊缝要均匀美观;

b) 油漆色泽均匀,没有涂斑、漏漆和剥落;

c) 紧固件无松动漏装;

d) 管线排列整齐;

e) 不应有油液外露;

f) 标牌、性能表牌、吊装标志和功能标志应齐全,安装位置应合理,表示应清楚。

STANDARDS PRESS OF CHINA

4 试验方法

4.1 试验条件

4.1.1 试验时风速不超过13.8 m/s;环境温度为−20 ℃～+40 ℃,相对湿度不大于95%,有凝露。

4.1.2 试车场地应水平坚实,坡度不大于1%,跨度两侧行走通道,地面坡度应同向,即同为上坡或下坡。

4.1.3 如采用轮胎原地转向,转向试验场地表面应光滑,轮胎转向处应垫钢板或采用高标号水泥路面。

4.1.4 轮胎的工作压力应符合3.6.8的规定。

4.1.5 燃油、润滑油、液压油和冷却液应按使用要求装至工作液面,油的品质应符合设计规定的要求。

4.1.6 试验载荷应标定准确,其允许偏差为±1%。

4.2 整机调试和试验准备

4.2.1 试验前应进行静态检查,所有构件、机构及附属装置的安装是否准确、可靠。

4.2.2 所有金属结构件的焊接及高强度螺栓的连接应牢固。

4.2.3 各传动件、紧固件及钢丝绳端部连接应牢固可靠。

4.2.4 检查液压系统中液压元件与管路固定及与管路间连接时密封性和可靠性。

4.2.5 检测电气设备(电动机、电阻器、电器元件、电缆等)的绝缘电阻值。

4.2.6 检测柴油机的额定转速、发电机电压,检查司机室内停车装置是否正常、灵敏。

4.2.7 各机构按设计要求调试完毕后,结构和传动件均能正常工作,整机无异常现象。

4.2.8 检查和调试所有安全保护装置。通过三次试验,确认安全保护装置的动作灵敏性、可靠性及准确性。

4.3 空载试验

4.3.1 几何参数测定

测量起重机有关尺寸,以三次测量的算术平均值作为测定数据:

a) 跨距、基距、大车行走轮轴距;

b) 内净空即起重机门框内部宽度方向的通过尺寸;

c) 整机外形尺寸即全长、全宽、全高。

4.3.2 起升机构

4.3.2.1 将起升机构上升到极限位置,测量起升高度。

4.3.2.2 将起升机构上升到极限位置,试验上升极限位置停止保护装置的可靠性。

4.3.2.3 测定空载起升(下降)速度和电机的电流、电压及转速值。测取空载下吊具以最高速度起升(下降),吊具稳定运行通过10 m行程所需的时间,以三次测量的算术平均值作为起升(下降)速度。

4.3.2.4 将起升机构上升(下降)到极限位置,检查上升(下降)终点前减速性能。

4.3.2.5 吊具升降时观察吊具的电缆储放情况,应保证电缆储放正常。

4.3.3 小车运行机构

4.3.3.1 将小车分别运行至主梁两端终点极限位置,试验小车在主梁两端终点前减速、终点停止、终点极限位置停止的安全保护装置的可靠性,并测量小车行程。

4.3.3.2 测定小车的空载运行速度和电机的电流、电压及转速值。测取空载下小车以最高稳定速度运行通过10 m行程所需的时间,以三次测量的算术平均值作为小车运行速度。

4.3.3.3 检查小车车轮与轨道接触情况,运行时不应出现啃轨现象。

4.3.3.4 检查小车供电电缆跟随小车运行情况,运行时应轻便、灵活、平稳。

4.3.4 大车运行机构

4.3.4.1 测定大车的空载运行速度和电机的电流、电压及转速值。起重机沿轨道以最高速度运行,测量空载下整机稳定通过10 m行程所需的时间,以三次测量的算术平均值作为大车运行速度。

4.3.4.2 测定大车运行的纠偏效果。使大车运行车轮偏离行走中心 300 mm,测取纠正后大车的运行距离。

4.3.4.3 试验大车防触箱装置的可靠性。

4.3.5 转向机构

4.3.5.1 小车停在主梁中部,将车轮从 0°～90°和 90°～0°转向各两次,测定车轮转向时间与液压系统工作压力。

4.3.5.2 检查大车运行机构与大车转向机构的联锁保护装置的可靠性。

4.3.5.3 有定轴转向或手控分别转向的起重机,也应按其设计要求进行试验。

4.3.6 集装箱吊具及回转、减摇装置

4.3.6.1 测定集装箱吊具转锁间距和对角线距离公差值。

4.3.6.2 检验吊具联锁的可靠性。

4.3.6.3 检验吊具上架与吊具本体连接处和起升机构联锁的可靠性。

4.3.6.4 测量伸缩吊具的伸缩时间,观察转锁"开"、"闭"指示的准确性。

4.3.6.5 测定吊具离地 2.4 m,吊具按其水平纵向中心线向两侧各偏转的角度,以三次测量的算术平均值作为吊具回转角度,并测量偏转所需时间和液压系统压力。

4.3.6.6 观察吊具在升降过程中,减摇钢丝绳是否能及时跟踪。

4.3.6.7 小车运行制动后,应有明显的减摇效果,测定小车制动 5 s 后吊具的最大摆幅。

4.4 静载试验

4.4.1 试验前可调整超载限制器、制动器等,但试验后应调回到规定的数值。

4.4.2 试验时小车应停在主梁中部,先起吊额定载荷,离地 100 mm～200 mm,然后无冲击地逐渐加载至 1.25 倍额定起重量,并停留 10 min。

4.4.3 测定起吊 1.25 倍额定起重量时主梁中部的下挠值和轮胎压缩量。

4.5 额定载荷试验

4.5.1 测定在额定载荷下的起升速度、小车运行速度、大车运行速度和各自电机的电流、电压及转速值,其试验方法可参照 4.3.2.3、4.3.3.2 和 4.3.4.1。

4.5.2 测定在额定载荷下吊具回转角度,其试验方法可参照 4.3.6.5。

4.5.3 测定在额定载荷下的减摇效果,其试验方法可参照 4.3.6.6 和 4.3.6.7。

4.5.4 进行额定载荷下起升、小车运行试验三次,试验过程中,起升、小车制动各三次。

4.5.5 测定起吊额定起重量时主梁中部的下挠值和轮胎压缩量,其试验方法可参照 4.4.2。

4.6 动载试验

4.6.1 起重机应按操作规程进行控制,各机构均为中挡速度或 2/3 高速运转。

4.6.2 起重机作升降运动三次,其中中间制动二次、小车前后运行三次、吊具回转三次,并作大车往返运行等动作。

4.6.3 批量生产中,应抽一台作紧急制动试验。

4.7 可靠性试验

4.7.1 距起重机横行方向约 30 m 长范围内选一试车场地,进行起重机起吊额定载荷模拟作业试验。

4.7.2 每连续 10 次作业循环后,大车空载运行 30 m 远,再回原地继续进行作业。

4.7.3 每 2 h 左右,将大车运行至转向点进行 90°转向,并横向行走 6 m,再回至转向点,将行走轮转回,再运行至原地,继续进行作业。

4.7.4 作业循环中各种运动皆以最大加速度和最大速度进行工作。

4.8 轮压和质量参数测定

4.8.1 非工作轮压:小车位于动力装置一侧的工作极限位置,集装箱吊具无负荷,测量各车轮负荷值。

4.8.2 工作轮压:小车位于动力装置一侧的工作极限位置,集装箱吊具载有额定起重量的物件,测量各车轮负荷值。

4.8.3 集装箱吊具质量：如集装箱吊具系由吊具上架与吊具组合时，则应分别测出其质量。

4.8.4 起重机总质量：在吊具无载荷时测定。

4.9 噪声测定

起重机作业时，在司机室内和发动机一侧进行噪声测定，其测量方法应符合 GB/T 16710.2～GB/T 16710.5 的规定。

4.10 金属结构应力测定

4.10.1 主梁、支腿、鞍梁、小车架横梁、大车平衡梁、吊具本体、吊具外伸梁等主要结构件应进行应力测定。

4.10.2 分别以额定载荷、动载（1.1 倍额定载荷）、偏载（额定载荷重心与箱体形心距其纵向方向偏离箱体长度的 10%），在额定工作速度时进行应力测定，试验的测量次数为三次，取三次测量的算术平均值作为测量值。

4.10.3 以静载（1.25 倍额定载荷）且各工作机构为非工作状态时进行应力测定，试验的测量次数为三次，取三次测量的算术平均值作为测量值。

4.11 工业性试验

4.11.1 工业性试验中将作业日期、作业时间、吊运箱数量、故障情况等填入表 A.1 中。

4.11.2 做模拟性试生产时，每吊运 10 箱后，大车移动两个箱位距离，且每天至少进行 90°转向两次。

4.11.3 在试验前、吊运 3 000 箱、5 000 箱时，分别对起重机的主要技术性能进行阶段性的测定，测定数据记入表 A.2 中。

4.11.4 工业性试验后应对主要易损件和运动部件以及发生异常的部分进行拆检，并对检查测量零件的结果记入表 A.3 中。

4.11.5 工业性试验应由制造厂和用户共同负责记录数据和进行试验总结，对试验期间起重机出现的任何不正常现象或事故应详细记录并提出分析和处理意见。

5 检验规则

5.1 型式检验

5.1.1 有下列情况之一时，应进行型式检验：

a) 新产品或老产品转厂生产的试制定型鉴定；

b) 正式生产后，如结构、材料、工艺有较大改变，可能影响产品性能时；

c) 产品停产达三年以上后，恢复生产时；

d) 出厂检验结果与上次型式检验有较大差异时；

e) 国家质量监督机构提出进行型式检验要求时。

5.1.2 型式检验项目见表 5。

5.2 出厂检验

5.2.1 每台起重机都应进行出厂检验，检验合格后（包括用户特殊要求检验项目）方能出厂，出厂产品应附有产品合格证明书。

5.2.2 出厂检验项目见表 5。

表 5

序号	检验项目	检验分类		检验要求	试验方法
		出厂检验	型式试验		
1	安全保护装置可靠性	√	√	3.13	4.2.8
2	电气设备的绝缘电阻值	√	√	3.12.3	4.2.5
3	几何参数测定	√	√	3.3.6 和 3.3.7	4.3.1

表 5（续）

序号	检验项目	检验分类		检验要求	试验方法
		出厂检验	型式试验		
4	各机构运行速度		√	3.3.1、3.3.2 和3.3.3	4.3.2.3、4.3.3.2 和 4.3.4.1
5	起升高度及极限位置保护	√	√	3.3.5 和 3.13.2.1	4.3.2
6	小车极限位置保护	√	√	3.13.2.1	4.3.3.1 和 4.3.3.2
7	大车运行纠偏	√	√	3.7.3.3	4.3.4.2 和 4.5.3
8	大车转向机构		√	3.7.3.4	4.3.5
9	吊具转锁间距和对角线距离	√	√	3.9.1	4.3.6.1
10	吊具回转角度	√	√	3.9.5	4.3.6.5 和 4.5.2
11	吊具减摇装置	√	√	3.9.6	4.3.6.6、4.3.6.7 和 4.5.3
12	额定载荷试验	√	√	3.2.4	4.5
13	静载试验		√	3.2.3	4.4
14	动载试验		√	3.2.5	4.6
15	可靠性试验		√	3.2.6	4.7
16	轮压和质量参数测定		√	3.3.4	4.8
17	噪声测定	√	√	3.2.2	4.9
18	金属结构应力测定		√	3.2.7	4.10
19	工业性试验		√	3.2.8	4.11

6 标志和运输

6.1 标志

6.1.1 每台产品应在主梁和吊具上装设醒目的起重量标志。

6.1.2 应在起重机支腿的适当位置装设产品标牌。产品标牌的型式及尺寸应符合有关标准的规定，并应包括下列内容：

a) 产品型号和名称；
b) 制造厂名称；
c) 主要技术参数；
d) 产品编号；
e) 制造日期。

6.1.3 在司机室内应装设主要参数表标牌。

6.1.4 各种操纵手柄、开关及信号装置近旁，应装设指示功能的标牌，并应表示位置和控制方向。

6.2 运输

6.2.1 产品的运输应符合铁路、公路、航运的有关运输要求。

6.2.2 在解体运输中，对长大件和可自由移动的部件，应垫平绑扎牢固，防止运输变形、移位、碰撞。

6.2.3 在起重机整机吊运中，应防止小车在主梁上移位和起重机在船上的移位，并应防止门架变形等。

STANDARDS PRESS OF CHINA

附　录　A
（资料性附录）
工业性试验记录表格

A.1　工业性运转试验日报

工业性运转试验日报见表A.1。

表A.1　工业性运转试验日报

<table>
<tr><td rowspan="2">起止时间</td><td rowspan="2">集装箱规格</td><td colspan="3">吊运箱次</td><td rowspan="2">装载总质量
t</td><td rowspan="2">停机原因</td><td rowspan="2">备注</td></tr>
<tr><td>空箱</td><td>重箱</td><td>总数</td></tr>
<tr><td></td><td></td><td></td><td></td><td></td><td></td><td></td><td></td></tr>
<tr><td></td><td></td><td></td><td></td><td></td><td></td><td></td><td></td></tr>
<tr><td></td><td></td><td></td><td></td><td></td><td></td><td></td><td></td></tr>
<tr><td colspan="2">纯作业时间
h</td><td colspan="2">发动机运行时间
h</td><td colspan="2">故障停机时间
h</td><td colspan="2">柴油消耗量/电消耗量
kg/kWh</td></tr>
<tr><td colspan="2"></td><td colspan="2"></td><td colspan="2"></td><td colspan="2"></td></tr>
<tr><td colspan="2">操作人</td><td colspan="2"></td><td colspan="2">填报人</td><td colspan="2"></td></tr>
<tr><td colspan="2">日期</td><td colspan="2"></td><td colspan="2">日期</td><td colspan="2"></td></tr>
</table>

A.2　技术参数测量值

技术参数测量值见表A.2。

表A.2　技术参数测量值

<table>
<tr><td rowspan="2">机构</td><td rowspan="2">负载</td><td rowspan="2">方向</td><td rowspan="2">设计速度</td><td rowspan="2">测量行程</td><td colspan="4">时间</td><td rowspan="2">实测速度</td><td rowspan="2">备注</td></tr>
<tr><td>1</td><td>2</td><td>3</td><td>平均</td></tr>
<tr><td rowspan="4">起升</td><td rowspan="2">空</td><td>起升</td><td></td><td></td><td></td><td></td><td></td><td></td><td></td><td></td></tr>
<tr><td>下降</td><td></td><td></td><td></td><td></td><td></td><td></td><td></td><td></td></tr>
<tr><td rowspan="2">满</td><td>起升</td><td></td><td></td><td></td><td></td><td></td><td></td><td></td><td></td></tr>
<tr><td>下降</td><td></td><td></td><td></td><td></td><td></td><td></td><td></td><td></td></tr>
<tr><td rowspan="4">小车运行</td><td rowspan="2">空</td><td>前</td><td></td><td></td><td></td><td></td><td></td><td></td><td></td><td></td></tr>
<tr><td>后</td><td></td><td></td><td></td><td></td><td></td><td></td><td></td><td></td></tr>
<tr><td rowspan="2">满</td><td>前</td><td></td><td></td><td></td><td></td><td></td><td></td><td></td><td></td></tr>
<tr><td>后</td><td></td><td></td><td></td><td></td><td></td><td></td><td></td><td></td></tr>
<tr><td rowspan="4">大车行走</td><td rowspan="2">空</td><td>左</td><td></td><td></td><td></td><td></td><td></td><td></td><td></td><td></td></tr>
<tr><td>右</td><td></td><td></td><td></td><td></td><td></td><td></td><td></td><td></td></tr>
<tr><td rowspan="2">满</td><td>左</td><td></td><td></td><td></td><td></td><td></td><td></td><td></td><td></td></tr>
<tr><td>右</td><td></td><td></td><td></td><td></td><td></td><td></td><td></td><td></td></tr>
</table>

表 A.2（续）

机构	负载	方向	设计速度	测量行程	时间				实测速度	备注
					1	2	3	平均		
大车转向	空	0°～90°								
		90°～0°								
吊具回转	空	前								
		后								
	满	前								
		后								
吊具伸缩	空	伸出								
		缩回								

A.3　拆检零件实测记录

拆检零件实测记录见表 A.3。

表 A.3　拆检零件实测记录

零件名称	件　数	项　数	原图要求	实测数据	备　注

ICS 13.160
C 71

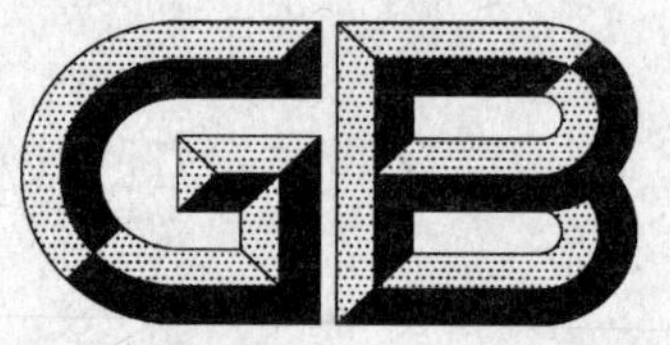

中华人民共和国国家标准

GB/T 14790.1—2009/ISO 5349-1:2001
代替 GB/T 14790—1993

机械振动 人体暴露于手传振动的测量与评价 第1部分:一般要求

Mechanical vibration—Measurement and evaluation of human exposure to hand-transmitted vibration—Part 1:General requirements

(ISO 5349-1:2001,IDT)

2009-04-24 发布　　2009-12-01 实施

中华人民共和国国家质量监督检验检疫总局
中国国家标准化管理委员会　发布

前　言

GB/T 14790《机械振动　人体暴露于手传振动的测量与评价》分为两个部分：

——第1部分：一般要求；

——第2部分：工作场所测量实用指南。

本部分为GB/T 14790的第1部分。

本部分等同采用ISO 5349-1:2001《机械振动　人体暴露于手传振动的测量与评价　第1部分：一般要求》(英文版)。

为了便于使用，对于ISO 5349-1:2001本部分做了以下编辑性修改：

——用“本部分”代替“国际标准ISO 5349的本部分”；

——用小数点符号“.”代替小数点符号“,”；

——删除了ISO 5349-1：2001的前言；

——对国际标准的引言进行了修改，并按GB/T 1.1规定把国际标准前言的部分内容纳入到本部分的引言中；

——表题与图题格式按GB/T 1.1规定进行了修改；

——将脚注改为条文中的注；

——参考文献中的部分国际标准改为与其等同的国家标准。

本部分代替GB/T 14790—1993《人体手传振动的测量与评价方法》。

本部分与GB/T 14790—1993相比主要变化如下：

——本部分与ISO 5349-1的一致性程度为等同，而前一版本则为等效。

——本部分中振动暴露评价是基于振动总值，即三个轴向频率计权加速度分量均方根平方和的方根。前一版本中，评价是基于频率计权加速度均方根值最大的轴向分量。

——本部分中日暴露量为8 h等能量计权振动总值，前一版本采用的是4 h等能量计权加速度；前一版本日暴露量的参考时间为4 h，本部分参考时间改为8 h。

——本部分的附录A用数学方法规定了频率计权滤波器特性，所描述的包含频带限制的计权曲线及对应的计权因子与前一版的曲线略有不同。

——本部分新增附录A、附录B、附录C、附录D、附录E、附录F，并取消了前一版本中附录A的内容。

本部分的附录A为规范性附录，附录B、附录C、附录D、附录E和附录F为资料性附录。

本部分由全国机械振动、冲击与状态监测标准化技术委员会(SAC/TC 53)提出并归口。

本部分起草单位：吉林省安全科学技术研究院、长春工业大学、杭州爱华仪器有限公司、北京市劳动保护科学研究所。

本部分主要起草人：肖建民、郑凡颖、韩连英、张绍栋、邵斌。

本部分所代替标准的历次版本发布情况为：

——GB/T 14790—1993。

STANDARDS PRESS OF CHINA

引　言

强烈的振动可通过振动的工具、振动的机械或振动的工件传向操作者的手臂。例如当人使用诸如气动、电动、液压工具或内燃机驱动的链锯、冲击式工具或砂轮机时会发生这种情况。

由于工作方式和场所不同,振动可能传向一个手臂或同时传向两个手臂,并可通过手臂传向肩部。人体局部的振动和感觉到的振动通常是不舒适的原因,并可能降低工作效率。已经发现,影响手和前臂的血管、神经、骨骼、关节、肌肉或结缔组织的多种疾病与持续地、经常性地使用各类产生振动的动力工具有关。

引起这些失调所需要的振动暴露量,无论是振动幅值和频谱,还是日暴露量和累计暴露时间都还未能精确地知道。本部分给出的指南是根据人体对手传振动响应的实践经验和实验室试验得到的有限定量数据以及与当前暴露条件有关的有限信息得出的。因此很难提出评价振动暴露的综合方法。然而本部分给出的信息的应用会保护大多数工人免受与手传振动相关的严重健康损害。它也有助于开发新的手操作动力工具,以减少与振动相关的健康危害的风险。本部分未规定不发生振动病的安全暴露界限。

本部分的应用将有助于收集一致的数据,以便改进职业安全。特别是希望这些数据将用于扩充关于剂量-反应关系的现有知识。

本部分规定了人体暴露于手传振动测量与评价的一般要求。本部分由 ISO 5349-2 给出的信息进行补充,后者给出了在工作场所正确进行测量与评价技术的实用指南。根据本部分进行测量所使用的仪器在 ISO 8041 中有详细的规定。

在前一版本中,振动暴露的评价是基于频率计权加速度均方根值最大的轴向分量。在现行版本中,评价是基于振动总值,即三个轴向频率计权加速度分量均方根平方和的方根。这种改变考虑到一些类型动力工具的振动特性不是单一方向分量占支配地位的情况。

基于平方和的方根值评价振动暴露将比单一方向振动报告的振动暴露值要大。在三个轴向测量振动得到的振动总值可达最大轴向分量幅值的 1.7 倍(典型值为 1.2 至 1.5 倍之间)。在只能得到单轴向最大值的场合,振动总值应根据该值采用在 4.5 中讨论的适当倍率系数进行估算。

在本部分中,日振动暴露量是基于 8 h 等能量加速度值。前一版本采用的是 4 h 参考时间。改为常规的 8 h 参考时间可使振动暴露的评价与评价人暴露于噪声和化学物质时通常采用的“时间计权平均”方法相一致。8 h 参考时间的使用纯粹是习惯问题,而并不意味“典型的”暴露时间为 8 h。由 4 h 等效幅值到 8 h 等效幅值的转换借助采用倍率因子 0.7 很容易实现。

附录 A 包含符合本部分频率计权加速度测量要求的频率计权因子 W_h 和带限滤波器的规定。

附录 B 包含手传振动对健康影响的信息。附录 C 给出了针对负责规定暴露限制或所要求的行动级别的主管机构的指南。附录 D 包含可能影响人体对手传振动响应的其他因素的信息,而附录 E 包含负责职业卫生与安全机构应采取的预防性措施的指南。

为促进在这一领域的进一步发展和允许对暴露数据进行定量比较,希望人体暴露于手传振动的测量和报告采用统一的方法。附录 F 包含附加的信息。

机械振动 人体暴露于手传振动的测量与评价 第1部分:一般要求

1 范围

GB/T 14790的本部分规定了在三个正交轴向上测量和报告手传振动暴露的一般要求。本部分规定了频率计权和带限滤波器的要求以使测量能进行统一的比较。获得的测量值可用来预测在8 Hz至1 000 Hz倍频程覆盖频率范围内的手传振动有害影响。

本部分适用于周期性和随机或非周期性的振动。本部分暂时也适用于重复性冲击激励(冲击)。

注1:人体对重复性冲击响应的时间依赖性尚未充分了解。本部分在应用于这类振动时要小心。

本部分给出了以频率计权振动加速度和日暴露时间表示的手传振动暴露的评价指南。本部分没有规定安全的振动暴露限值。

注2:附录C关注的是被认为对健康产生影响的振动暴露各种特性的相对重要性。

2 规范性引用文件

下列文件中的条款通过GB/T 14790的本部分的引用而成为本部分的条款。凡是注日期的引用文件,其随后所有的修改单(不包括勘误的内容)或修订版均不适用于本部分。然而,鼓励根据本部分达成协议的各方研究是否可使用这些文件的最新版本。

ISO 2041 振动与冲击 词汇

ISO 5349-2 机械振动 人体暴露于手传振动的测量与评价 第2部分:工作场所测量实用指南

ISO 8041 人体振动响应 测量仪器

IEC 61260 电声学 倍频程和分数倍频程滤波器

3 术语、定义和符号

3.1 术语和定义

ISO 2041中确立的术语和定义适用于本部分。

注:为了本部分使用者方便,与医学状态有关的词汇在附录B中给出。

3.2 符号

本部分使用以下符号。

$a_{hw}(t)$ 在时刻t手传振动的单轴向频率计权加速度瞬时值,单位为m/s^2;

a_{hw} 手传振动的单轴向频率计权加速度均方根(r.m.s)值,单位为m/s^2;

a_{hwx}、a_{hwy}、a_{hwz} 分别代表x轴、y轴和z轴的a_{hw}值,单位为m/s^2;

a_{hv} 频率计权均方根加速度的振动总值(有时称为矢量和或频率计权加速度和),是对应三个测量轴向测量的a_{hw}值平方和的方根,单位为m/s^2;

$a_{hv(eq,8h)}$ 日振动暴露量(8 h等能量振动总值),单位为m/s^2;

$A(8)$ 日振动暴露量$a_{hv(eq,8h)}$的简化代用术语;

D_y 人群的平均总(累计)暴露时间,年;

T 日暴露于振动a_{hv}的总时间;

T_0 8 h(28 800 s)参考时间;

W_h 手传振动的频率计权特性。

4 手传振动的特性

4.1 一般考虑

本部分规定的方法考虑了以下被认为影响工作条件下人体暴露于手传振动效应的因素：

a) 振动的频谱；

b) 振动的幅值；

c) 每个工作日的暴露时间；

d) 到调查时为止的累计暴露时间。

其他可能影响振动暴露效应的因素，除了尚无标准报告方法的之外，均在附录D中列出。

4.2 手传振动的测量仪器

4.2.1 一般要求

手传振动的测量应使用符合ISO 8041要求的仪器进行。在使用前及使用后，应对仪器进行校准以确保其正常工作。校准应可溯源到由通过认可的实验室所保存的授权标准。

4.2.2 振动传感器

振动传感器可以是为一般振动测量(非冲击式工具)设计的加速度计，或是为测量诸如冲击式工具产生的高峰值加速度而专门设计的加速度计。

振动传感器应能承受所测量的振动幅值范围并有稳定的特性。传感器的尺寸应使其不干扰机械的操作并使测量点的位置可以识别。

ISO 5349-2包含传感器选择的详细指南。

4.2.3 传感器的位置和方向

手传振动应按图1所示的正交坐标系在三个轴向测量和报告。

在实际振动测量时，坐标系的方向可根据适当的基本中心坐标系(见图1)确定，例如在由手握持的振动工具、工件、手柄或控制装置上(详细资料见ISO 8727)。

三个轴向的振动宜同步测量。如果三个轴向测量时操作状态相似，三个轴向也可以依次测量。测量应尽可能在靠近机械、工具或工件的手握区域中心的振动表面进行。传感器的位置应予以报告。

注：振动的幅值可能因振动表面的位置不同有很大差异。

关于传感器定位的详细指南在ISO 5349-2中给出。

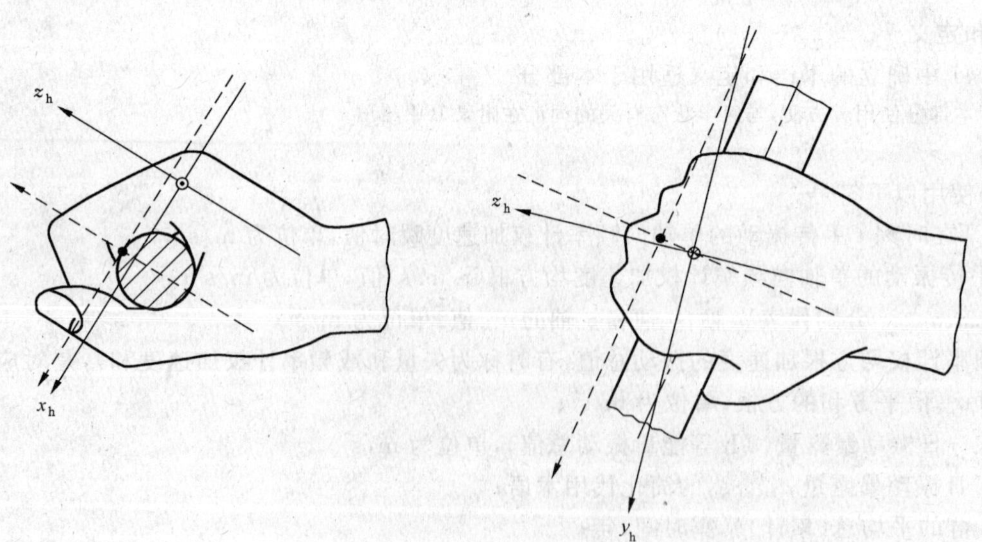

a) 紧握姿势(在该姿势中，手以标准握法握住圆棒)

图1 手的坐标系

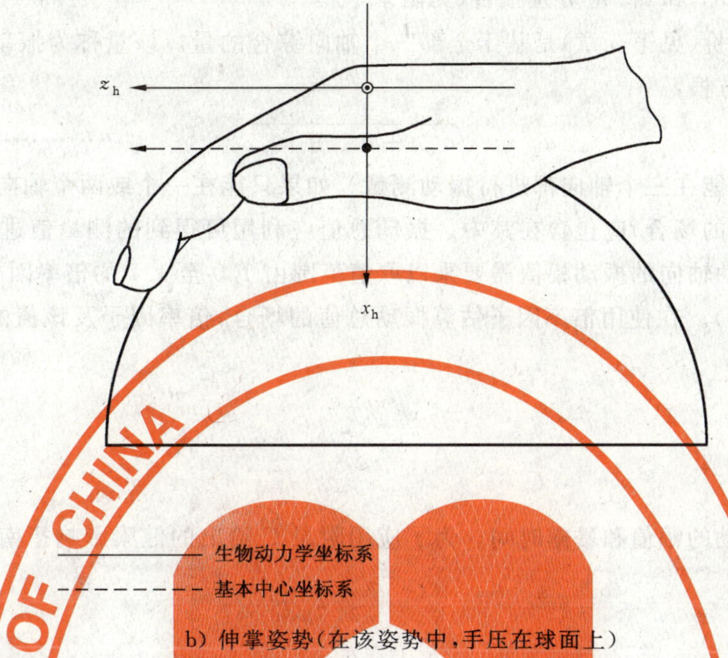

b) 伸掌姿势(在该姿势中,手压在球面上)

注:生物动力学坐标系的坐标原点位于第三掌骨头(远端)。z_h 轴(即手的轴向)由第三掌骨纵轴方向确定,并指向手指远端方向。x_h 轴穿过原点,垂直于 z_h 轴,当手在正常解剖位置时(手掌朝前),指向前方。y_h 轴垂直于其余两轴,指向第五指(拇指)方向。在实际应用时,采用基本中心坐标系:坐标系通常在 y-z 平面上旋转,以使 y_h 轴与手柄轴线平行。

图 1 (续)

4.2.4 传感器的安装

传感器宜刚性安装。有关传感器安装的详细信息在 GB/T 14412 和 ISO 5349-2 中给出。在困难条件下(例如在弹性表面或在振动为脉冲的场合)和采用手握式适配器时安装传感器的实用指南也在 ISO 5349-2 中给出。

4.3 手与振源的连接

尽管振动暴露的特性通常采用与手接触表面的加速度作为基本参量,但有理由认为其生物力学效应在很大程度上依赖手与振源的连接。还应注意,连接状态可能显著影响测得的振动幅值。

振动测量应在工具或工艺的典型作业条件下,手与振动的工具、手柄或工件有代表性的连接所施加的力下进行。

手与抓握区域间的力应测量并报告。还建议与操作者姿势有关的个体状态和/或操作方法的描述(见附录 D 和附录 F)也要报告。

注:关于握力和推进力测量的国际标准正在起草中。

4.4 测量的量

用来描述振动幅值的基本参量是频率计权加速度的均方根(r.m.s),单位为 m/s^2。

频率计权加速度的测量要求使用频率计权和带限滤波器。频率计权 W_h 反映了不同频率在引起手的伤害时假定的不同重要性。W_h 频率计权特性和带限滤波的方法在附录 A 中给出。

均方根值应采用线性积分方法测量。积分时间的选择应使振动信号的有代表性样本得到利用(见 ISO 5349-2)。

为了其他目的(研究、预防、减振技术),强烈建议得到频谱(详细信息见附录 F)。

4.5 多轴向振动

已经知道,对于大多数动力工具,传向手的振动包含来自全部三个测量轴向的作用。在理论上,三个轴向的振动是同等有害的。因此,应对全部三个轴向都进行测量。相对于 x 轴、y 轴和 z 轴的频率计

STANDARDS PRESS OF CHINA

权加速度均方根值 a_{hwx}、a_{hwy} 和 a_{hwz} 应分别报告(见附录 F)。

然而,振动暴露的评价(见第 5 章)是基于全部三个轴向综合的量。该量称为振动总值,a_{hv},并定义为三个分量值平方和的方根:

$$a_{hv} = \sqrt{a_{hwx}^2 + a_{hwy}^2 + a_{hwz}^2} \quad \cdots\cdots(1)$$

在有些情况下,不可能在三个轴向都进行振动测量。如果只能在一个或两个轴向进行振动测量,最大振动轴向(在能够识别的场合)应包含在其中。振动总值应利用可得到的测量值进行估算,并仔细考虑倍率因子。在最大振动轴向的振动幅值需要乘以取值范围由 1.0 至 1.7 的倍率因子以给出振动总值(详细建议见 ISO 5349-2)。在使用倍率因子估算振动总值的场合,倍率因子及该值的选择理由应与测量的分量值一起报告。

5 手传振动暴露的特性

5.1 一般要求

振动暴露取决于振动的幅值和暴露时间。为了应用附录 C 给出的健康影响指南,振动的幅值用振动总值 a_{hv} 表示。

5.2 日暴露时间

日暴露时间是在一个工作日内手暴露于振动的总时间。振动暴露时间可能少于人手握持动力工具或工件的工作时间。重要的是根据相对于不同操作条件和持续时间及其间歇的适当的有代表性样本的总日暴露时间进行评价(详细信息见 ISO 5349-2)。

5.3 日振动暴露量

日振动暴露量由振动幅值(振动总值)和日暴露时间得出。为了便于对不同时间的日暴露量间进行比较,日振动暴露量应采用 8 h 等能量频率计权振动总值 $a_{hv(eq,8h)}$ 表示,如式(2)所示。为方便起见,$a_{hv(eq,8h)}$ 记为 $A(8)$:

$$A(8) = a_{hv}\sqrt{\frac{T}{T_0}} \quad \cdots\cdots(2)$$

式中:

T——相对于振动 a_{hv} 的日暴露总时间;

T_0——8 h (28 800 s)的参考时间。

如果工作日由一些不同振动幅值的作业组成的总日振动暴露,则日振动暴露量 $A(8)$ 由式(3)得出:

$$A(8) = \sqrt{\frac{1}{T_0}\sum_{i=1}^{n} a_{hvi}^2 T_i} \quad \cdots\cdots(3)$$

式中:

a_{hvi}——第 i 个作业的振动总值;

n——独立的振动暴露数量;

T_i——第 i 个作业的时间。

每个作业对 $A(8)$ 的作用应分别报告。

示例:若相对于暴露时间 1 h、3 h 和 0.5 h(在同一个工作日内)的振动总值分别为 2 m/s²、3.5 m/s² 和 10 m/s²,则:

$$A(8) = \sqrt{\frac{1}{8}[(2)^2\times1+(3.5)^2\times3+(10)^2\times0.5]} = 3.4\ \text{m/s}^2$$

注:以上示例中的计算结果给出两位有效数字。该结果不表示测量的等效精度,而是来自计算的精度。在正常测量情况下,要特别注意使获得的 $A(8)$ 值相对误差小于 10%。

建议在有允许振动暴露标准限值的场合,将该值作为规定的 $A(8)$ 值。

6 报告的信息

根据本部分进行手传振动暴露评价时,应报告以下信息:

——暴露评价的对象;

——产生振动暴露的作业;

——动力工具,安装的作业工具和/或涉及的工件;

——传感器的位置和方向;

——独立的均方根值,测量的单轴向频率计权加速度;

——每个作业的振动总值;

——每个作业的日暴露总时间;

——日振动暴露量。

如果没有在全部三个轴向都进行测量,估算振动总值使用的倍率因子及其选择的理由也应报告。

注:ISO 5349-2 给出了建议报告的更详细信息清单(也可参见附录 D 和附录 F)。

附 录 A
（规范性附录）
频率计权和带限滤波器

A.1 频率计权和带限滤波器

a_{hw}的测量要求应用频率计权和带限滤波器。频率计权 W_h 反映了不同频率产生对手伤害时假定的重要性。测量值对于振动伤害预测（见附录 C）的适用范围限于倍频程频率由 8 Hz 至 1 000 Hz 所覆盖的工作频率（即，从 5.6 Hz 至 1 400 Hz 的标准频率范围）。带限高通和低通滤波器用于排除在该频率范围之外，其频率依赖性尚未被认可的振动测量值的影响。

注：振动响应的频率依赖性在所有轴向不大可能完全相同。然而，对于不同轴向推荐不同的频率计权尚没有合适的建议。

频率计权和带限滤波器可以通过模拟或数字方法实现。频率计权和带限滤波在表 A.1 中以滤波器设计者熟悉的数学公式确定，其曲线在图 A.1 中以示意图方式表示。

关于滤波器特性的更详细信息及允差在 ISO 8041 中给出。

表 A.1 带限及频率计权 W_h 的计权滤波器特性

带限[a]			频率计权[a]			
f_1	f_2	Q_1	f_3	f_4	Q_2	K
6.310	1 258.9	0.71	15.915	15.915	0.64	1

带限滤波器由滤波器的传递函数 $H_b(s)$ 确定：

$$H_b(s)=\frac{s^2 4\pi^2 f_2^2}{(s^2+2\pi f_1 s/Q_1+4\pi^2 f_1^2)(s^2+2\pi f_2 s/Q_1+4\pi^2 f_2^2)}$$

式中：$s=j2\pi f$ 为拉普拉斯（Laplace）变换的变量。

带限滤波器可由一个双顶滤波器实现。

频率计权滤波器由滤波器传递函数 $H_W(s)$ 确定：

$$H_W(s)=\frac{(s+2\pi f_3)2\pi k f_4}{(s^2+2\pi f_4 s/Q_2+4\pi^2 f_4^2)f_3}$$

式中：$s=j2\pi f$ 为拉普拉斯（Laplace）变换的变量。

频率计权滤波器可由一个双顶滤波器实现。

总频率计权函数为 $H(s)=H_b(s)\cdot H_W(s)$。

[a] f_n 值为共振频率（$n=1$ 至 4）；Q_n 称为选择性（$n=1$ 或 2）；K 为常数增益。

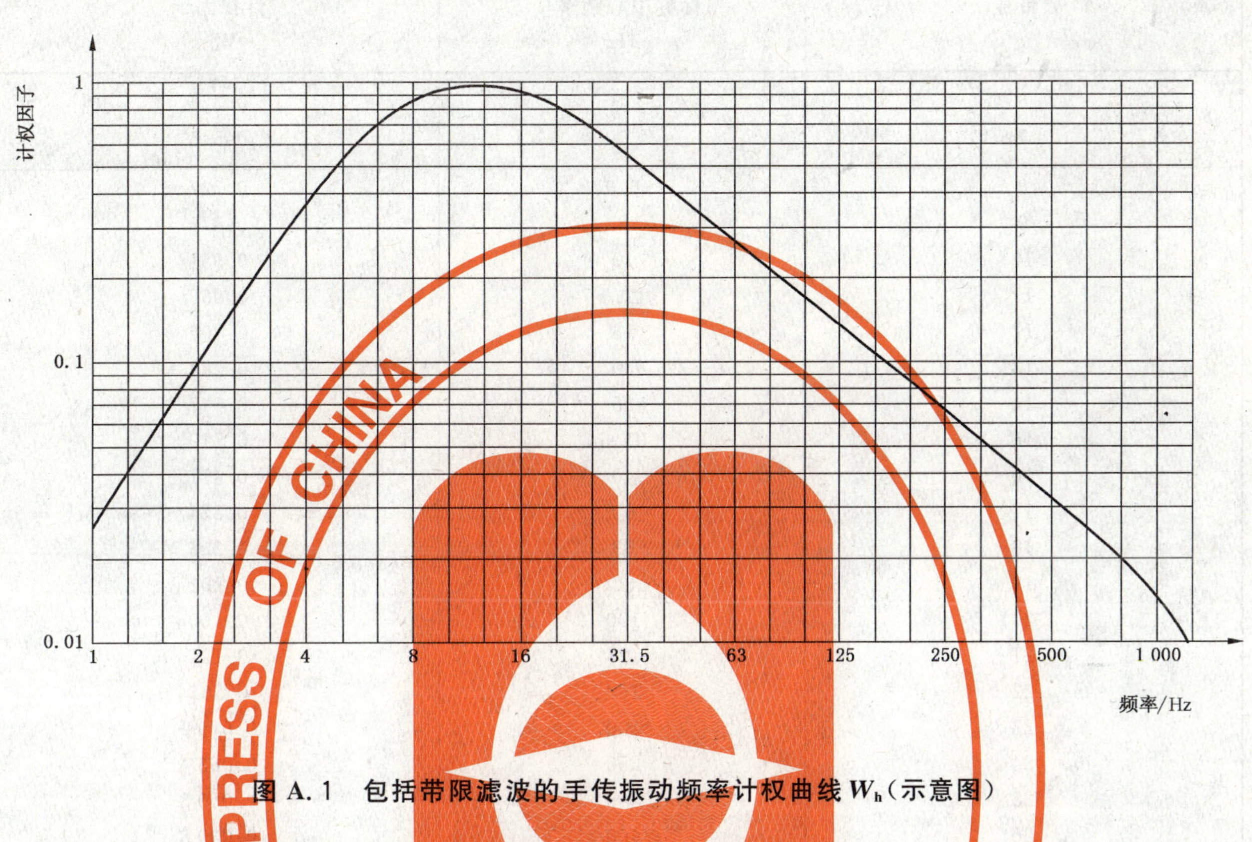

图 A.1 包括带限滤波的手传振动频率计权曲线 W_h(示意图)

A.2 1/3 倍频程数据到频率计权加速度的换算

作为一种可代替使用 W_h 滤波器的方法，由 1/3 倍频程分析的均方根加速度值可用来得到相应的频率计权加速度。

均方根频率计权加速度 a_{hw} 可按以下公式计算：

$$a_{hw}=\sqrt{\sum_{i}(W_{hi}a_{hi})^2} \quad \cdots\cdots\cdots (A.1)$$

式中：

W_{hi}——如表 A.2 中所示的第 i 个 1/3 倍频程的计权因子；

a_{hi}——在第 i 个 1/3 倍频带测得的均方根加速度，单位为米每二次方秒(m/s^2)。

由 6.3 Hz 至 1 250 Hz 的 1/3 倍频带频率构成基本频率范围，使用公式(A.1)进行 a_{hw} 的计算应包括在该范围内的所有 1/3 倍频带。在基本频率之外的频率(即在表 A.2 中用灰色区域表示的频率)通常不对 a_{hw} 值有重要作用，因此如果已知道在频率范围的高端和低端没有显著的振动能量，这些频率可不在计算范围内。

如果频率计权加速度值受到频率范围高端和低端的显著分量的影响，则附录 C 中关于由振动暴露数据引起的手指变白的预测指南应谨慎处理。

注：如果频谱中包含占支配地位单一频率分量，上面描述的方法可能会在直接测量得到的频率计权加速度和计算值之间产生误差。如果这些分量所在的频率不是 1/3 倍频程的中心频率时，会产生误差。由于这个原因，应优先考虑采用频率计权滤波 W_h 或基于窄带测量的计算。在后一种情况时，当某一频率 f 或中心频率为 f 的窄带未计权振动加速度 $a(f)$ 给出时，对应的频率计权加速度计算公式为：$a_h(f)=a(f)|H(j2\pi f)|$。

表 A.2 用于 1/3 倍频程幅值转换成频率计权值的带限[a] 手传振动频率计权因子 W_{hi}

频带号[b] i	标称中心频率/ Hz	计权因子 W_{hi}
6	4	0.375
7	5	0.545
8	6.3	0.727
9	8	0.873
10	10	0.951
11	12.5	0.958
12	16	0.896
13	20	0.782
14	25	0.647
15	31.5	0.519
16	40	0.411
17	50	0.324
18	63	0.256
19	80	0.202
20	100	0.160
21	125	0.127
22	160	0.101
23	200	0.079 9
24	250	0.063 4
25	315	0.050 3
26	400	0.039 8
27	500	0.031 4
28	630	0.024 5
29	800	0.018 6
30	1 000	0.013 5
31	1 250	0.008 94
32	1 600	0.005 36
33	2 000	0.002 95

[a] 滤波器的响应和允差见 ISO 8041。

[b] 符号 i 为与 IEC 61260 一致的频带号。

附 录 B
（资料性附录）
手传振动对健康的影响指南

B.1 通则

使操作者的手暴露于振动的动力作业和工具广泛存在于一些工业活动中。职业性暴露于手传振动可能源于在制造业、采石业、矿业和建筑业、林业和农业、公用事业和其他工作活动中使用的回转式和/或冲击式手持式动力工具。暴露于手传振动也可能发生于操作者手握振动的工件，和手握持振动的控制装置，例如摩托车把手或车辆的方向盘。

过度地暴露于手传振动可能引起手指血流失调及手和臂的神经及运动功能的失调。据估计在欧洲国家和美国约有1.7%至3.6%的工人暴露于可能有害的手传振动。术语“手传振动综合症”(HAVS)通常用来表示与暴露于手传振动有关的末梢血管、神经和肌骨失调的组合。暴露于手传振动的工人可能分别或同时受到神经和/或血管失调的损害。由手传振动引起的血管失调和骨与关节异常在一些国家是得到赔偿的职业病。这些失调也包括在欧洲认定的职业病清单中。

B.2 血管失调

暴露于手传振动的工人可能抱怨，经常由于受冷激发的手指阵发性颜色变浅或变白。这种由于手指血液循环暂时闭锁引起的失调称为雷诺氏现象(以1862年首次描述该现象的法国医生Maurice Raynaud的名字命名)。据信，振动能干扰手指血液循环，使遇冷时血管收缩活动更为敏感。为了解释振动暴露工人中冷诱发的雷诺氏现象，一些研究者求助于由长期暴露于有害振动引起的过度中枢血管收缩神经反射，而其他学者则趋向强调振动诱发的手指血管局部改变的作用。各种同义词用来描述振动引起的血管失调：死手或白指，职业性雷诺氏现象，损伤性血管痉挛症，以及最近称为振动性白指(VWF)。VWF在许多国家列为法定的职业病。

早期的白指发作涉及单个或多个手指的指尖，随着连续暴露于振动，白指可发展到手指的根部。有时，白指发作伴随着发绀，即由于缓慢的手指血液循环增加氧的耗取导致受影响的手指变蓝。在恢复阶段，通常由于温暖或局部按摩而加速，由于皮肤血管血流反应性增加使受影响的手指出现发红并伴随着麻刺感和/或疼痛。白指发作在冬季比夏季更常见，持续时间从几分钟到一小时以上。持续时间随着诱发刺激的强度和血管收缩的严重程度而不同，发作通常在全身变暖时结束。如果继续暴露于振动，白指发作变为更频繁，并可能在全年都发生。在极少数晚期病历中，反复和严重的白指发作可能导致指尖皮肤的营养改变(溃疡或坏疽)。白指发作期间，受影响的工人可感到触觉和操作熟练性完全丧失，这些能妨碍工作活动，并因此增大由于事故引起急性损伤的风险。

在职业医学方面，已经建立了关于VWF分类的各种分级系统。斯德哥尔摩研究组分级(1986)是国际公认的关于手传振动综合症中冷激发雷诺氏现象分类的分级系统。该系统根据白指发作的范围、频次和严重程度分为四期，具体描述见表B.1。基于对不同指节变白评分的分级也已经提出(见参考文献[13])。

一些实验室试验被用来客观地诊断白指。这些试验大多数都是基于冷激发及在手和手指受冷前、受冷时及受冷后测量手指皮肤温度或手指血流及血压。

流行病学研究表明，VWF的患病率有很大差异，在振动暴露工人组中的人员，从0%至100%。可以认为白指症状的概率和严重程度受到一些因素的影响，例如振动暴露特性(频率、幅值、方向、冲击、持续时间)，工具和工作过程的形式，环境条件(温度、气流、湿度、噪声)，一些生物动力学和人类工效学因素(握力、推进力、手臂姿势)和各种个体特性(敏感性、疾病和化学剂，例如尼古丁和一些影响末梢循环的药物)。因此在振动暴露和白指症状发展之间存在着复杂的关系。流行病学研究认为,VWF的发生率随着振动暴露时间的增加而增加。一些证据表明,白指发生前的累计暴露时间与振动暴露幅值成近似反比,(即如果振动幅值加倍,产生同样影响所要求的暴露年数减半)。

自1970年代后期以来,已有报告表明在欧洲和日本现有的林业工人中,在引入防振链锯和采取缩短链锯使用时间及同时尽量减少其他有害工作环境因素(例如寒冷和体力强度)的管理措施后,VWF发病率下降。在退休的林业工人中也有从VWF中恢复的报告。类似的发现在其他类型工具中尚未见到。

表 B.1 斯德哥尔摩研究组分级(1986)

血管症状		
分期	分级	描述
0	—	无发作
1_V	轻度	仅影响单个或多个手指指尖的偶尔发作
2_V	中度	影响单个或多个手指末节和中节(很少也有近端)的偶尔发作
3_V	严重	影响多数手指所有指节的经常性发作
4_V	很严重	同第3期并有指尖营养改变

感觉神经症状	
分期	描述
0_{SN}	暴露于振动但无症状
1_{SN}	间歇性麻木并有或没有麻刺感
2_{SN}	间歇性或持续性麻木,感觉性知觉降低
3_{SN}	间歇性或持续性麻木,触觉辨别力和/或操作熟练性降低

B.3 神经失调

暴露于手传振动的工人可以感到手和手指麻刺和麻木。如果振动暴露继续,这些症状趋于恶化,并能妨碍工作能力和日常活动。振动暴露工人在临床检查时表现手的熟练性受损害同时,正常的触觉和温度感觉降低。手传振动的另一个影响,是还可以发现指尖皮肤的振动感觉下降。对振动暴露工人的流行病调查表明,在振动暴露的工人组中周围神经失调的患病率有很大差异,由百分率很低至80%以上,而感觉丧失影响到各种类型工具的使用者。

感觉神经障碍似乎可以不依赖振动引起的其他失调而单独发展,这可能反映了不同病理机理。HAVS的神经症状分级由斯德哥尔摩研究组1986年提出,根据主诉症状和临床神经检查及精神物理试验方法如触觉辨别力、振动觉和精确操作的试验结果分为三期(见表B.1)。

暴露于振动的工人有时会出现嵌压性神经病的表现和症状,例如腕管综合症(CTS),当正中神经通过腕部解剖管道时,由于正中神经受到卡压引起的失调。CTS似乎发生在一些使用振动工具的职业人群中,诸如凿岩工、钢板工和林业工人。据信,作用在手和腕部的人类功效学应力(往复运动、用力握紧、笨拙的姿势),在与振动结合时能在操作振动工具作业的工人中可能引起CTS。

B.4 肌骨失调

B.4.1 骨骼

早期的放射学调查揭示,振动暴露工人的手和腕部骨空泡和骨囊肿患病率高,但最近的研究已表明,与未暴露于振动的手工操作工人相比,没有显著增加。在暴露于来自气动冲击工具的高幅值冲击和低频振动(低于50 Hz)的矿工、道路建设工、金属加工操作工中,已经发现在腱附着处,多数在肘部的骨化以及腕和肘部骨关节病的患病率过高。

金伯克氏病(Kienböck's disease)(腕半月骨软化)和腕部舟状骨的假关节的过高患病率也有少数

调查者报告。在暴露于由链锯或砂轮机作业产生的中频或高频振动的工人的上肢骨退化及关节失调患病率增加尚没有多少证据。繁重的体力工作,用力握持和各种生物力学因素,可能是在使用冲击工具工人中发现骨骼伤害发生率较高的原因。局部疼痛、肿胀和关节僵硬及畸形可能伴随骨和关节退化的放射线发现。一些国家(例如法国、德国、意大利)在使用手持式振动工具的工人中发现的骨和关节失调被认为是职业病,而受到损害的工人会得到赔偿。

B.4.2 肌肉

长期暴露于振动的工人可能陈诉手和臂部肌肉无力、疼痛及肌力减弱。还发现振动暴露伴随着手的握力下降。在一些个体中,肌肉疲劳可导致劳动能力丧失。直接的力学伤害或周围神经损伤已被建议作为这类肌肉症状可能的病因学因素。

在振动暴露工人中,已报告其他与工作相关的失调,例如上肢的腱炎和腱鞘炎(即腱及其鞘的炎症),以及杜普伊特伦氏挛缩(Dupuytren's contracture),一种手掌筋膜组织病。这些失调似乎与繁重体力工作导致的人类工效学应力因素有关,而与手传振动的联系尚不能确定。

B.5 其他失调

一些研究表明,在受 VWF 影响的工人中听力损失比以衰老和暴露于振动工具的噪声为基础预测的值要大。有人提出,VWF 的对象存在由于振动引起的内耳供血血管收缩导致的听力损害的风险。除了周围神经失调外,振动暴露工人中涉及内分泌和中枢神经系统的有害健康影响也由俄罗斯和日本研究者报告。临床描述称为"振动病",包括与脑中枢机能障碍有关的表现和症状(例如持续疲劳、头痛、易怒、睡眠障碍、阳萎、脑电图异常)。这些发现应借助谨慎和非常精心设计的流行病学研究来解释,并需要临床研究工作来证明中枢神经系统失调和手传振动暴露之间联系的假设。

B.6 词汇

骨囊肿 Bone cyst:在骨结构中的异常空洞。

腕管综合症 Carpal tunnel syndrome,CTS:在拇指、食指、中指和无名指的掌面,由于穿过腕骨形成的腕管的正中神经受卡压或受刺激引起的,多在夜间出现的麻木、麻刺或烧灼痛症状。手功能受损害和伤残的征状有可能发展。

发绀 Cyanosis:由于表面毛细血管存在脱氧血导致的皮肤或其他组织的偏蓝色的变色。

杜普伊特伦氏挛缩 Dupuytren's contracture:阻止手指,主要是无名指和小指伸直的手掌纤维层变厚引起的症状。

流行病学 Epidemiology:对人群中的疾病或失调的发生、流行及发病率进行研究的学科。

职业流行病学 Occupational epidemiology:研究暴露于工作危险因素及其可能的有害健康影响之间关系的学科。

手传振动综合症 Hand-arm vibration syndrome:与手传振动引起的失调相关的综合症状和表现(神经的、血管的和肌骨的)。

金伯克氏病 Kienböck's disease:腕半月骨的矿化(软化)失调。

发病率,发生率 Incidence:在规定的时间期限内,人群中的疾病或失调的新病例数。

骨关节病 Osteoarthrosis:骨骼和关节的退化。

患病率,流行率 Prevalence:在规定时间内,规定人群中的疾病或失调的现存病例数。

雷诺氏现象 Raynaud's phenomenon:通常由寒冷或情绪激动引起手指血管收缩导致血液循环不足引起手指变白发生。

原发性雷诺氏病 Primary Raynaud's disease:手指变白的症状不能归于任何特定的病因。

继发性雷诺氏现象 Secondary Raynaud's phenomenon:可以确定一些病因的雷诺氏现象。

振动性白指 Vibration-induced white finger,VWF:由于暴露于手传振动引起的继发性雷诺氏现象。

感觉神经失调　Sensorineural disorders：轻触、疼痛、温度、振动和深压感觉异常；辨别感觉功能(两点辨别、结构、尺寸及形状的判断)的损害。

腱炎　Tendinitis：腱的炎症。

腱鞘炎　Tenosynovitis：腱及其鞘的炎症。

血管收缩　Vasoconstriction：主要由于血管的肌肉壁增大收缩引起的血管腔变窄。

附　录　C
（资料性附录）
振动暴露与健康影响的关系

C.1　评价方法的背景

本附录是关于被认为产生健康影响的振动暴露的各种特性的近似相对重要性的内容。本附录未规定安全的振动暴露限值。

本部分规定的频率计权是基于前一版本(ISO 5349:1986)的内容，并被认为是关于不同频率对引起手臂系统与振动相关的健康影响的相对重要性的最好的可用指南。

这种频率计权是否分别体现了产生血管、神经或肌骨症状的危险性，尚不清楚。在当前频率计权被用来评价手传振动的全部生物学效应。

假定在图1中的三个正交轴向中每个轴向的振动都是同等有害的，则相同的频率计权可用于每个轴向。因此，手传振动的伤害可能性根据在本部分规定的与手接触表面三个频率计权加速度分量(单轴向)得出的振动总值 a_{hv} 进行评价。

假定本部分给出的关于获得 8 h 等能量振动总值的方法恰当地反映了不同振动幅值和日暴露时间的关系。

注1：这种方法假定产生手传振动综合症要求的日暴露时间与频率计权加速度的平方成反比。例如，如果振动幅值减半，则产生相同效应的日暴露时间可增大到4倍。

注2：目前还缺乏关于日暴露时间对健康影响的数据。选择的时间依赖性与恒定的日振动能量等效。

注3：日振动暴露的时间依赖性不宜外推到很短时间和大的加速度。这类暴露可能与其他的急性手臂系统伤害有关。

C.2　一般健康影响

个体发生手传振动综合症(见附录B)的症状的概率取决于他/她的敏感性、任何以前的疾病和状态及在4.1和附录D中列出的工作相关的环境和个人因素。涉及到振动传向手的类似工具、机械或工业过程中每个从事等效工作的人群中振动综合症患病率还取决于人群中个体的范围和暴露因素。对于不是连续从事同样工作的人群，振动综合症的患病率还受到离开人群的人员比率的影响。

注：研究认为，手传振动综合症的症状在暴露于与手接触表面的 8 h 等能量振动总值 $A(8)$ 小于 2 m/s² 的人员中很少发现，而在 $A(8)$ 值小于 1 m/s² 的人员中尚未见到报告。

C.3　手指阵发性变白(振动性白指)患病率

已有一些尝试来评价在涉及类似工具或机械或工业过程中从事等效工作的人群中手指变白的不同患病率要求的振动暴露量。图1所示为用来评价暴露人员中的10%发生手指变白的日振动暴露量 $A(8)$。这些值表示的是由1年到10年的人群平均总的(累计)暴露时间。对应的数值在表C.1中列出。

根据暴露状态，允许在表C.1所示的数值之间进行插值。以下的关系式可用来进行插值：

$$D_y = 31.8[A(8)]^{-1.06} \qquad \text{(C.1)}$$

式中：

$A(8)$——为日振动暴露量(在与手接触表面的 8 h 等能量振动总值)；

D_y——为人群平均总的(累计)暴露时间，年。

注1：这种振动暴露量和手指变白间的假定关系与前一版本(ISO 5349:1986)附录A中给出的关系是一致的，且都是基于参考文献[10]。然而已经采用了修正系数来考虑本部分中使用 8 h 等能量振动总值的变化。

注 2：本部分给出的血管影响的指南是基于涉及到占支配地位的振动频率范围在 30 Hz 至 50 Hz 以上(例如链锯、砂轮机、凿岩机)的动力工具的流行病调查。因此，进行在较低频率特别是约 20 Hz 以下的频率计权加速度分量占支配地位的测量时，要特别注意。在这些类型动力工具的操作者中，对上肢骨和关节的影响已有报告。

注 3：公式(C.1)的关系不能预测人群中任何特定的个体发生手指变白(振动性白指)的风险。

注 4：图 C.1 和表 C.1 可用来规定为减少职业暴露人群中手传振动的健康危险的暴露标准。表 C.1 和图 C.1 中的值是根据对暴露于工具振动幅值高达 30 m/s^2，工作时间长达 25 年的工人组的研究导出的。几乎所有的研究涉及的人群都是从事将近一天涉及同一类型的振动传向手的动力工具或工业过程的工作。加速度值根据所报告的占支配地位单轴向频率计权加速度分量的研究导出。

注 5：与表 C.1 和图 C.1 中的值的偏差可能发生在振动总值与最大单轴向分量的比率与本部分引言中给出的典型值有显著差别的工具或过程中。与表 C.1 和图 C.1 的值的偏差也可能发生在工作相关的和/或环境因素与在类似工作中通常出现的那些因素显著不同的工作人群中。

如果对特定的总的(累计)暴露时间，日暴露量 $A(8)$ 超过引起白指患病率 10%所要求的值，则可以预期会发生更高的白指患病率。

表 C.1 相对于给定的暴露年数 D_y 预期引起人群中发生 10%阵发性白指的日振动暴露量 $A(8)$

D_y/年	1	2	4	8
$A(8)$/(m/s^2)	26	14	7	3.7

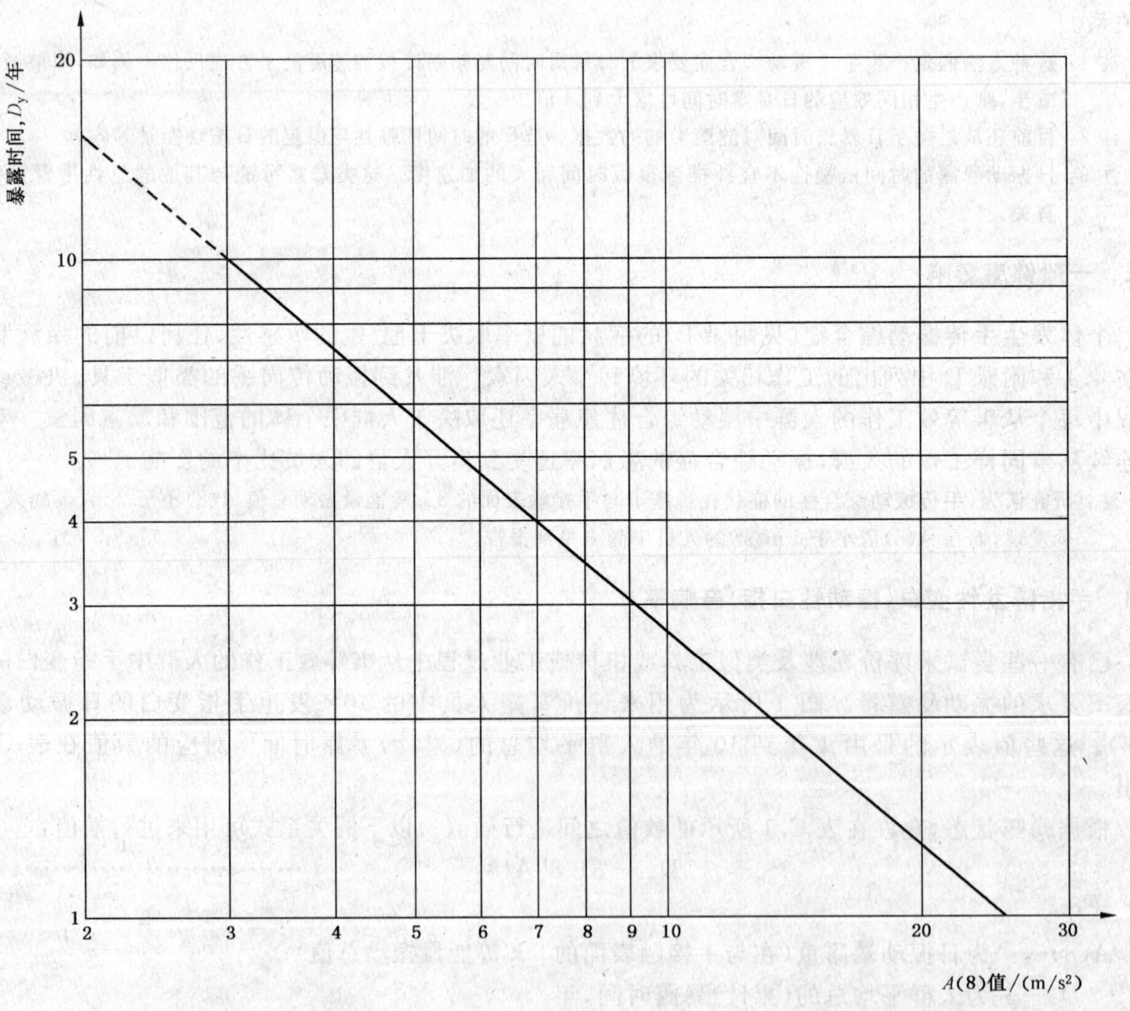

图 C.1 在暴露人群中预期振动性白指患病率 10%的振动暴露量

附 录 D
(资料性附录)
工作条件中可能影响人体暴露于手传振动效应的因素

本部分描述的振动暴露评价方法考虑了振动幅值、频率特性、工作日的暴露时间和到调查时的累计暴露时间。在工作条件下人体暴露于手传振动的效应还可能受以下因素的影响:

a) 传向手的振动方向;

b) 工作方法和操作者的技巧;

c) 个体的年龄或在他/她体质或健康方面的任何易感因素;

d) 暂时的暴露方式和工作方法,即工作和休息轮换的时间长度及频率;在休息时工具是放在一边或是拿在手中空转;

e) 连接力,诸如操作者通过手施加到工具或工件上的握力和推进力及施加到皮肤的压力;

注:关于握力和推进力测量的国际标准正在起草中。

f) 在暴露期间手和臂的姿势及身体的姿势(腕、肘和肩关节的角度);

g) 产生振动的机械、手持式工具和安装的附件或工件类型和状态;

h) 暴露于振动的手的部位面积和位置;

以下因素可能特别影响由手传振动引起的血液循环改变:

i) 气候条件和其他影响手或身体温度的因素;

j) 影响循环的疾病;

k) 影响末梢循环的物质,例如尼古丁、某些药物或在工作环境中的化学剂;

l) 噪声。

尽管列出的有关振动性失调产生的全部因素的重要性尚未足够详尽地了解,同时本部分也未规定报告某些因素的标准化方法,但是为能够收集有意义的暴露史,希望能报告全部的因素(见附录F)。

STANDARDS PRESS OF CHINA

附 录 E
（资料性附录）
负责职业卫生与安全机构应采取的预防措施

E.1 与规律性暴露于手传振动有关的医学预防措施

应采取的措施如下：

a） 在雇用之前，任何可能暴露于手传振动的工人应：
——进行身体检查，及
——记录任何以前的振动暴露史。

b） 所有使用振动设备的人员均应被告知暴露于手传振动的风险。

c） 有以下医学状况的人可能处于更大的风险，因此在他们使用振动设备前应仔细评估：
——原发性雷诺氏症；
——由对手的血液循环损害引起的疾病；
——引起循环障碍或骨与关节缺陷的既往手损伤；
——继发性雷诺氏现象的其他病因；
——周围神经系统的失调；
——肌骨系统的失调。

d） 针对症状的报告和在固定时间间隔内，处于风险中的人员进行医学检查的方案进行规定。

在一些国家，建议年青人（18 岁以下）不得使用某些振动工具。

注：医学术语汇总见 B.6。

E.2 旨在减少手的振动暴露影响的技术预防措施

应采取措施如下：

a） 在不同的工作过程间进行选择时，应采用引起振动暴露最低的过程。

b） 在不同的工具间进行选择时，应选用引起振动暴露最低的工具（和附件）。

c） 设备应按制造者的说明书精心维护。

d） 应防止工具向操作者的手上排放冷的气体或液体。

e） 在寒冷环境下工作时，如有可能，振动设备的手柄应加热。

f） 应避免使用那些手柄的形状能导致在接触区域的皮肤上形成高压力的工具。

g） 选择工具时，应选择要求接触力（握力和推进力）最小的工具。

h） 在其他参数，诸如振动幅值或接触力不增大的前提下，应使手持式工具的质量最小。

如在 GB/T 18703 中定义，防振手套在其表明能减少本部分所规定的振动暴露时，可能是有益的。（然而，不能期望防振手套对手传振动提供充分的防护）。

E.3 旨在减少手传振动暴露的管理性预防措施

应采取的措施如下：

a） 应进行足够的培训来指导工人正确使用设备。

b） 可以认为，当避免长时间连续振动暴露时，可以降低振动危险，因此工作日程安排应包含非振动工作时间。

c） 对工人的保暖应有规定。

E.4 对使用手持式振动工具人员的建议

给出的建议如下：

a) 在符合安全工作方法和工具控制要求的前提下，应让工具本身工作，并尽可能轻握工具。工具应尽可能多地放在工件上或支撑上。

注：在有些情况下，增加推进力和握力可能减小测得的加速度，尽管这可能没有益处。

b) 若出现异常的振动，通知相应的工作主管人员。

c) 穿足够的衣服和适当的手套，以保持干燥和温暖，特别是在工作时、行走时或使用振动设备时。

d) 在工作前和工作中避免或尽可能少吸入尼古丁或使用鼻烟，因为尼古丁能减少手和手指的供血。

e) 如果发生白指或蓝指或感到长时间的手疼和/或手麻，征求医学方面的建议。

E.5 其他信息

其他信息见参考文献 CR 1030-1 和 CR 1030-2。

附　录　F
（资料性附录）
报告附加信息的指南

F.1　引言

通常用来代表手传振动暴露强度的基本参量是在本部分中规定的 a_{hv} 和 $A(8)$。然而，那些引起健康失调的振动特性尚未充分了解，因此有可能随着了解的增多，需要修改评价方法的一些方面，例如，频率计权、频率范围、时间依赖性和多轴向振动处理。也有可能需要对人体暴露于手传振动的不同影响规定不同的分析方法。

为使采用本部分进行振动测量的未来价值达到最大，并增进对手传振动影响的了解，建议进行手传振动测量和振动暴露评价时报告附加信息。本附录为报告有用的附加信息提供了指南。

F.2　振源和工具操作

应当给出对振动工具的清晰描述，其类型、使用年限、质量、尺寸和状态。振动工具的振动特性有很大差别。因此重要的是报告与不同工件和材料、工作状态、工具使用方法和暴露时间方式（包括间歇）相关的振动状态范围。

操作者的手在振动工具或工件表面的位置和方向应当报告。操作者的姿势，尤其是手和臂的姿势应予说明。

手与握持区域间的接触力很可能影响传向手的振动能量，尽管这种影响尚未充分了解。有可能将来的振动标准将会要求确定这些力。如果可能，应测量或评估接触力。

注：测量握力和推进力的国际标准正在起草中。

环境因素，例如工作场所的噪声、温度、化学剂等应尽可能报告。

F.3　仪器

本部分要求测量或记录系统应符合 ISO 8041 的规定。在高于本部分要求的场合（例如若频率范围更大），应对仪器详细描述。

传感器在工具或工件上的位置和方向及安装方法应详细描述。传感器的总质量和固定装置应予以说明。

传感器的安装方法对仪器的频率响应起主要作用。重要的是确保任何共振频率显著高于测量频率范围的上限。

F.4　振动轴向

本部分要求分别测量和报告 x 轴、y 轴和 z 轴三个轴向的振动。希望全部三个轴向测量的数据（包括频率计权均方根幅值、可测量的频谱和时间历程）都予以报告。

注：建议报告所有轴向的数据是出于以下原因：

a)　一些现行推荐的评价方法是基于振动总值，而其他方法使用的是测量的最大单轴向值；

b)　振动方向对健康的影响尚未充分了解。

F.5　振动的时间历程

如果可能，应记录和报告加速度的时间历程。除非报告振动测量的频带限制和带限滤波器的特性，记录的振动时间历程只能得到有限的利用。

注：希望保存振动的时间历程是出于以下原因：

a) 能识别测量失真(例如直流漂移、过载)；

b) 对同样的数据可采用不同的频率分析方法；

c) 由本部分所要求的均方根平均可能不是最合适的评价方法，而代替方法(例如峰值加速度，四次方根平均)，可通过保存的振动时间历程来确定；

d) 不同形式的分析可能适于脉冲振动(例如冲击式工具)，例如峰值或峰值因数分析可能是有用的，但是这些代替的分析方法尚未得到认可。

F.6 频率分析

除了频率计权幅值，希望报告在测量系统频率范围内的 1/3 倍频程均方根加速度幅值(未计权的)。

此外，恒定带宽谱(例如功率谱密度)能为检查频域数据和发现测量失真提供有用的直观方法(重要的是报告功率谱时要注明频率分辨率)。

注：希望频率分析是出于以下原因：

a) 使用 1/3 倍频程数据的后续再分析和代替的频率计权简单易行(如果振动时间历程没有保存时，频率分析特别有用)；

b) 谱信息(特别是来自恒定带宽分析的数据)能用于发现失真、过载或直流漂移(在低频明显)和传感器安装问题(在高频明显)；

c) 窄带频率分析可能有助于识别产生振动的机理并由此能为工程师提供在有问题的频率减少振动的方法。

F.7 频率范围

尽管频率计权 W_h 仅在规定的范围内确定，但是建议，如果报告时间历程和/或频率分析数据，测量频率范围应尽可能大。然而在约 1 000 Hz 以上传感器安装响应可能产生困难，因此任何高频数据的有效性应予以证明。

注：希望报告更大频率范围的数据是因为有些研究人员认为 1 250 Hz 以上频率可能比本部分建议的频率更为重要，特别是对于脉冲振动。

F.8 流行病信息

关于振动对健康影响(包括血管、神经和肌骨系统)的理解将被连续的研究报告所改进，这些研究不仅报告振动暴露(根据本部分得出，并考虑本附录的内容)而且记录引起的健康影响。

有关报告流行病数据的指南不在本附录的范围内。

STANDARDS PRESS OF CHINA

参考文献

[1] GB/T 14412—2005 机械振动与冲击 加速度计的机械安装(ISO 5348:1998,IDT).

[2] GB/T 15619—2005 机械振动与冲击 人体暴露 词汇(ISO 5805:1997,IDT).

[3] ISO 8662,(all parts),Hand-held portable power tools—Measurement of vibrations at handle.

[4] ISO 8727,Mechanical vibration and shock—Human exposure—Biodynamic coordinate systems.

[5] ISO 10819,Mechanical vibration and shock—Hand-arm vibration—Method for the measurement and evaluation of the vibration transmissibility of gloves at the palm of the hand.

[6] CR 1030-1,Hand-arm vibration—Guidelines for hazards reduction—Part 1: Engineering methods by design of machinery.

[7] CR 1030-2,Hand-arm vibration—Guidelines for vibration hazards reduction—Part 2:Management measures at the workplace.

[8] CR 12349,Mechanical vibration—Guide to the health effects of vibration on the human body.

[9] Bovenzi,M. Medical aspects of the hand-arm vibration syndrome. International Journal of Industrial Ergonomics,6,1990,pp. 61-73.

[10] Brammer,A. J. Dose response relationships for hand-transmitted vibration. Scandinavian Journal of Work Environment and Health,12,1986,284-288.

[11] Christ,E. et al. Vibration at work (ISSA brochure). International Section Research of ISSA,Institut national de recherche et de sécurité (INRS),Paris,1989.

[12] Dupuis,H. ,Christ,E. ,Sandover,J. ,Taylor,W. and Okada,A. (eds.). Proceedings of the 6th International Conference on Hand-Arm Vibration, Bonn, 1992. HVBG, Sankt Augustin, Germany,1993.

[13] Griffin,M. J. Handbook of human vibration. Academic Press,London,1990.

[14] Griffin,M. J. Measurement,evaluation and assessment of occupational exposures to hand-transmitted vibration. *Occupational and Environmental Medicine*,54(2),1997,73-89.

[15] Health and Safety Executive HS(G)88: Hand-Arm Vibration. HSE Books,Sudbury,Suffolk,United Kingdom,1994.

[16] Nelson,C. M. Hand-transmitted vibration assessment—A comparison of results using single-axis and triaxial methods. Presented at the United Kingdom Group Meeting on Human Response to Vibration held at the ISVR,University of Southampton,Southampton,United Kingdom,1997.

[17] Okada,A. Taylor,W. and Dupuis,H. (eds.). Proceedings of the 5th International Conference on Hand-Arm Vibration,Kanazawa,Japan,1989. Published 1990.

[18] Pelmear,P. L. ,Taylor,W. and Wasserman,D. E. (eds.). Hand-arm vibration—A comprehensive guide for occupational health professionals. Van Nostrand Reinhold,New York,1992.

[19] Stockholm Workshop 86: Symptomatology and diagnostic methods in the hand-arm vibration syndrome. Scandinavian Journal of Work, Environment and Health, 4 (special issue), 1987, 271-388.

[20] Stockholm Workshop 94: Hand-arm vibration syndrome—Diagnostic and quantitative relationships to exposure,1994. Arbete och Hälsa,5,1995.

[21] 7th International Conference on Hand-Arm Vibration, Prague, 1995. Central European Journal of Public Health, 3, Supplement, 1995, and 4, 1996.

ICS 59.080.30
W 04

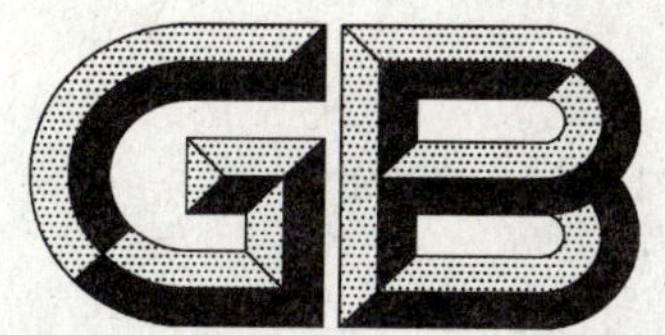

中华人民共和国国家标准

GB/T 14801—2009
代替 GB/T 14801—1993

机织物与针织物纬斜和弓纬试验方法

Test method for skewness and bow in woven and knitted fabrics

STANDARDS PRESS OF CHINA

2009-03-19 发布　　　　2010-02-01 实施

中华人民共和国国家质量监督检验检疫总局
中国国家标准化管理委员会　发布

前　言

本标准代替 GB/T 14801—1993《机织物与针织物纬斜和弓纬试验方法》。

本标准与 GB/T 14801—1993 相比主要变化如下：

——删除了规范性引用文件中两个引用标准 GB/T 3291 与 GB/T 4667；

——删除了“双弓纬”、“双反弓纬”、“钩弓”、“双钩弓纬”术语及其定义；

——修改了弓纬的测试原理；

——修改了典型弓纬示意图；

——将试验次数由 1 次～3 次改为 3 次；

——删除了原附录 A 的非仲裁检验规定。

本标准由中国纺织工业协会提出。

本标准由全国纺织品标准化技术委员会基础标准分会(SAC/TC 209/SC 1)归口。

本标准起草单位：中纺标(北京)检验认证中心有限公司、国家纺织制品质量监督检验中心、上海市毛麻纺织科学技术研究所。

本标准主要起草人：章辉。

本标准所代替标准的历次版本发布情况为：

——GB/T 14801—1993。

机织物与针织物纬斜和弓纬试验方法

1 范围

本标准规定了机织物与针织物纬斜和弓纬的试验方法。

本标准适用于机织物和针织物及其制品。

2 规范性引用文件

下列文件中的条款通过本标准的引用而成为本标准的条款。凡是注日期的引用文件，其随后所有的修改单(不包括勘误的内容)或修订版均不适用于本标准，然而，鼓励根据本标准达成协议的各方研究是否可使用这些文件的最新版本。凡是不注日期的引用文件，其最新版本适用于本标准。

GB/T 6529 纺织品 调湿和试验用标准大气(GB/T 6529—2008,ISO 139:2005,MOD)

3 术语和定义

下列术语和定义适应于本标准。

3.1

纬斜 skewness

纬纱或针织横列偏离垂直于织物经纱或纵行的直线而形成的一种歪斜状态。

3.2

弓纬 bow

纬纱或针织横列偏离垂直于织物经纱或纵行的直线，在织物宽度方向形成一个或多个弧形的歪曲状态。

4 原理

4.1 纬斜

在试样上描绘出纬纱或针织横列的标记，沿其与布边的一边交点放置一把垂直于经纱或纵行的直尺，测量直尺与纬纱或针织横列之间最大的垂直距离，以该垂直距离与织物宽度的比值百分数来表示纬斜率。

4.2 弓纬

在试样上描绘出纬纱或针织横列的标记，沿其最低点放置一把垂直于经纱或纵行的直尺，测量纬纱或针织横列上最低点与最高点之间的垂直距离，以该垂直距离与织物宽度的比值百分数来表示弓纬率。

5 工具

5.1 钢尺，长度大于织物宽度，最小刻度为 1 mm。

5.2 三角尺，其中有一个角为直角，长度能满足测量需要，最小刻度为 1 mm。

5.3 适宜作标志的软性铅笔或彩笔。

6 调湿与试验用标准大气

调湿与试验用标准大气按 GB/T 6529 中规定的标准。

7 取样

以织物匹(卷)或制品的件为单位作为实验室试样。

8 试验步骤

8.1 调湿

将试样按 GB/T 6529 规定进行调湿。

8.2 放置试样

将试样平摊在平整、光滑的水平台上，不受任何张力。

8.3 纬斜

8.3.1 在整个织物宽度方向上描出一根纬纱或针织横列的标志，如图 1 中的 AC(DC)。

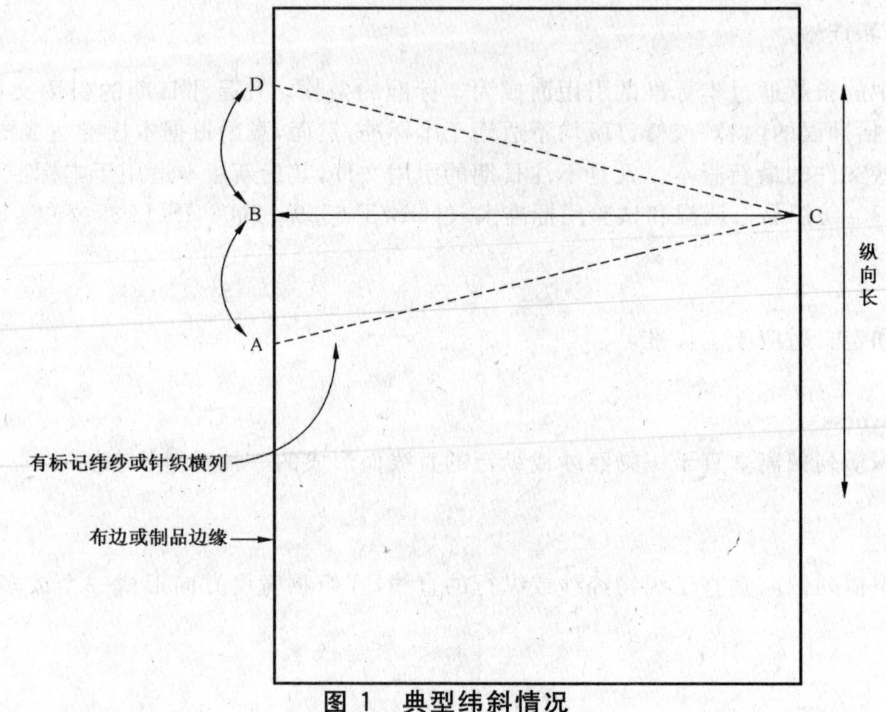

图 1 典型纬斜情况

8.3.2 沿纬纱或针织横列与布边一边交点 C 放置一把垂直于经纱或纵行的直尺，交另一边于 B 点。

8.3.3 测量图 1 中 AB 或 DB 距离 d 和 BC 的距离 W，精确到 1 mm。

8.4 弓纬

8.4.1 在整个织物宽度方向上描出一根纬纱或针织横列的标志，如图 2 所示。

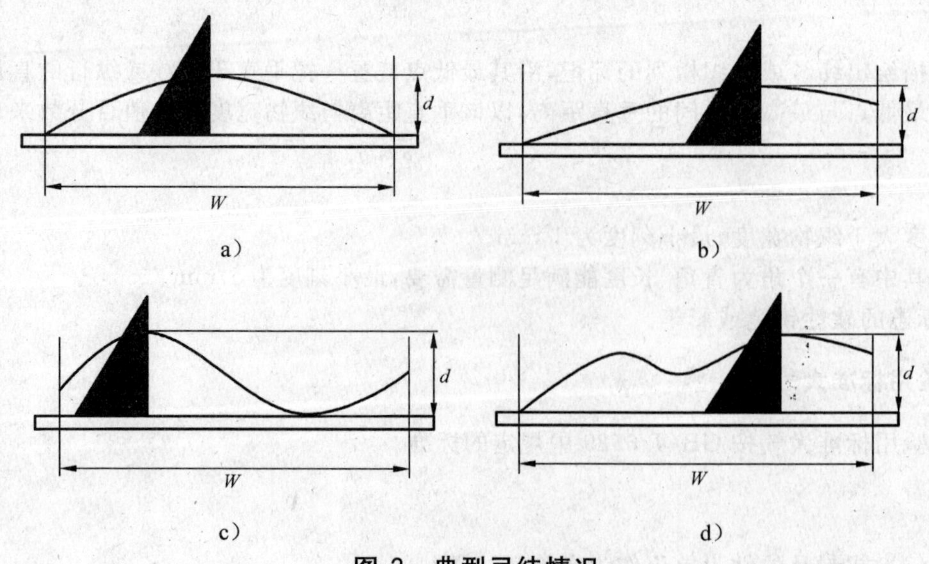

图 2 典型弓纬情况

8.4.2 沿纬纱或针织横列歪曲的最低点放置一把垂直于经纱或纵行的直尺，并测量织物幅宽或制品测量部位宽度 W，将三角尺一直角边置于直尺上，并沿其滑动，测量直尺与已标志的纬纱或针织横列最高点间的垂直距离 d，各测量值精确到 1 mm。

8.5 **测量**

按上述步骤在试样上尽可能以较大间隔选取三处进行测量，并记录各测量值。对于匹(卷)织物，测量处应离织物匹(卷)两端不小于 1 m，且每处间隔至少为 1 m。

9 结果计算

按式(1)计算织物或其制品的纬斜率或弓纬率，d 取三个测量值中的最大值，计算结果以百分数(%)表示，精确到小数点后一位。若需要，d 取三个测量值的平均值。

$$S=\frac{d}{W}\times 100 \qquad (1)$$

式中：

S——纬斜率或弓纬率，%；

d——纬纱或针织横列与直尺间最大垂直距离，单位为毫米(mm)；

W——织物幅宽或制品测量部位宽度，单位为毫米(mm)。

10 试验报告

试验报告应包括以下内容：

a) 说明试验是按本标准进行的；

b) 样品的描述；

c) 试样实测宽度；

d) 试样最大测量 d 值，对于制品，给出各测量部位对应的最大测量 d 值；

e) 试样纬斜率或弓纬率；

f) 任何偏离本标准的细节。

STANDARDS PRESS OF CHINA

ICS 43.060.50
K 13

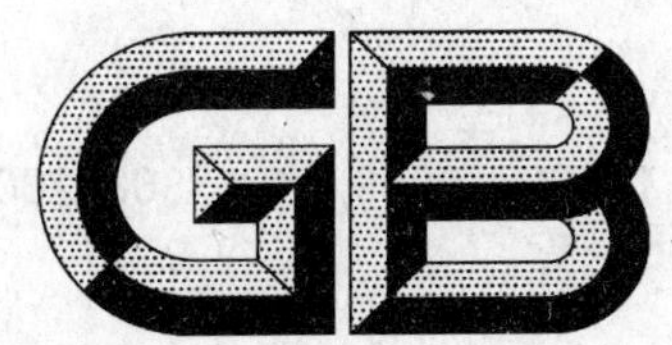

中华人民共和国国家标准

GB/T 14820—2009/ISO 3808:2002
代替 GB/T 14820.1—1993、GB/T 14820.2—1993、GB/T 14820.3—1993

公路车辆用高压点火电线

High-voltage ignition wires for road vehicles

(ISO 3808:2002,Road vehicles—Unscreened high voltage ignition cables—General specifications,test methods and requirements,IDT)

2009-03-19 发布 2009-12-01 实施

中华人民共和国国家质量监督检验检疫总局
中国国家标准化管理委员会 发布

前言

本标准等同采用ISO 3808:2002《公路车辆—非屏蔽高压点火电缆——一般规定,试验方法和要求》第1版(英文版)。

为便于使用,本标准做了下列编辑性修改:

——删除了ISO 3808:2002前言;

——第2章采用了适用于我国标准的引导语,删除了ISO 3808:2002的引导语;

——第2章规范性引用文件中将ISO 1817:1999修改为ISO 1817:2005;

——增加资料性附录B“产品型号和标记”。

本标准代替GB/T 14820.1—1993《公路车辆用高压点火电线　第1部分:一般规定》、GB/T 14820.2—1993《公路车辆用高压点火电线　第2部分:铜芯高压点火电线》和GB/T 14820.3—1993《公路车辆用高压点火电线　第3部分:阻尼芯高压点火电线》。

本标准与GB/T 14820.1—1993、GB/T 14820.2—1993和GB/T 14820.3—1993相比,主要变化如下:

——将GB/T 14820.1—1993、GB/T 14820.2—1993和GB/T 14820.3—1993中70℃、105℃耐热的产品内容分别表述为热过载试验温度为105℃、120℃的产品内容;

——增加了热过载试验温度为155℃、180℃、220℃、250℃四个产品等级内容;

——删除了20号机油的相关内容(GB/T 14820.1—1993中5.7.2);

——增加了对电容的要求(本标准4.6);

——增加了耐制动液试验内容(本标准4.15.4);

——增加了耐防冷冻剂试验内容(本标准4.15.5)。

本标准的附录A为规范性附录,附录B为资料性附录。

本标准由中国电器工业协会提出。

本标准由全国电线电缆标准化技术委员会(SAC/TC 213)归口。

本标准负责起草单位:上海电缆研究所。

本标准参加起草单位:通用线缆(江阴)有限公司、浙江五丰电缆有限公司、上海斯瑞聚合体科技有限公司、温州振华电子有限公司。

本标准主要起草人:张敬平、杨扬、李建军、黄惠清、董建东、周跃忠、王春红。

本标准所代替标准的历次版本发布情况为:

——GB/T 14820.1—1993、GB/T 14820.2—1993和GB/T 14820.3—1993。

公路车辆用高压点火电线

1 范围

本标准规定了公路车辆中火花点火引擎用无屏蔽高压点火电线的等级、类型、尺寸、试验方法和要求。

2 规范性引用文件

下列文件中的条款通过本标准的引用而成为本标准的条款。凡是注日期的引用文件，其随后所有的修改单(不包括勘误的内容)或修订版均不适用于本标准，然而，鼓励根据本标准达成协议的各方研究是否可使用这些文件的最新版本。凡是不注日期的引用文件，其最新版本适用于本标准。

ISO 1817:2005 硫化橡胶耐液体试验方法

ISO 4926:1978 公路车辆—液压制动系统—非石油基参考制动液

3 高压点火电线的一般规定

3.1 高压点火电线等级

根据热过载试验(见4.9)的试验温度，高压点火电线分为六个等级，见表1。

表1 高压点火电线的等级和热过载试验温度

电线等级	A	B	C	D	E	F
热过载试验温度 ±2 ℃	105	120	155	180	220	250

3.2 高压点火电线类型

高压点火电线的类型取决于所使用的导体，见表2。

注：可参见附录B。

表2 高压点火电线的类型

电线类型	导体
1	绞合的铜导体
2	绞合的其他金属导体
3A	电阻型
3B	电阻型
4	电抗型

3.3 高压点火电线的外径

成品电线的外径如下：

——($5^{+0.3}_{0}$) mm；

——(7±0.3)mm，或；

——(8±0.3)mm。

4 试验和要求

4.1 试验条件

除非另有规定：

——所有试验应在环境温度(室温)(23±5)℃下进行;

——每次试验应使用未用过的试样。

所有试验的试样均应在室温下预处理至少16 h以上。

使用烘箱时,该烘箱应为热空气烘箱。在规定的温度下,烘箱的换气量每小时不应少于8次,每小时也不多于20次。

4.2 高压点火电线尺寸

4.2.1 测量

测量高压点火电线外径时,应在1 m长的电线上取5组测量值,每一组测量值中应包括该测量处的最大和最小测量值。

4.2.2 要求

所有测量值不应超出3.3的规定公差范围。

4.3 电阻

4.3.1 测量

标准试样长度应为1 m,加上用作接线的被剥掉绝缘部分的长度。如果电阻读数按4.3.3进行修正,也可使用其他长度。

4.3.2 测试装置

电阻测量装置的精确度应为测量值的±0.5%。

4.3.3 测量步骤

测量试样的长度,加上用作接线的被剥掉绝缘部分的长度。将电阻测试设备和电线的两端连接,并确保安全连接。测量试样的电阻值,计算结果并以Ω/m表示。

4.3.4 要求

各种类型电线的电阻值应符合表3的规定。

表3 高压点火电线的电阻

电线类型	单位长度电阻
2	≤1 Ω/m
3A	3 000 Ω/m~9 000 Ω/m
3B	9 000 Ω/m~23 000 Ω/m
4	标称电阻值±20%

4.4 绝缘缺陷

4.4.1 概述

本试验不是合格性测试。对于1类和2类电线,应在生产中进行在线检测。

4.4.2 装置

高压试验应采用50 Hz或60 Hz的正弦波电压源,并包括电压表、缺陷指示器和脉冲计数器。试验电极可采用金属帘珠、金属刷或其他合适的电极。

4.4.3 试验步骤

试验电压应为:

——对于5 mm电线,20 kV(有效值);

——对于7 mm电线,30 kV(有效值),和;

——对于8 mm电线,30 kV(有效值)。

在施加电压前检查全长度电线的连续性。应根据电线通过电极处电场的速度来确定电极的长度以保证电线上每一点应承受至少九个周期的电压循环。

也可采用其他的试验方法,只要能真实地检查出绝缘缺陷。

对于已有的装置,如果供需双方[1]协商同意,7 mm 电线也可施加 25 kV 电压(有效值)。

4.4.4 要求

在全长度电线上没有绝缘缺陷。

4.5 30 min 的电压试验和击穿电压

4.5.1 试样长度

试样长度约为 1 500 mm。

4.5.2 装置

见附录 A。

4.5.3 30 min 的电压试验

4.5.3.1 试验步骤

在室温下将试样浸入 3%(质量比)的氯化钠水溶液中 4 h,试样的两端露出水溶液,此后立刻在导体和水溶液间施加 20 kV 试验电压(有效值)并维持 30 min。

4.5.3.2 要求

在试验中,电线不应发生电压击穿。

4.5.4 击穿电压

4.5.4.1 试验步骤

经 4.5.3 试验后,以 500 V/s 的速率升高电压直至出现电压击穿。

4.5.4.2 要求

击穿电压不应小于:

——对于 5 mm 电线,25 kV(有效值);

——对于 7 mm 电线,35 kV(有效值),和;

——对于 8 mm 电线,35 kV(有效值)。

对于已有的装置,如果供需双方[1]协商同意,7 mm 电线最小击穿电压值可以是 30 kV(有效值)。

4.6 电容

4.6.1 试样长度

试样长度至少为 1 200 mm。

4.6.2 试验频率

试验频率应为 1 000 Hz。

4.6.3 试验步骤

将试样浸入温度为(70±2)℃的 3%(质量比)的氯化钠水溶液中 24 h,试样的每端露出水溶液 100 mm。测量导体和水溶液间的电容。取出试样并立刻放置于(23±2)℃的自来水浴中 1 h,试样的每端露出水溶液 100 mm,测量导体和水间的电容。

4.6.4 要求

对任一类型的电线,其电容不应超过 250 pF/m。

4.7 耐电晕性

4.7.1 试样长度

试样长度约为 1 200 mm。

4.7.2 装置

见附录 A。

4.7.3 试验步骤

布置试样,于室温下在芯棒和套管间(见 A.2)从零开始以 500 V/s 的速率施加电压直至达到下述值:

---

1) 这种情况在 ISO 3808 的下一周期修订中会被考虑。

——对于 5 mm 电线,15 kV(有效值);

——对于 7 mm 电线,18 kV(有效值);

——对于 8 mm 电线,18 kV(有效值)。

维持施压 8 h。

4.7.4 要求

在试验中,不应发生电压击穿。试验后,试样应无开裂、裂缝或其他缺陷。

对于已有的装置,如果供需双方[2]协商同意,7 mm 电线也可施加 15 kV 电压(有效值)。

4.8 高温压力试验

4.8.1 试样长度

试样长度约为 100 mm。

4.8.2 装置

见附录 A。

4.8.3 试验步骤

将试样安装在 A.3 所述的试验装置中并施加规定的力。将试验装置和试样在烘箱中放置 4 h,烘箱的温度应符合表 4 的规定。

试验装置应无振动。将试样从试验装置上取下并使之在 10 s 内浸入冷水中冷却,然后用显微镜测量施加负荷区域的横向或纵向截面上的压痕深度。

表 4 试验温度

电线等级	A	B	C	D	E	F
试验温度 ±2 ℃	70	105	120	不适用		

4.8.4 试验负荷

试验中应施加的力为:

——对于 5 mm 电线,3.1 N(由重量施加);

——对于 7 mm 电线,4.5 N(由重量施加);

——对于 8 mm 电线,5.1 N(由重量施加)。

4.8.5 要求

压痕深度不应超过试样平均壁厚的 50%。试样的平均壁厚为在离开压痕区域的适当距离处,在分布于试样圆周的六个测量值的平均值。

4.9 热过载

4.9.1 试样长度

试样长度约为 500 mm。

4.9.2 装置

见附录 A。

4.9.3 试验步骤

将试样垂直悬挂在温度为表 1 规定的烘箱中 48 h。

将试样冷却到室温后按 A.4 规定进行卷绕。

4.9.4 要求

对于所有类型的电线,在试验结束后,试样应无开裂、裂缝或其他缺陷。

另外,3A 型和 3B 型电线,在试验前后同一试样的电阻值的变化不应超过+50%~-30%。

---

2) 这种情况在 ISO 3808 的下一周期修订中会被考虑。

4.10 热收缩

4.10.1 概述

本试验适用于A级、B级以及绝缘对于接头的收缩有要求的场合使用的电线。

4.10.2 试样长度

试样长度约为200 mm。

4.10.3 试验步骤

试验前,在室温下应精确测量试样上绝缘部分的长度。将试样水平放置于烘箱中,使空气可在试样四周循环。试样放置的时间为15 min,烘箱温度为(150±2)℃。将试样冷却至室温并重新测量试样上绝缘部分的长度。

4.10.4 要求

对于所有类型的电线,在试验后,绝缘的最大收缩率为2%,同时,试样应无开裂、裂缝或其他缺陷。

另外,3A型和3B型电线,在试验前后同一试样的电阻值的变化不应超过+50%～-30%。

4.11 阻燃性

4.11.1 试样长度

试样长度约为500 mm。

4.11.2 装置

试验装置为本生灯燃烧器,并用合宜的气体供焰,燃烧管内径约为9 mm,火焰高度约为100 mm。蓝色内焰锥的长度约为50 mm,其顶端温度至少为900 ℃。

见附录A。

4.11.3 试验步骤

将试样悬挂在不通风的箱体内。如图A.4所示,将内焰的顶端和试样接触。

施焰时间见表5的规定。

4.11.4 要求

在停止施焰后,绝缘上燃烧的火焰应在表5规定的时间内熄灭。

表5 施焰和火焰熄灭时间

施焰时间 ±1 s	火焰熄灭时间 最大值 s
15	70

4.12 低温柔韧性

4.12.1 试样长度

试样长度约为400 mm。

4.12.2 试验步骤

将试样固定于直径符合A.2规定的可转动的芯轴上,试样的自由端负荷45 N的力,并使试样在温度符合表6规定的低温箱中保持4 h,然后在低温箱内以一圈每秒的速率将试样卷绕在芯轴上至少三圈。

注:如果设备已预冷到试验温度,则2 h的冷却时间已足够满足要求。

表6 试验温度

电线等级	A	B	C	D	E	F
试验温度 ±3 ℃	-20		-30		-40	-50

STANDARDS PRESS OF CHINA

4.12.3 要求

对于所有类型的电线,试验后,试样应无开裂、裂缝或其他缺陷。

另外,3A 型和 3B 型电线,在试验前后同一试样的电阻值的变化不应超过+50%~-30%。

对于电抗性电线,采用 12 V 的直流电压不应发生断路。

4.13 机械强度

4.13.1 概述

本试验适用于 3A 型、3B 型和 4 型的电线。

4.13.2 试样长度

试样长度约为 1 200 mm。

4.13.3 装置

见附录 A。

4.13.4 试验步骤

将试样悬挂在 A.6 规定的试验装置上,施加表 7 规定的力(F)5 min。

表 7 机械强度试验中施加的力(F)

电线外径 mm	施加力 F N
5	180
7 和 8	250

4.13.5 要求

对于 3A 型和 3B 型电线,在试验前后同一试样的电阻值的变化不应超过+50%~-30%。

对于电抗性电线,采用 12 V 的直流电压不应发生断路。

4.14 绝缘剥离

4.14.1 试验

电线需剥离绝缘时,应易去掉,剥离部分长度应至少为 20 mm。

4.14.2 要求

如需要时,剥离力的值应由供需双方协商确定。

4.15 流体相容性

4.15.1 概述

本试验用于验证和流体有限接触的电线。

每种流体的相容性试验应在长度约为 400 mm 的未使用试样上进行。

在流体的浸入试验中,电线试样的每端应伸出液面约 50 mm。

4.15.2 耐油试验

4.15.2.1 试验步骤

将试样浸入温度为(90±2)℃的 ISO 1817:2005 规定的 No.1 号油中至少 48 h。在试验中,应不断搅拌油。将试样从油中取出后擦去试样上的残存油液并冷却至室温,然后按 A.4 规定卷绕试样。

4.15.2.2 要求

在试验中,绝缘和护套不应断裂或撕裂。外径变化率允许为初始值的-5%~+15%。

4.15.3 耐燃料油试验

4.15.3.1 试验步骤

将试样浸入温度为室温的 ISO 1817:2005 规定的液体 C 中至少 30 min。将试样从液体 C 中取出后允许在室温下干燥大约 30 min,然后按 A.4 规定卷绕试样。

4.15.3.2 要求

在试验中,绝缘和护套不应断裂或撕裂。外径变化率允许为初始值的−5%～+15%。

4.15.4 耐制动液试验

4.15.4.1 试验步骤

将试样在温度为(90±2)℃的烘箱中加热 4 h 后,立刻将其浸入温度为室温的 ISO 4926:1978 规定的制动液中 5 min 到 10 min。从制动液中取出试样并干燥 2 min,尔后在温度为(90±2)℃的烘箱中重新加热 48 h。从烘箱中取出试样并擦去试样上多余的制动液后,使试样冷却到室温,然后按 A.4 规定卷绕试样。

4.15.4.2 要求

在试验中,绝缘和护套不应断裂或撕裂。外径变化率允许为初始值的−5%～+15%。

4.15.5 耐防冷冻剂试验

4.15.5.1 试验步骤

将试样在温度为(90±2)℃的烘箱中加热 4 h 后,将其立刻浸入温度为(95±5)℃的乙二醇和水的混合液(比例为 1:1)中 96 h。将试样从混合液中取出后冷却至室温并擦去试样上的残存液,然后按 A.4 规定卷绕试样。

4.15.5.2 要求

在试验中,绝缘和护套不应断裂或撕裂。外径变化率允许为初始值的−5%～+15%。

4.16 加速寿命试验

4.16.1 试样长度

试样长度约为 1 200 mm。

4.16.2 装置

见附录 A。

4.16.3 试验步骤

4.16.3.1 概述

试验前,先按 A.4,后按 A.2 卷绕试样。

4.16.3.2 到 4.16.3.6 规定的试验应在同一试样(无论有无护套)上按顺序先后进行。在浸入液体时,电线的端部离液面距离约为 100 mm。

在每次试验后,按 A.2 的规定以 500 V/s 的速率从 0 V 增加施压直至达到下述电压值:

——对于 5 mm 电线,15 kV(有效值);

——对于 7 mm 电线,23 kV(有效值);

——对于 8 mm 电线,23 kV(有效值)。

对于已有的装置,如果供需双方[3]协商同意,7 mm 电线也可施加 20 kV 电压(有效值)。

4.16.3.2 耐盐水试验

将试样在温度如表 8 规定的相应热老化试验温度的烘箱中加热 4 h 后,马上将试样浸入温度为(50±2)℃的 3%(质量比)的氯化钠水溶液中 16 h。将试样从氯化钠水溶液中取出后在室温下干燥 30 min,在金属套管内施加 4.16.3.1 规定的电压,耐压时间为 30 min。

---

3) 这种情况在 ISO 3808 的下一周期修订中会被考虑。

4.16.3.3 **耐油试验**

将试样在温度如表8规定的相应热老化试验温度的烘箱中加热4 h后，马上将试样浸入温度为(90±2)℃的ISO 1817:2005规定的No.1号油中16 h。将试样从油中取出后使其干燥并冷却至室温，在金属套管内施加4.16.3.1规定的电压，耐压时间为30 min。

4.16.3.4 **耐燃料油试验**

将试样浸入温度为室温的ISO 1817:2005规定的液体C中30 min。将试样从液体C中取出后，在无套筒(为避免爆炸的危险)情况下干燥4 h，在金属套管内施加4.16.3.1规定的电压，耐压时间为30 min。

4.16.3.5 **高温试验**

按表8规定的相应温度加热试样48 h后，使其冷却至室温，在金属套管内施加4.16.3.1规定的电压，耐压时间为30 min。

表8 高温试验温度

电线等级	A	B	C	D	E	F
试验温度 ±2 ℃	90	105	120	155	180	220

4.16.3.6 **低温试验**

在高温试验后，将试样从芯轴上松开，保留一端并固定之，在另一端施加45 N的力。在试样处于受力状态下，将芯轴和试样冷却至表9规定的温度并保持4 h。然后在表9规定温度的低温箱内以每五秒一圈的速率将试样卷绕在如A.2规定的芯轴上五整圈。将试样温度又回到室温。最后在金属套管内施加4.16.3.1规定的电压，耐压时间为30 min。

表9 高温试验后低温试验的温度

<table>
<tr><td>电线等级</td><td>A</td><td>B</td><td>C</td><td>D</td><td>E</td><td>F</td></tr>
<tr><td>试验温度
±3
℃</td><td>−10</td><td>−15</td><td colspan="2">−20</td><td>−30</td><td>−40</td></tr>
</table>

4.16.4 **要求**

在试验中，应无高压击穿发生。

附　录　A
（规范性附录）
试验装置

A.1　30 min的电压试验和击穿电压

见图 A.1。试验方法见 4.5。

单位为毫米

1——电极；
2——试样；
3——非导电性容器；
4——盐溶液。
[a] 试验电压。

图 A.1　30 min的电压试验和击穿电压试验装置

A.2　耐电晕和加速寿命试验

见图 A.2 和表 A.1。试验装置用于 4.7 和 4.16 规定的试验。

电线按如下卷绕：

a)　将试样的一端固定于芯轴上，另一端为自由端。在自由端施加 45 N 的力，转动芯轴并使其转动方向和力的方向相反，以约 19 mm 的节距卷绕试样整五圈。在卷绕过程中，试样不应受到妨碍其自由扭转的力的作用。

b)　固定试样的另一端，将力移去并用一个紧密配合的套管罩住试样。套管和芯轴应是非磁性金属，套管应有扩口状的端部。

表 A.1　电线、金属芯轴和金属套管直径

电线外径[a] mm	金属芯轴外径 D $\left(\begin{smallmatrix}0\\-0.2\end{smallmatrix}\right)$ mm	金属套管内径 ±2 mm
5	18	29.8
7	25	40.8
8		42.8

[a] 见 3.3。

STANDARDS PRESS OF CHINA

单位为毫米

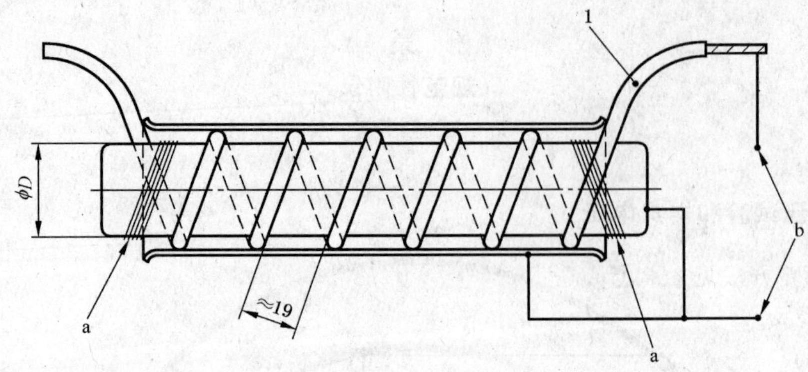

1——试样。
[a] 用带或绳子固定；
[b] 试验电压。

图 A.2 耐电晕试验装置

A.3 高温压力试验

见图 A.3。试验方法见 4.8。

单位为毫米

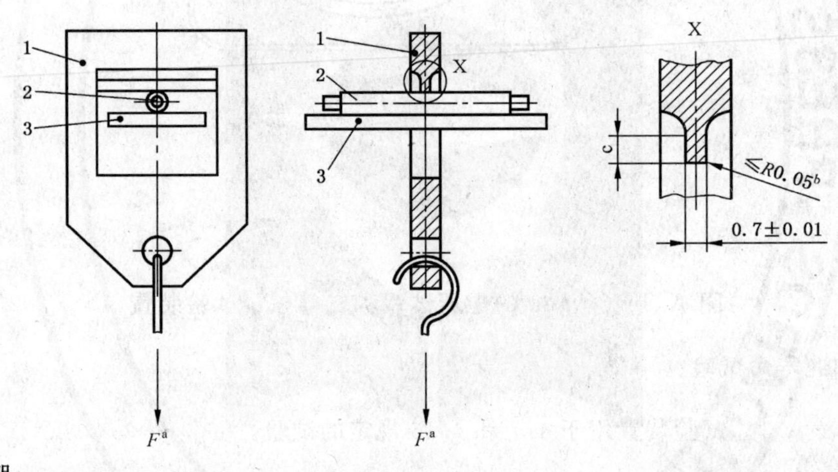

1——试验框架；
2——试样；
3——支撑物。
[a] 施加的力；
[b] 锐边；
[c] 在考虑中。

图 A.3 高温压力试验装置

A.4 热过载、流体相容性和加速寿命试验

在 4.9、4.15 和 4.16 中所使用的芯轴如下所述：

a) 将试样的一端固定于直径为 12.5 mm 的芯轴上，在另一端的绝缘上施加 45 N 的力；

b) 将试样先按顺时针方向，后按逆时针方向紧密地卷绕在芯轴上，每一方向上应卷绕至少四圈。

除非另有规定，卷绕速率应为 1 r/s。

A.5 阻燃试验

见图 A.4。试验方法见 4.11。

单位为毫米

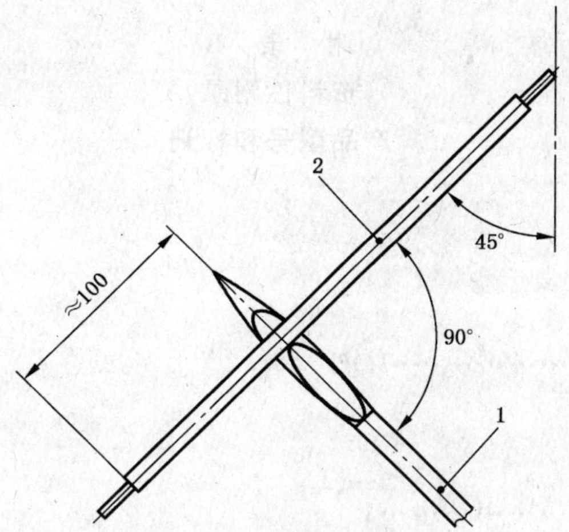

1——本生灯燃料器；

2——试样。

图 A.4 阻燃试验装置

A.6 机械强度

见图 A.5。试验方法见 4.13。

单位为毫米

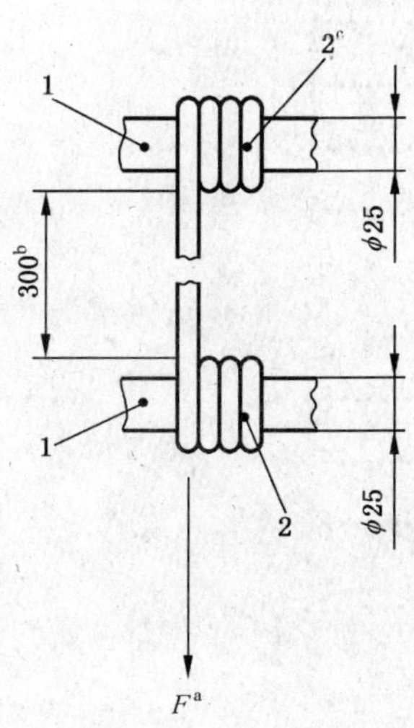

1——芯轴；

2——试样。

a 施加的力；

b 自由长度；

c 超过 3 圈。

图 A.5 机械强度试验装置

附　录　B
（资料性附录）
产品型号和标记

B.1　代号

系列代号
高压点火电线……………………………QG

导体代号
绞合的铜导体……………………………1
其他绞合金属导体………………………2
电阻型……………………………………3A（导体电阻为 3 000 Ω/m～9 000 Ω/m 时）
电阻型……………………………………3B（导体电阻为 9 000 Ω/m～23 000 Ω/m 时）
电抗型……………………………………4

电线等级代号
热过载试验温度为 105 ℃………………A
热过载试验温度为 120 ℃………………B
热过载试验温度为 155 ℃………………C
热过载试验温度为 180 ℃………………D
热过载试验温度为 220 ℃………………E
热过载试验温度为 250 ℃………………F

电线外径代号
外径为 5 mm………………………………5
外径为 7 mm………………………………7
外径为 8 mm………………………………8

B.2　产品型号

产品型号的组成和排列顺序如下：

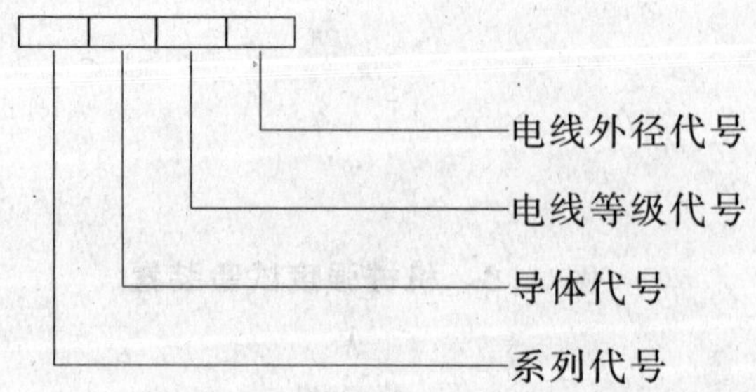

B.3　产品标记

产品标记由型号和本标准编号组成（见表 B.1）。

示例：

公路车辆用铜芯高压点火线，等级为A，外径为7 mm，表示为：QG1A7 GB/T 14820—2009。

表 B.1　本标准产品标记示例

序　　号	本标准产品标记示例
1	QG1A7 GB/T 14820—2009
2	QG2A7 GB/T 14820—2009
3	QG3AA7 GB/T 14820—2009
4	QG3BA7 GB/T 14820—2009
5	QG4A7 GB/T 14820—2009

B.4　新旧产品型号对照

前版标准中70 ℃耐热的产品对应本标准中热过载试验温度为105 ℃的产品(电线等级代号为A)。

前版标准中105 ℃耐热的产品对应本标准中热过载试验温度为120 ℃的产品(电线等级代号为B)。

ICS 83.060
G 40

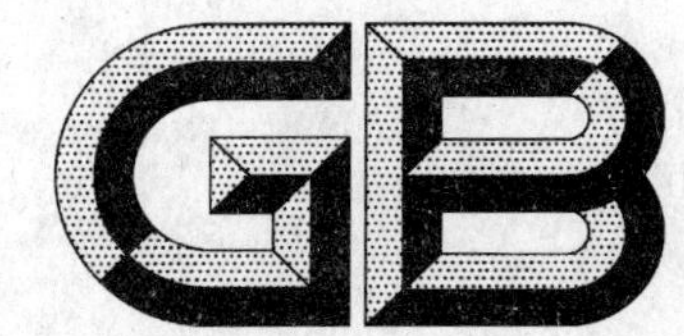

中华人民共和国国家标准

GB/T 14834—2009
代替 GB/T 14834—1993

硫化橡胶或热塑性橡胶与金属粘附性及对金属腐蚀作用的测定

Rubber, vulcanized or thermoplastic—Determination of tendency to adhere to and corrode metals

(ISO 6505:2005, MOD)

2009-04-24 发布　　　　2009-12-01 实施

中华人民共和国国家质量监督检验检疫总局
中国国家标准化管理委员会　发布

前　言

本标准修改采用 ISO 6505:2005《硫化橡胶或热塑性橡胶　与金属粘附性及对金属腐蚀作用的测定》(英文版)。

本标准代替 GB/T 14834—1993《硫化橡胶与金属粘附性及对金属腐蚀作用的测定》。

本标准根据 ISO 6505:2005 重新起草。

本标准与 ISO 6505:2005 差异和原因如下:用 GB 金属牌号代替 ISO 金属牌号,以便于国内市场的购买:

——ISO 6505 中规定符合标准 ISO 209-1 中牌号 AlCu4SiMg 条件 TF 的铝合金,用符合 GB/T 3190 中牌号 2A14 固溶处理和沉淀处理的铝合金代替;

——ISO 6505 中规定符合标准 ISO 630 中牌号 Fe360A 的碳钢,用符合 GB/T 700 中牌号 Q235A 的碳钢代替;

——ISO 6505 中规定符合标准 EN 1652 中牌号 CuZn37 的黄铜,用符合 GB/T 5231 中牌号 H63 的黄铜代替;

——ISO 6505 中规定符合标准 EN 1652 中牌号 Cu-ETP 的铜,用符合 GB/T 5231 中牌号 T2 的铜代替。

为了便于使用,本标准做了下列编辑性修改:

a) “本国际标准”一词改为“本标准”;

b) 用小数点“.”代替作为小数点的逗号“,”;

c) 删除国际标准的前言。

本标准与 GB/T 14834—1993 相比主要变化如下:

——修改了标准的名称;

——测定的对象从硫化橡胶扩展为硫化橡胶、热塑性橡胶;

——试验用金属铝的牌号由原来的 LY11 改为 2A14(1993 年版的第六章;本版的第 6 章);

——条形金属试板的尺寸增加(50±1)mm×100 mm(本版的第 6 章);

——橡胶试样增加 O 型圈试样(本版的 7.1.2,9.5.1.2,9.5.2.2);

——增加了两个试验周期(96±2)h 和(120±2)h(本版 8.2);

——试验步骤按试验环境不同分别加以说明。(本版的 9.5);

——腐蚀程度的评价按试验环境不同分别加以说明。(本版的 10.2);

——增加规范性附录 A 和资料性附录 B。

本标准由中国石油和化学工业协会提出。

本标准由全国橡标委橡胶物理和化学试验方法标准化分技术委员会(SAC/TC 35/SC 2)归口。

本标准起草单位:上海橡胶制品研究所。

本标准主要起草人:卞正军、杨晨耘。

本标准所代替标准的历次版本发布情况为:

——GB/T 14834—1993。

硫化橡胶或热塑性橡胶与金属粘附性及对金属腐蚀作用的测定

警告：使用本标准的人员应有正规实验室工作的实践经验。本标准无意涉及因使用本标准可能出现的安全问题，使用者有责任采取适当的安全和健康措施，并保证符合国家有关法规规定的条件。

注意事项：本标准涉及的一些操作可能使用、生成一些物质或产生废物而对当地的环境有污染影响，应制订使用后处置这些物质的适当的文件。

1 范围

本标准规定了硫化橡胶或热塑性橡胶暴露在指定试验环境中与金属粘附性及对金属腐蚀作用的测定方法。

附录A为本测试方法涉及的必要设备的校准表。

本标准适用于一般情况下评定硫化橡胶或热塑性橡胶与金属粘附性及对金属腐蚀作用。

2 规范性引用文件

下列文件中的条款通过本标准的引用而成为本标准的条款。凡是注日期的引用文件，其随后所有的修改单(不包括勘误的内容)或修订版均不适用于本标准，然而，鼓励根据本标准达成协议的各方研究是否可使用这些文件的最新版本。凡是不注日期的引用文件，其最新版本适用于本标准。

GB/T 700 碳素结构钢(GB/T 700—2006，ISO 630:1995，NEQ)

GB/T 2941 橡胶物理试验方法试样制备和调节通用程序(GB/T 2941—2006，ISO 23529:2004，IDT)

GB/T 3190 变形铝及铝合金化学成分(GB/T 3190—2008，ISO 209:2007，MOD)

GB/T 5231 加工铜及铜合金化学成分和产品形状

GB/T 6003.1 金属丝编织网试验筛(GB/T 6003.1—1997，eqv ISO 3310-1:1990)

GB/T 6031 硫化橡胶或热塑性橡胶硬度的测定(10～100 IRHD)(GB/T 6031—1998，idt ISO 48:1994)

ISO 18899 橡胶 试验设备校准导则

3 原理

将硫化橡胶或热塑性橡胶试样按规定条件夹在两条金属试板之间，在干燥或潮湿的大气环境下经过一定的时间。通过外观检查判定其对金属表面的粘附程度和腐蚀程度。

4 材料

4.1 丙酮(清洗金属用)：分析纯。

4.2 其他适用溶剂(清洗橡胶用)：分析纯，并且在试验中不应对橡胶产生有害的影响。

4.3 浮石粉：粒度应能通过符合GB/T 6003.1规定的网孔基本尺寸为53 μm的标准试验筛。

4.4 蒸馏水或相应纯度的水。

4.5 硅胶。

5 试验装置

5.1 按照普通试验室的要求，并增加如下内容。

STANDARDS PRESS OF CHINA

5.2 支承夹具：应能使条形金属试板和橡胶试样对准，承受夹持力，并具有夹具调整结构，以使整个试验周期内组合试样“夹层”上保持指定的夹持力（见图1）。

5.3 试验箱：应符合GB/T 2941的规定，具有温度控制调节装置，使试验温度控制在GB/T 2941允许的公差范围内。

对于那些“干燥”大气环境以外的试验，应按照GB/T 2941的规定，提供适当的湿度控制方法。

注1：对于在“干燥”大气环境中的试验（湿度小于10%），应使用干燥器。对于高温试验，这是普遍使用的降低湿度的方法。

注2：对于在“潮湿”大气环境中的试验（湿度约90%），应使用底部装有33%丙三醇和67%水的混合剂的开放式容器的干燥器。此混合剂20 ℃的相对密度为1.080 6。其23 ℃的表面相对湿度大约为90%。

5.4 聚乙烯手套：或其他合适的工具用来防止与试样表面产生直接接触。

5.5 放大镜：放大倍数为3～5倍。

5.6 重物：平底的。

单位为毫米

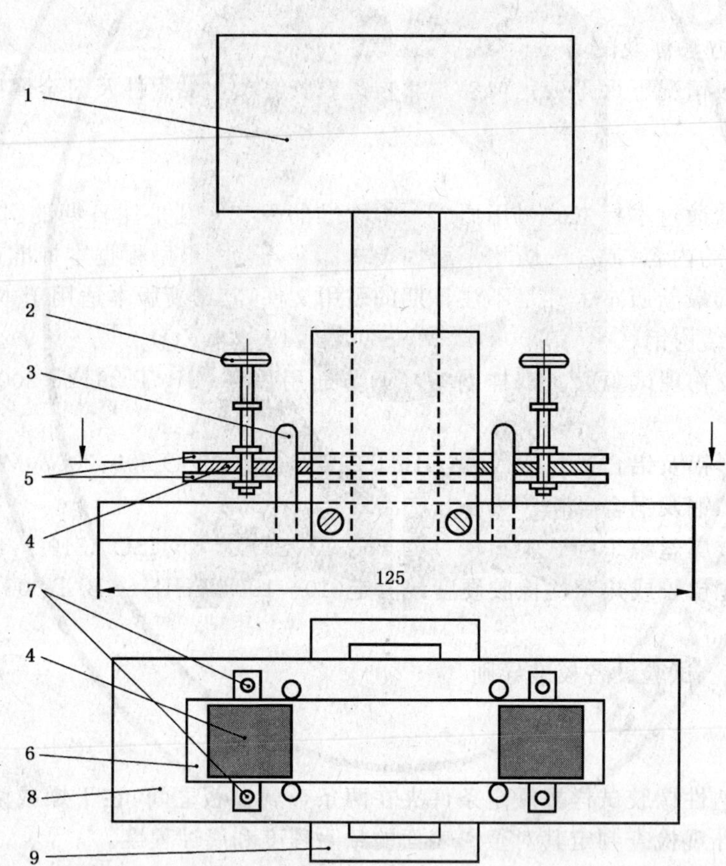

1——10 kg重物；

2——螺旋把手；

3——定位销；

4——橡胶试样；

5——条形金属试板；

6——条形金属底板；

7——夹具位置；

8——底座；

9——10 kg重物导架。

图1 支承夹具图

6 试验用金属

试验用金属应为相关材料规范中规定的金属。如果未规定金属,则应从表1规定的标准试验用金属中选取。

表1 标准试验用金属

标准试验用金属	要　求
铝	GB/T 3190:牌号 2A14, 固溶处理和沉淀处理
碳钢	GB/T 700:牌号 Q235A
注:如使用例如黄铜(H63)或铜(T2),可按照 GB/T 5231 的规定。	

条形金属试板应有足够的厚度使之能经受夹持力而不发生弯曲。如果仅有金属薄片可用,则该薄片应采用对试验金属无腐蚀作用的刚性背衬材料加以支承。

试验用金属应采用表2规定的条形试板尺寸。

表2 条形金属试板的尺寸

宽度/ mm	长度(最小)/ mm	注　释
25±1	100	用于尺寸为 20 mm×20 mm 正方形试样
50±1	100	用于外径为 18 mm 至 45 mm O 型圈

7 橡胶试样

7.1 试样制备

7.1.1 正方形试样

正方形试样边长应为(20±0.5)mm,厚度优选(2.0±0.2)mm。

正方形试样应从符合 GB/T 2941 规定的试片或成品上冲切或裁取。

7.1.2 O型圈试样

O型圈试样横截面直径应为(3.55±0.1)mm。试样外径应在 18 mm 到 45 mm 范围内。

7.2 试样数量

每种样品至少2个试样。

7.3 硫化与试验之间的时间间隔

硫化与试验之间的时间间隔应符合 GB/T 2941 的规定。

7.4 贮存

在硫化与试验的间隔期间,样品及试样应尽可能避免光照。

8 试验条件

8.1 试验温度

试验温度应从 GB/T 2941 中规定的温度系列中选取。

8.2 试验周期

试验周期应从以下各项中选取:

$24_{-2}^{\ 0}$ h;$72_{-2}^{\ 0}$ h;(96±2)h;(120±2)h;(168±2)h 和 7 d 的倍数。

注:120 h 的试验周期在 GB/T 2941 规定之外,但此周期适用于特殊材料,尤其对潮湿大气环境试验。

8.3 试验湿度

湿度要求如下：

a) 干燥的大气环境的相对湿度小于10%；

b) 潮湿的大气环境的相对湿度为(90±5)%。

注：本试验通常在低湿度环境下进行，以保证除橡胶腐蚀以外的其他原因所引起的腐蚀作用降至最低限度。

9 试验步骤

9.1 预防措施

在所有的操作中，为减少表面污染，接触橡胶试样和条形金属板应用聚乙烯手套或其他适用的工具(见5.4)。

9.2 试验所用橡胶试样的制备

用浸有一种符合4.2规定的溶剂的棉毛布清洗所有橡胶试样的表面以去掉污物(例如，脱模剂)。所使用的溶剂依据试验所用橡胶而定，溶剂不应对橡胶试样产生有害影响(例如，丙酮不应用于丁腈橡胶，而异丙醇可用于该橡胶)。

使试样在空气中干燥。除非另有规定，干燥时应将试样置于符合GB/T 2941规定的标准试验室温度下，贮存在放有硅胶的洁净的干燥器内至少24 h，取出后立即进行试验。

因为清洗试样可能会除去橡胶表面的蜡、抗臭氧剂等物质，而此类物质又通常被认为会影响橡胶的粘附和腐蚀性能。所以在试验前，应将试样置于干燥器内足够长的时间，以重新形成“原始”表面。

9.3 条形金属试板的数量

对于每个试验，从符合材料规范或本标准第6章规定的金属中选取两块适用的条形金属试板。

对于在潮湿大气环境中的试验，应使用“夹层”构造的试样以避免电解效应。

9.4 条形金属试板的表面制备

用沾有浮石粉(4.3)水浆的棉毛布彻底清洗条形金属试板的试验表面直至表面光泽消失。再用水(4.4)冲洗，然后用丙酮(4.1)彻底清洗条形金属试板，最后使其在空气中干燥。如果处理过的条形金属试板清洗后不立即使用，则在试验前应贮存在放有硅胶的洁净的干燥器内，并且不超过24 h。

9.5 试验

9.5.1 在干燥大气环境中的试验

9.5.1.1 片状材料(正方形试样)试验

取两块按7.1.1和9.2规定制备的橡胶试样和按9.4规定制备的尺寸为25 mm×100 mm的条形金属板。将两块橡胶放在制备好的条形金属试板表面之间，两块橡胶试样相距大约40 mm，并与条形金属试板的各端部近似等距离(见图1)。将支承夹具中形成的橡胶-金属夹层对正，并对夹层试样施加(10±0.1)kg的重物(作用在橡胶试样上的压力相当于122.5 kPa)。用适当的力旋紧夹板两端的螺母，以使在除去10 kg重物后仍能保持夹持力。从支承夹具上除去10 kg重物，将夹层试样放在已恒温的符合5.3规定的试验箱内，在试验温度下一直保持到试验周期结束(见第8章)。

试验周期结束时，从试验箱中取出试样夹层，在标准试验室温度下冷却至少1 h。松开夹具，小心地将条形金属试板与橡胶试样分开。检查与橡胶接触的金属表面的粘附与腐蚀的痕迹。用放大镜(5.5)检查腐蚀情况。

9.5.1.2 O型圈试验

取两个按7.1.2和9.2规定制备的尺寸相同的O型圈试样和按9.4条规定制备的尺寸为50 mm×100 mm的条形金属板。将O型圈试样放在制备好的条形金属试板表面之间，两块橡胶试样相距大约40 mm，并与条形金属试板的各端部近似等距离。将支承夹具中形成的橡胶-金属夹层对正，并对夹层试样施加表 3 规定的负荷 L。用适当的力旋紧夹板两端的螺母，以使在除去负荷后仍能保持夹持力。从支承夹具上除去负荷，将夹层试样放在已恒温的符合 5.3 规定的试验箱内，在试验温度下一直保持到试验周期结束(见第 8 章)。

表 3 试验负荷的选择

橡胶硬度（按照 GB/T 6031 测定）IRHD	每毫米圆周上的负荷 ΔL/(N/mm)	
50	0.4±0.05	负荷 L 按以下公式计算，单位为牛顿(N)。 $L=2\times\Delta L\times\pi(D_i+d)$ 式中： ΔL 表示每毫米圆周上的负荷，单位为牛顿每毫米(N/mm)。 D_i 表示 O 型圈的内径，单位为毫米(mm)。 d 表示 O 型圈的厚度，单位为毫米(mm)。 2 负荷分布在两个试样上。
55	0.5±0.05	
60	0.6±0.05	
65	0.8±0.05	
70	1.1±0.05	
75	1.5±0.1	
80	1.9±0.1	
85	2.6±0.2	
90	3.3±0.2	

试验周期结束时，从试验箱中取出试样夹层，在标准试验室温度下冷却至少 1 h。松开夹具，小心地将条形金属试板与橡胶 O 型圈试样分开。检查与橡胶接触的金属表面的粘附与腐蚀的痕迹。用放大镜(5.5)检查腐蚀情况。

9.5.2 在湿润大气环境中的试验

9.5.2.1 片状材料(正方形试样)试验

取两块按 7.1.1 和 9.2 规定制备的橡胶试样和按 9.4 规定制备的尺寸为 50 mm×100 mm 的条形金属板。将两块橡胶放在制备好的条形金属试板表面之间，两块橡胶试样相距大约 40 mm，并与条形金属试板的各端部近似等距离(见图 1)。将支承夹具中形成的橡胶-金属夹层对正，并对夹层试样施加(10±0.1)kg 的重物(作用在橡胶试样上的压力相当于 122.5 kPa)。用适当的力旋紧夹板两端的螺母，以使在除去 10 kg 重物后仍能保持夹持力。从支承夹具上除去 10 kg 重物，将夹层试样放在已恒温的符合 5.3 规定的试验箱内，在标准试验温度和(90±5)%相对湿度下一直保持到试验周期结束(见 8.2)。

试验周期结束时，从试验箱中取出试样夹层，松开夹具，小心地将条形金属试板与橡胶试样分开。将条形金属板在标准试验温度和(50±5)%相对湿度的大气环境中保持 16 h 至 24 h。试验周期结束时，检查与橡胶接触的金属表面的粘附与腐蚀的痕迹。用放大镜(5.5)检查腐蚀情况。

9.5.2.2 O 型圈试验

取两个按 7.1.2 和 9.2 规定制备的尺寸相同的 O 型圈试样和按 9.4 规定制备的尺寸为 50 mm×100 mm 的条形金属板。将 O 型圈试样放在制备好的条形金属试板表面之间，两块橡胶试样相距大约 40 mm，并与条形金属试板的各端部近似等距离。将支承夹具中形成的橡胶-金属夹层对正，并对夹层试样施加表 3 规定的负荷 L。用适当的力旋紧夹板两端的螺母，以使在除去负荷后仍能保持夹持力。从支承夹具上除去负荷，将夹层试样放在已恒温的符合 5.3 规定的试验箱内，在标准试验温度和(90±5)%相对湿度下一直保持到试验周期结束(见 8.2)。

试验周期结束时，从试验箱中取出试样夹层，松开夹具，小心地将条形金属试板与橡胶 O 型圈试样分开。将条形金属板在标准试验温度和(50±5)%相对湿度的大气环境中保持 16 h 至 24 h。试验周期

STANDARDS PRESS OF CHINA

结束时,检查与橡胶接触的金属表面的粘附与腐蚀的痕迹。用放大镜(5.5)检查腐蚀情况。

10 结果表示

10.1 粘附程度

按下列标准评价粘附程度:

a) 橡胶试样与两个金属表面完全分离,无任何粘附现象;

b) 需用力与金属表面分离。有橡胶颗粒粘附在一个或两个金属表面。

10.2 腐蚀程度

按下列标准评价腐蚀程度。

10.2.1 在干燥大气环境中的试验:

a) 表面无污染或腐蚀;

b) 表面有污染或变色,但一块或两块金属表面无凹痕或侵蚀;

c) 一块或两块金属表面有明显的凹痕或侵蚀。

10.2.2 在湿润大气环境中的试验

对于条形金属试板中与试样接触的部分,腐蚀程度分为0至5级,0级表示无污染和腐蚀,5级表示严重的污染和腐蚀。O型圈试样1至5级的示例参见附录B。

11 试验报告

试验报告应至少包括下列内容:

a) 本标准的编号。

b) 试样的详细说明:

1) 样品及其来源的详细说明;

2) 适用时说明混炼胶和硫化的情况;

3) 从样品上制备试样的方法;

4) 使用的条形金属试板的形状。

c) 试验的详细说明:

1) 使用的标准试验室温度和湿度;

2) 使用的试验持续时间,试验温度和试验大气环境;

3) 所有与本标准不一致的操作。

d) 试验结果:粘附和/或腐蚀的详细说明。

e) 试验日期。

附　录　A
（规范性附录）
校　准　表

A.1　检查

在采取任何校准之前，仪器需被校准的项目的情况应被检查确认，并记录在校正报告或证书中。报告中应注明校准是在接受状态，返修状态，或非正常状态的情况下进行。

应确认仪器是否在总体上适合所需要求，包括所有参数以及那些无需正式校准参数。如果这些参数有可能改变，在校准流程中应写入周期性检查。

A.2　校准表

表 A.1 中对每一个项目的校准程序由代码字母 C(表示当有要求时需要确认，但测量不是必需的）或参考条款或 ISO 18899 附录表示。

表 A.1 中对每一个项目的校准频率由以下代码字母表示：

N　首次校准；

S　ISO 18899 给出的标准间隔时间校准；

U　使用时校准。

表 A.1　校准表

项　　目	要　　求	程　　序	校准频率	备　注
支承夹具	在整个试验过程中能够承受夹持力	C	N	
试验箱	按照 GB/T 2941			
温度控制	按照 GB/T 2941	ISO 18899:2004 第 18 章	S	
放大镜	3 倍至 5 倍	C	N	
试验用条形金属板材料：				
铝	GB/T 3190:牌号 2A14，固融处理和沉淀处理	C	N	
黄铜	GB/T 5231	C	N	
铜	GB/T 5231	C	N	
碳钢	GB/T 700:牌号 Q235A	C	N	
其他金属材料	按规定要求			
试验用条形金属板大小	宽度为 25 mm 或 50 mm，长度≥100 mm	C	N	
试验用条形金属板厚度	足够承受夹持力	C	U	
如用金属薄片制作	使用无腐蚀作用的刚性背衬材料	C	U	
湿度	<10%，50%或 90%	ISO 18899:2004 第 20 章	S	
如使用高湿度	使用方式同夹层中金属	C	U	

表 A.1(续)

项　　目	要　　求	程　　序	校准频率	备　注
橡胶制备	使用适合的溶剂清洗所有的表面,溶剂对橡胶无有害影响。 用手套或其他适用的工具接触。	C	U	例如,丙酮不用于丁腈橡胶
贮存	贮存在放有硅胶的干净的干燥器内,避光。	C	U	
两片橡胶试样间距	约 40 mm	C	U	
试验负载(O 型圈试样)	见表 3	ISO 18899:2004 的 21.3	S	
应用的重量(正方形试样)	(10±0.1)kg	ISO 18899:2004 的 22.2		
相对湿度	(50±5)%	ISO 18899:2004 第 20 章	S	
材料	丙酮:分析纯 溶剂:分析纯(试验中对橡胶无有害影响) 浮石粉:粒度应能通过符合 GB/T 6003.1 规定的网孔基本尺寸为 53 μm 的标准试验筛。 蒸馏水或相应纯度的水 硅胶 聚乙烯或聚乙烯医用手套或镊子			

除表 A.1 列出的项目之外,使用下列项目,这些都应按 ISO 18899 规定校准:

——计时器;

——温度计用以监测环境温度;

——测量试片长度,宽度和厚度的工具。

附　录　B
（资料性附录）
腐蚀程度的等级

一级

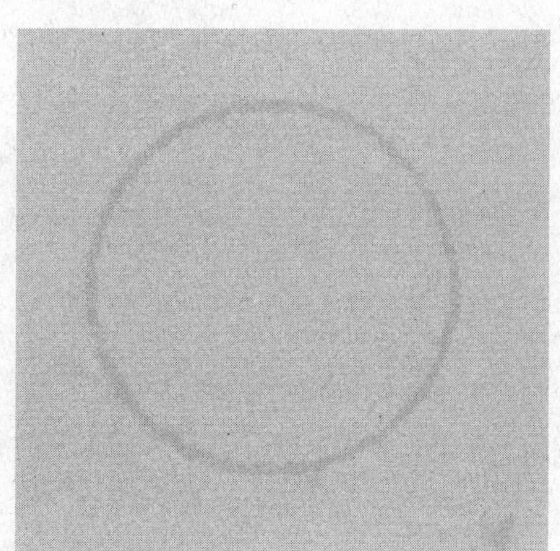

二级

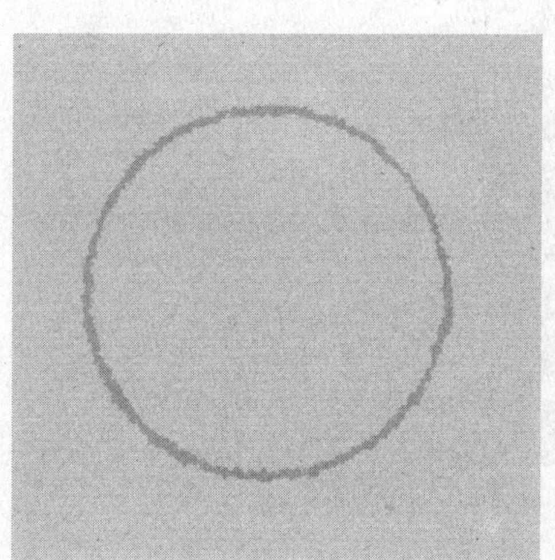

三级

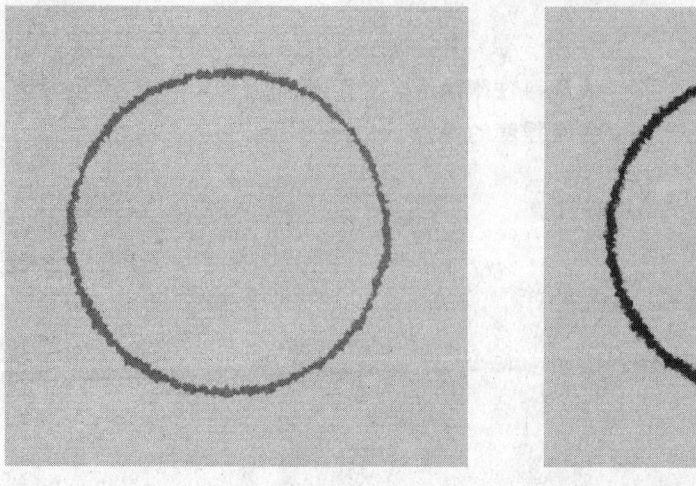

四级

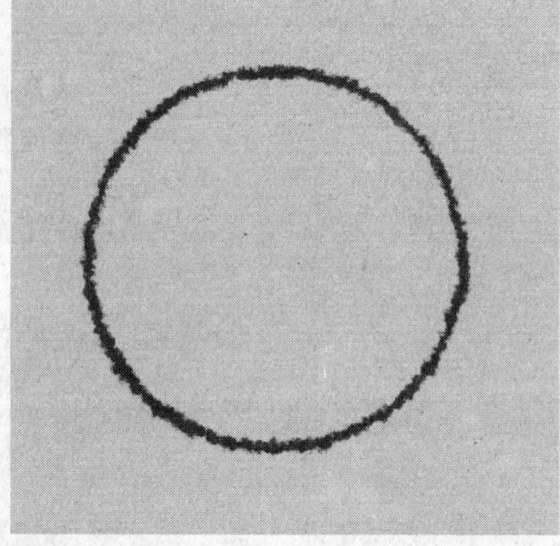

五级

ICS 83.060;83.140.01
G 40

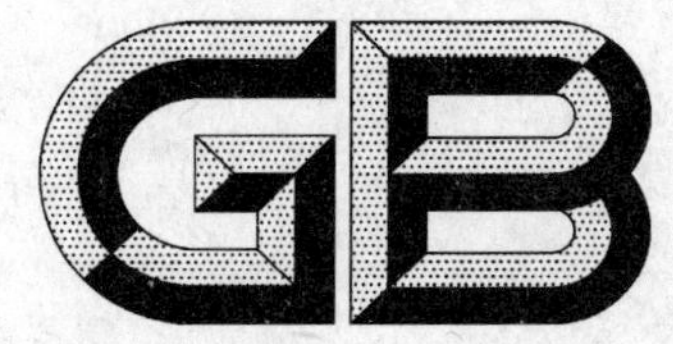

中华人民共和国国家标准

GB/T 14838—2009/ISO/TR 9272:2005
代替 GB/T 14838—1993

橡胶与橡胶制品　试验方法标准精密度的确定

Rubber and rubber products—Determination of precision for test method standards

(ISO/TR 9272:2005,IDT)

2009-06-15 发布　　　　2010-02-01 实施

中华人民共和国国家质量监督检验检疫总局
中国国家标准化管理委员会　发布

前　言

本标准等同采用国际标准 ISO/TR 9272:2005《橡胶与橡胶制品　试验方法标准精密度的确定》(英文版)。

本标准等同翻译 ISO/TR 9272:2005。

本标准代替 GB/T 14838—1993《橡胶与橡胶制品　试验方法标准精密度的确定》。

为便于使用,本标准还作了下列编辑性修改:

a)　“本技术报告”一词改为“本标准”;

b)　用小数点“.”替代作为小数点的逗号“,”;

c)　删除了国际标准技术报告的前言。

本标准与 GB/T 14838—1993 的主要差异:

——本次修订根据 ISO/TR 9272:2005 采用了曼德尔 h 和 k 统计法,而非 1993 版的科克伦和狄克逊法,因而章条结构和内容发生了重大变化,无对应关系,除下述修订内容外,全部为新内容;

——修改术语定义 6 条(1993 年版 3.1.1.1,3.1.1.2,3.1.1.3,3.1.2.2,3.1.2.5,3.1.2.6;本版 3.2.2,3.2.3,3.2.4,3.2.6,3.2.8,3.2.10);

——修改了组织精密度室间试验的方案(1993 年版第 5 章;本版第 6 章)。

本标准的附录 A,附录 B,附录 C 和附录 D 为规范性附录,附录 E 为资料性附录。

本标准由中国石油和化学工业协会提出。

本标准由全国橡胶与橡胶制品标准化技术委员会(SAC/TC 35)归口。

本标准起草单位:中橡集团沈阳橡胶研究设计院。

本标准主要起草人:张艳芬。

本标准所代替标准的历次版本发布情况为:

——GB/T 14838—1993。

STANDARDS PRESS OF CHINA

引　言

国内试验方法的精密度标准主要是GB/T 6379,这是一个基础标准,为确定重复性和再现性精密度以及准确度和关于被称为精度的偏倚的概念提供了基本的统计方法和计算法则。然而,在过去的40年中,GB/T 6379的一些精密度确定的内容不适合橡胶制造工业和炭黑工业。

主要存在两个问题:

a) 严格执行GB/T 6379与这两个工业中现行的操作程序和过去的试验历史相冲突;

b) GB/T 6379不满足橡胶与炭黑试验所特有的一些要求。

所以,虽然GB/T 6379是本标准必不可少的规范性引用文件,但并不能满足ISO/TC 45的需要。

本标准对过去几十年关于精密度确定的主要问题——许多试验方法的再现性(实验室间的差异)非常大——有一个更全面的解决方案。关于行业中许多基本试验方法存在非常差的实验室间一致性一直是常被讨论和令人震惊的问题。经验证明,较差的再现性通常只是由于小数量(百分数)的可能被指定为离群值实验室而引起的。本标准对消除或大幅度降低离群值影响的"稳健"分析方法进行了说明。关于这些问题和GB/T 6379的其他更详细的背景说明,参看附录E。

本标准一共有5个附录,既是对正文的补充,也是对术语一章的补充。

——附录A定义了曼德尔h和k统计法,举例说明如何计算h和k统计量并给出其临界数据表。

——附录B给出重现性和再现性的计算公式,说明如何生成和使用精密度工作表中的6个表格。

——附录C概述了由h和k统计量剔除的离群值的替代值的计算程序。离群值替代而非剔除是一种由很少数量实验室和/或材料确定精密度的选择方法。

——附录D是一个实例,门尼黏度试验的精密度确定,说明了用h和k统计法判定为离群值并处理后而得的精密度数据库,同时举例说明了GB/T 6379.2所述的离群值鉴别和剔除过程中存在的一些问题。

——附录E提供一些关于GB/T 6379、稳健分析和有关精密度确定的其他问题的背景信息。

附录E主要提供了充分理解精密度确定的重要的背景信息。附录A,附录B和附录C包含本标准各个部分所要求操作的详细说明和程序。这些附录的应用,避免了本标准正文中有关说明的章节过长,从而可以更好地理解精密度确定中所包含的概念。

橡胶与橡胶制品　试验方法标准精密度的确定

1　范围

本标准为通过实验室间试验方案(ITP)确定橡胶制造工业和炭黑工业所使用的试验方法标准精密度提供指南。本标准采用GB/T 6379中基本单向分析的方差计算法则,尽可能使GB/T 6379的术语和定义不与过去历史相矛盾,不与这两个行业中精密度的确定程序相矛盾。虽然本标准没有确定偏倚,但它是理解精密度确定的一个基本概念。本标准不包括准确度和精度的确定,GB/T 6379中包含这两个概念。

本标准提供了两种精密度的确定方法,它们被称为试图消除或大幅度降低离群值影响的"稳健"统计方法。第一种方法是"一水平精密度"程序,适用于橡胶制造工业的所有试验方法,第二种方法则是一水平精密度程序的一个特殊情况,称为"二水平精密度"程序,适用于炭黑工业试验。两者使用相同的均匀水平实验设计和曼德尔 h 和 k 统计法对潜在的离群值精密度数据库进行检查。然而,它们采用略有不同的剔除程序处理作为离群值的不协调数据值。"二水平精密度"程序在每个数据库单元或材料/实验室组合的复制数量方面是独特的。

2　规范性引用文件

下列文件中的条款通过本标准的引用而成为本标准的条款。凡是注日期的引用文件,其随后所有的修改单(不包括勘误的内容)或修订版均不适用于本标准,然而,鼓励根据本标准达成协议的各方研究是否可使用这些文件的最新版本。凡是不注日期的引用文件,其最新版本适用于本标准。

GB/T 6379(所有部分)　测量方法与结果的准确度(正确度与精密度)[idt ISO 5725(所有部分)]

ISO 3534-1　统计　词汇和符号　第1部分:概率和一般统计术语

3　术语和定义

3.1　通则

对本标准而言,3.3中给出的术语和定义与3.2中修改的GB/T 6379中的术语和定义都适用。关于某些精密度类型的其他术语在5.3中有说明。通过在该条款中给出关于所要试验材料性质的定义可以更好地理解这些术语。

3.2　GB/T 6379中的术语

GB/T 6379中的术语,一般引自ISO 3534-1,在下列情况下适用:

a)　其定义不与ISO/TC 45试验方法标准精密度确定的综合处理所要求的程序相矛盾;

b)　当它们适于给出资料性和增进理解定义的任务时。

在本节中,对GB/T 6379中的术语增加了注解,以便更深入地理解ISO/TC 45试验方法的精密度确定。

3.2.1

公认参照值　accepted reference value

用作比较的经协商同意的标准值,它来自于:

a)　基于科学原理的理论值或确认值;

b)　基于一些国家或国际组织的实验工作的指定值或认证值;

c) 基于科学或工程组织赞助下合作实验工作中的同意值或认证值；

d) 当a)，b)和c)不能获得时，则用(可测)量的期望，即规定测量总体的均值。

3.2.2

试验结果 test result

用规定的试验方法获得的特性值。

注：试验方法宜指明测量、测定或观测是一个还是多个，报告的试验结果是观测值的平均数还是它的其他函数(例如中位数或标准差)。它可以要求按适用的标准进行修正，例如气体容积的修正等。

3.2.3

准确度 accuracy

试验结果与公认参照值间的一致程度。

注：术语准确度，当用于一组试验结果时，是由随机误差分量和系统误差即偏倚分量组成。

3.2.4

偏倚 bias

试验结果的期望与公认参照值之差

注：与随机误差相反，偏倚是系统误差的总和。偏倚可能由一个或多个系统误差引起。系统误差与公认参照值相差越大，偏倚就越大。

3.2.5

实验室偏倚 laboratory bias

一个特定的实验室的试验结果的期望与公认参照值之差。

3.2.6

精密度 precision

在规定条件下，独立试验结果间的一致程度。

注1：精密度(对于同一实验室条件即重复性)仅仅依赖于随机误差的分布，而与真值(公认参照值)或规定值无关。关于全局试验区域(实验室间条件)，参看下面的3.3.1，实验室间精密度(再现性)受实验室偏倚以及这种全局试验区域内所固有的随机误差的影响。

注2：精密度的度量通常以不精密度表达，其量值用试验结果的标准差来表示。精密度越低，标准差越大。

注3："独立试验结果"指的是对相同或相似的试验对象所得的结果不受以前任何结果的影响。

注4：精密度的定量的测量严格依赖于规定的条件(试验区域的类型)。重复性和再现性条件为其中两种极端情况。

注5：此外，精密度可定义为"品质因数"。对于规定的试验区域，如标准差所预计的，它与独立重复(试验或观测)值分散度的倒数成正比。

3.2.7

重复性条件 repeatability condition

在同一实验室，由同一个操作者使用相同的设备，按相同的试验方法，在短时间内对同一试样(或元件)相互独立进行的试验条件。

注：如在3.3.1中所定义，"局部试验区域"是进行重复性试验所在的场所或环境(在一个特定实验室内)。"相同"一词应指"标称相同"，即试样之间无故意差别。试验结果的重复性测量之间的"时间间隔"可由具体试验组织协商选择。对于ISO/TC 45和国际橡胶制造工业，重复性试验之间的时间间隔约为1 d～7 d。

3.2.8

重复性 repeatability

在重复性条件下的精密度。

注1：重复性，用符号r表示，为标准差倍数的区间；该区间(基于95%概率水平)包含在规定的局部试验区域所得独立试验结果的二倍。

注2：相对重复性(r)为测量性能平均值的百分数(多倍标准差)的区间；该区间应(基于95%概率水平)包含在规定

的局部试验区域所得的独立试验结果(百分数)。

注3：重复性可视测量性能的大小或水平而定，通常报告具体的性能水平或决定性能水平的材料或元件类别。

注4：虽然按上述定义的重复性适用于局部试验区域，但是可由两种不同的方式获得，并且术语重复性可用于两种不同的领域。可适用于公共团体值，是在一 N 个不同实验室当中用实验室间试验方案(ITP)作为来自所有实验室的平均(或合并)值而获得的值。这可称为通用的或全局的重复性，适用于代表全局实验区域一部分的所有实验室的"代表性实验室"。也可适用于某一"具体实验室"的长期或确认值，由该实验室正在进行的试验获得的，与任何 ITP 没有联系。这第二种用法可称为局部重复性，即在或由一个实验室所获得的重复性。

3.2.9

再现性条件　reproducibility conditions

在不同的实验室，由不同操作者使用不同的设备，按相同的试验方法，对同一试样(或元件)相互独立进行的试验条件。

注1：在全局试验区域(见3.3.1.5)内的每个实验室(或场地)对一种材料(目标材料)进行 n 次重复性试验，并根据 N 个实验室的(n 个局部试验区域试验的)平均值确定该种材料的再现性。再现性也可依据于测量性能的水平或所试验的材料，并且它通常也报告为具体性能水平或材料的再现性。

注2：术语"不同的设备"应解释为公认的和标准的不同试验装置，即所有的试验装置都是标称相同的，但处于不同的实验室内。

3.2.10

再现性　reproducibility

在再现性条件下的精密度。

注1：再现性，R(对于规定的全局试验区域)由 N 个实验室(每个实验室 n 次重复)对标称相同的试样所进行的独立试验获得，表示为标准差倍数的区间；该区间应(基于95%概率水平)包含在规定的全局试验区域由不同实验室所得独立试验结果二倍。

注2：相对再现性 (R)，表示为测量性能平均值的百分数(多倍标准差)的区间，该区间应(基于95%概率水平)包含在规定的全局试验区域由不同实验室所得独立试验结果(百分数)。

注3：再现性也依据于测量性能的水平或所试验的材料，并且通常也报告为具体性能水平或材料的再现性。再现性通常没有上述关于重复性所讨论的双重解释或用法，因为它只是一个适用于全局试验区域的一些实验室之间的"组合特性"。

注4：如注1所表明，再现性由全局试验区域的随机误差的大小以及同一全局试验区域的偏倚成分的分散度确定。具有良好一致性的实验室，其偏倚为零或很小。与公认参照值或 ITP 总平均值没有良好平均值一致性的实验室，具有很大的偏倚，虽然每个实验室偏倚大小相对恒定，但是在有偏倚的实验室之间是不同的，即它具有分布特性。

3.2.11

离群值　outlier

一组值内，与其他值不一致的值。

注：本 ISO/TC 45 标准将"组"定义为被测量的"元件类别"。参看下面3.3.1中定义的元件和元件类别。

3.3　GB/T 6379 中没有规定的术语

许多特殊的术语在这里按系统顺序从简单至复杂相继被定义。简单的术语用于定义稍微复杂的术语，由此生成最简洁明确的定义。

3.3.1　基本试验术语

3.3.1.1

元件　element

为了测定性能或特性而被试验或观测的实体，它可以是一组物体(试样等)中的单件物体或增量或一部分质量(或体积)材料。

注：通用术语元件有一些同意词：物品、试片、试样、部分、等分部分、子样本、实验室样本。

3.3.1.2

元件类别　element class(class of elements)

具有共同来源或具有标称相同性能的一组元件的类别或说明性名称。

注：术语“标称相同”是指元件在所要测量的性质方面尽可能具有相似的来源。

3.3.1.3

试验区域　testing domain

进行试验的场地和操作条件；它包括元件(试验样本或试片)制备，试验设备(校准、调节、设定)，所选择的试验方法和周围环境的描述。

3.3.1.4

局部试验区域　local testing domain

是由用来进行质量控制和内部开发或评估程序的具有代表性的特定区域或实验室组成的区域。

3.3.1.5

全局试验区域　global testing domain

包含两个或多个生产厂-用户试验，产品验收和实验室间试验方案的具有代表性的特定区域或实验室组成的区域。

3.3.1.6

平衡均匀水平设计　balanced uniform level design

实验室间试验方案的精密度设计，其中，所有实验室试验该方案选择的所有材料，每个实验室对每种材料进行相同次数(n)的重复试验。

3.3.2　材料和取样术语

3.3.2.1

材料　material

所要试验的特定实体或元件类别，通常以散装形式(固体、粉末、液体)存在。

注：材料用作说明所试验“元件类别”的通用术语，即材料可以为橡胶、橡胶配料、炭黑、橡胶化学助剂等。材料可以是也可以不是同质的。在制品试验中，材料术语可用于说明“元件类别”或橡胶制品的类别例如O形圈、软管组合件、发动机座等。参看5.3中“目标材料”的定义。

3.3.2.2

批　lot

规定质量或体积或数量的材料，通常由同一过程生成，常常具有公认的成分或性能范围。

注：一批可通过常规的生产(或自然)过程在规定的时间内生成，通常由有限的规格或数量构成。一批可为总量的分数部分。公认的性能范围系指现有的一些粗略近似值。

3.3.2.3

样本　sample

〈实体样本〉按具体程序选取，用于测定材料、批或总量的特性的元件或规定质量的材料。

注：术语“样本”不应用作“材料”或“目标材料”的同义词见5.3。理想情况是，在任何实验室间试验方案中试验若干种“材料”，每种材料在化学、结构、性能方面是不同的。从每一种材料中，可选取一定数量标称相同的“样本”进行试验。

3.3.2.4

样本　sample

〈数据〉通过应用特定的试验(观测)方法从(一个或多个)实体样本所获得的一些试验或观测值(n=1,2,3等)。

3.3.2.5

试验样本　test sample

为化学或其他分析试验所选取的所有类型的(实体)样本的一部分，通常带有规定的混合或其他程序。

注：试验样本的质量或体积通常是一批材料非常小的相等部分。

3.3.2.6

试片 test piece

取自样本(或批),用于物理或机械性能试验的(适当成型和制备的)物体。

注:术语"试样"是试片的同义词。

3.3.3 其他与精密度有关的统计术语

3.3.3.1

重复 replicate

取自样本的一定数量的独立等分部分或一定数量的元件之一,对每个等分部分或元件进行试验。

注:上述定义的术语重复系指实体物体(元件)。它也可用于表示数据集,系指一些独立数据值。

3.3.3.2

真值 true value

元件的测量或观测的值,是一个试验区域在没有任何类型的误差、偏差或差异存在即没有"原因系"差异的情况下获得的值。

注:真值也定义为试验任一总量的所有数量试样所获得的平均值,典型的"原因系"是在一个受控的试验区域内在温度、湿度、操作者的技术、校准精确度等方面不可避免的波动。

3.3.3.3

不确定度 uncertainty

用相对的方式表征测量或观测的"品质因数"的量;对于一给定的局部区域,它是元件测量值与公认参照值之差的幅度,包括随机误差和系统误差。

注:这里所给出"不确定度"的定义试图理解概念的一般性质,它是由一些涉及该概念的组织等效地但使用不同的语言加以定义。如上定义的词"不确定度"不同于该词的普通用法。如所表明的"良好"或"优良"与"不确定度"(对测量的怀疑)成相对关系。不确定度是局部试验区域的特征;进行任一规定试验的每个局部试验区域可能有不同的不确定度值。用典型的实验室间试验方案确定的精密度(重复性和再现性)是全局试验区域的特征;在任何实验室间试验方案中所获得的精密度值是普遍适用的,即应用于一组实验室。

4 应用领域

4.1 一般背景

本标准适用于试验结果由定量的连续变量表示的试验方法。它一般限于正规制定的并且在一些实验室内日常使用的试验方法。

试验依据标准试验方法进行,生成试验数据,为商业、技术和科学目的做出技术和其他决策。因此,具体试验方法的精密度是试验方法和决策过程的一个重要的质量特征或品质因数。

试验方法精密度的确定通常应具有两个条件:(1)选择该方法常用的一些代表性材料;(2)对试验方法有经验的一组自愿参加试验的实验室。对于这些材料和实验室的试验方法而言,精密度确定是一种"及时事件"。稍微不同的材料甚至相同的材料由同一实验室在不同的时间所进行的实验室间试验方案所生成的精密度结果可能与最初的实验室间试验方案不同。

重复性和再现性标准差估计值的显著性区间在 GB/T 6379 中介绍,不构成本标准的一部分。GB/T 6379 中精密度参数显著性区间的处理,假定重复性和再现性标准差的各个值的固有变异(在一评价方案系列中),可归因于正态分布情况下试验数据的随机误差。但是,参考文献[1]、[2]、[3]和[4]和其次文献的经验已证明,在一典型实验室间试验方案的实验室之间较差的再现性归因于实验室间的偏倚。与参照值以及所有试验中的其他实验室相比,某些实验室几乎总是或低或高。对于有这种偏倚的实验室而言,这种偏置或偏倚显然是不同的。这不同于与正态分布所要求的参照值相比的随机误差。所以,根据随机模型为主要的精密度参数再现性而计算的任何显著性区间是无效的。

将某一具体试验方法的精密度结果应用于消费者与生产者产品验收的试验时应特别小心。产品验收程序应根据专门用于商品化产品和进行这类试验的有关各方实验室的专门方案所获得的精密度数据确定。

另一个与试验方法技术性能指标有关的概念是“试验灵敏度”。试验灵敏度是基本测量性能的辨别能力与测量性能误差或标准差之比。

4.2 重复性与再现性规定

重复性和再现性分别为各自标准差的特定倍数的一个区间或范围。重复性，r，由式(1)给出：

$$\text{重复性}=r=\phi 2^{1/2}s_{\mathrm{r}} \qquad (1)$$

式中，s_{r}＝合并(所有实验室的)“实验室内”标准差。

再现性，R，由式(2)给出：

$$\text{再现性}=R=\phi(2)^{1/2}s_{\mathrm{R}} \qquad (2)$$

式中：s_{R}＝(1)实验室间方差(由每个实验室 n 个值的平均数计算得出)和(2)合并的实验室内方差(每个实验室 n 个值的方差)之和的平方根(或标准差)。

$(2)^{1/2}$项是 r 和 R 在5%概率水平或95%置信区间下，偶然或随机出现的两个单个试验结果之间的最大差。从总数值中随机抽取的两个值的差(x_1-x_2)的方差等于从相同总数值中一次取一个(x)值的方差之和。由于有两个 x 值，根据标准差的计算公式，方差之和就是 x 值乘以 2 再平方根置于该项的方差。这个意义上，每个 x 值代表任一具体试验方法标准所确定的“试验结果”。

所以，$(2)^{1/2}s_{\mathrm{r}}$ 是差的标准差。系数 ϕ 既取决于估算两个标准差中任一偏倚中的总的自由度，也取决于随机偏倚和随机误差的分布图形。上述结论的正态假设是(1)分布是单峰的，(2)试验结果的数量是足够的(大约 20 个)，(3)概率水平 $P=0.05$ 或置信区间为95%。在这些假设条件下，ϕ 值近似等于 t-值或约为(2,0)t 分布值，于是，r 和 R 的简化公式为式(3)、式(4)：

$$\text{重复性}=r=2.83s_{\mathrm{r}} \qquad (3)$$

$$\text{再现性}=R=2.83s_{\mathrm{R}} \qquad (4)$$

更多细节，参看 3.2 中重复性和再现性定义中的注解。

5 精密度的确定：一水平精密度和二水平精密度

5.1 一水平精密度

精密度级别：一水平精密度和二水平精密度。首先讨论一水平精密度，一水平精密度的确定是根据过去 20 年间全世界橡胶制造业采用的确定的程序：通过采用的平衡均匀水平设计实验室间试验方案，用 3 个或多个分配给每个参加实验室的材料，在 2 个试验日的每一天进行试验，以生成独立的“试验结果”的方式进行。对实验室间试验方案数据库用曼德尔 h 和 k 一致性统计方法进行离群值检验(见附录 A)：

a) 关于离群值的选择方法——如果没有离群值，那么就用原数据库确定一个精密度结果表。如果在任一实验室间试验方案数据库中发现离群值，有两种选择方法来处理离群值。选择方法 1，剔除离群值，是首选。选择方法 2，替代离群值，适用于较少数量实验室(约 6 个)的实验室间试验方案。诸如试验日的重复值的数量和/或进行试验的技术员或操作者的人数这类问题，都是具体试验的特征，由实验室间试验方案组织委员会逐一考虑。离群值的处理在附录 A、附录 C、附录 D 和附录 E 中有更详细的说明。

b) 试验方法的类型——一水平精密度已成功地用于各种橡胶制造业所特有的试验方法。从用几分钟内完成的简单试验如硬度和 pH 试验，到复杂的多步骤试验如老化试验，老化试验需要测定老化前的性能，经过一段相当长的老化时间(几天)后，再测定老化后的性能，以获得最终的试验结果或性能指数。对于这种复杂的试验，任一实际的精密度确定应包括所有程序步骤才能得到试验结果，这是精密度分析和确定所用的基本数据。精密度确定程序的一般要求在第 8 章、第 9 章和第 10 章说明。

5.2 二水平精密度

炭黑工业采取稍做修改的精密度确定程序，称为“二水平精密度”。在平衡均匀水平设计实验室间试验方案中，每个单元的重复数量规定为4个，两个试验者每人负责2个。离群值用实验室间试验方案中实验室的数量决定的专门程序检验，精密度、绝对值或相对值由规定的程序表示。这一精密度的程序在第11章中说明。

5.3 一水平与二水平精密度类型

除了上述老化试验外，其他试验也要求较复杂的操作顺序，以生成最终的试验结果。这种类型的一项重要试验是“橡胶性能”试验：标准配方中的各种橡胶、补强填料或其他配合材料的评估。例如一批次橡胶的应力-应变评估将要求：

a) 选有代表性的橡胶样本；

b) 使用标准原材料制备胶料，包括所采用的标准配方设计和混炼操作程序；

c) 用选择的时间和温度制备硫化模制胶片的这种胶料的加工；

d) 裁切和测量哑铃状(或其他)试片；

e) 对这些试片进行试验，以获得定伸应力、伸长率和拉伸强度性能最终试验结果。

为使橡胶性能试验的实际精密度的确定成为可能，从原材料开始到最后试验结果，重复所有操作步骤是非常必要的。这些步骤的每一步都有潜在的方差成分，所有方差之和确定总的试验方差和标准差。为此，规定了两种类型精密度。这两种类型由所试验的材料(或元件类别)与为精密度而直接评估的材料之间的关系表征。为了解释这一点，有必要介绍和定义一个新术语：

——目标材料：精密度确定方案主要关注的材料(或元件类别)；然而，它不一定以其通常的或普通的物理状态进行试验。

使用术语“目标材料”时，可确定两种类型精密度：

——1型精密度——直接在目标材料上确定的精密度；对制备的试片或从同一来源抽取的试验前无需加工或其他操作的目标材料(元件类别)的试验部分进行试验。

注1：裁切的实例是由应力-应变试验用的哑铃状试样组成的批。

——2型精密度——不直接在目标材料上确定的精密度；目标材料通常与一些辅助材料相结合形成复合材料，用这种样本测定目标材料的相应性能。

注2：复合材料的性能与目标材料的质量或性能有直接关系。例如：为了测定某一品级SBR的质量，将橡胶加上硫化剂、填料、抗氧剂等的样本进行混炼和硫化，制备试片，对所获得的胶料进行规定质量性能试验。

注3：1型精密度方案可以用试片或实际试验之前需要一些最少步骤的加工或其他简单操作的目标材料进行试验。严格地讲，这是一种中间水平的精密度。然而，为避免不必要的复杂性，被称为1型精密度。

6 组织实验室间试验方案的步骤

组织一个实验室间试验方案的步骤，以及每一步骤的讨论如下：

a) 组织委员会——应选择一个组织委员会或任务组和一个方案协调人。委员会或任务组的一个成员应是熟悉试验方法的技术以及本标准内容的统计员。大多数实验室间试验方案根据精密度确定程序的平衡均匀水平设计进行组织。更先进的设计，参看GB/T 6379。

b) 精密度级别和类型——对于除炭黑试验之外的所有方案，组织一水平精密度实验室间试验方案。对于炭黑试验组织二水平精密度实验室间试验方案。选择要确定的精密度类型(见5.3)。1型精密度是最常用的，对于一些试验方法，例如标准配方合成的橡胶或高聚物或其他橡胶性能的评价，要求2型精密度。

c) 试验操作者或技术员——对于只需要一个操作者或技术员的简单的一水平精密度试验，除非

STANDARDS PRESS OF CHINA

不同技术员的作用是预定方案的一部分,所有重复试验应由同一技术员完成。对于需要几个操作者或技术员进行一系列不同步骤试验才能获得试验结果的复杂的试验,同一“操作者小组”应进行所有重复的试验。对于二水平精密度试验,遵循 2 个试验日每个试验日使用 2 个技术员的程序(见第 11 章)。

d) 试验结果和重复数量——如试验结果定义,每种试验方法有一个评价性能的最终值,称为试验结果。试验结果可以是试验方法规定的一些独立试验值的平均值。就本标准而言,一个重复称为一个试验结果。应规定每种材料在每个实验室内重复试验结果的数量 n。在大多数实验室间试验方案中,重复数量为 2。对于一些试验,如二水平精密度,可选择 3 或 4 个重复数量。对所有试验结果进行分析。

e) 重复性的周期——应选择实验室内重复试验之间的周期,这一周期通常在 1 d～7 d。关于重复性周期的更多说明参看附录 E。对于特殊的试验(较长老化周期),重复试验则要求更长的周期。对于其他特殊试验,可选择较短的周期(几分钟、几小时)。主要考虑的是行业中一般怎样使用试验方法。所选择的周期应在试验方法标准的精密度章中报告。

f) 目标材料的数量——应选择试验的目标材料或元件组(或制造的成品)的数量。理想情况是不同性能水平的目标材料为 3 个或 4 个。目标材料应是常用的并在行业中具有代表性的试验材料,详见 5.3。

g) 均匀目标材料的制备——每种目标材料应制备均匀,并留有足够的储备用量,以便需要时可进行再试验。如果材料需要混炼才能保证其均匀性,那么应进行混炼。如果不可能进行混炼,则应采取特殊程序如严密监控的实验室操作或其他制备操作以得到最均匀的材料(或一批元件)。应提供文件,以确定其均匀性。如果是 2 型精密度要求的任何辅助材料,应是标准参考材料或用特别的文件证明的均匀批。

h) 实验室的数量——为使精密度评估具有可靠性,在实验室间试验方案中最终数据库(离群值处理之后)至少要求有 6 个熟悉试验方法的实验室。对于更重要的行业试验方法,应有 12～18 个实验室参加。如果在最终数据库中没有 6 个实验室,可用更少的实验室进行分析,但是,精密度特别是再现性的评估会受到严重的影响,只能是非常粗略的评估。

i) 材料的包装和发送——任何实验室间试验方案要求的所有材料都应适当地包装,以防止所要测量的性能因时间或贮存发生改变。试验前,每个参加实验室的贮存条件应加以适当的规定。所有材料的装运应与试验计划表相协调(见下面说明),以使所有材料在计划的试验日期到达。

j) 试验说明书——虽然所有实验室间试验方案通常都是按带有一整套试验说明书的标准试验方法而进行的。但是仍需要一些补充说明。一个重要的补充说明是试验计划表。所有的试验应在规定的日期进行,并且所有参加的实验室应按标准规定进行试验。计划表应留有足够的材料发送时间。标准方法的任何特殊修改以及关于与重复试验相对应的操作者或技术员(一个、两个或多个)都应说明清楚。如果实验室间试验方案是对处于某一中间制定水平的试验方法进行的,最重要的是给所有参加的实验室发送关于进行该试验的说明书以及实验室间试验方案说明书。

k) 实验室间试验方案试验数据的报告——“试验数据报告表”应由实验室间试验方案协调人制定,并将副本连同试验材料和说明书一起发送给每个参加实验室。这个表格应含有下列内容:实验室名称、每种目标材料的实际试验日期和每个重复试验(日期)的试验值(试验结果),可能的话按比平常多一个有效位数(例如不舍位)进行报告。该试验报告表还应要求所使用的试验设备或机器的名称(型号、条件)、关于任何非故意的偏离标准试验程序的注释和任何意外事故的说明或其他相关信息。填写完全的试验报告应返回实验室间试验方案协调人。

7 一水平精密度分析程序概述

7.1 分析操作顺序

本章简要概述了实验室间试验方案数据库分析程序，并让使用者更好地了解整个分析过程。也介绍了关于离群值的一些背景信息。一水平精密度程序可能需要多达3个分析步骤或综合步骤。实际数量由数据库中数据的一致性决定。如果没有离群值，只使用分析步骤1。

如果有离群值，依据数据库中离群值的度量，可要求分析步骤2和3。附录B包括所有3个分析步骤的说明，还详述了如何布局所要求的计算机工作表及其相互连接，以便当离群值被剔除或将替代值代入表1基本数据中时，能够自动计算最终精密度参数 r 和 R。图1概述整个分析过程中各步骤的判定树或流程示意图。

表1 一水平精密度基本数据[a]

实验室，$L(i)$	材料，$M(j)$					
	1	2	3	4	…	q
1						
2			Y_{ijk}			
3						
4						
…						
p						

所用符号：

共有 p 个实验室：$L(i)=1,2,3,\cdots,p$。

共有 q 个材料或水平：$M(j)=1,2,3,\cdots,q$。

一个单元共有 n 个重复：一个单元＝一个 $L(i)$ 与一个 $M(j)$ 的组合，通常 $n=2$。

Y_{ijk}＝单个试验结果，式中 $k=1,2,\cdots,n(ij)$ 并且 n 通常＝2；实例见表中单元(2,3)。

单元(ij)：单个单元含有 n 个试验结果。

[a] 均匀水平实验室间试验方案的表布局。

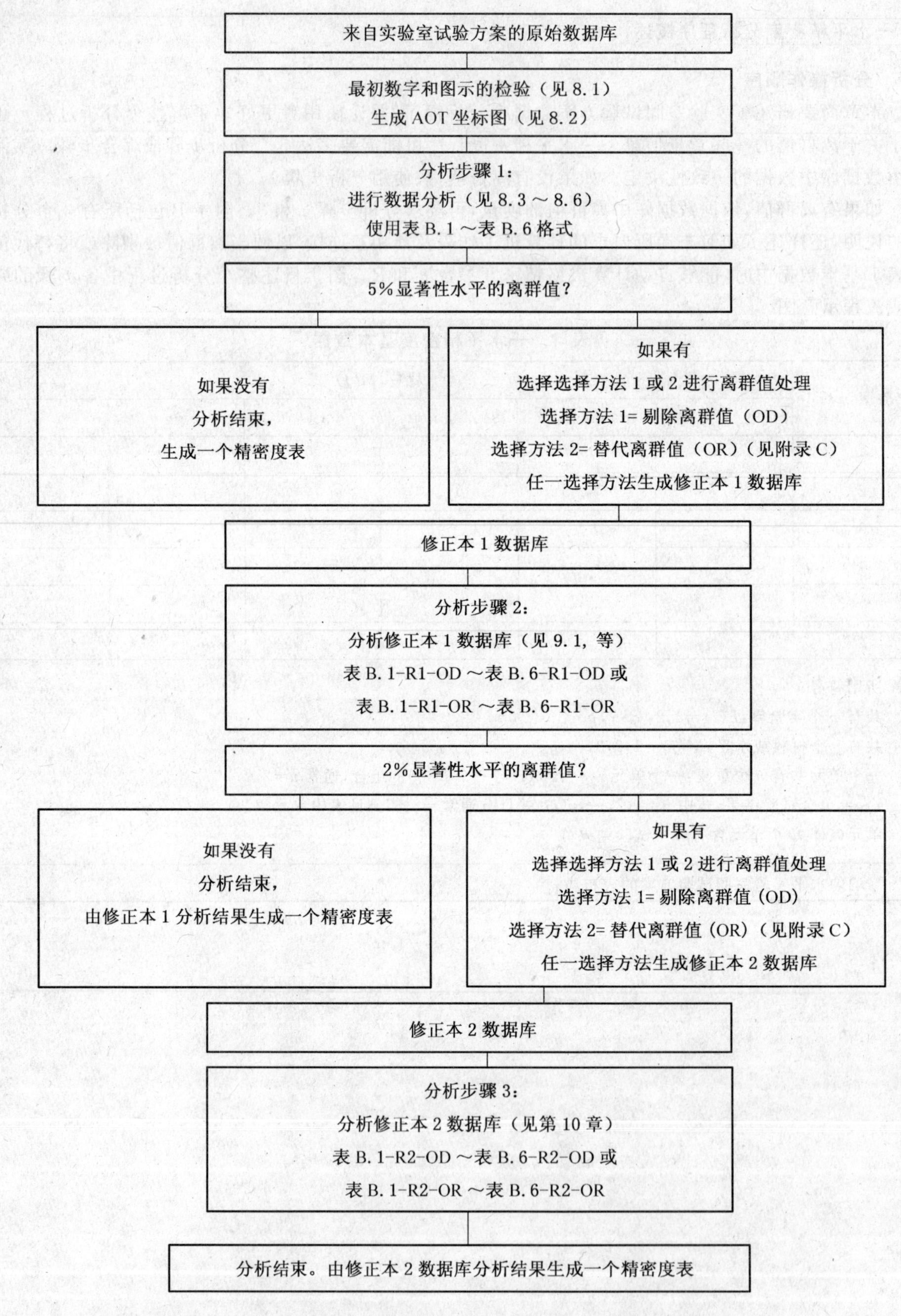

注：有数据的表，参看附录 D 中精密度确定的实例。

图 1　实验室间试验方案一水平数据分析判定树示意图

a) 数据的最初检验——任一数据库的快速数据检验对于获得实验室间试验方案结果的第一印象是重要的。这在单元平均值和单元标准差(或单元极差)计算之后进行。检验的一部分是生成单元平均值和单元标准差或单元极差与实验室数量的专门坐标图。这些坐标图在8.1中说明,并清楚地显示潜在的离群值。

b) 分析步骤1——对原始数据库进行分析,以得出每种材料(或目标材料)重复性和再现性的值和计算的 h 和 k 统计量,参看附录A。附录B说明了6个表的生成,由6个表得出 h 和 k 统计量和每种材料精密度结果。将计算的 h 和 k 统计量与5%显著性水平临界 h 和 k 统计量相比较,以确定是否有有效离群值。如果没有,则分析结束,所确定的重复性和再现性的值就用于生成一个该试验方法精密度结果表。如果有有效离群值,则要求进行分析步骤2。

c) 分析步骤2——如果有5%显著性水平离群值,则离群值

1) 使用5.1所述的选择方法1剔除;

2) 或使用选择方法2替代(参看附录C)。

根据任一选择方法,对所获得的修正数据库称为修正本1(或 $R1$)进行分析,以生成新的重复性和再现性的值,称为修正本1精密度值。这一分析生成一组新的 h 和 k 统计量,将其与2%显著性水平临界 h 和 k 统计量相比较,以确定是否在这一水平上有任何有效离群值。如果没有,分析结束,所确定的重复性与再现性的值就用于生成该试验方法修正本1精密度结果表。如果有任何有效离群值,要求进行分析步骤3。

d) 分析步骤3——如果任何修正本1的 h 和 k 统计量超过2%显著性水平临界 h 和 k 统计量,离群值就

1) 使用选择方法1剔除;

2) 或使用选择方法2替代。

e) 根据任一选择方法,对所获得的修正结果或修正本2(或 $R2$)数据库进行分析,以生成新的重复性和再现性的值,称为修正本2精密度值。至此完成分析步骤,所确定的每种材料的重复性与再现性的值用于生成一个该试验方法精密度结果表。

本标准的一水平精密度部分不涉及试图找出 r、R、(r) 或 (R) 与实验室间试验方案的性能(水平)之间关系的问题。原因有两个:第一,大多数实验室间试验方案没有足够数量的材料生成任何有意义的精密度与材料水平之间的关系;而得到关系的相应自由度小。第二,经验表明,即使在一个实验室间试验方案中有若干材料,也不能获得良好相应的线性或其他关系。应记住,任何实验室间试验方案都是一个"及时事件",它表示在选择数量的实验室中3或4种材料的一般精密度水平。除了一些偶然的例外,所确定的每种材料的精密度通常是不同的,没有可测定的特性曲线或关系性。

7.2 离群值的背景

精密度数据库中不相容的试验结果的识别和剔除是一个有争议的问题。如果一个真的离群值未被剔除并且其度量又相当大,就会严重提高2个精密度参数值。这会由几个参加的实验室生成。然而,应注意保证高的(或低的)度量,而且真实的值不被剔除。如果该值被剔除,精密度评估就会太理想。本标准所提供的程序试图寻找一个中间点位置,称为"稳健统计"。虽然以客观概率为基础的技术称不相容的值为离群值,但是所有离群值的剔除操作具有一定条件,并且需要根据分析者的判断和经验。

7.3 离群值的出现形式

离群值经常以2种形式出现:

a) 没有或很少有——没有离群值或只有几个离群值;在表1中每20个数据单元有1个或2个。

b) 广泛的——离群值大量出现,每20个数据单元有3、4个或更多个,而且经常在一个实验室的几个单元中出现。

当离群值广泛出现时,通常度量较大。当然,在这两种极端情况之间有一些中间状态。

a) 离群值剔除的基本原理1——关于离群值剔除应采用什么显著性水平有两种观点。极端保守方法主张任何实验室间试验方案中离群值应不被剔除。根据是这样一种概念,即在试验方法制订的初期阶段,剔除离群值会引起此方法质量过于理想。对于离群值剔除,这种方法通常采用0.5%($P=0.005$)的显著性水平。这种方法对于任一试验方法的初期制订阶段具有一定好处,尤其对只有几个实验室参加的实验室间试验方案。然而,这种方法具有某些严重的缺陷,将在后面说明。

b) 离群值剔除的基本原理2——对于制定完备的试验方法和一组实验室,经验表明,有一个从差到良好的技能和试验能力的分布。这一能力范围支持一种解决离群值问题的更理想的方法;使用5%显著性水平($P=0.05$)(或95%置信水平)称不相容值为离群值。这是大多数试验显著性统计的一般水平,通常将剔除其内部试验的质量控制差并且其试验程序需要改进的实验室的结果,允许几个“差的”实验室提高确定的精密度会给对试验操作控制良好的实验室所确定的精密度值以假的负面影响。“好的”实验室(绝大多数参加的实验室)的精密度应是行业任何试验方法极差精密度水平的基准。只要反馈鼓励操作水平差的实验室改进试验操作,用1级和2级精密度程序鉴别这些质量控制差的实验室就可使任何试验方法获得总的行业范围的改进。

7.4 离群值的相继检验

一旦5%离群值被剔除,5%显著性水平离群值检验的经验就提出了数据库相继检验问题。为了恰当地设计这个操作,回忆一下,对于每个参数,h 和 k 统计量是各个单元平均值或单元标准差与“所有实验室间”标准差之比。任何离群值的影响扩大到离群值自身(h 和 k 的分子)以及所有实验室的标准差(h 和 k 的分母)。

剔除5%显著性离群值生成第二(或修正本1)数据库,很大幅度降低了 h 和 k 统计量或二者的“所有实验室间”即分母标准差。当离群值被剔除后,修正数据库是一个可能由非自愿参加实验室间试验方案的离散实验室所获得的数据库。现在问题是:这以 h 和 k 统计量得到的修正本1数据库能够用于重新计算“实验室间”h 和 k 统计量再次进行离群值检验吗?

对于任一原来包括至少6个实验室的实验室间试验方案,这个问题的回答是“能”,即修正数据库应该进行潜在的离群值检验。但是,为了防止生成过于理想的精密度,这第二次检验的显著性水平应比最初的检验更严格,应在2%显著性水平上进行。对于少于6个实验室的实验室间试验方案,应由分析者决定是否进行第二次检验。

8 一水平精密度:分析步骤1

8.1 初步数字和数据图示检验

进行分析步骤1之前,通过图示方法显示数据一致性的检验是重要的。最常用的精密度确定是平衡均匀水平设计;所有实验室对所有材料重复试验数量相同。表1给出平衡均匀水平设计的布局并给出基础数据的列表格式。表中有 p 个实验室、q 种材料或元件类别和 pq 个单元数据。表中的每个单元(一个实验室/材料组合构成)含有 n 个重复值;每个重复试验结果记为 Y_{ijk}。最常用的设计是每个单元有2个重复值,即 $n=2$。

绘制一个表2格式的表,列出通过计算表1给出的每个单元 n 个重复值的平均值而获得的单元平均值、单元极差或标准差。计算单元平均值后,按8.1所述检验表观离群值,并将这些记录用于8.3和8.4所述的正规步骤1离群值剔除程序,参看附录A。

通过计算每个单元 n 个重复值的标准差绘制一个表3格式的表。另外,还可计算单元极差,表示为 w,每一单元最大值与最小值差的绝对值。单元极差和单元标准差应按8.3和8.4所述的正规步骤1离群值剔除。参看附录A。

表 2 一水平精密度单元平均值[a]

实验室,$L(i)$	材料,$M(j)$					
	1	2	3	4	…	q
1						
2			平均值 Y_{ijk}			
3						
4						
…						
p						

所用符号:

共有 p 个实验室:$L(i)=1,2,3,\cdots,p$。

共有 q 种材料或水平:$M(j)=1,2,3,\cdots,q$。

一个单元共有 n 个重复:一个单元=一个 $L(i)$ 与一个 $M(j)$ 的组合,通常 $n=2$。

平均值 $Y_{ijk}=n$ 个试验结果的平均值。

[a] 均匀水平实验室间试验方案的表布局。

表 3 一水平精密度单元标准差[a]

实验室,$L(i)$	材料,$M(j)$					
	1	2	3	4	…	q
1						
2			标准差 Y_{ijk}			
3						
4						
…						
p						

所用符号:

共有 p 个实验室:$L(i)=1,2,3,\cdots,p$。

共有 q 种材料或水平:$M(j)=1,2,3,\cdots,q$。

一个单元共有 n 个重复:一个单元=一个 $L(i)$ 与一个 $M(j)$ 的组合,通常 $n=2$。

标准差 $Y_{ijk}=n$ 个试验结果的单元(ij)的标准差。

[a] 均匀水平实验室间试验方案的表布局。

8.2 单元值的图示检验

用典型的工作表程序,单元平均值和单元极差或标准差的专用坐标图检验总的数据分布揭示任何潜在离群值。绘制两个新表,一个为单元平均值,一个为单元极差或标准差。在此用单元极差是因为其使后面离群值处理,即剔除或替代的某些计算更容易些。对于第一种材料的单元平均值表,在表中生成两个列,第一列为实验室编号,1～N,第二列为相应的单元平均值。所有材料都重复"实验室编号/单元平均值"序列。以相同的方式用"实验室编号/单元极差"双列绘制一个单元极差(或标准差)表。

a) 用绘制的表,每个实验室/材料列,按上升的顺序(所有实验室间)将单元平均值(或单元极差)排序,实验室编号保持不变,进行单元值排序。对于每个参数(单元平均值或单元极差),使用线坐标按上升的顺序绘制参数值与实验室编号的坐标图。这称为"上升顺序趋势"即 AOT 坐标图。

b) 对于无离群值的实验室间试验方案，单元平均值坐标图一般为正斜率直线，有适当散布程度的点。如果存在离群值，它们会在坐标图的两端，并且远离中心数据点区的直线。单元极差坐标图从低端（可能包含零值）向中心点区可包含较大的斜率，也可在坐标图的上端显示出离群值。上升顺序坐标图将用于附录C中所述的“替代值”更换离群值。

8.3 原始数据库精密度的计算

附录B中给出全面而单独的说明。将原始数据库的试验结果输入一个表，称为表B.1。这一表列格式即为本标准正文中的表1。但是，为了保持附录B与下面说明的连续性，将使用附录B中表的标识术语。

注：在本标准中没有表B.1～表B.6的实际表（带有数据或其他实际表布局细节）。附录B只是为分析人说明工作表程序如何建立表B.1～表B.6，以便进行分析。但是，参看附录D，门尼黏度试验实例，给出了表B.1～表B.6格式的实际数据表。

下一步是为单元平均值和单元平均值平方而建立的表B.2。表B.1中的相应值是表B.2的自变量。

接着形成表B.3：单元平均值偏差，表示为d，和计算的h值。表B.2中的相应值用作表B.3的自变量。关于单元偏差d和h的计算，参看附录A。

单元极差和单元极差平方的表B.4R和单元标准差和单元方差（标准差的平方）的表B.4S都涉及相同的问题：单元内方差。建议在分析中生成这两个表。

表B.5用来计算数据库中每个单元的k值。表B.4S中的相应值为自变量，计算表B.5的k值。关于k值的计算，参看附录A。

表B.6用于计算精密度参数r和R。需要T_1、T_2、T_4、n和p值计算r和R。参看表B.6嵌入计算法则1～5，关于这些计算的详述也可参看附录B。

8.4 用h和k统计法检测5%显著性水平离群值

用表B.3中h的计算值和表B.5中k的计算值进行潜在离群值的检验。

a) 如果表B.3任何单元的h值等于或超过附录A表A.1中给出的5%显著性水平临界h值，该具体单元值就被判为离群值。

b) 如果表B.5任何单元的k值等于或超过附录A中给出的5%显著性水平临界k值，该具体单元值就被判为离群值。

c) 如果检测出离群值，离群值的概要就在表B.6底部以副表的形式表示出来，表明每种材料的h和k值有5%有效离群值的实验室数量。实例参看附录D中表D.6。用选择方法1离群值剔除或选择方法2离群值替代生成一个修正的数据库。

d) 如果单元平均值或单元标准差（或极差）没有离群值，精密度分析结束，并且所得的r和R可用于绘制该试验方法的精密度表。

8.5 用离群值选择方法1或2生成修正本1数据库

如果检验出离群值，使用选择方法1或2修正数据库。

a) 选择方法1是剔除表B.1中判为离群值的n个单元值并且由附录B所述程序而得的单元ERR指示数修正表B.2～表B.6。这一剔除不仅适用于大于5%临界h值所表示的单元平均值，也适用于大于5%临界k值所表示的单元标准差（或极差）。一旦完成了所有ERR修正，数据库就称为修正本1(R1)数据库。每个修正本1表名称含有附加符号R1-OD(OD=剔除的离群值)。对这一修正的OD数据库将再次进行分析步骤2所述的更严格的2%显著性水平离群值检验。

b) 选择方法2是替代表B.1中判为离群值的n个单元值。替代适用于大于5%临界值所表示的单元平均值和单元标准差（或极差）。对于h或k值，替代是一个双序列或两个阶段的过程。详细说明见附录C。一旦用附录C程序生成数据替代值，就将其插入数据库中，使用表标识符号 R1-OR(OR=替代的离群值),生成 R1 数据库。对这一修正的 OR 数据库将再次进行分析步骤 2 所述的更严格的 2%显著性水平离群值的检验。

8.6 修正本 1(R1)数据库表

如上所述为分析步骤 2 绘制表 B.1～表 B.6 格式的第二组表:

a) 选择方法 1 离群值剔除用的表,标为 B.1-R1-OD～B.6-R1-OD;

b) 选择方法 2 离群值替代用的表,标为 B.1-R1-OR～B.6-R1-OR。

一旦按附录 B 的说明完成了剔除或替代,这组新的精密度值就会依据所选择的选择方法出现在表 B.6-R1-OD 或表 B.6-R1-OR 中。

9 一水平精密度:分析步骤 2

9.1 用 *h* 和 *k* 统计法检测 2%显著性水平离群值

对表 B.3-R1-OD 或表 B.3-R1-OR 中的 h 计算值和表 B.5-R1-OD 或表 B.5-R1-OR 中的 k 计算值进行 2%显著性水平潜在离群值的检验。对于要剔除的离群值,计算的 h 和 k 值应大于 2%显著性水平临界值。对于这些表中的每个表,在任一表的下方生成一个副表,概述计算值与 h 和 k 临界值比较的结果。实例参看附录 D。如果检测出离群值,使用选择方法 1 或 2 修正数据库,修正程序在附录 B 叙述。

9.2 用离群值选择方法 1 或 2 生成修正本 2 数据库

离群值选择方法 1 是剔除表 B.1-R1-OD 中判为离群值的 n 个单元值,如上如述,由剔除程序所得的单元 ERR 指示数修正表 B.2-R1-OD～表 B.6-R1-OD。一旦完成所有 ERR 的修正,数据库就称为修正本 2 即 R2-OD 数据库,对这一修正的 OD 数据库将进行分析步骤 3。

离群值选择方法 2 是替代表 B.1-R1-OR 中判为离群值的 n 个单元值。替代适用于由大于 2%临界值所表示的 h 或 k 的单元平均值。详细说明见附录 C。一旦生成数据替代值,就将其插入数据库,生成修正本 2。即 R2-OR 数据库,对这一修正的 OR 数据库将进行分析步骤 3。

10 一水平精密度:分析步骤 3——最终精密度结果

虽然,图 1 树形示意图或流程表显示分析步骤 3 含有分析操作,但分析已经在步骤 2 中所述的离群值处理中自动进行了。分析步骤 3 实际上是对从修正本 2 数据库获得的精密度结果的检验。一旦选择了离群值选择方法 1(剔除)或选择方法 2(替代)并且完成了剔除和替代操作,相连的表 B.1～表 B.6 的自动计算程序就生成新的精密度结果。当在 5%或 2%显著性水平发现了离群值,分析步骤 3 就是精密度计算的结束。表 B.6-R2-OD 或表 B.6-R2-OR 的结果用于生成试验方法的精密度表。关于精密度表的相应格式和精密度条款的相应要求,参看第 12 章。

11 二水平精密度:炭黑试验结果的分析

11.1 二水平精密度的背景

炭黑制造工业试验方法用本章所述的典型均匀水平实验设计的程序进行评价。程序与一水平精密度的要求不同之处如下:

a) 表 1 的每个单元重复数规定为 4 个;

b) 单元平均值和单元标准差的潜在离群值检验程序与一水平精密度的不同;

c) 为使测量性能水平(度量)对报告的精密度值的表达形式(绝对的或相对的)无影响,进行了特殊的计算。

本标准第 3 章中所提出的术语适用于本二水平精密度程序。通常,在炭黑工业和其他行业中,在讨论实验室间试验时,“样本”一词用作“材料”一词的同义词,即,在实验室间试验方案中所使用的一种级别或品级炭黑常常称为“一个样本”。这会引起混淆,并且与本标准的术语不一致。为避免混淆,对所试验的材料(例如一系列不同品级的炭黑)和在组织、报告和讨论实验室间试验方案和由这些方案所计算的精密度参数的过程中，应使用术语“材料”和/或“目标材料”。

11.2 材料和原始数据记录的选择

材料（或目标材料）通常为不同品级的炭黑，应按第6章中建议选择。任一实验室间试验方案选择至少5种材料。这一数量的材料在确定11.4中的系数时至少有4个自由度。

选择的材料（或目标材料）应按规定的试验方法进行试验，两个单独“试验日”的每个试验日得到2个试验结果，共4个试验结果。所有试验在相同的机器或设备上进行。试验结果是试验方法确定的试验数量的平均值。对于每种材料，用表4所示的初始数据格式记录数据。每4个值构成一水平精密度表1格式数据表的一个单元。但是，对于炭黑试验，用如表5所示的最终数据表，含有实验室间试验方案所有材料的结果，这些结果是通过对表4中每种材料的数据进行计算（见11.3）而获得的。

表4 每种材料的初始数据格式

（二水平精密度——炭黑试验）

日期	材料，$M(j)$		操作者或技术员
	试验结果1	试验结果2	
第1天	×××	×××	×××××
第2天	×××	×××	×××××
见表5的注。			

表5 实验室间数据格式

（二水平精密度——炭黑试验）

实验室编号	材料1		材料2		材料 q	
	单元平均值	单元标准差	单元平均值	单元标准差	单元平均值	单元标准差
1	××	××	××	××	××	××
2	××	××	××	××	××	××
…	××	××	××	××	××	××
p	××	××	××	××	××	××
注1：材料一般是不同品级或级别的炭黑。 注2：表4中（每一材料）的数据构成一个单元，即，单元平均值和单元标准差由4个数据值计算得出。						

11.3 数据检验和计算

绘制一系列表4格式的表之后，每种材料和每个实验室一个表，下一步就是用每个表的数据计算每一材料/实验室组合或单元的单元平均值和单元标准差。这些计算结果用表5记录。对每种材料，用 h 统计法对表5的单元平均值进行潜在离群值检验，用 k 统计法对单元标准差进行潜在离群值检验。离群值根据5%显著性水平的 h（临界）和 k（临界）确定。虽然表5的单元平均值和单元标准差每一个都含有两个未区分的变异成分，即试验之间/试验日之间和试验之间/试验日之内的变异成分，但是 h 和 k 统计程序可检验出这些特殊单元值的潜在离群值。

炭黑即二水平实验室间试验方案的检验程序根据大量参加的实验室，即数量多于20个。对于表5的每种材料，用附录A的程序计算每一单元（或实验室）的 h 值和 k 值。从表A.1选择5%显著性水平的 h（临界）和 k（临界）值。检验计算的 h 值和 k 值，确定是否大于 h（临界）和 k（临界）值。按下列规则进行剔除：

a) 如果没有 h 或 k 计算值大于 h（临界）或 k（临界）值，就保留所有单元平均值和/或标准差。

b) 如果只有一个 h 或 k 计算值大于 h（临界）或 k（临界）值，剔除单元平均值或单元标准差。

c) 如果多于一个 h 计算值大于 h（临界）值和多于一个 k 计算值大于 k（临界）值，剔除规则如下：

1） 如果实验室间试验方案有 20 个或少于 20 个实验室，每种材料只剔除一个单元平均值或单元标准差，即，最大的 h 或 k 计算值。

2） 如果实验室间试验方案有多于 20 个实验室，并且有若干个 h 和/或 k 计算值大于各自的 h（临界）和 k（临界）值，从最大 h 和 k 计算值开始，剔除单元平均值和/或单元标准差，一直进行到剩余实验室数量为 20 个为止，并且用此作精密度确定的数据库。

如果离群值被剔除，就涉及空白单元的问题。如果使用本标准所述的工作表，参看附录 B。

11.4 炭黑试验确定的精密度的表示

用附录 B 的公式计算精密度参数 r、R、(r) 和 (R)。应在所有潜在离群值剔除之后，且在附录 B 所讨论的遗漏单元值的建议程序之后根据数据库进行计算。绘制实验室间试验方案所有材料的 R 和 (R) 值对 M 或 $\overline{Y}_{AV}$ 值（测量材料性能的平均值）的坐标图。对两关系进行最小平方回归并记录每个参数 R 和 (R) 的确定系数，表示为 Cd。

精密度表示选择最小 Cd 值的参数 R 或 (R)。两种表达方式确定哪种与测量性能的水平具有最小相关性，反言之，哪个参数与测量水平最没有关系。最小 Cd 值，或最无关系的参数，将用于绘制表 6 所示的最终精密度表。选择的表示方式适用于重复性，也适用于再现性。遵循本标准第 12 章所述的精密度表示规则。

12 试验方法标准中一水平和二水平精密度数据表的格式和精密度条款要求

12.1 精密度数值表

精密度用表 6 格式的简要形式表示，每个精密度数值表都应有一个表头，表示：

——一水平或二水平精密度程序；

——精密度的类型，1 型或 2 型（见 5.3）；

——试验性能及其度量单位。

表 6 一水平和二水平精密度表编排方式

（一水平或二水平和 1 型或 2 型[a]——GB ××××测量性能的精密度＝××××××，单位：××[b]）

材料	平均水平	实验室内			实验室间			实验室编号[c]
		s_r	r	(r)	s_R	R	(R)	
A								
B								
C								
D								
合并或平均值								

所用符号：

s_r＝实验室内标准差（测量单位）；

r＝重复性（测量单位）；

(r)＝重复性（平均水平的百分比）；

s_R＝实验室间标准差（测量单位表示的实验室间总偏差）；

R＝再现性（测量单位）；

(R)＝再现性（平均水平的百分比）。

关于本表精密度结果的讨论，参看精密度条款的内容。

a 在表头中的精密度级别（一或二）和精密度类型（1 或 2）。

b GB ××××＝试验方法标准编号；××××××＝测量的性能；××＝性能单位。

c 在最终数据库中列出实验室编号。还列出所选的选择方法：如果是选择方法 2，在圆括号()中表示实验室编号。

对所试验的每种材料，应记录下列内容：

a） 材料标识；

b） 试验性能的平均水平；

c） 重复性标准差，s_r；

d） 重复性，r，测量单位；

e） 相对重复性，(r)，平均水平的百分数；

f） 再现性标准差，s_R；

g） 再现性，R，测量单位；

h） 相对再现性，(R)，平均水平的百分数；

i） 确定精密度最终数据库中实验室数量。

如果没有离群值，上述 i）项的值就是原始数据库中的实验室数量，如果有离群值并且选择方法 1 剔除，其数量就小于原始数据库中的数量。如果选择方法 2 离群值替代，没有离群值替代的实验室数量应在此栏中用加圆括号的数字表示出。用表的脚注对此加以说明。

只有在所有材料的 r 和 R 值大致相等的情况下，才建议计算合并或平均值。当若干材料之间精密度有很大差异时，合并或平均精密度就具有很小的价值意义即适用性。精密度数据表还应包含脚注，所用表符号的说明。

12.2 精密度条款

精密度确定的结果应在试验方法标准的一个条款中给出，题目是“精密度与偏倚”，偏倚的概念在第 3 章做了解释。一个或多个段落或款项应含有下列有关实验室间试验方案事项和所确定的精密度内容。

说明按本标准进行和实施精密度实验室间试验方案的年份。说明精密度确定的术语和其他细节读者应参看本标准。

为防止误解，在没有精密度确定结果实际适用于所试验的产品或材料的文件的情况下，由实验室间试验方案确定的精密度不适用于任一组材料或产品的验收或拒收。

说明应包括下列内容：

a） 精密度级别，即一水平或二水平；

b） 精密度类型，1 型或 2 型；

c） 参加实验室间试验方案的实验室数量，p；

d） 所用材料（或目标材料）的数量，q，和材料名称；

e） 实验室内重复的数量，n；

f） 重复性或实验室内重复的时间间隔（h，d）；

g） 试验结果的定义（一定数量 x 测量的平均值，或各个试验值）；

h） 离群值处理所选择的方法（剔除或替代）；

i） 实验室间试验方案的任何特殊性说明。

如 12.1 所述的精密度结果表应是本章的一部分。保证该表（以表 6 格式插入试验方法标准中）给出离群值剔除或替代后保留的最终实验室（带有原始数据）的数量。应给出关于该结果结论的一些意见。

用下面所述的内容，关于 95% 显著性水平（$P=0.05$）重复性和再现性的一般性说明应是本精密度条款的一部分。在说明中使用“表 x”表示插入试验方法标准中最终的表。

重复性——试验方法的重复性，即局部区域精密度已由每个表中所列材料的表 x 中给出的值确定。如果已经计算，表中还应列出合并重复性值。通过正确使用本标准规定的试验方法获得的两个试验结果之差大于表列以测量单位表示的 r 值和以百分比表示的 (r) 值（如果列出）应视为可疑，即来自不同的样本。这样的判断意味着应采取一些适当的研究措施。

再现性——试验方法的再现性，即全局区域精密度已由每个表中所列材料的表 x 中给出的值确定。如果已经计算，表中还应列出合并再现性值。不同实验室通过正确使用本标准规定的试验方法获得的两个试验结果之差大于表列以测量单位表示的 R 值和以百分比表示的(R)值(如果列出)应视为可疑，即来自不同的样本。这样的判断意味着应采取一些适当的研究措施。

偏倚在术语“偏倚离差”中定义，即测量值与真值或公认参照值之间的差值，本标准中没有涉及偏倚，因为，对于进行精密度评价的所有试验方法而言，偏倚的测定是不可能的，因为没有参照值或真值存在或可以测定。对于这些试验方法，说明应包括一个综述，作为精密度条款的最后一项，说明没有确定偏倚。用词汇“偏倚”作为“偏倚离差”的同义词，说明内容建议如下：

偏倚——是试验值与参照值或真值之差，本试验方法不存在参照值，所以偏倚不能确定。

12.3　关于精密度确定的实验室间试验方案报告

对任何实验室间试验方案应给出一个精密度确定的完整报告。这是对所有实验室间试验方案细节的一个全面报告，不是每个参加的实验室作为实验室试验方案的一部分而起草和返回的报告。这个报告应包括方案的组织和执行的详细内容，具体如下：

a)　实验室试验方案的组织委员会、位于何地、协调者、日期；

b)　精密度级别：一水平或二水平；

c)　精密度类型：1 型或 2 型；

d)　实验室数量，p(列出其名称，无需与实验室试验方案实验室编号相联系)；

e)　材料或目标材料的数量，q，加上其名称；

f)　试验结果的定义，重复次数，n，和重复性的时间间隔；

g)　进行试验的技术员的信息：一个或多个，其他特殊说明；

h)　材料如何制备和均匀性的形成文件；

i)　关于材料包装和发送实验室试验方案参加者的详细情况；

j)　来自实验室试验方案每个参加实验室的数据报告的副件；

k)　实验室试验方案分析报告，带有附录 B 所示的所有表格、所有分析步骤的说明，离群值处理所选择的选择方法，加上所有其他所要求的评论；

l)　精密度结果表，还有关于结果的任何评论；

m)　加入试验方法标准中的精密度条款的草案。

STANDARDS PRESS OF CHINA

附 录 A
(规范性附录)
计算 *h* 和 *k* 一致性统计量

A.1 一般背景

实验室间试验方案的试验结果以表 2 和表 3 格式列出时，任一表都可包含与其他相应单元的值不一致看似离群值的单元值。进行数据检验并确定如何处理这些离群值。应鉴别与数据库中具体材料的总平均值差异最大的任何 1 个、2 个或更多的潜在离群值。离群值的处理是剔除所有鉴别出的离群值，然后用 2 种选择方法之一为此离群值寻址。选择方法 1 是剔除离群值以生成缩小的数据库。选择方法 2 是采取保持非离群值数据分布特征的程序替代离群值。

本标准一水平和二水平精密度条款用了 2 个称为一致性统计的具体参数，用于剔除潜在的离群值，即由 J. Mandel 提出的 h 和 k 统计量(见 GB/T 6379.2 的 7.6)。h 统计量是对实验室间单元平均值进行潜在离群值检验的参数，而 k 统计量是对实验室内单元标准差(或极差)进行潜在离群值检验的参数。与只涉及那些似乎是离群值的极限值的大多数离群值剔除程序不同，h 和 k 一致性统计程序要求计算实验室间试验方案中每种材料或 q 水平的所有实验室(所有单元值)的 h 和 k 统计量。然后，用计算的统计量进行离群值的判断和剔除。

A.2 *h* 统计量的定义和计算

A.2.1 *h* 统计量

对实验室间试验方案中每种材料或任一 q 水平，计算实验室间"单元平均值"一致性统计量 h，方法是用所有实验室的单元平均值进行计算，具体如下：

$$h = d/s(Y_{AV}) \qquad \text{(A.1)}$$

式中：

$d=[Y_{AV}(i)-\overline{Y}_{AV}]$；

$Y_{AV}(i)$——第 i 个实验室的各个单元平均值；

$\overline{Y}_{AV}$——任何材料所有单元的平均值；

$s(Y_{AV})$——所有实验室间任何材料或 q 水平的单元平均值的标准差。

h 统计量是每个实验室单元平均值与所有实验室总的单元平均值之差，除以所有实验室间单元平均值的标准差。h 统计量可看作是一个带有零中间值的标准变化量(或 z-函数)。较大的 h 统计量(+或-)表示与 $s(Y_{AV})$ 标准差的倍数中总的零平均值本质不一致。

A.2.2 计算临界 *h* 统计量

在计算每个实验室每种材料的 h 统计量之后，对该统计量进行检验，以确定所计算的 h 统计量是否超过临界统计量。如果计算的 h 统计量超过临界 h 统计量，在选择的概率或显著性水平，该 h 统计量被认为是一个离群值，对生成该 h 统计量的单元的值加以鉴别，进行离群值处理。h(临界)统计量与实验室间试验方案中实验室的数量有关，对于任何概率或显著性水平，可由下式计算：

$$h(\text{临界}) = (p-1)t/[p(t^2+p-2)]^{1/2} \qquad \text{(A.2)}$$

式中：

p——实验室间试验方案中实验室数量；

t——在选择的显著性水平下的学生氏 t，$df=(p-2)$，一个以 2 结尾的值；

df——自由度的数字。

A.3 *k* 统计量的定义和计算

A.3.1 *k* 统计量

"单元标准差"一致性 k 统计量表示任一实验室的实验室间单元标准差与总的(即所有实验室间)的合并"单元标准差"之比。可变性统计的显著性试验的常用方法是用 F-比即两个方差之比。但是,k 统计量表示为两个标准差之比,因为,当检验数据时,理解这个比值更容易些。k 统计量的推导如下。

通常的 F-比方法,与所有单元(不包括正在试验的一个单元)(对任何材料)的合并方差相比的各个单元方差的显著性,由下式给出:

$$F = s_i^2/[\sum s_{(p-i)}{}^2/(p-1)] \qquad \text{(A.3)}$$

式中:

s_i^2——对可能显著性进行试验的实验室 i 单元方差;

$\sum s_{(p-i)}{}^2$——单元方差的总和,不包括单元 i;

p——实验室间试验方案中实验室的数量;

k 统计量由式(A.4)确定并对每种材料进行计算:

$$k = s_i/s_r \qquad \text{(A.4)}$$

式中:

s_i——第 i 个实验室的单元标准差;

s_r——合并单元标准差(所有实验室间)[最初计算的重复性标准差,见下面的式(A.5)]。

A.3.2 计算临界 *k* 统计量

计算临界 k 统计量 k(临界),推导如下。重复性方差由式(A.5)给出:

$$s_r^2 = [\sum s_{(p-i)}{}^2 + s_i^2]/p \qquad \text{(A.5)}$$

合并式(A.3)、式(A.4)和式(A.5)得到式(A.6):

$$k = \{[p/(1+(p-1))/F]\}^{1/2} \qquad \text{(A.6)}$$

式(A.6)中 F 的自由度 df 为$(n-1)$与$(p-1)(n-1)$之比,n=每个单元的重复数。式(A.6)可适用于选择的显著性水平下计算任一自由度 df 的临界 F 值,从而得出 p 和 n 值的 k(临界)统计量。

A.4 用临界 *h* 和 *k* 统计量鉴别离群值

当由式(A.1)和式(A.4)计算所有 h 和 k 统计量并列成表格后,对其进行检验,确定是否有 h 和 k 统计量超过临界 h 和 k 统计量。

表 A.1 给出不同数目的实验室(p=3～30)和单元重复(n=2、3 或 4)的 2% 和 5% 显著性水平(即 P=0.02,P=0.05)临界 h 和 k 值。用于对数据库进行第 8 和 9 章所述的离群值检验的两步程序。

注:n 为每种材料或水平每个实验室内每个单元的重复数(取自 GB/T 6379.2 的 5%显著性水平的数据)。

表 A.1 2%和5%显著性水平的 *h* 和 *k* 临界值

实验室数量,p	5%h-临界值	P 和 n 的 5% k 临界值			实验室数量,p	2% h-临界值	P 和 n 的 2% k 临界值		
		n=2	n=3	n=4			n=2	n=3	n=4
3	1.15	1.65	1.53	1.45	3	1.15	1.69	1.59	1.52
4	1.42	1.76	1.59	1.50	4	1.47	1.85	1.68	1.59
5	1.57	1.81	1.62	1.53	5	1.67	1.94	1.74	1.67
6	1.66	1.85	1.64	1.54	6	1.80	2.00	1.77	1.65
7	1.71	1.87	1.66	1.55	7	1.89	2.04	1.79	1.67
8	1.75	1.88	1.67	1.56	8	1.95	2.07	1.80	1.68
9	1.78	1.90	1.68	1.57	9	2.00	2.09	1.83	1.69
10	1.80	1.90	1.68	1.57	10	2.00	2.11	1.84	1.70

表 A.1（续）

实验室数量，p	5%h-临界值	P 和 n 的 5% k 临界值			实验室数量，p	2% h-临界值	P 和 n 的 2% k 临界值		
		$n=2$	$n=3$	$n=4$			$n=2$	$n=3$	$n=4$
11	1.82	1.91	1.69	1.58	11	2.07	2.12	1.84	1.70
12	1.83	1.92	1.69	1.58	12	2.09	2.13	1.85	1.71
13	1.84	1.92	1.69	1.58	13	2.11	2.14	1.86	1.72
14	1.85	1.92	1.70	1.59	14	2.13	2.15	1.86	1.73
15	1.86	1.93	1.70	1.59	15	2.14	2.16	1.87	1.73
16	1.86	1.93	1.70	1.59	16	2.15	2.16	1.87	1.73
17	1.87	1.93	1.70	1.59	17	2.16	2.17	1.87	1.73
18	1.88	1.93	1.71	1.59	18	2.17	2.18	1.88	1.73
19	1.88	1.93	1.71	1.59	19	2.18	2.18	1.88	1.74
20	1.89	1.94	1.71	1.59	20	2.19	2.18	1.88	1.74
21	1.89	1.94	1.71	1.60	21	2.20	2.18	1.88	1.74
22	1.89	1.94	1.71	1.60	22	2.20	2.19	1.88	1.74
23	1.90	1.94	1.71	1.60	23	2.21	2.19	1.89	1.74
24	1.90	1.94	1.71	1.60	24	2.21	2.19	1.89	1.74
25	1.90	1.94	1.71	1.60	25	2.22	2.19	1.89	1.74
26	1.90	1.94	1.71	1.60	26	2.22	2.20	1.89	1.74
27	1.91	1.94	1.71	1.60	27	2.23	2.20	1.89	1.74
28	1.91	1.94	1.71	1.60	28	2.23	2.20	1.89	1.74
29	1.91	1.94	1.72	1.60	29	2.23	2.20	1.90	1.74
30	1.91	1.94	1.72	1.60	30	2.24	2.20	1.90	1.74

附 录 B
（规范性附录）
精密度参数工作表计算公式——推荐的工作表布局和数据计算顺序

B.1 计算公式

B.1.1 总则

精密度计算没有专用计算机程序时，重复性和再现性可用工作表程序和公式进行计算。最终的精密度确定包括一系列的和或总和。计算公式在本章给出。在B.2章，给出便于计算的工作表布局。B.3章给出关于设置表序列和进行分析的一些建议。图1为判定树示意图，为分析步骤的顺序提供指南。谨记 p=实验室间试验方案中实验室数量。

注：用 Lotus123 为附录设置计算。假设可用任一工作表程序，但是，一些具体算法可能与本附录给出的略有不同。

B.1.2 均匀水平实验室间试验方案设计，$n=2$

实验室间试验方案的所有实验室试验材料；每种材料每个单元有 $n=2$ 重复值并且所有实验室都有总和。对于本标准正文中给出的表1格式中的每一"实验室/材料"组合即一个单元包括 n 个重复值。一个重复值是一个"试验结果"，即试验方法所规定的平均值或中值。

$$T_1 = \sum Y_{AV} \qquad \text{(B.1)}$$

式中：

Y_{AV}——第 i 个实验室的单元平均值。

$$T_2 = \sum (Y_{AV})^2 \qquad \text{(B.2)}$$

$$T_3 = \sum w^2 \qquad \text{(B.3)}$$

式中：

w——第 i 个实验室单元值的极差（仅适用于 $n=2$）。

$$T_4 = \sum s^2 \qquad \text{(B.4)}$$

式中：

s——第 i 个实验室单元标准差。

用 T_3 或 T_4 的计算公式如下。式(B.5)给出重复性标准差的二次方即方差，s_r^2：

$$s_r^2 = T_3/2p = T_4/p \qquad \text{(B.5)}$$

式(B.6)给出实验室间方差 s_L^2：

$$s_L^2 = \{[pT_2 - (T_1)^2]/p(p-1)\} - (s_r^2/2) \qquad \text{(B.6)}$$

由于此实验室间方差不包括实验室内方差成分，应通过增加实验室内方差进行修正。含有实验室间和实验室内方差成分的方差即式(B.7)给出了再现性方差：

$$s_R^2 = s_L^2 + s_r^2 \qquad \text{(B.7)}$$

所有实验室材料的平均值按式(B.8)计算：

$$M_{AV} = Y_{AV} = T_1/p \qquad \text{(B.8)}$$

重复性 r 和再现性 R 由式(B.9)和式(B.10)给出

$$r = 2.83(s_r^2)^{1/2} \qquad \text{(B.9)}$$

$$R = 2.83(s_R^2)^{1/2} \qquad \text{(B.10)}$$

B.1.3 均匀水平实验室间试验方案设计，$n>2$

对于 n 大于2但单元重复数量恒定的实验室间试验方案，计算公式与式(B.1)～式(B.10)相同，但

STANDARDS PRESS OF CHINA

有两个例外：(1)在式(B.6)最后一项用 n 值替代 2；(2)T_3 不用计算，s_r^2 值用式(B.5)中的 T_4/p 式获得。

B.1.4　非均匀水平设计

对于单元重复值不相等的实验室间试验方案：

$$T_5 = \sum[n_i(Y_{\mathrm{AV}})_i] \quad \cdots\cdots (\mathrm{B.11})$$

式中 n_i＝单元 i 中的重复值；$(Y_{\mathrm{AV}})_i$＝单元 i 的平均值

$$T_6 = \sum[n_i(Y_{\mathrm{AV}})_i{}^2] \quad \cdots\cdots (\mathrm{B.12})$$

$$T_7 = \sum n_i \quad \cdots\cdots (\mathrm{B.13})$$

$$T_8 = \sum n_i^2 \quad \cdots\cdots (\mathrm{B.14})$$

$$T_9 = \sum(n_i - 1)s_i^2 \quad \cdots\cdots (\mathrm{B.15})$$

式中：

s_i^2——单元 i 的方差。

$$s_r^2 = T_9/(T_7 - p) \quad \cdots\cdots (\mathrm{B.16})$$

$$s_L^2 = \{|[T_6T_7 - T_5^5]/[T_7(p-1)]| - s_r^2\}\{[T_7(p-1)]/(T_7^2 - T_8)\} \quad \cdots\cdots (\mathrm{B.17})$$

$$s_R^2 = s_L^2 + s_r^2 \quad \cdots\cdots (\mathrm{B.18})$$

$$M_{\mathrm{AV}} = \overline{Y}_{\mathrm{AV}} = T_5/T_7 \quad \cdots\cdots (\mathrm{B.19})$$

B.2　工作表的计算布局

B.2.1　表结构

本章包括所有表的目录，并附有表之间相关性的简要说明，以便一旦所有的表和基本数据表都已生成，可使计算能自动进行，以给出 r 和 R 值。这一布局适用于 $n=2$ 的均匀水平设计。主要针对分析步骤 1 进行了说明。如果分析步骤 1 发现离群值，则要求进行分析步骤 2 或许还有分析步骤 3。为充分理解这两个增加的分析步骤，应完全核查附录 D 中的精密度确定实例，它给出了关于这些附加计算的说明。

本附录将表格标识为 B.1、B.2 等，这些表与附录 D 标为 D.1、D.2 等的表格相对应。从表 B.2 开始，表格与本标准正文表 2 和表 3 的格式不同之处在于使用双重的即并列的数据显示格式。设置这种双重的表格，当数据输入和处理时可迅速查看数据和计算的参数。

实验室间试验方案可能有 3 个分析步骤。实际要求的步骤数量依据于数据库中数据的质量或一致性。如果有离群值，那么将要求第二，可能还有第三分析步骤。这些分析操作的每一步应在计算机工作表程序的"另一页"即制表页上进行。这有利于分析和避免混乱。如任一分析操作出现离群值，有两种选择方法继续进行分析：

a)　离群值选择方法 1：通过剔除单元而剔除——离群值的最简单选择方法是从表 B.1 所示的数据库中剔除离群值。关于这方面更详细说明，参看 B.3.2。

b)　离群值选择方法 2：离群值的单元替代——如果选择这一方法，用附录 C 所述程序计算出单元替代值，这个选择方法包括更多的工作，但是，对于有少量实验室参加的有限实验室间试验方案数据库，可能是唯一的选择方法。

第 8，9 和 10 章说明了可能的 3 个分析步骤。如果没有离群值，只用分析步骤 1。如果出现离群值，依据数据库中离群值的度量将要求分析步骤 2 和 3。分析步骤 1 的表格说明概述如下，这是实验室间试验方案在可能剔除那些作为离群值的不协调值或不相容值之前的第一组计算(见第 8 章)。

"单元"这个词适用于两种不同的情况：是计算工作表中行与列的交点；对于任一实验室间试验方案，还是如本标准正文表 1 中的实验室与材料的组合。当涉及计算工作表时，单元这个词将用斜体字印刷。在许多情况下，它有双重用法或意义(一个表 1 单元也是一个工作表单元)。

如下所述，虽然表 B.1 可包括空白表格单元，但是数据表格单元应具有实验室间试验方案设计规定的重复数量。大多数一水平精密度实验室间试验方案，$n=2$，并且每个单元必包括 2 个值。在一些实验室间试验方案中生成的原始数据库可能是这样一个数据库,在这个数据库中一个或多个实验室只报告某一具体材料的一个数值,即,它们不全面参加,并仅提供部分数据。这样一个实验室的部分数据不能使用,因为本附录所设置的工作表程序要求所有表 B.1 单元(分析步骤 1,2 或 3)都具有所要求的重复数量。

表的目次和名称	表的说明
B.1——来自实验室间试验方案的基本数据	如技术报告正文所述表 1 基本格式;行=实验室;在重复 1,2 格式中的列=材料。每种材料要求两个工作表列,每个实验室间试验方案单元(双列)含有两个试验结果。在生成除表 B.1 外的所有表格中,实验室和材料保持相同的行/列标识。
B.2——单元平均值,平均值平方	一个双表,单元平均值在左侧而单元平均值平方在右侧,每侧都保持表 B.1 的实验室/材料行与列格式。每一材料列计算出总和;单元平均值总和=T_1,单元平均值平方总和=T_2。对于左侧部分,还计算总平均值(所有实验室)和单元平均值的方差及标准差(所有实验室间)。 注:对这些表中的总和不要舍去有效数字,所有计算都保持 4 个有效数字。
B.3——单元平均值偏差,*d* 和 *h* 值	一个双表:单元偏差 *d*,*d*=单元 *i*(所有单元平均值)在左侧而单元 *h* 值在右侧,检验单元 *h* 值并以粗斜体字表示 5%显著性水平所有有效值,关于 *h* 值的计算参见附录 A。
B.4R——单元极差和单元极差平方	一个双表:单元极差在左侧而单元极差平方在右侧,对于每一左侧单元,从表 B.1 得到的单元极差可用相应的@IF 函数将那些负差值转换为表 B.4R 中单元的正值。有必要算出每种材料的平均值极差。计算每种材料的单元平方总和 T_3。
B.4S——单元标准差和方差	一个双表:单元标准差在左侧而单元方差在右侧。为便于计算每列标准差的合并方差;将结果放在左侧每列的底部。在右侧每个方差列的底部计算单元方差的总和。每种材料单元方差的总和=T_4。
B.5——单元 *k* 值	一个单元 *k* 值的表,关于 *k* 值的计算,参见附录 A。每个大于或等于 5%显著性水平的 *k* 值,用粗斜体字表示。
B.6——精密度的计算	一个精密度计算顺序的表。每种材料为一列,对每种材料进行计算。用与其相应的前述表格相连接的工作表插入 T_1、T_2 和 T_3 或 T_4。式 1 是用 T_3 或 T_4 计算 s_r^2,式 2 用 T_1 和 T_2 计算 s_L^2,式 3 用 s_r^2 和 s_L^2 计算 s_R^2。式 4 计算 *r*,式 5 计算 *R*。在表 B.6 的底部,给出材料均值(平均值)及标准差 s_r^2 和 s_R^2。如果需要的话,还应列出分析步骤 1 的子表和分析步骤 2 的 5%和 2%显著性水平的离群值检验的副表。这个子表是指显示出具有 *h* 和 *k* 离群值的实验室。

注:表 B.6 中的 *n* 和 *p* 值是可变的或填入的格式。*n* 值为 2,但 *p* 将依据剔除 *h* 或 *k* 值的实验室的单元数量而变化,对可变的 *p* 值,应对每个材料表 B.5-R1-OD 或表 B.5-R2-OD(见 B.3.1)中的单元值进行计算。得出剔除 *h* 和 *k* 值后实验室的数量。计算结果输入表 B.6 的相应单元。对于填入的格式,表 B.6 中的值应手工填入。

B.2.2 工作表设置

从工作表程序的第一页开始,将用于分析步骤 1。第一组计算是原始数据库计算。对于离群值从数据库中剔除或替代之后整套重新计算的任何分析操作,将用一个或多个额外的计算机程序页。如果每个表占据一个屏幕区域,用“页下移”命令移到下一个表,将使计算变得更容易。关于步骤 2 和 3 更详细说明参见附录 D 实例。

a) 表B.2与表B.1连接——对于实验室1和材料1,使用表B.1行1中的相应两个相邻(工作表)单元作为工作表自变量,用平均值@函数计算表B.2中单元1的平均值。所有单元重复这一计算。然后对左侧单元平均值,采用相应的平方函数公式,计算表B.2右侧所有单元的平均值平方。

b) 表B.3与表B.2连接——对于材料1,用相应的工作表公式,从表B.2左侧每个实验室单元平均值减去总单元平均值,得出d。用d除以所有单元平均值的标准差,得出h值。所有材料重复这一计算。将h值的计算结果输入表B.3右侧相应的(行/列)单元。

c) 表B.4与表B.1连接——对于实验室1和材料1,用表B.1行1(实验室1和材料1)相应的两相邻单元作为工作表自变量,用标准差@函数计算表B.4单元1的标准差。所有单元重复这一计算。确保计算标准差的除数是$(n-1)$,而不是n,式中n=每种材料标准差计算值的数量。在工作表术语中,通常称为"样本"计算。用相应的算法对每一单元标准差值平方;将结果输入表B.4右侧方差的相应单元中。

d) 表B.5与表B.4S连接——对于材料1,各个(实验室内)单元标准差除以(实验室内)单元标准差合并值(合并或平均方差的平方根),得出k值。所有材料重复这一计算,将k值输入表B.5中相应单元中。

e) 表B.6与表B.2、B.4S和/或B.4R连接——对于材料1,使用相应的工作表功能或公式,将T_1、T_2、T_3和/或T_4代入表B.6中。所有材料重复这一操作。每个总和的来源应是表B.2、B.4S或B.4R中每一相应列底部的总和。对于表B.6中的计算1,用表中给出的公式计算实验室间试验方案中所有材料的每个参数。公式用到n和p变量以及从表B.2、B.4S或B.4R代入的该材料的值,当完成表B.6的计算5时,与p和n值一起输入T_1、T_2、T_3和/或T_4的值(将其与前面的表连接)生成表中所有中间和最终精密度确定的值。

B.3 精密度数据库计算的顺序

B.3.1 分析步骤1中的离群值(第1页)

如上所述,分析步骤1或该组计算应在计算机工作表程序的第1页上进行。如果任何不相容的值被判定为5%显著性水平离群值,数据库应按8.4进行修正,剔除任一实验室的离群值或将替代值插入含有离群值的那些单元中。如果有离群值,在修正本1(R1)数据库应进行分析步骤2(第2页)。通过将第一页上所有的表B.1～表B.6复制到工作表第2页相应的位置上,所有编程计算都是可变的,即不是定值,修正本1数据库的分析计算就变得更容易。现在,第2页上这些表就标志为(1)被替代离群值的表B.1-R1-OR～表B.6-R1-OR,或(2)被剔除离群值的表B.1-R1-OD～表B.6-R1-OD。

B.3.2 分析步骤2中的离群值(第2页):选择方法1——离群值剔除

在打印输出的表B.1上标志包括有效h和k值的单元,有利于所有剔除操作。为了剔除数据,就是从表B.1中剔除所有5%显著性水平的h或k值单元。在这里,单元涉及实验室间试验方案设计,而不是工作表单元,即,剔除每一实验室间试验方案设计单元的占据两个工作表单元的两个值。当完成这一操作时,工作表程序就会在表B.2-R1-OD～表B.6-R1-OD中的一些计算单元位置给出ERR指数。这是由于剔除了表B.1-R1-OD以及一些其后的表中一个或多个自变量值。

ERR符号将出现在两个常规位置:

a) 在列中,作为来自其前面的表按表的次序输入的数据,即用于计算具体列的参数如平均值、标准差等的值。

b) 在列的底部,平均值、标准差等最初位于这里。为修正表格,由第一个包括ERR符号的工作表单元的表格开始,剔除输入数据的ERR单元,而不是一个列底部的ERR单元。修正数据输入值或单元将自动修正该列底部的ERR(计算值)。

工作表"剔除"操作将ERR单元变为空白单元。所有表格的操作相同,直到将所有ERR标记都被剔除，并用空白值但不是零取代。这将对所有参数生成正确的计算。然后从所有表中剔除由前表剔除生成的零单元值。如果不被剔除，表列底部的计算就会是错误的。对于选择方法 1，离群值剔除，修正的精密度参数会自动计算得出，并在所有 ERR 输入剔除后出现在第 2 页的表 B.6-R1-OD。

B.3.3 分析步骤 2 中的离群值(第 2 页)：选择方法 2——离群值替代

当选择该方法时，将数据替代值或 DR（见附录 C 替代值的确定）插入含有离群值的单元，表 B.1 的实验设计单元插入附录 C 确定的(各个)单元数据替代值(试验结果)，DR1 和 DR2。其处于有效 h 或 k 值的单元。如果出现任何 ERR，就加以修正。如 B.3.1 和 B.3.2 所述，对于选择方法 2，填入数据替代值或 DR，修正的精密度参数就会自动计算得出，并出现在第 2 页的表 B.6-R1-OR 中。

B.3.4 分析步骤 3 中的离群值(第 3 页)

如果没有 2%显著性水平离群值，那么(第 2 页)修正本 1 的精密度值为最终结果。

a) 如果有 2%显著性水平离群值，按上述程序(5%显著性)进行选择方法 1 剔除所有离群值，生成修正本 2OD 数据库；或者选择方法 2 并计算替代值。当将其填入修正本 1OR 数据库时，就生成修正本 2OR 数据库。

b) 如果有离群值，将工作表第 2 页进行的表 B.1-R1-OR～表 B.6-R1-OR 或表 B.1-R1-OD～表 B.6-R1-OD 复制到带有上述变量的工作表程序第 3 页。当按如下程序进行时，这些修正本 2 表格就会被标志表 B.1-R2-OR～表 B.6-R2-OR 或相应的表 B.1-R2-OD～表 B.6-R2-OD。第 3 页分析的目的是剔除或替代 2%显著性水平离群值，从而生成最终修正本 2 精密度值。

c) 离群值从任一单元中剔除或数据替代值已计算出来(使用附录 C)并填入第 3 页表 B.1-R2-OR 或表 B.1-R2-OD 的相应单元时；任何 ERR 符号被剔除后，新的精密度值将出现在第 3 页表 B.6-R2-OR 或表 B.6-R2-OD。对于实验室间试验方案，第 3 页表 B.6-R2-OR 或表 B.6-R2-OD 的值就是最终精密度参数，r 和 R。

B.3.5 精密度结果的舍入

将表 B.6、表 B.6-R1 或表 B.6-R2(任一种离群值选择方法)给出的最终精密度结果转换成表 6 格式(见 12.1)，用于插入试验方法标准中。当完成这一操作时，应将最终精密度参数舍入到通常实践中在技术上所能获得的有效位数或数字，大概比通常所使用的多一个有效数字。不保留超出这一数字的多余数字。

STANDARDS PRESS OF CHINA

附 录 C
（规范性附录）
被剔除离群值的替代值的计算程序

C.1 引言

分析步骤 1，如果在 5%显著性水平下有离群值，有两种选择方法：选择方法 1 是剔除离群值，从而生成修正的，即 R1 数据库。选择方法 2 是以基本上保持非离群值数据分布的方式替代离群值，详细说明见 C.2 章。本附录提供在 5%或 2%显著性水平下有离群值时涉及替代程序的算法。

有限数量实验室（约 6 个或更少）的小数据库中有离群值时，通常选择离群值选择方法 2（替代）。为保持数据库的大小替代而不是剔除离群值。但计算替代值的程序应是数据库中“与观测的数据分布一致的程序”。本附录所述的替代程序实现了这个目的，包括两种替代类型的确定或计算。

C.2 替代程序

替代程序（步骤 1 或步骤 2）是用真实值替代离群值的程序。操作第一步是确定每个离群值“单元平均值”和“单元标准差”的替代值。第一种类型替代称为参数替代即 PR。如下所述，可能有两种类型的 PR 填入数据库中。虽然只选取一种，但对两种类型都作了说明，以便说明所选取的第二种类型替代的优点。

C.2.1 平均参数替代的分布

PR 的第一种做法是向数据库插入一个值，这个值等于任一材料所有单元值的分布或实际值数据库平均值。有两种类型平均分布：

a) 单元平均值；

b) 单元标准差或单元极差。

术语“平均值”适用于两者。如果只考虑一个 PR 并且有 10 个或更多实验室，基本上不改变分布的性质。

但是，如果替代 2 个或更多离群值并且实验室数量比 10 个少得多。这将使分布变窄，从而给出下列值的错误乐观值：

a) 最终精密度结果的标准差（如果没有进一步发现离群值）；

b) 在 2%显著性水平下用于离群值检验的 h 和/或 k 统计量的分母标准差。

因此，不选择这种类型的替代。

C.2.2 上升顺序趋势（AOT）参数替代

PR 另一种做法是用一个基本上保持 8.2 所讨论的上升顺序趋势坐标图所示的分布数值。称为上升顺序趋势即 AOT 替代或单元平均值的 PR。每个 AOT 替代或 PR 基本上是个预测值，是一个在生成 AOT 坐标图中不存在“离线”行为离群值的意外紊乱情况下，有关实验室所预测的值。这个 AOT 替代没有使观测的分布与平均值替代分布在相同意义上变窄。

C.3 离群值替代类型

有两种离群值替代类型：前面所讨论的参数替代（PR）和数据替代值（DR）。所有离群值的单元平均值和单元标准差（或极差）的 PR 确定后，下一步是包括离群值参数的表 B.1 的每一单元 PR 的计算。

将 DR 插入表 B.1 数据中生成表 B.1-R1-OR，由新的 R1 数据库（见附录 B 和表 B.1～表 B.6 系列）重新计算修正的精密度值。对原数据表 B.1 进行修正生成表 B.1-R1-OR，其后的所有表 B.2-R1-OR～表 B.6-R1-OR 用附录 B 所述的自动计算程序重新计算。本附录 C 是有两个单元值即 $n=2$ 的均匀水平设计程序。$n=3$ 时可对该程序略加修改。附录 D 中关于门尼黏度试验的精密度实例说明了本附录以及附录 A 和附录 B 中所述的整个 AOT 替代程序和操作。

C.4 5%显著性水平离群值 PR

5%显著性水平的离群值替代应按下面 a)～c)所述的 AOT 替代程序进行。原则上该程序适用于任一数据库:原始数据库、R1 数据库或 R2 数据库。R1 和 R2 数据库可能会有由前面的离群值替代程序所确定的 PR。

a) PR:"单元平均值"离群值——对于每种材料,通过单元平均值 AOT 坐标图的中心数据点区域画一条(最小平方型)直线并延伸到坐标的两端。此外,也可以使用线性回归法画一条直线,但数据组不应包括任何离群值端点。对于离群值(坐标的低或高端),确定离群值(坐标图中点)与相应实验室的 x-轴位置上延伸线上的点之间的差。离群值加上或减去此差,生成在 x 轴位置"线"上的新值。对每个离群值,这"线上"值就是该实验室的单元平均值的 PR。

b) PR:"单元极差"离群值——对于每种材料,通过单元极差 AOT 坐标图的中心数据点区域画一条直线,并延伸到坐标的高值端。重复上述 a)程序,确定该线上的一个新值。对每个离群值,这"线上"值就是该实验室的单元极差的 PR。

c) PR:"单元标准差"离群值——如果最初计算的是单元标准差而不是单元极差,使用上面 b)中单元极差离群值所述的相同程序确定标准差的 PR。对于 $n=2$ 的实验室间试验方案,可用 $w=(\text{标准差})\times 2^{1/2}$ 将单元标准差转换为单元极差 w。用下面公式计算极差的 DR 值。

注:用下面公式计算 DR 时,可将极差变为标准差。对 $n=2$ 的实验室间试验方案,将极差 w 的值即(标准差)×1.414代入公式中。

C.5 5%显著性水平离群值 DR

所有 5%显著性水平离群值单元平均值和单元标准差(或极差)的 PR 确定之后,下一步是计算填入表 B.1 中的 DR。对于 DR 计算程序,用不是离群值的值保留在数据库中做为其观测值。例如,当只需要替代一个单元平均值(即单元极差或标准差不是离群值)时,实际的或现存的单元极差不因替代而改变。此外,当只需要替代一个单元极差或标准差时,应保存现有的单元平均值。需要计算 DR 的 PR 有 4 种可能的组合。这些组合在下面 a)～d)步骤中加以说明。

a) 没有单元极差离群值的单元平均值离群值——对于单元平均值离群值的两个 DR,用式(C.1)和式(C.2)对 PR(单元平均值)加上或减去原始或现存单元极差 ECR 的一半。得出两个单元值 DR1 和 DR2,从而得出单元平均值替代值。将这替代值填入表 B.1 数据库中。

$$\mathrm{DR1} = \mathrm{PR}(\text{单元平均值}) + \mathrm{ECR}/2 \qquad (\mathrm{C.1})$$

$$\mathrm{DR2} = \mathrm{PR}(\text{单元平均值}) - \mathrm{ECR}/2 \qquad (\mathrm{C.2})$$

为了避免过多符号的混淆,所有 DR(4 种的每一类)标志为 DR1 和 DR2。

b) 带有单元极差离群值的单元平均值离群值——这种情况的两个 DR,用式(C.3)和式(C.4)对 PR(单元平均值)加上或减去 AOT 坐标图确定的 PR(单元极差)的一半。得出两个新的单元数据值 DR1 和 DR2,从而得出单元平均值和单元极差替代值,将这 DR 填入表 B.1 数据库中。

$$\mathrm{DR1} = \mathrm{PR}(\text{单元平均值}) + \mathrm{PR}(\text{单元极差})/2 \qquad (\mathrm{C.3})$$

$$\mathrm{DR2} = \mathrm{PR}(\text{单元平均值}) - \mathrm{PR}(\text{单元极差})/2 \qquad (\mathrm{C.4})$$

c) 没有单元平均值离群值的单元极差离群值——这种情况下两个 DR,用式(C.5)和式(C.6)对原始或现存 ECA 平均值加上或减去 AOT 坐标图确定的 PR(单元极差)的一半。得出两个新的单元数据值 DR1 和 DR2,从而得出原始单元平均值和单元极差替代值,将其填入表 B.4R 数据库。

$$\mathrm{DR1} = \mathrm{ECA} + \mathrm{PR}(\text{单元极差})/2 \qquad (\mathrm{C.5})$$

$$DR2 = ECA - PR(\text{单元极差})/2 \quad \cdots\cdots\cdots (C.6)$$

d) 带有单元平均值离群值的单元极差离群值——按上述 b)程序。得出两个单元平均值和单元极差替代值。将其填入表 B.1 数据库。

C.6 2%显著性水平离群值 PRs

对于分析步骤 2 的修正即 R1 数据库的检验，按 C.5 和 C.6 章中适用于 2%显著性水平的说明。

a) PRs:“单元平均值”离群值——对于每种材料，用表 B.1-R1-OR 的修正数据绘制单元平均值数据坐标图，生成一个新的 AOT 坐标图。表 B.1-R1-OR 格式中的数据将有 5%显著性离群值的所有替代值。按 C.5 章所述的程序，确定 2%显著性水平离群值的“单元平均值”PR。

b) PRs:“单元极差”离群值——对于每种材料，用表 B.1-R1-OR 的修正数据重新将单元极差数据代入一个 AOT 坐标图中。按 C.5 章所述程序确定 2%显著性水平离群值的“单元极差”PR。

c) PRs:“单元标准差”离群值——如果计算的是单元标准差而不是单元极差，用 C.5 章所述的单元极差程序计算标准差替代值。如上所示，对于 $n=2$ 的实验室间试验方案，可用公式 $w=(\text{标准差})\times 2^{1/2}$ 将单元标准差转换为单元极差 w。

C.7 2%显著性水平离群值 DRs

所有 2%显著性水平的单元平均值和单元标准差(或极差)离群值的 PR 确定之后，下一步是表 B.1 中 DR 的计算。生成表 B.1-R2-OR 格式，以便由新的 R2 数据库(见附录 B)对修正的精密度值(重复性、再现性)进行重新计算。与 5%显著性水平计算一样，有 4 个可能的离群值参数组合要求对 R2 数据库进行数据替代。2%显著性水平的离群值考虑的是修正的 R1 数据库。在 R1 数据库中替代 2%显著性水平离群值(PR 和 DR)之后，就变为 R2 数据库，并用于计算重复性和再现性的最终值。参看图 1 中的流程树图。

对于 C.5 章讨论的 4 个离群值类型，根据条款中给出的公式使用 R1 数据库的 AOT 坐标图确定的 PR 重复 DR 计算。

附 录 D
（规范性附录）
精密度确定的实例——门尼黏度试验

D.1 引言

本附录介绍一水平“三步分析”精密度确定的一个实例，重点说明怎样剔除离群值和怎样修正原始数据库以获得无离群值影响的精密度稳健评估。精密度的所有计算，从基本表1(或对应的表B.1)的格式开始，用附录B所述的一系列表格的计算公式和操作。本附录D中所有表与附录B中标志的类似，只是标志符号为D。因此，本附录中表D.1对应附录B中的表B.1，表D.2对应表B.2等。

可以选择两种离群值处理选择方法：选择方法1是剔除所有离群值，并根据修正的和缩小的数据库计算精密度结果。选择方法2是用AOT替代值替代离群值，并根据修正的数据库计算精密度结果。这两种选择方法在本实例中都有说明。虽然本标准没有说明，但是用GB/T 6379.5给出的其他分析公式A和S对这些数据库也进行了计算。比较并讨论了选择方法1和2精密度结果与GB/T 6379.5分析结果。说明另一个特点：统计分析者所用判断技术可改变具体真实的离群值剔除程序的结果，对其原因进行了引证。

门尼黏度试验的实验室间试验方案是20世纪80年代中期，使用当时的ISO 289版本进行的。4种材料(橡胶)，9个实验室参加了实验室间试验方案。橡胶标志为材料1～4，试验的一些细节说明如下：

材料编号	材料名称	试验条件
1	SBR1712(充油37.5)	ML1+4@100 ℃
2	ⅡR(丁基橡胶)NIST SRM388	ML1+8@100 ℃
3	NR(天然橡胶)	ML1+4@100 ℃
4	SBR1712BMB(37.5,65N339)	ML1+4@100 ℃

NIST——国家标准与技术研究所，是美国国家标准局的新名称。

SRM——由NIST开发的标准参考材料。

BMB——炭黑母炼胶：37.5油+65N339炭黑。

将4种材料的样本送到9个参加的实验室($p=9$)，黏度试验在相隔一周的两个单独日进行。一个试验结果是在所示的时间和温度下的一个门尼黏度确定(试验)值。因此，对于这一实验室间试验方案，$p=9$，$q=4$和$n=2$。1型精密度由试验前的另一个操作决定：材料1,3和4是开炼机混炼的，材料2即ⅡR SRM，未经开炼机混炼，因为对这种参考材料未做规定。

D.2 门尼黏度精密度确定实例的组织

确定任一给定实验室间试验方案精密度的一般作法是使用图1所述的步骤顺序并参考概述(见7章)的讨论。第8章，第9章和第10章有详细说明：如果分析步骤1发现离群值，选择一个离群值选择方法，分析按步骤2进行，根据这一决定，如果需要再进行分析步骤3。但是，为了在本实例中更好地说明精密度的确定，对这两种离群值选择方法都进行了计算。虽然离群值替代是选择方法2，但是这个选择方法的计算将作为第一部分首先用实例说明。之后，较简单的离群值剔除选择方法1将作第二部分用实例说明。下面给出数据的初步和图示检验，在第二部分离群值剔除选择方法中将不再重复。

D.3 第一部分：一水平分析——选择方法2：离群值替代

D.3.1 分析步骤1——初步检验

表D.1设置在计算机工作表程序的第1页上(见附录B)，按8.3规定的格式对原始数据制表。虽然分析步骤不必遵循这种作法，但有必要获得表中所有列的平均值和标准差，并能提供一些资料对这些计算结果加以说明。

下一步操作是生成 B.2.2a)和 B.2.2b)所述的表 B.2 和表 B.3，如上所述，基础数据表 2 和表 3 的数据计算与双表格式的其他制表和计算相结合。这种双表格式对于全面分析是必要的，并在附录 B 中已有充分说明。因此，B.2.2a)所要求的表 B.1 格式在表 D.2 左侧给出，B.2.2b)所要求的表 B.3 数据制表格式单元内标准差在表 D.4S 左侧给出，单元内极差在表 D.4R 中给出。

实验室间试验方案数据的图示检验用图 D.1～图 D.4 进行。图 D.1 给出材料 1 和 2 黏度递升顺序的“单元平均值”门尼黏度与实验室编号的坐标图，图 D.2 给出材料 3 和 4 的同类坐标图。这些坐标图有两个目的：原始数据的初步检验和用于如附录 C 中 C.2.2 所述计算离群值的选择方法 2AOT 替代值的第二步操作。

图 D.1 表明，材料 1 可能有两个潜在的离群值——实验室 9 的一个低离群值和实验室 6 的一个高离群值。这些值偏离了中心区域基本直线性的趋势线。趋势线将用于以后的 AOT 替代操作。对于材料 2，显示出实验室 1 有一个高的潜在离群值。在图 D.2 中，对于材料 3，实验室 9 的有个低的潜在离群值，材料 4 有两个潜在离群值——实验室 9 的低离群值和实验室 8 的相对高的离群值。

图 D.3 和图 D.4 中的单元极差坐标图与单元平均值坐标图稍有不同。没有低端离群值，所有的低值都显示良好的一致性，因此这些坐标图便在中心线性区域之前具有初始低端曲线性质。材料 1 有实验室 4 和实验室 1 的两个潜在高端单元极差离群值。材料 2 没有潜在离群值。图 D.4 中的材料 3 和 4 都有实验室 4 的潜在离群值，实验室 9 可能也有一个。图 D.1～图 D.4 的坐标图给出 4 种材料中每种数据一致程度的总体印象。这些图的其他特点将在下面讨论。

D.3.2 原始数据库的精密度计算和离群值检验

分析步骤 1 开始于原始数据库的 r 和 R 精密度值的计算。用附录 C 中程序 r 和 R 的初始计算为离群值剔除后，减少两个参数相比较建立了一个起点或基础。下一步是数据库的检验，以剔除 5% 显著性水平的离群值。这两步操作将同时进行，并且随表 D.1～表 D.6 每个表的依次检验进行说明。

表 D.2 对所有 4 种材料以双表格式设置，左侧为单元平均值，右侧为单元平均值平方。求出表中每列或每种材料的两个总和，“单元平均值”的 T_1 和“单元平均值平方”的 T_2（表 D.6 中最终精密度分析所要求）。还给出总单元平均值和所有 9 个实验室的各个单元平均值的方差和标准差的结果。

表 D.3 左侧含有“单元平均值”偏差 d，右侧含有单元 h 统计量，其中，每一种材料：

$$d = Y_{AV}(i) - \overline{Y}_{AV} \qquad \text{(D.1)}$$

$$h = d/s(Y_{AV}) \qquad \text{(D.2)}$$

式中：

$Y_{AV}(i)$——第 i 单元平均值；

$\overline{Y}_{AV}$——所有单元平均值的平均值；

$s(Y_{AV})$——单元平均值的标准差(见附录 A)。

$\overline{Y}_{AV}$ 和 $s(Y_{AV})$ 值在表 D.3 左侧的底部附有说明。在表的右下方，一个插入的副表给出所示实验室数量，即，$p=9$，5% 显著性水平 h(临界)值，h 和 k 临界值在附录 A 表 A.1 中给出。等于或超过临界值 1.78 的计算的列 h 值（每种材料）用粗斜体表示。有 4 个单元含有效 h 值：实验室 1/材料 2 和实验室 9/材料 1，3 和 4。

表 D.4R 和表 D.4S 给出试验日 1 与试验日 2 试验结果的差异，实际上，只需要这两个表中的一个，但本实例这两个表都绘制了。表 D.4R 左侧含有“单元内”极差和右侧含有单元极差平方，对于每种材料，给出了“单元极差”平方的总和 T_3。可将 $n=2$ 的实验室间试验方案的单元极差用公式标准差 $=w/(2)^{1/2}$（式中 w 是极差）转换为标准差。表 D.4S 左侧含有“单元内”标准差，右侧含有方差（标准差平方）。在右侧，给出每一种材料所有方差的总和 T_4，以及合并或平均方差。

用表 D.5 进行离群值的单元标准差分析。每种材料所有单元 k 值的表用下列公式生成：

$$k = s_i / s_r \qquad \cdots\cdots\cdots\cdots (D.3)$$

式中：

s_i——实验室 i 单元标准差；

s_r——(所有实验室间)合并单元标准差(见附录 A)。

合并标准差(合并或平均方差平方根)在表 D.4S 和表 D.5 的底部给出。表 D.5 有个插入的副表，给出了 $p=9$ 和 $n=2$ 的 5%显著性水平的 k(临界)值。有 3 个计算的 k 值等于或高于临界值 1.90:实验室 4 的材料 1,3、和 4。这些单元用粗斜体字表示。

分析步骤 1 完成。

在进行分析步骤 2 之前，建议查阅表 D.6 原始数据库的精密度结果。r 值介于 0.74 与 3.43 之间，R 值介于 1.95 与 15.15 之间。如果在分析步骤 1 中不剔除离群值，这个表就结束了该分析操作，出现在表 D.6 中的值用于绘制精密度结果的一个最终表，以便插入到试验方法标准中。除了给出 r 和 R 最终值的表 D.6 中的 5 个内部计算之外，该表还给出每种材料的平均值，以及重复性标准差 s_r 和再现性标准差 s_R。h 和 k 统计的分析步骤 1 离群值分析的结果在表 D.6 底部的副表中给出。分析步骤 1 离群值分析已显示出 5%显著性水平离群值。这些离群值的存在要求在修正的实验室间试验方案数据库上进行分析步骤 2 操作。

D.3.3　分析步骤 2——离群值处理

分析步骤 2 程序有两个趋势：

a)　生成一个修正的数据库，据此采用附录 B 提出的程序进行第二轮计算，求出 r 和 R 的修正值；

b)　检验修正数据库，以剔除 2%显著性水平的潜在离群值。

D.3.3.1　表格名称

分析步骤 2 开始于分析步骤 1 中 5%显著性水平离群值的选择方法 2 替代值的计算。在预备程序中，生成第二组工作表。为使分析步骤 1 和分析步骤 2 中表的比较和表格标志更方便，分析步骤 2 中表格名称保持 D.1～D.6 标志，外加两个符号。首先，添加 R1，即分析步骤 1 中的表 D.1 在分析步骤 2 中变为表 D.1-R1。对于选择方法 2 的表格，添加的第二个符号是 OR，这里 OR 表示“替代离群值”。因此，分析步骤 1 的表 D.1 在分析步骤 2 选择方法 2 操作中变为表 D.1-R1-OR。谨记分析步骤 1 是在原始数据库上进行的。

D.3.3.2　分析步骤 2——5%显著性水平离群值的替代

为实现离群值选择方法 2，应为分析步骤 1 中的离群值求出 AOT 替代值。关于 AOT 程序参看附录 C，基本上需要进行两个计算。第一步是获得 AOT 单元平均值替代值，其中，平均值适用于单元平均值、单元标准差或极差。这些替代值定义为参数替代值即 PR(见附录 C)。这一程序操作完成后，第二步是单元数据替代值即 DR 的计算，该值对于 R1 数据库新的一组精密度值的计算是必不可少的。

a)　PR(单元平均值替代值)——“单元平均值”操作同时采取附录 C 的程序与图 D.1～图 D.4。在图 D.1 中，实验室 9 的值在分析步骤 1 中被判为离群值，用附录 C 程序获得实验室 9/材料 1 的 PR 值 51.4，用一个十字表示。同样获得实验室 1 的材料 2 的 PR 值 71.7。在图 D.2 中，用相同方法计算得出实验室 9 的两种材料的 PR 值(71.0 和 94.5)，在图 D.3 中，实验室 4 的极差 PR 值计算为 0.85。图 D.4 中，同样分别得出实验室 4 的材料 3 和 4 极差 PR 值 1.20 和 2.20。单元平均值的 PR 列为表 D.7 中 A 部分的第 1 项，而单元极差的 PR 列为表 D.7 中 A 部分第 2 项。

下一步操作是将这些 PR 转换为 DR(单元数据替代值)。要求 DR 填入表 D.1 中，以生成新的表 D.1-R1-OR。

b)　DR(单元平均值数据替代值)——如附录 C 所述，有两类 DR。在本实例中，所有 DR 都是第一类：“没有单元极差离群值的单元平均值离群值”，因此，预定替代的单元没有伴随的单元极差(或标准差)离群值。这第一类 DR 可用下列程序计算选择的单元：

1) 前面所获得的 PR；

2) 该单元的现有单元极差(ECR)，使用附录 C 中式(C.1)和式(C.2)。

表 D.7 中 B 部分第 3 项中的数据代入两个公式获得(1)A 部分中的 PR，(2)4 个有关单元现有的单元极差(ECR)(这些填入 A 部分中平均值的圆括号内)。计算的两个 DR 填入表 D.7 中 B 部分第 3 项中。

c) DR("单元极差"数据替代)——表 D.7 中 A 部分第 2 项中所列的 PR 应转换成 DR。3 个值都属第 3 类，即"没有单元平均值离群值的单元极差离群值"。从 PR 转换成(成对的)DR 用下列程序获得：

1) 前面所获得的 PR；

2) 单元现有的单元平均值(ECA)和附录 C 中式(C.5)和式(C.6)。

这些计算结果填入表 D.7 中 B 部分第 4 项中。

D.3.3.3 分析步骤 2——有离群值替代值的修正数据库的精密度

离群值替代值已经计算得出并列在表 D.7 中，就可对修正的数据库进行再分析。这开始于表 D.1-R1-OR。将表 D.1-R1-OR 中单元离群值更换为表 D.7 中的各个 DR，以斜体表示。当所有单元的替代值填入表 D.1-R1-OR 时，修正本 1(R1)精密度结果就出现在表 D.6-R1-OR 中。

表 D.6-R1-OR 表明重复性 r 已被减小，在 0.76～2.29 之间；R 介于 1.76～11.27 之间。在总的(合并的)基础上，使用离群值替代程序生成的 R1 数据库，重复性 r 降低指数 0.88(即 r 减小了 12%)，再现性 R 降低指数 0.76(即 R 减小了 24%)。

D.3.3.4 分析步骤 2——2%显著性水平离群值的剔除和替代

当将 5%显著性水平离群值的替代值填入表 D.1(即表 D.1-R1-OR)中时，所有其后表格的计算将自动进行。2%显著性水平 h 和 k 临界值由附录 A 表 A.1 查得，表 D.3-R1-OR 显示材料 4 实验室 8 有一个单元平均值离群值。计算的 h 值 2.07 超过了临界 h 值 2.00。表 D.5-R1-OR 显示材料 1 实验室 1 有个单元极差(和标准差)是离群值，计算的 k 值 2.15 超过了 2%显著性水平临界值 2.09。

分析步骤 2 的最后一步是计算 2%显著性水平离群值的替代值。图 D.5 给出材料 1 的 AOT 坐标图，其极差值 0.80 表示为实验室 1 离群值 1.10 的替代值，还有材料 4 的坐标图，实验室 8 的离群值 101.5 替代值即 PR 单元平均值 99.2。这两个离群值的 PR 需要转换成 DR，单元极差的平均值 0.80 和单元平均值 99.2 都用附录 C 中公式转换成 DR。这些替代值以粗斜体字显示在表 D.7 中。

D.3.3.5 分析步骤 3——第一部分的最后操作

当分析步骤 2 中的两个 2%显著性水平离群值的 DR 填入表 D.1-R1-OR 中替代了离群值后，生成一个新表格，表 D.1-R2-OR。这个新表 D.1-R2-OR 是修正本 2 数据库。参看表 D.1-R2-OR～表 D.6-R2-OR 的次序；最后那个表给出了最终的修正本 2/选择方法 2 的重复性和再现性。对改善的精密度，即 r 和 R 减小的评论，将放在第二部分进行选择方法 1 分析之后。

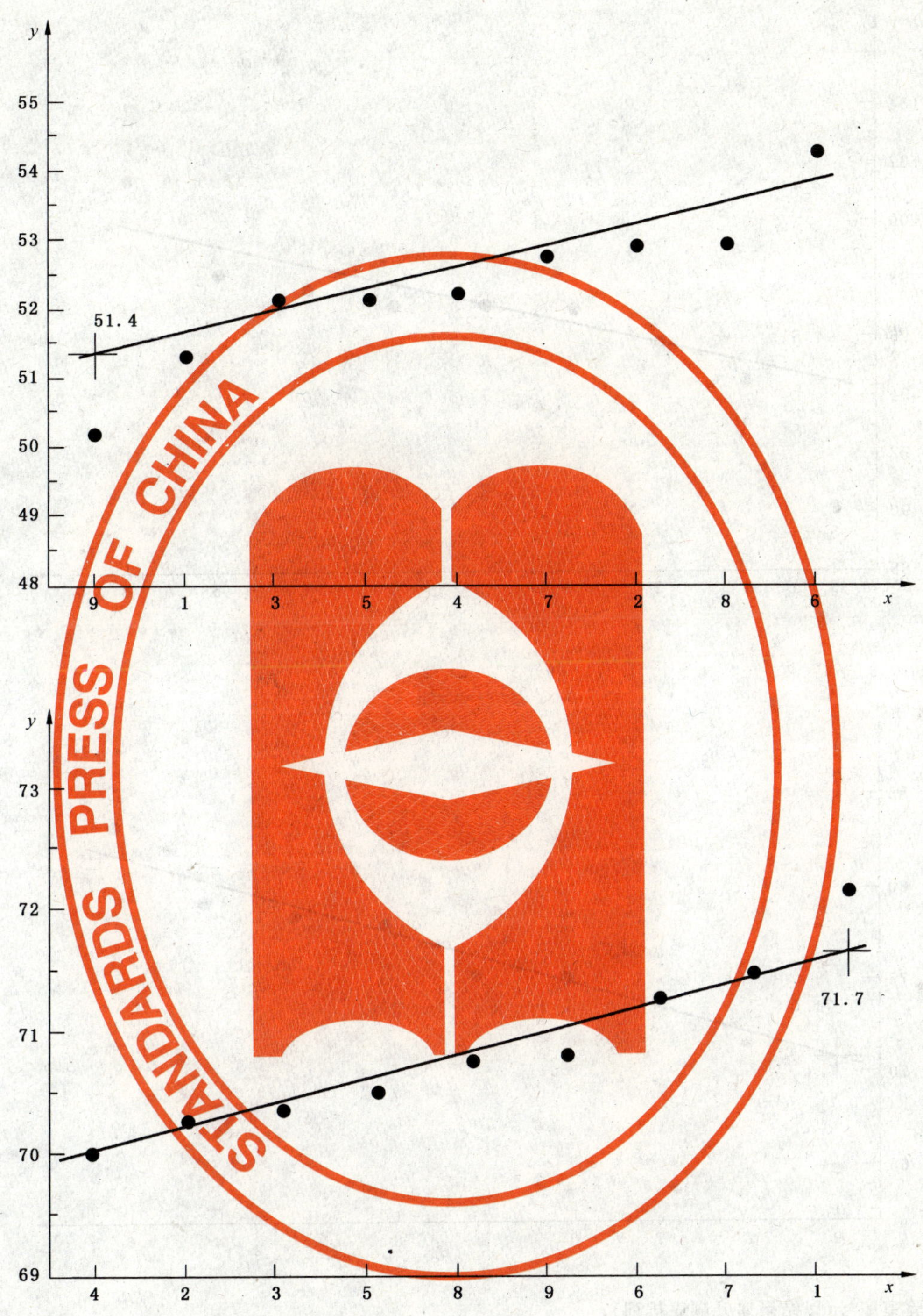

x——实验室序号(以结果递升顺序排列);

y——门尼黏度 ML。

图 D.1 材料 1(上图)和 2(下图)原始单元平均值的 AOT 坐标图
(带有线性趋势线和示出的 PR)

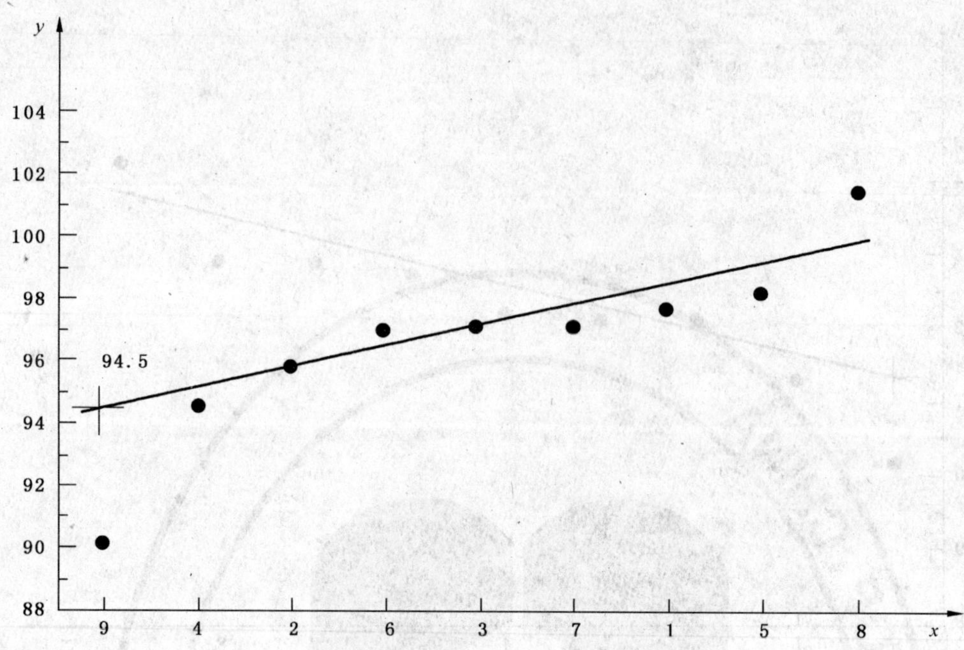

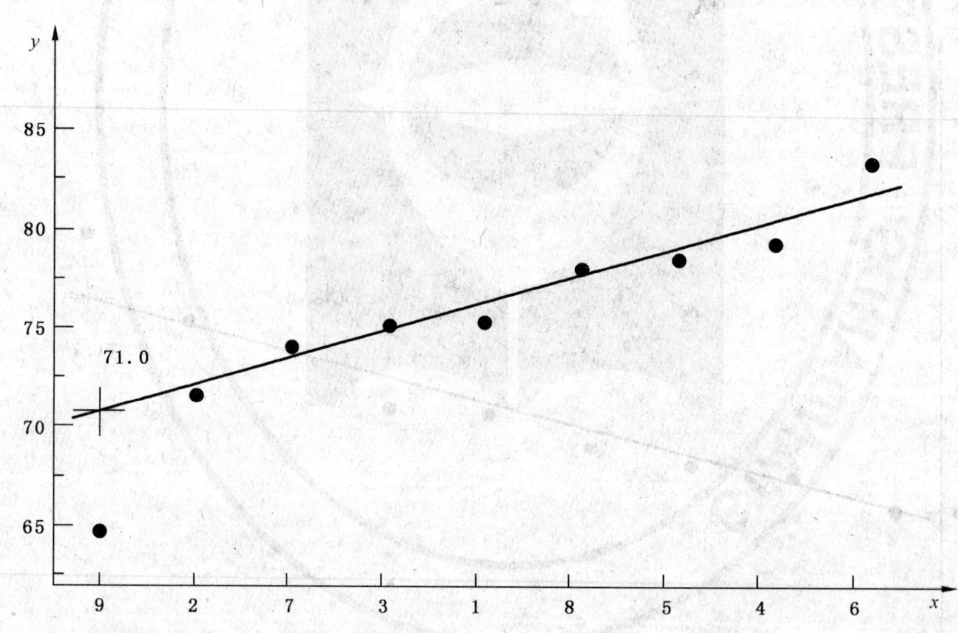

x——实验室序号(以结果递升顺序排列);

y——门尼黏度 ML。

图 D.2 材料 3(上图)和 4(下图)原始单元平均值 AOT 坐标图

(带有线性趋势线和示出的 PR)

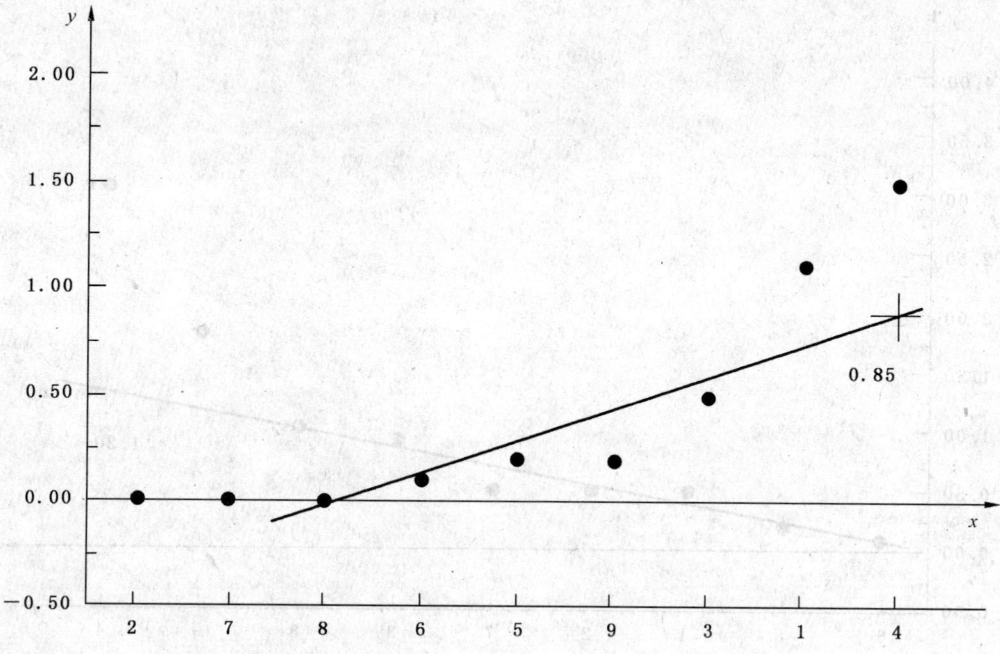

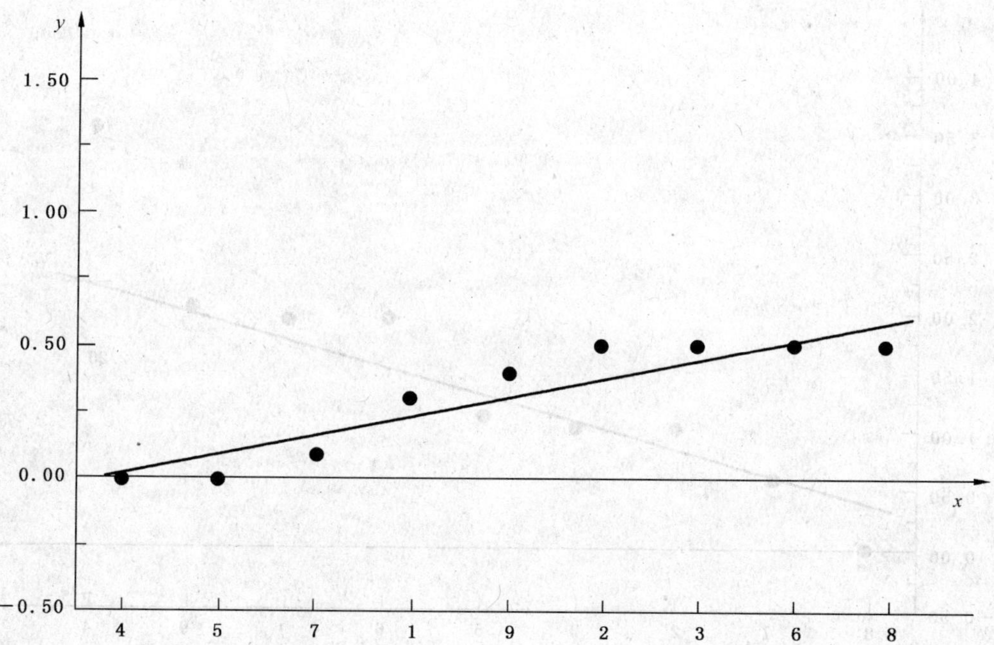

x——实验室序号(以结果递升顺序排列);

y——单元极差(绝对值)。

图 D.3 材料 1(上图)和 2(下图)原始单元极差 AOT 坐标图

(带有线性趋势线和示出的 PR)

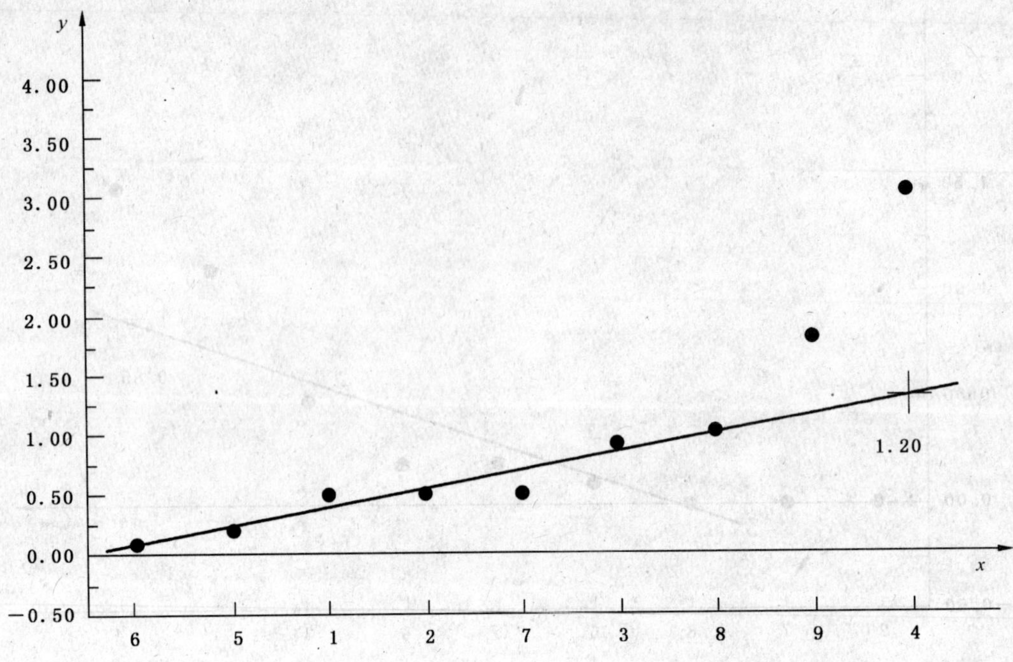

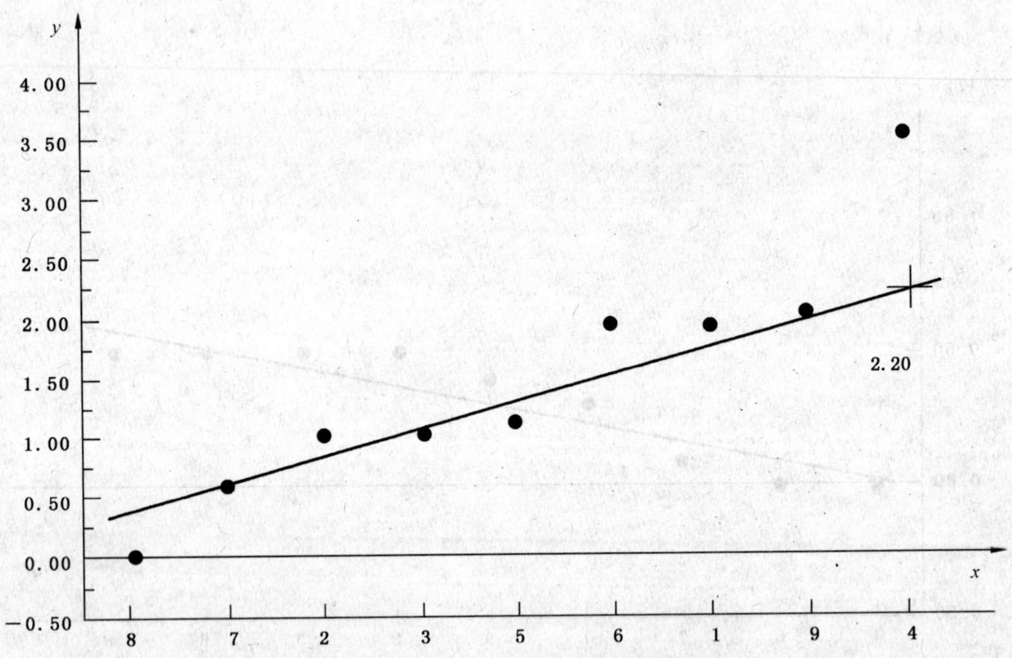

x——实验室序号(以结果递升顺序排列);

y——单元极差(绝对值)。

图 D.4 材料 3(上图)和 4(下图)原始单元极差 AOT 坐标图

(带有线性趋势线和示出的 PR)

x——实验室序号(以结果递升顺序排列);

y_1——单元极差(绝对值);

y_2——门尼黏度 ML;

1——材料 1:替代 5%显著性 k 离群值;

2——材料 4:替代 5%显著性 h 离群值。

图 D.5 材料 1(上图)和 4(下图)修正本 1 数据库 AOT 坐标图

(带有线性趋势线和示出的 PR)

D.4 第二部分:一水平精密度分析——选择方法 1:离群值剔除

D.4.1 分析步骤 1——初步检验

选择方法 1 第二部分的大部分工作已在第一部分完成。图 D.1-D.5、表 D.7 和表 D.6-R2-OR 底部的两个副表都给出了在第一部分分析中判为 h 和 k 离群值的值。如果选择方法 1 离群值剔除是个最初分析决定即分析步骤 1 之后的决定,数据的初步检验和上述原始数据库的精密度计算和离群值检验就是第二部分分析的第一步操作。这些构成分析步骤 1 的第二部分,在此无需重复。对于这第二部分/一水平精密度分析选择方法 1(离群值剔除)的讨论,分析步骤 2 的表格标志符号是 OD,表示"离群值剔除"。

D.4.2 分析步骤 2

D.4.2.1 5%显著性水平离群值的剔除

由于在第一部分中所有离群值已经检验并剔除,第二部分分析所要求的就是剔除程序。但是,在一个实验室间试验方案的一般分析中,如果最初决定是选择选择方法 1,则在现在所述的操作之前就要求进行 5%和 2%显著性离群值的检验。

表 D.1-R1-OD 显示出表 D.1 原始数据库经剔除后的结果,生成了修正本 1 数据库。h 和 k 离群值在 5%显著性水平下判为有效的表列值已被剔除。表 D.2-R1-OD～表 D.6-R1-OD 在被剔除的 5%显著性水平离群值的位置显示出空白单元。在工作表分析中,这一系列表中的所有空白单元最初都有 ERR 标志。如附录 B 所述的,每个 ERR 值应被剔除以生成一个空白单元。表 D.6-R1-OD 给出最终精密度结果。比较离群值替代的选择方法 2 与和离群值剔除的选择方法 1 的结果,即表 D.6-R1-OR 与表 D.6-R1-OD 进行比较,说明选择方法 1 一般给出较小的 r 和 R 值。这两种选择方法更详细的讨论在后面表 D.9。

D.4.2.2 2%显著性水平离群值的剔除

下一步操作是剔除判为 2%显著性水平离群值的单元值。注意,在表 D.6-R1-OD 的底部给出两个值:材料 4 的实验室 8 单元平均值和材料 1 的实验室 1 单元极差(或标准差)。材料 1/实验室 1 的情况要求分析者加以考虑。参看表 D.4R-R1-OD。如果实验室 1 的极差 1.10 被删,我们就剩下 6 个极差值,其中 3 个为零,远远小于 1.10。

虽然其中 3 个实验室相隔一周的 2 个门尼黏度试验值有可能完全一致,但应慎重地看待这一现象。大多数技术人员在进行一项特殊试验即实验室间试验方案时知道良好一致性是目标。存在着使结果看起来良好的诱惑,在这种情况下分析者的判断是假设实验室 1 的 1.10 值被剔除,合并标准差(合并极差)就不现实地小。因此,决定不剔除 1.10 是考虑了客观的分析结果。

在第一部分分析中,材料 1 的实验室 1 的 1.10 被剔除,但是用 0.80 值替代。这与对于一种材料从参加实验室表中剔除一个实验室不同。修正本 1 数据库只剔除实验室 8/材料 4 的值生成表 D.1-R2-OD。此表是修正本 2 数据库。

D.4.3 分析步骤 3

表 D.6-R2-OD 中给出第二部分/选择方法 1 的最终精密度结果。比较离群值替代选择方法 2 与离群值剔除选择方法 1 的结果,即表 D.6-R2-OR 与表 D.6-R2-OD 进行比较,表明选择方法 1 一般给出较小的 r 和 R 值。

保留实验室 1/材料 1 极差 1.10 的决定可能会考虑:同时使用选择方法 1 和选择方法 2 进行离群值处理。在第二部分/分析步骤 2 分析中,分析者可能用选择方法 2 的 AOT 替代值 0.80 替代该实验室的极差值,而不是让原始值 1.10 保留在修正本 2 数据库中。这是可选择的一种方法,只是分析者的判断要求。

D.4.4 精密度结果的讨论

D.4.4.1 选择方法 1 与选择方法 2 与 GB/T 6379.5 程序的比较

表 D.8 概述了这一门尼黏度实例的结果。给出下列离群值处理程序中每种材料的重复性和再现性，以及合并的即总体材料值：

a）原始数据库；

b）使用 GB/T 6379.5 稳健分析程序(这里没有给出计算)；

c）AOT 离群值的替代(OR)选择方法 2；

d）离群值的剔除(OD)选择方法 1。

程序 b)、c)和 d)的分别构成一类“稳健”分析。稳健分析的目的是消除或减小离群值的影响。表 D.9 用降低指数给出每个程序的减小程度。降低指数 0.60 表示由稳健程序所获得的精密度参数是原始即未修正的数据库的值的 60%，即变化 40%。

D.4.4.2 GB/T 6379.5 与三步骤分析程序的比较

将 GB/T 6379.5 与本门尼黏度实例精密度确定 3 个分析步骤的两种选择方法(AOT 替代 OR 和离群值剔除 OD)进行比较，情况如下：

a）关于重复性，对于材料 1，GB/T 6379.5 程序优于另两种(选择方法 1 和选择方法 2)程序：降低指数为 0.60 对 0.68 和 0.71。对于材料 2(丁基橡胶)则没有差别，所有 3 种稳健程序基本相同。对于材料 4，尤其材料 3，两种选择方法明显优于 GB/T 6379.5 程序。与 GB/T 6379.5 程序相比，合并值显示选择方法 1 和 2 性能较好。

b）关于再现性，对于材料 1，4，同样尤其是材料 3，选择方法 1 和 2 两种方法明显优于 GB/T 6379.5 程序。重复性与再现性的合并值都显示选择方法 1 或选择方法 2 在降低离群值影响方面优于 GB/T 6379.5 程序。

D.4.4.3 选择方法 1(剔除)与选择方法 2(替代)的比较

比较 3 个分析步骤的两种选择方法，情况如下：

a）关于重复性，对于材料 1 和 2，这两种选择方法基本相同。但是，对于材料 4，尤其是材料 3，选择方法 1 离群值剔除程序降低程度较大，即重复性明显较好。对于选择方法 1(剔除)的合并值给出 13% 的总体优势。

b）关于再现性，对于材料 1 和材料 4，两个选择方法基本相同。但是，对于材料 2 选择方法 1(剔除)给出较好的结果，而对于材料 3 则给出更好的结果。对于选择方法 1(剔除)合并值给出 6% 的总体优势。

D.4.4.4 4 种材料精密度的比较

表 D.8 给出选择方法 1(剔除)程序的 4 种材料之间相对精密度。这些结果已经写入第 12 章所述的表 6 精密度概述格式中。附录 D 实例的这种格式的精密度在表 D.10 中给出，该表给出所有精密度参数和剔除所有离群值后实验室间试验方案数据库中最终实验室数量。

材料 1，2 和 3 的重复性，r，大约分别等于 0.96、0.76 和 1.03。作为一组的这 3 个 r 值与原始数据库所得的值明显不同：材料 1，2 和 3 分别为 1.29、0.74 和 2.54。离群值剔除操作降低了 r-参数，并且显示出 3 个值相当接近。就某种意义来说，这并不奇怪，因为材料 1，2 和 3 都未加颜料即纯橡胶：分别为 SBR、丁基橡胶(一种 NIST 的参考橡胶)和天然橡胶。可以预计，这三种橡胶在一个实验室范围内对本试验的响应是非常相似的。

材料 4 是 SBR 炭黑母炼胶即含有 65 phrN339 炭黑的 SBR-BMB。注意，就总体而言，与其他 3 种橡胶相比，材料 4 的重复性要差得多(较高的 r)，相差 2.7 倍。这个精密度较差的原因将在下面讨论。

材料 1 和 3 的选择方法 1(剔除)的再现性，R，相当接近(2.71 和 2.50)，而材料 2 的 R 最低，为 1.49。同样，材料 4 则非常高($R=10.84$)，与其他 3 种橡胶相比，就总体而言，大约相差 5 倍。这大约是重复性精密度 2.7 的两倍。对于材料 1～4，与原始数据库 R 值 3.37、1.92、8.84 和 15.15 相比，选择方法 1 的再现性要好得多(较低的 R)。应注意材料 1，2 和 3 之间的原始数据库 R 值与上述几乎相同的材料 1，2 和 3 的差别。

材料 1 和 3(SBR 和 NR)几乎相等的再现值，R，同样是一个合理预期的结果：这两种未加颜料的橡胶就实验室之间而言有相似的试验响应。材料 2(丁基参考橡胶)具有高的均匀性(包与包之间良好的均匀性)。它可用作检测门尼黏度操作的参考橡胶。这种均匀性无疑是其良好再现性的部分原因。此外,这种橡胶未经开炼机混炼操作。

D.4.4.5 SBR-BMB 精密度

本实验室间试验方案,材料 4,SBR-BMB,较差的表现是进一步研究的课题。后面的实验室工作证明,问题可能归因于进行门尼黏度试验之前的开炼机混炼。在开炼机混炼操作中,开炼机温度、开炼机辊距(间隙)和混炼时间控制不好,而所有这些条件在橡胶混炼程度方面起着非常重要的作用。开炼机混炼操作之前这方面的变化是较差精密度的原因;可变的混炼导致可变的黏度。

SBR-BMB 的混炼是(1)橡胶/炭黑分子间健合和(2)普通的链的断裂综合。单纯的开炼机混炼橡胶,SBR1712 和 NR,也会断裂一些链,但 SBR-BMB 更大幅度的断裂机理的存在使其更易受开炼机混炼条件变化的影响并且生成较差的精密度。后来对 ISO 289 进行的修订,以取消 BMB 橡胶的开炼机混炼操作。

由于 SBR-BMB 较差的精密度(高的 r 和 R),这种材料没有被纳入表 D.10 中合并值的计算。只有当任一实验室间试验方案中所有材料的精密度值相当接近时才建议对值进行合并。

D.4.4.6 最后的观测——门尼实例

离群值剔除 3 个分析步骤使用了 h 和 k 一致性统计,在修正数据库中的 5% 显著性水平的分析步骤 1 和 2% 显著性水平的分析步骤 2,与原始数据库相比,给出了较好的重复性与再现性。选择方法 1 为所有 3 种未加颜料的橡胶生成了相当接近的 r 参数和相当接近的 R 参数。选择方法 1 或选择方法 2 都能获得良好的分析结果,但选择方法 1 涉及较少的计算并且能生成更好的精密度,即较低的 r 和 R 总值。当实验室间试验方案中有 9 个或更多实验室参加时,选择方法 1 是最好的选择。

选择方法 1 3 个分析步骤实质上将门尼黏度试验控制良好的“核心组”实验室分离出来。表 D.1-R2-OD 显示出实验室 4 和 8 每个都有 3 个离群值被剔除。这两个实验室对试验控制较差,需要改进。实验室 1 也需要一些纠正:它有两个离群值,其中一个未在上述选择方法 1 中被剔除。实验室 8 有一个离群值,它可能需要对其试验程序给予一些注意。5 个实验室(2,3,5,6 和 7)的“核心组”对其试验区域有良好的控制。对于材料 1,2 和 3,相对重复性(r)分别为 1.8%,1.1% 和 1.0%,相对再现性(R)分别为 5.4%,2.2% 和 2.5%。这“核心组”所获得的精密度应是橡胶制造工业中门尼黏度试验的基准。

表 D.1 门尼黏度——实验室间试验方案的原始基本数据

实验室编号	材料 1		材料 2		材料 3		材料 4	
	第一天	第二天	第一天	第二天	第一天	第二天	第一天	第二天
1	50.8	51.9	72.0	72.3	98.0	97.5	74.3	76.2
2	53.0	53.0	70.0	70.5	95.5	96.0	71.0	72.0
3	52.4	51.9	70.1	70.6	96.7	97.6	74.6	75.6
4	53.0	51.5	70.0	70.0	96.0	93.0	81.0	77.5
5	52.3	52.1	70.5	70.5	98.2	98.4	78.0	79.1
6	54.4	54.3	71.5	71.0	97.0	97.1	82.4	84.3
7	52.8	52.8	71.5	71.4	96.9	97.4	73.8	74.4
8	53.0	53.0	71.0	70.5	102.0	101.0	78.0	78.0
9	50.1	50.3	71.0	70.6	91.0	89.2	65.6	63.6
日平均值	52.42	52.31	70.84	70.82	96.81	96.36	75.41	75.63
两天平均值		52.37		70.83		96.58		75.52
实验室间标准差	1.28	1.13	0.74	0.67	2.88	3.41	5.17	5.66
合并的实验室间标准差		1.21		0.71		3.16		5.42

表 D.2 单元平均值和单元平均值平方—原始数据

单元平均值					单元平均值平方				
实验室编号	材料 1	材料 2	材料 3	材料 4	实验室编号	材料 1	材料 2	材料 3	材料 4
1	51.85	72.15	97.75	75.25	1	2 636.82	5 205.62	9 555.06	5 662.56
2	53.00	70.25	95.75	71.50	2	2 809.00	4 935.06	9 168.06	5 112.25
3	52.15	70.35	97.15	75.10	3	2 719.62	4 949.12	9 438.12	5 640.01
4	52.25	70.00	94.50	79.25	4	2 730.06	4 900.00	8 930.25	6 280.56
5	52.20	70.50	98.30	78.55	5	2 724.84	4 970.25	9 662.89	6 170.10
6	54.35	71.25	97.05	83.35	6	2 953.92	5 076.56	9 418.70	6 947.22
7	52.80	71.45	97.15	74.10	7	2 787.84	5 105.10	9 438.12	5 490.81
8	53.00	70.75	101.50	78.00	8	2 809.00	5 005.56	10 302.25	6 084.00
9	50.20	70.80	90.10	64.60	9	2 520.04	5 012.64	8 118.01	4 173.16
T_1	471.300	637.500	869.250	679.700	T_2	24 691.150	45 159.925	84 031.473	51 560.680
单元平均值	52.37	70.83	96.58	75.52					
平均值方差	1.342 5	0.459 4	9.551 3	28.5282					
平均值标准差	1.159	0.678	3.091	5.341					
注：单元平均值方差 $= s^2(Y_{AV})$。									

表 D.3 单元平均值"偏差"，*d* 和 *h* 值—原始数据

单元偏差，*d*					单元 *h* 值				
实验室编号	材料 1	材料 2	材料 3	材料 4	实验室编号	材料 1	材料 2	材料 3	材料 4
1	−1.02	1.32	1.17	−0.27	1	−0.88	***1.94***	0.38	−0.05
2	0.63	−0.58	−0.83	−4.02	2	0.55	−0.86	−0.27	−0.75
3	−0.22	−0.48	0.57	−0.42	3	−0.19	−0.71	0.18	−0.08
4	−0.12	−0.83	−2.08	3.37	4	−0.10	−1.23	−0.67	0.70
5	−0.17	−0.33	1.72	3.03	5	−0.14	−0.49	0.56	0.57
6	1.98	0.42	0.47	7.83	6	1.71	0.61	0.15	1.47
7	0.43	0.62	0.57	−1.42	7	0.37	0.91	0.18	−0.27
8	0.63	−0.08	4.92	2.48	8	0.55	−0.12	1.59	0.46
9	−2.17	−0.03	−6.48	−10.92	9	***−1.87***	−0.05	***−2.10***	***−2.04***
所有实验室					指定 *p* 的 5% 显著性水平 *h*(临界)				
单元平均值	52.37	70.83	96.58	75.52	*p*	9	9	9	9
单元平均值的标准差	1.159	0.678	3.091	5.341	*h*(临界)	1.78	1.78	1.78	1.78
粗斜体为有效值					>*h*(临界)的实验室编号	9	1	9	9
$h=d/s(Y_{AV})$，式中 $d=$ 单元 i 平均值−(所有单元平均值)；$s(Y_{AV})=$ 单元平均值标准差。									

STANDARDS PRESS OF CHINA

表 D.4R 单元极差和极差平方—原始数据

单元极差					单元极差平方				
实验室编号	材料 1	材料 2	材料 3	材料 4	实验室编号	材料 1	材料 2	材料 3	材料 4
1	1.100	0.300	0.500	1.900	1	1.210	0.090	0.250	3.610
2	0.000	0.500	0.500	1.000	2	0.000	0.250	0.250	1.000
3	0.500	0.500	0.900	1.000	3	0.250	0.250	0.810	1.000
4	1.500	0.000	3.000	3.500	4	2.250	0.000	9.000	12.250
5	0.200	0.000	0.200	1.100	5	0.040	0.000	0.040	1.210
6	0.100	0.500	0.100	1.900	6	0.010	0.250	0.010	3.610
7	0.000	0.100	0.500	0.600	7	0.000	0.010	0.250	0.360
8	0.000	0.500	1.000	0.000	8	0.000	0.250	1.000	0.000
9	0.200	0.400	1.800	2.000	9	0.040	0.160	3.240	4.000
极差平均值	0.400	0.311	0.944	1.444	T_3（“单元极差平方”的总和）	3.800 0	1.260 0	14.850 0	27.040 0

任一实验室间试验方案单元极差的计算公式，在单元 cxx 和 dxx 有双份数：

@IF[(cxx−dxx)<0,(cxx−dxx)*−1,(cxx−dxx)]

表 D.4S 单元标准差和方差

单元标准差					单元方差				
实验室编号	材料 1	材料 2	材料 3	材料 4	实验室编号	材料 1	材料 2	材料 3	材料 4
1	0.778	0.212	0.354	1.344	1	0.605 0	0.045 0	0.125 0	1.805 0
2	0.000	0.354	0.354	0.707	2	0.000 0	0.125 0	0.125 0	0.500 0
3	0.354	0.354	0.636	0.707	3	0.125 0	0.125 0	0.405 0	0.500 0
4	1.061	0.000	2.121	2.475	4	1.125 0	0.000 0	4.500 0	6.125 0
5	0.141	0.000	0.141	0.778	5	0.020 0	0.000 0	0.020 0	0.605 0
6	0.071	0.354	0.071	1.344	6	0.005 0	0.125 0	0.005 0	1.805 0
7	0.000	0.071	0.354	0.424	7	0.000 0	0.005 0	0.125 0	0.180 0
8	0.000	0.354	0.707	0.000	8	0.000 0	0.125 0	0.500 0	0.000 0
9	0.141	0.283	1.273	1.414	9	0.020 0	0.080 0	1.620 0	2.000 0
合并标准差	0.459	0.265	0.908	1.226	T_4	1.900 00	0.630 00	7.425 00	13.520 00
					合并方差	0.211 1	0.070 0	0.825 0	1.502 2

表 D.5 单元 k 值—原始数据

实验室编号	材料 1	材料 2	材料 3	材料 4
1	1.69	0.80	0.39	1.10
2	0.00	1.34	0.39	0.58
3	0.77	1.34	0.70	0.58
4	***2.31***	0.00	***2.34***	***2.02***
5	0.31	0.00	0.16	0.63
6	0.15	1.34	0.08	1.10
7	0.00	0.27	0.39	0.35
8	0.00	1.34	0.78	0.00
9	0.31	1.07	1.40	1.15
合并标准差	0.459	0.265	0.908	1.226

$n=2$,指定 p 的 5%显著性水平 k(临界)				
p	9	9	9	9
k(临界)	1.90	1.90	1.90	1.90
>k(临界)的实验室编号	4	无	4	4

粗斜体为有效值

$k=s(i)/s_r$,式中:$s(i)$——各个单元标准差;s_r——合并所有实验室标准差。

表 D.6 门尼黏度:精密度的计算——原始数据

		材料 1	材料 2	材料 3	材料 4
ITP	n	2	2	2	2
	p	9	9	9	9
材料		材料 1	材料 2	材料 3	材料 4
T_1		471.300	637.500	869.250	679.700
T_2		24 691.150	45 159.925	84 031.473	51 561.680
T_3		1.900 00	0.630 00	7.425 00	13.520 00
计算 1	$(s_r)\hat{}2=T_4/p$	0.211 1	0.070 0	0.825 0	1.502 2
$(s_L)\hat{}2=\{[pT_2-(T_1)\hat{}2]/p(p-1)\}-[(s_r)\hat{}2/2]$					
计算 2	$(s_L)\hat{}2$	1.236 9	0.424 4	9.138 8	27.777 1
$(s_R)\hat{}2=(s_L)\hat{}2+(s_r)\hat{}2$					
计算 3	$(s_R)\hat{}2$	1.448 1	0.494 4	9.963 8	29.279 3
r(重复性)$=2.8[(s_r)\hat{}2]\hat{}0.5$					
计算 4	r	1.287	0.741	2.543	3.432
R(再现性)$=2.8[(s_R)\hat{}2]\hat{}0.5$					
计算 5	R	3.37	1.97	8.84	15.15

		材料 1	材料 2	材料 3	材料 4
材料平均值		52.37	70.83	96.58	75.52
标准差,$s_r=$		0.459	0.265	0.908	1.226
标准差,$s_R=$		1.203	0.703	3.157	5.411
	相对(r)	2.46	1.05	2.63	4.54
	相对(R)	6.43	2.78	9.15	20.06

步骤 1:材料 1~4 的 5%显著性水平离群值					
		材料 1	材料 2	材料 3	材料 4
h	实验室编号	9	1	9	9
k	实验室编号	4	无	4	4

表 D.7 离群值的替代值

部分 A-AOT 参数替代值(PR)				
1. 单元平均值离群值的 AOT PR				
实验室编号	材料 1	材料 2	材料 3	材料 4
1		71.1(0.30)		
8			***99.2(1.00)***	
9	51.4(0.20)		94.5(1.80)	71.0(2.00)
注：单元平均值替代值(单元平均值)在括号内列有各个单元极差。				
2. 单元极差离群值的 AOT PR				
实验室编号	材料 1	材料 2	材料 3	材料 4
1	***0.80(51.35)***			
4	0.85(52.25)		1.20(94.50)	2.20(79.25)
注：单元 PR(单元极差)在()内附列有各个单元平均值；				
部分 B-AOT(单元)数据替代值(DR)				
3. 单元平均值离群值的 AOT DR				
实验室编号	材料 1	材料 2	材料 3	材料 4
1		71.6,72.0		
8			***98.7,99.7***	
9	51.3,51.5		93.6,95.4	70.0,72.0
4. 单元极差离群值的 AOT DR				
实验室编号	材料 1	材料 2	材料 3	材料 4
1	51.8,51.0			
4	51.8,52.7		93.9,95.1	74.2,76.4
注：粗斜体为 2% 显著性水平有效值。				

表 D.8 离群值处理程序的比较

第一部分离群值程序	重复性 r				合并精密度 r
	材料 1	材料 2	材料 3	材料 4	
原始数据库(无离群值被剔除)	1.29	0.74	2.54	3.43	2.26
另一种 GB/T 6379.5 稳健分析	0.78	0.74[a]	2.18	3.22	2.02
AOT 离群值替代，选择方法 2[b]	0.88	0.76	1.55	2.92	1.75
离群值剔除，选择方法 1[b]	0.92	0.76	1.03	2.46	1.46
第二部分离群值程序	再现性 R				合并精密度 R
	材料 1	材料 2	材料 3	材料 4	
原始数据库(无离群值被剔除)	3.37	1.97	8.84	15.15	8.98
另一种 GB/T 6379.5 稳健分析	3.09	1.97[a]	6.67	14.62	8.26
AOT 离群值替代，选择方法 2[b]	2.46	1.76	4.66	11.27	6.30
离群值剔除，选择方法 1[b]	2.71	1.49	2.50	10.84	5.77
根据方差或标准差平方计算的 4 种材料间合并(或平均)精密度。					
注：带有离群值的材料(和实验室)，参看表 D.7。					

[a] 材料 2 没有进行分析。

[b] 最终精密度结果。

表 D.9 相对降低指数—精密度参数,r 和 R

第一部分离群值程序	重复性,r 降低指数				合并精密度,r 降低指数
	材料 1	材料 2	材料 3	材料 4	
原始数据库(无离群值被剔除)	1.0	1.0	1.0	1.0	1.0
另一种 GB/T 6379.5 稳健分析	0.60	[a]	0.86	0.94	0.89
AOT 离群值替代,选择方法 2[b]	0.68	1.03	0.61	0.85	0.78
离群值剔除,选择方法 1[b]	0.71	1.03	0.41	0.72	0.65
第二部分离群值程序	**再现性,R 降低因子**				**合并精密度,R 降低指数**
	材料 1	材料 2	材料 3	材料 4	
原始数据库(无离群值被剔除)	1.0	1.0	1.0	1.0	1.0
另一种 GB/T 6379.5 稳健分析	0.92	[a]	0.76	0.97	0.92
AOT 离群值替代,选择方法 2[b]	0.78	0.89	0.53	0.74	0.70
离群值剔除,选择方法 1[b]	0.80	0.76	0.28	0.72	0.64

降低指数=(修正的精密度参数/原始精密度参数)

根据表 D.8 中合并精密度计算的合并精密度降低指数。

注:带有离群值的材料(和实验室)参看表 D.7。

[a] 材料 2 没有进行分析。

[b] 最终精密度结果。

表 D.10 一水平和 1 型——门尼黏度精密度

(试验性能=ML 黏度@100 ℃,门尼单位)

材料	平均值	实验室内			实验室间			实验室数量[a]
		s_r	r	(r)	s_R	R	(R)	
1. SBR1712	50.7	0.328	0.920	1.81	0.967	2.71	5.35	7
2. ⅡR(丁基橡胶)	68.7	0.270	0.757	1.10	0.532	1.49	2.17	8
3. NR	99.2	0.366	1.03	1.04	0.892	2.50	2.52	6
4. SBR-BRB	74.6	0.878	2.46	3.30	3.87	10.84	14.5	7
合并值[b]		0.321	0.90	1.31	0.80	2.23	3.34	

所用符号:

s_r——实验室内标准差(测量单位);

r——重复性(测量单位);

(r)——重复性(平均水平的百分比);

s_R——实验室间标准差(总实验室间偏差,测量单位);

R——再现性(测量单位);

(R)——再现性(平均水平的百分比)。

参看本表给出的精密度结果讨论的精密度条款内容。

[a] 选择方法 1 离群值剔除后修正的数据库中实验室数量。

[b] 合并值的简单平均值,忽略 4(SBR-BMB)。

STANDARDS PRESS OF CHINA

表 D.1-R1-OR 门尼黏度—5%显著性离群值 AOT 替代值(斜体字)

实验室编号	材料 1 第一天	材料 1 第二天	材料 2 第一天	材料 2 第二天	材料 3 第一天	材料 3 第二天	材料 4 第一天	材料 4 第二天
1	50.8	51.9	***71.6***	***72.0***	98.0	97.5	70.3	72.2
2	53.0	53.0	70.0	70.5	95.5	96.0	67.0	68.0
3	52.4	51.9	70.1	70.6	96.7	97.6	70.6	71.6
4	***51.8***	***52.7***	70.0	70.0	***93.9***	***95.1***	***74.2***	***76.4***
5	52.3	52.1	70.5	70.5	98.2	98.4	74.0	75.1
6	54.4	54.3	71.5	71.0	97.0	97.1	78.4	80.3
7	52.8	52.8	71.5	71.4	96.9	97.4	69.8	70.4
8	53.0	53.0	71.0	70.5	102.0	101.0	74.0	74.0
9	***51.3***	***51.5***	71.0	70.6	***93.9***	***95.1***	***66.0***	***68.0***
日平均值	52.42	52.58	70.80	70.79	96.90	97.24	71.59	72.89
两天平均值		52.50		70.79		97.07		72.24
实验室间标准差	1.06	0.84	0.67	0.59	2.47	1.82	3.92	4.02
合并实验室间标准差		0.96		0.63		2.17		3.97

粗斜体为 5%显著性有效替代值。

表 D.2-R1-OR 单元平均值和单元平均值平方:5%离群值的 AOT 替代值

单元平均值					单元平均值平方				
实验室编号	材料 1	材料 2	材料 3	材料 4	实验室编号	材料 1	材料 2	材料 3	材料 4
1	51.35	71.80	97.75	71.25	1	2 636.82	5 155.24	9 555.06	5 076.56
2	53.00	70.25	95.75	67.50	2	2 809.00	4 935.06	9 168.06	4 556.25
3	52.15	70.35	97.15	71.10	3	2 719.62	4 949.12	9 438.12	5 055.21
4	52.25	70.00	94.50	75.30	4	2 730.06	4 900.00	8 930.25	5 670.09
5	52.20	70.50	98.30	74.55	5	2 724.84	4 970.25	9 662.89	5 557.70
6	54.35	71.25	97.05	79.35	6	2 953.92	5 076.56	9 418.70	6 296.42
7	52.80	71.45	97.15	70.10	7	2 787.84	5 105.10	9 438.12	4 914.01
8	53.00	70.75	101.50	74.00	8	2 809.00	5 005.56	10 302.25	5 476.00
9	51.40	70.80	94.50	67.00	9	2 641.96	5 012.64	8 930.25	4 489.00
T_1	472.500	637.150	873.650	650.150	T_2	24 813.070	45 109.543	84 843.713	47 091.248
单元平均值	52.50	70.79	97.07	72.24					
平均值方差	0.852 5	0.357 8	4.570 7	15.641 7					
平均值标准差	0.923	0.598	2.138	3.955					

注：单元平均值方差$=s^2(Y_{AV})$。

表 D.3-R1-OR 单元平均值偏差 d 和 h 值:5%离群值 AOT 替代值

变量单元,d					单元 h 值				
实验室编号	材料 1	材料 2	材料 3	材料 4	实验室编号	材料 1	材料 2	材料 3	材料 4
1	−1.15	1.01	0.68	−0.99	1	−1.25	1.68	0.32	−0.25
2	0.50	−0.54	−1.32	−4.74	2	0.54	−0.91	−0.62	−1.20
3	−0.35	−0.44	0.08	−1.14	3	−0.38	−0.74	0.04	−0.29
4	−0.25	−0.79	−2.57	3.06	4	−0.27	−1.33	−1.20	0.77
5	−0.30	−0.29	1.23	2.31	5	−0.32	−0.49	0.57	0.58
6	1.85	0.46	−0.02	7.11	6	2.00	0.76	−0.01	1.80
7	0.30	0.66	0.08	−2.14	7	0.32	1.10	0.04	−0.54
8	0.50	−0.04	4.43	1.76	8	0.54	−0.07	***2.07***	0.45
9	−1.10	0.01	−2.57	−5.24	9	−1.19	0.01	−1.20	−1.32
					指定 p 的 2%显著性水平 h(临界):				
所有实验室单元平均值	52.50	70.79	97.07	72.24	p	9	9	9	9
					h(临界)	2.00	2.00	2.00	2.00
单元平均值的标准差	0.923	0.598	2.138	3.955	>h(临界)的实验室编号	无	无	8	无

$h=d/s(Y_{AV})$式中:d=单元 i 平均值−(所有单元平均值);$s(Y_{AV})$=单元平均值标准差。

粗斜体为有效值。

表 D.4R-R1-OR 单元极差和单元极差平方:5%离群值 AOT 替代值

单元极差					单元极差平方				
实验室编号	材料 1	材料 2	材料 3	材料 4	实验室编号	材料 1	材料 2	材料 3	材料 4
1	1.100	0.400	0.500	1.900	1	1.210	0.160	0.250	3.610
2	0.000	0.500	0.500	1.000	2	0.000	0.250	0.250	1.000
3	0.500	0.500	0.900	1.000	3	0.250	0.250	0.810	1.000
4	0.900	0.000	1.200	2.200	4	0.810	0.000	1.440	4.840
5	0.200	0.000	0.200	1.100	5	0.040	0.000	0.040	1.210
6	0.100	0.500	0.100	1.900	6	0.010	0.250	0.010	3.610
7	0.000	0.100	0.500	0.600	7	0.000	0.010	0.250	0.360
8	0.000	0.500	1.000	0.000	8	0.000	0.250	1.000	0.000
9	0.200	0.400	1.200	2.000	9	0.040	0.160	1.440	4.000
极差平均值	0.333	0.322	0.678	1.300	T_3("单元极差平方"的总和)	2.360 0	1.330 0	5.490 0	19.630 0

表 D.4S-R1-OR 单元标准差和方差：5%离群值 AOT 替代值

单元标准差					单元方差				
实验室编号	材料 1	材料 2	材料 3	材料 4	实验室编号	材料 1	材料 2	材料 3	材料 4
1	0.778	0.283	0.354	1.344	1	0.605 0	0.080 0	0.125 0	1.805 0
2	0.000	0.354	0.354	0.707	2	0.000 0	0.125 0	0.125 0	0.500 0
3	0.354	0.354	0.636	0.707	3	0.125 0	0.125 0	0.405 0	0.500 0
4	0.636	0.000	0.849	1.556	4	0.405 0	0.000 0	0.720 0	2.420 0
5	0.141	0.000	0.141	0.778	5	0.020 0	0.000 0	0.020 0	0.605 0
6	0.071	0.354	0.071	1.344	6	0.005 0	0.125 0	0.005 0	1.805 0
7	0.000	0.071	0.354	0.424	7	0.000 0	0.005 0	0.125 0	0.180 0
8	0.000	0.354	0.707	0.000	8	0.000 0	0.125 0	0.500 0	0.000 0
9	0.141	0.283	0.849	1.414	9	0.020 0	0.080 0	0.720 0	2.000 0
合并标准差	0.362	0.272	0.552	1.044	T_4	1.180 00	0.665 00	2.745 00	9.815 00
					合并方差	0.131 1	0.073 9	0.305 0	1.090 6

表 D.5-R1-OR *k* 值：5%离群值 AOT 替代值

实验室编号	材料 1	材料 2	材料 3	材料 4
1	***2.15***	1.04	0.64	1.29
2	0.00	1.30	0.64	0.68
3	0.98	1.30	1.15	0.68
4	1.76	0.00	1.54	1.49
5	0.39	0.00	0.26	0.74
6	0.20	1.30	0.13	1.29
7	0.00	0.26	0.64	0.41
8	0.00	1.30	1.28	0.00
9	0.39	1.04	1.54	1.35
合并标准差	0.362	0.272	0.552	1.044
$n=2$，指定 p 的 2%显著性水平的 k(临界)				
p	9	9	9	9
k(临界)	2.09	2.09	2.09	2.09
>k(标准)的实验室编号	1	无	无	无
粗斜体为有效值。 $k=s(i)/s_r$，式中：$s(i)$——各个单元标准差，s_r——合并所有实验室标准差。				

表 D.6-R1-OR 门尼黏度——精密度计算:5%离群值 AOT 替代值

ITP	n	2	2	2	2
	p	9	9	9	9
		材料 1	材料 2	材料 3	材料 4
T_1		472.500	637.150	873.650	650.150
T_2		24 813.070	45 109.543	84 843.713	47 091.248
T_4		1.180 00	0.665 00	2.745 00	9.815 00
计算 1	(s_r)^2=T_4/p=	0.131 1	0.073 9	0.305 0	1.090 6
(s_L)^2={[pT_2−(T_1)^2]/$p(p-1)$}−[(s_r)^2/2]					
计算 2	(s_L)^2	0.786 9	0.320 8	4.418 2	15.096 5
(s_R)^2=(s_L)^2+(s_r)^2					
计算 3	(s_R)^2	0.918 1	0.394 7	4.723 2	16.187 0
r(重复性)=2.8[(s_r)^2]^0.5					
计算 4	r	0.014	0.761	1.546	2.924
R(再现性)=2.8[(s_R)^2]^0.5					
计算 5	R	2.68	1.76	6.09	11.27
材料平均值		52.50	70.79	97.06	72.24
标准差,s_r		0.362	0.272	0.552	1.044
标准差,s_R		0.958	0.628	2.173	4.023
		材料 1	材料 2	材料 3	材料 4
相对(r)		1.93	1.08	1.59	4.05
相对(R)		5.11	2.48	6.27	15.59
步骤 1:材料 1~4 的 5%显著性水平离群值					
		材料 1	材料 2	材料 3	材料 4
h	实验室编号	9	1	9	9
k	实验室编号	4	无	4	4
步骤 2:材料 1~4 的 2%显著性水平离群值					
		材料 1	材料 2	材料 3	材料 4
h	实验室编号	无	无	8	无
k	实验室编号	1	无	无	无

STANDARDS PRESS OF CHINA

表 D.1-R2-OR 门尼黏度—2%离群值 AOT 替代值(斜体字)

实验室编号	材料 1		材料 2		材料 3		材料 4	
	第一天	第二天	第一天	第二天	第一天	第二天	第一天	第二天
1	***51.0***	***51.8***	***71.6***	***72.0***	98.0	97.5	74.3	76.2
2	53.0	53.0	70.0	70.5	95.5	96.0	71.0	72.0
3	52.4	51.9	70.1	70.6	96.7	97.6	74.6	75.6
4	***51.8***	***52.7***	70.0	70.0	***93.9***	***95.1***	***78.2***	***80.4***
5	52.3	52.1	70.5	70.5	98.2	98.4	78.0	79.1
6	54.4	54.3	71.5	71.0	97.0	97.1	82.4	84.3
7	52.8	52.8	71.5	71.4	96.9	97.4	73.8	74.4
8	53.0	53.0	71.0	70.5	***98.7***	***99.7***	78.0	78.0
9	***51.3***	***51.5***	71.0	70.6	***93.9***	***95.1***	***70.0***	***72.0***
日平均值	52.44	52.57	70.80	70.79	96.53	97.10	75.59	76.89
两天平均值		52.51		70.79		96.82		76.24
实验室间标准差	1.02	0.85	0.67	0.59	1.77	1.51	3.92	4.02
合并实验室间标准差		0.94		0.63		1.64		3.97

粗斜体为 2%有效替代值。

表 D.2-R2-OR 单元平均值和单元平均值平方:2%离群值的 AOT 替代值

实验室编号	单元平均值 材料 1	材料 2	材料 3	材料 4	实验室编号	单元平均值平方 材料 1	材料 2	材料 3	材料 4
1	51.40	71.80	97.75	75.25	1	2 641.96	5 155.24	9 555.06	5 662.56
2	53.00	70.25	95.75	71.50	2	2 809.00	4 935.06	9 168.06	5 112.25
3	52.15	70.35	97.15	75.10	3	2 719.62	4 949.12	9 438.12	5 640.01
4	52.25	70.00	94.50	79.30	4	2 730.06	4 900.00	8 930.25	6 288.49
5	52.20	70.50	98.30	78.55	5	2 724.84	4 970.25	9 662.89	6 170.10
6	54.35	71.25	97.05	83.35	6	2 953.92	5 076.56	9 418.70	6 947.22
7	52.80	71.45	97.15	74.10	7	2 787.84	5 105.10	9 438.12	5 490.81
8	53.00	70.75	99.20	78.00	8	2 809.00	5 005.56	9 840.64	6 084.00
9	51.40	70.80	94.50	71.00	9	2 641.96	5 012.64	8 930.25	5 041.00
T_1	472.550	637.150	871.350	686.150	T_2	24 818.208	45 109.543	84 382.103	52 436.448
单元平均值	52.51	70.79	96.82	76.24					
平均值方差	0.838 4	0.357 8	2.612 5	15.641 7					
平均值标准差	0.916	0.598	1.616	3.955					

注：单元平均值方差＝$s^2(Y_{AV})$。

表 D.3-R2-OR　单元平均值偏差 d 和 h 值：2%离群值 AOT 替代值

单元偏差，d					单元 h 值				
实验室编号	材料 1	材料 2	材料 3	材料 4	实验室编号	材料 1	材料 2	材料 3	材料 4
1	−1.11	1.01	0.93	−0.99	1	−1.21	1.68	0.58	−0.25
2	0.49	−0.54	−1.07	−4.74	2	0.54	−0.91	−0.66	−1.20
3	−0.36	−0.44	0.33	−1.14	3	−0.39	−0.74	0.21	−0.29
4	−0.26	−0.79	−2.32	3.06	4	−0.28	−1.33	−1.43	0.77
5	−0.31	−0.29	1.48	2.31	5	−0.33	−0.49	0.92	0.58
6	1.84	0.46	0.23	7.11	6	2.01	0.76	0.14	1.80
7	0.29	0.66	0.33	−2.14	7	0.32	1.10	0.21	−0.54
8	0.49	−0.04	2.38	1.76	8	0.54	−0.07	1.47	0.45
9	−1.11	0.01	−2.32	−5.24	9	−1.21	0.01	−1.43	−1.32
					指定 p 的 2%显著性水平 h(临界)：				
所有实验室单元平均值	52.51	70.79	96.82	76.24	p	9	9	9	9
单元平均值的标准差	0.916	0.598	1.616	3.955	h(临界)	2.00	2.00	2.00	2.00
					>h(标准)的实验室编号	NA	NA	NA	NA

$h=d/s(Y_{AV})$，式中：d=单元 i 平均值−(所有单元平均值)；$s(Y_{AV})$——单元平均值标准差。

表 D.4R-R2-OR　单元极差和单元极差平方：2%离群值 AOT 替代值

极差单元					极差单元平方				
实验室编号	材料 1	材料 2	材料 3	材料 4	实验室编号	材料 1	材料 2	材料 3	材料 4
1	0.800	0.400	0.500	1.900	1	0.640	0.160	0.250	3.610
2	0.000	0.500	0.500	1.000	2	0.000	0.250	0.250	1.000
3	0.500	0.500	0.900	1.000	3	0.250	0.250	0.810	1.000
4	0.900	0.000	1.200	2.200	4	0.810	0.000	1.440	4.840
5	0.200	0.000	0.200	1.100	5	0.040	0.000	0.040	1.210
6	0.100	0.500	0.100	1.900	6	0.010	0.250	0.010	3.610
7	0.000	0.100	0.500	0.600	7	0.000	0.010	0.250	0.360
8	0.000	0.500	1.000	0.000	8	0.000	0.250	1.000	0.000
9	0.200	0.400	1.200	2.000	9	0.040	0.160	1.440	4.000
极差平均值	0.300	0.322	0.678	1.300	T_3("单元极差平方"的总和)	1.790 0	1.330 0	5.490 0	19.630 0

表 D.4S-R2-OR 单元标准差和方差:2%离群值 AOT 替代值

单元标准差					单元方差				
实验室编号	材料 1	材料 2	材料 3	材料 4	实验室编号	材料 1	材料 2	材料 3	材料 4
1	0.566	0.283	0.354	1.344	1	0.320 0	0.080 0	0.125 0	1.805 0
2	0.000	0.354	0.354	0.707	2	0.000 0	0.125 0	0.125 0	0.500 0
3	0.354	0.354	0.636	0.707	3	0.125 0	0.125 0	0.405 0	0.500 0
4	0.636	0.000	0.849	1.556	4	0.405 0	0.000 0	0.720 0	2.420 0
5	0.141	0.000	0.141	0.778	5	0.020 0	0.000 0	0.020 0	0.605 0
6	0.071	0.354	0.071	1.344	6	0.005 0	0.125 0	0.005 0	1.805 0
7	0.000	0.071	0.354	0.424	7	0.000 0	0.005 0	0.125 0	0.180 0
8	0.000	0.354	0.707	0.000	8	0.000 0	0.125 0	0.500 0	0.000 0
9	0.141	0.283	0.849	1.414	9	0.020 0	0.080 0	0.720 0	2.000 0
合并标准差	0.315	0.272	0.552	1.044	T_4	0.895 00	0.665 00	2.745 00	9.815 00
					合并方差	0.099 4	0.073 9	0.305 0	1.090 6

表 D.5-R2-OR *k* 值:2%离群值 AOT 替代值

实验室编号	材料 1	材料 2	材料 3	材料 4
1	1.79	1.04	0.64	1.29
2	0.00	1.30	0.64	0.68
3	1.12	1.30	1.15	0.68
4	2.02	0.00	1.54	1.49
5	0.45	0.00	0.26	0.74
6	0.22	1.30	0.13	1.29
7	0.00	0.26	0.64	0.41
8	0.00	1.30	1.28	0.00
9	0.45	1.04	1.54	1.35
合并标准差	0.315	0.272	0.552	1.044
$n=2$,指定 p 的 2%显著性水平的 k(临界)				
p	9	9	9	9
k(临界)	2.09	2.09	2.09	2.09
>k(标准)的实验室编号	NA	NA	NA	NA
$k=s(i)/s_r$,式中 $s(i)$——各个单元标准差,s_r=合并所有实验室标准差。				

表 D.6-R2-OR 门尼黏度——精密度计算:5%和2%离群值替代值—最终精密度

ITP	n	2	2	2	2
	p	9	9	9	9
		材料 1	材料 2	材料 3	材料 4
T_1		472.550	637.150	871.350	686.150
T_2		24 818.208	45 109.543	84 382.103	52 436.448
T_4		0.895 00	0.665 00	2.745 00	9.815 00
计算 1	$(s_r)^2=T_4/p$	0.099 4	0.073 9	0.305 0	1.090 6
$(s_L)^2=\{[pT_2-(T_1)^2]/p(p-1)\}-[(s_r)^2/2]$					
计算 2	$(s_L)^2$	0.788 7	0.320 8	2.460 0	15.096 5
$(s_R)^2=(s_L)^2+(s_r)^2$					
计算 3	$(s_R)^2$	0.888 1	0.394 7	2.765 0	16.187 0
r(重复性)$=2.8[(s_r)^2]^{0.5}$					
计算 4	r	0.833	0.761	1.546	2.924
R(再现性)$=2.8[(s_R)^2]^{0.5}$					
计算 5	R	2.64	1.76	4.66	11.27
材料平均值		52.51	70.79	96.82	76.24
标准差,s_r		0.315	0.272	0.552	1.044
标准差,s_R		0.942	0.628	1.663	4.023
		材料 1	材料 2	材料 3	材料 4
相对(r)		1.68	1.08	1.60	3.84
相对(R)		5.03	2.48	4.81	14.78
步骤 1:材料 1~4 的 5%显著性水平离群值					
		材料 1	材料 2	材料 3	材料 4
h	实验室编号	9	1	9	9
k	实验室编号	4	无	4	4
步骤 2:材料 1~4 的 2%显著性水平离群值					
		材料 1	材料 2	材料 3	材料 4
h	实验室编号	无	无	8	无
k	实验室编号	1	无	无	无

STANDARDS PRESS OF CHINA

表 D.1-R1-OD　门尼黏度—修正数据:剔除5%显著性水平离群值

实验室编号	材料1		材料2		材料3		材料4	
	第一天	第二天	第一天	第二天	第一天	第二天	第一天	第二天
1	50.8	51.9	—	—	98.0	97.5	74.3	76.2
2	53.0	53.0	70.0	70.5	95.5	96.0	71.0	72.0
3	52.4	51.9	70.1	70.6	96.7	97.6	74.6	75.6
4	—	—	70.0	70.0	—	—	—	—
5	52.3	52.1	70.5	70.5	98.2	98.4	78.0	79.1
6	54.4	54.3	71.5	71.0	97.0	97.1	82.4	84.3
7	52.8	52.8	71.5	71.4	96.9	97.4	73.8	74.4
8	53.0	53.0	71.0	70.5	102.0	101.0	78.0	78.0
9	—	—	71.0	70.6	—	—	—	—
日平均值	52.67	52.71	70.70	70.69	97.76	97.86	76.01	77.09
两天平均值		52.69		70.69		97.81		76.55
实验室间标准差	1.08	0.86	0.64	0.41	2.07	1.56	3.73	3.94
合并实验室间标准差		0.97		0.54		1.83		3.84

表 D.2-R1-OD　单元平均值和单元平均值平方:剔除5%显著性水平离群值

单元平均值					单元平均值平方				
实验室编号	材料1	材料2	材料3	材料4	实验室编号	材料1	材料2	材料3	材料4
1	51.35	—	97.75	75.25	1	2 636.82	—	9 555.06	5 662.56
2	53.00	70.25	95.75	71.50	2	2 809.00	4 935.06	9 168.06	5 112.25
3	52.15	70.35	97.15	75.10	3	2 719.62	4 949.09	9 438.12	5 640.01
4	—	70.00	—	—	4	—	4 900.00	—	—
5	52.20	70.50	98.30	78.55	5	2 724.84	4 970.25	9 662.89	6 170.10
6	54.35	71.25	97.05	83.35	6	2 953.92	5 076.56	9 418.70	6 947.22
7	52.80	71.45	97.15	74.10	7	2 787.84	5 105.10	9 438.12	5 490.81
8	53.00	70.75	101.50	78.00	8	2 809.00	5 005.56	10 302.25	6 084.00
9	—	70.80	—	—	9	—	5 012.64	—	—
T_1	368.850	565.350	684.650	535.850	T_2	19 441.048	39 947.270	66 983.213	41 106.958
单元平均值	52.69	70.67	97.81	76.55					
平均值方差	0.881 2	0.251 3	3.258 7	14.606 7					
平均值标准差	0.939	0.501	1.805	3.822					

注：单元平均值方差＝$s^2(Y_{AV})$。

表 D.3-R1-OD　单元平均值偏差 *d* 和 *h* 值:剔除 5%显著性水平离群值

单元偏差,d					单元 h 值				
实验室编号	材料 1	材料 2	材料 3	材料 4	实验室编号	材料 1	材料 2	材料 3	材料 4
1	−1.34	—	−0.06	−1.30	1	−1.43	—	0.32	−0.34
2	0.31	−0.41	−2.06	−5.05	2	0.33	−0.82	−1.14	−1.32
3	−0.54	−0.36	−0.66	−1.45	3	−0.58	−0.72	−0.36	−0.38
4	—	−0.66	—	—	4	—	−1.32	—	—
5	−0.49	−0.16	0.49	2.00	5	−0.53	−0.32	0.27	0.52
6	1.66	0.59	−0.76	6.80	6	1.77	1.17	0.42	1.78
7	0.11	0.79	−0.66	−2.45	7	0.11	1.57	−0.36	−0.64
8	0.31	0.09	3.69	1.45	8	0.33	0.17	***2.05***	0.38
9	—	0.14	—	—	9	—	0.27	—	—

	材料 1	材料 2	材料 3	材料 4
所有实验室单元平均值	50.37	68.83	73.52	98.58
单元平均值的标准差	0.939	0.501	1.805	3.822

指定 p 的 2%显著性水平 h(临界):

p	7	8	7	7
h(临界)	1.89	1.95	1.89	1.89
>h(临界)的实验室编号	无	无	8	无

$h=d/s(Y_{AV})$,式中:d=单元 i 平均值—(所有单元平均值);$s(Y_{AV})$——单元平均值标准差。

粗斜体为有效值。

表 D.4R-R1-OD　单元极差和单元极差平方:剔除 5%显著性水平离群值

单元极差					单元极差平方				
实验室编号	材料 1	材料 2	材料 3	材料 4	实验室编号	材料 1	材料 2	材料 3	材料 4
1	1.100	—	0.500	1.900	1	1.210	—	0.250	3.610
2	0.000	0.500	0.500	1.000	2	0.000	0.250	0.250	1.000
3	0.500	0.400	0.900	1.000	3	0.250	0.160	0.810	1.000
4	—	0.000	—	—	4	0.000	0.000	0.000	—
5	0.200	0.000	0.200	1.100	5	0.040	0.000	0.040	1.210
6	0.100	0.500	0.100	1.900	6	0.010	0.250	0.010	3.610
7	0.000	0.100	0.500	0.600	7	0.000	0.010	0.250	0.360
8	0.000	0.500	1.000	0.000	8	0.000	0.250	1.000	0.000
9	—	0.400	—	—	9	—	0.160	—	—
极差平均值	0.271	0.300	0.529	1.071	T_3(“单元极差平方”的总和)	1.510 0	1.080 0	2.610 0	10.790 0

表 D.4S-R1-OD　单元标准差和方差:剔除 5%显著性水平离群值

单元标准差					单元方差				
实验室编号	材料 1	材料 2	材料 3	材料 4	实验室编号	材料 1	材料 2	材料 3	材料 4
1	0.778	—	0.354	1.344	1	0.605 0	—	0.125 0	1.805 0
2	0.000	0.354	0.354	0.707	2	0.000 0	0.125 0	0.125 0	0.500 0
3	0.354	0.283	0.636	0.707	3	0.125 0	0.080 0	0.405 0	0.500 0
4	—	0.000	—	—	4	—	0.000 0	—	—
5	0.141	0.000	0.141	0.778	5	0.020 0	0.000 0	0.020 0	0.605 0
6	0.071	0.354	0.071	1.344	6	0.005 0	0.125 0	0.005 0	1.805 0
7	0.000	0.071	0.354	0.424	7	0.000 0	0.005 0	0.125 0	0.180 0
8	0.000	0.354	0.707	0.000	8	0.000 0	0.125 0	0.500 0	0.000 0
9	—	0.283	—	—	9	—	0.080 0	—	—
合并标准差	0.328	0.260	0.432	0.878	T_4	0.755 00	0.540 00	1.305 00	5.395 00
					合并方差	0.107 9	0.067 5	0.186 4	0.770 7

表 D.5-R1-OD　*k* 值:剔除 5%显著性水平离群值

实验室编号	材料 1	材料 2	材料 3	材料 4
1	***2.37***	—	0.82	1.53
2	0.00	1.36	0.82	0.81
3	1.08	1.09	1.47	0.81
4	—	0.00	—	—
5	0.43	0.00	0.33	0.89
6	0.22	1.36	0.16	1.53
7	0.00	0.27	0.68	0.48
8	0.00	1.36	1.64	0.00
9	—	1.09	—	—
合并标准差	0.328	0.260	0.432	0.878
$n=2$,指定 p 的 2%显著性水平的 k(临界)				
p	7	8	7	7
k(临界)	1.90	1.90	1.90	1.90
>k(临界)的实验室编号	1	无	无	无

粗斜体为有效值。

$k=s(i)/s_r$,式中:$s(i)$——各个单元标准差,s_r——合并所有实验室标准差。

表 D.6-R1-OD　门尼黏度—精密度计算：剔除 5%显著性水平离群值

ITP	n	2	2	2	2
	p	7	8	7	7
		材料 1	材料 2	材料 3	材料 4
T_1		368.850	565.300	684.650	535.850
T_2		19 441.048	39 947.270	66 983.213	41 106.958
T_4		0.755 00	0.540 00	1.305 00	5.395 00
计算 1	$(s_r)^\wedge 2 = T_4/p$	0.107 9	0.067 5	0.186 4	0.770 7
$(s_L)^\wedge 2=\{[pT_2-(T_1)^\wedge 2]/p(p-1)\}-[(s_r)^\wedge 2/2]$					
计算 2	$(s_L)^\wedge 2$	0.827 3	0.217 5	3.165 5	14.414 0
$(s_R)^\wedge 2=(s_L)^\wedge 2+(s_r)^\wedge 2$					
计算 3	$(s_R)^\wedge 2$	0.935 1	0.285 0	3.351 9	15.184 7
r(重复性)$=2.8[(s_r)^\wedge 2]^\wedge 0.5$					
计算 4	r	0.920	0.727	1.209	2.458
R(再现性)$=2.8[(s_R)^\wedge 2]^\wedge 0.5$					
计算 5	R	2.71	1.49	5.13	10.91
	材料平均值	52.69	70.66	97.81	76.55
	标准差，s_r	0.328	0.260	0.432	0.878
	标准差，s_R	0.967	0.534	1.831	3.897
	相对(r)	1.75	1.03	1.24	3.21
	相对(R)	5.14	2.12	5.24	14.25
步骤 1：材料 1～4 的 5%显著性水平离群值					
		材料 1	材料 2	材料 3	材料 4
h	实验室编号	9	1	9	9
k	实验室编号	4	无	4	4
步骤 2：材料 1～4 的 2%显著性水平离群值					
		材料 1	材料 2	材料 3	材料 4
h	实验室编号	无	无	8	无
k	实验室编号	1[a]	无	无	无

[a] 对于实验室 1 材料 1 单元值，没有剔除 2%显著性水平 k 值(关于讨论，参看附录 D)。

STANDARDS PRESS OF CHINA

表 D.1-R2-OD 门尼黏度—修正数据：剔除 2%显著性水平离群值[a]

实验室编号	材料 1		材料 2		材料 3		材料 4	
	第一天	第二天	第一天	第二天	第一天	第二天	第一天	第二天
1	50.8	51.9	—	—	98.0	97.5	74.3	76.2
2	53.0	53.0	70.0	70.5	95.5	96.0	71.0	72.0
3	52.4	51.9	70.1	70.6	96.7	97.6	74.6	75.6
4	—	—	70.0	70.0	—	—	—	—
5	52.3	52.1	70.5	70.5	98.2	98.4	78.0	79.1
6	54.4	54.3	71.5	71.0	97.0	97.1	82.4	84.3
7	52.8	52.8	71.5	71.4	96.9	97.4	73.8	74.4
8	53.0	53.0	71.0	70.5	—	—	78.0	78.0
9	—	—	71.0	70.6	—	—	—	—
日平均值	52.67	52.71	70.70	70.63	97.05	97.33	76.01	77.09
两天平均值		52.69		70.66		97.19		76.55
实验室间标准差	1.08	0.86	0.64	0.41	0.98	0.78	3.73	3.94
合并实验室间标准差		0.97		0.54		0.89		3.84

[a] 对于实验室 1 材料 1 2%显著性水平 k 值离群值没有被剔除(关于讨论参看附录 D)。

剔除 5%显著性水平离群值。

剔除 2%显著性水平离群值。

表 D.2-R2-OD 单元平均值和单元平均值平方：剔除 2%显著性水平离群值

单元平均值					单元平均值平方				
实验室编号	材料 1	材料 2	材料 3	材料 4	实验室编号	材料 1	材料 2	材料 3	材料 4
1	51.35	—	97.75	75.25	1	2 636.82	—	9 555.06	5 662.56
2	53.00	70.25	95.75	71.50	2	2 809.00	4 935.06	9 168.06	5 112.25
3	52.15	70.35	97.15	75.10	3	2 719.62	4 942.09	9 438.12	5 640.01
4	—	70.00	—	—	4	—	4 900.00	—	—
5	52.20	70.50	98.30	78.55	5	2 724.84	4 970.25	9 662.89	6 170.10
6	54.35	71.25	97.05	83.35	6	2 953.92	5 076.56	9 418.70	6 947.22
7	52.80	71.45	97.15	74.10	7	2 787.84	5 105.10	9 438.12	5 490.81
8	53.00	70.75	—	78.00	8	2 809.00	5 005.56	—	6 084.00
9	—	70.80	—	—	9	—	5 012.64	—	—
T_1	368.850	565.350	583.150	535.850	T_2	19 441.048	39 947.270	56 680.963	41 106.958
单元平均值	52.69	70.66	97.19	76.55					
平均值方差	0.881 2	0.251 3	0.728 4	14.606 7					
平均值标准差	0.939	0.501	0.853	3.822					

注：单元平均值方差＝$s^2(Y_{AV})$。

表 D.3-R2-OD　单元平均值偏差 *d* 和 *h* 值：剔除 2%显著性水平离群值

单元偏差，d					单元 h 值				
实验室编号	材料 1	材料 2	材料 3	材料 4	实验室编号	材料 1	材料 2	材料 3	材料 4
1	−1.34	—	0.56	−1.30	1	−1.43	—	0.65	−0.34
2	0.31	−0.41	−1.44	−5.05	2	0.33	−0.82	−1.69	−1.32
3	−0.54	−0.36	−0.04	−1.45	3	−0.58	−0.72	−0.05	−0.38
4	—	−0.66	—	—	4	—	−1.32	—	—
5	−0.49	−0.16	1.11	2.00	5	−0.53	−0.32	1.30	0.52
6	1.66	0.59	−0.14	6.80	6	1.77	1.17	−0.17	1.78
7	0.11	0.79	−0.04	−2.45	7	0.11	1.57	−0.05	−0.64
8	0.31	0.09	—	1.45	8	0.33	0.17	—	0.38
9	—	0.14	—	—	9	—	0.27	—	—
					指定 p 的 2%显著性水平 h(临界)：				
所有实验室					p	7	8	6	7
单元平均值	50.69	70.66	97.19	76.55	h(临界)	1.89	1.95	1.89	1.80
单元平均值的标准差	0.939	0.501	0.853	3.822	>h(临界)的实验室编号	NA	NA	NA	NA

$h=d/s(Y_{AV})$，式中：d＝单元 i 平均值 （所有单元平均值）；$s(Y_{AV})$——单元平均值标准差。

表 D.4R-R2-OD　单元极差和单元极差平方：剔除 2%显著性水平离群值

单元极差					单元极差平方				
实验室编号	材料 1	材料 2	材料 3	材料 4	实验室编号	材料 1	材料 2	材料 3	材料 4
1	1.100	—	0.500	1.900	1	1.210	—	0.250	3.610
2	0.000	0.500	0.500	1.000	2	0.000	0.250	0.250	1.000
3	0.500	0.400	0.900	1.000	3	0.250	0.160	0.810	1.000
4	—	0.000	—	—	4	—	0.000	—	—
5	0.200	0.000	0.200	1.100	5	0.040	0.000	0.040	1.210
6	0.100	0.500	0.100	1.900	6	0.010	0.250	0.010	3.610
7	0.000	0.100	0.500	0.600	7	0.000	0.010	0.250	0.360
8	0.000	0.500	—	0.000	8	0.000	0.250	—	0.000
9	—	0.400	—	—	9	—	0.160	—	—
极差平均值	0.271	0.300	0.450	1.071	T_3(“单元极差平方”的总和)	1.510 0	1.080 0	1.610 0	10.790 0

表 D.4S-R2-OD　单元标准差和方差：剔除 2%显著性水平离群值

标准差单元					方差单元				
实验室编号	材料 1	材料 2	材料 3	材料 4	实验室编号	材料 1	材料 2	材料 3	材料 4
1	0.778	—	0.354	1.344	1	0.605 0	—	0.125 0	1.805 0
2	0.000	0.354	0.354	0.707	2	0.000 0	0.125 0	0.125 0	0.500 0
3	0.354	0.283	0.636	0.707	3	0.125 0	0.080 0	0.405 0	0.500 0
4	—	0.000	—	—	4	—	0.000 0	—	—
5	0.141	0.000	0.141	0.778	5	0.020 0	0.000 0	0.020 0	0.605 0
6	0.071	0.354	0.071	1.344	6	0.005 0	0.125 0	0.005 0	1.805 0
7	0.000	0.071	0.354	0.424	7	0.000 0	0.005 0	0.125 0	0.180 0
8	0.000	0.354	—	0.000	8	0.000 0	0.125 0	—	0.000 0
9	—	0.283	—	—	9	—	0.080 0	—	—
合并标准差	0.328	0.260	0.366	0.878	T_4	0.755 00	0.540 00	0.805 00	5.395 00
					合并方差	0.107 9	0.067 5	0.134 2	0.770 7

表 D.5-R2-OD　*k*-值：剔除 2%重要离群值

实验室编号	材料 1	材料 2	材料 3	材料 4
1	*2.37*	—	0.97	1.53
2	0.00	1.36	0.97	0.81
3	1.08	1.09	1.74	0.81
4	—	0.00	—	—
5	0.43	0.00	0.39	0.89
6	0.22	1.36	0.19	1.53
7	0.00	0.27	0.97	0.48
8	0.00	1.36	—	0.00
9	—	1.09	—	—
合并标准差	0.328	0.260	0.366	0.878
$n=2$，指定 p 的 2%显著性水平的 k(临界)				
p	7	8	6	7
k(临界)	2.04	2.07	2.04	2.00
>k(标准)的实验室编号	NA	NA	NA	NA
$k=s(i)/s_r$，式中：$s(i)$——各个单元标准差，s_r——合并所有实验室标准差。				

表 D.6-R2-OD 门尼黏度—精密度计算:剔除 5%和 2%显著性水平离群值—最终精密度[a]

		材料 1	材料 2	材料 3	材料 4
ITP	n	2	2	2	2
	p	7	8	6	7
		材料 1	材料 2	材料 3	材料 4
T_1		368.850	565.300	583.150	535.850
T_2		19 441.048	39 947.270	56 680.963	41 106.958
T_4		0.755 00	0.540 00	0.805 00	5.395 00
计算 1	$(s_r)^2=T_4/p$	0.107 9	0.067 5	0.134 2	0.770 7
$(s_L)^2=\{[pT_2-(T_1)^2]/p(p-1)\}-[(s_r)^2/2]$					
计算 2	$(s_L)^2$	0.827 3	0.217 5	0.661 3	14.221 3
$(s_R)^2=(s_L)^2+(s_r)^2$					
计算 3	$(s_R)^2$	0.935 1	0.285 0	0.796	14.992
r(重复性)$=2.8[(s_r)^2]^{0.5}$					
计算 4	r	0.920	0.727	1.026	2.458
R(再现性)$=2.8[(s_R)^2]^{0.5}$					
计算 5	R	2.71	1.49	2.50	10.84
材料平均值		52.69	70.66	97.19	76.55
		材料 1	材料 2	材料 3	材料 4
标准差,s_r		0.328	0.260	0.366	0.878
标准差,s_R		0.967	0.534	0.892	3.872
相对(r)		1.75	1.03	1.34	2.53
相对(R)		5.14	2.12	3.26	11.15
步骤 1:材料 1~4 的 5%显著性水平离群值					
		材料 1	材料 2	材料 3	材料 4
h	实验室编号	9	1	9	9
k	实验室编号	4	无	4	4
步骤 2:材料 1~4 的 2%显著性水平离群值					
		材料 1	材料 2	材料 3	材料 4
h	实验室编号	无	无	8	无
k	实验室编号	1[a]	无	无	无

[a] 对于实验室 1 材料 1 的单元值,没有剔除 2%显著性水平 k 值(关于讨论参看附录 D)。

附 录 E
（资料性附录）
GB/T 6379 的背景和精密度确定的新发展

E.1 GB/T 6379 的要点

国内试验方法标准的主要精密度标准是 GB/T 6379，该标准试图包括各种测试团体。常常这种总括的方法不能涉及一些技术科目的所有基本要求。橡胶和炭黑工业就是这种类型，有两个主要问题：(1)严格执行 GB/T 6379 的所有规定与这两个行业现行的操作程序和过去的试验历史相抵触；(2)GB/T 6379 没有涉及橡胶和炭黑试验所特有的某些要求。

其中一个主要问题是重复性的定义。GB/T 6379 将重复性和再现性定义为引起测试变异性的试验条件相反的极端。GB/T 6379 中的重复性表示为绝对最小变异性条件下的"实验室内"精密度——同样的试验材料或样本，相同的实验室、操作者、设备和校准周期，在尽可能短的测量时间内。而在相反的极端，再现性是"实验室间"的精密度，虽然通常用相同类型的设备测试相同材料或样本，但是试验环境不同：不同的场地、设备、操作者或技术员和校准操作。

GB/T 6379 重复性定义对于 ISO/TC 45 的试验太严格。对于理论科学中权威性的试验，这只能提供资料以知道最短的时间间隔或最高的精密度水平。但是，这对工业工艺中的具体实验室操作是不现实的，几乎没有实用价值，因为不可能日对日为条件评价实验室操作。术语"日对日"表示对于使用相同试样和恒定试验条件的任何实验室，在任一周的第一天所获得的试验结果应理想地与下一周的第一天相同。这是重要的重复性时间周期。

GB/T 6379 的这个缺陷(当它最初被起草时)就被认识到了，并且试图通过确定重复性精密度的"中间度量"来解决这一问题(见 GB/T 6379.3)。但是，中间度量方法很难应用和使用。在橡胶或炭黑工业中过去没有以 GB/T 6379.3 所给出的方式使用这种方法的历史，因为 GB/T 6379.3 实际上不涉及 ISO/TC 45 所面对的其他精密度问题。

E.2 本标准的要点

本标准介绍了一个经常性的发现，许多试验方法的再现性相当大。经验证明，差的再现性通常由那些与彼此完全一致的实验室有很大不同的实验室引起的。由离群值引起的有害影响已促进被称为"稳健统计"的分析程序的开发。虽然关于精密度分析中的这个题目的术语仍在确定之中，但是，当这种方法应用于实验室间试验方案，稳健统计从属性上讲就可确定为消除或基本上减小离群值影响的统计分析方法。GB/T 6379.5(第 4 章)讲述了这个课题。但是，GB/T 6379.5 的这种方法相当难用，在计算方面还多少难以应用。一个更容易理解的"稳健统计"方法是本标准第 8 章，第 9 章和第 10 章和适用于这三章的附录所概述的"3 个分析步操"。

用 GB/T 6379 中所使用的大部分术语对于 ISO/TC 45 的要求是适当的。ISO/TC 45 大量的试验方法要求为重复性和其他精密度术语加以定义，以及对应加以确定的精密度类型进行全面的处理。本标准中术语的定义有大量的指导内容，作为增进精密度确定的理解是一种尝试，并且它们带有过去几十年间橡胶和炭黑工业中所进行试验的特性。

全局试验组织方案中最后一个问题是当前使用的"不确定度"的概念。这是目前 ISO/TC 69 以及 ISO 关于计量学的技术委员会和其他类似组织的涉及的一个复杂的理论问题。现在，关于不确定度某些方面和应该怎样测定它的看法已经出现分歧。由于不确定度与测量或试验结果变化或误差有关，它常常与精密度相混淆。

不确定度的一般定义在第 3 章中给出，并且与精密度联系起来进行讨论，以避免在这一课题上出现任何混淆。

参 考 文 献

[1] YOUDEN,W.J.:实验室间试验结果图示分析,工业质量控制,24-8(1959年5月).

[2] YOUDEN,W.J.和STEINER,E.H.:美国公职分析化学家协会统计指南,AOAC华盛顿DC(1975).

[3] VEITH,A.G.:聚合物检测精密度—全局性的重要课题,聚合物检测,7,pp.239-267(1987).

[4] VEITH.A.G:实验室间试验精密度评价的新方法,聚合物检测,12,pp.113-184(1993).

[5] ISO 289:1985,未硫化橡胶 门尼黏度的测定(现已撤消).

ICS 71.100.20
G 86

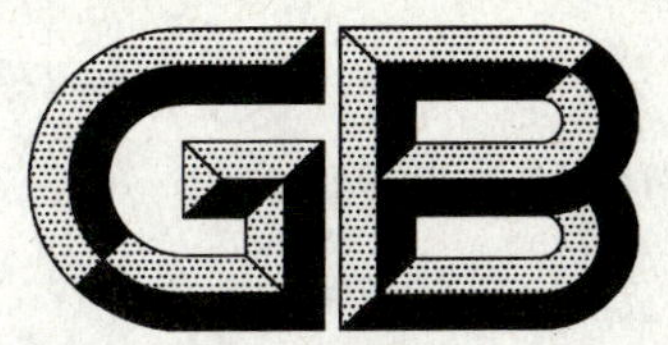

中华人民共和国国家标准

GB/T 14851—2009
代替 GB/T 14851—1993

电子工业用气体　磷化氢

Gas for electronic industry—Phosphine

2009-10-30 发布　　　　2010-05-01 实施

中华人民共和国国家质量监督检验检疫总局
中国国家标准化管理委员会　发布

前　言

本标准代替 GB/T 14851—1993《电子工业用气体　磷化氢》。

本标准与 GB/T 14851—1993 相比主要变化如下：

——修改规范性引用文件(GB/T 14851—1993 的第 2 章,本版的第 2 章)；

——修改技术指标内容(GB/T 14851—1993 的第 3 章,本版的第 3 章)；

——增加电子工业用磷化氢采样安全要求(本版的 4.1.2)；

——增加尾气处理的要求(本版的 4.3)；

——修改砷化氢、氮、氧(氩)组分的分析方法(GB/T 14851—1993 的 4.2、4.5、4.6,本版的 4.3)；

——删去氢的分析方法(GB/T 14851—1993 的 4.4)；

——修改二氧化碳、总烃含量的分析方法(GB/T 14851—1993 的 4.3,本版的 4.5、4.6)；

——增加一氧化碳的分析方法(见 4.5)；

——增加标准样品的规定(见 4.7)；

——修改水分的分析方法(GB/T 14851—1993 的 4.7,本版的 4.8)；

——修改标志、包装、贮运及安全(GB/T 14851—1993 的第 6 章、第 7 章,本版的第 5 章)；

——删去 GB/T 14851—1993 的附录 A；

——增加规范性附录 A,并把采用氦离子化气相色谱法测定电子工业用磷化氢中的砷化氢、氮、氧(氩)组分的方法写入该附录(见附录 A)。

本标准的附录 A 为规范性附录。

本标准由全国半导体设备和材料标准化技术委员会提出。

本标准由全国半导体设备和材料标准化技术委员会气体分技术委员会归口。

本标准起草单位：中国计量科学研究院、西南化工研究设计院、大连光明化工研究院。

本标准主要起草人：周泽义、孙福楠、周鹏云。

本标准所代替标准的历次版本发布情况为：

——GB/T 14851—1993。

电子工业用气体　磷化氢

1　范围

本标准规定了电子工业用磷化氢的技术要求，试验方法以及包装、标志、贮运及安全。

本标准适用于亚磷酸热分解、磷化物水解、单质磷与水或碱反应等方法获得并经精制得到的磷化氢产品。它主要用于半导体器件和集成电路生产的外延、离子注入和掺杂。

分子式：PH_3。

相对分子质量：33.99758（按 2005 年国际相对原子质量计算）。

2　规范性引用文件

下列文件中的条款通过本标准的引用而成为本标准的条款。凡是注日期的引用文件，其随后所有的修改单（不包括勘误的内容）或修订版均不适用于本标准，然而，鼓励根据本标准达成协议的各方研究是否可使用这些文件的最新版本。凡是不注日期的引用文件，其最新版本适用于本标准。

GB 190　危险货物包装标志

GB/T 3723　工业用化学产品采样安全通则

GB 5099　钢质无缝气瓶（GB 5099—1994，neq ISO 4705：1993）

GB 7144　气瓶颜色标志

GB/T 8984　气体中一氧化碳、二氧化碳和碳氢化合物的测定　气相色谱法

GB 11640　铝合金无缝气瓶

GB 14193　液化气体气瓶充装规定

气瓶安全监察规程

3　技术要求

电子工业用气体磷化氢的质量应符合表 1 的要求。

表 1　技术指标

项　目		指　标		
磷化氢（PH_3）纯度（体积分数）/10^{-2}	≥	99.999 7	99.999	99.99
砷化氢（AsH_3）含量（体积分数）/10^{-6}	<	0.1	2	10
氮（N_2）含量（体积分数）/10^{-6}	<	1	3	50
氧（氩）（O_2/Ar）含量（体积分数）/10^{-6}	<	0.5	1	5
一氧化碳（CO）含量（体积分数）/10^{-6}	<	0.5	0.5	1
二氧化碳（CO_2）含量（体积分数）/10^{-6}	<	0.5	1	10
总烃（以甲烷计）含量（体积分数）/10^{-6}	<	0.2	1	4
水分（H_2O）含量（体积分数）/10^{-6}	<	1	1	1
杂质总含量（体积分数）/10^{-6}	≤	3	10	100
金属离子		供需双方商定	供需双方商定	供需双方商定
颗粒		供需双方商定	供需双方商定	供需双方商定

注：质量保证期为 24 个月。

4 试验方法

4.1 抽样、判定和复验

4.1.1 磷化氢产品应逐一检验并验收。当检验结果有任何一项指标不符合本标准技术要求时，则判该产品不合格。

4.1.2 磷化氢采样安全应符合 GB/T 3723 的相关规定。

4.2 磷化氢纯度

磷化氢纯度按式(1)计算：

$$\phi = 100 - (\phi_1 + \phi_2 + \phi_3 + \phi_4 + \phi_5 + \phi_6 + \phi_7) \times 10^{-4} \quad \cdots\cdots(1)$$

式中：

ϕ——磷化氢纯度(体积分数)，10^{-2}；

ϕ_1——砷化氢含量(体积分数)，10^{-6}；

ϕ_2——氮含量(体积分数)，10^{-6}；

ϕ_3——氧(氩)含量(体积分数)，10^{-6}；

ϕ_4——一氧化碳含量(体积分数)，10^{-6}；

ϕ_5——二氧化碳含量(体积分数)，10^{-6}；

ϕ_6——总烃含量(体积分数)，10^{-6}；

ϕ_7——水含量(体积分数)，10^{-6}。

4.3 测定磷化氢中的杂质含量时，应有磷化氢尾气处理措施。

4.4 砷化氢、氮、氧(氩)的测定

4.4.1 砷化氢、氮、氧(氩)的测定见附录 A。

4.4.2 允许采用其他等效的方法测定磷化氢中砷化氢、氮、氧(氩)含量。当测定结果有异议时，以 4.4.1 规定的方法为仲裁方法。

4.5 一氧化碳、二氧化碳的测定

按 GB/T 8984 规定的方法加上预切割或其他等效的方法测定磷化氢中的微量一氧化碳、二氧化碳含量。当以上测定结果有异议时，以 GB/T 8984 规定的方法为仲裁方法。

仪器检测限的体积分数：0.1×10^{-6}。

4.6 总烃(以甲烷计)的测定

按 GB/T 8984 规定的方法加上预切割或其他等效的方法测定磷化氢中的微量总烃含量。当以上测定结果有异议时，以 GB/T 8984 规定的方法为仲裁方法。

仪器检测限的体积分数：0.1×10^{-6}。

4.7 气体标准样品

组分含量的体积分数为$(1 \sim 10) \times 10^{-6}$，平衡气为氦。

4.8 水分含量的测定

4.8.1 方法及原理

采用光腔衰荡光谱法测定氮中水分含量。

光腔衰荡光谱法通过测量时间而不是强度的变化来确定光学吸收。光腔衰荡光谱法水分仪的主要部件是激光源、一对高反射性镜面形成的光共振腔和光探测器。在光衰荡光谱法中，一小部分脉冲激光会进入光腔并且由高度反射性镜面反复多次反射，每次都有微小的光透过镜面而离开光腔。这部分光就构成了光衰荡信号。它的强度变化可以简单地用单指数衰减来描述，光的衰荡是由于光在共振腔中的损失决定的。如果光腔是空的，衰荡时间取决于镜子的反射率(假设散射和吸收与透射损失相比是微不足道的)，见式(2)：

$$\tau_{empty} = \frac{d}{c(1-R)} \qquad \cdots\cdots(2)$$

式中：

τ_{empty}——空腔光衰荡时间；

d——两个镜面的距离；

c——光速；

R——镜面反射率(假设两个镜面相同)。

实际上，τ_{empty} 并不是在真正的空腔里测量的，而是将激光调在光腔内气体分子没有吸收的波长下测量的。当激光频率是在腔内分子的一条具体吸收线的峰顶时，光腔衰荡时间 $\tau(\nu)$ 还要取决于分子的吸收。而分子的吸收服从比尔定律，见式(3)。

$$\tau(\nu) = \frac{d}{c(1-R+\sigma(\nu)\cdot N\cdot d)} \qquad \cdots\cdots(3)$$

式中：

$\tau(\nu)$——在激光频率 ν 下的衰荡时间；

$\sigma(\nu)$——分子在激光频率 ν 吸收截面；

N——分子密度，与绝对浓度成正比。

在光腔衰荡光谱法测量中，首先要测量没有吸收时的衰荡时间 τ_{empty}，激光的频率此时被调到分子没有吸收的位置。然后再测量分子吸收高峰频率 ν 位置的衰荡时间 $\tau(\nu)$。这两个测量位置的激光频率都处于镜面高反射区，反射率基本恒定。分子密度 N，可以很容易地转换成浓度，可以从式(4)计算出来：

$$N = \frac{1}{c\cdot\sigma(\nu)}\cdot\left(\frac{1}{\tau(\nu)}-\frac{1}{\tau_{empty}}\right) \qquad \cdots\cdots(4)$$

4.8.2 检测限

仪器检测限的体积分数：0.1×10^{-6}。

4.8.3 允许采用其他等效的方法测定磷化氢中水分含量。当测定结果有异议时，以光腔衰荡光谱法为仲裁方法。

4.9 金属离子含量的测定

采用电感耦合等离子发射光谱(ICP)或电感耦合等离子发射光谱-质谱检测仪(ICP-MS)。检测方法与用户协商。

5 标志、包装、贮运及安全

5.1 标志、包装及贮运

5.1.1 磷化氢气瓶应符合 GB 5099、GB 11640 的规定，气瓶瓶阀推荐使用 CGA350。气瓶颜色标记应符合 GB 7144 的规定。运输时，磷化氢气瓶上应附有 GB 190 中指定的标志。

5.1.2 推荐使用经过内表面处理的气瓶，气瓶内表面应满足本标准对于水分和颗粒的要求。瓶阀推荐使用 CGA350。

5.1.3 应妥善处理气瓶瓶口。

5.1.4 包装容器上应标明“电子磷化氢”字样。

5.1.5 磷化氢应符合 GB 14193 以及《气瓶安全监察规程》(2000 年)的相关规定。

5.1.6 瓶装磷化氢的最大充装量按式(5)计算；

$$m = F_r\cdot V \qquad \cdots\cdots(5)$$

式中：

m——气瓶内磷化氢的质量，单位为千克(kg)；

STANDARDS PRESS OF CHINA

V——气瓶标明的内容积，单位为升(L)；

F_r——磷化氢的充装系数，单位为千克每升(kg/L)。

5.1.7 磷化氢的充装量按实际称量的质量计。

5.1.8 磷化氢出厂时应附有质量合格证，其内容至少应包括：

——产品名称，生产厂名称，危险化学品生产许可证编号；

——生产日期或批号，充装质量(kg)；

——本标准号及技术指标，检验员号。

5.2 安全要求

5.2.1 磷化氢是剧毒、可燃气体，加热或燃烧时，分解生成磷氧化物有毒烟雾。与空气、氧气、氧化剂如氯、氮氧化物、金属硝酸盐、卤素和其他许多物质激烈反应，有着火和爆炸危险。浸蚀许多金属。

5.2.2 与磷化氢接触时，禁止明火、禁止火花和禁止吸烟。禁止与高温表面接触。若发生火灾，切断气源，如不可能并对周围环境无危险，让火自行燃烧完全。其他情况用干粉、二氧化碳灭火。

5.2.3 磷化氢可能通过吸入吸收到体内。容器漏损时，该气体迅速达到空气中有害浓度。

5.2.4 磷化氢严重刺激呼吸道。吸入气体可能引起肺水肿。液体迅速蒸发，可能引起冻伤。该物质可能对中枢神经系统、心血管系统、心脏、胃肠道、肝和肾有影响，导致功能损害。过多超过职业接触限值接触时，可能导致神志不清或死亡。影响可能推迟显现。需要进行医学观察。

5.2.5 长期或反复接触的影响：慢性中毒可能引起脚痛、颌骨肿胀、颌窝肿胀、骨折和贫血。影响可能累积。

5.2.6 2005 年美国政府工业卫生学家会议规定：

5.2.7 接触限值：0.3×10^{-6}(体积分数)(时间加权平均值)，1×10^{-6}(体积分数)(短期接触限值)。最高容许浓度：0.1×10^{-6}(体积分数)，0.14 mg/m^3。

注 1：时间加权平均接触限值：正常 8 小时工作日或 40 小时工作周的时间加权平均浓度。

注 2：短期接触限值：每次接触时间不得超过 15 分钟的时间加权平均接触限值。

5.2.8 冻伤时用大量水冲洗，不要脱去衣物，给予医疗护理。

5.2.9 泄漏时，撤离危险区域！保持通风。个人防护用具：化学防护服包括自给式呼吸器。

5.2.10 分析系统要保证密闭。取样、置换过程的磷化氢尾气，都要经解毒处理后再放空。设备、仪器在通磷化氢之前，要用干燥的惰性气体吹洗，管线要经过检漏。

5.2.11 磷化氢生产企业应为用户提供安全技术说明书。

附 录 A
（规范性附录）
电子工业用磷化氢中砷化氢、氮、氧（氩）的测定

A.1 仪器

采用配备带切割装置的氦离子化检测器气相色谱仪测定磷化氢中砷化氢、氮、氧（氩）。

检测限的体积分数：0.05×10^{-6}。

A.2 检测器原理

基于潘宁效应（Penning effect），即电子与稀有气体碰撞形成亚稳态原子，该亚稳态原子的激发能传递到样品分子或原子；如果样品分子或原子的电离电位（IP）小于亚稳态原子的激发电位，样品将通过碰撞被电离，使离子流增大。

A.3 测定条件

A.3.1 载气：高纯氦，其流速参照相应的仪器说明书。

A.3.2 辅助气：需要采用辅助气的仪器按仪器说明书使用辅助气。

A.3.3 色谱柱：

色谱柱Ⅰ：长约 2.5 m，内径 2 mm 的不锈钢管，内装粒径为 0.18 mm～0.25 mm 的 Porapak QS，或其他等效色谱柱。色谱柱Ⅰ用于分析磷化氢中砷化氢组分。

色谱柱Ⅱ：长约 3 m，内径 2 mm 的不锈钢管，内装粒径为 0.18 mm～0.25 mm 的 13X 分子筛，或其他等效色谱柱。色谱柱Ⅱ用于分析磷化氢中氮、氧（氩）组分。

A.3.4 气体标准样品

组分含量的体积分数为$(1\sim5)\times10^{-6}$，平衡气为氦。

A.3.5 其他条件：载气净化器温度、色谱柱温度、检测器温度、切割时间、样气流量等其他条件参考仪器说明书。

A.4 分析步骤

开启仪器至稳定后按仪器说明书的操作步骤完成样品分析。

平行测定气体标准样品和样品气至少两次，记录色谱响应值，直至相邻两次测定的相对偏差不大于 10×10^{-2}，取其平均值。

A.5 结果处理

采用峰面积（或峰高）定量，用外标法计算结果。

砷化氢、氮、氧（氩）含量的计算采用外标法，按式（A.1）计算：

$$\phi_i=\frac{A_i(h_i)}{A_s(h_s)}\times\phi_s \qquad \text{(A.1)}$$

式中：

ϕ_i——样品气中被测组分的含量（体积分数）；

$A_i(h_i)$——样品气中被测组分的峰面积或峰高，单位为平方毫米或毫米（mm^2 或 mm）；

$A_s(h_s)$——气体标准样品中相应已知组分的峰面积或峰高，单位为平方毫米或毫米（mm^2 或 mm）；

ϕ_s——气体标准样品中相应已知组分的含量（体积分数）。